Norbert Henze | Günter Last

Mathematik für Wirtschaftsingenieure und naturwissenschaftlich-technische Studiengänge

Aus dem Programm Mathematik

Stochastik für Einsteiger
von Norbert Henze

Mathematik für Wirtschaftsingenieure Band 1
von Norbert Henze und Günter Last

Einführung in die angewandte Wirtschaftsmathematik
von Jürgen Tietze

Übungsbuch zur angewandten Wirtschaftsmathematik
von Jürgen Tietze

Einführung in die Finanzmathematik
von Jürgen Tietze

Übungsbuch zur Finanzmathematik
von Jürgen Tietze

Operations Research
von Hans-Jürgen Zimmermann

Mathematik in der modernen Finanzwelt
von Stefan Reitz

www.viewegteubner.de

Norbert Henze | Günter Last

Mathematik für Wirtschaftsingenieure und naturwissenschaftlich-technische Studiengänge

Band 2

Analysis im $\mathbb{R}^n$, Lineare Algebra, Hilberträume, Fourieranalyse, Differentialgleichungen, Stochastik

2., überarbeitete Auflage

STUDIUM

VIEWEG+
TEUBNER

Bibliografische Information der Deutschen Nationalbibliothek
Die Deutsche Nationalbibliothek verzeichnet diese Publikation in der Deutschen Nationalbibliografie; detaillierte bibliografische Daten sind im Internet über <http://dnb.d-nb.de> abrufbar.

Prof. Dr. Norbert Henze
Norbert.Henze@kit.edu

Prof. Dr. Günter Last
Guenter.Last@kit.edu

Karlsruher Institut für Technologie (KIT)
Institut für Stochastik
Kaiserstr. 89-93
76131 Karlsruhe

1. Auflage 2004
2., überarbeitete Auflage 2010

Alle Rechte vorbehalten
© Vieweg+Teubner Verlag | Springer Fachmedien Wiesbaden GmbH 2010

Lektorat: Ulrike Schmickler-Hirzebruch

Vieweg+Teubner Verlag ist eine Marke von Springer Fachmedien.
Springer Fachmedien ist Teil der Fachverlagsgruppe Springer Science+Business Media.
www.viewegteubner.de

Das Werk einschließlich aller seiner Teile ist urheberrechtlich geschützt. Jede Verwertung außerhalb der engen Grenzen des Urheberrechtsgesetzes ist ohne Zustimmung des Verlags unzulässig und strafbar. Das gilt insbesondere für Vervielfältigungen, Übersetzungen, Mikroverfilmungen und die Einspeicherung und Verarbeitung in elektronischen Systemen.

Die Wiedergabe von Gebrauchsnamen, Handelsnamen, Warenbezeichnungen usw. in diesem Werk berechtigt auch ohne besondere Kennzeichnung nicht zu der Annahme, dass solche Namen im Sinne der Warenzeichen- und Markenschutz-Gesetzgebung als frei zu betrachten wären und daher von jedermann benutzt werden dürften.

Umschlaggestaltung: KünkelLopka Medienentwicklung, Heidelberg
Gedruckt auf säurefreiem und chlorfrei gebleichtem Papier.
Printed in Germany

ISBN 978-3-8348-1441-8

Vorwort

Dieses Buch ist der zweite Teil einer zweibändigen Einführung in die Höhere Mathematik. Behandelt werden die mehrdimensionale Analysis, das Riemannsche Integral im $\mathbb{R}^n$, Determinanten und Volumenberechnung, normierte Räume und Hilberträume, Eigenwerte und ihre Anwendungen, das Lebesguesche und das allgemeine Integral, die Fourieranalyse, Differentialgleichungen und die Stochastik. Beide Teile zusammen decken eine viersemestrige mathematische Grundausbildung ab, wie sie etwa den Studierenden der Fachrichtung Wirtschaftsingenieurwesen am Karlsruher Institut für Technologie (KIT) vermittelt wird. Das Buch ist aber gleichermaßen für Studierende aller Studiengänge geeignet, für die eine fundierte, systematische und nachhaltige mathematische Ausbildung, sei es in Diplom- oder Bachelor-Studiengängen, integraler Bestandteil des Studiums ist. Dazu gehören viele naturwissenschaftlich-technische Studiengänge (Ingenieurwesen, Physik, Chemie), die Informatik sowie die Wirtschafts- und die Technomathematik. Selbst Studierende der Mathematik sollten das Buch mit Gewinn lesen.

Es zeigt sich immer deutlicher, dass die Mathematik eine Schlüsselrolle für die Weiterentwicklung sowohl der Natur- als auch der Ingenieurwissenschaften und der Informatik einnimmt und damit ein entscheidender Motor des wissenschaftlich-technologischen Fortschritts für eine sich im globalen Wettbewerb befindliche Gesellschaft darstellt. Aus diesem Grund steht wie schon in Band 1 auch in diesem Buch nicht nur die Vermittlung reines Faktenwissens im Vordergrund. Derartige, oft nur rezeptartig aufgenommene Kenntnisse tragen nicht weit. Nur mit dem zunehmenden Verständnis der zahlreichen innermathematischen Verbindungen sowie konkreter Anwendungen wird das erworbene mathematische Wissen gefestigt, lebendig und fruchtbar.

Den Beweisen der mathematischen Resultate kommt somit eine besondere Bedeutung zu. Erst ein „Begreifen“ der in den Beweisführungen zutage tretenden vielfältigen Problemlösungsstrategien erlaubt es, bekannte mathematische Verfahren sinnvoll anzuwenden oder, falls erforderlich, sogar selbständig kreativ modellbildend tätig zu werden.

Diesem Credo verpflichtet haben wir keine voneinander getrennten „Schubladen“ wie „Analysis“ und „Lineare Algebra“ aufgemacht, sondern einen integrativen, strukturierten Aufbau mit zum Teil relativ kleinen Modulen gewählt. Dem Leser sei wärmstens empfohlen, aktiv mitzuarbeiten und ab und zu auch einmal Papier und Bleistift zur Hand zu nehmen, um einige Argumentationsketten noch ausführlicher nachzuvollziehen.

Obwohl die Darstellung im Vergleich zu rein mathematischen Lehrbüchern weniger spezialisiert und abstrakt ist, werden alle wesentlichen Beweise vollständig geführt. Abschnitte, deren Darstellung vergleichsweise kompakt und anspruchsvoll ist, wurden wie in Band 1 mit einem * gekennzeichnet. Beim Zitieren von Formeln und Sätzen aus Band 1 wird eine römische I vorangestellt. Satz I.7.20 ist also Satz 7.20 aus Band I, und Formel (7.10) aus Band I wird zu Formel (I.7.10). Analog verfahren wir mit Kapiteln, Abschnitten und Unterabschnitten.

Zur Unterstützung des Selbststudiums wurden zahlreiche Beispiele, Abbildungen und Lernzielkontrollen aufgenommen. Für begleitende Übungsaufgaben sowie weitere Informationen und Hilfen steht unter der Webadresse

http://www.math.kit.edu/stoch/~henze/seite/wiwi2/de

ein Online-Service zum Buch zur Verfügung.

Der folgende Graph verdeutlicht die wesentlichen Abhängigkeiten zwischen den einzelnen Kapiteln bzw. Abschnitten. Um etwa das Kapitel 2 lesen zu können, sind Vorkenntnisse aus den Abschnitten 1.1–1.7 erforderlich.

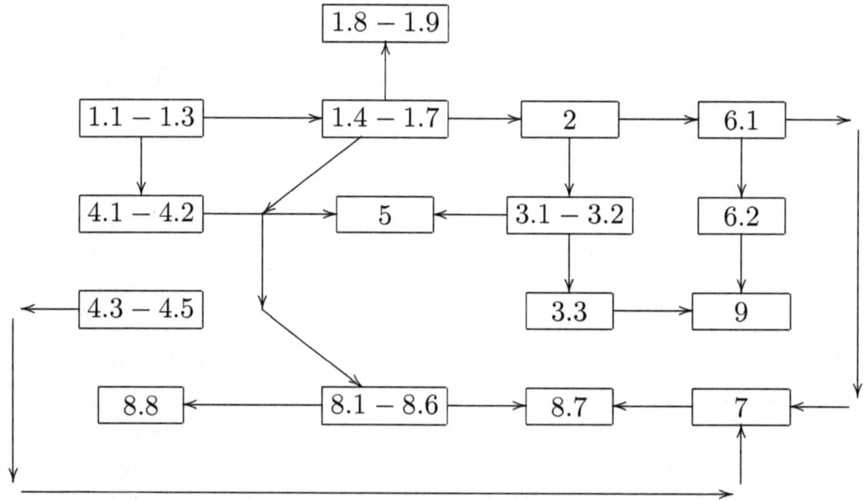

Hinweise für Dozentinnen und Dozenten:
Auch dieser zweite Band enthält mehr Stoff, als in zwei Semestern in jeweils vierstündigen Vorlesungen behandelt werden kann. Da die Kapitel nicht streng linear aufgebaut sind, gibt es verschiedene Möglichkeiten des Kürzens. Mit lediglich einer Ausnahme (Transformationssatz der mehrdimensionalen Integration) werden alle wichtigen Resultate bewiesen.

Kapitel 1 behandelt die mehrdimensionale Analysis. Im Mittelpunkt stehen die Taylorentwicklung und der Satz über implizite Funktionen sowie Anwendungen auf Maximierungsaufgaben mit und ohne Nebenbedingungen.

In Kapitel 2 wird das aus Band 1 vertraute Riemann-Integral in natürlicher Weise auf den mehrdimensionalen Fall übertragen. Die Theorie des Jordanschen Inhalts wird ausführlich dargelegt und kann bei Bedarf gekürzt werden.

Ausgehend von (signierten) Volumina werden im dritten Kapitel Determinanten(formen) als multilineare Abbildungen eingeführt. Die bekannten Rechenregeln ergeben sich damit zwangsläufig. (Sie könnten bei Bedarf auch schon in den ersten beiden Semestern eingeführt werden.) Die allgemeine Transformationsformel für Integrale wird nur im Fall linearer Transformationen komplett bewiesen. Dieses Vorgehen liefert aber den Schlüssel zum strengen Beweis des allgemeinen Resultats. Üblicherweise muss man sich in Vorlesungen auf das Vermitteln der (geometrischen) Heuristik und die wichtigen Anwendungen (wie z.B. Polar- und Zylinderkoordinaten) beschränken.

Kapitel 4 gibt eine Einführung in die Theorie der (normierten) Vektorräume. Dazu werden zunächst die komplexen Zahlen eingeführt und der Fundamentalsatz der Algebra (analytisch) bewiesen. Zentrale Resultate sind der (im Buch mehrfach verwendete) Banachsche Fixpunktsatz sowie die allgemeinen Fourierreihen.

In Kapitel 5 wird dann die lineare Algebra weiter ausgebaut. Im Zentrum stehen Theorie und Anwendungen der Eigenwerte linearer Selbstabbildungen eines (reellen oder komplexen) endlichdimensionalen Vektorraumes.

In Kapitel 6 wird zunächst das Lebesguesche Integral in klassischer Weise (Unter- und Obersummen bzgl. unendlicher Partitionen) eingeführt und seine wichtigsten Eigenschaften diskutiert. Einige Sätze werden erst im zweiten Abschnitt im Rahmen der allgemeinen Maß- und Integrationstheorie bewiesen.

Gegenstand von Kapitel 7 sind die Fourierreihen periodischer Funktionen sowie die Fourier-Transformation integrierbarer Funktionen. Die Lebesguesche Integrationstheorie gestattet es, alle Resultate vollständig zu beweisen. Sollte nur der Riemannsche Integralbegriff zur Verfügung stehen, können die wichtigsten Ideen der Fourierreihen immer noch vermittelt werden. Die Behandlung der Fourier-Transformation geschieht ohne Verwendung funktionalanalytischer Methoden wie etwa Distributionen.

Kapitel 8 gibt eine eher knapp gehaltene Einführung in Theorie, Anwendungen und Numerik gewöhnlicher Differentialgleichungen. Nach der Diskussion allgemeiner Differentialgleichungen sowie dem Existenz- und Eindeutigkeitssatz von Picard–Lindelöf werden vor allem lineare Differentialgleichungen behandelt.

Im abschließenden Kapitel zur Stochastik stehen zunächst der Begriff der stochastischen Unabhängigkeit sowie Zufallsvariablen und ihre Verteilungen im Vordergrund. Hierzu muss die in Abschnitt 6.2 entwickelte Maßtheorie zur Verfügung stehen. Das Gesetz der großen Zahlen wird in seiner schwachen Form hergeleitet.

Der Zentrale Grenzwertsatz wird ohne Verwendung charakteristischer Funktionen mit einer auf Lindeberg zurückgehenden Methode bewiesen. Das Kapitel schließt mit der Herleitung und Diskussion der Black–Scholes-Formel der Finanzmathematik.

Danksagung:
Wir möchten uns bei allen bedanken, die zur Entstehung dieses Buches beigetragen haben. Die Herren Dr. Martin Folkers und Priv.-Doz. Dr. Manfred Krtscha haben das Projekt von Anfang an mit wohlwollender Kritik und großem Sachverstand begleitet. Herr Dipl.-Math. oec. Volker Baumstark, Herr Dipl.-Math. Matthias Heveling, Frau Dipl.-Math. Gabriela Grüninger, Herr Dr. Bernhard Klar, Herr Dipl.-Math. Sebastian Müller, Herr Priv.-Doz. Dr. Wolfgang Stummer und Frau Michaela Taßler lasen Teile des Manuskriptes und machten unzählige Verbesserungsvorschläge. Herr Philipp Koziol hat das vollständige Manuskript sehr aufmerksam und mit viel Geduld gelesen und aus studentischer Sicht manch wertvollen Hinweis gegeben. Unser Dank gilt auch Frau Schmickler-Hirzebruch und Frau Rußkamp vom Vieweg Verlag für die bewährte vertrauensvolle Zusammenarbeit. Schließlich möchten wir uns bei unseren Familien bedanken, ohne deren Unterstützung dieses Buch nicht hätte entstehen können.

Karlsruhe, im Oktober 2004 Norbert Henze, Günter Last

Vorwort zur zweiten Auflage

In der zweiten Auflage haben wir diverse Druckfehler beseitigt, sowie verschiedene kleinere inhaltliche Verbesserungen und Aktualisierungen vorgenommen. Unser Dank gilt Frau Kathrin Labude vom Vieweg+Teubner Verlag für die sehr gründliche Durchsicht des Manuskripts.

Karlsruhe, im Juli 2010 Norbert Henze, Günter Last

Inhaltsverzeichnis

Kapitel 1

Differentialrechnung im $\mathbb{R}^n$

Auch meinte ich in meiner Unschuld, dass es für den Physiker genüge, die elementaren mathematischen Begriffe klar erfasst und für die Anwendungen bereit zu haben, und dass der Rest in für den Physiker unfruchtbaren Subtilitäten bestehe – ein Irrtum, den ich erst später mit Bedauern einsah.

Albert Einstein

In diesem Kapitel betrachten wir Funktionen

$$f : D \to \mathbb{R}^m, \qquad \vec{x} \mapsto f(\vec{x}), \tag{1.1}$$

deren Definitionsbereich D eine Teilmenge des $\mathbb{R}^n$ ist. In Analogie zu Funktionen, die auf Teilmengen von $\mathbb{R}$ definiert sind, nennt man die Komponenten des Argumentes $\vec{x} = (x_1, \ldots, x_n)$ die *Variablen* oder die *Veränderlichen*. Der Kürze halber schreibt man $f(x_1, \ldots, x_n)$ anstelle von $f((x_1, \ldots, x_n))$.

Funktionen der obigen Art sind sowohl in den Naturwissenschaften als auch in den Ingenieur- und in den Wirtschaftswissenschaften von großer Bedeutung. So wird etwa eine örtlich und zeitlich veränderliche Temperaturverteilung in einem Raumbereich durch eine reellwertige Funktion f von vier Variablen beschrieben; der Wert $f(x_1, x_2, x_3, x_4)$ ist die Temperatur, die zur Zeit x_4 im Raumpunkt (x_1, x_2, x_3) herrscht. In der Theorie wirtschaftlicher Produktion gibt die Produktionsfunktion $f(x_1, \ldots, x_n)$ den maximal möglichen Output an, den ein Produktionsverfahren erzielt, das x_j Einheiten des Faktors j verwendet $(j = 1, \ldots, n)$.

Funktionen des $\mathbb{R}^n$ in den $\mathbb{R}^m$ von vergleichsweise einfacher Struktur sind die in Kapitel I.8 behandelten *linearen Funktionen*. Eine lineare Funktion ist von der Form $f(\vec{x}) = A\vec{x}$, $\vec{x} \in \mathbb{R}^n$, mit einer $m \times n$-Matrix $A = (a_{ij})$. Wie schon in Band 1 interpretieren wir bei der Matrizenmultiplikation $A\vec{x}$ den Vektor $\vec{x} \in \mathbb{R}^n$ mit den Komponenten $x_1, \ldots, x_n$ als Spaltenvektor $(x_1, \ldots, x_n)^T$ (vgl. I.8.7.3).

Im Folgenden soll die Differentialrechnung für Funktionen der Gestalt (1.1) entwickelt werden. Da die Analysis für Funktionen einer Variablen auf dem Begriff der Konvergenz reeller Zahlenfolgen beruht, wird zunächst dieser Konvergenzbegriff in natürlicher und naheliegender Weise verallgemeinert.

1.1 Folgen im $\mathbb{R}^n$, Konvergenz

1.1.1 Folgen im $\mathbb{R}^n$

Eine *Folge* $(\vec{a}_k)_{k\geq 1}$ (von Vektoren) *im* $\mathbb{R}^n$ ist eine Abbildung $k \mapsto \vec{a}_k$ von der Menge $\mathbb{N}$ der natürlichen Zahlen in den $\mathbb{R}^n$. Wie früher schreiben wir kurz $(\vec{a}_k)$. Der Vektor $\vec{a}_k$ ist das k-te *Glied* der Folge $(\vec{a}_k)$. Manchmal ist der Definitionsbereich der Abbildung $k \mapsto \vec{a}_k$ die Menge $\{j \in \mathbb{Z} : j \geq m\}$ für ein $m \in \mathbb{Z}$; in diesem Fall schreiben wir auch $(\vec{a}_k)_{k\geq m}$.

Jedes Glied $\vec{a}_k$ einer Folge $(\vec{a}_k)$ im $\mathbb{R}^n$ ist ein n-Tupel der Form

$$\vec{a}_k = (a_1^{(k)}, \ldots, a_n^{(k)}). \tag{1.2}$$

Für $j \in \{1, \ldots, n\}$ heißt die reelle Zahlenfolge $(a_j^{(k)})_{k\geq 1}$ die j-te *Koordinatenfolge* von $(\vec{a}_k)$. Jede Folge von Vektoren im $\mathbb{R}^n$ ist durch die Angabe dieser n Koordinatenfolgen festgelegt. Umgekehrt definieren n reelle Zahlenfolgen $(a_j^{(k)})_{k\geq 1}$ $(j = 1, \ldots, n)$ über die Festsetzung (1.2) eine Folge im $\mathbb{R}^n$.

1.1.2 Konvergenz, Grenzwert

Eine *reelle* Zahlenfolge $(a_k)_{k\geq 1}$ konvergiert genau dann gegen den Wert a, wenn es zu jedem $\varepsilon > 0$ einen Index k_0 mit der Eigenschaft $|a_k - a| \leq \varepsilon$ für jedes $k \geq k_0$ gibt. Interpretiert man $|x - y|$ als „Abstand" der Punkte x und y auf der reellen Zahlengeraden, so ist der Abstand zwischen jedem Folgenglied a_k mit $k \geq k_0$ und dem Grenzwert a höchstens gleich ε. Eine naheliegende Möglichkeit, den Konvergenzbegriff auf Folgen $(\vec{a}_k)_{k\geq 1}$ von Vektoren des $\mathbb{R}^n$ zu verallgemeinern, besteht darin, die in Abschnitt I.8.4 eingeführte *euklidische Norm*

$$\|\vec{x}\|_2 := \sqrt{\sum_{j=1}^{n} x_j^2}$$

eines Vektors $\vec{x} = (x_1, \ldots, x_n) \in \mathbb{R}^n$ und den darauf beruhenden *euklidischen Abstand*

$$\|\vec{x} - \vec{y}\|_2 = \sqrt{\sum_{j=1}^{n} (x_j - y_j)^2}$$

zwischen $\vec{x}$ und $\vec{y} = (y_1, \ldots, y_n)$ zu verwenden. Der im Vergleich zu früher auftretende Index 2 soll dabei andeuten, dass grundsätzlich auch andere Möglichkeiten für eine sinnvolle Abstandsmessung im $\mathbb{R}^n$ existieren. Wir kommen hierauf in 1.1.4 zurück.

Ein Vektor $\vec{a}$ heißt *Grenzwert* einer Folge $(\vec{a}_k)$, falls es zu jedem $\varepsilon > 0$ ein $k_0 \in \mathbb{N}$ gibt, so dass für jedes $k \geq k_0$ die Ungleichung

$$\|\vec{a}_k - \vec{a}\|_2 \leq \varepsilon \tag{1.3}$$

erfüllt ist. In diesem Fall sagt man, $(\vec{a}_k)$ *konvergiert gegen* $\vec{a}$ und schreibt

$$\lim_{k\to\infty} \vec{a}_k = \vec{a} \qquad \text{bzw.} \qquad \vec{a}_k \to \vec{a} \qquad \text{für } k \to \infty.$$

Diese Begriffsbildung ist für den Fall $n = 2$ in Bild 1.1 veranschaulicht. Die Zahl ε kann dann als Radius eines Kreises mit Mittelpunkt $\vec{a}$ interpretiert werden. Bedingung (1.3) bedeutet hier, dass alle Folgenglieder $\vec{a}_{k_0}, \vec{a}_{k_0+1}, \vec{a}_{k_0+2}, \ldots$ innerhalb des Kreises liegen; nur endlich viele Folgenglieder fallen somit außerhalb des Kreises. Bild 1.1 zeigt auch, dass der Index k_0 vom Radius ε des Kreises abhängt. Je kleiner ε gewählt wird, desto mehr Folgenglieder fallen außerhalb des Kreises. Man beachte, dass das Bild den durch den Index der Folgenglieder beschriebenen dynamischen Aspekt nur teilweise zum Ausdruck bringen kann. Würden wir hierzu eine dritte Koordinatenachse verwenden, würde sich in Verallgemeinerung von Bild I.5.2 (Bild 5.2 in Band 1) ein ε-*Schlauch* ergeben. Liegt Konvergenz vor, so müssen alle bis auf endlich viele Folgenglieder in diesem Schlauch liegen.

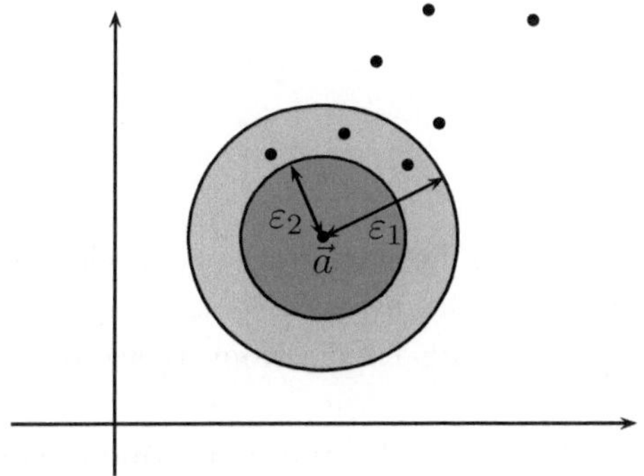

Bild 1.1:
Außerhalb jedes Kreises um den Grenzwert $\vec{a}$ fallen nur endlich viele Folgenglieder

Mit dem nachstehenden Resultat kann die Konvergenz von Folgen im $\mathbb{R}^n$ auf den Konvergenzbegriff für reelle Folgen zurückgeführt werden.

1.1 Satz. (Konvergenz der Koordinatenfolgen)
Eine Folge $(\vec{a}_k)_{k\geq 1}$ *im* $\mathbb{R}^n$ *konvergiert genau dann gegen einen Vektor* $\vec{a}$, *wenn jede Koordinatenfolge gegen die entsprechende Koordinate von* $\vec{a}$ *konvergiert.*

BEWEIS: Es seien $\vec{a} = (a_1, \dots, a_n)$ und $j \in \{1, \dots, n\}$. Gilt $\vec{a}_k \to \vec{a}$, so folgt aus

$$|a_j^{(k)} - a_j| \leq \|\vec{a}_k - \vec{a}\|_2 \tag{1.4}$$

die Konvergenz $a_j^{(k)} \to a_j$ für $k \to \infty$. Gilt umgekehrt $|a_j^{(k)} - a_j| \to 0$ für jedes $j \in \{1, \dots, n\}$, so ergibt sich aus den in Kapitel I.5 bewiesenen Konvergenzsätzen

$$\|\vec{a}_k - \vec{a}\|_2 = \sqrt{\sum_{j=1}^{n} (a_j^{(k)} - a_j)^2} \to 0$$

für $k \to \infty$, was zu zeigen war. □

Aus Satz 1.1 können einige wichtige Folgerungen gezogen werden.

1.2 Folgerung. (Eindeutigkeit des Grenzwertes)
Der Grenzwert einer konvergenten Folge im $\mathbb{R}^n$ ist eindeutig bestimmt.

BEWEIS: Wir nehmen an, es gälte sowohl $\vec{a}_k \to \vec{a}$ als auch $\vec{a}_k \to \vec{b}$. Nach Satz 1.1 und der Eindeutigkeit des Grenzwertes für reelle Zahlenfolgen stimmt dann jede Komponente von $\vec{a}$ mit der entsprechenden Komponente von $\vec{b}$ überein; es gilt also $\vec{a} = \vec{b}$. □

Eine weitere Folgerung betrifft die Konvergenz von Cauchy-Folgen. Dabei heißt (in völliger Analogie zum Fall $n = 1$) eine Folge $(\vec{a}_k)$ im $\mathbb{R}^n$ *Cauchy-Folge*, falls es zu jedem $\varepsilon > 0$ ein $k_0 \in \mathbb{N}$ gibt, so dass gilt:

$$\|\vec{a}_k - \vec{a}_m\|_2 \leq \varepsilon, \qquad k, m \geq k_0.$$

1.3 Folgerung. (Konvergenz von Cauchy-Folgen)
Jede Cauchy-Folge im $\mathbb{R}^n$ ist konvergent.

BEWEIS: Ist $(\vec{a}_k)$ eine Cauchy-Folge, so ist nach (1.4) für jedes $j = 1, \dots, n$ die Koordinatenfolge $(a_j^{(k)})$ eine Cauchy-Folge. Nach Satz I.5.23 gibt es ein $a_j \in \mathbb{R}$ mit $a_j^{(k)} \to a_j$ für $k \to \infty$. Setzen wir $\vec{a} := (a_1, \dots, a_n)$, so folgt nach Satz 1.1 die Konvergenz $\vec{a}_k \to \vec{a}$. □

Das folgende Analogon von Satz I.5.10. ist ebenfalls eine Konsequenz von Satz 1.1. In diesem Zusammenhang sei an das in I.8.4 definierte Skalarprodukt

$$\langle \vec{a}, \vec{b} \rangle = \sum_{j=1}^{n} a_j b_j$$

zweier Vektoren $\vec{a} = (a_1, \dots, a_n)$, $\vec{b} = (b_1, \dots, b_n)$ im $\mathbb{R}^n$ erinnert.

1.4 Satz. (Linearität des Grenzwertes im $\mathbb{R}^n$)
Es seien $(\vec{a}_k)$ und $(\vec{b}_k)$ zwei gegen $\vec{a}$ bzw. $\vec{b}$ konvergierende Folgen im $\mathbb{R}^n$ sowie (λ_k) eine gegen λ konvergierende reelle Folge. Dann gilt

$$\lim_{k\to\infty}(\lambda_k\vec{a}_k) = \lambda\vec{a},$$
$$\lim_{k\to\infty}(\vec{a}_k + \vec{b}_k) = \vec{a} + \vec{b},$$
$$\lim_{k\to\infty}\langle\vec{a}_k, \vec{b}_k\rangle = \langle\vec{a}, \vec{b}\rangle.$$

1.1.3 Beschränkte Folgen, Satz von Bolzano-Weierstraß

Eine Folge $(\vec{a}_k)$ im $\mathbb{R}^n$ heißt *beschränkt*, wenn es ein $C > 0$ mit

$$\|\vec{a}_k\|_2 \leq C, \qquad k \in \mathbb{N}, \tag{1.5}$$

gibt. Im Fall $n = 2$ liegen also alle Glieder einer beschränkten Folge innerhalb eines hinreichend großen Kreises um den Koordinatenursprung.

Es ist leicht zu sehen, dass jede konvergente Folge beschränkt ist: zu festem $\varepsilon > 0$ sei $k_0 \in \mathbb{N}$ so gewählt, dass (1.3) erfüllt ist. Für jedes $k \geq k_0$ folgt dann aus der Dreiecksungleichung für die euklidische Norm (Folgerung I.8.30) die Abschätzung

$$\|\vec{a}_k\|_2 = \|\vec{a}_k - \vec{a} + \vec{a}\|_2 \leq \|\vec{a}_k - \vec{a}\|_2 + \|\vec{a}\|_2 \leq \varepsilon + \|\vec{a}\|_2$$

und somit (1.5), wenn $C := \max(\|\vec{a}_1\|_2, \ldots, \|\vec{a}_{k_0-1}\|_2, \varepsilon + \|\vec{a}\|_2)$ gesetzt wird.

Auch der Satz von Bolzano–Weierstraß kann verallgemeinert werden.

1.5 Satz. (Satz von Bolzano–Weierstraß im $\mathbb{R}^n$)
Jede beschränkte Folge $(\vec{a}_k)$ besitzt eine konvergente Teilfolge.

Beweis: Jede Koordinatenfolge von $(\vec{a}_k)$ ist beschränkt. Nach Satz I.5.22 besitzt die erste Koordinatenfolge $(a_1^{(k)})$ eine konvergente Teilfolge $(a_1^{(k_i)})_{i\geq 1}$. Die Glieder der zweiten Koordinatenfolge $(a_2^{(k)})$ zu den Indizes k_i, $i = 1, 2, \ldots$ bilden ebenfalls eine beschränkte Folge, so dass sich erneut eine (der Einfachheit wieder mit $(a_2^{(k_i)})_{i\geq 1}$ bezeichnete) konvergente Teilfolge auswählen lässt. Wiederholt man dieses Verfahren so lange, bis aus $(a_n^{(k)})$ eine konvergente Teilfolge $(a_n^{(k_i)})_{i\geq 1}$ ausgewählt wurde, so konvergieren die Folgen $(a_j^{(k_i)})_{i\geq 1}$ für jedes $j \in \{1, \ldots, n\}$ und somit auch die Folge $(\vec{a}_{k_i})_{i\geq 1}$. □

1.1.4 Der $\mathbb{R}^n$ als normierter Raum

Es wurde bereits erwähnt, dass es neben dem euklidischen Abstand weitere Möglichkeiten einer Abstandsmessung zwischen Punkten gibt. Ein ganz praktischer Grund für solche Alternativen liegt darin, dass andere Abstände in manchen Situationen einfacher zu ermitteln sind. Ein mindestens genauso wichtiger Grund ist die mathematische Notwendigkeit, diejenigen Eigenschaften eines Abstands zu extrahieren, auf die es etwa bei den Begriffen „Konvergenz“ oder „Stetigkeit“ letztendlich ankommt. Tatsächlich werden wir in Kapitel 4 Abstandsbegriffe in deutlich allgemeineren („unendlichdimensionalen“) Räumen kennenlernen. Sie sind ein unentbehrliches Hilfsmittel in der modernen Mathematik.

Wir werden zunächst einen allgemeinen Längenbegriff einführen und darauf aufbauend den Abstand zwischen Punkten definieren. Eine Abbildung

$$\|\cdot\| : \mathbb{R}^n \to [0, \infty), \qquad \vec{x} \mapsto \|\vec{x}\|,$$

heißt *Norm* (auf $\mathbb{R}^n$), falls für alle $\vec{x}, \vec{y} \in \mathbb{R}^n$ und alle $\lambda \in \mathbb{R}$ die folgenden Bedingungen gelten:

$$\|\vec{x}\| = 0 \Longleftrightarrow \vec{x} = \vec{0}, \qquad (\textit{Definitheit}) \tag{1.6}$$

$$\|\lambda \cdot \vec{x}\| = |\lambda| \cdot \|\vec{x}\|, \qquad (\textit{Homogenität}) \tag{1.7}$$

$$\|\vec{x} + \vec{y}\| \leq \|\vec{x}\| + \|\vec{y}\|. \qquad (\textit{Dreiecksungleichung}) \tag{1.8}$$

Die Zahl $\|\vec{x}\|$ heißt *Norm* (oder Länge) von $\vec{x}$.

In Abschnitt I.8.4 haben wir gesehen, dass die euklidische Norm $\|\cdot\|_2$ diese drei Eigenschaften besitzt. Weitere Beispiele für Normen sind die sogenannte *Betragssummennorm*

$$\|\vec{x}\|_1 := \sum_{j=1}^{n} |x_j| \tag{1.9}$$

und die *Maximumsnorm*

$$\|\vec{x}\|_\infty := \max\{|x_j| : j = 1, \ldots, n\}. \tag{1.10}$$

In beiden Fällen ist die Gültigkeit von (1.6)–(1.8) unmittelbar einzusehen.

Bild 1.2 zeigt die Menge der Endpunkte aller Ortsvektoren $\vec{x}$ im $\mathbb{R}^2$, deren Norm (Länge), gemessen mit Hilfe der Normen $\|\cdot\|_1$, $\|\cdot\|_2$ und $\|\cdot\|_\infty$, kleiner oder gleich 1 ist.

1.1.5 Norm und Abstand

Ist $\|\cdot\|$ eine Norm auf dem $\mathbb{R}^n$, so bezeichnet man wie im Fall der euklidischen Norm die Zahl $\|\vec{x} - \vec{y}\|$ als *Abstand* zwischen $\vec{x}$ und $\vec{y}$.

Aus (1.6) und (1.7) folgen die Eigenschaft der *Definitheit*

$$\|\vec{x} - \vec{y}\| = 0 \Longleftrightarrow \vec{x} = \vec{y} \tag{1.11}$$

sowie die *Symmetrieeigenschaft*

$$\|\vec{x} - \vec{y}\| = \|\vec{y} - \vec{x}\|. \tag{1.12}$$

Mit (1.8) ergibt sich schließlich die *Dreiecksungleichung*

$$\|\vec{x} - \vec{z}\| \leq \|\vec{x} - \vec{y}\| + \|\vec{y} - \vec{z}\|, \qquad \vec{x}, \vec{y}, \vec{z} \in \mathbb{R}^n. \tag{1.13}$$

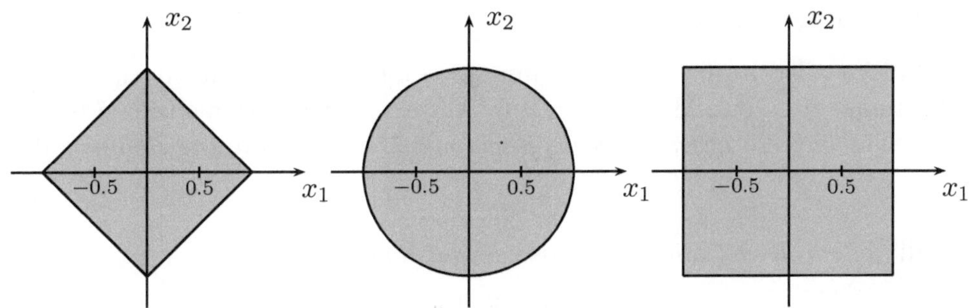

Bild 1.2: Die Menge $\{\vec{x} \in \mathbb{R}^2 : \|\vec{x}\| \le 1\}$ für $\|\cdot\| = \|\cdot\|_1$ (links), $\|\cdot\| = \|\cdot\|_2$ (Mitte) und $\|\cdot\| = \|\cdot\|_\infty$ (rechts)

1.1.6 Äquivalente Normen und Konvergenz

Zwei Normen $\|\cdot\|$ und $\|\cdot\|'$ auf dem $\mathbb{R}^n$ heißen *äquivalent*, falls es positive Zahlen c_1, c_2 gibt, so dass

$$c_1\|\vec{x}\| \le \|\vec{x}\|' \le c_2\|\vec{x}\|, \qquad \vec{x} \in \mathbb{R}^n.$$

Die Normen $\|\cdot\|_1$, $\|\cdot\|_2$ und $\|\cdot\|_\infty$ sind untereinander alle äquivalent. Verantwortlich dafür sind die leicht zu beweisenden Ungleichungen

$$\frac{1}{n}\|\vec{x}\|_1 \le \|\vec{x}\|_\infty \le \|\vec{x}\|_1, \tag{1.14}$$

$$\|\vec{x}\|_\infty \le \|\vec{x}\|_2 \le \sqrt{n}\|\vec{x}\|_\infty. \tag{1.15}$$

Wir werden später (vgl. 4.3.4) sehen, dass zwei beliebige Normen auf dem $\mathbb{R}^n$ äquivalent sind.

Nach Definition ist die Konvergenz $\vec{a}_k \to \vec{a}$ gleichbedeutend mit $\|\vec{a}_k - \vec{a}\|_2 \to 0$ für $k \to \infty$. Wegen (1.14) und (1.15) ist letztere Bedingung sowohl zu $\|\vec{a}_k - \vec{a}\|_1 \to 0$ als auch zu $\|\vec{a}_k - \vec{a}\|_\infty \to 0$ äquivalent. Weil allgemeiner jede Norm $\|\cdot\|$ auf dem $\mathbb{R}^n$ äquivalent zur euklidischen Norm $\|\cdot\|_2$ ist, hängt der Konvergenzbegriff im $\mathbb{R}^n$ nicht von der speziell gewählten Norm ab: für jede Norm $\|\cdot\|$ gilt

$$\|\vec{a}_k - \vec{a}\| \to 0 \iff \|\vec{a}_k - \vec{a}\|_2 \to 0.$$

1.2 Topologische Grundbegriffe

In diesem Abschnitt werden einige *topologische* (von gr. *topos*: *Ort*) Begriffe eingeführt. Dabei handelt es sich um gewisse Eigenschaften von Teilmengen des $\mathbb{R}^n$ und um Lagebeziehungen zwischen Punkten und Mengen.

1.2.1 Umgebungen

Die Menge aller Punkte $\vec{x} \in \mathbb{R}^2$ mit $\|\vec{x} - \vec{a}\|_2 \le r$ ist eine *Kreisscheibe* mit Mittelpunkt $\vec{a} \in \mathbb{R}^2$ und Radius $r > 0$. Allgemein definiert man für $\vec{a} \in \mathbb{R}^n$ und eine Zahl $r > 0$ die *abgeschlossene Kugel mit Mittelpunkt $\vec{a}$ und Radius r* durch

$$B(\vec{a}, r) := \{\vec{x} : \|\vec{x} - \vec{a}\|_2 \le r\} \tag{1.16}$$

und die *offene Kugel mit Mittelpunkt $\vec{a}$ und Radius r* durch

$$B^\circ(\vec{a}, r) := \{\vec{x} : \|\vec{x} - \vec{a}\|_2 < r\}. \tag{1.17}$$

Die Sprechweise „Kugel“ ist dabei an den Spezialfall $n = 3$ angelehnt. Im Fall $n = 1$ ist $B(\vec{a}, r)$ das abgeschlossene Intervall $[\vec{a} - r, \vec{a} + r]$ und $B^\circ(\vec{a}, r)$ das offene Intervall $(\vec{a} - r, \vec{a} + r)$. Im Fall $n = 2$ nennt man $B(\vec{a}, r)$ und $B^\circ(\vec{a}, r)$ die abgeschlossene bzw. offene Kreisscheibe um $\vec{a}$ mit Radius r.

Eine Menge $U \subset \mathbb{R}^n$ heißt *Umgebung* von $\vec{a} \in \mathbb{R}^n$, wenn es ein $r > 0$ gibt, so dass die Teilmengenbeziehung

$$B(\vec{a}, r) \subset U$$

erfüllt ist. In diesem Sinn ist also $B(\vec{a}, r)$ für jedes $r > 0$ eine Umgebung von $\vec{a}$, aber auch die Menge $B^\circ(\vec{a}, r)$, denn es gilt $B(\vec{a}, s) \subset B^\circ(\vec{a}, r)$ für jedes s mit $0 < s < r$. Aus diesem Grund nennt man die Mengen $B(\vec{a}, r)$ und $B^\circ(\vec{a}, r)$ auch *Kugelumgebungen* von $\vec{a}$.

Eine Umgebung eines Punktes $\vec{a}$ ist also dadurch charakterisiert, dass sie eine (möglicherweise sehr kleine) Kugelumgebung von $\vec{a}$ enthält (siehe Bild 1.3).

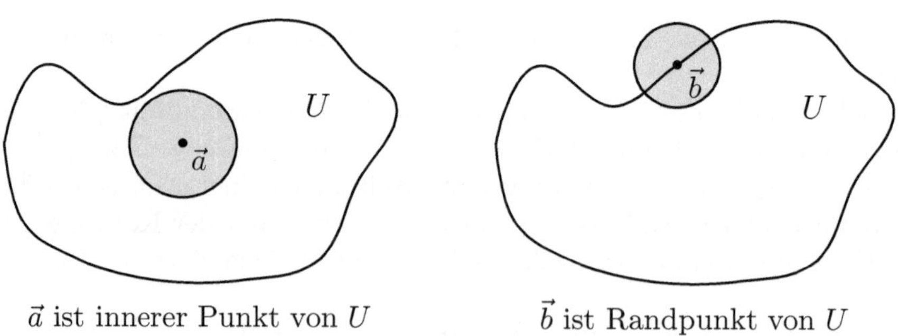

Bild 1.3: U ist Umgebung von $\vec{a}$, aber nicht von $\vec{b}$

Der Umgebungsbegriff kann zu einer geometrischen Beschreibung der Konvergenz einer Folge $(\vec{a}_k)$ verwendet werden. Man sagt, dass *fast alle* Glieder einer Folge eine gewisse Eigenschaft besitzen (zum Beispiel zu einer bestimmten Menge zu gehören), wenn nur endlich vielen Gliedern diese Eigenschaft nicht zukommt.

1.6 Satz. (Umgebungen und Konvergenz)
Eine Folge $(\vec{a}_k)_{k\geq 1}$ *im* $\mathbb{R}^n$ *konvergiert genau dann gegen* $\vec{a} \in \mathbb{R}^n$*, wenn in jeder Umgebung von* $\vec{a}$ *fast alle Glieder der Folge* $(\vec{a}_k)$ *liegen.*

BEWEIS: Nach Definition einer Umgebung ist die behauptete Charakterisierung der Konvergenz gleichbedeutend damit, dass für jedes $\varepsilon > 0$ die Kugel $B(\vec{a}, \varepsilon)$ fast alle Glieder der Folge enthält. Damit folgt die Behauptung aus der Äquivalenz der Aussagen $\|\vec{a}_k - \vec{a}\|_2 \leq \varepsilon$ und $\vec{a}_k \in B(\vec{a}, \varepsilon)$. □

1.2.2 Innere Punkte, Randpunkte

Es sei $M \subset \mathbb{R}^n$ eine Menge.

(i) Ein Punkt $\vec{x} \in M$ heißt *innerer Punkt* von M, falls es eine Umgebung U von $\vec{x}$ mit

$$\vec{x} \in U \quad \text{und} \quad U \subset M$$

gibt. Die mit M° bezeichnete Menge aller inneren Punkte von M heißt *das Innere* von M.

(ii) Ein Punkt $\vec{x} \in \mathbb{R}^n$ heißt *Randpunkt* von M, wenn jede Umgebung U von $\vec{x}$ mindestens einen Punkt aus M und mindestens einen Punkt aus $\mathbb{R}^n \setminus M$ enthält, wenn also

$$U \cap M \neq \emptyset \quad \text{und} \quad U \cap (\mathbb{R}^n \setminus M) \neq \emptyset$$

gilt. Die mit ∂M bezeichnete Menge aller Randpunkte von M heißt *der Rand* von M.

Diese Begriffsbildungen sind in Bild 1.3 veranschaulicht. Der Punkt $\vec{a}$ in Bild 1.3 links ist ein innerer Punkt der Menge U und der Punkt $\vec{b}$ in Bild 1.3 rechts ein Randpunkt von U. Die Menge U ist Umgebung von $\vec{a}$, aber nicht von $\vec{b}$.

Man beachte, dass sich die Definitionen eines inneren Punktes und eines Randpunktes gegenseitig ausschließen; es gilt also $M^\circ \cap \partial M = \emptyset$. Weiter gilt $M^\circ \subset M$, d.h. jeder innere Punkt von M gehört zu M. Nach Definition gilt ferner $\partial M = \partial(\mathbb{R}^n \setminus M)$. Wie die folgenden Beispiele zeigen, kann ein Randpunkt einer Menge M zu M gehören oder auch nicht.

1.7 Beispiel.
Die Menge $M := \{\vec{x} = (x_1, x_2) \in \mathbb{R}^2 : x_2 = 0\}$ beschreibt die x_1-Achse in einem kartesischen x_1x_2-Koordinatensystem. Da jede Umgebung U eines Punktes $\vec{x}$ aus M eine Kreisscheibe $B(\vec{x}, r)$ enthält und $U \cap (\mathbb{R}^2 \setminus M) \neq \emptyset$ gilt (der Punkt (x_1, r) gehört zu U, aber nicht zu M), folgt $M^\circ = \emptyset$ und $\partial M = M$. Die Menge M enthält also keine inneren Punkte (Bild 1.4 links).

1.8 Beispiel. (Topologische Eigenschaften von Kugeln)
Für die offene Kugel $M := \{\vec{x} \in \mathbb{R}^n : \|\vec{x}\|_2 < r\}$ mit Mittepunkt $\vec{0}$ und Radius r gilt $M^\circ = M$ und $\partial M = \{\vec{x} \in \mathbb{R}^n : \|\vec{x}\|_2 = r\}$. Für einen formalen Beweis dieser sehr anschaulichen Aussagen sei $\vec{x} \in M$ beliebig gewählt. Wegen $\|\vec{x}\|_2 < r$ ist $d := r - \|\vec{x}\|_2 > 0$. Wir behaupten die Gültigkeit der Inklusion

$$B(\vec{x}, d/2) \subset M. \tag{1.18}$$

Hieraus würde $M \subset M^\circ$ und damit $M = M^\circ$ folgen. Zum Beweis von (1.18) sei $\vec{y} \in B(\vec{x}, d/2)$ beliebig gewählt. Aus $\|\vec{y} - \vec{x}\|_2 \leq d/2$ ergibt sich dann mit Hilfe der Dreiecksungleichung die Abschätzung

$$\|\vec{y}\|_2 = \|\vec{y} - \vec{x} + \vec{x}\|_2 \leq \|\vec{y} - \vec{x}\|_2 + \|\vec{x}\|_2 \leq \frac{d}{2} + r - d < r$$

und somit (1.18). Analog folgt $\partial M = \{\vec{x} \in \mathbb{R}^n : \|\vec{x}\|_2 = r\}$ (Bild 1.4 rechts).

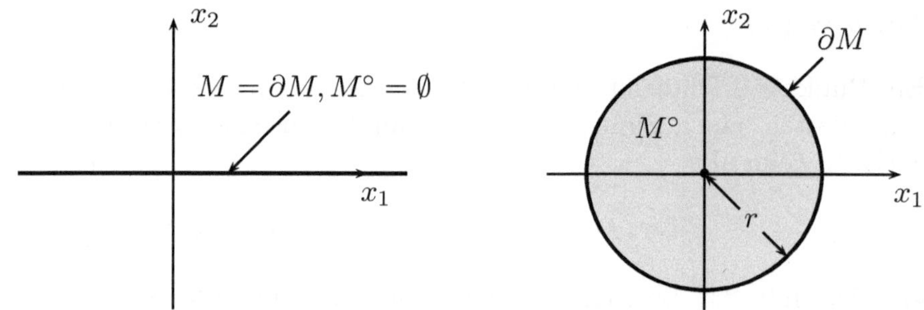

Bild 1.4: Inneres und Rand einer Menge

1.2.3 Offene und abgeschlossene Mengen

Es sei $M \subset \mathbb{R}^n$ eine Menge.

(i) M heißt *offen* $:\Longleftrightarrow M = M^\circ$.

(ii) M heißt *abgeschlossen* $:\Longleftrightarrow \partial M \subset M$.

(iii) Die Menge

$$\overline{M} := M^\circ \cup \partial M$$

heißt *abgeschlossene Hülle* von M.

Eine offene Menge enthält definitionsgemäß nur innere Punkte; sie ist auch Umgebung jedes ihrer Punkte. Eine abgeschlossene Menge enthält jeden ihrer Randpunkte. Für jede Menge M gilt die Inklusionskette

$$M^\circ \subset M \subset \overline{M}.$$

Aus den Definitionen ergibt sich, dass das Innere M°, der Rand ∂M und das *Äußere* $(\mathbb{R}^n \setminus M)^\circ$ einer Menge M paarweise disjunkt sind und zusammen „ganz $\mathbb{R}^n$ ausschöpfen", d.h. es gilt

$$\mathbb{R}^n = M^\circ \cup \partial M \cup (\mathbb{R}^n \setminus M)^\circ. \tag{1.19}$$

Nach Beispiel 1.8 ist eine offene Kugel $B^0(\vec{a}, r)$ offen. Satz 1.10 (oder eine direkte Argumentation) zeigt, dass ihr Rand $\{\vec{x} \in \mathbb{R}^n : \|\vec{x}\|_2 = r\}$ und ihre abgeschlossene Hülle $B(\vec{a}, r)$ abgeschlossen sind.

Es lässt sich leicht zeigen, dass die *Vereinigung beliebig vieler* offener Mengen und der *Durchschnitt endlich vieler* offenen Mengen wieder offene Mengen sind. Damit folgt aus dem nachstehenden Satz 1.9 (i) durch Komplementbildung und den De Morganschen Regeln, dass die Vereinigung endlich vieler abgeschlossener Mengen und der Durchschnitt beliebig vieler abgeschlossener Mengen wieder abgeschlossene Mengen sind.

1.9 Satz. (Charakterisierung abgeschlossener Mengen)

(i) *Eine Menge $M \subset \mathbb{R}^n$ ist genau dann abgeschlossen, wenn ihr Komplement $\mathbb{R}^n \setminus M$ offen ist.*

(ii) *Eine Menge $M \subset \mathbb{R}^n$ ist genau dann abgeschlossen, wenn der Grenzwert jeder konvergenten Folge mit Gliedern aus M ebenfalls zu M gehört.*

Beweis: (i) Es seien $\mathbb{R}^n \setminus M$ offen und $\vec{x} \in \partial M$ $(= \partial(\mathbb{R}^n \setminus M))$. Um $\vec{x} \in M$ zu zeigen, nehmen wir indirekt an, es gälte $\vec{x} \in \mathbb{R}^n \setminus M$. Dann gibt es eine Umgebung U von $\vec{x}$ mit $U \subset \mathbb{R}^n \setminus M$. Dieser Widerspruch zu $\vec{x} \in \partial(\mathbb{R}^n \setminus M)$ beweist $\vec{x} \in M$ und damit die Abgeschlossenheit von M. Die andere Implikation ergibt sich analog.

(ii) Ist M abgeschlossen, so besitzt jeder Punkt aus $\mathbb{R}^n \setminus M$ eine Umgebung U mit $U \subset \mathbb{R}^n \setminus M$. Damit kann kein Punkt von $\mathbb{R}^n \setminus M$ Grenzwert einer Folge mit Gliedern aus M sein. Wir setzen jetzt umgekehrt voraus, dass der Grenzwert jeder konvergenten Folge mit Gliedern aus M zu M gehört und wählen ein $\vec{x} \in \partial M$. Nach Definition von ∂M gibt es dann eine Folge $\vec{x}_k \in M$, $k \in \mathbb{N}$, mit $\vec{x}_k \to \vec{x}$ für $k \to \infty$. Damit ist $\vec{x} \in M$. □

1.10 Satz. (Topologische Eigenschaften von M^0, ∂M und $\overline{M}$)
Das Innere einer Menge M ist offen. Der Rand und die abgeschlossene Hülle von M sind abgeschlossen.

BEWEIS: Ist $\vec{x} \in M^0$ so gibt es ein $\varepsilon > 0$ mit $B^\circ(\vec{x}, \varepsilon) \subset M$. Nach Beispiel 1.8 gibt es für jedes $\vec{y} \in B^\circ(\vec{x}, \varepsilon)$ ein $\varepsilon' > 0$ mit $B^\circ(\vec{y}, \varepsilon') \subset B^\circ(\vec{x}, \varepsilon) \subset M$. Also ist $B^\circ(\vec{x}, \varepsilon) \subset M^0$ und M^0 damit offen. Damit ist auch $(\mathbb{R}^n \setminus M)^\circ$ offen. Aus (1.19) sowie Satz 1.9 (i) ist dann ∂M als Komplement der offenen Menge $M^\circ \cup (\mathbb{R}^n \setminus M)^\circ$ abgeschlossen. Analog folgt, dass $\overline{M}$ als Komplement der offenen Menge $(\mathbb{R}^n \setminus M)^\circ$ abgeschlossen ist. □

1.2.4 Folgenkompaktheit

Analog zur Beschränktheit einer Folge (vgl. 1.1.3) heißt eine Menge $M \subset \mathbb{R}^n$ *beschränkt* ,wenn es ein $C > 0$ mit

$$\|\vec{x}\|_2 \leq C, \qquad \vec{x} \in M,$$

gibt. Jede beschränkte Teilmenge des $\mathbb{R}^2$ ist also in einem genügend großen Kreis um den Koordinatenursprung enthalten.

1.11 Satz. (Folgenkompaktheit)
Eine Menge $M \subset \mathbb{R}^n$ ist genau dann beschränkt und abgeschlossen, wenn jede Folge mit Elementen aus M eine Teilfolge besitzt, welche gegen einen Grenzwert in M konvergiert.

BEWEIS: Ist M beschränkt und ist $(\vec{a}_k)$ eine Folge in M, so besitzt $(\vec{a}_k)$ wegen des Satzes von Bolzano–Weierstraß eine konvergente Teilfolge. Ist M außerdem abgeschlossen, so muss der Grenzwert dieser Teilfolge nach Satz 1.9 (ii) in M liegen.

Wir setzen jetzt umgekehrt die Gültigkeit des Teilfolgenkriteriums voraus. Dann ist klar, dass M beschränkt ist, weil man anderenfalls eine Folge $(\vec{x}_k)$ in M mit der Eigenschaft $\|\vec{x}_k\|_2 \to \infty$ finden würde. Eine solche Folge besitzt keine konvergente Teilfolge. Die Abgeschlossenheit von M ergibt sich direkt aus Satz 1.9 (ii). □

Eine Menge $M \subset \mathbb{R}^n$, welche dem Folgenkriterium von Satz 1.11 genügt, heißt *folgenkompakt* (oder *kompakt*)

Wir beenden diesen Abschnitt mit einer weiteren grundlegenden Eigenschaft kompakter Mengen. Sie ist eine Konsequenz von Satz 1.11 Der interessierte Leser ist aufgefordert, den indirekten Beweis durch Intervallschachtelung zu führen. Details finden sich etwa in (Heuser, 2002).

1.12 Satz. (Satz von Heine[1]–Borel[2])
Gegeben seien eine folgenkompakte Menge $M \subset \mathbb{R}^n$ sowie offene Teilmengen U_i, $i \in \mathbb{N}$, von $\mathbb{R}^n$ mit $M \subset \cup_{i\in\mathbb{N}} U_i$. Dann gibt es ein $m \in \mathbb{N}$ mit $M \subset \cup_{i=1}^m U_i$.

[1]Eduard Heine (1821–1881), Professor in Bonn (ab 1848) und in Halle (ab 1856). Hauptarbeitsgebiete: Reelle Analysis, trigonometrische Reihen.

[2]Emile Borel (1871–1956), ab 1909 Professor an der Sorbonne in Paris. Borel war politisch aktiv (1924 als Mitglied der Abgeordnetenkammer, 1925 Marineminister, 1941 wegen seiner politischen Aktivitäten Inhaftierung durch die faschistischen Besatzer). Hauptarbeitsgebiete: Funktionentheorie, Mengenlehre, Maßtheorie, Wahrscheinlichkeitstheorie, Spieltheorie.

1.3 Stetigkeit und Grenzwerte von Funktionen

In diesem Abschnitt werden der Stetigkeitsbegriff sowie die Definition des Grenzwertes einer Funktion verallgemeinert. Die Ausführungen sind völlig analog zum Fall eines eindimensionalen Definitionsbereiches; lediglich der Begriff des linksseitigen (bzw. rechtsseitigen) Grenzwertes macht in allgemeinen Dimensionen keinen Sinn. Wir betrachten von Beginn an *vektorwertige* Funktionen, d.h. Funktionen $f : D \to \mathbb{R}^m$ mit $D \subset \mathbb{R}^n$ und $m \in \mathbb{N}$.

1.3.1 Stetigkeit

(i) Die Funktion f heißt *stetig* in (einem Punkt) $\vec{x}_0 \in D$, wenn für jede Folge $(\vec{x}_k)$ mit Elementen in D aus der Konvergenz $\vec{x}_k \to \vec{x}_0$ für $k \to \infty$ die Konvergenz $f(\vec{x}_k) \to f(\vec{x}_0)$ für $k \to \infty$ folgt.

(ii) Die Funktion f heißt *stetig* (auf D), wenn sie in jedem Punkt $\vec{x}_0 \in D$ stetig ist.

Eine vektorwertige Funktion $f : D \to \mathbb{R}^m$ lässt sich in der Form

$$f(\vec{x}) = (f_1(\vec{x}), \dots, f_m(\vec{x})), \qquad \vec{x} \in D,$$

schreiben. Dabei sind die *Komponenten* $f_1, \dots, f_m$ von f Funktionen von D in $\mathbb{R}$. Wegen Satz 1.1 ist f genau dann stetig, wenn jede Komponente f_j stetig ist.

Sind f und g Funktionen von $D \subset \mathbb{R}^n$ in $\mathbb{R}^m$, so werden durch die Festsetzungen

$$(f+g)(\vec{x}) := f(\vec{x}) + g(\vec{x}), \qquad \langle f, g\rangle(\vec{x}) := \langle f(\vec{x}), g(\vec{x})\rangle, \qquad \vec{x} \in D,$$

die *Summe* $f + g : D \to \mathbb{R}^m$ und das *Skalarprodukt* $\langle f, g\rangle : D \to \mathbb{R}$ von f und g definiert. Ist ferner $h : D \to \mathbb{R}$ eine reellwertige Funktion, so ist $hf : D \to \mathbb{R}$ die durch $(hf)(\vec{x}) := h(\vec{x})f(\vec{x})$, $\vec{x} \in D$, erklärte Funktion. Wegen Satz 1.4 und obiger Bemerkung erhalten wir analog zu Satz I.6.1:

1.13 Satz. (Stetigkeit von Summe und Produkt stetiger Funktionen)
Sind $f, g : D \subset \mathbb{R}^n \to \mathbb{R}^m$ im Punkt $\vec{x}_0 \in D$ stetige Funktionen, so sind die Funktionen $f+g$ und $\langle f, g\rangle$ ebenfalls stetig in $\vec{x}_0$. Ist $h : D \to \mathbb{R}$ stetig in $\vec{x}_0 \in D$, so auch das Produkt hf.

1.14 Beispiele.

(i) Es sei $\|\cdot\|$ eine Norm auf $\mathbb{R}^n$. Aus (1.8) folgt wie im Fall $n = 1$:

$$|\|\vec{x}\| - \|\vec{y}\|| \le \|\vec{x} - \vec{y}\|, \qquad \vec{x}, \vec{y} \in \mathbb{R}^n.$$

Deshalb (und im Vorgriff auf Satz 4.57) ist die Funktion $\vec{x} \mapsto \|\vec{x}\|$ stetig.

(ii) Die Abbildung $\vec{x} = (x_1, \ldots, x_n) \mapsto x_j$ von $\mathbb{R}^n$ nach $\mathbb{R}$ ist für jedes $j \in \{1, \ldots, n\}$ stetig. Sie heißt *Projektion auf die j-te Koordinate.*

(iii) Es sei $f : \mathbb{R}^n \to \mathbb{R}$ eine lineare Funktion. Nach I.8.3.3 gibt es dann einen Vektor $\vec{a} := (a_1, \ldots, a_n) \in \mathbb{R}^n$ mit

$$f(\vec{x}) = \sum_{j=1}^{n} a_j x_j = \langle \vec{a}, \vec{x} \rangle, \qquad \vec{x} = (x_1, \ldots, x_n) \in \mathbb{R}^n.$$

Nach (ii) und Satz 1.13 ist f stetig.

1.3.2 Quadratische Formen

Neben den linearen Funktionen $\vec{x} \mapsto \sum_{j=1}^{n} a_j x_j$ liefert die folgende Definition eine weitere wichtige Klasse stetiger Funktionen.

Ist $A = (a_{jk}) \in M(n, n)$ eine $n \times n$-Matrix, so heißt die durch

$$Q_A(\vec{x}) := \sum_{j,k=1}^{n} a_{jk} x_j x_k, \qquad \vec{x} = (x_1, \ldots, x_n) \in \mathbb{R}^n, \tag{1.20}$$

definierte Abbildung $Q_A : \mathbb{R}^n \to \mathbb{R}$ *quadratische Form* von A.

Die in der Definition (1.20) verwendete *Doppelsumme* wird formal als

$$\sum_{j=1}^{n} \sum_{k=1}^{n} a_{jk} x_j x_k$$

erklärt. Wegen des Kommutativgesetzes der Addition kann hier auch zuerst über k und dann über j summiert werden.

In der Definition einer quadratischen Form Q_A kann ohne Beschränkung der Allgemeinheit vorausgesetzt werden, dass die Matrix A symmetrisch ist. Definiert man nämlich die Matrix $B = (b_{jk})$ durch $b_{jk} := (a_{jk} + a_{kj})/2$ für $j \neq k$ sowie $b_{jj} = a_{jj}$ für $j \in \{1, \ldots, n\}$, so ist B eine symmetrische Matrix, und es gilt $Q_A(\vec{x}) = Q_B(\vec{x})$, $\vec{x} \in \mathbb{R}^n$. Ist A bereits symmetrisch, so gilt natürlich $B = A$.

Unter Benutzung der Matrizenmultiplikation bzw. des Skalarproduktes kann eine quadratische Form auch als

$$Q_A(\vec{x}) = \vec{x}^T \cdot A \cdot \vec{x} = \langle \vec{x}, A \cdot \vec{x} \rangle$$

geschrieben werden. Man beachte, dass $\vec{x}$ in einem Matrizenprodukt immer als Spaltenvektor interpretiert wird! (Spalten- und Zeilenvektor sind Begriffe der Matrizenrechnung. Der Definition eines Vektors $\vec{x}$ als n-Tupel folgend, notieren wir die Koordinaten eines Vektors zunächst immer in Zeilenform.)

Nach Beispiel 1.14 (ii) und Satz 1.13 ist jede quadratische Form stetig. Ferner sind quadratische Formen *homogen vom Grad* 2, d.h. es gilt

$$Q_A(\lambda\vec{x}) = \lambda^2 Q_A(\vec{x}), \qquad \vec{x} \in \mathbb{R}^n,\ \lambda \in \mathbb{R}. \tag{1.21}$$

Wir werden später sehen, dass quadratische Formen bei der lokalen Approximation einer differenzierbaren Funktion eine große Rolle spielen.

1.3.3 Definitheitseigenschaften von Matrizen

Die folgenden Begriffsbildungen sind im Zusammenhang mit quadratischen Formen und Matrizen von grundlegender Bedeutung.

(i) Eine symmetrische Matrix A heißt *positiv definit*, falls gilt:

$$Q_A(\vec{x}) > 0, \qquad \vec{x} \in \mathbb{R}^n,\ \vec{x} \neq \vec{0}.$$

(ii) Eine symmetrische Matrix A heißt *positiv semidefinit*, falls gilt:

$$Q_A(\vec{x}) \geq 0, \qquad \vec{x} \in \mathbb{R}^n.$$

(iii) Eine symmetrische Matrix A heißt *negativ definit*, falls gilt:

$$Q_A(\vec{x}) < 0, \qquad \vec{x} \in \mathbb{R}^n,\ \vec{x} \neq \vec{0}.$$

(iv) Eine symmetrische Matrix A heißt *negativ semidefinit*, falls gilt:

$$Q_A(\vec{x}) \leq 0, \qquad \vec{x} \in \mathbb{R}^n.$$

(v) Eine symmetrische Matrix A heißt *indefinit*, wenn es Vektoren $\vec{x}, \vec{y} \in \mathbb{R}^n$ mit der Eigenschaft $Q_A(\vec{x}) > 0$ und $Q_A(\vec{y}) < 0$ gibt.

Diese Begriffsbildungen werden synonym auch für die zugehörige quadratische Form Q_A verwendet. Offensichtlich ist eine symmetrische Matrix A genau dann positiv (semi)definit, wenn die Matrix $-A$ negativ (semi)definit ist. Man beachte auch, dass eine symmetrische Matrix genau dann indefinit ist, wenn sie weder positiv semidefinit noch negativ semidefinit ist. Bild 1.5 zeigt (von links nach rechts) die Graphen der quadratischen Formen $(x_1, x_2) \mapsto x_1^2 + x_2^2$, $(x_1, x_2) \mapsto -x_1^2 - x_2^2$ (diese werden auch als *Rotationsparaboloide* bezeichnet) und $(x_1, x_2) \mapsto -x_1^2 + x_2^2$, welche positiv definit bzw. negativ definit bzw. indefinit sind. In Bild 1.6 sind die Graphen der positiv semidefiniten quadratischen Form $(x_1, x_2) \mapsto x_1^2$ und der negativ semidefiniten quadratischen Form $(x_1, x_2) \mapsto -x_1^2$ veranschaulicht.

Positiv definite Matrizen werden in diesem Kapitel noch eine wichtige Rolle spielen. Eine 1×1-Matrix $A = (a)$ ist natürlich genau dann positiv definit, wenn $a > 0$ gilt.

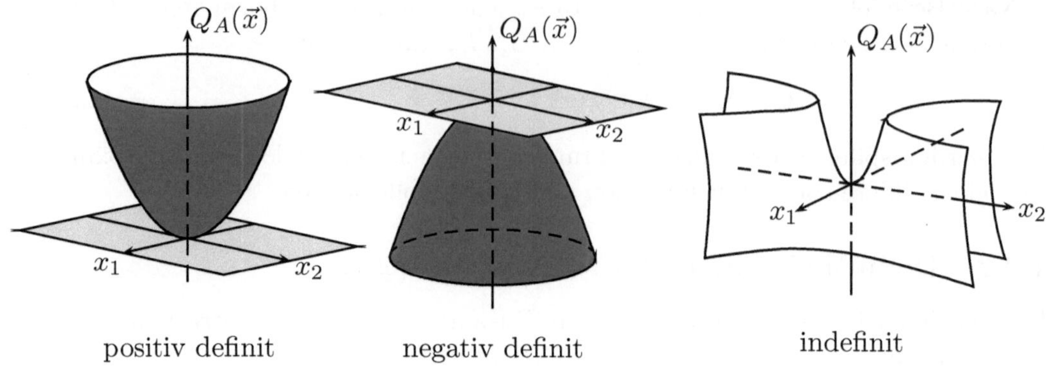

Bild 1.5: Graphen definiter und indefiniter quadratischer Formen

1.3.4 Determinantenkriterien für Definitheit im $\mathbb{R}^2$

Wir betrachten eine symmetrische Matrix A der Form

$$A = \begin{pmatrix} a & c \\ c & b \end{pmatrix}. \tag{1.22}$$

Die Zahl $ab - c^2$ heißt *Determinante* von A. Für die Definitheitseigenschaften solcher Matrizen existieren die folgenden Kriterien.

1.15 Satz. (Determinantenkriterien für Definitheit)
Gegeben sei eine symmetrische 2×2*-Matrix* A *der Gestalt* (1.22).

(i) *Die Matrix* A *ist genau dann positiv definit, wenn gilt:*

$$a > 0 \qquad \textit{und} \qquad ab - c^2 > 0. \tag{1.23}$$

Dabei kann in (1.23) *die Bedingung* $a > 0$ *durch* $b > 0$ *ersetzt werden.*

(ii) *Die Matrix* A *ist genau dann positiv semidefinit, wenn die Ungleichungen* $a \geq 0$, $b \geq 0$ *und* $ab - c^2 \geq 0$ *erfüllt sind.*

(iii) *Die Matrix* A *ist genau dann negativ definit, wenn die Ungleichungen* $a < 0$ *(bzw.* $b < 0$*) und* $ab - c^2 > 0$ *erfüllt sind.*

(iv) *Die Matrix* A *ist genau dann negativ semidefinit, wenn die Ungleichungen* $a \leq 0$, $b \leq 0$ *und* $ab - c^2 \geq 0$ *erfüllt sind.*

(v) *Die Matrix* A *ist genau dann indefinit, wenn* $ab - c^2 < 0$ *gilt.*

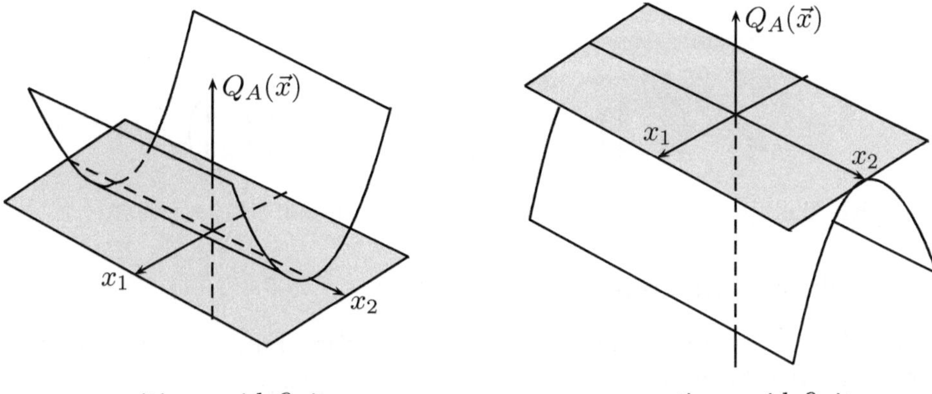

Bild 1.6: Graphen semidefiniter quadratischer Formen

Beweis: (i): Es gilt $Q_A(\vec{x}) > 0$ für jedes $\vec{x} \neq \vec{0}$ genau dann, wenn die Ungleichungen

$$Q_A(z, 0) > 0, \qquad z \neq 0, \tag{1.24}$$

und

$$Q_A(zy, y) > 0, \qquad z \in \mathbb{R},\ y \neq 0, \tag{1.25}$$

erfüllt sind. Wegen $Q_A(z, 0) = az^2$ ist (1.24) zu $a > 0$ äquivalent. Wir setzen jetzt $a > 0$ voraus und zeigen, dass dann (1.25) zu $ab - c^2 > 0$ äquivalent ist. Damit wäre der Beweis beendet. Für festes $y \neq 0$ ist

$$Q_A(zy, y) = az^2y^2 + by^2 + 2czy^2$$

genau dann für jedes $z \in \mathbb{R}$ positiv, falls

$$az^2 + b + 2cz = (\sqrt{a}z + c/\sqrt{a})^2 - c^2/a + b$$

für jedes $z \in \mathbb{R}$ positiv ist. Letzteres ist gleichbedeutend mit $ab - c^2 > 0$.

(ii): Die Behauptung ergibt sich aus einer einfachen Modifikation des Beweises von (i).

(iii),(iv): Die Matrix A ist genau dann negativ (semi)definit, wenn $-A$ positiv (semi)definit ist. Deshalb ergeben sich die Aussagen (iii) und (iv) aus (i) und (ii).

(v): Die Matrix A ist genau dann indefinit, wenn sie nicht positiv semidefinit *und* nicht negativ semidefinit ist. Nach (i) und (iii) ist das äquivalent zur Gültigkeit der Aussage

$$\big((ab - c^2 < 0) \vee (a < 0) \vee (b < 0)\big) \wedge \big((ab - c^2 < 0) \vee (a > 0) \vee (b > 0)\big).$$

Eine Fallunterscheidung nach den Vorzeichen von a und b zeigt, dass das zur Gültigkeit der Ungleichung $ab - c^2 < 0$ äquivalent ist. □

In Kapitel 5 werden wir diesen Satz für beliebige Dimensionen formulieren und beweisen.

1.16 Beispiel.
Die Matrizen

$$A = \begin{pmatrix} 5 & 3 \\ 3 & 2 \end{pmatrix}, \quad B = \begin{pmatrix} 2 & 4 \\ 4 & 8 \end{pmatrix}, \quad C = \begin{pmatrix} 5 & 4 \\ 4 & 3 \end{pmatrix}$$

sind positiv definit bzw. positiv semidefinit bzw. indefinit.

1.3.5 Schnittfunktionen

Es seien $D \subset \mathbb{R}^n$ und $f : D \to \mathbb{R}$ eine reellwertige Funktion. Will man etwa den Einfluss der Variablen x_1 auf das Änderungsverhalten von f untersuchen, so liegt es nahe, die übrigen Variablen $x_2, \ldots, x_n$ festzuhalten und die *Schnittfunktion* $x_1 \mapsto f(x_1, \ldots, x_n)$ zu betrachten. In Übereinstimmung mit der schon früher verwendeten Punkt-Schreibweise bezeichnen wir diese Funktion auch mit $f(\cdot, x_2, \ldots, x_n)$. Bei fixierten Variablen $x_2, \ldots, x_n$ ist diese Schnittfunktion eine Funktion einer reellen Variablen, die auf der (von $x_2, \ldots, x_n$ abhängenden) Menge

$$\{x_1 : (x_1, \ldots, x_n) \in D\}$$

definiert ist. Für beliebiges $j \in \{1, \ldots, n\}$ definiert man die Schnittfunktion von x_j bei Festhalten aller übrigen Variablen analog.

Bild 1.7 motiviert die Bezeichnung *Schnitt*funktion. Die Abbildung zeigt einen Ausschnitt des Graphen $G := \{(x_1, x_2, f(x_1, x_2)) : x_1, x_2 \in \mathbb{R}\}$ einer auf der ganzen Ebene $\mathbb{R}^2$ definierten Funktion f als hellgraue Fläche im $\mathbb{R}^3$. Wird der Variablen x_2 der feste Wert a_2 zugewiesen, so schneidet man diese Fläche mit der dunkelgrau gezeichneten Ebene $H := \{(x_1, x_2, x_3) : x_1, x_3 \in \mathbb{R}, x_2 = a_2\}$. Der Graph der Schnittfunktion $x_1 \mapsto f(x_1, a_2)$ wird dann als Durchschnitt $G \cap H$ der Mengen G und H sichtbar.

Die Stetigkeit von f impliziert die Stetigkeit aller Schnittfunktionen. Wie das folgende Beispiel zeigt, kann man aber von der Stetigkeit der Schnittfunktionen nicht auf die Stetigkeit der Funktion selbst schließen.

1.17 Beispiel.
Die Funktion $f : \mathbb{R}^2 \to \mathbb{R}$ sei durch

$$f(x, y) := \begin{cases} \frac{xy}{x^2+y^2}, & \text{falls } (x, y) \neq (0, 0), \\ 0, & \text{falls } (x, y) = (0, 0), \end{cases}$$

definiert. Man erkennt leicht, dass f in jedem Punkt $(x, y) \neq (0, 0)$ stetig ist. Wegen $f(x, 0) = f(0, y) = 0$ sind die Schnittfunktionen $x \mapsto f(x, 0)$ und $y \mapsto f(0, y)$ stetig. Andererseits gilt $f(1/k, 1/k) = 1/2 \neq 0$ für jedes $k \in \mathbb{N}$, was zeigt, dass f im Punkt $(0, 0)$ nicht stetig ist.

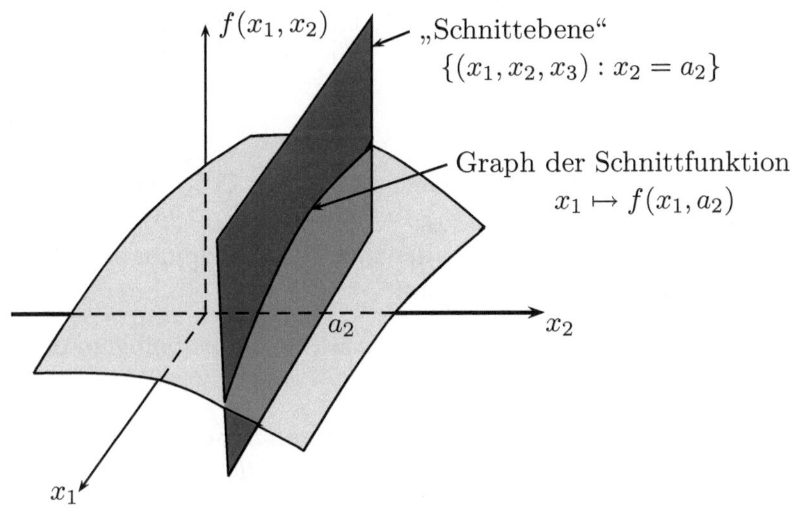

Bild 1.7: Zur Definition der Schnittfunktion

1.3.6 Eigenschaften stetiger Funktionen

Die *$\varepsilon\delta$-Charakterisierung* der Stetigkeit einer Funktion in einem Punkt (Satz I.6.4) lässt sich fast wörtlich auf den allgemeineren Fall einer Funktion $f : D \to \mathbb{R}^m$ mit $D \subset \mathbb{R}^n$ übertragen. Die Funktion f ist genau dann stetig in $\vec{x}_0 \in D$, wenn es zu jedem $\varepsilon > 0$ ein $\delta > 0$ gibt, so dass gilt:

$$\|f(\vec{x}) - f(\vec{x}_0)\|_2 \leq \varepsilon \qquad \text{für jedes } \vec{x} \in D \text{ mit } \|\vec{x} - \vec{x}_0\|_2 \leq \delta.$$

Da der Satz von Bolzano–Weierstraß auch im $\mathbb{R}^n$ gültig ist (vgl. Satz 1.5), können wir jetzt die für den Fall $m = n = 1$ formulierten Sätze I.6.5 und I.6.6 auf die allgemeine Situation übertragen. Dabei benutzen wir die folgende Definition.

Eine auf einer Teilmenge $D \subset \mathbb{R}^n$ definierte reellwertige Funktion f heißt *beschränkt*, wenn das Bild $f(D)$ eine beschränkte Menge ist, wenn es also ein $C > 0$ mit der Eigenschaft $\|f(\vec{x})\|_2 \leq C$ für jedes $\vec{x} \in D$ gibt.

1.18 Satz. (Eigenschaften stetiger Funktionen)
Sind $D \subset \mathbb{R}^n$ eine beschränkte, abgeschlossene Menge und $f : D \to \mathbb{R}$ eine stetige Funktion, so gilt:

(i) *Die Funktion f ist beschränkt.*

(ii) *Die Funktion f nimmt auf D ihr Minimum und ihr Maximum an, d.h. es gibt $\vec{x}_1, \vec{x}_2 \in D$ mit*

$$f(\vec{x}_1) = \min\{f(\vec{x}) : \vec{x} \in D\}, \qquad f(\vec{x}_2) = \max\{f(\vec{x}) : \vec{x} \in D\}.$$

Wie das folgende Beispiel zeigt, ist die Abgeschlossenheit des Definitionsbereichs D eine wesentliche Voraussetzung für die Gültigkeit der Behauptungen (i) und (ii).

1.19 Beispiel.
Die auf der beschränkten Menge $D = \{\vec{x} \in \mathbb{R}^n : \|\vec{x}\|_2 < 1\}$ des $\mathbb{R}^n$ definierte Funktion $f(\vec{x}) = 1/(1 - \|\vec{x}\|_2)$ ist stetig, aber nicht beschränkt. Sie nimmt auf D zwar ihr Minimum ($= 1$), aber nicht ihr Maximum an. Man beachte, dass die Menge D nicht abgeschlossen ist.

Auch der Beweis des nächsten Satzes ist ganz analog zu dem von Satz I.7.7.

1.20 Satz. (Gleichmäßige Stetigkeit)
Es seien $m, n \in \mathbb{N}$, $D \subset \mathbb{R}^n$ eine abgeschlossene und beschränkte Menge und $g : D \to \mathbb{R}^m$ eine stetige Funktion. Dann gibt es zu jedem $\varepsilon > 0$ ein $\delta > 0$, so dass

$$\|g(\vec{x}) - g(\vec{x}_0)\|_2 \leq \varepsilon \quad \textit{für alle } \vec{x}, \vec{x}_0 \in D \textit{ mit } \|\vec{x} - \vec{x}_0\|_2 \leq \delta. \tag{1.26}$$

Schließlich notieren wir noch die folgende nützliche Charakterisierung der Stetigkeit.

1.21 Satz. (Charakterisierung der Stetigkeit)
Es seien $D \subset \mathbb{R}^n$ eine offene Menge und $f : D \to \mathbb{R}^m$ eine Funktion. Dann sind die folgenden Aussagen äquivalent:

(i) *Die Funktion f ist stetig.*

(ii) *Das Urbild $f^{-1}(U)$ jeder offenen Menge $U \subset \mathbb{R}^m$ ist offen.*

BEWEIS: (i)⇒(ii): Es sei $U \subset \mathbb{R}^m$ eine offene Menge. Wir wählen ein $\vec{x}_0 \in f^{-1}(U)$ und haben zu zeigen, dass $\vec{x}_0$ ein innerer Punkt von $f^{-1}(U)$ ist. Es sei $\vec{y}_0 := f(\vec{x}_0) \in U$. Weil U offen ist, gibt es ein $\varepsilon > 0$ mit $B(\vec{y}_0, \varepsilon) \subset U$, und nach der obigen $\varepsilon\delta$-Charakterisierung der Stetigkeit in $\vec{x}_0$ gibt es ein $\delta > 0$ mit

$$f(\vec{x}) \in B(\vec{y}_0, \varepsilon) \subset U \qquad \text{für jedes } \vec{x} \in B(\vec{x}_0, \delta) \cap D.$$

Weil D offen ist, kann man δ so klein wählen, dass $B(\vec{x}_0, \delta) \subset D$ gilt. Folglich ist $B(\vec{x}_0, \delta) \subset f^{-1}(U)$, wie gewünscht.

(ii)⇒(i): Es seien $\vec{x}_0 \in D$ und $\varepsilon > 0$. Nach Voraussetzung ist das Urbild G von $B^\circ(f(\vec{x}_0), \varepsilon)$ (unter der Abbildung f) offen. Also gibt es ein $\delta > 0$ mit $B(\vec{x}_0, \delta) \subset G$. Das bedeutet aber $\|f(\vec{x}) - f(\vec{x}_0)\|_2 \leq \varepsilon$ für alle $\vec{x} \in B(\vec{x}_0, \delta)$. Damit ist der Satz bewiesen. □

1.3.7 Häufungspunkte, Grenzwerte von Funktionen

Ein Punkt $\vec{a} \in \mathbb{R}^n$ heißt *Häufungspunkt* einer Menge $D \subset \mathbb{R}^n$, falls jede Umgebung von $\vec{a}$ unendlich viele (verschiedene) Punkte aus D enthält.

Offenbar ist ein Punkt $\vec{a} \in \mathbb{R}^n$ genau dann ein Häufungspunkt von D, wenn es eine gegen $\vec{a}$ konvergierende Folge $(\vec{x}_k)$ in D gibt, so dass jedes Folgenglied $\vec{x}_k$ von $\vec{a}$ verschieden ist. Gleichbedeutend hiermit ist die Aussage, dass jede Umgebung von $\vec{a}$ mindestens einen Punkt aus $D \setminus \{\vec{a}\}$ enthält. Jeder innere Punkt von D ist auch Häufungspunkt von D. Wie das Beispiel $D = \{\vec{0}\}$ zeigt, muss ein Randpunkt einer Menge nicht notwendig Häufungspunkt der Menge sein.

Ist D eine abgeschlossene Kugel, so ist jeder Punkt von D auch Häufungspunkt von D. Gleiches gilt für *Quader* der Form

$$\{\vec{x} = (x_1, \ldots, x_n) : b_j \leq x_j \leq c_j \text{ für } j = 1, \ldots, n\}.$$

Hierbei gelte $b_j < c_j$ für $j = 1, \ldots, n$. Das Wort „Quader“ ist dabei durch den Fall $n = 3$ motiviert. In den Fällen $n = 1$ und $n = 2$ ist ein Quader ein abgeschlossenes Intervall bzw. ein abgeschlossenes Rechteck.

Es seien $D \subset \mathbb{R}^n$, $\vec{a} \in \mathbb{R}^n$ ein Häufungspunkt von D und $f : D \to \mathbb{R}$ eine Funktion. Dann heißt $y \in \bar{\mathbb{R}}$ *Grenzwert von f an der Stelle $\vec{a}$*, wenn Folgendes richtig ist: für jede gegen $\vec{a}$ konvergierende Folge $(\vec{x}_k)$ in D mit der Eigenschaft $\vec{x}_k \neq \vec{a}$ für jedes $k \in \mathbb{N}$ gilt $\lim_{k\to\infty} f(\vec{x}_k) = y$. In diesem Fall schreibt man

$$\lim_{\vec{x}\to\vec{a}} f(\vec{x}) = y$$

oder $f(\vec{x}) \to y$ für $\vec{x} \to \vec{a}$.

1.22 Beispiel.
Wie in Beispiel 1.17 betrachten wir die auf $D := \mathbb{R}^2 \setminus \{(0,0)\}$ definierte Funktion

$$f(x,y) := \frac{xy}{x^2 + y^2}.$$

Der Punkt $(0,0)$ ist ein Häufungspunkt von D. Für jedes $c \in \mathbb{R}$ und jedes $k \in \mathbb{N}$ gilt $f(1/k, c/k) = c/(1 + c^2)$. Damit besitzt f keinen Grenzwert an der Stelle $(0,0)$. Insbesondere kann man den Funktionswert $f(0,0)$ nicht so festlegen, dass die dann auf ganz $\mathbb{R}^2$ definierte Funktion f im Punkt $(0,0)$ stetig wäre.

1.4 Differentiation

In diesem Abschnitt fixieren wir eine Menge $D \subset \mathbb{R}^n$, deren Inneres D° nichtleer ist, sowie eine Funktion $f : D \to \mathbb{R}$. Wie im Fall einer Funktion einer Variablen (vgl. Kapitel I.6) soll der Frage nachgegangen werden, wie sich die Werte $f(\vec{x})$ bei Änderungen des Argumentes $\vec{x}$ verhalten. Im Gegensatz zu früher besteht ein wesentlicher Unterschied im Fall $n \geq 2$ darin, dass die Annäherung $\vec{x} \to \vec{a}$ an den Punkt $\vec{a}$ „von ganz verschiedenen Richtungen aus“ erfolgen kann. Ist etwa $n = 2$ und somit $\vec{x} = (x_1, x_2)$ sowie $\vec{a} = (a_1, a_2)$, so könnten wir $x_2 := a_2$ setzen und

x_1 eine gegen a_1 konvergierende Folge durchlaufen lassen. In diesem Fall würden wir uns dem Punkt $\vec{a}$ in einem kartesischen Koordinatensystem „von Ost-West", also auf einer zur Abszisse parallelen Achse durch den Punkt $\vec{a}$, annähern. In gleicher Weise könnten wir uns dem Punkt $\vec{a}$ aber auch in „Nord–Süd-Richtung" nähern, wenn wir $x_1 := a_1$ setzen und x_2 eine gegen a_2 konvergierende Folge durchlaufen lassen. Man beachte, dass es unzählige weitere Möglichkeiten der Wahl von Folgen mit dem Grenzwert $\vec{a}$ gibt. Die beiden Spezialfälle, eine der beiden Variablen konstant zu lassen und nur das jeweils andere Argument zu verändern, führen uns auf vertrautes Terrain; nur der im Folgenden vorgestellte Begriff der *partiellen Ableitung* ist neu.

1.4.1 Partielle Ableitungen

Um den Einfluss einer bestimmten Variablen x_j auf das Änderungsverhalten einer Funktion f der n Variablen $x_1, \ldots, x_n$ zu untersuchen, fixiert man die übrigen Variablen $x_1, \ldots, x_{j-1}, x_{j+1}, \ldots, x_n$ und betrachtet die Schnittfunktion

$$x \mapsto f(x_1, \ldots, x_{j-1}, x, x_{j+1}, \ldots, x_n)$$

(vgl. 1.3.5). Ist diese Funktion an der Stelle x_j differenzierbar, so nennt man die Ableitung die *partielle Ableitung* von f nach der Variablen x_j im Punkt (oder an der Stelle) $(x_1, \ldots, x_n)$. Die ausführliche Definition ist wie folgt:

Die Funktion f heißt in einem inneren Punkt $\vec{a} = (a_1, \ldots, a_n)$ von D *partiell differenzierbar* nach (der j-ten Variablen) x_j, wenn der Grenzwert

$$\begin{aligned} \frac{\partial f}{\partial x_j}(\vec{a}) &:= \lim_{x \to a_j} \frac{f(a_1, \ldots, a_{j-1}, x, a_{j+1}, \ldots, a_n) - f(\vec{a})}{x - a_j} \\ &= \lim_{h \to 0} \frac{f(a_1, \ldots, a_{j-1}, a_j + h, a_{j+1}, \ldots, a_n) - f(\vec{a})}{h} \end{aligned} \tag{1.27}$$

existiert und endlich ist. Dieser auch mit

$$\frac{\partial f(\vec{a})}{\partial x_j} := \frac{\partial f}{\partial x_j}(\vec{a}), \quad f_{x_j}(\vec{a}) := \frac{\partial f}{\partial x_j}(\vec{a}) \quad \text{oder} \quad \partial_j f(\vec{a}) := \frac{\partial f}{\partial x_j}(\vec{a})$$

bezeichnete Grenzwert heißt dann *partielle Ableitung* von f nach x_j im Punkt (oder an der Stelle) $\vec{a}$.

Man erhält also die partielle Ableitung von f nach x_j, indem man alle anderen Variablen als Konstanten betrachtet und die dann nur noch von x_j abhängende Funktion in gewohnter Weise nach x_j differenziert.

Ist die Funktion f in jedem Punkt $\vec{x} \in D^\circ$ partiell differenzierbar nach x_j, so heißt die Funktion $\vec{x} \mapsto f_{x_j}(\vec{x})$ von D° in $\mathbb{R}$ *partielle Ableitung* von f nach x_j. Andere übliche Bezeichnungen für f_{x_j} sind $\frac{\partial f}{\partial x_j}$ oder $\partial_j f$.

Für $n = 1$ stimmt die partielle Ableitung natürlich mit der Ableitung überein. In diesem Fall schreibt man auch

$$\frac{df}{dx}(a) := f'(a) \quad \text{bzw. (etwas ungenauer)} \quad \frac{df(x)}{dx} := f'(x), \tag{1.28}$$

verwendet also ein gewöhnliches „d" im Gegensatz zur Notation „∂", welche ausschließlich der partiellen Ableitungsbildung vorbehalten ist.

Bild 1.8 illustriert die geometrische Bedeutung der partiellen Ableitung. Die Abbildung zeigt einen Ausschnitt des Graphen einer auf der ganzen Ebene $\mathbb{R}^2$ definierten Funktion f als hellgraue Fläche im $\mathbb{R}^3$. Der Schnitt dieser Fläche mit der dunkelgrau gezeichneten Ebene $H := \{(x_1, x_2, x_3) \in \mathbb{R}^3 : x_2 = a_2\}$ liefert den Graphen der Schnittfunktion $x_1 \mapsto f(x_1, a_2)$ als „Schnittkurve" im $\mathbb{R}^3$. Die partielle Ableitung $f_{x_1}(\vec{a})$ ist die Steigung der durch die Ebene H verlaufenden Tangente an diese Schnittfunktion durch den Punkt $(\vec{a}, f(\vec{a}))$.

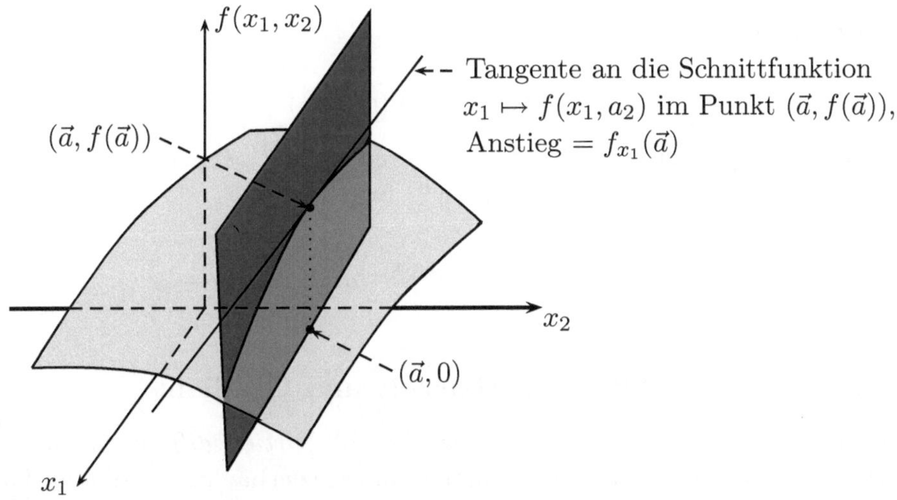

Bild 1.8: Geometrische Bedeutung der partiellen Ableitung $f_{x_1}(\vec{a})$

1.23 Beispiel.
Die durch $f(u, v) := u\sin(v) + v^2 e^u$ definierte Funktion ist in jedem Punkt $(u, v) \in \mathbb{R}^2$ nach jeder Variablen partiell differenzierbar, und es gilt

$$\frac{\partial f(u,v)}{\partial u} = \sin(v) + v^2 e^u, \qquad \frac{\partial f(u,v)}{\partial v} = u\cos(v) + 2ve^u.$$

1.24 Beispiel. (Quadratische Formen)
Es sei $A = (a_{jk})$ eine symmetrische $n \times n$-Matrix. Dann ist die quadratische Form

$$Q_A(\vec{x}) = \langle \vec{x}, A\vec{x} \rangle = \sum_{j,k=1}^{n} a_{jk} x_j x_k$$

in jedem Punkt $\vec{x} \in \mathbb{R}^n$ partiell differenzierbar nach x_i, und es gilt

$$\begin{aligned} \partial_i Q_A(\vec{x}) &= \frac{\partial}{\partial x_i} \sum_{k \neq i} a_{ik} x_i x_k + \frac{\partial}{\partial x_i} \sum_{j \neq i} a_{ji} x_j x_i + \frac{\partial}{\partial x_i} a_{ii} x_i^2 \\ &= \sum_{k \neq i} a_{ik} x_k + \sum_{j \neq i} a_{ji} x_j + 2a_{ii} x_i \\ &= 2 \sum_{j=1}^{n} a_{ij} x_j. \end{aligned}$$

1.25 Beispiel.
Die Funktion

$$f(\vec{x}) := \exp(Q_A(\vec{x}))$$

mit A wie in Beispiel 1.24 ist in jedem Punkt $\vec{x} \in \mathbb{R}^n$ partiell differenzierbar nach x_i, und aus der Kettenregel (vgl. I.6.6.9) folgt

$$\partial_i f(\vec{x}) = 2 \exp(Q_A(\vec{x})) \sum_{j=1}^{n} a_{ij} x_j, \qquad \vec{x} \in \mathbb{R}^n.$$

1.4.2 Partielle Differenzierbarkeit und Gradient

Die Funktion f heißt in einem Punkt $\vec{a} \in D^\circ$ *partiell differenzierbar*, wenn sie dort nach jeder der n Variablen partiell differenzierbar ist. In diesem Fall nennt man den Vektor

$$f'(\vec{a}) := (\partial_1 f(\vec{a}), \ldots, \partial_n f(\vec{a})) \tag{1.29}$$

den *Gradienten von f im Punkt $\vec{a}$*. In der Literatur findet man hierfür auch die Schreibweisen $\operatorname{grad} f(\vec{a}) := f'(\vec{a})$ oder $\nabla f(\vec{a}) := f'(\vec{a})$.

Ist die Funktion in jedem Punkt $\vec{a} \in D^\circ$ partiell differenzierbar, so heißt f *partiell differenzierbar* (auf D°). In diesem Fall bezeichnet f' die Abbildung $\vec{x} \mapsto f'(\vec{x})$ von D° in $\mathbb{R}^n$. Sind darüber hinaus alle partiellen Ableitungen stetig, so nennt man f *stetig partiell differenzierbar* oder auch eine C^1-Funktion. Bei dieser Sprechweise wird stillschweigend angenommen, dass der Definitionsbereich D offen ist, also $D^\circ = D$ gilt.

1.26 Beispiel.
Für die Funktion $f(u,v) := u\sin(v) + v^2e^u$ aus Beispiel 1.23 gilt

$$f'(u,v) = \big(\sin(v) + v^2e^u, u\cos(v) + 2ve^u\big), \qquad u,v \in \mathbb{R}.$$

Da die partiellen Ableitungen stetig sind, ist f eine C^1-Funktion auf $\mathbb{R}^2$.

Das folgende Beispiel zeigt, dass eine partiell differenzierbare Funktion nicht stetig sein muss.

1.27 Beispiel.
Für die durch

$$f(x,y) := \begin{cases} \frac{xy}{(x^2+y^2)^2}, & \text{falls } (x,y) \neq (0,0), \\ 0, & \text{falls } (x,y) = (0,0), \end{cases}$$

definierte Funktion $f : \mathbb{R}^2 \to \mathbb{R}$ gilt $f(x,0) = f(0,y) = 0$ $(x, y \in \mathbb{R})$ und somit $f_x(0,0) = f_y(0,0) = 0$. Für $(x,y) \neq (0,0)$ ergibt sich

$$\begin{aligned} f_x(x,y) &= \frac{y}{(x^2+y^2)^2} - \frac{4x^2y}{(x^2+y^2)^3}, \\ f_y(x,y) &= \frac{x}{(x^2+y^2)^2} - \frac{4xy^2}{(x^2+y^2)^3}. \end{aligned}$$

Die Funktion f ist also partiell differenzierbar. Andererseits gilt $f(1/k, 1/k) = k^2/4 \to \infty$ für $k \to \infty$. Damit ist f nicht stetig im Punkt $(0,0)$.

Im obigen Beispiel sind die partiellen Ableitungen in jeder Umgebung von $(0,0)$ nicht beschränkt. Jedoch gilt:

1.28 Satz. (Partielle Differenzierbarkeit und Stetigkeit)
Die Funktion f sei in jedem Punkt einer Umgebung $U \subset D$ von $\vec{a} \in D$ partiell differenzierbar, und die partiellen Ableitungen seien dort beschränkt. Dann ist f stetig in $\vec{a}$.

Beweis: Wir führen den Beweis für den Fall $n = 2$; der allgemeine Beweis erfolgt analog. Wir setzen $\vec{a} =: (a_1, a_2)$ und wählen $\delta > 0$ so klein, dass die Menge

$$U_\delta := \{(x,y) : |x - a_1| \leq \delta, |y - a_2| \leq \delta\}$$

Teilmenge von U ist. Für $(x,y) \in U_\delta$ liefert der erste Mittelwertsatz (vgl. Satz I.6.50) die Darstellung

$$\begin{aligned} f(x,y) - f(a_1,a_2) &= f(x,y) - f(x,a_2) + f(x,a_2) - f(a_1,a_2) \\ &= f_y(x,\xi_2)(y - a_2) + f_x(\xi_1,a_2)(x - a_1) \end{aligned}$$

mit einem ξ_1 zwischen a_1 und x und einem ξ_2 zwischen a_2 und y. Weil die partiellen Ableitungen auf U_δ beschränkt sind, gibt es ein $C > 0$ mit

$$|f(x,y) - f(a_1,a_2)| \leq C|y - a_2| + C|x - a_1|.$$

Für $(x,y) \to \vec{a}$ strebt dieser Ausdruck gegen 0. Die Funktion f ist also stetig in $\vec{a}$. □

Wegen Satz 1.18 sind die Voraussetzungen von Satz 1.28 erfüllt, falls die partiellen Ableitungen in jedem Punkt einer Umgebung von $\vec{a}$ existieren und stetig sind.

1.4.3 Höhere partielle Ableitungen

Die Funktion f sei partiell differenzierbar auf der offenen Menge D. Sind $i,j \in \{1,\ldots,n\}$ und ist $\partial_i f$ partiell differenzierbar nach x_j, so heißt die Funktion

$$\frac{\partial^2 f}{\partial x_j \partial x_i} := \frac{\partial}{\partial x_j}\left(\frac{\partial f}{\partial x_i}\right) \qquad \text{(kurz: } \partial_j\partial_i f := \partial_j(\partial_i f))$$

partielle Ableitung zweiter Ordnung (nach x_i und nach x_j) von f. Induktiv definiert man für $k \geq 2$ und $i_1,\ldots,i_k \in \{1,\ldots,n\}$ *höhere Ableitungen k-ter Ordnung* durch

$$\frac{\partial^k f}{\partial x_{i_k} \ldots \partial x_{i_1}} := \frac{\partial}{\partial x_{i_k}}\left(\frac{\partial^{k-1} f}{\partial x_{i_{k-1}} \ldots \partial x_{i_1}}\right).$$

Andere Schreibweisen hierfür sind $f_{x_{i_1},\ldots,x_{i_k}}$ bzw. $\partial_{i_k} \ldots \partial_{i_1} f$.

Die Funktion f heißt *k-mal partiell differenzierbar*, falls alle partiellen Ableitungen k-ter Ordnung existieren. Sind diese Ableitungen darüber hinaus stetig, so nennt man f *k-mal stetig partiell differenzierbar* oder auch eine *C^k-Funktion*. Diese Bezeichnung wird zweckmäßigerweise noch um den Fall $k = 0$ erweitert: eine Funktion $f : D \to \mathbb{R}$ heißt *C^0-Funktion*, wenn sie auf D stetig ist.

Man beachte, dass die Indizes $i_1,\ldots,i_k$ in der obigen Definition nicht paarweise verschieden sein müssen. Beispielsweise sind im Fall $n = 2$ die Funktionen $\partial_1\partial_1 f$, $\partial_1\partial_2 f$, $\partial_2\partial_1 f$ und $\partial_2\partial_2 f$ die höheren Ableitungen zweiter Ordnung. Alternative Schreibweisen für $\partial_1\partial_1 f$ bzw. $\partial_2\partial_2 f$ sind $\frac{\partial^2 f}{\partial x_1^2}$ bzw. $\frac{\partial^2 f}{\partial x_2^2}$. Entsprechendes gilt für Funktionen von drei oder mehr Veränderlichen. Für den Fall einer Veränderlichen schreibt man für jedes $k \in \mathbb{N}$ (analog zu (1.28))

$$\frac{d^k f}{dx^k}(a) := f^{(k)}(a) \quad \text{bzw. (etwas ungenauer)} \quad \frac{d^k f(x)}{dx^k} := f^{(k)}(x).$$

1.29 Beispiel. (Fortsetzung von Beispiel 1.23)
Für die durch $f(u,v) := u\sin(v) + v^2 e^u$ definierte Funktion gilt

$$\frac{\partial^2 f}{\partial u^2} = v^2 e^u, \quad \frac{\partial^2 f}{\partial u \partial v} = \cos(v) + 2ve^u = \frac{\partial^2 f}{\partial v \partial u}, \quad \frac{\partial^2 f}{\partial v^2} = -u\sin(v) + 2e^u.$$

Da diese partiellen Ableitungen stetig sind, ist f eine C^2-Funktion auf $\mathbb{R}^2$.

1.30 Beispiel.
Für die durch

$$f(x,y) := \begin{cases} xy \cdot \frac{x^2-y^2}{x^2+y^2}, & \text{falls } (x,y) \neq (0,0), \\ 0, & \text{falls } (x,y) = (0,0), \end{cases}$$

definierte Funktion gilt

$$\partial_1 f(x,y) = \frac{y(x^2-y^2)}{x^2+y^2} + \frac{xy(2x)}{x^2+y^2} - \frac{xy(x^2-y^2)(2x)}{(x^2+y^2)^2},$$

falls $(x,y) \neq (0,0)$. Wegen $f(x,0) = 0$ gilt ferner $\partial_1 f(x,0) = 0$ für jedes $x \in \mathbb{R}$. (Der Leser möge sich überlegen, dass $\partial_1 f$ eine stetige Funktion auf $\mathbb{R}^2$ ist.) Aus $\partial_1 f(0,y) = -y$ für jedes $y \in \mathbb{R}$ folgt $\partial_2\partial_1 f(0,0) = -1$. Analog folgt $\partial_2 f(x,0) = x$ für jedes $x \in \mathbb{R}$ und damit $\partial_1\partial_2 f(0,0) = 1$. Im Gegensatz zu Beispiel 1.29 sind also die „gemischten" partiellen Ableitungen zweiter Ordnung verschieden!

Man kann sich leicht davon überzeugen, dass die partiellen Ableitungen im obigen Beispiel nicht stetig sind. Wie das folgende Resultat zeigt, ist unter Stetigkeitsvoraussetzungen (welche in Beispiel 1.29 vorliegen) die Reihenfolge der Variablen beim partiellen Differenzieren beliebig vertauschbar.

1.31 Satz. (Vertauschbarkeitssatz von H.A. Schwarz)
Es seien $D \subset \mathbb{R}^n$ eine offene Menge, und die Funktion $f : D \to \mathbb{R}$ sei zweimal stetig partiell differenzierbar. Dann gilt für alle $i, j \in \{1, \ldots, n\}$

$$\partial_j \partial_i f = \partial_i \partial_j f.$$

BEWEIS: Es genügt, den Beweis für den Fall $n = 2$ zu führen. Wir können dann $i = 1$ und $j = 2$ annehmen. Ist (a,b) ein beliebiger Punkt aus D, so gibt es aufgrund der Offenheit von D ein $\varepsilon > 0$ mit

$$U_\varepsilon := \{(x,y) : |x-a| \leq \varepsilon, |y-b| \leq \varepsilon\} \subset D.$$

Für $(x,y) \in U_\varepsilon$ mit $x \neq a$ und $y \neq b$ betrachten wir die Funktion

$$h(x,y) := f(x,y) - f(a,y) - f(x,b) + f(a,b)$$

und setzen kurz $Z(y) := f(x,y) - f(a,y)$. Durch zweimalige Anwendung des Mittelwertsatzes ergibt sich

$$\begin{aligned} h(x,y) &= Z(y) - Z(b) = Z'(\xi_2)(y-b) \\ &= (f_y(x,\xi_2) - f_y(a,\xi_2))(y-b) \\ &= f_{y,x}(\xi_1,\xi_2)(x-a)(y-b) \end{aligned}$$

für ein ξ_2 zwischen b und y und ein ξ_1 zwischen a und x. Analog erhalten wir

$$\begin{aligned} h(x,y) &= f(x,y) - f(x,b) - (f(a,y) - f(a,b)) \\ &= (f_x(\eta_1,y) - f_x(\eta_1,b))(x-a) \\ &= f_{x,y}(\eta_1,\eta_2)(x-a)(y-b) \end{aligned}$$

für ein η_1 zwischen a und x und ein η_2 zwischen b und y. Wegen $x \neq a$ und $y \neq b$ folgt

$$f_{y,x}(\xi_1,\xi_2) = f_{x,y}(\eta_1,\eta_2).$$

Beim Grenzübergang $(x,y) \to (a,b)$ gilt auch $(\xi_1,\xi_2) \to (a,b)$ und $(\eta_1,\eta_2) \to (a,b)$, so dass die Stetigkeit der obigen partiellen Ableitungen die Gleichung $f_{y,x}(a,b) = f_{x,y}(a,b)$ liefert. □

Ist f mehr als zweimal stetig partiell differenzierbar, so kann man Satz 1.31 mehrfach anwenden. Es folgt:

1.32 Folgerung. (Reihenfolge der Differentiationen)
Ist $k \geq 2$ und f eine C^k-Funktion, so ist die Reihenfolge der Differentiationen zur Bildung der partiellen Ableitungen bis zur k-ten Ordnung beliebig vertauschbar.

1.4.4 Das lokale Änderungsverhalten einer C^1-Funktion

Es seien $D \subset \mathbb{R}^n$ eine offene Menge, $f : D \to \mathbb{R}$ eine C^1-Funktion und $\vec{a} \in D$. In Verallgemeinerung der bisherigen Betrachtungen untersuchen wir jetzt das Änderungsverhalten von f, also die mit

$$\Delta f(\vec{x}) := f(\vec{x}) - f(\vec{a}), \qquad \vec{x} \in D,$$

bezeichnete Differenz bei *beliebiger* Annäherung $\vec{x} \to \vec{a}$. Es wird sich zeigen, dass $\Delta f(\vec{x})$ beim Grenzübergang $\vec{x} \to \vec{a}$ in erster Approximation durch die Funktion $\vec{x} \to \langle f'(\vec{a}), \vec{x} - \vec{a}\rangle$ beschrieben wird; für das lokale Änderungsverhalten von f an der Stelle $\vec{a}$ kommt also dem Gradienten $f'(\vec{a})$ von f im Punkt $\vec{a}$ eine ausgezeichnete Rolle zu.

Aus rein schreibtechnischen Gründen beschränken wir uns auf den Fall $n = 2$ und setzen $\vec{a} =: (a_1, a_2)$, $\vec{x} =: (x_1, x_2)$ sowie $h_1 := x_1 - a_1$, $h_2 := x_2 - a_2$. Die Grundidee besteht darin, die Differenz $\Delta f(\vec{x})$ in der Form

$$\Delta f(\vec{x}) = f(a_1 + h_1, a_2 + h_2) - f(a_1, a_2 + h_2) \tag{1.30}$$
$$+ f(a_1, a_2 + h_2) - f(a_1, a_2) \tag{1.31}$$

als *Summe* zweier Funktionsänderungen *bei Festhalten jeweils einer Variablen* darzustellen. Dieser Zerlegung entspricht ein Übergang von $\vec{a}$ zu $\vec{x}$ in zwei Schritten, nämlich zunächst „in Nord-Süd-Richtung“ von (a_1, a_2) zu $(a_1, a_2 + h_2)$ (dieser Schritt liefert die in (1.31) stehende Differenz) und danach „in West-Ost-Richtung“ von $(a_1, a_2 + h_2)$ zu $(a_1 + h_1, a_2 + h_2)$ (diese Änderung des Argumentes bewirkt den in (1.30) auftretenden Beitrag zu $\Delta f(\vec{x})$, vgl. Bild 1.9).

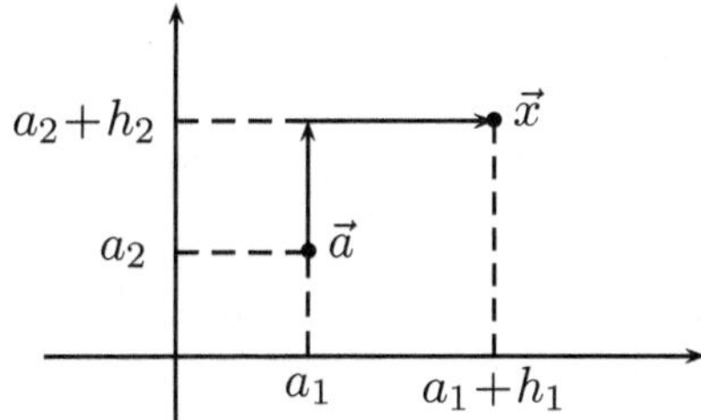

Bild 1.9: Zerlegung von $\Delta f(\vec{x})$ durch Übergang von $\vec{a}$ zu $\vec{x}$ in zwei Schritten

Es seien $|h_1|$ und $|h_2|$ so klein gewählt, dass das Rechteck

$$[a_1 - |h_1|, a_1 + |h_1|] \times [a_2 - |h_2|, a_2 + |h_2|]$$

ganz in D enthalten ist. Eine Anwendung des ersten Mittelwertsatzes (Satz I.6.50) auf die Schnittfunktion $f(\cdot, a_2 + h_2)$ liefert dann

$$\begin{aligned} f(a_1 + h_1, a_2 + h_2) - f(a_1, a_2 + h_2) &= f_{x_1}(\xi_1, a_2 + h_2) \cdot h_1 \\ &= f_{x_1}(a_1, a_2) \cdot h_1 + R_1 \cdot h_1, \end{aligned}$$

wobei ξ_1 zwischen a_1 und $a_1 + h_1$ liegt und der Kürze halber

$$R_1 := f_{x_1}(a_1, a_2 + h_2) - f_{x_1}(a_1, a_2)$$

gesetzt wurde. In gleicher Weise ergibt sich

$$\begin{aligned} f(a_1, a_2 + h_2) - f(a_1, a_2) &= f_{x_2}(a_1, \xi_2) \cdot h_2 \\ &= f_{x_2}(a_1, a_2) \cdot h_2 + R_2 \cdot h_2 \end{aligned}$$

mit einem ξ_2 zwischen a_2 und $a_2 + h_2$ und der abkürzenden Schreibweise

$$R_2 := f_{x_2}(a_1, \xi_2) - f_{x_2}(a_1, a_2).$$

Man beachte, dass $R_1 = R_1(\vec{x}, \vec{a})$ und $R_2 = R_2(\vec{x}, \vec{a})$ Funktionen von $\vec{x}$ und $\vec{a}$ sind. Insgesamt folgt also

$$\Delta f(\vec{x}) = f_{x_1}(\vec{a}) \cdot (x_1 - a_1) + f_{x_2}(\vec{a}) \cdot (x_2 - a_2) + R(\vec{x}, \vec{a}) \tag{1.32}$$

bzw.

$$f(\vec{x}) = f(\vec{a}) + \langle f'(\vec{a}), \vec{x} - \vec{a} \rangle + R(\vec{x}, \vec{a}) \tag{1.33}$$

mit einer durch

$$R(\vec{x}, \vec{a}) := R_1(\vec{x}, \vec{a}) \cdot (x_1 - a_1) + R_2(\vec{x}, \vec{a}) \cdot (x_2 - a_2)$$

definierten „Restfunktion" $R(\vec{x}, \vec{a})$. Dabei gilt für $\vec{x} \neq \vec{a}$

$$\frac{|R(\vec{x}, \vec{a})|}{|x_1 - a_1| + |x_2 - a_2|} = \frac{|R(\vec{x}, \vec{a})|}{\|\vec{x} - \vec{a}\|_1} \leq |R_1(\vec{x}, \vec{a})| + |R_2(\vec{x}, \vec{a})|.$$

Nach Definition von $R_1(\vec{x}, \vec{a})$ und $R_2(\vec{x}, \vec{a})$ und der Stetigkeit der partiellen Ableitungen f_{x_1} und f_{x_2} strebt der letzte Ausdruck beim Grenzübergang $\vec{x} \to \vec{a}$ gegen Null. Da die Betragssummennorm $\| \cdot \|_1$ zur euklidischen Norm äquivalent ist (vgl. (1.14), (1.15)), folgt dann auch

$$\lim_{\vec{x} \to \vec{a}} \frac{R(\vec{x}, \vec{a})}{\|\vec{x} - \vec{a}\|_2} = 0. \tag{1.34}$$

Diese Betrachtungen motivieren die nachfolgende grundlegende Begriffsbildung.

1.4.5 Totale Differenzierbarkeit

Es seien $D \subset \mathbb{R}^n$ eine Menge mit $D^\circ \neq \emptyset$ und $f : D \to \mathbb{R}$ eine Funktion. Die Funktion f heißt (*total* bzw. *vollständig*) *differenzierbar* im Punkt $\vec{a} \in D^\circ$, wenn gilt:

(i) f ist partiell differenzierbar in $\vec{a}$.

(ii) Es gilt

$$\lim_{\vec{x} \to \vec{a}} \frac{f(\vec{x}) - f(\vec{a}) - \langle f'(\vec{a}), \vec{x} - \vec{a} \rangle}{\|\vec{x} - \vec{a}\|_2} = 0. \tag{1.35}$$

In diesem Fall heißt der Gradient $f'(\vec{a}) = (\partial_1 f(\vec{a}), \ldots, \partial_n f(\vec{a}))$ die *Ableitung* von f an der Stelle $\vec{a}$. Die Funktion f heißt (*total* bzw. *vollständig*) *differenzierbar*, falls sie in jedem Punkt von D° differenzierbar ist.

Offenbar steht diese Definition im Spezialfall $n = 1$ ganz im Einklang mit dem aus I.6.6.1 bekannten Differenzierbarkeitsbegriff. Die Differenzierbarkeit einer Funktion f einer Variablen x im Punkt $a \in D^\circ$ ist zu Bedingung (i) äquivalent. Besitzt f im Punkt a die Ableitung $f'(a)$, so gilt

$$\lim_{x \to a} \left(\frac{f(x) - f(a)}{x - a} - f'(a) \right) = 0$$

und somit auch

$$\lim_{x \to a} \left(\frac{f(x) - f(a) - f'(a)(x - a)}{|x - a|} \right) = 0,$$

also (ii).

Zwischen den Begriffen *partielle* und *totale* Differenzierbarkeit besteht folgender Zusammenhang.

1.33 Satz. (Totale und partielle Differenzierbarkeit)

(i) *Die Funktion f ist genau dann im Punkt $\vec{a} \in D^\circ$ differenzierbar, wenn es einen Vektor $\vec{k} \in \mathbb{R}^n$ gibt, so dass gilt:*

$$\lim_{\vec{x} \to \vec{a}} \frac{f(\vec{x}) - f(\vec{a}) - \langle \vec{k}, \vec{x} - \vec{a} \rangle}{\|\vec{x} - \vec{a}\|_2} = 0. \tag{1.36}$$

In diesem Fall ist f partiell differenzierbar in $\vec{a}$, und es gilt $\vec{k} = f'(\vec{a})$.

(ii) *Jede C^1-Funktion ist differenzierbar.*

Beweis: (i) Die Gleichung (1.35) impliziert (1.36) für $\vec{k} = f'(\vec{a})$. Es sei jetzt umgekehrt vorausgesetzt, dass der Vektor $\vec{k} = (k_1, \ldots, k_n)$ der Bedingung (1.36) genüge, d.h. es gelte

$$\lim_{\vec{h} \to \vec{0}} \frac{f(\vec{a} + \vec{h}) - f(\vec{a}) - \langle \vec{k}, \vec{h} \rangle}{\|\vec{h}\|_2} = 0. \tag{1.37}$$

Es sei $\vec{e}_j$ der j-te kanonische Einheitsvektor im $\mathbb{R}^n$. Wählen wir in (1.37) speziell $\vec{h} = t\vec{e}_j$ $(t \neq 0)$, so folgt für jedes $j \in \{1, \ldots, n\}$

$$\lim_{t \to 0} \frac{f(\vec{a} + t\vec{e}_j) - f(\vec{a}) - tk_j}{|t|} = 0$$

und somit

$$\lim_{t \to 0} \frac{f(\vec{a} + t\vec{e}_j) - f(\vec{a}) - tk_j}{t} = 0$$

bzw.

$$\lim_{t \to 0} \frac{f(\vec{a} + t\vec{e}_j) - f(\vec{a})}{t} = k_j.$$

Die Funktion f ist also partiell differenzierbar in $\vec{a}$, und es gilt $\vec{k} = f'(\vec{a})$.

(ii) Diese Aussage folgt unmittelbar aus (1.33) und (1.34) . □

Nach Satz 1.33 ist f genau dann eine C^1-Funktion, also stetig partiell differenzierbar, wenn f differenzierbar ist und die Abbildung $\vec{x} \mapsto f'(\vec{x})$ von D in $\mathbb{R}^n$ stetig ist. Aus diesem Grund nennt man eine C^1-Funktion auch eine *stetig differenzierbare* Funktion.

Wie im Fall $n = 1$ ist jede differenzierbare Funktion insbesondere auch stetig. Aus der Differenzierbarkeit von f in $\vec{a}$ folgt nämlich mit (1.35) die Konvergenz

$$\lim_{\vec{x} \to \vec{a}} (f(\vec{x}) - f(\vec{a}) - \langle f'(\vec{a}), \vec{x} - \vec{a} \rangle) = 0$$

und somit $f(\vec{x}) \to f(\vec{a})$ für $\vec{x} \to \vec{a}$. Zusammen mit Beispiel 1.27 zeigt diese Überlegung, dass allein aus der partiellen Differenzierbarkeit im Allgemeinen nicht die Differenzierbarkeit gefolgert werden kann!

1.4.6 Geometrische Interpretation der Differenzierbarkeit

Eine in einem Punkt $\vec{a} = (a_1, \ldots, a_n)$ differenzierbare Funktion $f : D \to \mathbb{R}$ wird nach (1.35) in der Nähe des Punktes $\vec{a}$ durch die Funktion

$$g(\vec{x}) := f(\vec{a}) + \langle f'(\vec{a}), \vec{x} - \vec{a} \rangle, \qquad \vec{x} \in \mathbb{R}^n,$$

approximiert, denn es gilt

$$\lim_{\vec{x} \to \vec{a}} \frac{f(\vec{x}) - g(\vec{x})}{\|\vec{x} - \vec{a}\|_2} = 0. \tag{1.38}$$

Wegen $g(\vec{x}) = \langle f'(\vec{a}), \vec{x} \rangle + f(\vec{a}) - \langle f'(\vec{a}), \vec{a} \rangle$ ist $g : \mathbb{R}^n \to \mathbb{R}$ die Summe einer linearen Funktion und einer Konstanten; eine Funktion dieser Gestalt wird *affin* genannt. Der Graph von g ist die den Punkt $(a_1, \ldots, a_n, f(\vec{a}))$ enthaltende Menge $T_f(\vec{a})$ aller Punkte $(x_1, \ldots, x_n, y) \in \mathbb{R}^{n+1}$, die der Gleichung

$$y = f(\vec{a}) + \sum_{j=1}^{n} \partial_j f(\vec{a}) \cdot (x_j - a_j) \tag{1.39}$$

genügen. Da das (im $\mathbb{R}^{n+1}$ gebildete) Skalarprodukt der beiden Vektoren

$$\left(x_1, \ldots, x_n, f(\vec{a}) + \sum_{j=1}^{n} \partial_j f(\vec{a}) \cdot (x_j - a_j) \right), \qquad (\partial_1 f(\vec{a}), \ldots, \partial_n f(\vec{a}), -1)$$

unabhängig von $(x_1, \ldots, x_n) \in \mathbb{R}^n$ den Wert

$$\sum_{j=1}^{n} \partial_j f(\vec{a}) \cdot a_j - f(\vec{a})$$

annimmt, ist $T_f(\vec{a})$ eine Hyperebene im $\mathbb{R}^{n+1}$ (vgl. I.8.6.2), die sogenannte *Tangentialebene* (im Fall $n = 1$: *Tangente*) an (den Graphen von) f im Punkt $(\vec{a}, f(\vec{a}))$. Gleichung (1.38) bedeutet, dass sich diese Hyperebene in einer Umgebung von $(\vec{a}, f(\vec{a}))$ an den Graphen von f „anschmiegt“. Bild 1.10 veranschaulicht den Fall $n = 2$.

Bezeichnet $\vec{e}_j$ den j-ten kanonischen Einheitsvektor im $\mathbb{R}^n$, und setzt man in (1.39) $\lambda_j := x_j - a_j$, so ergibt sich, dass $T_f(\vec{a})$ die Menge aller Vektoren der Gestalt

$$(\vec{a}, f(\vec{a})) + \sum_{j=1}^{n} \lambda_j (\vec{e}_j, f_{x_j}(\vec{a})), \qquad \lambda_1, \ldots, \lambda_n \in \mathbb{R}, \tag{1.40}$$

ist. Die Tangentialhyperebene wird also von den in $(\vec{a}, f(\vec{a}))$ angetragenen (linear unabhängigen) Vektoren $(\vec{e}_j, f_{x_j}(\vec{a}))$, $j = 1, \ldots, n$, aufgespannt.

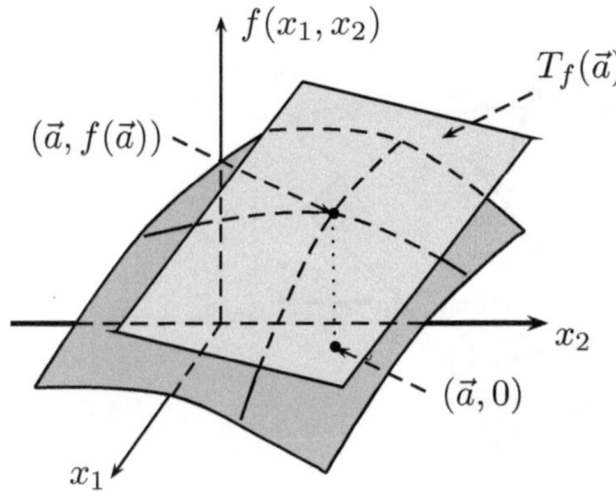

Bild 1.10:
Tangentialebene an f im Punkt $(\vec{a}, f(\vec{a}))$

Aus Darstellung (1.40) wird auch die geometrische Bedeutung der partiellen Ableitungen $f_{x_j}(\vec{a})$ deutlich: Da $f_{x_j}(\vec{a})$ den Tangens des Neigungswinkels der Tangente an die Schnittfunktion $x \mapsto f(a_1, \ldots, a_{j-1}, x, a_{j+1}, \ldots, a_n)$ an der Stelle a_j angibt, bestimmt die partielle Ableitung $f_{x_j}(\vec{a})$ den Neigungswinkel der Tangentialebene an f im Punkt $(\vec{a}, f(\vec{a}))$ mit der x_j-Achse eines kartesischen Koordinatensystems im $\mathbb{R}^n$.

Bildet man das Skalarprodukt der Vektoren $(\vec{e}_j, f_{x_j}(\vec{a}))$ und $(f'(\vec{a}), -1)$, so ergibt sich

$$\langle(\vec{e}_j, f_{x_j}(\vec{a})), (f'(\vec{a}), -1)\rangle = \langle(\vec{e}_j, f'(\vec{a})\rangle - f_{x_j}(\vec{a}) = 0, \qquad j = 1, \ldots, n.$$

Somit ist

$$(\partial_1 f(\vec{a}), \ldots, \partial_n f(\vec{a}), -1)$$

ein Normalenvektor der Tangentialebene; dieser Vektor steht senkrecht auf dem Richtungsraum von $T_f(\vec{a})$ (Bild 1.11).

1.34 Beispiel.
Die durch $f(\vec{x}) := x_1^2 + x_2^2$, $\vec{x} = (x_1, x_2) \in \mathbb{R}^2$, definierte Funktion $f : \mathbb{R}^2 \to \mathbb{R}$ (vgl. Bild 1.5 links) ist auf ganz $\mathbb{R}^2$ differenzierbar, und es gilt $f'(\vec{x}) = (2x_1, 2x_2)$. Die Tangentialebene $T_f(\vec{a})$ im Punkt $(\vec{a}, f(\vec{a})) = (1, 0, 1)$ ist durch die Gleichung

$$\begin{aligned} y &= f(\vec{a}) + \partial_1 f(\vec{a}) \cdot (x_1 - a_1) + \partial_2 f(\vec{a}) \cdot (x_2 - a_2) \\ &= 1 + 2(x_1 - 1) \end{aligned}$$

gegeben, d.h. es gilt

$$T_f(1, 0) = \{(x_1, x_2, y) \in \mathbb{R}^3 : x_1, x_2 \in \mathbb{R},\ y = 1 + 2(x_1 - 1)\}.$$

Die Ebene $T_f(1, 0)$ wird von den im Punkt $(1, 0, 1)$ angetragenen Vektoren $(1, 0, 2)$ und $(0, 1, 0)$ aufgespannt. Ein Normalenvektor von $T_f(1, 0)$ ist $(2, 0, -1)$.

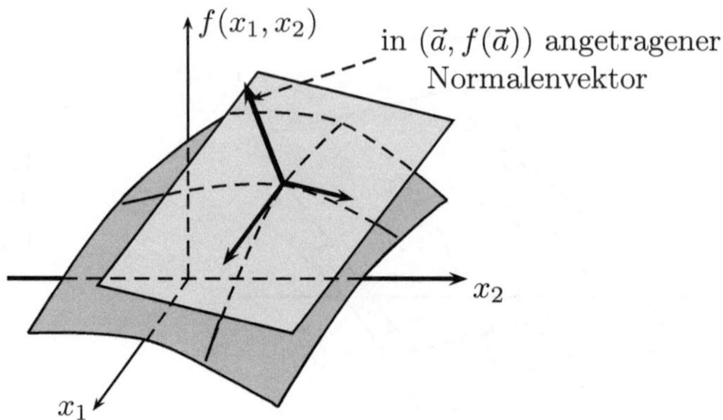

Bild 1.11: Der Normalenvektor steht senkrecht auf der Tangentialebene

1.4.7 Das vollständige Differential

Die Funktion $f : D \to \mathbb{R}$ sei im Punkt $\vec{a} \in D$ differenzierbar; es gelte also (i) und (ii) aus 1.4.5. Schreiben wir abkürzend $\vec{h} := \vec{x} - \vec{a}$ für die Differenz zwischen $\vec{x}$ und $\vec{a}$, so geht die Grenzwertaussage (1.35) in

$$\lim_{\vec{h} \to \vec{0}} \frac{f(\vec{a} + \vec{h}) - f(\vec{a}) - \langle f'(\vec{a}), \vec{h} \rangle}{\|\vec{h}\|_2} = 0 \tag{1.41}$$

über. Diese Gleichung bedeutet, dass die Funktionsänderung $f(\vec{a} + \vec{h}) - f(\vec{a})$ bei kleinem $\vec{h}$ durch das Skalarprodukt

$$\langle f'(\vec{a}), \vec{h} \rangle = \sum_{j=1}^{n} \frac{\partial f}{\partial x_j}(\vec{a}) \cdot h_j$$

($\vec{h} = (h_1, \ldots, h_n)$) approximiert wird. Es gilt also

$$f(\vec{a} + \vec{h}) \approx f(\vec{a}) + \langle f'(\vec{a}), \vec{h} \rangle$$

bei kleinem $\vec{h}$. Nach (1.41) ist diese Näherungsformel so gut, dass der im Zähler von (1.41) stehende Approximationsfehler sogar bei Division durch $\|\vec{h}\|_2$ für $\vec{h} \to \vec{0}$ gegen Null konvergiert.

Die lineare Abbildung

$$\vec{h} \mapsto \langle f'(\vec{a}), \vec{h} \rangle$$

von $\mathbb{R}^n$ in $\mathbb{R}$, welche die Funktionsänderung $f(\vec{a} + \vec{h}) - f(\vec{a})$ für kleines $\vec{h}$ approximiert, heißt *vollständiges Differential* von f *im Punkt* $\vec{a}$. Sie wird auch mit $df(\vec{a})$ oder $Df(\vec{a})$ bezeichnet.

Man beachte, dass $df(\vec{a}) : \mathbb{R}^n \to \mathbb{R}$ eine Funktion ist, deren Wert an der Stelle $\vec{h} \in \mathbb{R}^n$ in der Form $df(\vec{a})(\vec{h})$ geschrieben werden muss. Dagegen ist $\vec{a}$ der Punkt, an dem das vollständige Differential gebildet wird. Auch $\vec{a} \mapsto df(\vec{a})$ ist eine Abbildung, nämlich eine Abbildung von D in die Menge aller linearen Abbildungen von $\mathbb{R}^n$ in $\mathbb{R}$. Bei ihr handelt es sich um die Abbildung $\vec{a} \mapsto f'(\vec{a})$ in etwas anderer Verkleidung. Das folgende Beispiel soll die neue Begriffsbildung illustrieren.

1.35 Beispiel. (Fortsetzung von Beispiel 1.23)
Für die Funktion $f(x, y) = x\sin(y) + y^2e^x$ aus Beispiel 1.23 gilt

$$f'(\vec{a}) = (\sin a_2 + a_2^2 e^{a_1}, a_1 \cos a_2 + 2a_2 e^{a_1}), \qquad \vec{a} = (a_1, a_2) \in \mathbb{R}^2.$$

Somit ist das vollständige Differential $df(\vec{a}) : \mathbb{R}^2 \to \mathbb{R}$ von f an der Stelle $\vec{a}$ durch

$$df(\vec{a})(\vec{h}) = \left(\sin a_2 + a_2^2 e^{a_1}\right) \cdot h_1 + (a_1 \cos a_2 + 2a_2 e^{a_1}) \cdot h_2, \qquad \vec{h} = (h_1, h_2) \in \mathbb{R}^2,$$

gegeben.

1.4.8 Differentiationsregeln

Wir fahren jetzt mit einigen Differentiationsregeln fort. Zunächst ergibt sich aus den Grenzwertsätzen 1.4 und der Definition:

1.36 Satz. (Linearität des vollständigen Differentials)
Sind $f, g : D \to \mathbb{R}$ im Punkt $\vec{a} \in D$ differenzierbar und sind $\lambda, \mu \in \mathbb{R}$, so ist auch die Funktion $\lambda f + \mu g$ in $\vec{a}$ differenzierbar, und es gilt

$$(\lambda f + \mu g)'(\vec{a}) = \lambda \cdot f'(\vec{a}) + \mu \cdot g'(\vec{a}).$$

Satz 1.36 besagt, dass die Ableitung einer Linearkombination von Funktionen gleich der Linearkombination der Ableitungen der einzelnen Funktionen ist. In Verallgemeinerung der Kettenregel (vgl. I.6.6.9) macht das nächste Resultat eine Aussage über die Ableitung einer Komposition von Abbildungen.

1.37 Satz. (Kettenregel)
Es seien $I \subset \mathbb{R}$ und $D \subset \mathbb{R}^n$ offene Mengen, g eine Funktion von I in $\mathbb{R}^n$ mit Koordinatenfunktionen $g_1, \ldots, g_n$ und der Eigenschaft $g(I) \subset D$ sowie $f : D \to \mathbb{R}$. Sind die Funktionen $g_1, \ldots, g_n$ differenzierbar in $t_0 \in I$ und die Funktion f differenzierbar in $g(t_0) \in D$, so ist die Komposition (Hintereinanderausführung)

$$f \circ g : I \to \mathbb{R}, \qquad t \mapsto f \circ g(t) := f(g(t)),$$

differenzierbar im Punkt t_0, und es gilt

$$\begin{aligned}(f \circ g)'(t_0) &= \langle f'(g(t_0)), g'(t_0)\rangle \qquad (1.42)\\ &= \sum_{j=1}^{n} \partial_j f(g(t_0)) \cdot g_j'(t_0).\end{aligned}$$

Dabei wurde abkürzend $g'(t_0) := (g_1'(t_0), \ldots, g_n'(t_0))$ gesetzt.

BEWEIS: Es sei $t \in I$ mit $t \neq t_0$. Mit der abkürzenden Schreibweise

$$R(t, t_0) := \frac{f \circ g(t) - f \circ g(t_0) - \langle f'(g(t_0)), g(t) - g(t_0) \rangle}{\|g(t) - g(t_0)\|_2}$$

für $g(t) \neq g(t_0)$ und $R(t, t_0) := 0$ für $g(t) = g(t_0)$ gilt

$$\frac{f \circ g(t) - f \circ g(t_0)}{t - t_0} = R(t, t_0) \cdot \frac{\|g(t) - g(t_0)\|_2}{t - t_0} + \left\langle f'(g(t_0)), \frac{g(t) - g(t_0)}{t - t_0} \right\rangle. \tag{1.43}$$

Weil g in t_0 stetig ist, gilt $g(t) \to g(t_0)$ für $t \to t_0$, und aus (1.41) (mit $\vec{a} := g(t_0)$ und $\vec{h} := g(t) - g(t_0)$) folgt $\lim_{t \to t_0} R(t, t_0) = 0$. Außerdem gilt

$$\lim_{t \to t_0} \frac{\|g(t) - g(t_0)\|_2}{|t - t_0|} = \|g'(t_0)\|_2.$$

Damit folgt die Behauptung aus (1.43) für $t \to t_0$. □

In der Form (1.42) lässt sich die Kettenregel am einfachsten merken: Sind f und g reellwertig, so gilt $(f \circ g)'(t) = f'(g(t)) \cdot g'(t)$ (vgl. I.6.6.9). Ist g vektorwertig, so sind $f'(g(t))$ und $g'(t)$ vektorwertig, und man hat dann das Produkt durch das Skalarprodukt $\langle f'(g(t)), g'(t) \rangle$ zu ersetzen.

In Anwendungen bezeichnet man die Funktionen g_j in Satz 1.37 z.B. oft mit $t \mapsto x_j(t)$. Die Kettenregel nimmt dann die einprägsame Gestalt

$$\frac{d}{dt} f(x_1(t_0), \ldots, x_n(t_0)) = \sum_{i=1}^{n} \partial_i f(x_1(t_0), \ldots, x_n(t_0)) \frac{dx_i}{dt}(t_0)$$

an. Noch kompakter wird es mit der Abkürzung $\vec{x}(t) := (x_1(t), \ldots, x_n(t))$ und Weglassen des Argumentes t_0:

$$\frac{df}{dt}(\vec{x}) = \sum_{i=1}^{n} \partial_i f(\vec{x}) \frac{dx_i}{dt}.$$

1.38 Beispiel.
Es sei f eine differenzierbare Funktion von $\mathbb{R}^2$ in $\mathbb{R}$. Dann ist die durch

$$h(t) := f(\sin t, \cos t), \qquad t \in \mathbb{R},$$

definierte Funktion $h : \mathbb{R} \to \mathbb{R}$ differenzierbar, und es gilt nach der Kettenregel (mit $g(t) := (\sin t, \cos t)$)

$$h'(t) = f_x(\sin t, \cos t) \cdot \cos t - f_y(\sin t, \cos t) \cdot \sin t.$$

Im Spezialfall $f(x, y) = x^2 + y^2$ ergibt sich somit

$$h'(t) = 2 \sin t \cos t - 2 \cos t \sin t = 0.$$

Wegen $\sin^2 t + \cos^2 t = 1$ ist dieses Resultat natürlich nicht überraschend.

1.39 Beispiel.
Die Funktion $f(x,y,z) := e^{xyz}$ ist differenzierbar, und es gilt

$$f'(x,y,z) = (yze^{xyz}, xze^{xyz}, xye^{xyz}).$$

Aus der Kettenregel (1.42) folgt (mit $g(t) := (t^2, \sin t, \cos t)$), dass die Ableitung der Funktion $h(t) := \exp(t^2 \sin t \cos t)$ durch

$$h'(t) = \sin t \cos t(h(t))2t + t^2 \cos t(h(t)) \cos t - t^2 \sin t(h(t)) \sin t$$

gegeben ist. Dieses Ergebnis kann man natürlich auch aus den bereits früher bekannten Differentiationsregeln herleiten.

1.4.9 Kurven im $\mathbb{R}^n$

Sind $I \subset \mathbb{R}$ ein Intervall und $g_1, \dots, g_n$ stetige reellwertige Funktionen auf I, so nennt man die durch

$$g(t) := (g_1(t), \dots, g_n(t)), \qquad t \in I,$$

definierte Abbildung $g : I \to \mathbb{R}^n$ eine *Kurve* in $\mathbb{R}^n$. Die Kurve g heißt (*stetig*) *differenzierbar*, falls die Abbildungen $g_1, \dots, g_n$ (stetig) differenzierbar sind. Die Bildmenge $g(I)$ heißt *Bild* (oder *Bahn*) der Kurve. Häufig wird auch $g(I)$ als Kurve bezeichnet (und manchmal sogar mit g identifiziert). Man mache sich aber klar, dass etwa die durch $g(t) := (t, t^2)$ und $h(t) := (1-t, (1-t)^2)$ definierten Kurven $g, h : [0,1] \to \mathbb{R}^2$ verschieden sind, obwohl sie das gleiche Bild (Normalparabelbogen über [0,1]) besitzen. Die Kurven g und h durchlaufen ihre gemeinsame Bahn in entgegengesetzter Richtung!

In Anwendungen bilden Kurven oft Modelle für die Bewegung eines Teilchens im Raum $\mathbb{R}^n$. In diesem Fall wird das Intervall $I = [a,b]$ als *Zeitintervall* gedeutet, so dass $g(t)$ die Position des Teilchens zum *Zeitpunkt* t angibt (Bild 1.12 links).

1.40 Beispiel. (Ellipse)
Es seien $I := [0, 2\pi]$ sowie $g(t) := (2\cos t, \sin t)$. Dann ist das Bild $g(I)$ eine Ellipse mit Zentrum $(0,0)$ (Bild 1.12 rechts). Durchläuft t das Intervall $[0, 2\pi]$, so durchläuft ein Teilchen die Ellipse vom Punkt $(2,0)$ ausgehend einmal entgegengesetzt zum Uhrzeigersinn. Eine allgemeine Ellipse mit *Mittelpunkt* (x_0, y_0) und *Halbachsen* $a, b > 0$ erhält man als Bild $g(I)$ der Kurve

$$g(t) := (x_0 + a\cos t, y_0 + b\sin t).$$

Nach dieser Definition genügen die Punkte $(x,y) \in g(I)$ einer Ellipse der Gleichung

$$\frac{(x-x_0)^2}{a^2} + \frac{(y-y_0)^2}{b^2} = 1. \tag{1.44}$$

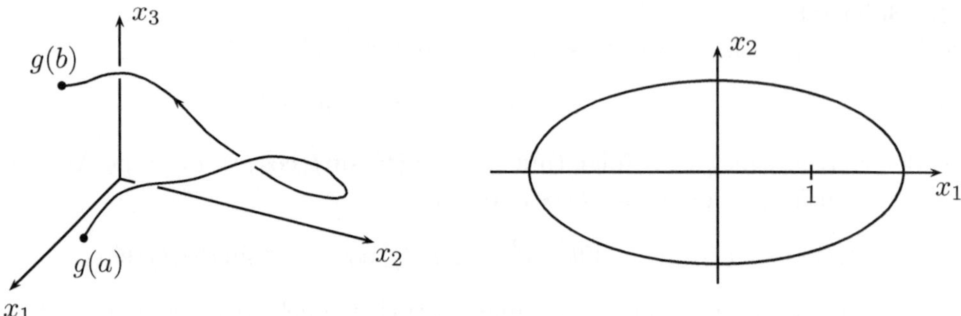

Bild 1.12: Bahn einer Kurve im $\mathbb{R}^3$ (links) und Ellipse (rechts)

Aus den Eigenschaften von Sinus und Kosinus folgt leicht, dass die Funktion g auf $[0, 2\pi)$ injektiv ist. Setzt man für einen der Gleichung (1.44) genügenden Punkt (x, y)

$$t := \begin{cases} \arccos((x - x_0)/a), & \text{falls } y \geq y_0, \\ 2\pi - \arccos((x - x_0)/a), & \text{falls } y < y_0, \end{cases}$$

so folgt $g(t) = (x, y)$. Die durch (1.44) definierte Ellipse ist also das (bijektive!) Bild des Intervall $[0, 2\pi)$ unter der Abbildung g. Für $a = b$ ergibt sich ein Kreis mit Mittelpunkt (x_0, y_0) und Radius a.

Beschreibt eine Kurve die zeitabhängige Bewegung eines Teilchens, so liegt die Frage nach der *momentanen Geschwindigkeit* (des Teilchens) zu einem festen Zeitpunkt $t_0 \in I$ nahe. Diese Momentangeschwindigkeit sollte anschaulich durch einen Vektor beschrieben werden können, dessen Richtung die momentane Bewegungsrichtung und dessen Länge die Größe der Momentangeschwindigkeit angeben.

Bild 1.13 (links) zeigt für ein $t \in I$ mit $t > t_0$ den in $g(t_0)$ angetragenen Vektor $g(t) - g(t_0)$. Er legt die Richtung der *Sekante* $\{g(t_0) + s(g(t) - g(t_0)) : s \in \mathbb{R}\}$ der Kurve durch die Punkte $g(t_0)$ und $g(t)$ fest. Würde sich das Teilchen innerhalb der Zeitspanne $[t, t_0]$ *geradlinig entlang der Sekante* von $g(t_0)$ nach $g(t)$ bewegen, so hätte es in der Zeit $t - t_0$ den Weg $\|g(t) - g(t_0)\|_2$ zurückgelegt; der Betrag seiner mittleren Geschwindigkeit im Zeitraum $[t_0, t]$ wäre also nach der Formel „Geschwindigkeit gleich Weg durch Zeit“ der Quotient

$$\frac{\|g(t) - g(t_0)\|_2}{t - t_0}, \tag{1.45}$$

und die Richtung der Bewegung würde durch den Vektor

$$\frac{g(t) - g(t_0)}{t - t_0} \tag{1.46}$$

angegeben. Tatsächlich hat jedoch das Teilchen im Zeitintervall $[t_0, t]$ entlang der Kurve einen längeren Weg zurückgelegt und seine Bewegungsrichtung kontinuierlich verändert.

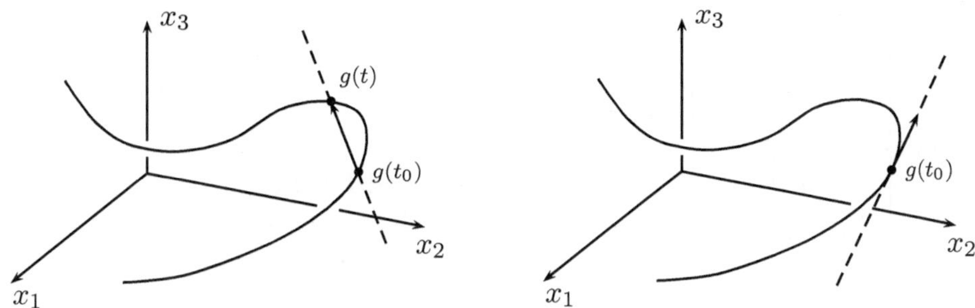

Bild 1.13: Sekante durch $g(t_0)$ und $g(t)$ (links) und Tangente als Grenzlage der Sekante (rechts)

Die „momentane“ Geschwindigkeit zum Zeitpunkt t_0 ergibt sich beim Grenzübergang $t \to t_0$ in (1.45) und (1.46). Ist die Kurve g differenzierbar an der Stelle t_0, so ist die *Richtung* der Momentangeschwindigkeit zur Zeit t_0 durch den Grenzwert in (1.46) für $t \to t_0$, also den Vektor

$$g'(t_0) = (g_1'(t_0), \ldots, g_n'(t_0)) = \lim_{t \to t_0} \frac{g(t) - g(t_0)}{t - t_0}$$

der Ableitungen $g_1'(t_0), \ldots, g_n'(t_0)$, gegeben. Die *Größe* dieser momentanen Geschwindigkeit ist der Grenzwert

$$\|g'(t_0)\|_2 = \left(\sum_{j=1}^{n} |g_j'(t_0)|^2 \right)^{1/2} = \lim_{t \to t_0} \frac{\|g(t) - g(t_0)\|_2}{t - t_0}.$$

Differenzierbare Kurven mit der Eigenschaft $g'(t) \neq \vec{0}$ für jedes $t \in I$ heißen *regulär*.

Dem Grenzübergang $t \to t_0$ in (1.45) und (1.46) entspricht geometrisch der Übergang von der Sekante zwischen $g(t_0)$ und $g(t)$ zur *Tangente* an g im Punkt $g(t_0)$ (siehe Bild 1.13 rechts). (Jeder Punkt dieser Tangente ist von der Form $g(t_0) + \lambda g'(t_0)$ für ein $\lambda \in \mathbb{R}$.) Man nennt $g'(t_0)$ auch den *Tangentialvektor* oder *Geschwindigkeitsvektor* der Kurve an der Stelle t_0. Der Tangentialvektor gibt sowohl die *Richtung* der Momentangeschwindigkeit als auch (über seine Länge) die *Größe* dieser Geschwindigkeit an.

1.41 Beispiel.
Es seien $[a, b]$ $(a < b)$ ein Intervall und $f : [a, b] \to \mathbb{R}$ eine differenzierbare Funktion. Dann ist die durch $g(t) := (t, f(t))$ definierte Abbildung $g : [a, b] \to \mathbb{R}^2$ eine

reguläre Kurve, und es gilt $g'(t_0) = (1, f'(t_0))$, $a < t_0 < b$ (Bild 1.14). Der in $g(t_0)$ angetragene Tangentialvektor $g'(t_0)$ gibt die Richtung der Tangente an den Graphen von f im Punkt $(t_0, f(t_0))$ an; seine Steigung ist $f'(t_0)/1 = f'(t_0)$.

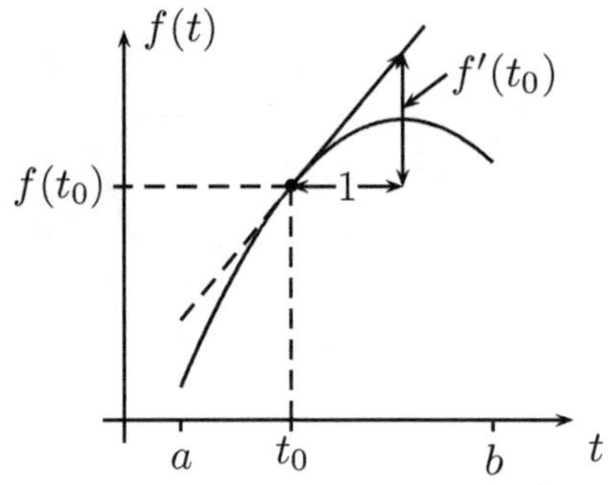

Bild 1.14:
Kurve $t \mapsto (t, f(t))$ mit Tangentialvektor im Punkt $(t_0, f(t_0))$

1.4.10 Die Länge einer Kurve

Welchen Weg hat ein Teilchen zurückgelegt, dessen Bewegung während eines Zeitintervalls $I = [a, b]$ durch eine Kurve $g : I \to \mathbb{R}^n$ beschrieben wird?

Anschaulich ist es naheliegend, wie folgt einen Näherungswert für diesen Weg, also die (bislang noch nicht definierte) *Länge* der Kurve g zu bestimmen: Ausgehend von einer Zerlegung $Z : a = t_0 < t_1 < \ldots < t_k = b$ des Intervalls $I = [a, b]$ bildet man die Summe

$$L(g, Z) := \sum_{j=1}^{k} \|g(t_j) - g(t_{j-1})\|_2$$

der Abstände je zweier aufeinander folgender Kurvenpunkte $g(t_{j-1})$ und $g(t_j)$ (Bild 1.15).

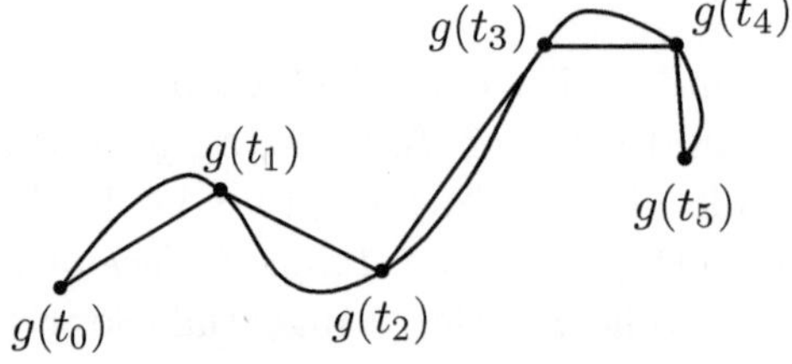

Bild 1.15:
Länge des einbeschriebenen Polygonzugs als Approximation der Weglänge

Geht man von Z zu einer feineren Zerlegung Z' über, so folgt aufgrund der Dreiecksungleichung die Abschätzung $L(Z, g) \leq L(Z', g)$; die Länge des einbeschriebenen Polygonzugs wird also prinzipiell größer. Es liegt jetzt nahe, die *Länge* der Kurve g durch

$$L(g) := \sup\{L(Z, g) : Z \text{ ist Zerlegung von } [a, b]\} \tag{1.47}$$

zu definieren. Hierbei ist jedoch zu beachten, dass es „pathologische“ Kurven g mit der Eigenschaft $L(g) = \infty$ geben kann. Eine Kurve heißt *rektifizierbar*, falls das Supremum in (1.47) endlich ist. In diesem Fall wird die Zahl $L(g)$ die *Länge* von g genannt. Man beachte auch, dass die so definierte Länge von g nicht unbedingt mit der anschaulichen Länge des Bildes $g(I)$ übereinstimmen muss! So durchläuft etwa die Kurve $h(t) := (2\cos t, \sin t)$, $t \in J := [0, 4\pi]$, im Gegensatz zur Kurve $g : I \to \mathbb{R}^2$ aus Beispiel 1.40 die in Bild 1.12 (rechts) dargestellte Ellipse *zweimal*. Es gilt $g(I) = h(J)$, aber $L(h) = 2L(g)$!

1.42 Satz. (Berechnung der Kurvenlänge)
Jede stetig differenzierbare Kurve $g : [a, b] \to \mathbb{R}^n$ ist rektifizierbar, und es gilt

$$L(g) = \int_a^b \|g'(t)\|_2 \, dt = \int_a^b \left(\sum_{j=1}^n |g_j'(t)|^2 \right)^{1/2} dt. \tag{1.48}$$

Beweis: Wir betrachten ein Teilintervall $[c, d]$ von $[a, b]$. In 2.3.13 (Satz 2.33) werden wir die folgende *Dreiecksungleichung* für vektorwertige Integrale beweisen:

$$\left\| \int_c^d g'(t) \, dt \right\|_2 \leq \int_c^d \|g'(t)\|_2 \, dt. \tag{1.49}$$

Dabei ist das links stehende Integral als Vektor der Integrale über die Komponenten von g' zu verstehen. Aus (1.49) sowie aus dem Hauptsatz der Differential- und Integralrechnung ergibt sich

$$\|g(t_2) - g(t_1)\|_2 = \left\| \int_{t_1}^{t_2} g'(t) \, dt \right\|_2 \leq \int_{t_1}^{t_2} \|g'(t)\|_2 \, dt, \qquad a \leq t_1 \leq t_2 \leq b.$$

Beachten wir hier die Additivität des Integrals bezüglich der Intervallgrenzen (Satz I.7.10), so erhalten wir, dass die Einschränkung der Funktion g auf das Intervall $[c, d]$ eine rektifizierbare Kurve ist. Ihre Länge $L(c, d)$ genügt der Ungleichung

$$L(c, d) \leq \int_c^d \|g'(s)\|_2 \, ds. \tag{1.50}$$

Wir zeigen jetzt, dass die Funktion $t \mapsto L(a, t)$ auf $[a, b]$ stetig differenzierbar mit der Ableitung $\|g'(t)\|_2$ ist. Daraus folgt dann insbesondere die zweite Behauptung (1.48). Wir wählen ein $t \in [a, b)$ und ein $h > 0$ mit $t + h \leq b$. Nach Definition der Länge gilt dann $\|g(t+h) - g(t)\| \leq L(t, t+h) = L(a, t+h) - L(a, t)$. Aus (1.50) erhalten wir

$$\left\| \frac{g(t+h) - g(t)}{h} \right\|_2 \leq \frac{L(t, t+h)}{h} \leq \frac{1}{h} \int_t^{t+h} \|g'(s)\|_2 \, ds.$$

Für $h \to 0$ strebt die linke Seite gegen $\|g'(t)\|_2$ und die rechte Seite (nach dem Hauptsatz) ebenfalls. Also hat $L(a, \cdot)$ die rechtsseitige Ableitung $\|g'\|_2$. Analog zeigt man, dass $\|g'\|_2$ auch die linksseitige Ableitung ist. Damit ist der Satz bewiesen. □

1.43 Beispiel. (Bogenlänge und Kreisumfang)
Wir betrachten ein $\alpha \in [0, 2\pi]$ sowie die durch $g(t) := (x_0 + r\cos t, y_0 + r\sin t)$, $t \in [0, \alpha]$ definierte Kurve. Nach Beispiel 1.40 ist das Bild von G ein *Kreisbogen* zwischen $(x_0 + ry_0)$ und $(x_0 + r\cos\alpha, y_0 + r\sin\alpha)$. Aus (1.48) erhalten wir

$$L(g) = \int_0^\alpha \sqrt{r^2\sin^2 t + r^2\cos^2 t}\, dt = \int_0^\alpha r\, dt = \alpha r.$$

Damit erhalten wir die geometrische Interpretation des *Winkels* α als *Bogenlänge.* Insbesondere ergibt sich die bekannte elementargeometrische Formel $2\pi r$ für den Umfang eines Kreises.

1.4.11 Geometrische Interpretation des Gradienten

Die Kettenregel liefert die folgende nützliche Interpretation des Gradienten einer differenzierbaren Funktion $f : D \to \mathbb{R}$. Wir fixieren einen Punkt $\vec{a} \in D^0$ und betrachten die den Punkt $\vec{a}$ enthaltende *Höhenlinie*

$$H_f(c) = \{\vec{x} \in D : f(\vec{x}) = c\}$$

mit $c := f(\vec{a})$.

Es seien $I \subset \mathbb{R}$ ein Intervall mit $0 \in I^0$ und $g : I \to \mathbb{R}^n$ eine differenzierbare Kurve in $\mathbb{R}^n$ mit $g(0) = \vec{a}$. Wir nehmen jetzt an, dass das Bild $g(I)$ der Kurve in der Höhenlinie $H_f(c)$ enthalten ist, d.h.

$$f(g(t)) = c, \qquad t \in I.$$

Ist f differenzierbar in $\vec{a}$, so können wir diese Gleichung mit Hilfe der Kettenregel (Satz 1.37) nach $t \in I$ differenzieren. Für $t = 0$ ergibt sich damit

$$\langle f'(\vec{a}), g'(0)\rangle = 0.$$

Der Gradient $f'(\vec{a})$ steht also senkrecht auf dem Tangentialvektor $g'(0)$ der Kurve im Punkt 0. Man sagt dazu auch, dass der Gradient senkrecht auf der Höhenlinie steht (Bild 1.16).

1.4.12 Richtungsableitungen

Die partielle Ableitung $f_{x_j}(\vec{a})$ ist die Ableitung der Funktion $t \mapsto f(\vec{a} + t\vec{e_j})$ an der Stelle $t = 0$. Ersetzt man hier den j-ten Einheitsvektor durch einen beliebigen Vektor der Länge 1, also einen Vektor der sogenannten *Einheitssphäre*

$$S^{n-1} := \{\vec{x} : \|\vec{x}\|_2 = 1\}$$

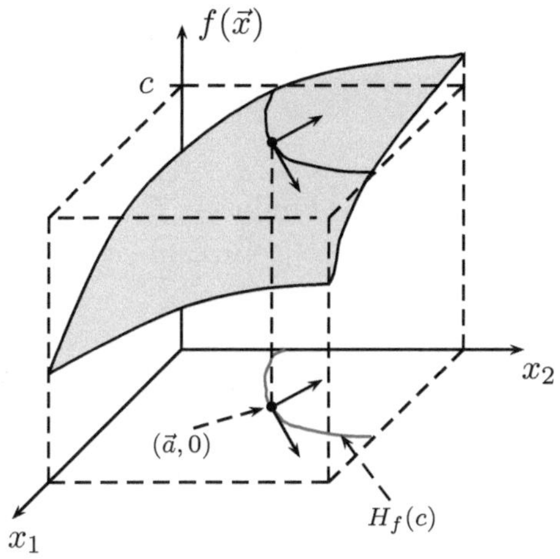

Bild 1.16:
Der Gradient steht senkrecht auf der Höhenlinie

in $\mathbb{R}^n$, so ergibt sich in natürlicher Weise der Begriff der allgemeinen Richtungsableitung. Die partiellen Ableitungen sind dann die Richtungsableitungen für die Richtungen $\vec{e}_1, \ldots, \vec{e}_n$.

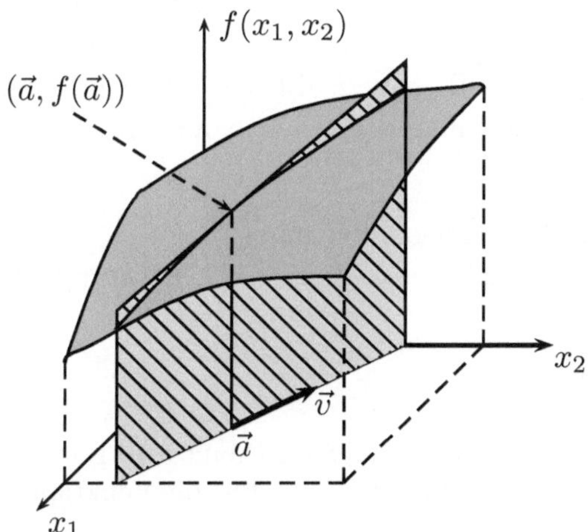

Bild 1.17:
Richtungsableitung als Anstieg von f in Richtung $\vec{v}$

Es seien $\vec{v} \in S^{n-1}$ und $\vec{a}$ ein innerer Punkt von D. Existiert der (endliche) Grenzwert

$$\frac{\partial f}{\partial \vec{v}}(\vec{a}) := \lim_{h \to 0} \frac{f(\vec{a} + h\vec{v}) - f(\vec{a})}{h}, \tag{1.51}$$

so nennt man ihn *Richtungsableitung* von f im Punkt $\vec{a}$ in Richtung $\vec{v}$. Andere

Schreibweisen für $(\partial f / \partial \vec{v})(\vec{a})$ sind $f_{\vec{v}}(\vec{a})$ oder $\partial_{\vec{v}} f(\vec{a})$.

Die geometrische Bedeutung der Richtungsableitung als „Anstieg von f in Richtung $\vec{v}$" ist in Bild 1.17 veranschaulicht.

1.44 Beispiel. (Fortsetzung von Beispiel 1.34)
Für die durch $f(\vec{x}) := x_1^2 + x_2^2$, $\vec{x} = (x_1, x_2)$, definierte Funktion $f : \mathbb{R}^2 \to \mathbb{R}$ gilt $f'(\vec{x}) = 2\vec{x}$. Sind $\vec{a} = (a_1, a_2) \in \mathbb{R}^2$ und $\vec{v} = (v_1, v_2) \in S^1$ ein Einheitsvektor, so gilt für jedes $h \neq 0$

$$\begin{aligned} \frac{f(\vec{a} + h\vec{v}) - f(\vec{a})}{h} &= \frac{(a_1 + hv_1)^2 + (a_2 + hv_2)^2 - a_1^2 - a_2^2}{h} \\ &= \frac{2h(a_1 v_1 + a_2 v_2) + h^2(v_1^2 + v_2^2)}{h}. \end{aligned}$$

Somit existiert die Richtungsableitung von f im Punkt $\vec{a}$ in Richtung $\vec{v}$, und es folgt

$$\begin{aligned} \partial_{\vec{v}} f(\vec{a}) &= \lim_{h \to 0} \frac{2h(a_1 v_1 + a_2 v_2) + h^2(v_1^2 + v_2^2)}{h} \\ &= 2(a_1 v_1 + a_2 v_2) \\ &= \langle f'(\vec{a}), \vec{v} \rangle. \end{aligned}$$

Das nächste Resultat besagt, dass die im obigen Beispiel hergeleitete Darstellung der Richtungsableitung als Skalarprodukt von $f'(\vec{a})$ und $\vec{v}$ kein Zufall war. Auch im allgemeinen Fall erhält man die Richtungsableitung in Richtung $\vec{v}$ als „gewichtete" Summe der partiellen Ableitungen mit den Koordinaten von $\vec{v}$ als Koeffizienten.

1.45 Satz. (Differenzierbarkeit und Richtungsableitungen)
Ist die Funktion f differenzierbar in $\vec{a} \in D$, so existieren alle Richtungsableitungen von f im Punkt $\vec{a}$, und es gilt

$$\partial_{\vec{v}} f(\vec{a}) = \langle f'(\vec{a}), \vec{v} \rangle, \qquad \vec{v} \in S^{n-1}.$$

Beweis: Es sei $\vec{v} \in S^{n-1}$. Die Richtungsableitung von f im Punkt $\vec{a}$ in Richtung $\vec{v}$ ist die Ableitung der Funktion $t \mapsto f(\vec{a} + t\vec{v})$ an der Stelle $t = 0$. Für die Funktion

$$t \mapsto g(t) = (g_1(t), \ldots, g_n(t)) := \vec{a} + t\vec{v}$$

gilt $(g_1'(0), \ldots, g_n'(0)) = \vec{v}$. Damit folgt die Behauptung direkt aus Satz 1.37. □

Nach Satz 1.45 gilt $\partial_{\vec{v}} f(\vec{a}) = 0$ genau dann, wenn $f'(\vec{a}) \perp \vec{v}$ erfüllt ist, wenn also der Richtungsvektor $\vec{v}$ senkrecht zum Gradientenvektor $f'(\vec{a})$ verläuft. Dieses Resultat ergänzt die in 1.4.11 hergeleitete geometrische Interpretation des Gradienten.

1.4.13 Der Gradient als Richtung des steilsten Anstiegs

Die Richtungsableitung $\partial_{\vec{v}} f(\vec{a})$ ist der Anstieg von f in Richtung $\vec{v} \in S^{n-1}$. Die Richtung des Gradienten maximiert diesen Anstieg:

1.46 Satz. (Gradient und Richtungsableitung)
Die Funktion f sei differenzierbar in $\vec{a} \in D$, und es gelte $f'(\vec{a}) \neq \vec{0}$. Bezeichnet

$$\vec{v}_0 := \frac{f'(\vec{a})}{\|f'(\vec{a})\|_2} \in S^{n-1}$$

den normierten Gradientenvektor, so gilt:

$$\begin{aligned} \max\{\partial_{\vec{v}} f(\vec{a}) : \vec{v} \in S^{n-1}\} &= \partial_{\vec{v}_0} f(\vec{a}) = \|f'(\vec{a})\|_2, \\ \min\{\partial_{\vec{v}} f(\vec{a}) : \vec{v} \in S^{n-1}\} &= \partial_{-\vec{v}_0} f(\vec{a}) = -\|f'(\vec{a})\|_2. \end{aligned}$$

Beweis: Für $\vec{v} \in S^{n-1}$ folgt aus Satz 1.45 und der Cauchy-Schwarzschen Ungleichung

$$|\partial_{\vec{v}} f(\vec{a})| \leq \|f'(\vec{a})\|_2 \|\vec{v}\|_2,$$

d.h.

$$-\|f'(\vec{a})\|_2 \leq \partial_{\vec{v}} f(\vec{a}) \leq \|f'(\vec{a})\|_2.$$

Für $\vec{v} = -\vec{v}_0$ wird die untere und für $\vec{v} = \vec{v}_0$ die obere Schranke angenommen. □

Gilt $f'(\vec{a}) = \vec{0}$, so verschwinden alle Richtungsableitungen im Punkt $\vec{a}$. Auch in diesem Fall gilt also die Maximierungsaussage von Satz 1.46. Gilt $f'(\vec{a}) \neq \vec{0}$, so zeigt der Gradient $f'(\vec{a})$ in die Richtung des steilsten Anstiegs von f (vgl. Bild 1.16). Der Beweis zeigt, dass diese Richtung eindeutig bestimmt ist (vgl. Satz I.8.29). Die Länge $\|f'(\vec{a})\|_2$ des Gradienten ist ein Maß für die maximale „Anstiegsrate“ im Punkt $\vec{a}$. Diese Eigenschaften bilden den theoretischen Hintergrund der sogenannten *Gradientenverfahren* zur Bestimmung von lokalen Minima (oder Maxima) der Funktion f. Diese Verfahren des *steilsten Anstiegs* sind von großer praktischer Bedeutung.

1.5 Taylorpolynome und der Satz von Taylor

In Verallgemeinerung der in I.6.8 angestellten Überlegungen seien $D \subset \mathbb{R}^n$ eine offene nichtleere Menge und $f : D \to \mathbb{R}$ eine $(k+1)$-mal stetig differenzierbare Funktion. Im Fall $n = 1$ lässt sich f in der Nähe eines Punktes $a \in D$ durch das Taylorpolynom

$$x \mapsto \sum_{m=0}^{k} \frac{f^{(m)}(a)}{m!}(x-a)^m, \tag{1.52}$$

approximieren (Satz I.6.59 von Taylor). Es stellt sich die Frage, ob ein analoges Resultat auch im Fall $n \geq 2$ gültig ist.

Ist f differenzierbar an der Stelle $\vec{a} \in D$, so gilt nach (1.35) die Approximation

$$f(\vec{x}) \approx f(\vec{a}) + \langle f'(\vec{a}), \vec{x} - \vec{a} \rangle, \tag{1.53}$$

wobei für $\vec{x} \to \vec{a}$ die Differenz aus linker und rechter Seite selbst nach Division durch $\|\vec{x} - \vec{a}\|_2$ gegen Null konvergiert.

Die f in der Nähe des Punktes $\vec{a} := (a_1, \ldots, a_n)$ approximierende Funktion

$$\vec{x} \mapsto f(\vec{a}) + \langle f'(\vec{a}), \vec{x} - \vec{a} \rangle = f(\vec{a}) + \sum_{j=1}^{n} \partial_j f(\vec{a}) \cdot (x_j - a_j) \tag{1.54}$$

ist ein Polynom in den Variablen $x_1, \ldots, x_n$.

Dabei heißt allgemein eine Funktion $p : \mathbb{R}^n \to \mathbb{R}$ der Gestalt

$$p(x_1, \ldots, x_n) = \sum_{i_1=0}^{k} \sum_{i_2=0}^{k} \cdots \sum_{i_n=0}^{k} b_{i_1, i_2, \ldots, i_n} \cdot x_1^{i_1} \cdot x_2^{i_2} \cdot \ldots \cdot x_n^{i_n} \tag{1.55}$$

Polynom in den Variablen $x_1, \ldots, x_n$. Hierbei sind die $b_{i_1, i_2, \ldots, i_n}$ reelle Zahlen. Die hier auftretende Mehrfachsumme kann alternativ als Summe über alle n-Tupel $(i_1, \ldots, i_n) \in \{0, \ldots, k\}^n$ definiert werden. Das Polynom in (1.54) ergibt sich als Spezialfall von (1.55) durch die Wahl $k = 1$, $b_{0,0,\ldots,0} = f(\vec{a}) - \sum_{j=1}^{n} \partial_j f(\vec{a}) \cdot a_j$,

$$b_{1,0,\ldots,0} = \partial_1 f(\vec{a}),\ b_{0,1,0,\ldots,0} = \partial_2 f(\vec{a}), \ldots,\ b_{0,0,\ldots,1} = \partial_n f(\vec{a}),$$

und $b_{i_1, i_2, \ldots, i_n} := 0$, sonst. Auch die in 1.3.2 betrachteten quadratischen Formen sind Polynome.

Besitzt die Funktion f Ableitungen von höherer als erster Ordnung, so ist zu hoffen, dass die Approximation (1.53) durch Hinzunahme von Polynomen, welche diese höheren Ableitungen beinhalten, besser wird.

1.5.1 Taylorpolynome

Bei der lokalen Approximation einer C^{k+1}-Funktion $f : D \to \mathbb{R}$ an der Stelle $\vec{a}$ werden die Polynome

$$P_m(\vec{x}; f; \vec{a}) := \frac{1}{m!} \sum_{i_1=1}^{n} \cdots \sum_{i_m=1}^{n} \partial_{i_1} \ldots \partial_{i_m} f(\vec{a}) \cdot x_{i_1} \cdot \ldots \cdot x_{i_m} \tag{1.56}$$

$(m = 1, 2, \ldots, k)$ eine zentrale Rolle spielen. Im Fall $n = 1$ ist

$$P_m(x - a; f; a) = \frac{f^{(m)}(a)}{m!} \cdot (x - a)^m$$

ein Bestandteil des Taylorpolynoms (1.52). Im Fall $n = 2$ erhalten wir für $m = 1$ und $m = 2$ die Ausdrücke

$$\begin{aligned} P_1(\vec{x}; f; \vec{a}) &= \partial_1 f(\vec{a}) \cdot x_1 + \partial_2 f(\vec{a}) \cdot x_2 = \langle f'(\vec{a}), \vec{x} \rangle, \\ P_2(\vec{x}; f; \vec{a}) &= \frac{1}{2} \left(\partial_1 \partial_1 f(\vec{a}) \cdot x_1^2 + \partial_1 \partial_2 f(\vec{a} \cdot) x_1 x_2 \right. \\ &\qquad \left. + \partial_2 \partial_1 f(\vec{a}) \cdot x_2 x_1 + \partial_2 \partial_2 f(\vec{a}) \cdot x_2^2 \right) \\ &= \frac{1}{2} \left(\partial_1 \partial_1 f(\vec{a}) \cdot x_1^2 + 2 \partial_1 \partial_2 f(\vec{a}) \cdot x_1 x_2 + \partial_2 \partial_2 f(\vec{a}) \cdot x_2^2 \right). \end{aligned}$$

Das letzte Gleichheitszeichen folgt dabei aus Satz 1.31.

Für beliebiges n gilt

$$\begin{aligned} P_1(\vec{x}; f; \vec{a}) &= \langle f'(\vec{a}), \vec{x} \rangle, \\ P_2(\vec{x}; f; \vec{a}) &= \frac{1}{2} (x_1, \ldots, x_n) \begin{pmatrix} \frac{\partial^2 f(\vec{a})}{\partial x_1^2} & \cdots & \frac{\partial^2 f(\vec{a})}{\partial x_n \partial x_1} \\ \vdots & \ddots & \vdots \\ \frac{\partial^2 f(\vec{a})}{\partial x_1 \partial x_n} & \cdots & \frac{\partial^2 f(\vec{a})}{\partial x_n^2} \end{pmatrix} \begin{pmatrix} x_1 \\ \vdots \\ x_n \end{pmatrix}. \end{aligned} \tag{1.57}$$

Sind $f : D \to \mathbb{R}$ eine C^k-Funktion und $\vec{a} \in D$, so heißt die Funktion

$$\vec{x} \mapsto T_k(\vec{x}; f; \vec{a}) := f(\vec{a}) + \sum_{m=1}^{k} P_m(\vec{x} - \vec{a}; f; \vec{a})$$

Taylorpolynom k-ter Ordnung zum Entwicklungspunkt $\vec{a}$. Die Funktion

$$\vec{x} \mapsto R_k(\vec{x}; f; \vec{a}) := f(\vec{x}) - T_k(\vec{x}; f; \vec{a})$$

nennt man *Restglied* oder *Restgliedfunktion k-ter Ordnung.*

1.5.2 Der Satz von Taylor

Sind $\vec{a}, \vec{b} \in \mathbb{R}^n$, so heißt die Menge

$$[\vec{a}, \vec{b}] := \{\vec{a} + t(\vec{b} - \vec{a}) : 0 \leq t \leq 1\}$$

Verbindungsstrecke zwischen $\vec{a}$ und $\vec{b}$.

1.47 Satz. (Satz von Taylor im $\mathbb{R}^n$)
Es seien $k \in \mathbb{N}_0$, $f : D \to \mathbb{R}$ eine C^{k+1}-Funktion und $\vec{a}, \vec{x} \in D$ mit der Eigenschaft $[\vec{a}, \vec{x}] \subset D$. Dann gibt es ein $\vartheta \in (0, 1)$ mit

$$f(\vec{x}) = T_k(\vec{x}; f; \vec{a}) + P_{k+1}(\vec{x} - \vec{a}; f; \vec{a} + \vartheta(\vec{x} - \vec{a})),$$

d.h.

$$R_k(\vec{x}; f; \vec{a}) = P_{k+1}(\vec{x} - \vec{a}; f; \vec{a} + \vartheta(\vec{x} - \vec{a})).$$

Beweis: Weil D offen ist, gibt es ein $\delta > 0$, so dass für jedes t mit $-\delta \le t \le 1+\delta$ der Punkt $\vec{a} + t(\vec{x} - \vec{a})$ zu D gehört. Somit ist die Funktion

$$t \mapsto \varphi(t) := f(\vec{a} + t(\vec{x} - \vec{a}))$$

auf dem Intervall $I := [-\delta, 1+\delta]$ definiert. Nach Satz 1.37 ist φ differenzierbar. Eine Anwendung des Satzes I.6.59 von Taylor auf φ zum Entwicklungspunkt $t = 0$ liefert die Existenz eines $\vartheta \in (0,1)$ mit

$$\varphi(1) = \varphi(0) + \sum_{m=1}^{k} \frac{1}{m!} \cdot \varphi^{(m)}(0) + \frac{1}{(k+1)!} \cdot \varphi^{(k+1)}(\vartheta). \tag{1.58}$$

Es gilt $\varphi(1) = f(\vec{x})$, $\varphi(0) = f(\vec{a})$, und wir untersuchen jetzt die anderen Summanden in (1.58). Aus der Kettenregel (Satz 1.37) ergibt sich

$$\varphi'(t) = \langle f'(\vec{a} + t(\vec{x} - \vec{a})), \vec{x} - \vec{a} \rangle$$

und somit $\varphi'(0) = \langle f'(\vec{a}), \vec{x} - \vec{a} \rangle = P_1(\vec{x} - \vec{a}; f; \vec{a})$.

Wiederum aus Satz 1.37 folgt

$$\begin{aligned} \varphi''(t) &= \sum_{i=1}^{n} (x_i - a_i) \left(\sum_{j=1}^{n} (x_j - a_j) \partial_j \partial_i f(\vec{a} + t(\vec{x} - \vec{a})) \right) \\ &= P_2(\vec{x} - \vec{a}; f; \vec{a} + t(\vec{x} - \vec{a})), \end{aligned}$$

also insbesondere $\varphi''(0) = P_2(\vec{x} - \vec{a}; f; \vec{a})$.

Analog erhält man für jedes m mit $1 \le m \le k+1$

$$\varphi^{(m)}(t) = P_m(\vec{x} - \vec{a}; f; \vec{a} + t(\vec{x} - \vec{a})).$$

Setzt man diese Darstellung in (1.58) ein, so folgt die Behauptung. □

Für $k = 0$ liefert Satz 1.47 das folgende Resultat. Der obige Beweis zeigt, dass es dazu genügt, die Differenzierbarkeit von f vorauszusetzen.

1.48 Folgerung. (Mittelwertsatz)
Sind $f : D \to \mathbb{R}$ eine differenzierbare Funktion und $\vec{a}, \vec{x} \in D$ mit $[\vec{a}, \vec{x}] \subset D$, so gibt es ein $\vartheta \in (0,1)$ mit

$$f(\vec{x}) = f(\vec{a}) + \langle f'(\vec{a} + \vartheta(\vec{x} - \vec{a})), \vec{x} - \vec{a} \rangle.$$

1.5.3 Die Hesse-Matrix

Im Hinblick auf Anwendungen des Satzes von Taylor besitzt die in (1.57) auftretende Matrix der gemischten zweiten Ableitungen von f besondere Bedeutung.

Ist die Funktion $f : D \to \mathbb{R}$ zweimal partiell differenzierbar an der Stelle $\vec{a} \in D$, so heißt die $n \times n$-Matrix

$$H_f(\vec{a}) := (\partial_i \partial_j f(\vec{a}))_{i,j=1,\ldots,n} = \begin{pmatrix} f_{x_1x_1}(\vec{a}) & \ldots & f_{x_1x_n}(\vec{a}) \\ \vdots & \ddots & \vdots \\ f_{x_nx_1}(\vec{a}) & \ldots & f_{x_nx_n}(\vec{a}) \end{pmatrix}$$

Hesse[3]*-Matrix* von f an der Stelle (oder im Punkt) $\vec{a}$. Nach Satz 1.31 ist diese Matrix symmetrisch, wenn alle zweiten partiellen Ableitungen stetig sind, also f eine C^2-Funktion ist.

1.49 Beispiel.
Die Hesse-Matrix der Funktion $f(x_1, x_2) := x_1 \sin(x_2) + x_2^2 e^{x_1}$ (vgl. Beispiel 1.29) an der Stelle $\vec{x} = (x_1, x_2)$ ist durch

$$H_f(\vec{x}) = \begin{pmatrix} x_2^2 e^{x_1} & \cos(x_2) + 2x_2 e^{x_1} \\ \cos(x_2) + 2x_2 e^{x_1} & 2e^{x_1} - x_1 \sin(x_2) \end{pmatrix}$$

gegeben.

1.50 Beispiel. (Quadratische Formen)
Für die Hesse-Matrix der in 1.3.2 und Beispiel 1.24 diskutierten quadratischen Form $Q_A(\vec{x}) = \langle \vec{x}, A\vec{x} \rangle$ gilt

$$H_{Q_A}(\vec{x}) = (a_{ij} + a_{ji})_{1 \leq i,j \leq n}.$$

Wegen $P_2(\vec{h}; f; \vec{a}) = \frac{1}{2}\langle \vec{h}, H_f(\vec{a})\vec{h} \rangle$, $\vec{h} \in \mathbb{R}^n$, (vgl. (1.57)) ergibt sich aus Satz 1.47 für den Spezialfall $k = 1$ das folgende Resultat:

1.51 Folgerung. (Taylorentwicklung erster Ordnung)
Es seien $f : D \to \mathbb{R}$ eine C^2-Funktion und $\vec{a}, \vec{x} \in D$ mit $[\vec{a}, \vec{x}] \subset D$. Dann gibt es ein $\vartheta \in (0, 1)$, so dass gilt:

$$f(\vec{x}) = f(\vec{a}) + \langle f'(\vec{a}), \vec{x} - \vec{a} \rangle + \frac{1}{2}\langle \vec{x} - \vec{a}, H_f(\vec{a} + \vartheta(\vec{x} - \vec{a}))(\vec{x} - \vec{a}) \rangle.$$

Das Restglied $R_k(\vec{x}; f; \vec{a}) = P_{k+1}(\vec{a} + \vartheta(\vec{x} - \vec{a}); f; \vec{a}))$ in Satz 1.47 besitzt die Gestalt

$$\frac{1}{(k+1)!} \sum_{i_1,\ldots,i_{k+1}=1}^{n} f_{x_{i_1},\ldots,x_{i_{k+1}}}(\vec{a} + \vartheta(\vec{x} - \vec{a}))(x_{i_1} - a_{i_1}) \cdot \ldots \cdot (x_{i_{k+1}} - a_{i_{k+1}}).$$

[3]Ludwig Otto Hesse (1811–1874). Nach einer Tätigkeit als Lehrer für Physik und Chemie an der Gewerbeschule in Königsberg (Kaliningrad) hatte Hesse Professuren in Königsberg, Halle, Heidelberg und München inne. Hauptarbeitsgebiete: Algebra, Analysis und analytische Geometrie.

Ist C eine gemeinsame obere Schranke der Beträge der oben auftretenden partiellen Ableitungen, so liefert die Ungleichung

$$|x_{i_1} - a_{i_1}| \cdot \ldots \cdot |x_{i_{k+1}} - a_{i_{k+1}}| \le \|\vec{x} - \vec{a}\|_2^{k+1}$$

die *Restgliedabschätzung*

$$\|R_k(\vec{x}; \vec{a}, f)\|_2 \le C \frac{n^{k+1}}{(k+1)!} \cdot \|\vec{x} - \vec{a}\|_2^{k+1}.$$

Diese Ungleichung beschreibt die Güte der Approximation von f durch das Taylorpolynom T_k.

1.6 Lokale Extrema

Es seien $D \subset \mathbb{R}^n$ und $f : D \to \mathbb{R}$ eine Funktion. Die Begriffe *lokales Maximum*, *lokales Minimum*, *strenges lokales Maximum*, *globales Maximum* usw. werden genauso definiert wie im Fall $n = 1$ (vgl. I.6.7.1). So besitzt f im Punkt $\vec{a} \in D$ ein *lokales Maximum*, wenn es eine Umgebung U von $\vec{a}$ gibt, so dass gilt:

$$f(\vec{x}) \le f(\vec{a}) \quad \text{für jedes} \quad \vec{x} \in U \cap D \tag{1.59}$$

(vgl. Bild 1.18). In diesem Fall heißt $\vec{a}$ *lokale Maximalstelle* von f. Völlig analog sind die Begriffe *lokale Minimalstelle*, *lokale Extremalstelle* usw. zu verstehen.

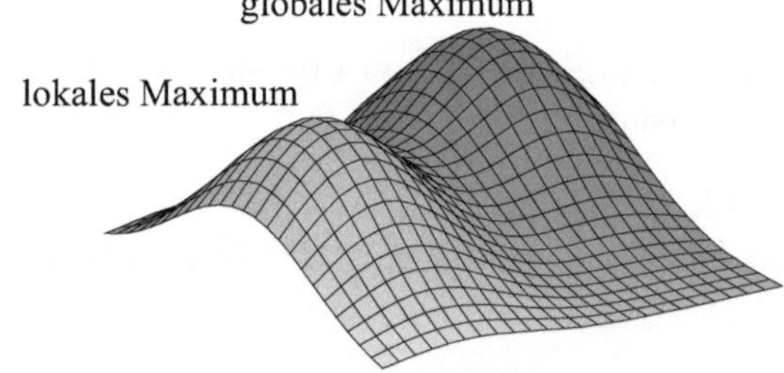

Bild 1.18: Striktes lokales und globales Maximum

Das folgende Resultat ist eine Verallgemeinerung von Satz I.6.48.

1.52 Satz. (Notwendiges Kriterium für lokale Extrema)
Die Funktion $f : D \to \mathbb{R}$ besitze in einem inneren Punkt $\vec{a} \in D$ ein lokales Extremum und sei dort partiell differenzierbar. Dann gilt $f'(\vec{a}) = \vec{0}$.

BEWEIS: Es gelte (1.59) für eine Umgebung U von $\vec{a}$, und es sei $j \in \{1, \ldots, n\}$. Weil $\vec{a}$ innerer Punkt von D ist, gibt es ein $\delta > 0$, so dass für jedes $t \in I := (-\delta, \delta)$ der Punkt $\vec{a} + t\vec{e}_j$ zu $U \cap D$ gehört. Wegen $f(\vec{a} + t\vec{e}_j) \le f(\vec{a})$ für jedes $t \in I$ besitzt die Abbildung

$$t \mapsto \varphi(t) := f(\vec{a} + t\vec{e}_j)$$

von I in $\mathbb{R}$ in $t = 0$ ein lokales Extremum. Nach Voraussetzung ist φ im Punkt 0 differenzierbar und hat dort die Ableitung $f_{x_j}(\vec{a})$. Nach Satz I.6.48 gilt $f_{x_j}(\vec{a}) = 0$. Da $j \in \{1, \ldots, n\}$ beliebig war, ist der Satz bewiesen. □

Ist $f : D \to \mathbb{R}$ eine in $\vec{a} \in D$ differenzierbare Funktion und gilt $f'(\vec{a}) = \vec{0}$, so heißt $\vec{a}$ *stationärer Punkt* von f. Man beachte, dass Satz 1.52 die „Kandidaten" $\vec{a}$ für mögliche Extremstellen von f *im Inneren* des Definitionsbereiches von f herausfiltert. Eventuelle lokale oder globale Maxima oder Minima auf dem Rand ∂D des Definitionsbereiches werden hierdurch nicht erfasst.

1.53 Beispiel.
Es sei $D := \{(x, y) \in \mathbb{R}^2 : x^2 + y^2 \leq 1\}$ der abgeschlossene Einheitskreis um den Ursprung im $\mathbb{R}^2$ und $f(x, y) := x^2 + y^2$, $(x, y) \in D$, gesetzt. Für $(x, y) \in D^\circ$ gilt $f_x(x, y) = 2x$, $f_y(x, y) = 2y$. Somit ist $(0, 0)$ ein stationärer Punkt von f. Offensichtlich besitzt f an der Stelle $(0, 0)$ ein globales Minimum. Der Maximalwert 1 von f wird in jedem Punkt (a_1, a_2) des Randes ∂D von D, also in jedem Punkt (a_1, a_2) mit $a_1^2 + a_2^2 = 1$, angenommen.

1.54 Beispiel.
Es sei $f(x, y) := 2x^2 + y^2 - xy - 6x$, $(x, y) \in \mathbb{R}^2$. Wegen $f_x(x, y) = 4x - y - 6$, $f_y(x, y) = 2y - x$ genügen die Koordinaten x, y eines stationären Punktes dem linearen Gleichungssystem

$$4x - y - 6 = 0, \qquad 2y - x = 0,$$

welches die eindeutige Lösung $x_0 := 12/7$, $y_0 := 6/7$ besitzt. Wir werden später sehen, dass im Punkt (x_0, y_0) ein lokales Minimum vorliegt.

Auch Satz I.6.64 kann auf Funktionen von mehreren Variablen verallgemeinert werden.

1.55 Satz. (Hinreichende Kriterien für lokale Extrema im $\mathbb{R}^n$)
Es seien $D \subset \mathbb{R}^n$ eine offene Menge, $f : D \to \mathbb{R}$ eine C^2-Funktion und $\vec{a} \in D$ ein stationärer Punkt von f. Dann gilt:

(i) *Ist die Hesse-Matrix $H_f(\vec{a})$ von f an der Stelle $\vec{a}$ positiv definit, so besitzt f in $\vec{a}$ ein strenges lokales Minimum.*

(ii) *Ist $H_f(\vec{a})$ negativ definit, so hat f in $\vec{a}$ ein strenges lokales Maximum.*

(iii) *Ist $H_f(\vec{a})$ indefinit, so besitzt f in $\vec{a}$ kein lokales Extremum.*

Es sei betont, dass dieser Satz keine Aussage für den Fall einer (positiv oder negativ) semidefiniten Hesse-Matrix macht. Ist $\vec{a} \in D$ ein stationärer Punkt einer C^2-Funktion $f : D \to \mathbb{R}$ und ist die Hesse-Matrix $H_f(\vec{a})$ indefinit, liegt also Fall

(iii) vor, so nennt man $\vec{a}$ einen *Sattelpunkt* von f. Diese Namensgebung rührt vom Fall $n = 2$ her. So zeigt Bild 1.19 den Nullpunkt $(0, 0)$ als Sattelpunkt der Funktion $(x, y) \mapsto f(x, y) := x^2 - y^2$. Die Graphen der Schnittfunktionen $x \mapsto f(x, 0) = x^2$ und $y \mapsto f(0, y) = -y^2$ sind eine nach oben bzw. unten geöffnete Normalparabel.

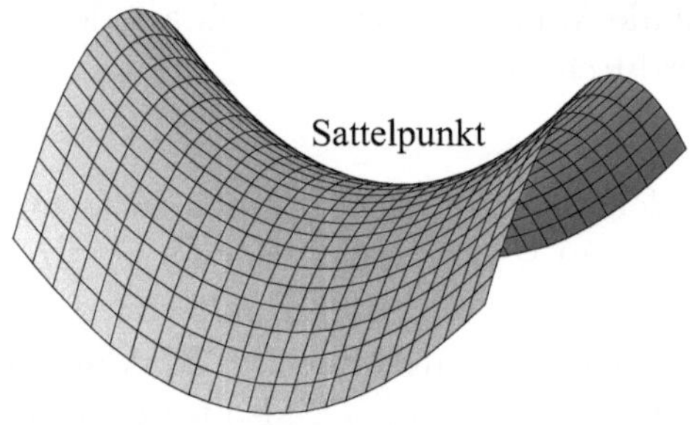

Bild 1.19: Sattelpunkt $(0, 0)$ der Funktion $(x, y) \mapsto x^2 - y^2$

BEWEIS VON SATZ 1.55: (i),(ii): Wir setzen voraus, dass $H_f(\vec{a})$ positiv definit ist und nehmen indirekt an, dass f in $\vec{a}$ kein strenges lokales Minimum besitzt. Dann gibt es zu jedem hinreichend großen $k \in \mathbb{N}$ ein $\vec{y}_k \in D$ mit $\|\vec{y}_k - \vec{a}\|_2 \leq 1/k$, $\vec{y}_k \neq \vec{a}$ und $f(\vec{y}_k) \leq f(\vec{a})$. Weil $\vec{a}$ stationärer Punkt von f ist, gibt es nach Folgerung 1.51 ein $\vartheta_k \in (0, 1)$ mit

$$f(\vec{y}_k) = f(\vec{a}) + \frac{1}{2}\langle \vec{y}_k - \vec{a}, H_f(\vec{a} + \vartheta_k(\vec{y}_k - \vec{a}))(\vec{y}_k - \vec{a})\rangle. \tag{1.60}$$

Es gilt $\vec{y}_k = \vec{a} + \varepsilon_k \vec{v}_k$ mit $\vec{v}_k := (\vec{y}_k - \vec{a})/\|\vec{y}_k - \vec{a}\|_2 \in S^{n-1}$ und $0 < \varepsilon_k := \|\vec{y}_k - \vec{a}\|_2 \leq 1/k$. Wegen $f(\vec{y}_k) - f(\vec{a}) \leq 0$ erhalten wir aus (1.60) die Ungleichung

$$0 \geq \langle \vec{v}_k, H_f(\vec{a} + \varepsilon_k \vartheta_k \vec{v}_k)\vec{v}_k\rangle. \tag{1.61}$$

Weil die Menge S^{n-1} abgeschlossen und beschränkt ist, gibt es nach Satz 1.11 eine gegen einen Vektor $\vec{v} \in S^{n-1}$ konvergente Teilfolge von $(\vec{v}_k)$. Der Einfachheit halber bezeichnen wir diese Teilfolge wieder mit $(\vec{v}_k)$. Die zweiten partiellen Ableitungen von f sind stetig. Wir können also in (1.61) den Grenzübergang $k \to \infty$ durchführen und erhalten die im Widerspruch zur positiven Definitheit von $H_f(\vec{a})$ stehende Ungleichung $\langle \vec{v}, H_f(\vec{a})\vec{v}\rangle \leq 0$. Damit folgt (i). Die Behauptung (ii) beweist man analog.

(iii): Ist $H_f(\vec{a})$ indefinit, so gibt es Vektoren $\vec{v}, \vec{w} \in S^{n-1}$ mit

$$\langle \vec{v}, H_f(\vec{a})\vec{v}\rangle < 0 < \langle \vec{w}, H_f(\vec{a})\vec{w}\rangle.$$

Wegen der Stetigkeit der zweiten partiellen Ableitungen gibt es ein $\varepsilon_0 > 0$ mit

$$\langle \vec{v}, H_f(\vec{x})\vec{v}\rangle < 0 < \langle \vec{w}, H_f(\vec{x})\vec{w}\rangle$$

für jedes $\vec{x}$ mit $\|\vec{x} - \vec{a}\|_2 \leq \varepsilon_0$. Damit erhalten wir wiederum aus Folgerung 1.51

$$f(\vec{a} + t\vec{v}) = f(\vec{a}) + \frac{1}{2}t^2\langle \vec{v}, H_f(\vec{a} + t\vartheta_1\vec{v})\vec{v}\rangle < f(\vec{a}), \qquad |t| \leq \varepsilon_0,$$

$$f(\vec{a} + t\vec{w}) = f(\vec{a}) + \frac{1}{2}t^2\langle \vec{w}, H_f(\vec{a} + t\vartheta_2\vec{w}, \vec{w}\rangle > f(\vec{a}), \qquad |t| \leq \varepsilon_0$$

für gewisse $\vartheta_1, \vartheta_2 \in (0,1)$. Die Funktion f besitzt demnach in $\vec{a}$ kein lokales Extremum. □

Der Spezialfall $n = 2$ von Satz 1.55 verdient es, gesondert hervorgehoben zu werden. Man beachte dabei den Satz 1.15.

1.56 Folgerung. (Hinreichende Kriterien für lokale Extrema im $\mathbb{R}^2$)
Es seien $D \subset \mathbb{R}^2$ eine offene Menge, $f : D \to \mathbb{R}$ eine C^2-Funktion und $\vec{a} \in D$ ein stationärer Punkt von f. Ferner bezeichne

$$d(\vec{a}) := f_{x,x}(\vec{a})f_{y,y}(\vec{a}) - (f_{x,y}(\vec{a}))^2$$

die Determinante der Hesse-Matrix von f an der Stelle $\vec{a}$. Dann bestehen die folgenden Implikationen:

(i) *Gilt $f_{x,x}(\vec{a}) > 0$ und $d(\vec{a}) > 0$, so hat f in $\vec{a}$ ein strenges lokales Minimum.*

(ii) *Gilt $f_{x,x}(\vec{a}) < 0$ und $d(\vec{a}) > 0$, so hat f in $\vec{a}$ ein strenges lokales Maximum.*

(iii) *Gilt $d(\vec{a}) < 0$, so ist $\vec{a}$ ein Sattelpunkt von f. Insbesondere besitzt dann f in $\vec{a}$ kein lokales Extremum.*

1.57 Beispiel. (Fortsetzung von Beispiel 1.54)
Für die in Beispiel 1.54 definierte Funktion f gilt $f_{x,x}(x,y) = 4$, $f_{x,y}(x,y) = f_{y,x}(x,y) = -1$, $f_{y,y}(x,y) = 2$ und somit $d(\vec{x}) = 7 > 0$ für jedes $\vec{x} = (x,y) \in \mathbb{R}^2$. Da der Fall (i) von Folgerung 1.56 vorliegt, besitzt f im stationären Punkt $(12/7, 6/7)$ ein lokales Minimum.

1.7 Differentiation vektorwertiger Funktionen

In diesem Abschnitt behandeln wir die Differentialrechnung für *vektorwertige* Funktionen, d.h. für Funktionen $f : D \to \mathbb{R}^m$ mit $m \in \mathbb{N}$. Dabei ist der Definitionsbereich $D \subset \mathbb{R}^n$ von f eine Menge, deren Inneres nicht leer ist. Vielfach wird die Menge D als offen vorausgesetzt sein.

Eine Funktion $f : D \to \mathbb{R}^m$ besitzt die Gestalt

$$f(\vec{x}) = (f_1(\vec{x}), \ldots, f_m(\vec{x})), \qquad \vec{x} \in D,$$

wofür auch kurz

$$f = (f_1, \ldots, f_m)$$

geschrieben wird. Dabei sind $f_1, \ldots, f_m : D \to \mathbb{R}$ die *Komponenten(-Funktionen)* von f (vgl. S. 13).

1.7.1 Die Jacobi-Matrix

Die Funktion f heißt *partiell differenzierbar* in einem inneren Punkt $\vec{a}$ von D, wenn jede Komponente f_j in $\vec{a}$ partiell differenzierbar ist.

Ist der Definitionsbereich D offen, und ist jede Komponente von f auf D k-mal (stetig) partiell differenzierbar, so heißt f k-mal (*stetig*) *partiell differenzierbar.*

Ist die Funktion $f = (f_1, \ldots, f_m) : D \to \mathbb{R}^m$ partiell differenzierbar in $\vec{a} \in D$, so heißt die $m \times n$-Matrix

$$J_f(\vec{a}) := \left(\frac{\partial f_i}{\partial x_j}(\vec{a})\right) = \begin{pmatrix} \frac{\partial f_1}{\partial x_1}(\vec{a}) & \ldots & \frac{\partial f_1}{\partial x_n}(\vec{a}) \\ \vdots & \ddots & \vdots \\ \frac{\partial f_m}{\partial x_1}(\vec{a}) & \ldots & \frac{\partial f_m}{\partial x_n}(\vec{a}) \end{pmatrix} \tag{1.62}$$

Jacobi[4]*-Matrix* (oder *Funktionalmatrix*) von f an der Stelle (oder im Punkt) $\vec{a}$.

1.58 Beispiel.
Die Jacobi-Matrix der durch $f(x, y) := (y \sin x, 2 \cos x)$ definierten Funktion $f : \mathbb{R}^2 \to \mathbb{R}^2$ an der Stelle (x, y) ist durch

$$J_f(x, y) = \begin{pmatrix} y \cos x & \sin x \\ -2 \sin x & 0 \end{pmatrix}$$

gegeben.

1.59 Beispiel. (Polarkoordinaten im $\mathbb{R}^2$)
Das kartesische Koordinatensystem beruht auf geradlinigen zueinander orthogonalen Koordinatenachsen. Es ist manchmal zweckmäßig, einem Punkt $(x, y) \in \mathbb{R}^2$ andere Koordinaten zuzuordnen. Die *Polarkoordinaten* von (x, y) sind der Abstand $r := \sqrt{x^2 + y^2}$ vom Ursprung $(0, 0)$ des kartesischen Koordinatensystems sowie der Winkel φ zwischen (x, y) und der x-Achse. Lässt man den Winkel φ in einem halboffenen Intervall der Länge 2π variieren, so besitzt jeder Punkt $\vec{x} \neq \vec{0}$ eindeutig bestimmte Polarkoordinaten (Bild 1.20).

Mit der Vereinbarung $0 \leq \varphi < 2\pi$ folgt im Fall $r \neq 0$ nach Definition des Winkels (vgl. I.8.4.3)

$$\varphi = \begin{cases} \arccos(x/r), & \text{falls } y \geq 0, \\ 2\pi - \arccos(x/r), & \text{falls } y < 0. \end{cases}$$

[4] Carl Gustav Jacob Jacobi (1804–1851). Nach Promotion und Habilitation in Berlin (1825) forschte und lehrte Jacobi 16 Jahre lang an der Universität Königsberg (Kaliningrad). 1844 wurde er auf eigenen Wunsch nach Berlin versetzt, wo er 6 1/2 Jahre als Mitglied der Akademie ohne festes Verhältnis zur Universität, jedoch mit der Erlaubnis, dort zu lesen, wirkte. Jacobis Werk umfasst 2 Bücher und 170 Abhandlungen. Hauptarbeitsgebiete: Algebra, Zahlentheorie, Differentialgleichungen, mathematische Physik (analytische Mechanik, theoretische Astronomie).

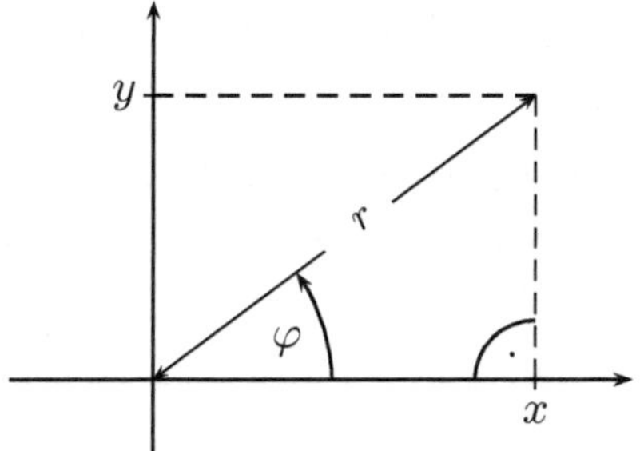

Bild 1.20: Polarkoordinaten (r, φ) des Punktes (x, y)

Die Umkehrabbildung $g = (g_1, g_2) : (0, \infty) \times [0, 2\pi) \to \mathbb{R}^2 \setminus \{\vec{0}\}$ von $(x, y) \mapsto (r, \varphi)$ lautet

$$(g_1(r, \varphi), g_2(r, \varphi)) = (r \cos \varphi, r \sin \varphi).$$

Die Abbildung g ordnet den Polarkoordinaten r und φ die entsprechenden kartesischen Koordinaten x und y zu. Sie ist partiell differenzierbar auf der offenen Menge $(0, \infty) \times (0, 2\pi)$, und die Jacobi-Matrix ergibt sich zu

$$J_g(r, \varphi) = \begin{pmatrix} \cos \varphi & -r \sin \varphi \\ \sin \varphi & r \cos \varphi \end{pmatrix}. \tag{1.63}$$

1.7.2 Differenzierbarkeit

Da die i-te Zeile der Jacobi-Matrix (1.62) den Gradienten der Funktion f_i darstellt, ist die folgende Definition eine direkte Verallgemeinerung der entsprechenden Begriffsbildung für Funktionen einer Veränderlichen.

Die Funktion $f = (f_1, \ldots, f_m) : D \to \mathbb{R}^m$ heißt in einem inneren Punkt $\vec{a}$ von D *differenzierbar*, wenn sie dort partiell differenzierbar ist und die Grenzwertaussage

$$\lim_{\vec{x} \to \vec{a}} \frac{\|f(\vec{x}) - f(\vec{a}) - J_f(\vec{a})(\vec{x} - \vec{a})\|_2}{\|\vec{x} - \vec{a}\|_2} = 0 \tag{1.64}$$

erfüllt ist. In diesem Fall heißt

$$f'(\vec{a}) := J_f(\vec{a})$$

die *Ableitung* von f im Punkt $\vec{a}$.

Ist f in jedem Punkt einer Menge $A \subset D$ differenzierbar, so heißt f *differenzierbar auf* A. Im Fall $A = D$ nennt man f *differenzierbar*.

Man beachte, dass die Bezeichung $f'(\vec{a})$ für die Ableitung einer Funktion $f : D \to \mathbb{R}^m$ mit $D \subset \mathbb{R}^n$ ganz im Einklang mit der bisherigen Nomenklatur steht. Allgemein ist $f'(\vec{a})$ eine $m \times n$-Matrix (die Jacobi-Matrix); im Fall $m = 1,\ n > 1$ ist $f'(\vec{a})$ der Gradientenvektor (eine einzeilige Jacobi-Matrix) und im Fall $m = n = 1$ eine skalare Größe (eine 1×1-Matrix).

Der obige Differenzierbarkeitsbegriff kann auf die Differenzierbarkeit reellwertiger Funktionen zurückgeführt werden:

1.60 Satz. (Differenzierbarkeit und Differenzierbarkeit der Komponenten) *Die Funktion $f = (f_1, \ldots, f_m) : D \to \mathbb{R}^m$ ist genau dann in einem inneren Punkt $\vec{a}$ von D differenzierbar, wenn jede Komponente f_i diese Eigenschaft besitzt.*

BEWEIS: Der i-te Zeilenvektor von $J_f(\vec{a})$ ist der Gradient $f_i'(\vec{a})$ von f_i an der Stelle $\vec{a}$. Die Konvergenz (1.64) ist also zu

$$\lim_{\vec{x}\to\vec{a}} \frac{|f_i(\vec{x}) - f_i(\vec{a}) - \langle f_i'(\vec{a}), \vec{x} - \vec{a}\rangle|}{\|\vec{x} - \vec{a}\|_2} = 0, \qquad i = 1, \ldots, m$$

äquivalent. Daraus folgt die Behauptung. □

Satz 1.60 führt zu einer direkten Verallgemeinerung von Satz 1.33:

1.61 Satz. (Grenzwertcharakterisierung der Ableitung) *Die Funktion $f : D \to \mathbb{R}^m$ ist genau dann in einem inneren Punkt $\vec{a}$ von D differenzierbar, wenn es eine $m \times n$-Matrix A gibt, so dass gilt:*

$$\lim_{\vec{x}\to\vec{a}} \frac{\|f(\vec{x}) - f(\vec{a}) - A(\vec{x} - \vec{a})\|_2}{\|\vec{x} - \vec{a}\|_2} = 0. \tag{1.65}$$

In diesem Fall ist A die Ableitung (Jacobi-Matrix) von f an der Stelle $\vec{a}$.

Der Fall $n = 1$ dieses Satzes führt zurück auf den in 1.4.9 diskutierten Kurvenbegriff. In diesem Fall besitzt der Vektor $f'(\vec{a})$ eine geometrisch sehr anschauliche Interpretation als Tangentialvektor der Kurve.

1.7.3 Das vollständige Differential

Ist f differenzierbar im Punkt $\vec{a}$, und setzt man wie im Fall $m = 1$

$$R(\vec{x}; \vec{a}) := f(\vec{x}) - f(\vec{a}) - J_f(\vec{a})(\vec{x} - \vec{a}),$$

so ergibt sich

$$f(\vec{x}) = f(\vec{a}) + A(\vec{x} - \vec{a}) + R(\vec{x}; \vec{a}) \tag{1.66}$$

mit $A := J_f(\vec{a})$. Dabei gilt

$$\lim_{\vec{x}\to\vec{a}} \frac{\|R(\vec{x}; \vec{a})\|_2}{\|\vec{x} - \vec{a}\|_2} = 0. \tag{1.67}$$

Umgekehrt folgt aus der Existenz einer $m \times n$-Matrix A und einer Abbildung $R(\cdot; \vec{a}) : D \to \mathbb{R}^m$ mit den Eigenschaften (1.66) und (1.67) die Differenzierbarkeit von f im Punkt $\vec{a}$ sowie die Gleichung $J_f(\vec{a}) = A$.

Die lineare Abbildung $\vec{h} \mapsto J_f(\vec{a})\vec{h}$ von $\mathbb{R}^n$ in $\mathbb{R}^m$ heißt (wie im Fall $m = 1$) *vollständiges Differential* von f im Punkt $\vec{a}$; sie wird mit $df(\vec{a})$ oder $Df(\vec{a})$ bezeichnet. Wir weisen hier nochmals darauf hin, dass der Vektor $\vec{h}$ im Matrizenprodukt $J_f(\vec{a})\vec{h}$ als Spaltenvektor interpretiert werden muss.

1.62 Beispiel. (Fortsetzung von Beispiel 1.58)
Nach Beispiel 1.58 ist

$$\begin{pmatrix} y\cos x & \sin x \\ -2\sin x & 0 \end{pmatrix}$$

die Jacobi-Matrix im Punkt (x, y) der Funktion $f(x, y) := (y\sin x, 2\cos x)$. Das vollständige Differential von f im Punkt (x, y) ist somit die lineare Abbildung

$$(h_1, h_2) \mapsto df(x, y)(h_1, h_2) = (yh_1 \cos x + h_2 \sin x, -2h_1 \sin x).$$

1.7.4 Differentiationsregeln

Eine Abbildung $f : D \to \mathbb{R}^m$ heißt *stetig differenzierbar*, falls f differenzierbar ist und die Abbildung $f' : D \to \mathbb{R}^{m \cdot n}$, $\vec{x} \mapsto f'(\vec{x})(= J_f(\vec{x}))$ stetig ist. (Hier identifizieren wir die Menge aller $m \times n$-Matrizen mit dem $\mathbb{R}^{m \cdot n}$.) Es sei daran erinnert, dass der Definitionsbereich D von f eine Teilmenge von $\mathbb{R}^n$ ist. Wegen der Sätze 1.60 und 1.33 ist diese Eigenschaft äquivalent zur stetigen partiellen Differenzierbarkeit von f.

Auch die Sätze 1.36 und 1.37 können verallgemeinert werden.

1.63 Satz. (Linearität der Ableitung)
Sind $f, g : D \to \mathbb{R}^m$ im Punkt $\vec{a} \in D^\circ$ differenzierbar und sind $\lambda, \mu \in \mathbb{R}$, so ist auch die Funktion $\lambda f + \mu g$ in $\vec{a}$ differenzierbar, und es gilt

$$(\lambda f + \mu g)'(\vec{a}) = \lambda f'(\vec{a}) + \mu g'(\vec{a}).$$

1.64 Satz. (Allgemeine Kettenregel)
Es seien $I \subset \mathbb{R}^k$ und $g = (g_1, \ldots, g_n) : I \to D$ eine Funktion, welche in einem inneren Punkt $\vec{x}_0$ von I differenzierbar ist. Ferner sei $g(\vec{x}_0)$ ein innerer Punkt von D, und $f : D \to \mathbb{R}^m$ sei differenzierbar in $g(\vec{x}_0)$. Dann ist die Komposition $f \circ g$,

$$\vec{x} \mapsto f(g(\vec{x})),$$

differenzierbar im Punkt $\vec{x}_0$, und es gilt

$$(f \circ g)'(\vec{x}_0) = f'(g(\vec{x}_0))g'(\vec{x}_0). \tag{1.68}$$

BEWEIS: Der Beweis erfolgt analog zum Beweis von Satz 1.60. Wir benutzen die Darstellungen (1.66) und (1.67) für f und für g (an der Stelle $\vec{x}_0$ mit $R_g := R$) und erhalten

$$\begin{aligned} f \circ g(\vec{x}) - f \circ g(\vec{x}_0) &= f'(g(\vec{x}_0))(g(\vec{x}) - g(\vec{x}_0)) + R_f(g(\vec{x}); g(\vec{x}_0)) \qquad (1.69) \\ &= f'(g(\vec{x}_0))g'(\vec{x}_0)(\vec{x} - \vec{x}_0) + f'(g(\vec{x}_0))R_g(\vec{x}; \vec{x}_0) + R_f(g(\vec{x}); g(\vec{x}_0)). \end{aligned}$$

Man beachte hierbei die Assoziativität der Matrixmultiplikation. Wir wollen zunächst $g(\vec{x}) \neq g(\vec{x}_0)$ für alle $\vec{x}$ in einer Umgebung von $\vec{x}_0$ annehmen. Wegen der Stetigkeit von g im Punkt $\vec{x}_0$ sowie der Differenzierbarkeit von f (vgl. (1.67)) gilt dann

$$\lim_{\vec{x}\to\vec{x}_0} \frac{R_f(g(\vec{x}); g(\vec{x}_0))}{\|g(\vec{x}) - g(\vec{x}_0)\|_2} = \vec{0}.$$

Andererseits zeigen das folgende Lemma 1.66 sowie die Dreiecksungleichung für die euklidische Norm, dass der Quotient

$$\frac{\|g(\vec{x}) - g(\vec{x}_0)\|_2}{\|\vec{x} - \vec{x}_0\|_2} = \frac{\|g'(\vec{x}_0)(\vec{x} - \vec{x}_0) + R_g(\vec{x}; \vec{x}_0)\|_2}{\|\vec{x} - \vec{x}_0\|_2}$$

in einer Umgebung von $\vec{x}_0$ beschränkt bleibt. Es folgt

$$\lim_{\vec{x}\to\vec{x}_0} \frac{R_f(g(\vec{x}); g(\vec{x}_0))}{\|\vec{x} - \vec{x}_0\|_2} = \lim_{\vec{x}\to\vec{x}_0} \frac{R_f(g(\vec{x}); g(\vec{x}_0))}{\|g(\vec{x}) - g(\vec{x}_0)\|_2} \cdot \frac{\|g(\vec{x}) - g(\vec{x}_0)\|_2}{\|\vec{x} - \vec{x}_0\|_2} = \vec{0}.$$

Wegen $R_f(g(\vec{x}), g(\vec{x}_0)) = 0$ für $g(\vec{x}) = g(\vec{x}_0)$ ist diese Grenzwertbeziehung allgemein richtig. Damit zeigt (1.69) sowohl, dass $f \circ g$ im Punkt $\vec{x}_0$ differenzierbar ist, als auch die Gültigkeit von (1.68). □

Ausführlicher geschrieben bedeutet (1.68)

$$\frac{\partial f_i \circ g}{\partial x_j}(\vec{x}_0) = \sum_{l=1}^{n} \frac{\partial f_i}{\partial x_l}(g(\vec{x}_0)) \frac{\partial g_l}{\partial x_j}(\vec{x}_0), \qquad i = 1, \ldots, m,\ j = 1, \ldots, k. \tag{1.70}$$

Für festes i und festes j ist diese Aussage nichts anderes als die Kettenregel aus Satz 1.37.

1.65 Beispiel.
Die Funktion $f : \mathbb{R}^2 \to \mathbb{R}$ sei differenzierbar. Dann ist die Funktion

$$h(r, \varphi) := f(r \cos\varphi, r \sin\varphi)$$

von $(0, \infty) \times (-\pi, \pi]$ in $\mathbb{R}$ differenzierbar auf $(0, \infty) \times (-\pi, \pi)$, und es gilt

$$\begin{aligned}
\frac{\partial f}{\partial r}(r, \varphi) &= f_x(r \cos\varphi, r \sin\varphi) \cos\varphi + f_y(r \cos\varphi, r \sin\varphi) \sin\varphi, \\
\frac{\partial f}{\partial \varphi}(r, \varphi) &= -f_x(r \cos\varphi, r \sin\varphi) r \sin\varphi + f_y(r \cos\varphi, r \sin\varphi) r \cos\varphi.
\end{aligned}$$

Diese Formeln ergeben sich aus (1.68) und der im Beispiel 1.59 angegebenen Jacobi-Matrix (1.63) der Abbildung $(r, \varphi) \mapsto (r \cos\varphi, r \sin\varphi)$. Alternativ kann man natürlich auch die Kettenregel in Satz 1.37 anwenden.

1.7.5 Der Mittelwertsatz

Die (euklidische) *Norm* einer $m \times n$-Matrix $A = (a_{ij})$ ist die Zahl

$$\|A\|_2 := \sqrt{\sum_{i=1}^{m} \sum_{j=1}^{n} a_{ij}^2}.$$

In diesem Sinn besitzt also die 2×3-Matrix

$$\begin{pmatrix} 1 & 0 & 3 \\ -1 & 1 & 2 \end{pmatrix}$$

die Norm 4 $(= (1^2 + 0^2 + 3^2 + (-1)^2 + 1^2 + 2^2)^{1/2})$.

In 4.3.5 werden wir weitere Beispiele von Matrizennormen kennenlernen.

1.66 Lemma.
Sind A eine $m \times n$-Matrix und $\vec{x} \in \mathbb{R}^n$, so gilt $\|A\vec{x}\|_2 \le \|A\|_2 {\cdot} \|\vec{x}\|_2$.

BEWEIS: Sind $\vec{a}_1, \ldots, \vec{a}_m$ die Zeilenvektoren von A, so besitzt $A\vec{x}$ die Komponenten $\langle \vec{a}_1, \vec{x} \rangle, \ldots, \langle \vec{a}_m, \vec{x} \rangle$. Also folgt aus der Cauchy–Schwarzschen Ungleichung

$$\|A\vec{x}\|_2^2 = \sum_{j=1}^{m} \langle \vec{a}_j, \vec{x} \rangle^2 \le \sum_{j=1}^{m} \|\vec{a}_j\|_2^2 {\cdot} \|\vec{x}\|_2^2 = \|A\|_2^2 \| {\cdot} \vec{x}\|_2^2. \qquad \square$$

Im nächsten Abschnitt benötigen wir die folgende Version des Mittelwertsatzes für vektorwertige Funktionen.

1.67 Satz. (Mittelwertabschätzung)
Die Funktion $f : D \to \mathbb{R}^m$ sei differenzierbar, und es seien $\vec{a}, \vec{x} \in D$ mit der Eigenschaft $[\vec{a}, \vec{x}] \subset D$. Dann gibt es ein $\vartheta \in (0, 1)$ mit

$$\|f(\vec{x}) - f(\vec{a})\|_2 \le \|\vec{x} - \vec{a}\|_2 {\cdot} \|f'(\vec{a} + \vartheta(\vec{x} - \vec{a}))\|_2.$$

BEWEIS: Für $\vec{v} \in \mathbb{R}^m$ betrachten wir die Hilfsfunktion $g(\vec{x}) := \langle \vec{v}, f(\vec{x}) \rangle$. Nach der Kettenregel (Satz 1.64) ist g differenzierbar auf D, und es gilt

$$g'(\vec{x}) = f'(\vec{x})\vec{v}.$$

Anwendung des Mittelwertsatzes 1.48 auf g liefert die Existenz eines $\vartheta \in (0, 1)$ mit

$$\langle \vec{v}, f(\vec{x}) - f(\vec{a}) \rangle = \langle \vec{x} - \vec{a}, f'(\vec{a} + \vartheta(\vec{x} - \vec{a}))\vec{v} \rangle.$$

Wegen Lemma 1.66 und der Cauchy–Schwarzschen Ungleichung kann der Betrag der rechten Seite durch

$$\|\vec{x} - \vec{a}\|_2 {\cdot} \|f'(\vec{a} + \vartheta(\vec{x} - \vec{a})\|_2 {\cdot} \|\vec{v}\|_2$$

nach oben abgeschätzt werden. Jetzt wählen wir speziell $\vec{v} = f(\vec{x}) - f(\vec{a})$ und erhalten

$$\|f(\vec{x}) - f(\vec{a})\|_2^2 \le \|f(\vec{x}) - f(\vec{a})\|_2 {\cdot} \|\vec{x} - \vec{a}\|_2 {\cdot} \|f'(\vec{a} + \vartheta(\vec{x} - \vec{a}))\|_2,$$

womit der Satz bewiesen ist. $\square$

1.8 Implizit definierte Funktionen

1.8.1 Motivation

In den Natur- und Wirtschaftswissenschaften ergibt sich häufig ein Problem, das in seiner einfachsten Form anhand eines Bildes verdeutlicht werden soll.

Bild 1.21 zeigt einen Ausschnitt einer schematisch dargestellten topographischen Karte. Eingezeichnet sind die für jede topographische Karte charakteristischen *Höhen-* oder *Niveaulinien* des betreffenden Geländes, die zu verschiedenen Höhen (in Metern über dem Meeresspiegel gemessen) eingetragen sind. Auf diese Weise gewinnt man einen Eindruck vom Höhenverlauf des Geländes. Werden Wege längs einer Höhenlinie angelegt, so muss keine Steigung überwunden werden, was etwa für ältere Menschen in Erholungsgebieten wichtig sein kann.

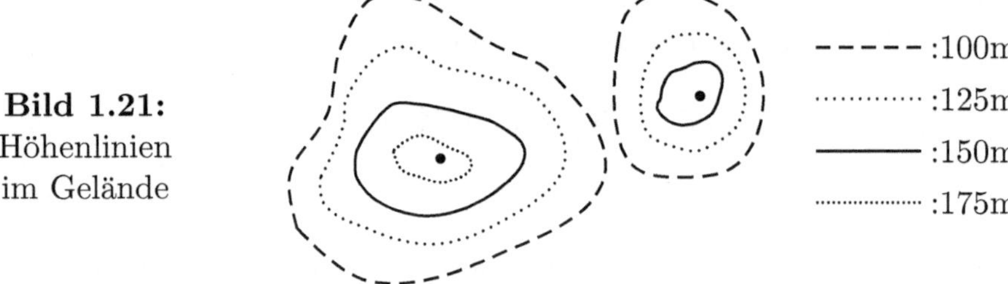

Bild 1.21: Höhenlinien im Gelände

Mathematisch idealisiert entspricht ein Geländestück dem Graphen einer auf einer Menge $D \subset \mathbb{R}^2$ definierten Funktion $g(x, y)$ und eine Höhenlinie zum Niveau c der Punktmenge

$$H_g(c) = \{(x, y) \in D : g(x, y) = c\}$$

(siehe auch Abschnitt I.2.1.9). Hier liegt die Frage nahe, ob man die Gleichung $g(x, y) = c$ für vorgegebenes x in der Form $y = f(x)$ „nach y auflösen", also die Höhenlinie $H_g(c)$ (oder zumindest einen Teil davon) durch den Graphen einer reellen Funktion beschreiben kann.

Ist (x_0, y_0) ein Punkt auf $H_g(c)$, so wird es im Allgemeinen zu jedem x in einer hinreichend kleinen Umgebung $U = (x_0 - \varepsilon, x_0 + \varepsilon)$ von x_0 genau ein y aus einer ebenfalls hinreichend kleinen Umgebung $V = (y_0 - \eta, y_0 + \eta)$ von y_0 geben, so dass auch der Punkt (x, y) zur Höhenlinie $H_g(c)$ gehört (Bild 1.22).

Ordnet man jedem $x \in U$ dieses eindeutig bestimmte $y \in V$ zu, so ergibt sich eine Funktion $f : U \to V$ mit der Eigenschaft $g(x, f(x)) = c$, $x \in U$. In der Nähe des Punktes (x_0, y_0) lässt sich also die Höhenlinie $H_g(c)$ durch eine (über die Gleichung $g(x, y) = c$ *implizit* gegebene) Funktion $x \mapsto y = f(x)$ ausdrücken.

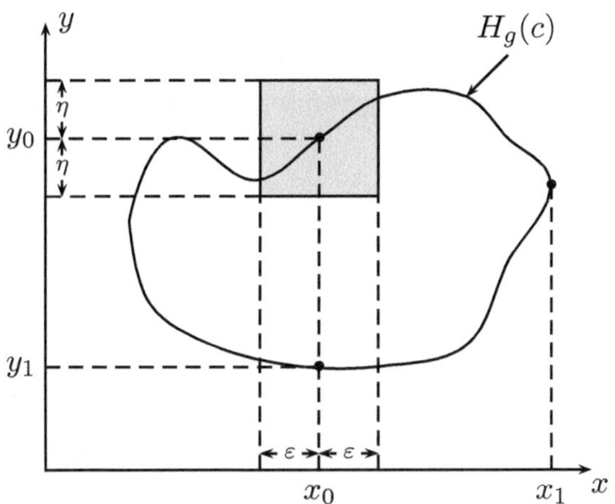

Bild 1.22: In einer Umgebung des Punktes (x_0, y_0) lassen sich die auf der Höhenlinie $H_g(c)$ liegenden Punkte durch $(x, f(x))$ mit einer Funktion f beschreiben

Man beachte, dass sowohl U als auch V hinreichend klein sein müssen, um die eindeutige Zuordnung $x \mapsto f(x)$ zu garantieren. Ist etwa η so groß, dass das Rechteck $U \times V$ in Bild 1.22 den Punkt (x_0, y_1) enthält, so gilt $y_0 \neq y_1$, aber $g(x_0, y_0) = g(x_0, y_1) = c$. In diesem Fall kann also von einer eindeutigen Zuordnung $x \mapsto f(x)$ mit der Eigenschaft $g(x, f(x)) = c$ in einer noch so kleinen Umgebung von x_0 nicht mehr die Rede sein.

Man beachte auch, dass in jeder noch so kleinen Umgebung U der x-Koordinate x_1 des in Bild 1.22 am rechten Rand der Höhenlinie eingezeichneten Punktes keine eindeutige Zuordnung $x \mapsto f(x)$ mit $g(x, f(x)) = c$, $x \in U$, definiert werden kann. Der anschauliche Grund hierfür ist, dass die Höhenlinie $H_g(c)$ in diesem Punkt eine „senkrecht verlaufende Tangente besitzt“.

In gleicher Weise kann man danach fragen, ob sich die auf jeder Wetterkarte eingezeichneten und für die Wettervorhersage wichtigen *Isobaren* (Kurven gleichen Luftdrucks) oder die *Isothermen* (Kurven gleicher Temperatur) zumindest lokal als Graphen reeller Funktionen darstellen lassen.

1.8.2 Die allgemeine Problemstellung

In Verallgemeinerung der bisherigen Fragestellung betrachten wir eine vektorwertige Funktion

$$g = (g_1, \ldots, g_m) : D \to \mathbb{R}^m, \qquad D \subset \mathbb{R}^n,$$

von n Variablen, wobei $n > m$ vorausgesetzt sei.

Im Hinblick auf weitere Überlegungen seien diese Variablen mit $x_1, \ldots, x_{n-m}$, $y_1, \ldots, y_m$ bezeichnet. Im Folgenden verwenden wir auch die abkürzende Schreibweisen $\vec{x} := (x_1, \ldots, x_{n-m})$, $\vec{y} := (y_1, \ldots, y_m)$ sowie

$$g(\vec{x}, \vec{y}) = (g_1(\vec{x}, \vec{y}), \ldots, g_m(\vec{x}, \vec{y})) := g(x_1, \ldots, x_{n-m}, y_1, \ldots, y_m).$$

Zwischen $x_1, \ldots, x_{n-m}, y_1, \ldots, y_m$ mögen gewisse Beziehungen bestehen, die man mathematisch in der Form

$$g_i(\vec{x}, \vec{y}) = 0, \qquad i = 1, \ldots, m, \tag{1.71}$$

also kurz durch $g(\vec{x}, \vec{y}) = \vec{0}$, ausdrücken kann. Dabei bedeutet die Zahl 0 auf der rechten Seite von (1.71) keine Einschränkung der Allgemeinheit (eine nichttriviale rechte Seite könnte von g_i subtrahiert werden).

Es stellt sich die Frage, ob man das Gleichungssystem (1.71) nach den Variablen $y_1, \ldots, y_m$ *auflösen* kann. Gleichbedeutend hiermit ist die Frage nach der Existenz einer auf einer geeigneten Teilmenge U des $\mathbb{R}^{n-m}$ erklärten Funktion f mit Werten in $\mathbb{R}^m$, so dass für jedes $\vec{x} \in U$ die Gleichungen

$$g_i(\vec{x}, f(\vec{x})) = 0, \qquad i = 1, \ldots, m,$$

erfüllt sind. In diesem Fall sagt man auch, dass die Funktion f durch das Gleichungssystem (1.71) *implizit* definiert ist.

1.68 Beispiel. (Affine Funktion)
Es seien A eine $m \times (n-m)$-Matrix, B eine *reguläre* $m \times m$-Matrix und $\vec{b} \in \mathbb{R}^m$ sowie

$$g(\vec{x}, \vec{y}) := A\vec{x} + B\vec{y} + \vec{b}, \qquad \vec{x} \in \mathbb{R}^{n-m},\ \vec{y} \in \mathbb{R}^m \tag{1.72}$$

gesetzt. In diesem Fall ist die Gleichung

$$A\vec{x} + B\vec{y} + \vec{b} = \vec{0}$$

äquivalent zu $\vec{y} = -B^{-1}(A\vec{x} + \vec{b})$. Für eine affine Funktion der Gestalt (1.72) ergibt sich also die gesuchte Funktion f zu

$$f(\vec{x}) = -B^{-1}(A\vec{x} + \vec{b}), \qquad \vec{x} \in \mathbb{R}^{n-m}.$$

1.8.3 Der Hauptsatz über implizite Funktionen

In der Situation von 1.8.2 seien $D \subset \mathbb{R}^n$ eine offene Menge sowie $g : D \to \mathbb{R}^m$ eine stetig differenzierbare Funktion. Wir definieren für jedes $\vec{z} \in D$ die $m \times (n-m)$-Matrix

$$\frac{\partial g}{\partial \vec{x}}(\vec{z}) := \left(\frac{\partial g_i}{\partial x_j}(\vec{z})\right) = \begin{pmatrix} \frac{\partial g_1}{\partial x_1}(\vec{z}) & \cdots & \frac{\partial g_1}{\partial x_{n-m}}(\vec{z}) \\ \vdots & & \vdots \\ \frac{\partial g_m}{\partial x_1}(\vec{z}) & \cdots & \frac{\partial g_m}{\partial x_{n-m}}(\vec{z}) \end{pmatrix}$$

sowie die $m \times m$-Matrix

$$\frac{\partial g}{\partial \vec{y}}(\vec{z}) := \left(\frac{\partial g_i}{\partial y_j}(\vec{z})\right) = \begin{pmatrix} \frac{\partial g_1}{\partial y_1}(\vec{z}) & \dots & \frac{\partial g_1}{\partial y_m}(\vec{z}) \\ \vdots & & \vdots \\ \frac{\partial g_m}{\partial y_1}(\vec{z}) & \dots & \frac{\partial g_m}{\partial y_m}(\vec{z}) \end{pmatrix}.$$

Schreibt man beide Matrizen nebeneinander, so ergibt sich die Jacobi-Matrix (Ableitung) von g an der Stelle $\vec{z}$.

1.69 Satz. (Satz über implizite Funktionen)
Es seien $g : D \to \mathbb{R}^m$ eine stetig differenzierbare Funktion sowie $(\vec{x}_0, \vec{y}_0) \in D$ ein Punkt mit $g(\vec{x}_0, \vec{y}_0) = \vec{0}$. Die Matrix $\frac{\partial g}{\partial \vec{y}}(\vec{x}_0, \vec{y}_0)$ sei regulär. Dann gibt es offene Umgebungen U von $\vec{x}_0$ und V von $\vec{y}_0$ mit $U \times V \subset D$ sowie eine eindeutig bestimmte Funktion $f : U \to V$ mit den Eigenschaften

$$f(\vec{x}_0) = \vec{y}_0, \tag{1.73}$$

$$g(\vec{x}, f(\vec{x})) = \vec{0}, \qquad \vec{x} \in U. \tag{1.74}$$

Die Funktion f ist stetig differenzierbar auf U, und für ihre Ableitung $f'(\vec{x})$ gilt

$$f'(\vec{x}) = -\left(\frac{\partial g}{\partial \vec{y}}(\vec{x}, f(\vec{x}))\right)^{-1} \frac{\partial g}{\partial \vec{x}}(\vec{x}, f(\vec{x})), \qquad \vec{x} \in U. \tag{1.75}$$

BEWEIS: Die Idee besteht darin, die gesuchte Funktion f iterativ zu konstruieren. Dazu formen wir die Gleichung $g(\vec{x}, \vec{y}) = \vec{0}$ um und definieren die $m \times m$-Matrix

$$A := \frac{\partial g}{\partial \vec{y}}(\vec{x}_0, \vec{y}_0)$$

sowie den Vektor $h(\vec{x}, \vec{y}) := \vec{y} - A^{-1} g(\vec{x}, \vec{y})$.

Die Funktion h ist stetig differenzierbar auf D, und es gilt die Äquivalenz

$$g(\vec{x}, \vec{y}) = \vec{0} \iff h(\vec{x}, \vec{y}) = \vec{y}.$$

Ferner ist $h(\vec{x}_0, \vec{y}_0) = \vec{y}_0$. Wir können o.B.d.A. annehmen (eventuell muss hierzu der ursprüngliche Definitionsbereich eingeschränkt werden), dass D von der Form $B_1 \times B_2$ ist, wobei B_1 und B_2 offene Kugeln mit den Mittelpunkten $\vec{x}_0$ bzw. $\vec{y}_0$ sind Für alle $\vec{x} \in B_1$, $\vec{y}_1, \vec{y}_2 \in B_2$ gilt

$$\begin{aligned} h(\vec{x}, \vec{y}_1) - h(\vec{x}, \vec{y}_2) &= \vec{y}_1 - \vec{y}_2 - A^{-1}(g(\vec{x}, \vec{y}_1) - g(\vec{x}, \vec{y}_2)) \\ &= -A^{-1}(g(\vec{x}, \vec{y}_1) - g(\vec{x}, \vec{y}_2) - A(\vec{y}_1 - \vec{y}_2)). \end{aligned} \tag{1.76}$$

Für festes $\vec{x}$ wenden wir jetzt die Mittelwertabschätzung in Satz 1.67 auf die Funktion $\vec{y} \mapsto g(\vec{x}, \vec{y}) - A\vec{y}$ von B_2 in $\mathbb{R}^m$ an und erhalten die Existenz eines $\vartheta \in (0, 1)$ mit

$$\begin{aligned} \|g(\vec{x}, \vec{y}_1) - g(\vec{x}, \vec{y}_2) - A(\vec{y}_1 - \vec{y}_2)\|_2 &\le \left\| \frac{\partial g}{\partial \vec{y}}(\vec{x}, \vec{y}_2 + \vartheta(\vec{y}_1 - \vec{y}_2)) - A \right\|_2 \cdot \|\vec{y}_1 - \vec{y}_2\|_2 \\ &= \left\| \frac{\partial g}{\partial \vec{y}}(\vec{x}, \vec{y}_2 + \vartheta(\vec{y}_1 - \vec{y}_2)) - \frac{\partial g}{\partial \vec{y}}(\vec{x}_0, \vec{y}_0) \right\|_2 \cdot \|\vec{y}_1 - \vec{y}_2\|_2. \end{aligned}$$

Da die partiellen Ableitungen von g stetig sind, strebt die erste Norm für $\vec{x} \to \vec{x}_0$ und $\vec{y}_1, \vec{y}_2 \to \vec{y}_0$ gegen 0. Also folgt aus (1.76) und Lemma 1.66 die Existenz einer Zahl L mit $0 < L < 1$ und von Zahlen $\varepsilon_1, \varepsilon_2 > 0$ mit $B(\vec{x}_0, \varepsilon_1) \subset B_1$ und $B(\vec{y}_0, \varepsilon_2) \subset B_2$, so dass gilt:

$$\|h(\vec{x}, \vec{y}_1) - h(\vec{x}, \vec{y}_2)\|_2 \leq L \cdot \|\vec{y}_1 - \vec{y}_2\|_2, \qquad \vec{x} \in B(\vec{x}_0, \varepsilon_1),\ \vec{y}_1, \vec{y}_2 \in B(\vec{y}_0, \varepsilon_2). \tag{1.77}$$

Wegen der Stetigkeit von g und $g(\vec{x}_0, \vec{y}_0) = \vec{0}$ kann angenommen werden, dass ε_1 so klein gewählt ist, dass

$$\|h(\vec{x}, \vec{y}_0) - \vec{y}_0\|_2 = \|A^{-1} g(\vec{x}, \vec{y}_0)\|_2 \leq (1 - L)\varepsilon_2 \tag{1.78}$$

für jedes $\vec{x} \in B(\vec{x}_0, \varepsilon_1)$ gilt. Damit folgt für jedes $\vec{y} \in B(\vec{y}_0, \varepsilon_2)$

$$\begin{aligned}\|h(\vec{x}, \vec{y}) - \vec{y}_0\|_2 &\leq \|h(\vec{x}, \vec{y}_0) - \vec{y}_0\|_2 + \|h(\vec{x}, \vec{y}) - h(\vec{x}, \vec{y}_0)\|_2 \\ &\leq (1 - L)\varepsilon_2 + L \cdot \|\vec{y} - \vec{y}_0\|_2 \\ &\leq (1 - L)\varepsilon_2 + L\varepsilon_2 = \varepsilon_2.\end{aligned}$$

Die Zuordnung $\vec{y} \mapsto h(\vec{x}, \vec{y})$ kann also als Abbildung von $B(\vec{y}_0, \varepsilon_2)$ in $B(\vec{y}_0, \varepsilon_2)$ aufgefasst werden. Diese Abbildung gehorcht der *Kontraktionsbedingung* (1.77). Für $\vec{x} \in B(\vec{x}_0, \varepsilon_1)$ definieren wir $f_0(\vec{x}) := \vec{y}_0$ und induktiv

$$f_{k+1}(\vec{x}) := h(\vec{x}, f_k(\vec{x})), \qquad k \in \mathbb{N}_0. \tag{1.79}$$

Vollständige Induktion zeigt, dass die f_k stetige Funktionen von $B(\vec{x}_0, \varepsilon_1)$ in $B(\vec{y}_0, \varepsilon_2)$ sind. Mittels (1.77) kann man unschwer die Konvergenz

$$\lim_{k \to \infty} f_k(\vec{x}) =: f(\vec{x})$$

nachweisen. Dabei besitzt die Funktion $f : B(\vec{x}_0, \varepsilon_1) \to B(\vec{y}_0, \varepsilon_2)$ die Eigenschaft

$$\|f_k(\vec{x}) - f(\vec{x})\|_2 \leq \frac{L^k}{1 - L} \cdot \|f_1(\vec{x}) - \vec{y}_0\|_2.$$

(Eine Verallgemeinerung dieser Aussage werden wir in 4.3.7 als Banachschen *Fixpunktsatz* kennen lernen.) Setzt man

$$C := (1 - L)^{-1} \left(\max\{\|f(\vec{x}_1)\|_2 : \vec{x}_1 \in B(\vec{x}_0, \varepsilon_1)\} + \|\vec{y}_0\|_2\right),$$

so kann die rechte Seite der letzten Ungleichung durch CL^k nach oben abgeschätzt werden. Eine Verallgemeinerung von Satz I.6.33 (gleichmäßige Konvergenz und Stetigkeit) zeigt, dass f eine stetige Funktion ist. Damit können wir in (1.79) zum Grenzwert übergehen und erhalten die gewünschte, zu (1.74) äquivalente Gleichung

$$f(\vec{x}) = h(\vec{x}, f(\vec{x})), \qquad \vec{x} \in B(\vec{x}_0, \varepsilon_1).$$

Ist $\tilde{f} : B(\vec{x}_0, \varepsilon_1) \to B(\vec{y}_0, \varepsilon_2)$ eine weitere Funktion mit der Eigenschaft

$$\tilde{f}(\vec{x}) = h(\vec{x}, \tilde{f}(\vec{x})), \qquad \vec{x} \in B(\vec{x}_0, \varepsilon_1),$$

so ergibt sich aus (1.77)

$$\|f(\vec{x}) - \tilde{f}(\vec{x})\|_2 \leq L \cdot \|f(\vec{x}) - \tilde{f}(\vec{x})\|_2$$

und damit wegen $0 < L < 1$ die Gleichheit $f(\vec{x}) = \tilde{f}(\vec{x})$. Somit ist f auf $B(\vec{x}_0, \varepsilon_1)$ eindeutig bestimmt. Wegen $g(\vec{x}_0, \vec{y}_0) = \vec{0}$ folgt daraus insbesondere (1.73).

Wir zeigen jetzt, dass f auf der offenen Kugel $U := B^\circ(\vec{x}_0, \varepsilon_1)$ stetig differenzierbar ist, falls ε_1 und ε_2 zu Beginn des Beweises hinreichend klein gewählt werden. Zunächst können wir voraussetzen, dass $D(\vec{x}, \vec{y}) := \frac{\partial g}{\partial \vec{x}}(\vec{x}, \vec{y})$ für jedes $(\vec{x}, \vec{y}) \in B^0(\vec{x}_0, \varepsilon_1) \times B^0(\vec{y}_0, \varepsilon_2)$ regulär ist. Nehmen wir nämlich indirekt an, dass eine entsprechende Wahl von ε_1 und ε_2 nicht möglich sei, so gibt es zu jedem $n \in \mathbb{N}$ ein $(\vec{x}_n, \vec{y}_n) \in B((\vec{x}_0, \vec{y}_0), 1/n)$ und ein $\vec{v}_n \in S^{n-1}$ mit $D(\vec{x}_n, \vec{y}_n) \cdot \vec{v}_n = \vec{0}$. Wie im Beweis von Satz 1.55 (i) folgt daraus die Existenz eines $\vec{v} \in S^{n-1}$ mit $D(\vec{x}_0, \vec{y}_0) \cdot \vec{v} = \vec{0}$, also ein Widerspruch zur vorausgesetzten Regularität der Matrix $D(\vec{x}_0, \vec{y}_0)$.

Aus dem Gaußschen Algorithmus (vgl. I.8.7.7) und schrittweiser Verkleinerung von ε_1 und ε_2 folgt, dass alle Einträge der Matrix $(D(\vec{x}, \vec{y}))^{-1}$ stetige Funktionen von $(\vec{x}, \vec{y}) \in B^0(\vec{x}_0, \varepsilon_1) \times B^0(\vec{y}_0, \varepsilon_2)$ sind. (Entscheidend ist jeweils der erste Schritt des Algorithmus!) Wegen Satz 1.18 können wir dann annehmen, dass diese Einträge beschränkt sind.

Zum Nachweis der Differenzierbarkeit von f auf $U := B^\circ(\vec{x}_0, \varepsilon_1)$ wählen wir $\vec{a}, \vec{x} \in U$ und betrachten die sich aus dem Mittelwertsatz (Folgerung 1.48) ergebende Gleichung

$$\begin{aligned} \vec{0} &= g(\vec{x}, f(\vec{x})) - g(\vec{a}, f(\vec{a})) \\ &= g(\vec{x}, f(\vec{x})) - g(\vec{a}, f(\vec{x})) + g(\vec{a}, f(\vec{x})) - g(\vec{a}, f(\vec{a})) \\ &= A(\vec{a}, \vec{x})(\vec{x} - \vec{a}) + B(\vec{a}, \vec{x})(f(\vec{x}) - f(\vec{a})). \end{aligned} \tag{1.80}$$

Hierbei ist die i-te Zeile der $m \times (n-m)$-Matrix $A(\vec{a}, \vec{x})$ von der Form

$$\Big(\frac{\partial g_i}{\partial x_1}(\vec{x}_i, f(\vec{x})), \ldots, \frac{\partial g_i}{\partial x_{n-m}}(\vec{x}_i, f(\vec{x}))\Big)$$

mit $\vec{x}_i \in [\vec{a}, \vec{x}]$, $i = 1, \ldots, m$, und die i-te Zeile der $m \times m$-Matrix $B(\vec{a}, \vec{x})$ von der Form

$$\Big(\frac{\partial g_i}{\partial y_1}(\vec{a}, \vec{y}_i), \ldots, \frac{\partial g_i}{\partial y_m}(\vec{a}, \vec{y}_i)\Big)$$

mit $\vec{y}_i \in [f(\vec{a}), f(\vec{x})]$. Aus (1.80) folgt nach Multiplikation mit der Inversen von $B(\vec{a}, \vec{x})$

$$f(\vec{x}) - f(\vec{a}) = -B(\vec{a}, \vec{x})^{-1} A(\vec{a}, \vec{x})(\vec{x} - \vec{a}). \tag{1.81}$$

Die oben erwähnte Beschränktheit impliziert $f(\vec{x}) \to \vec{a}$ für $\vec{x} \to \vec{a}$. Damit gilt neben $\vec{x}_i \to \vec{a}$ auch $\vec{y}_i \to f(\vec{a})$ für $\vec{x} \to \vec{a}$. Also folgt aus der oben erwähnten Stetigkeit $B(\vec{a}, \vec{x})^{-1} A(\vec{a}, \vec{x}) \to C(\vec{a}) := \left(\frac{\partial g}{\partial \vec{y}}(\vec{a}, f(\vec{a}))\right)^{-1} \frac{\partial g}{\partial \vec{x}}(\vec{a}, f(\vec{a}))$ komponentenweise für $\vec{x} \to \vec{a}$. Daraus ergibt sich die Darstellung (1.66) mit $A := -C(\vec{a})$ und einer geeignet definierten Funktion R. Damit erhalten wir sowohl die Differenzierbarkeit von f als auch die Formel (1.75). Weil die rechte Seite von (1.75) stetig ist, ist f sogar stetig differenzierbar. □

Die Differentiationsregel (1.75) erhält man auch durch partielle Differentiation der Gleichung $g(\vec{x}, f(\vec{x})) = \vec{0}$ nach $x_1, \ldots, x_{n-m}$ unter Benutzung der Kettenregel sowie anschließender Multiplikation mit der Inversen von $\frac{\partial g}{\partial \vec{y}}(\vec{x}, f(\vec{x}))$. Dieses Verfahren nennt man *implizite Differentiation*.

1.8.4 Der Hauptsatz für reellwertige Funktionen

Der Spezialfall $m = 1$ des Satzes über implizite Funktionen verdient es, gesondert formuliert zu werden. In diesem Fall ist die Matrix $\frac{\partial g}{\partial \vec{y}}(\vec{x}_0, \vec{y}_0)$ eine Zahl, nämlich die partielle Ableitung $\frac{\partial g}{\partial y}(\vec{x}_0, y_0)$. Dabei haben wir wie bei Zahlen (im Gegensatz zu Vektoren) üblich auf den Pfeil über y_0 verzichtet.

1.70 Satz. (Spezialfall des Satzes über implizite Funktionen)
Es seien $g : D \to \mathbb{R}$ eine stetig differenzierbare Funktion sowie $(\vec{x}_0, y_0) \in D$ ein Punkt mit $g(\vec{x}_0, y_0) = 0$ und $\frac{\partial g}{\partial y}(\vec{x}_0, y_0) \neq 0$. Dann gibt es offene Umgebungen U von $\vec{x}_0$ und V von y_0 mit $U \times V \subset D$ sowie eine eindeutig bestimmte Funktion $f : U \to V$ mit den Eigenschaften

$$f(\vec{x}_0) = y_0, \tag{1.82}$$

$$g(\vec{x}, f(\vec{x})) = 0, \qquad \vec{x} \in U. \tag{1.83}$$

Die Funktion f ist stetig differenzierbar auf U, und für ihren Gradienten gilt

$$f'(\vec{x}) = -\left(\frac{\partial g}{\partial y}(\vec{x}, f(\vec{x}))\right)^{-1} \left(\frac{\partial g}{\partial x_1}(\vec{x}, f(\vec{x})), \ldots, \frac{\partial g}{\partial x_{n-1}}(\vec{x}, f(\vec{x}))\right). \tag{1.84}$$

Es mögen die Voraussetzungen von Satz 1.70 vorliegen. Wir wählen $\varepsilon_1, \varepsilon_2 > 0$ so, dass die Kontraktionsbedingung (1.77) und die Anfangswertbedingung (1.78) erfüllt sind und fixieren einen Punkt $\vec{x} \in B(\vec{x}_0, \varepsilon_1)$. Der Funktionswert $y := f(\vec{x})$ ist eine Lösung der Gleichung $g(\vec{x}, y) = 0$. Die Rekursion (1.79) aus dem Beweis von Satz 1.69 lautet

$$y_{k+1} = y_k - \left(\frac{\partial g}{\partial y}(\vec{x}_0, y_0)\right)^{-1} g(\vec{x}, y_k), \qquad k \in \mathbb{N}_0.$$

Weil $\vec{x}$ hier fest ist, erkennt man eine Analogie zu dem in I.6.8.6 vorgestellten Newton-Verfahren

$$y_{k+1} = y_k - \left(\frac{\partial g}{\partial y}(\vec{x}, y_k)\right)^{-1} g(\vec{x}, y_k), \qquad k \in \mathbb{N}_0.$$

Lässt sich die Gleichung $g(\vec{x}, y) = 0$ nicht explizit lösen, so ist das Newton-Verfahren gut geeignet, um die Lösung *numerisch* zu bestimmen.

1.71 Beispiel.
Für die durch

$$g(x, y) := e^{\sin(xy)} + x^2 - 2y - 1$$

definierte Funktion $g : \mathbb{R}^2 \to \mathbb{R}$ gilt $g(0, 0) = 0$ und $\frac{\partial g}{\partial y}(0, 0) = -2$. Der Satz über implizite Funktionen garantiert also die Existenz einer offenen Umgebung U von 0 und einer differenzierbaren Funktion $f : U \to \mathbb{R}$ mit der Eigenschaft

$$g(x, f(x)) = 0, \qquad x \in U. \tag{1.85}$$

Mit der Abkürzung $h(x) := \exp(\sin(xf(x))$ erhält man durch (implizite) Differentiation der Gleichung $h(x) + x^2 - 2f(x) - 1 = 0$ das Resultat

$$h(x)\cos(xf(x))(f(x) + xf'(x)) + 2x - 2f'(x) = 0, \qquad x \in U,$$

und somit (vgl. (1.84))

$$f'(x) = -\frac{h(x)\cos(xf(x))f(x) + 2x}{xh(x)\cos(xf(x)) - 2}.$$

Wegen $f(0) = 0$ folgt insbesondere $f'(0) = 0$. Höhere Ableitungen von f ergeben sich durch weiteres Differenzieren der obigen Gleichung für f'. Man beachte, dass sich die Gleichung $g(x, y) = 0$ für $x \neq 0$ nicht explizit nach y auflösen lässt. (Zumindest ist nicht klar, wie ein „Formelausdruck" für $f(x)$ aussehen könnte.) Zur Berechnung von $y = f(x)$ müssen numerische Verfahren herangezogen werden. Es sei auch betont, dass der Satz über implizite Funktionen keine Aussage über die maximale Größe der Menge U macht, auf der f definiert werden kann. Diese muss mit anderen Methoden bestimmt werden.

1.72 Beispiel.
Wir betrachten die durch

$$g(x, y) := e^{y-x} + x^2 + 3y - 1$$

definierte Funktion $g : \mathbb{R}^2 \to \mathbb{R}$. Es gilt

$$\frac{\partial g}{\partial y}(x, y) = e^{y-x} + 3 > 0.$$

Für festes $x \in \mathbb{R}$ ist die Funktion $y \mapsto g(x, y)$ von $\mathbb{R}$ in $\mathbb{R}$ streng monoton wachsend und surjektiv. Damit gibt es ein eindeutig bestimmtes $y =: f(x)$ mit $g(x, f(x)) = 0$. Der Satz über implizite Funktionen ist für jedes Paar (x_0, y_0) mit $y_0 = f(x_0)$ anwendbar. Deshalb ist die Funktion f stetig differenzierbar, und aus impliziter Differentiation folgt

$$e^{f(x)-x}(f'(x) - 1) + 2x + 3f'(x) = 0$$

und somit

$$f'(x) = \frac{e^{f(x)-x} - 2x}{e^{f(x)-x} + 3}. \tag{1.86}$$

Daraus folgt, dass f sogar eine C^2-Funktion ist. Die partiellen Ableitungen zweiter Ordnung erhält man nach Differentiation von (1.86). Induktiv ergibt sich, dass f partielle Ableitungen beliebig hoher Ordnung besitzt. Auch in diesem Beispiel kann die Gleichung $g(x, y) = 0$ nicht explizit nach y aufgelöst werden.

1.8.5 Tangentialraum und Höhenlinie*

Wir greifen die Diskussion in 1.4.11 auf und betrachten die Höhenlinie

$$H_f(c) = \{\vec{x} \in \mathbb{R}^n : f(\vec{x}) = c\}$$

einer stetig differenzierbaren Funktion $f : D \to \mathbb{R}$ mit $D \subset \mathbb{R}^n$ und $n \geq 2$ zum Niveau $c \in \mathbb{R}$. Wie gleich noch deutlicher werden wird, ist die Höhenlinie im Fall $n = 2$ (zumindestens lokal) eine Kurve. Im Fall $n = 3$ ist das nicht mehr richtig. Wie die folgenden Ausführungen belegen werden, sollte in diesem Fall die Höhenlinie besser als *Höhenfläche* bezeichnet werden. Tatsächlich können *Flächen* im $\mathbb{R}^3$ auf diese Weise eingeführt werden. Die Theorie der Kurven und Flächen im $\mathbb{R}^n$ (und allgemeineren Räumen) ist Gegenstand der *Differentialgeometrie*.

Der *Tangentialraum* $W(f;\vec{a})$ von $H_f(c)$ im Punkt $\vec{a} \in H_f(c)$ ist definiert als Menge aller Tangentialvektoren $g'(0)$ von Kurven $g : I \to \mathbb{R}^n$ mit den Eigenschaften $g(0) = \vec{a}$ und $\{g(t) : t \in I\} \subset H_f(c)$. Hierbei ist I ein Intervall, welches 0 als inneren Punkt besitzt.

1.73 Satz. (Tangentialraum der Höhenlinie)
Falls $f'(\vec{a}) \neq \vec{0}$, so gilt

$$W(f;\vec{a}) = \{\vec{v} \in \mathbb{R}^n : \langle f'(\vec{a}), \vec{v}\rangle = 0\}. \tag{1.87}$$

Der Tangentialraum $W(f;\vec{a})$ ist also das orthogonale Komplement des vom Gradientenvektor $f'(\vec{a})$ aufgespannten Unterraums.

BEWEIS: Die Inklusion „$\subset$“ in (1.87) folgt (auch ohne die Voraussetzung $f'(\vec{a}) \neq \vec{0}$) sofort aus den in 1.4.11 angestellten Überlegungen. Für den Nachweis der umgekehrten Teilmengenbeziehung „$\supset$“ gelte o.B.d.A. $\partial_n f(\vec{a}) \neq 0$. Nach dem Satz über implizite Funktionen existieren offene Umgebungen $U \subset \mathbb{R}^{n-1}$, $V \subset \mathbb{R}$ von $(a_1, \ldots, a_{n-1})$ bzw. a_n sowie eine eindeutig bestimmte differenzierbare Funktion $h : U \to V$ mit

$$f(x_1, \ldots, x_{n-1}, h(x_1, \ldots, x_{n-1})) = c, \qquad (x_1, \ldots, x_{n-1}) \in U.$$

Die Höhenlinie $H_f(c)$ stimmt also auf der Menge $U \times V$ mit dem Graphen von h überein. Für festes $\vec{\lambda} := (\lambda_1, \ldots, \lambda_{n-1}) \in \mathbb{R}^{n-1}$ mit $\vec{\lambda} \neq \vec{0}$ setzen wir

$$g(t) := (a_1 + \lambda_1 t, \ldots, a_{n-1} + \lambda_{n-1} t, h(a_1 + \lambda_1 t, \ldots, a_{n-1} + \lambda_{n-1} t)).$$

Auf diese Weise entsteht eine Funktion (Kurve) g, die für genügend kleines $\varepsilon > 0$ auf dem Intervall $I := (-\varepsilon, \varepsilon)$ definiert ist und die Eigenschaften $\{g(t) : t \in I\} \subset H_f(c)$ und $g(0) = \vec{a}$ besitzt. Mit h ist auch g differenzierbar, und wegen $f(g(t)) = c$, $t \in I$, folgt aus der Kettenregel sowie impliziter Differentiation (vgl. (1.84)) $\langle f'(g(t)), g'(t)\rangle = 0$, $t \in I$, und somit speziell

$$\langle f'(g(0)), g'(0)\rangle = 0. \tag{1.88}$$

Es gilt

$$g'(0) = \left(\lambda_1, \ldots, \lambda_{n-1}, \sum\nolimits_{i=1}^{n-1} \lambda_i \cdot \partial_i h(a_1, \ldots, a_{n-1})\right) = \sum_{i=1}^{n-1} \lambda_i \cdot \vec{v}_i,$$

wobei

$$\vec{v}_1 := (1, 0, \ldots, 0, \partial_1 h(a_1, \ldots, a_{n-1})), \ldots, \vec{v}_{n-1} := (0, 0, \ldots, 1, \partial_{n-1} h(a_1, \ldots, a_{n-1}))$$

gesetzt ist. Die Vektoren $\vec{v}_1, \ldots, \vec{v}_{n-1}$ sind linear unabhängig. Setzt man in (1.88) für $\vec{\lambda}$ die kanonischen Einheitsvektoren des $\mathbb{R}^{n-1}$ ein, so folgt wegen $g(0) = \vec{a}$, dass $\vec{v}_1, \ldots, \vec{v}_{n-1}$ überdies orthogonal zu $f'(\vec{a})$ sind. Hieraus ergibt sich die Behauptung. □

Als orthogonales Komplement von $\mathrm{Span}(f'(\vec{a}))$ ist der Tangentialraum $W(f; \vec{a})$ ein $(n-1)$-dimensionaler Unterraum von $\mathbb{R}^n$. Der um den Vektor $\vec{a}$ verschobene Tangentialraum besteht aus allen Punkten $\vec{x}$, die die Gleichung

$$\langle \vec{x} - \vec{a}, f'(\vec{a}) \rangle = 0 \tag{1.89}$$

erfüllen. Diese Menge enthält den Punkt $\vec{a}$ und wird auch als Gleichung der *Tangentialebene* an die Höhenlinie $H_f(c)$ im Punkt $\vec{a}$ bezeichnet. Dieser Begriff darf *nicht verwechselt werden* mit der in 1.4.6 eingeführten *Tangentialebene* $T_f(\vec{a})$ von f (an $(\vec{a}, f(\vec{a}))$. Letztere ist eine Hyperebene in $\mathbb{R}^{n+1}$ und nicht in $\mathbb{R}^n$. Vielmehr ist die *Tangentialebene* an $H_f(c)$ (im Punkt $\vec{a}$) die Tangentialebene der durch $f(\vec{x}) = c$ implizit definierten Funktion (im Punkt $\vec{a}$), etwa der oben diskutierten Funktion $(x_1, \ldots, x_{n-1}) \mapsto h(x_1, \ldots, x_{n-1})$.

Ist $n = 2$, so ist die Sprechweise *Tangente* (anstelle von Tangentialebene) gebräuchlich. Nach (1.89) kann die Gleichung der Tangente an die Höhenlinie

$$H_f(c) = \{(x, y) \in \mathbb{R}^2 : f(x, y) = c\}$$

im Punkt (x_0, y_0) in der Form

$$\frac{\partial f}{\partial x}(x_0, y_0) \cdot (x - x_0) + \frac{\partial f}{\partial y}(x_0, y_0) \cdot (y - y_0) = 0 \tag{1.90}$$

geschrieben werden. Hierbei wurde wieder $f'(x_0, y_0) \neq \vec{0}$ vorausgesetzt. Mindestens eine der beiden auftretenden partiellen Ableitungen muss also ungleich Null sein. Unsere Bezeichnungen stehen ganz im Einklang mit 1.4.9. Wie wir nämlich oben gesehen haben, ist die Höhenlinie $H_f(c)$ *lokal* das Bild einer Kurve: es gibt ein offenes Intervall I mit $0 \in I$ sowie eine stetig differenzierbare Funktion $g : I \to \mathbb{R}^2$ mit $g(0) = (x_0, y_0)$ und $g(I) \subset H_f(c)$. Gleichung (1.90) beschreibt die in 1.4.9 diskutierte Gleichung der Tangente von g an den Punkt $g(0) = (x_0, y_0)$.

Wie oben erwähnt, wird im Fall $n = 3$ die Höhenlinie

$$H_f(c) = \{(x, y, z) \in \mathbb{R}^3 : f(x, y, z) = c\}$$

auch als *Fläche* im $\mathbb{R}^3$ bezeichnet. Dabei wird vorausgesetzt, dass der Gradient von f auf dem Definitionsbereich von f nirgends verschwindet. Die Gleichung der Tangentialebene an $H_f(c)$ im Punkt $\vec{a} = (x_0, y_0, z_0)$ lautet

$$\partial_1 f(\vec{a}) \cdot (x - x_0) + \partial_2 f(\vec{a}) \cdot (y - y_0) + \partial_3 f(\vec{a}) \cdot (z - z_0) = 0.$$

Abschließend illustrieren wir die eingeführten Konzepte mit einem einfachen Beispiel.

1.74 Beispiel. (Tangentialebenen einer Kugel)
Wir betrachten die Funktion $f(\vec{x}) := \|\vec{x}\|_2^2 - 1$, $\vec{x} \in \mathbb{R}^n$, sowie die Einheitssphäre

$$S^{n-1} = \{\vec{x} : f(\vec{x}) = 0\}.$$

Es gilt $f'(\vec{x}) = 2\vec{x}$. Die Gleichung (1.89) der Tangentialebene an einen Punkt $\vec{a} \in S^{n-1}$ lautet $\langle \vec{x} - \vec{a}, 2\vec{a} \rangle = 0$, was wegen $\langle \vec{a}, \vec{a} \rangle = 1$ gleichbedeutend mit

$$\langle \vec{x}, \vec{a} \rangle = 1 \tag{1.91}$$

ist. Wie aus geometrischen Gründen nicht anders zu erwarten, beschreibt die Menge aller $\vec{x}$ mit der Eigenschaft (1.91) eine Hyperebene mit Normaleneinheitsvektor $\vec{a}$. Insbesondere lautet die Gleichung der Tangente an den Einheitskreis $\{(x, y) \in \mathbb{R}^2 : x^2 + y^2 = 1\}$ im Punkt $(x_0, y_0) \in S^{n-1}$:

$$x \cdot x_0 + y \cdot y_0 = 1.$$

1.8.6 Der Umkehrsatz

Wir beenden diesen Abschnitt mit weiteren wichtigen Konsequenzen des Satzes über implizite Funktionen.

1.75 Satz. (Umkehrsatz)
Es seien $f : D \to \mathbb{R}^n$ eine stetig differenzierbare Funktion sowie $\vec{x}_0 \in D$ ein Punkt, in welchem die Jacobi-Matrix $J_f(\vec{x}_0)$ regulär ist. Dann gibt es offene Umgebungen $U \subset D$ von $\vec{x}_0$ und V von $\vec{y}_0 := f(\vec{x}_0)$, so dass f die Menge U bijektiv auf V abbildet. Die Umkehrfunktion $f^{-1} : V \to U$ ist stetig differenzierbar, und es gilt

$$J_{f^{-1}}(f(\vec{x})) = (J_f(\vec{x}))^{-1}, \qquad \vec{x} \in U. \tag{1.92}$$

Beweis: Die durch

$$g(\vec{x}, \vec{y}) := f(\vec{x}) - \vec{y}$$

definierte stetig differenzierbare Funktion $g : D \times \mathbb{R}^n \to \mathbb{R}^n$ besitzt die Eigenschaft $g(\vec{x}_0, \vec{y}_0) = \vec{0}$. Wegen

$$\frac{\partial g}{\partial \vec{x}}(\vec{x}_0) = J_f(\vec{x}_0)$$

und der Voraussetzung an f können wir (unter Vertauschung der Rollen von $\vec{x}$ und $\vec{y}$) Satz 1.69 anwenden. Danach gibt es offene Umgebungen U' von $\vec{x}_0$ und V von $\vec{y}_0$ sowie eine stetig differenzierbare Funktion $\tilde{f} : V \to U'$ mit $\tilde{f}(\vec{y}_0) = \vec{x}_0$ und $g(\tilde{f}(\vec{y}), \vec{y}) = \vec{0}$ für jedes $\vec{y} \in V$. Letzteres bedeutet

$$f \circ \tilde{f}(\vec{y}) = \vec{y}, \qquad \vec{y} \in V.$$

Deswegen sind $\tilde{f}$ eine bijektive Abbildung von V in $U := \tilde{f}(V)$ sowie f eine bijektive Abbildung von U in V, und es gilt $\tilde{f} = f^{-1}$ auf V. Formel (1.92) folgt aus der Differentiation der Gleichung $f^{-1} \circ f = \mathrm{id}_U$ oder auch direkt aus (1.75). Wegen Satz 1.21 ist $U = \tilde{f}(V) = f^{-1}(V)$ offen. □

1.76 Satz. (Satz über offene Abbildungen)
Es seien $D \subset \mathbb{R}^n$ offen und $f : D \to \mathbb{R}^n$ stetig differenzierbar. Ist die Jacobi-Matrix $J_f(\vec{x})$ für jedes $\vec{x} \in D$ regulär, so ist $f(D)$ eine offene Menge. Ist f zusätzlich injektiv, so ist $f^{-1} : f(D) \to D$ stetig differenzierbar.

BEWEIS: Es sei $\vec{y}_0 = f(\vec{x}_0) \in f(D)$. Nach Satz 1.75 gibt es eine offene Umgebung V von $\vec{y}_0$ mit $V \subset f(D)$. Also ist $f(D)$ offen. Ist f injektiv, so folgt die stetige Differenzierbarkeit von f^{-1} ebenfalls aus Satz 1.75. □

1.9 Optimierung unter Nebenbedingungen

Viele naturwissenschaftliche, technische oder ökonomische Fragestellungen führen auf das (gleiche) mathematische Problem, eine Funktion f (die sogenannte *Zielfunktion*) unter gewissen *Nebenbedingungen* zu maximieren oder zu minimieren.

1.77 Beispiel.
Wie groß ist das maximale Volumen eines rechteckigen Körpers im $\mathbb{R}^3$ unter der Nebenbedingung, dass die Summe seiner Seitenlängen $12c$ beträgt?

Bezeichnen x, y und z die Seitenlängen des Körpers, so suchen wir das Maximum der Zielfunktion $f(x, y, z) := x \cdot y \cdot z$ unter der Nebenbedingung $4(x+y+z) = 12c$, also das Maximum von f auf der Menge

$$\{(x, y, z) \in \mathbb{R}^3 : x > 0,\ y > 0,\ z > 0,\ x + y + z = 3c\}.$$

Bei diesem vergleichsweise einfachen Problem bietet es sich an, die Nebenbedingung zu eliminieren, indem man die Gleichung $x + y + z = 3c$ etwa nach z auflöst und das Resultat $z = 3c - x - y$ in die Zielfunktion einsetzt. Das Problem besitzt dann die vertrautere Form, die Funktion $\tilde{f}(x, y) := x \cdot y \cdot (3c - x - y)$ auf der offenen Menge $\tilde{D} := \{(x, y) \in \mathbb{R}^2 : x > 0, y > 0,\ x + y < 3c\}$ zu maximieren (vgl. Abschnitt 1.6). Wegen

$$\tilde{f}_x(x, y) = y \cdot (3c - 2x - y), \qquad \tilde{f}_y(x, y) = x \cdot (3c - x - 2y)$$

und $x > 0$, $y > 0$ liefert die für das Vorliegen einer Extremalstelle notwendige Bedingung $\tilde{f}'(x,y) = 0$ das lineare Gleichungssystem

$$3c - 2x - y = 0, \qquad 3c - x - 2y = 0,$$

welches die eindeutige Lösung $x = y = c$ besitzt. Somit ist der Punkt (c,c) der einzige stationäre Punkt von $\tilde{f}$ in $\tilde{D}$. Da die Hesse-Matrix von $\tilde{f}$ im Punkt (c,c) negativ definit ist (bitte nachprüfen!), liegt nach Folgerung 1.56 (ii) ein (globales) Maximum vor. Wegen $z = 3c-c-c = c$ ist der gesuchte rechteckige Körper somit ein Würfel mit der Kantenlänge c.

1.78 Beispiel.
In vielen ökonomischen Modellen tritt die durch

$$f(x,y) := A \cdot x^a \cdot y^b, \qquad x > 0,\ y > 0, \tag{1.93}$$

definierte *Cobb–Douglas-Funktion* auf. Hierbei sind $A > 0$ und $a, b \in \mathbb{R}$ Konstanten. Dieser Funktionstyp wird etwa verwendet, um die Output-Menge eines Produktionsprozesses bei gegebenen Werten x und y zweier *Inputfaktoren* zu beschreiben. Die Cobb–Douglas-Funktion findet aber auch Verwendung als *Nutzenfunktion* eines Verbrauchers, der den persönlichen Nutzen $f(x,y)$ daraus zieht, dass er die Menge x eines „Gutes 1“ und die Menge y eines „Gutes 2“ besitzt.

Kostet eine Einheit des Gutes 1 bzw. 2 den Betrag von p bzw. q Euro und entscheidet der Verbraucher, insgesamt m Euro in die Güter 1 und 2 zu investieren, so unterliegt er also der *Budgetbeschränkung*

$$p \cdot x + q \cdot y = m. \tag{1.94}$$

Sein Ziel kann dann darin bestehen, die Funktion (1.93) unter der Nebenbedingung (1.94) zu maximieren.

Lösen wir analog wie im vorigen Beispiel die Nebenbedingung (1.94) nach y auf und setzen das Ergebnis $y = (m - px)/q$ in (1.93) ein, so ist die Funktion

$$\tilde{f}(x) := A \cdot x^a \cdot \left(\frac{m - px}{q}\right)^b$$

bezüglich x zu maximieren. Nullsetzen der ersten Ableitung von $\tilde{f}$ liefert

$$x = \frac{a}{a+b} \cdot \frac{m}{p}$$

als notwendinge Bedingung für ein Extremum. Bildung der zweiten Ableitung zeigt, dass es sich in der Tat um eine Maximalstelle handelt. Der Verbraucher sollte also zur Maximierung seines Nutzens den Anteil $a/(a+b)$ des Budgets m für das Gut 1 und den Anteil $b/(a+b)$ des Budgets für das Gut 2 ausgeben, um seinen durch die Cobb-Douglas-Funktion (1.93) definierten Nutzen zu maximieren.

1.9.1 Extrema unter Nebenbedingungen

Wir betrachten eine Menge $D \subset \mathbb{R}^n$ sowie eine Funktion $f : D \to \mathbb{R}$, deren Maximal- oder Minimalstellen bestimmt werden sollen.

In Abschnitt 1.6 haben wir die Maximierung (bzw. Minimierung) von f mit Methoden der Differentialrechnung untersucht. Wie wir oben gesehen haben, ist häufig jedoch nur das (lokale oder globale) Maximum von f auf einer geeigneten *Teilmenge* des Definitionsbereichs D von Interesse. Diese Teilmenge ergibt sich aus zusätzlichen ökonomischen (oder physikalischen) Bedingungen (den sogenannten *Nebenbedingungen*) an die Variablen.

Wir nehmen an, dass diese Nebenbedingungen in Form einer Gleichung

$$g(\vec{x}) = \vec{0} \tag{1.95}$$

gegeben sind. Hierbei ist $g = (g_1, \ldots, g_m) : D \to \mathbb{R}^m$ eine vektorwertige Funktion, und es ist $m < n$ vorausgesetzt. Die Nebenbedingung (1.95) besagt also, dass zwischen den n Variablen m (im Allgemeinen nichtlineare) Beziehungen bestehen.

Schreiben wir

$$D_g := \{\vec{x} \in D : g(\vec{x}) = \vec{0}\}$$

für die Menge aller Punkte des Definitionsbereichs von f, welche die Nebenbedingung (1.95) erfüllen, so sind bei Optimierungsaufgaben unter der Nebenbedingung (1.95) ausschließlich die Extremalstellen von f auf der Teilmenge D_g von D von Interesse.

Die Funktion f besitzt im Punkt $\vec{x}_0 \in D_g$ ein *lokales Maximum unter der Nebenbedingung* (1.95), wenn es eine Umgebung U von $\vec{x}_0$ gibt, so dass gilt:

$$f(\vec{x}) \leq f(\vec{x}_0) \qquad \text{für jedes } \vec{x} \in U \cap D_g.$$

In diesem Fall heißt $\vec{x}_0$ *lokale Maximalstelle* von f unter der Nebenbedingung (1.95). Analog definiert man die Begriffe *strenges lokales Maximum*, (*strenges*) *lokales Minimum*, (*strenges*) *globales Maximum* sowie (*strenges*) *globales Minimum unter der Nebenbedingung* (1.95).

Formal liefert diese Definition nichts Neues. Ein lokales Maximum von f unter der Bedingung $g(\vec{x}) = \vec{0}$ ist nichts anderes als ein lokales Maximum der *auf die Menge D_g eingeschränkten* Funktion f.

1.9.2 Die Multiplikatorenregel von Lagrange

Es liege das Problem vor, die Extremalstellen einer Zielfunktion f unter der Nebenbedingung (1.95) zu bestimmen. Wenn es wie in den Beispielen 1.77 und 1.78 gelingt, die Gleichung $g(\vec{x}) = \vec{0}$ nach m der Variablen (etwa nach $x_{n-m+1}, \ldots, x_n$) aufzulösen, wenn es also eine Funktion $\varphi : \mathbb{R}^{n-m} \to \mathbb{R}^m$ gibt, so dass die Bedingungen $g(x_1, \ldots, x_n) = \vec{0}$ und

$$(x_{n-m+1}, \ldots, x_n) = \varphi(x_1, \ldots, x_{n-m})$$

äquivalent sind, so reduziert sich das Problem auf die Bestimmung eines (lokalen) Maximums oder Minimums der Funktion

$$(x_1, \dots, x_{n-m}) \mapsto f(x_1, \dots, x_{n-m}, \varphi(x_1, \dots, x_{n-m}))$$

auf der Menge

$$\{(x_1, \dots, x_{n-m}) : (x_1, \dots, x_{n-m}, \varphi(x_1, \dots, x_{n-m})) \in D\}.$$

In diesem (einfachen) Fall liegt also ein *unrestringiertes* Extremwertproblem, also ein Maximierungs- oder Minimierungsprobem ohne Nebenbedingungen, vor.

Häufig ist jedoch die Gleichung $g(\vec{x}) = \vec{0}$ nicht explizit und manchmal auch nicht eindeutig auflösbar. In derartigen Fällen liefert das folgende wichtige Resultat eine notwendige Bedingung für das Vorliegen einer lokalen Extremalstelle von f unter der Nebenbedingung (1.95).

1.79 Satz. (Multiplikatorenregel von Lagrange[5])
Es seien $D \subset \mathbb{R}^n$ eine offene Menge sowie $f : D \to \mathbb{R}$ und $g = (g_1, \dots, g_m) : D \to \mathbb{R}^m$ stetig differenzierbare Funktionen. Der Punkt $\vec{x}_0 \in D$ sei eine lokale Extremalstelle von f unter der Nebenbedingung $g(\vec{x}) = \vec{0}$, und die Jacobi-Matrix $g'(\vec{x}_0)$ von g im Punkt $\vec{x}_0$ habe den (vollen) Rang m. Dann existieren eindeutig bestimmte Zahlen $\lambda_1, \dots, \lambda_m \in \mathbb{R}$, so dass

$$f'(\vec{x}_0) + \sum_{i=1}^{m} \lambda_i g_i'(\vec{x}_0) = \vec{0}. \tag{1.96}$$

BEWEIS: Wir können o.B.d.A. annehmen, dass die letzten m Spalten von $g'(\vec{x}_0)$ linear unabhängig sind. Für den Beweis ist es dann zweckmäßig, die Variablen $x_1, \dots, x_n$ anders zu bezeichnen. Ähnlich wie in Abschnitt 1.8 schreiben wir einen Punkt aus $\mathbb{R}^n = \mathbb{R}^{n-m} \times \mathbb{R}^m$ in der Form $(\vec{y}, \vec{z}) := (y_1, \dots, y_{n-m}, z_1, \dots, z_m)$ mit $\vec{y} := (y_1, \dots, y_{n-m})$, $\vec{z} := (z_1, \dots, z_m)$ und setzen

$$g(\vec{y}, \vec{z}) := g(y_1, \dots, y_{n-m}, z_1, \dots, z_m).$$

Entsprechend gilt $\vec{x}_0 = (\vec{y}_0, \vec{z}_0)$ für $\vec{y}_0 \in \mathbb{R}^{n-m}$ und $\vec{z}_0 \in \mathbb{R}^m$. Die in Abschnitt 1.8 definierte Matrix

$$\frac{\partial g}{\partial \vec{z}}(\vec{y}_0, \vec{z}_0)$$

wird durch die letzten m Spalten der Jacobi-Matrix $g'(\vec{x}_0)$ gebildet; sie ist also nach der eingangs gemachten Annahme regulär. Außerdem gilt $g(\vec{y}_0, \vec{z}_0) = \vec{0}$. Nach Satz 1.69 gibt

[5] Joseph Louis Lagrange (1736–1813), Mathematiker, Physiker und Astronom. Lagrange hatte zunächst eine Professur in Turin inne; 1866 nahm er ein Angebot Friedrichs II. an und wurde Direktor der mathematischen Klasse der Berliner Akademie der Wissenschaften. Nach dem Tod Friedrichs II. übersiedelte L. nach Paris und wurde Mitglied der Pariser Akademie. Hauptarbeitsgebiete: Variationsrechnung, Differentialgleichungen, Algebra, Zahlentheorie, Himmelsmechanik. Als Hauptwerk gilt sein 1788 erschienenes Buch *Mécanique Analytique*. Allein sein astronomisches Gesamtwerk umfasst 14 Bände.

es also offene Umgebungen U von $\vec{y}_0$ und V von $\vec{z}_0$ mit $U \times V \subset D$ sowie eine stetig differenzierbare Funktion $\varphi : U \to V$ mit $\varphi(\vec{y}_0) = \vec{z}_0$ und $g(\vec{y}, \varphi(\vec{y})) = \vec{0}$, $\vec{y} \in U$. Da für $\vec{y} \in U$ und $\vec{z} \in V$ die Gleichungen $g(\vec{y}, \vec{z}) = \vec{0}$ und $\vec{z} = \varphi(\vec{y})$ äquivalent sind, besitzt

$$h(\vec{y}) := f(\vec{y}, \varphi(\vec{y})), \qquad \vec{y} \in U, \tag{1.97}$$

nach Voraussetzung in $\vec{y}_0$ ein lokales Extremum. Wegen Satz 1.52 ist $h'(\vec{y}_0) = \vec{0}$. Andererseits erhalten wir aus der Kettenregel (Satz 1.64)

$$\vec{0} = h'(\vec{y}_0) = \frac{\partial f}{\partial \vec{y}}(\vec{x}_0) + \frac{\partial f}{\partial \vec{z}}(\vec{x}_0)\varphi'(\vec{y}_0).$$

Benutzen wir hier Formel (1.75) für $\varphi'(\vec{y}_0)$, so ergibt sich

$$\vec{0} = \frac{\partial f}{\partial \vec{y}}(\vec{x}_0) - \frac{\partial f}{\partial \vec{z}}(\vec{x}_0)\left(\frac{\partial g}{\partial \vec{z}}(\vec{x}_0)\right)^{-1}\frac{\partial g}{\partial \vec{y}}(\vec{x}_0).$$

Es liegt jetzt nahe, die Zahlen $\lambda_1, \ldots, \lambda_m$ durch

$$\vec{\lambda} = (\lambda_1, \ldots, \lambda_m) := -\frac{\partial f}{\partial \vec{z}}(\vec{x}_0)\left(\frac{\partial g}{\partial \vec{z}}(\vec{x}_0)\right)^{-1} \tag{1.98}$$

zu definieren. Dann gilt einerseits

$$\frac{\partial f}{\partial \vec{y}}(\vec{x}_0) + \vec{\lambda} \cdot \frac{\partial g}{\partial \vec{y}}(\vec{x}_0) = \vec{0}$$

und andererseits nach Definition von $\vec{\lambda}$

$$\frac{\partial f}{\partial \vec{z}}(\vec{x}_0) + \vec{\lambda} \cdot \frac{\partial g}{\partial \vec{z}}(\vec{x}_0) = \vec{0}. \tag{1.99}$$

Schreibt man die beiden letzten Gleichungen untereinander, so folgt die Behauptung (1.96). Da (1.99) ein lineares Gleichungssystem mit der eindeutigen Lösung (1.98) darstellt, sind $\lambda_1, \ldots, \lambda_m$ eindeutig bestimmt. □

Die Zahlen $\lambda_1, \ldots, \lambda_m$ in Gleichung (1.96) heißen *Lagrange-Multiplikatoren*. Die Funktion

$$F(\vec{x}, \lambda_1, \ldots, \lambda_m) := f(\vec{x}) + \sum_{i=1}^{m} \lambda_i \cdot g_i(\vec{x}) \tag{1.100}$$

heißt *Lagrange-Funktion*. Ist $\vec{x}_0 \in D$ eine lokale Extremalstelle von f unter der Nebenbedingung $g(\vec{x}) = \vec{0}$, welche außerdem die *Regularitätsbedingung*

$$\operatorname{Rang} g'(\vec{x}_0) = m \tag{1.101}$$

erfüllt, so müssen unter den Voraussetzungen von Satz 1.79 für gewisse $\lambda_1, \dots, \lambda_m$ notwendigerweise die zu (1.96) äquivalenten Gleichungen

$$\frac{\partial F}{\partial x_i}(\vec{x}_0, \lambda_1, \dots, \lambda_m) = 0, \qquad i = 1, \dots, n, \tag{1.102}$$

erfüllt sein. Zusammen mit den Gleichungen

$$g_i(\vec{x}_0) = 0, \qquad i = 1, \dots, m, \tag{1.103}$$

stehen also insgesamt $n+m$ Gleichungen zur Bestimmung der $m+n$ Unbekannten $\vec{x}_0$ und $\lambda_1, \dots, \lambda_m$ zur Verfügung.

Man beachte, dass $g_i(\vec{x}_0)$ die partielle Ableitung der Lagrange-Funktion F nach λ_i ist. Ein Punkt $(\vec{x}_0, (\lambda_1, \dots, \lambda_m))$, welcher die Gleichungen (1.102) und (1.103) löst, ist also stationärer Punkt der Lagrange-Funktion. Die Methode der Lagrange-Multiplikatoren besteht darin, alle stationären Punkte der Lagrange-Funktion zu bestimmen und dann zu untersuchen, ob $\vec{x}_0$ ein lokales Extremum unter den Nebenbedingungen ist. Wir werden hierauf in 1.9.5 zurückkommen. Die Regularitätsbedingung (1.101) ist äquivalent zur linearen Unabhängigkeit der Gradienten $g_i'(\vec{x}_0)$, $i = 1, \dots, m$.

1.9.3 Eine geometrische Interpretation

Die Voraussetzungen von Satz 1.79 seien erfüllt. Gleichung (1.96) bedeutet, dass der Gradient $f'(\vec{x}_0)$ von f im Punkt $\vec{x}_0$ eine Linearkombination der Gradienten der Nebenbedingungen in diesem Punkt ist. Wir nehmen jetzt an, dass es nur eine Nebenbedingung $g := g_1$ gibt. Dann gilt

$$f'(\vec{x}_0) = \mu g'(\vec{x}_0) \tag{1.104}$$

für ein $\mu \in \mathbb{R}$. Die Regularitätsvoraussetzung (1.101) bedeutet $g'(\vec{x}_0) \neq \vec{0}$, und wir setzen zusätzlich auch $f'(\vec{x}_0) \neq \vec{0}$ voraus. Aus (1.104) und 1.4.11 ergibt sich, dass die Tangentialräume (vgl. 1.8.5) von $H_c(f)$ $(c := f(\vec{x}_0))$ und $H_0(g)$ im Punkt $\vec{x}_0$ übereinstimmen. Die Höhenlinien von f und g im Punkt $\vec{x}_0$ sind also parallel.

1.9.4 Ökonomische Interpretation der Lagrange-Multiplikatoren

Wir betrachten die Maximierungsaufgabe aus 1.9.1 für den Fall $m = 1$, d.h. für den Fall nur einer Nebenbedingung $g := g_1$. Wir nehmen an, dass die Nebenbedingung von der Form $g(\vec{x}) = g_0(\vec{x}) - c$ für eine stetig differenzierbare Funktion $g_0 : D \to \mathbb{R}$ und ein $c \in \mathbb{R}$ ist. Gesucht ist also das Maximum einer stetig differenzierbaren Funktion $f : D \to \mathbb{R}$ auf der Menge $\{\vec{x} : g_0(\vec{x}) = c\}$. Unser Anliegen ist es, das Verhalten der Zielfunktion am optimalen Wert in Abhängigkeit vom *Parameter* c zu studieren. In Anwendungen beschreibt die Funktion g_0 sehr oft, in welchem Umfang eine bestimmte *Ressource* von den Variablen $x_1, \dots, x_n$ in Anspruch genommen wird.

Wir nehmen jetzt an, dass das eben beschriebene Maximierungsproblem für alle c aus einem offenen Intervall I eine eindeutige Lösung $\vec{x} = \vec{x}(c)$ mit der Eigenschaft $g_0'(\vec{x}_0) \neq \vec{0}$ hat. Wegen Satz 1.79 müssen dann die Gleichungen

$$f'(\vec{x}(c)) + \lambda(c) g_0'(\vec{x}(c)) = 0, \tag{1.105}$$

$$g_0(\vec{x}(c)) = c \tag{1.106}$$

für ein (eindeutig bestimmtes!) ebenfalls von c abhängendes $\lambda = \lambda(c)$ erfüllt sein. Schließlich definieren wir $f^*(c) := f(\vec{x}(c))$ als den optimalen Wert der Zielfunktion in Abhängigkeit von der Ressource $c \in I$.

Wir schreiben $\vec{x}(c) = h(c)$ für eine Funktion $h : I \to \mathbb{R}^n$ und nehmen an, dass h differenzierbar ist. Nach der Kettenregel (Satz 1.37) ergibt sich dann

$$(f^*)'(c) = \langle f'(h(c)), h'(c) \rangle = -\lambda(c) \langle g_0'(h(c)), h'(c) \rangle,$$

wobei wir hier zuletzt (1.105) benutzt haben. Wiederum nach der Kettenregel ist das oben stehende Skalarprodukt die Ableitung von $g_0 \circ h$ an der Stelle c. Wegen (1.106) ist diese Ableitung aber 1. Damit erhalten wir die interessante Formel

$$(f^*)'(c) = -\lambda(c). \tag{1.107}$$

Der negative Lagrange-Multiplikator $-\lambda(c)$ ist also die Rate, mit der sich der optimale Wert der Zielfunktion in Abhängigkeit von der Ressource c ändert. Er wird deshalb als *Schattenpreis* der Ressource bezeichnet.

Analog kann man auch im Fall mehrerer Nebenbedingungen die Lagrange-Multiplikatoren als Schattenpreise der jeweiligen Ressourcen interpretieren.

1.9.5 Bestimmung globaler Extrema nach Lagrange

Die Methode von Lagrange zur Bestimmung globaler Extrema von Funktionen unter Nebenbedingungen kann schematisch wie folgt beschrieben werden:

(i) Bestimme die Zielfunktion f und die Nebenbedingungen $g_1, \dots, g_m$.

(ii) Stelle die Lagrange-Funktion (1.100) sowie das Gleichungssystem (1.102) und (1.103) auf.

(iii) Löse das Gleichungssystem (1.102) und (1.103).

(iv) Überprüfe alle *kritischen* Punkte $\vec{x} \in D$, d.h. alle Punkte, die entweder (1.102) und (1.103) (zusammen mit den Lagrange-Multiplikatoren) lösen oder aber die Ungleichung $\operatorname{Rang} g'(\vec{x}) < m$ erfüllen.

Bei den Gleichungen (1.102) und (1.103) handelt es sich *nicht* um ein lineares Gleichungssystem. Deshalb gibt es auch keine universelle Lösungsmethode und auch keine generelle Aussage über die Anzahl der Lösungen. Oft können diese Lösungen nur mittels numerischer Methoden approximativ ermittelt werden.

Manchmal weiß man, dass die Funktion f auf der Menge $\{\vec{x} \in D : g(\vec{x}) = \vec{0}\}$ (mindestens) ein globales Minimum und ein globales Maximum besitzt. Nach Satz 1.18 ist eine hinreichende Bedingung hierfür, dass diese Menge abgeschlossen und beschränkt ist. Gibt es dann nur endlich viele kritische Punkte, so ist derjenige mit dem größten (bzw. kleinsten) Wert der Zielfunktion ein globales Maximum (bzw. Minimum) unter den Nebenbedingungen.

Manchmal ist es möglich, die Zielfunktion in der Umgebung eines kritischen Punktes zu überprüfen und dann zu entscheiden, ob ein lokales Maximum bzw. lokales Minimum vorliegt.

1.80 Beispiel.
Wir suchen die globalen Extrema der durch $f(x,y) := x \cdot y$ definierten Funktion $f : \mathbb{R}^2 \to \mathbb{R}$ auf dem abgeschlossenen Einheitskreis

$$B := B(\vec{0}, 1) = \{(x,y) : x^2 + y^2 \leq 1\}$$

und betrachten hierzu zunächst f auf dem Inneren B° von B.

Da die Gleichung $f'(x,y) = (y,x) = (0,0)$ nur die Lösung $(0,0)$ besitzt, ist der Koordinatenursprung nach Satz 1.52 der einzige Punkt in B°, welcher als lokale Extremalstelle von f in Frage kommt. Hier liegt jedoch ein Sattelpunkt vor, denn die Hesse-Matrix

$$H_f(0,0) = \begin{pmatrix} 0 & 1 \\ 1 & 0 \end{pmatrix}$$

ist nach Satz 1.15 indefinit.

Die gesuchten globalen Extremalstellen von f müssen folglich auf dem Rand $\{(x,y) : x^2 + y^2 = 1\}$ von B liegen. Setzt man $g(x,y) := x^2 + y^2 - 1$, so sind also die globalen Extremalstellen von f unter der einen Nebenbedingung $g(x,y) = 0$ gesucht. Die Lagrange-Funktion besitzt die Gestalt

$$F(x,y,\lambda) = x \cdot y + \lambda(x^2 + y^2 - 1),$$

und die Gleichungen (1.102) und (1.103) lauten in diesem Fall

$$y + 2\lambda x = 0, \quad x + 2\lambda y = 0, \quad x^2 + y^2 = 1.$$

Daraus folgt entweder $\lambda = 1/2$ oder $\lambda = -1/2$. In jedem dieser beiden Fälle gibt es zwei Lösungen für (x,y):

$$\begin{array}{lll} \lambda = 1/2 : & x = \sqrt{1/2},\ y = -\sqrt{1/2}, & x = -\sqrt{1/2},\ y = \sqrt{1/2}, \\ \lambda = -1/2 : & x = \sqrt{1/2},\ y = \sqrt{1/2}, & x = -\sqrt{1/2},\ y = -\sqrt{1/2}. \end{array}$$

Die Jacobi-Matrix $g'(x,y) = (2x, 2y)$ hat auf dem Rand von B den Rang 1. Nach Satz 1.79 kommen somit nur die Vektoren

$$\vec{x}_1 := (\sqrt{1/2}, -\sqrt{1/2}), \qquad \vec{x}_2 := (-\sqrt{1/2}, \sqrt{1/2}), \tag{1.108}$$

$$\vec{x}_3 := (\sqrt{1/2}, \sqrt{1/2}), \qquad \vec{x}_4 := (-\sqrt{1/2}, -\sqrt{1/2}) \tag{1.109}$$

als globale Extremalstellen in Frage. Da $f(\vec{x}_1) = f(\vec{x}_2) = -1/2$ sowie $f(\vec{x}_3) = f(\vec{x}_4) = 1/2$ gelten und die Funktion f nach Satz 1.18 (ii) sowohl ein globales Minimum als auch ein globales Maximum besitzt, sind $-1/2$ bzw. $1/2$ das globale Minimum bzw. Maximum auf B und $\vec{x}_1, \vec{x}_2$ globale Minimalstellen sowie $\vec{x}_3, \vec{x}_4$ globale Maximalstellen von f auf B.

Die Punkte $\vec{x}_1$ und $\vec{x}_2$ minimieren $F(\vec{x}, 1/2)$, und die Punkte $\vec{x}_3$ und $\vec{x}_4$ maximieren $F(\vec{x}, -1/2)$. Natürlich lässt sich diese Aufgabe auch einfacher (z.B. mittels quadratischer Ergänzung) lösen.

1.9.6 Hinreichende Kriterien*

Wir formulieren jetzt ein hinreichendes Kriterium für die Existenz eines lokalen Extremums unter Nebenbedingungen. Das nächste Resultat stellt (mit der Festsetzung $g(\vec{x}) = \vec{0}$, $\vec{x} \in D$) eine Verallgemeinerung von Satz 1.55 (i),(ii) dar.

1.81 Satz. (Hinreichende Kriterien für Extrema unter Nebenbedingungen) *Es seien $D \subset \mathbb{R}^n$ eine offene Menge sowie $f : D \to \mathbb{R}$ und $g = (g_1, \dots, g_m) : D \to \mathbb{R}^m$ zweimal stetig partiell differenzierbare Funktionen. Die Gleichungen* (1.102) *und* (1.103) *mögen eine Lösung $\vec{x}_0 \in D$ und $\lambda_1, \dots, \lambda_m \in \mathbb{R}$ besitzen. Ist dann die Matrix $H_f(\vec{x}_0) + \sum_{i=1}^m \lambda_i H_{g_i}(\vec{x}_0)$ negativ definit auf der Menge*

$$W(g; \vec{x}_0) := \{\vec{v} \in \mathbb{R}^n : \langle g_i'(\vec{x}_0), \vec{v}\rangle = 0 \textit{ für } i = 1, \dots, m\},$$

d.h. gilt

$$\left\langle \vec{v}, \Big(H_f(\vec{x}_0) + \sum_{i=1}^m \lambda_i H_{g_i}(\vec{x}_0)\Big)\vec{v} \right\rangle < 0, \qquad \vec{v} \in (W(g;\vec{x}_0) \setminus \{\vec{0}\}), \tag{1.110}$$

so hat f in $\vec{x}_0$ ein strenges lokales Maximum unter der Nebenbedingung $g(\vec{x}) = \vec{0}$. Gilt dagegen

$$\left\langle \vec{v}, \Big(H_f(\vec{x}_0) + \sum_{i=1}^m \lambda_i H_{g_i}(\vec{x}_0)\Big)\vec{v} \right\rangle > 0, \qquad \vec{v} \in (W(g;\vec{x}_0) \setminus \{\vec{0}\}), \tag{1.111}$$

so hat f in $\vec{x}_0$ ein strenges lokales Minimum unter der Nebenbedingung $g(\vec{x}) = \vec{0}$.

Beweis: Der Beweis ist eine einfache Verallgemeinerung des entsprechenden Satzes ohne Nebenbedingung. Wir setzen (1.110) voraus und nehmen indirekt an, dass f in $\vec{x}_0$ kein strenges lokales Maximum unter der Nebenbedingung $g = \vec{0}$ besitzt. Dann gibt es zu jedem $k \in \mathbb{N}$ ein $\vec{x}_k \in B(\vec{x}_0, 1/k) \cap D$ mit $\vec{x}_k \neq \vec{x}_0$, $g(\vec{x}_k) = \vec{0}$ sowie $f(\vec{x}_k) \geq f(\vec{x}_0)$. Wir wenden jetzt Folgerung 1.51 auf die Lagrange-Funktion $\vec{x} \mapsto F(\vec{x}, \lambda)$ an. Setzen wir

$$H_F(\vec{x}) := H_f(\vec{x}) + \sum_{i=1}^{m} \lambda_i H_{g_i}(\vec{x})$$

und beachten Voraussetzung (1.96) sowie $g(\vec{x}_k) = g(\vec{x}_0) = \vec{0}$, so folgt für jedes $k \in \mathbb{N}$ die Existenz eines $\theta_k \in (0,1)$ mit der Eigenschaft

$$f(\vec{x}_k) = f(\vec{x}_0) + \frac{1}{2}\langle \vec{x}_k - \vec{x}_0, H_F(\vec{x}_0 + \theta_k(\vec{x}_k - \vec{x}_0))(\vec{x}_k - \vec{x}_0)\rangle. \tag{1.112}$$

Es gilt $\vec{x}_k = \vec{x}_0 + \varepsilon_k \vec{v}_k$ mit $\vec{v}_k \in S^{n-1}$ und $\varepsilon_k > 0$. Aus $\vec{x}_k \to \vec{x}_0$ für $k \to \infty$, folgt $\varepsilon_k \to 0$. Aus (1.112) erhalten wir

$$0 \leq \langle \vec{v}_k, H_F(\vec{x}_0 + \theta_k(\vec{x}_k - \vec{x}_0))\vec{v}_k\rangle. \tag{1.113}$$

Wegen Satz 1.11 können wir o.B.d.A. die Konvergenz $\vec{v}_k \to \vec{v} \in S^{n-1}$ voraussetzen. Damit folgt aus (1.113) die Ungleichung

$$\langle \vec{v}, H_F(\vec{x}_0)\vec{v}\rangle \geq 0. \tag{1.114}$$

Andererseits erhalten wir aus $g(\vec{x}_k) = g(\vec{x}_0) = \vec{0}$, der Differenzierbarkeit von g sowie Satz 1.61 die Konvergenz

$$\lim_{k\to\infty} \frac{\|g'(\vec{x}_0)(\vec{x}_k - \vec{x}_0)\|_2}{\|\vec{x}_k - \vec{x}_0\|_2} = \lim_{k\to\infty} \|g'(\vec{x}_0)\vec{v}_k\|_2 = \|g'(\vec{x}_0)\vec{v}\|_2 = 0,$$

also $g'(\vec{x}_0)\vec{v} = \vec{0}$. Letzteres bedeutet aber $\langle g_i'(\vec{x}_0), \vec{v}\rangle = 0$ für $i = 1, \ldots, m$. Zusammen mit (1.114) liefert das einen Widerspruch zur Voraussetzung (1.110). □

Die negative Definitheit der Matrix $H_f(\vec{x}_0) + \sum_{i=1}^m \lambda_i H_{g_i}(\vec{x}_0)$ ist eine hinreichende Bedingung für (1.110). In diesem Fall kann man Satz 1.55 anwenden, um zu schließen, dass $\vec{x}_0$ ein lokales Maximum von $F(\vec{x}, \lambda_1, \ldots, \lambda_m)$ ist. In der Regel liegt diese Eigenschaft aber nicht vor.

Die Menge $W(g; \vec{x}_0)$ nennt man auch *Tangentialraum an die Nebenbedingung* im Punkt $\vec{x}_0$. Eine geometrische Interpretation ergibt sich aus 1.8.5.

1.9.7 Zwei Veränderliche und eine Nebenbedingung

Im Spezialfall $n = 2$ nehmen die Kriterien von Satz 1.81 die folgende einfache Form an.

1.82 Folgerung. (Hinreichende Kriterien für lokale Extrema im $\mathbb{R}^2$)
Es seien $D \subset \mathbb{R}^2$ eine offene Menge und $f : D \to \mathbb{R}$ sowie $g : D \to \mathbb{R}$ C^2-Funktionen. Die Gleichungen (1.102) und (1.103) mögen eine Lösung $\vec{x}_0 \in D$ und $\lambda \in \mathbb{R}$ mit der Eigenschaft $g'(\vec{x}_0) \neq \vec{0}$ besitzen. Schließlich sei

$$\begin{aligned} d(\vec{x}_0, \lambda) :=& \big(f_{xx}(\vec{x}_0) + \lambda g_{xx}(\vec{x}_0)\big)\big(g_y(\vec{x}_0)\big)^2 - 2\big(f_{xy}(\vec{x}_0) + \lambda g_{xy}(\vec{x}_0)\big) g_x(\vec{x}_0) g_y(\vec{x}_0) \\ &+ \big(f_{yy}(\vec{x}_0) + \lambda g_{yy}(\vec{x}_0)\big)\big(g_x(\vec{x}_0)\big)^2 \end{aligned} \tag{1.115}$$

gesetzt. Dann bestehen die folgenden Implikationen:

(i) *Gilt $d(\vec{x}_0, \lambda) > 0$, so besitzt f in $\vec{x}_0$ ein strenges lokales Minimum unter der Nebenbedingung $g(\vec{x}) = 0$.*

(ii) *Gilt $d(\vec{x}_0, \lambda) < 0$, so besitzt f in $\vec{x}_0$ ein strenges lokales Maximum unter der Nebenbedingung $g(\vec{x}) = 0$.*

Beweis: Wir benutzen Satz 1.81. Nach Definition gilt

$$d(\vec{x}_0, \lambda) = \Big\langle (-g_y(\vec{x}_0), g_x(\vec{x}_0)), \Big(H_f(\vec{x}_0) + \lambda H_g(\vec{x}_0)\Big)(-g_y(\vec{x}_0), g_x(\vec{x}_0))^T \Big\rangle. \tag{1.116}$$

Aus der Voraussetzung $g'(\vec{x}_0) \neq \vec{0}$ und der Definition von $W(g; \vec{x}_0)$ folgt

$$W(g; \vec{x}_0) = \operatorname{Span}(-g_y(\vec{x}_0), g_x(\vec{x}_0)).$$

Zusammen mit der Homogenitätseigenschaft (1.21) sind die Behauptungen jetzt eine direkte Konsequenz von Satz 1.81. □

1.83 Beispiel.
In Beispiel 1.80 waren die Extrema der Funktion $f(x, y) = xy$ unter der Nebenbedingung $g(x, y) = x^2 + y^2 - 1 = 0$ gesucht. Es gilt

$$H_f(\vec{x}) + \lambda H_g(\vec{x}) = A_\lambda := \begin{pmatrix} 2\lambda & 1 \\ 1 & 2\lambda \end{pmatrix}.$$

Aus Satz 1.15 folgt, dass diese Matrix für $\lambda = 1/2$ positiv semidefinit, aber nicht positiv definit und für $\lambda = -1/2$ negativ semidefinit, aber nicht negativ definit ist. Wie nach Satz 1.81 ausgeführt, kann Satz 1.55 zur Bestimmung der Extrema nicht herangezogen werden. Deswegen benutzen wir jetzt Folgerung 1.82 und die Darstellung (1.116), um die Extremaleigenschaften der in (1.108) und (1.109) definierten Vektoren zu untersuchen.

Wir erinnern zunächst an die Gleichung $g'(x, y) = (2x, 2y)$. Für $\lambda = 1/2$ gilt

$$d(\vec{x}_1, \lambda) = \langle (\sqrt{2}, \sqrt{2}), A_\lambda(\sqrt{2}, \sqrt{2})^T \rangle = 8$$

und analog auch $d(\vec{x}_2, \lambda) = 8$. In den Punkten $\vec{x}_1$ und $\vec{x}_2$ liegt also ein lokales Minimum unter der Nebenbedingung $g(\vec{x}) = 0$ vor. Für $\lambda = -1/2$ gilt

$$d(\vec{x}_3, \lambda) = \langle (-\sqrt{2}, \sqrt{2}), A_\lambda(-\sqrt{2}, \sqrt{2})^T \rangle = -8$$

und analog auch $d(\vec{x}_4, \lambda) = -8$. In den Punkten $\vec{x}_3$ und $\vec{x}_4$ liegt also ein lokales Maximum unter der Nebenbedingung $g(\vec{x}) = 0$ vor.

Lernziel-Kontrolle

- Wann heißt eine Folge im $\mathbb{R}^n$ beschränkt bzw. konvergent?
- Warum lässt sich die Konvergenz von Folgen im $\mathbb{R}^n$ auf den Konvergenzbegriff für reelle Folgen zurückführen?
- Geben Sie eine Teilmenge M des $\mathbb{R}^2$ mit den Eigenschaften $M \cap \partial M \neq \emptyset$ und $(\mathbb{R}^2 \setminus M) \cap \partial M \neq \emptyset$ an.
- Wann heißt eine Teilmenge des $\mathbb{R}^n$ offen bzw. abgeschlossen?
- Wie ist die Stetigkeit einer Funktion $f : D \to \mathbb{R}^m$, $D \subset \mathbb{R}^n$, definiert?
- Wann heißt eine symmetrische Matrix positiv (semi)definit bzw. indefinit?
- Können Sie ein Kriterium für die positive Definitheit einer 2×2-Matrix angeben?
- Nennen Sie mindestens zwei Eigenschaften, welche eine auf einer beschränkten und abgeschlossenen Menge definierte stetige Funktion besitzt!
- Welche partiellen Ableitungen besitzt die Funktion $f(x, y) := \sin(x \cdot \cos y)$?
- Wie ist der Gradient einer Funktion definiert?
- Wann heißt eine Funktion $f : D \to \mathbb{R}$, $D \subset \mathbb{R}^n$, differenzierbar?
- Was ist eine differenzierbare Kurve im $\mathbb{R}^n$?
- Wie ist die Richtungsableitung einer Funktion definiert?
- Welcher Zusammenhang besteht zwischen dem Gradienten und der Richtung des steilsten Anstiegs einer Funktion?
- Welche Rolle spielt die Hesse-Matrix beim Auffinden lokaler Extremalstellen?
- Wie ist die Jacobi-Matrix definiert?
- Können Sie die allgemeine Kettenregel formulieren?
- Wird durch die Gleichung $g(x, y) := x^2 + y^2 - y^3 + y = 0$ in einer gewissen Umgebung U von 0 eine stetig differenzierbare Funktion $f : U \to \mathbb{R}$ mit $g(x, f(x)) = 0$ definiert?
- Formulieren Sie ein Optimierungsproblem unter Nebenbedingungen.
- Können Sie die Lagrangesche Multiplikatorenmethode beschreiben?

Kapitel 2

Integralrechnung im $\mathbb{R}^n$

Jeder Kreiszylinder, dessen Radius gleich dem Kugelradius und dessen Höhe gleich dem Kugeldurchmesser ist, ist 3/2 mal so groß wie die Kugel.

Archimedes

In diesem Kapitel geht es um die Bestimmung des Volumens von Mengen, die vom Graphen einer reellwertigen Funktion f von n Veränderlichen und dem Definitionsbereich von f begrenzt werden. Ausgangspunkt ist das elementargeometrische Volumen eines Quaders. Wir behandeln zunächst den Fall zweier Veränderlicher. Die Übertragung auf beliebige Dimensionen ist unproblematisch.

2.1 Das Riemann-Integral über Rechtecke

Es sei $Q = [a_1, b_1] \times [a_2, b_2]$ ein (achsenparalleles) Rechteck, wobei $a_1 < b_1$ und $a_2 < b_2$ gelte. Der *(Flächen-)Inhalt* von Q ist die Zahl

$$|Q| := (b_1 - a_1)(b_2 - a_2), \tag{2.1}$$

also das Produkt der „Seitenlängen". Nimmt die Funktion f über dem Rechteck Q einen konstanten positiven Wert h an, so ist der vom Graphen von f und Q begrenzte Bereich ein Quader mit dem elementargeometrischen Volumen $h \cdot |Q|$ (siehe Bild 2.1 links). Ist die Funktion f nicht konstant, so wird man versuchen, in Analogie zum Fall $n = 1$ das Rechteck Q in Teilrechtecke zu zerlegen und das Volumen der vom Graphen von f und den Teilrechtecken begrenzten Mengen durch die Volumina geeigneter Quader nach oben und unten abzuschätzen (siehe Bild 2.1 rechts). Bei immer feinerer Zerlegung von Q in Teilrechtecke sollte sich das gesuchte Volumen als Grenzwert von Summen von Quadervolumina ergeben.

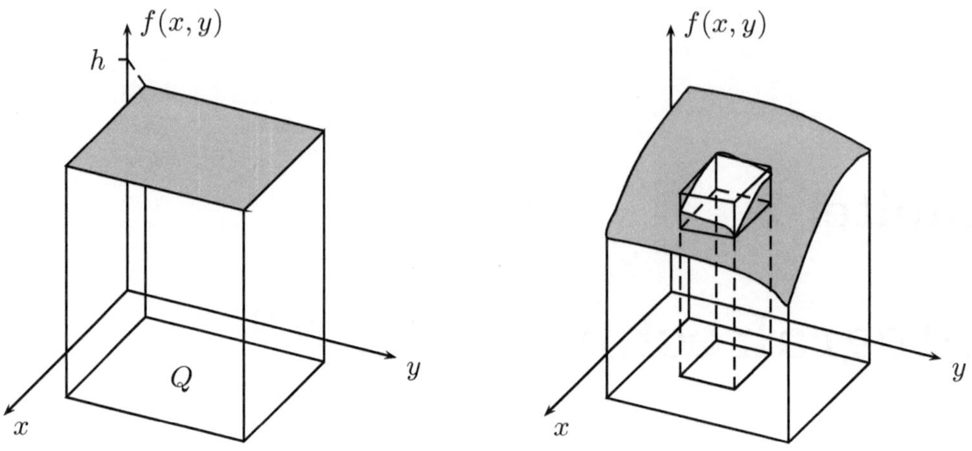

Bild 2.1: Zur Definition von Ober- und Untersummen

2.1.1 Ober- und Untersummen

In I.7.1.1 haben wir Zerlegungen von Intervallen betrachtet. Diese Begriffsbildung soll jetzt auf den zweidimensionalen Fall übertragen werden. Es seien hierzu $Z_1 = \{x_0, \ldots, x_m\}$ eine Zerlegung von $[a_1, b_1]$ und $Z_2 = \{y_0, \ldots, y_n\}$ eine Zerlegung von $[a_2, b_2]$. Dann heißt die Menge der Punkte

$$Z := Z_1 \times Z_2 = \{(x_i, y_j) : i = 0, \ldots, m,\ j = 0, \ldots, n\} \tag{2.2}$$

Zerlegung von Q. Synonym hierzu nennt man auch die Menge aller Rechtecke

$$Q_{ij} := [x_{i-1}, x_i] \times [y_{j-1}, y_j], \quad i = 1, \ldots, m,\ j = 1, \ldots, n, \tag{2.3}$$

eine *Zerlegung* von Q. Die Zahl

$$\|Z\| := \max(\{|x_i - x_{i-1}| : 1 \leq i \leq m\} \cup \{|y_j - y_{j-1}| : 1 \leq j \leq n\}),$$

also die größte unter allen Rechtecken Q_{ij} auftretende Seitenlänge, heißt *Feinheit* der Zerlegung Z.

Die Punkte (x_i, y_j) einer Zerlegung bilden ein *Gitter* auf Q, wobei die Gitterpunkte die Eckpunkte der Rechtecke Q_{ij} sind (Bild 2.2 links). Offenbar gilt

$$Q = \bigcup_{i=1}^{m} \bigcup_{j=1}^{n} Q_{ij},$$

d.h. jeder Punkt von Q ist in einem der Rechtecke enthalten. Außerdem besitzen verschiedene Rechtecke keine gemeinsamen *inneren* Punkte, d.h. es gilt

$$Q_{ij}^\circ \cap Q_{kl}^\circ = \emptyset, \qquad (i,j) \neq (k,l).$$

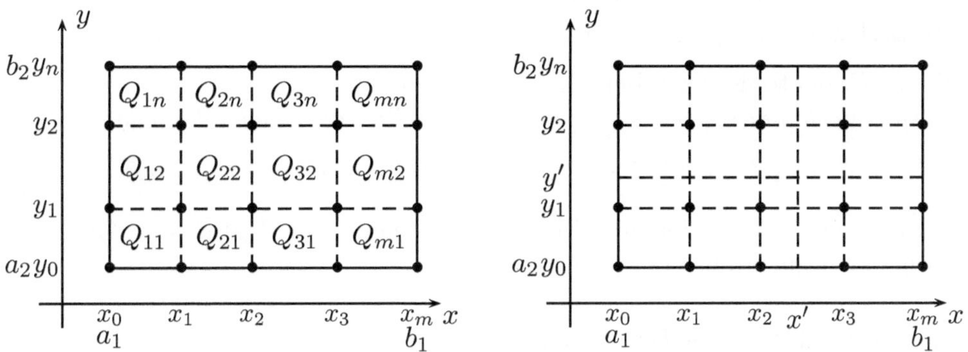

Bild 2.2: Zerlegung eines Rechtecks und Verfeinerung einer Zerlegung

Man beachte, dass verschiedene Rechtecke durchaus gemeinsame Randpunkte besitzen können. Das gilt etwa für die Rechtecke Q_{12} und Q_{22} in Bild 2.2 links.

Im Weiteren sei $f : M \to \mathbb{R}$ eine *beschränkte* Funktion, deren Definitionsbereich M das Rechteck Q enthält. Wie in Band 1 werden wir auch im Folgenden die Einschränkung von f auf Teilmengen von M (stillschweigend) ebenfalls mit f bezeichnen.

Für eine Zerlegung Z von Q heißt

$$U(f;Z) := \sum_{i=1}^{m} \sum_{j=1}^{n} \inf f(Q_{ij}) \cdot |Q_{ij}|$$

die *Untersumme* von f bezüglich Z und

$$O(f;Z) := \sum_{i=1}^{m} \sum_{j=1}^{n} \sup f(Q_{ij}) \cdot |Q_{ij}|$$

die *Obersumme* von f bezüglich Z.

Wegen der vorausgesetzten Beschränktheit von f sind diese Unter- und Obersummen wohldefiniert. Ihre Eigenschaften sind analog zu denen in I.7.1.2. So besteht für beliebige Zerlegungen Z und Z^* stets die Ungleichung

$$U(f;Z) \leq O(f;Z^*). \tag{2.4}$$

Eine Zerlegung $Z' = Z_1' \times Z_2'$ von Q heißt *Verfeinerung* einer Zerlegung $Z = Z_1 \times Z_2$, wenn Z_1' eine Verfeinerung von Z_1 und Z_2' eine Verfeinerung von Z_2 ist, wenn also $Z_1 \subset Z_1'$ und $Z_2 \subset Z_2'$ gilt. So liefern etwa die zusätzlichen Teilungspunkte $x' \in [a_1, b_1]$ und $y' \in [a_2, b_2]$ (siehe Bild 2.2 rechts) eine Verfeinerung der in Bild 2.2 links dargestellten Zerlegung. Wir werden später die Tatsache verwenden, dass es zu zwei Zerlegungen Z und Z' von Q immer eine weitere Zerlegung Z'' gibt, die sowohl feiner als Z als auch feiner als Z' ist.

2.1 Satz. (Monotonie der Ober- und Untersummen)
Ist Z' eine Verfeinerung der Zerlegung Z, so gelten die Ungleichungen

$$U(f;Z') \geq U(f;Z), \qquad O(f;Z') \leq O(f;Z).$$

Bei Übergang zu einer feineren Zerlegung können somit Unter- und Obersummen prinzipiell nur größer bzw. kleiner werden.

2.1.2 Definition des Riemann-Integrals

Es seien $f : M \to \mathbb{R}$ eine beschränkte Funktion und $Q \subset M$ ein Rechteck.

(i) Die Zahl

$$\underline{J}(f;Q) := \sup\{U(f;Z) : Z \text{ ist eine Zerlegung von } Q\}$$

heißt *unteres (Darboux- oder Riemann-) Integral* von f über dem Rechteck Q. Entsprechend nennt man die Zahl

$$\overline{J}(f;Q) := \inf\{O(f;Z) : Z \text{ ist eine Zerlegung von } Q\}$$

oberes (Darboux- oder Riemann-) Integral von f über dem Rechteck Q.

(ii) Die Funktion heißt (*eigentlich Riemann-*) *integrierbar* über Q, wenn gilt:

$$\underline{J}(f;Q) = \overline{J}(f;Q).$$

In diesem Fall nennt man $\underline{J}(f;Q) = \overline{J}(f;Q)$ das *(Riemann-) Integral* von f über Q und schreibt

$$\int_Q f(\vec{x})\, d\vec{x} := \overline{J}(f;Q)$$

bzw.

$$\int_Q f(x,y)\, d(x,y) := \overline{J}(f;Q).$$

Die Funktion f und das Rechteck Q heißen *Integrand* bzw. *Integrationsbereich* des Integrals.

2.1.3 Erste Eigenschaften des Riemann-Integrals

Zunächst folgt aus (2.4) die Ungleichung

$$\underline{J}(f;Q) \leq \overline{J}(f;Q).$$

Die Beweise der nächsten Sätze verlaufen völlig analog zu den entsprechenden Beweisen in I.7.1.4 bzw. I.7.1.7.

2.2 Satz. (Riemannsches Integrabilitätskriterium)
Eine beschränkte Funktion f ist genau dann über Q integrierbar, wenn es zu jedem $\varepsilon > 0$ eine Zerlegung Z von Q gibt, so dass gilt:

$$O(f;Z) - U(f;Z) \leq \varepsilon. \tag{2.5}$$

2.3 Satz. (Linearität des Integrals)
Sind die Funktionen f, g über Q integrierbar und sind $\lambda, \mu \in \mathbb{R}$, so ist auch die Funktion $\lambda f + \mu g$ über Q integrierbar, und es gilt

$$\int_Q (\lambda f(\vec{x}) + \mu g(\vec{x}))\, d\vec{x} = \lambda \int_Q f(\vec{x})\, d\vec{x} + \mu \int_Q g(\vec{x})\, d\vec{x}.$$

2.4 Satz. (Monotonie des Integrals)
Sind die Funktionen f und g über Q integrierbar und gilt $f(\vec{x}) \leq g(\vec{x})$ für jedes $\vec{x} \in Q$, so folgt

$$\int_Q f(\vec{x})\, d\vec{x} \leq \int_Q g(\vec{x})\, d\vec{x}.$$

2.2 Bereichsintegrale

Bisher haben wir nur Rechtecke als Integrationsbereich zugelassen. In diesem Abschnitt werden wir uns von diesem Spezialfall lösen und allgemeinere Integrationsbereiche betrachten. Dabei wird die durch

$$1_M(\vec{x}) := \begin{cases} 1, & \text{falls } \vec{x} \in M, \\ 0, & \text{falls } \vec{x} \notin M, \end{cases}$$

definierte *Indikatorfunktion* $1_M : \mathbb{R}^2 \to \mathbb{R}$ einer Menge $M \subset \mathbb{R}^2$ (vgl. I.4.3.2) eine wichtige Rolle spielen.

2.2.1 Additivität des Riemann-Integrals

2.5 Satz. (Integral und Inhalt)
Ist M ein Rechteck mit $M \subset Q$, so ist die Indikatorfunktion 1_M integrierbar über M, und es gilt

$$\int_Q 1_M(\vec{x})\, d\vec{x} = |M|.$$

BEWEIS: Es gelte $M = [c_1, d_1] \times [c_2, d_2]$, und es sei $Z = Z_1 \times Z_2$ eine Zerlegung von Q wie in (2.2) mit $c_1, d_1 \in Z_1$ und $c_2, d_2 \in Z_2$. Für jedes der in (2.3) definierten Teilrechtecke Q_{ij} mit der Eigenschaft $Q_{ij} \subset M$ gilt $\inf\{1_M(\vec{x}) : \vec{x} \in Q_{ij}\} = 1$, und für $Q_{ij}^0 \cap M^0 = \emptyset$ gilt $\inf\{1_M(\vec{x}) : \vec{x} \in Q_{ij}\} = 0$. Andere Fälle treten nicht auf. Also ist

$$U(1_M; Z) = \sum_{i,j:Q_{ij} \subset M} |Q_{ij}| = |M|.$$

Analog folgt

$$O(1_M; Z) = \sum_{i,j:Q_{ij} \cap M \neq \emptyset} |Q_{ij}| = |M| + \sum_{i,j:Q_{ij} \cap (\mathbb{R}^2 \setminus M) \neq \emptyset} |Q_{ij}|.$$

Bezeichnet $\varepsilon := \|Z\|$ die Feinheit der Zerlegung Z, so folgt aus der Ungleichung

$$\sum_{i,j:Q_{ij} \cap (\mathbb{R}^2 \setminus M) \neq \emptyset} |Q_{ij}| \leq 2\varepsilon(d_1 - c_1) + 2\varepsilon(d_2 - c_2) + 4\varepsilon^2 \tag{2.6}$$

(vgl. Bild 2.3, in diesem Bild ist die links stehende Summe der Flächen der an M angrenzenden Rechtecke grau dargestellt) die Abschätzung

$$|M| = U(1_M; Z) \leq \underline{J}(1_M; Q) \leq \overline{J}(1_M; Q) \leq |M| + \varepsilon(2(d_1 - c_1) + 2(d_2 - c_2) + 4\varepsilon)$$

und somit für $\varepsilon \to 0$ die Behauptung des Satzes. □

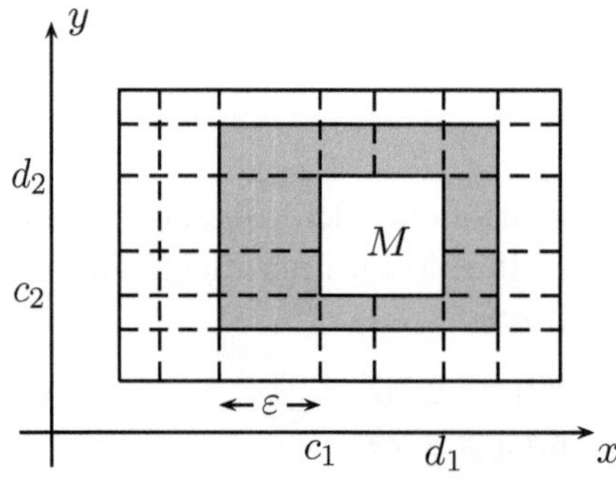

Bild 2.3: Zur Ungleichung (2.6)

Wir betrachten wieder eine beschränkte Funktion $f : M \to \mathbb{R}$.

2.6 Lemma. (Teilmengen von Geraden)
Nimmt die Funktion $f : M \to \mathbb{R}$ außerhalb von endlich vielen Geraden der Gestalt $\{(x_1, x_2) : x_1 = a\}$ oder $\{(x_1, x_2) : x_2 = b\}$ $(a, b \in \mathbb{R})$ den Wert 0 an, so ist f integrierbar über jedem Rechteck $Q \subset M$, und es gilt

$$\int_Q f(\vec{x})\, d\vec{x} = 0.$$

BEWEIS: Die Idee des Beweises ist in Bild 2.4 illustriert. Gilt $f(\vec{x}) = 0$ für jedes $\vec{x} \in Q$, das nicht zur Menge $\{(a, x_2) : a_2 \leq x_2 \leq b_2\}$ gehört, so lässt sich mit der Festsetzung $C := \sup_{\vec{x} \in Q} |f(\vec{x})|$ der Betrag jeder Ober- und Untersumme durch $2\|Z\|(b_2 - a_2)C$ nach oben abschätzen. Dabei rührt der Faktor 2 daher, dass die Punkte (a, y_j) zur Zerlegung $Z = \{(x_i, y_j) : i = 0, \ldots, m, j = 0, \ldots, n\}$ gehören können. Beim Grenzübergang $\|Z\| \to 0$ folgt $\underline{J}(f; Q) = \overline{J}(f; Q) = 0$ und somit $\int_Q f(\vec{x})\, d\vec{x} = 0$. □

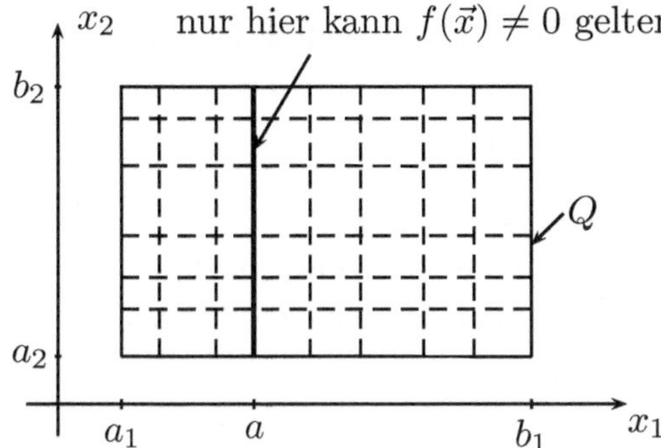

Bild 2.4:
Zum Beweis von Lemma 2.6

Zwei Mengen $A, B \subset \mathbb{R}^2$ heißen *fremd*, wenn sie keine gemeinsamen *inneren* Punkte besitzen, wenn also $A^\circ \cap B^\circ = \emptyset$ gilt. Ist Z eine Zerlegung von Q wie in (2.2), so bezeichnen wir mit

$$\begin{aligned} \mathcal{R}(Z) &:= \{[x_{i-1}, x_i] \times [y_{j-1}, y_j] : i = 1, \ldots, m,\ j = 1, \ldots, n\} \\ &= \{Q_{ij} : i = 1, \ldots, m,\ j = 1, \ldots, n\} \end{aligned}$$

die Menge aller Teilrechtecke, in die Q durch Z zerlegt wird (vgl. Bild 2.2 links). Je zwei verschiedene Mengen aus $\mathcal{R}(Z)$ sind fremd.

2.7 Satz. (Additivität)
Ist das Rechteck Q Vereinigung von paarweise fremden Rechtecken $B_1, \ldots, B_k$, so gilt

$$\underline{J}(f; Q) = \sum_{j=1}^{k} \underline{J}(f; B_j), \qquad \overline{J}(f; Q) = \sum_{j=1}^{k} \overline{J}(f; B_j).$$

Insbesondere ist f genau dann über Q integrierbar, wenn f über jedem B_j integrierbar ist. In diesem Fall gilt

$$\int_Q f(\vec{x})\, d\vec{x} = \sum_{j=1}^{m} \int_{B_j} f(\vec{x})\, d\vec{x}.$$

BEWEIS: Zur Verringerung des Schreibaufwandes behandeln wir nur den Fall $k = 2$. Es gibt ein $a \in \mathbb{R}$ mit $B_1 \cap B_2 \subset \{(x_1, x_2) : x_1 = a\}$ oder ein $b \in \mathbb{R}$ mit $B_1 \cap B_2 \subset \{(x_1, x_2) :$

$x_2 = b\}$ (man fertige eine Skizze an!). Zu jeder Zerlegung von Q existiert eine feinere Zerlegung Z, so dass sich B_1 und B_2 als Vereinigungen von Mengen aus $\mathcal{R}(Z)$ schreiben lassen. Damit definiert Z Zerlegungen Z_1 und Z_2 von B_1 bzw. B_2 mit der Eigenschaft $\mathcal{R}(Z) = \mathcal{R}(Z_1) \cup \mathcal{R}(Z_2)$. Umgekehrt legen zwei gegebene Zerlegungen Z_1 und Z_2 von B_1 bzw. B_2 eine eindeutig bestimmte Zerlegung Z von Q mit $\mathcal{R}(Z) = \mathcal{R}(Z_1) \cup \mathcal{R}(Z_2)$ fest. Für eine solche Zerlegung gilt

$$U(f;Z) = U(f;Z_1) + U(f;Z_2), \quad O(f;Z) = O(f;Z_1) + O(f;Z_2),$$

so dass sich die ersten beiden Behauptungen aus den Eigenschaften des unteren und oberen Integrals ergeben. Weiter gilt

$$\underline{J}(f;Q) = \underline{J}(f;B_1) + \underline{J}(f;B_2) \leq \overline{J}(f;B_1) + \overline{J}(f;B_2) = \overline{J}(f;Q).$$

Ist f sowohl über B_1 als auch über B_2 integrierbar, so folgt $\underline{J}(f;B_j) = \overline{J}(f;B_j)$ für $j = 1,2$ und somit $\underline{J}(f;Q) = \overline{J}(f;Q)$, also die Integrierbarkeit von f über Q. Gilt umgekehrt $\underline{J}(f;Q) = \overline{J}(f;Q)$, so folgt aus $\underline{J}(f;B_1) \leq \overline{J}(f;B_1)$ und der analogen Ungleichung für B_2 die Integrierbarkeit von f über B_1 und über B_2. □

2.2.2 Definition des Bereichsintegrals

Es seien $M \subset \mathbb{R}^2$ eine beschränkte Menge und $f : M \to \mathbb{R}$ eine beschränkte Funktion. Es ist bequem, diese Funktion durch „Nullsetzen außerhalb von M“, also durch die Definition

$$f_M(\vec{x}) := \begin{cases} f(\vec{x}), & \text{falls } \vec{x} \in M, \\ 0, & \text{falls } \vec{x} \notin M, \end{cases}$$

zu einer auf ganz $\mathbb{R}^2$ erklärten Funktion f_M zu erweitern.

2.8 Lemma. (Konsistenz des Integralbegriffs)
In der obigen Situation seien Q_1, Q_2 Rechtecke mit der Eigenschaft $M \subset Q_1 \cap Q_2$. Dann gilt

$$\underline{J}(f_M;Q_1) = \underline{J}(f_M;Q_2), \qquad \overline{J}(f_M;Q_1) = \overline{J}(f_M;Q_2).$$

Insbesondere ist f_M genau dann über Q_1 integrierbar, wenn f_M über Q_2 integrierbar ist. In diesem Fall gilt

$$\int_{Q_1} f_M(\vec{x})\, d\vec{x} = \int_{Q_2} f_M(\vec{x})\, d\vec{x}.$$

BEWEIS: Die Menge $Q_3 := Q_1 \cap Q_2$ ist ein Rechteck. Ferner gibt es Rechtecke Q_4 und Q_5, so dass Q_3, Q_4 und Q_5 paarweise fremd sind und $Q_1 = Q_3 \cup Q_4 \cup Q_5$ gilt, vgl. Bild 2.5 (die analog zu behandelnden Sonderfälle $Q_4 = \emptyset$ und $Q_5 = \emptyset$ schließen wir hier aus.) Aus Satz 2.7 folgt

$$\underline{J}(f_M;Q_1) = \underline{J}(f_M;Q_3) + \underline{J}(f_M;Q_4) + \underline{J}(f_M;Q_5).$$

Nach Lemma 2.6 verschwinden hier die letzten beiden Summanden. Analog ergibt sich $\underline{J}(f_M; Q_2) = \underline{J}(f_M; Q_3)$ und damit die erste Behauptung des Satzes. Die entsprechende Gleichung für die oberen Integrale beweist man analog. □

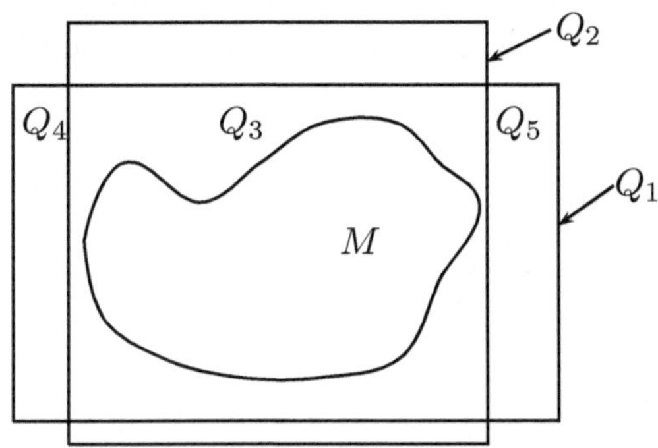

Bild 2.5:
Zum Beweis von Lemma 2.8

Weil jede beschränkte Menge in einem geeigneten Rechteck enthalten ist, ermöglicht das gerade bewiesene Lemma die folgenden Definitionen. Dazu sei Q ein beliebiges Rechteck mit $M \subset Q$.

(i) Die Zahlen $\underline{J}(f; M) := \underline{J}(f_M; Q)$ und $\overline{J}(f; M) := \overline{J}(f_M; Q)$ heißen *unteres* bzw. *oberes Integral* der Funktion f über der Menge M.

(ii) Die Funktion $f : M \to \mathbb{R}$ heißt (*eigentlich Riemann-*)*integrierbar* über M, wenn gilt:

$$\underline{J}(f; M) = \overline{J}(f; M).$$

In diesem Fall nennt man $\underline{J}(f; M) = \overline{J}(f; M)$ das (*Riemann-*)*Integral von* f *über* M und schreibt

$$\int_M f(\vec{x})\, d\vec{x} := \overline{J}(f; M)$$

bzw.

$$\int_M f(x, y)\, d(x, y) := \overline{J}(f; M).$$

Die Funktion f und die Menge M heißen *Integrand* bzw. *Integrationsbereich* des Integrals.

2.3 Der Jordan-Inhalt

Die Bestimmung der Fläche ebener Bereiche und des Volumens dreidimensionaler Körper gehören zu den ältesten und fruchtbarsten mathematischen Themen. Gegen Ende des vorletzten Jahrhunderts war es vor allem C. Jordan[1], der die dem Riemannschen Integralbegriff zugrunde liegenden Ideen zu einer ersten exakten Theorie des Inhalts von Teilmengen des $\mathbb{R}^2$ und $\mathbb{R}^3$ ausbaute. Mit dem folgenden Spezialfall der Definition des (oberen bzw. unteren) Integrals einer Funktion über einer Menge M erhalten wir eine sinnvolle Verallgemeinerung des Flächeninhalts von Rechtecken.

2.3.1 Definition des Jordan-Inhalts

Es sei $M \subset \mathbb{R}^2$ eine beschränkte nichtleere Menge.

(i) Die Zahlen

$$\underline{J}(M) := \underline{J}(1_M; M) \quad \text{und} \quad \overline{J}(M) := \overline{J}(1_M; M)$$

heißen *unterer* bzw. *oberer (Jordan-)Inhalt* der Menge M.

(ii) Gilt $\underline{J}(M) = \overline{J}(M)$, so heißt M *Jordan-messbar*. In diesem Fall nennt man $|M| := \underline{J}(M)$ den *(Jordan-)Inhalt* von M.

Der Vollständigkeit halber ergänzt man diese Definitionen durch die Festlegungen

$$\underline{J}(\emptyset) = \overline{J}(\emptyset) = |\emptyset| := 0.$$

Die leere Menge ist also nach Definition Jordan-messbar, und sie besitzt den Inhalt 0. Allgemeiner vereinbaren wir

$$\underline{J}(f; \emptyset) = \overline{J}(f; \emptyset) = \int_\emptyset f(\vec{x})\, d\vec{x} := 0$$

für *jede* auf einer Teilmenge des $\mathbb{R}^n$ erklärte Funktion.

2.3.2 Rechtecksummen

Nach Satz 2.5 ist jedes Rechteck Q Jordan-messbar. In Übereinstimmung mit der gewählten Bezeichnung ist sein Jordan-Inhalt der bereits früher definierte geometrische Elementarinhalt $|Q|$ („Länge mal Breite“) von Q. Es ist sinnvoll, von jetzt ab auch die leere Menge als Rechteck (mit Jordan-Inhalt 0) aufzufassen.

---

[1] Camille Marie Ennemond Jordan (1838–1922). Jordan war zunächst Bergbauingenieur, wurde 1873 Repetitor und 1876 Professor an der Ecole Polytechnique; ab 1916 war er Präsident der Académie des Sciences. Jordan leistete bedeutende Beiträge u.a. zur Algebra, Theorie der reellen Funktionen, Topologie und Kristallographie. Nach ihm benannt sind u.a. die Begriffe *Jordansche Normalform* (einer Matrix) und *Jordansche Zerlegung* (einer Funktion von beschränkter Schwankung).

Eine Menge M heißt *Rechtecksumme*, falls sie sich als endliche Vereinigung paarweise fremder Rechtecke darstellen lässt, falls also

$$M = \bigcup_{j=1}^{k} B_j$$

für ein $k \in \mathbb{N}$ und paarweise fremde Rechtecke $B_1, \ldots, B_k$ gilt (Bild 2.6 links).

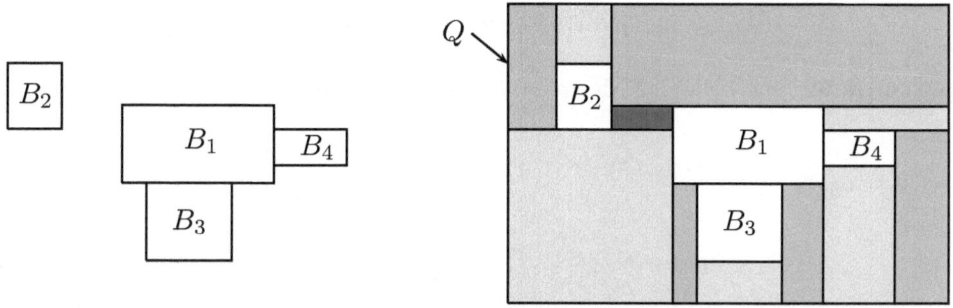

Bild 2.6: Rechtecksumme $M = \cup_{j=1}^{4} B_j$ (links) und Darstellung von $Q \setminus (\cup_{j=1}^{4} B_j)$ als Rechtecksumme (rechts)

Sind $M = \cup_{j=1}^{k} B_j$ eine Rechtecksumme und Q ein Rechteck mit der Eigenschaft $M \subset Q$, so gibt es paarweise fremde Rechtecke $B_{k+1}, \ldots, B_m$ mit

$$Q \setminus M = \bigcup_{j=k+1}^{m} B_j$$

(siehe Bild 2.6 rechts).

Eine Anwendung von Satz 2.7 auf die Funktion $f = 1_M$ liefert die Gleichung

$$\underline{J}(M) = \underline{J}(1_M; Q) = \sum_{i=1}^{k} \underline{J}(1_M; B_i) + \sum_{j=k+1}^{m} \underline{J}(1_M; B_j).$$

Die hierin auftretenden Summanden der ersten Summe sind nach Definition (und Satz 2.5) die Inhalte der Rechtecke B_i. Da die zweite Summe nach Lemma 2.6 verschwindet und eine analoge Gleichung auch für den äußeren Inhalt von M gültig ist, ist die Menge M Jordan-messbar, und es gilt

$$|M| = \sum_{i=1}^{k} |B_i|.$$

Der Jordan-Inhalt einer Jordan-messbaren Menge präzisiert unsere anschauliche Vorstellung vom (Flächen-)Inhalt einer Menge. Diese Sichtweise wird auch durch das folgende Resultat gestützt.

2.9 Satz. (Approximation durch Rechtecksummen)
Für jede beschränkte Menge $M \subset \mathbb{R}^2$ gilt

$$\underline{J}(M) = \sup\{|S| : S \subset M,\ S \textit{ ist Rechtecksumme}\},$$
$$\overline{J}(M) = \inf\{|S| : M \subset S,\ S \textit{ ist Rechtecksumme}\}.$$

BEWEIS: Da für eine beliebige Menge $A \neq \emptyset$ die Beziehungen

$$\inf\{1_M(\vec{x}) : \vec{x} \in A\} = \begin{cases} 1, & \text{falls } A \subset M, \\ 0, & \text{sonst,} \end{cases} \tag{2.7}$$

$$\sup\{1_M(\vec{x}) : \vec{x} \in A\} = \begin{cases} 1 & \text{falls } A \cap M \neq \emptyset, \\ 0 & \text{sonst} \end{cases} \tag{2.8}$$

gelten, folgen die Behauptungen aus den Definitionen des unteren und oberen Integrals. □

Satz 2.9 bedeutet anschaulich, dass die Menge M „von innen“ und „von außen“ durch Rechtecksummen „eingeschachtelt wird“ (vgl. Bild 2.7). Die Zahl $\underline{J}(M)$ ist die kleinste obere Schranke der Flächen aller Rechteckssummen, die in M enthalten sind. In gleicher Weise ist $\overline{J}(M)$ die größte untere Schranke der Flächen aller Rechteckssummen, die M enthalten.

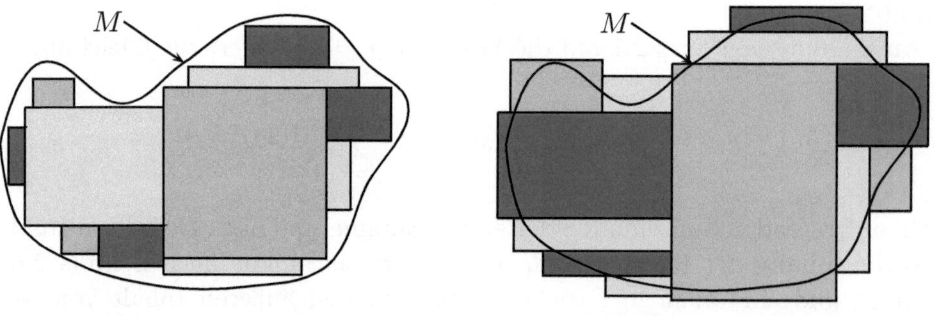

Bild 2.7: „Einschachtelung“ einer Menge M durch Rechtecksummen

2.3.3 Invarianzeigenschaften des Jordan-Inhalts

Für eine Menge $A \subset \mathbb{R}^2$ bezeichnen

$$A + \vec{x} := \{\vec{y} + \vec{x} : \vec{y} \in A\}$$

die um $\vec{x} \in \mathbb{R}^2$ *verschobene* Menge A,

$$A^* := \{(x, y) : (y, x) \in A\}$$

die an der Diagonalen $\{(x, x) : x \in \mathbb{R}\}$ *gespiegelte* Menge A und

$$\lambda A := \{\lambda \vec{x} : \vec{x} \in A\}$$

die um den Faktor $\lambda \in \mathbb{R}$ *gestreckte* Menge A (Bild 2.8).

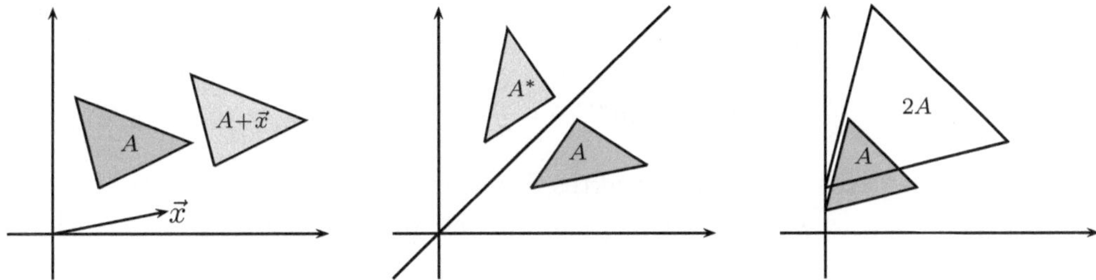

Bild 2.8: Die Mengen $A + \vec{x}$, A^* und λA für $\lambda = 2$

2.10 Satz. (Invarianzeigenschaften des Jordan-Inhalts)
Es sei $A \subset \mathbb{R}^2$ eine beschränkte Menge.

(i) *Für jedes $\vec{x} \in \mathbb{R}^2$ haben A und $A + \vec{x}$ denselben inneren und äußeren Inhalt. Insbesondere ist A genau dann Jordan-messbar, wenn $A + \vec{x}$ diese Eigenschaft besitzt. In diesem Fall gilt*

$$|A| = |A + \vec{x}|.$$

(ii) *Die Mengen A und A^* besitzen denselben inneren und äußeren Inhalt. Insbesondere ist A genau dann Jordan-messbar, wenn A^* diese Eigenschaft aufweist. In diesem Fall gilt*

$$|A| = |A^*|.$$

(iii) *Für jedes $\lambda \in \mathbb{R}$ gilt $\underline{J}(\lambda A) = \lambda^2 \underline{J}(A)$ und $\overline{J}(\lambda A) = \lambda^2 \overline{J}(A)$. Insbesondere ist für $\lambda \neq 0$ die Menge A genau dann Jordan-messbar, wenn λA diese Eigenschaft besitzt. In diesem Fall gilt*

$$|\lambda A| = \lambda^2 |A|.$$

Beweis: (i): Ist A ein Rechteck, so ist auch $A+\vec{x}$ ein Rechteck mit demselben Inhalt. Ferner folgt aus $A \subset B$ auch $A+\vec{x} \subset B+\vec{x}$. Aus Satz 2.9 ergeben sich deshalb sehr leicht die behaupteten Gleichungen $\underline{J}(A) = \underline{J}(A+\vec{x})$ und $\overline{J}(A) = \overline{J}(A+\vec{x})$. Die anderen Behauptungen sind dann eine Konsequenz der Definition der Jordan-Messbarkeit.

(ii): Mit A ist auch A^* eine Rechtecksumme mit demselben Inhalt. Deshalb folgen die Behauptungen aus Satz 2.9.

(iii): Wir können $\lambda \neq 0$ annehmen. Eine Menge $A \subset \mathbb{R}^2$ ist genau dann ein Rechteck, wenn λA ein Rechteck ist. In diesem Fall gilt $|\lambda A| = \lambda^2|A|$. Da sich diese Eigenschaften auf Rechtecksummen übertragen, liefert Satz 2.9 die Behauptung. □

2.3.4 Weitere Eigenschaften des Jordan-Inhalts

Im Folgenden werden weitere Eigenschaften des inneren und äußeren Inhalts vorgestellt. Wir erinnern hier an Abschnitt 1.2.2, in welchem das Innere A°, der Rand ∂A und die abgeschlossene Hülle $\overline{A}$ einer Menge A definiert wurden. Wie früher (vgl. I.8.6.3) bezeichne

$$d(\vec{x}, A) = \inf\{\|\vec{x}-\vec{y}\|_2 : \vec{y} \in A\}$$

den Euklidischen Abstand eines Punktes $\vec{x}$ zur Menge A.

Für jede Menge $A \subset \mathbb{R}^2$ und jedes $\varepsilon > 0$ ist die *Parallelmenge von A im Abstand ε* durch

$$A_{\oplus\varepsilon} := \{\vec{x} \in \mathbb{R}^2 : d(\vec{x}, A) \leq \varepsilon\} \tag{2.9}$$

definiert. Bild 2.9 veranschaulicht diese Begriffsbildung für den Fall, dass die Menge A eine Strecke bzw. ein Quadrat ist.

2.11 Satz. (Eigenschaften des unteren und oberen Jordan-Inhalts)

(i) *Aus $A \subset B$ folgt $\underline{J}(A) \leq \underline{J}(B)$ und $\overline{J}(A) \leq \overline{J}(B)$.*

(ii) *Es gilt $\underline{J}(A) = \underline{J}(A^\circ)$ und $\overline{J}(A) = \overline{J}(\overline{A})$.*

(iii) *Für $\varepsilon \to 0$ gilt $\overline{J}(A_{\oplus\varepsilon}) \to \overline{J}(A)$.*

Beweis: (i): Diese Behauptung ist eine direkte Folgerung aus Satz 2.9.

(ii): Weil für jede abgeschlossene Menge S die Teilmengenbeziehungen $A \subset S$ und $\overline{A} \subset S$ äquivalent sind, ist der zweite Teil von (ii) eine Konsequenz von Satz 2.9. Für den Beweis des ersten Teils kann $\underline{J}(A) > 0$ vorausgesetzt werden. Zu vorgegebenen $\varepsilon > 0$ gibt es zunächst eine Rechtecksumme $S \subset A$ mit $|S| > 0$ und $\underline{J}(A) - |S| \leq \varepsilon/2$. Verkleinert man die Seitenlängen der an S beteiligten Rechtecke, so entsteht eine in A° enthaltene Rechtecksumme $S' \subset S$ mit $|S| - |S'| \leq \varepsilon/2$. Insgesamt folgt

$$\underline{J}(A) \leq |S'| + \varepsilon \leq \underline{J}(A^\circ) + \varepsilon \leq \underline{J}(A) + \varepsilon$$

und damit (ii).

(iii): Ist $A = [a_1, b_1] \times [a_2, b_2]$ ein Rechteck, so gilt

$$A_{\oplus\varepsilon} \subset [a_1 - \varepsilon, b_1 + \varepsilon] \times [a_2 - \varepsilon, b_2 + \varepsilon],$$

was sofort die Behauptung (iii) impliziert. Damit folgt (iii) aber auch für Rechtecksummen. Im allgemeinen Fall kann $\overline{J}(A) < \infty$ vorausgesetzt werden. Dann approximiert man A zunächst durch eine Rechtecksumme $S \supset A$ und dann S durch die Parallelmenge $S_{\oplus\varepsilon}$. Wegen $A_{\oplus\varepsilon} \subset S_{\oplus\varepsilon}$ folgt (iii). □

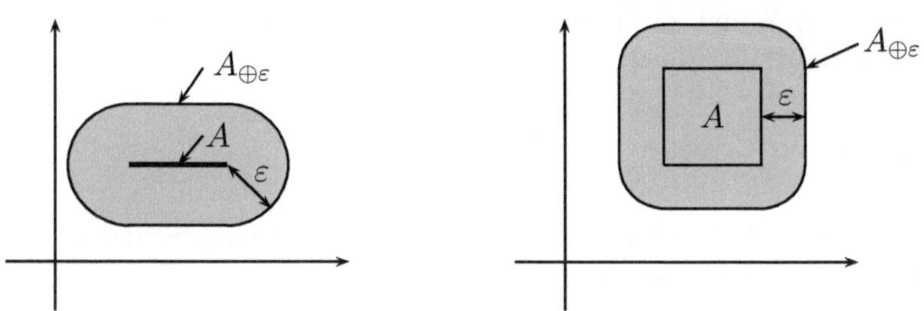

Bild 2.9: Parallelmenge einer Strecke (links) bzw. eines Quadrats (rechts)

2.12 Folgerung.
Sind A eine Jordan-messbare Menge und B eine Menge mit $A^\circ \subset B \subset \overline{A}$, so ist auch B Jordan-messbar, und es gilt $|A| = |B|$.

Beweis: Aus der Monotonie des inneren und äußeren Inhalts (Satz 2.11 (i)) und aus Satz 2.11 (ii) erhalten wir

$$|A| = \underline{J}(A^\circ) \leq \underline{J}(B) \leq \overline{J}(B) \leq \overline{J}(\overline{A}) = \overline{J}(A) = |A|$$

und damit die Behauptung. □

Das folgende (extreme) Beispiel zeigt, dass nicht jede Menge Jordan-messbar ist.

2.13 Beispiel.
Es sei

$$M := \{(x, y) \in [0, 1] \times [0, 1] : x, y \in \mathbb{Q}\}$$

die Menge aller Punkte im Einheitsquadrat, deren Koordinaten rationale Zahlen sind. Da in jeder Umgebung eines Punktes aus M Punkte mit irrationalen (nicht rationalen) Koordinaten liegen, gilt $M^\circ = \emptyset$. Andererseits ist $\overline{M} = [0, 1] \times [0, 1]$, denn jeder Punkt aus dem Einheitsquadrat ist Grenzwert einer geeigneten Folge aus M. Damit folgt aus Satz 2.11 (oder auch direkt) $\underline{J}(M) = 0$ und $\overline{J}(M) = 1$. Die Menge M ist also nicht Jordan-messbar.

2.3.5 Das Riemann-Integral als Grenzwert*

2.14 Satz. (Das Integral als Grenzwert)
Es seien $M \subset \mathbb{R}^2$ eine beschränkte Menge, $Q \supset M$ ein M enthaltendes Rechteck und Z_n, $n \in \mathbb{N}$, Zerlegungen von Q mit der Eigenschaft $\|Z_n\| \to 0$ für $n \to \infty$. Ist $f : M \to \mathbb{R}$ eine beschränkte Funktion, so gilt

$$\lim_{n\to\infty} U(f_M; Z_n) = \underline{J}(f; M), \quad \lim_{n\to\infty} O(f_M; Z_n) = \overline{J}(f; M). \tag{2.10}$$

BEWEIS: Es seien Z und Z' Zerlegungen von Q, $\delta := \|Z'\|$ die Feinheit von Z' und K eine obere Schranke der Menge $\{|f(\vec{x})| : \vec{x} \in M\}$. Weiter sei

$$R := \bigcup_{A\in\mathcal{R}(Z)} \partial A$$

und $R_{\oplus\delta}$ die durch (2.9) definierte Parallelmenge von R im Abstand δ. Wir behaupten die Gültigkeit der Ungleichungen

$$O(f_M; Z \cup Z') \geq O(f_M; Z') - 2K|R_{\oplus\delta}|, \tag{2.11}$$
$$U(f_M; Z \cup Z') \leq U(f_M; Z') + 2K|R_{\oplus\delta}|. \tag{2.12}$$

Ungleichung (2.12) ist ein Analogon von (I.7.4). Wegen Satz 2.11 (iii) gilt $|R_{\oplus\delta}| \to |R| = 0$ für $\delta \to 0$. Sind (2.11) und (2.12) bewiesen, so kann die Beweisführung völlig analog zu derjenigen Satz von I.7.6 erfolgen. Wir beweisen jetzt (2.11). Mit der Vereinbarung $\sup f_M(\emptyset) = \sup \emptyset = 0$ folgt unter Verwendung der für jedes $B \in \mathcal{R}(Z')$ gültigen Beziehung

$$\sum_{A\in\mathcal{R}(Z)} |A \cap B| = |B|$$

die Darstellung

$$\begin{aligned}
&O(f_M; Z') - O(f_M; Z \cup Z') \\
&= \sum_{B\in\mathcal{R}(Z')} |B| \cdot \sup f_M(B) - \sum_{\substack{A\in\mathcal{R}(Z)\\ B\in\mathcal{R}(Z')}} |A \cap B| \cdot \sup f_M(A \cap B) \\
&= \sum_{\substack{A\in\mathcal{R}(Z)\\ B\in\mathcal{R}(Z'), B\subset R_{\oplus\delta}}} |A \cap B| \cdot (\sup f_M(B) - \sup f_M(A \cap B)) && (2.13)\\
&+ \sum_{\substack{A\in\mathcal{R}(Z)\\ B\in\mathcal{R}(Z'), B\not\subset R_{\oplus\delta}}} |A \cap B| \cdot (\sup f_M(B) - \sup f_M(A \cap B)). && (2.14)
\end{aligned}$$

Die in (2.13) stehende Summe ist wegen $\sup f_M(B) - \sup f_M(A \cap B) \leq 2K$ und

$$\sum_{\substack{A\in\mathcal{R}(Z)\\ B\in\mathcal{R}(Z'), B\subset R_{\oplus\delta}}} |A \cap B| = \sum_{B\in\mathcal{R}(Z'), B\subset R_{\oplus\delta}} |B| \leq |R_{\oplus\delta}|$$

durch $2K|R_{\oplus\delta}|$ nach oben beschränkt.

Wir betrachten jetzt ein $B \in \mathcal{R}(Z')$ mit $B \not\subset R_{\oplus\delta}$. Wegen $\delta = \|Z'\|$ gilt die Ungleichung $\sup\{\|\vec{x} - \vec{y}\|_2 : \vec{x}, \vec{y} \in B\} \leq \sqrt{2}\delta$. Nach Definition von $R_{\oplus\delta}$ gibt es deswegen ein $C \in \mathcal{R}(Z)$ mit $B \subset C$. (Den Nachweis dieser plausiblen Hilfsaussage überlassen wir als Übungsaufgabe.) Folglich gilt für jedes $A \in \mathcal{R}(Z)$ entweder $A \cap B = \emptyset$ oder $B \subset A$. Im zweiten Fall ist $B = A \cap B$. Insgesamt ergibt sich, dass die in (2.14) auftretende Summe verschwindet, womit Ungleichung (2.11) bewiesen ist. □

2.3.6 Nullmengen

Eine beschränkte Menge M mit $\overline{J}(M) = 0$ heißt *(Jordansche) Nullmenge*.

Eine Nullmenge ist Jordan-messbar und besitzt den Inhalt 0. Der Begriff der Nullmenge führt zu einem einfachen Kriterium für die Jordan-Messbarkeit:

2.15 Satz. (Kriterium für Jordan-Messbarkeit)
Eine beschränkte Menge A ist genau dann Jordan-messbar, wenn ihr Rand ∂A eine Nullmenge ist.

Dieses Kriterium ergibt sich unmittelbar aus Teil (i) des folgenden Satzes.

2.16 Satz. (Weitere Eigenschaften des unteren und oberen Jordan-Inhalts)

(i) *Für jede beschränkte Mengen $A \subset \mathbb{R}^2$ gilt $\underline{J}(A) + \overline{J}(\partial A) = \overline{J}(A)$.*

(ii) *Für beliebige beschränkte Mengen $A, B \subset \mathbb{R}^2$ gilt $\overline{J}(A \cup B) \leq \overline{J}(A) + \overline{J}(B)$.*

(iii) *Sind A und B fremde beschränkte Mengen, so folgt $\underline{J}(A \cup B) \geq \underline{J}(A) + \underline{J}(B)$.*

Beweis: (i): Es sei Z eine Zerlegung eines Rechtecks Q mit der Eigenschaft $Q \supset A$. Dann gilt

$$O(1_A; Z) = \sum_{\substack{C \in \mathcal{R}(Z) \\ C \cap A \neq \emptyset}} |C|.$$

Für $C \in \mathcal{R}(Z)$ mit $C \cap A \neq \emptyset$ gilt entweder $C \subset A^\circ$ oder $C \cap \partial A \neq \emptyset$. (Würden beide Aussagen nicht gelten, so gäbe es Punkte $\vec{x}, \vec{y} \in C$ mit $\vec{x} \in A^\circ$ und $\vec{y} \notin A^\circ$. Die Strecke $[\vec{x}, \vec{y}]$ wäre dann in C enthalten. Setzt man $s := \sup\{t \geq 0 : \vec{x} + t(\vec{y} - \vec{x}) \in A\}$, so ist $\vec{x} + s(\vec{y} - \vec{x})$ ein Randpunkt von A, was ein Widerspruch wäre.) Es folgt

$$O(1_A; Z) = \sum_{\substack{C \in \mathcal{R}(Z) \\ C \subset A^\circ}} |C| + \sum_{\substack{C \in \mathcal{R}(Z) \\ C \cap \partial A \neq \emptyset}} |C| = U(1_{A^\circ}; Z) + O(1_{\partial A}; Z)$$

und somit für $\|Z\| \to 0$ die Behauptung.

(ii),(iii): Es sei Z eine Zerlegung eines Rechtecks Q mit $Q \supset A \cup B$. Wegen (2.8) ergibt sich $O(1_{A \cup B}; Z) \leq O(1_A; Z) + O(1_B; Z)$. (Die Details überlassen wir dem interessierten Leser). Für $\|Z\| \to 0$ folgt die Behauptung (ii). Gilt $A^\circ \cap B^\circ = \emptyset$, so zeigt (2.7)

$U(1_{A\cup B}; Z) \geq U(1_{A^\circ}, Z) + U(1_{B^\circ}, Z)$, wobei wir die (recht einfachen) Details erneut unterschlagen. Für $\|Z\| \to 0$ konvergiert $U(1_{A^\circ}; Z) + U(1_{B^\circ}; Z)$ gegen $\underline{J}(A^\circ) + \underline{J}(B^\circ)$. Letztere Summe ist nach Satz 2.11 (ii) gleich $\underline{J}(A) + \underline{J}(B)$. □

2.17 Satz. (Eigenschaften Jordan-messbarer Mengen)
Sind A und B Jordan-messbare Mengen, so sind auch die Mengen $A \cup B$, $A \cap B$ und $A \setminus B$ Jordan-messbar.

BEWEIS: Der Rand der Mengen $A \cup B$, $A \cap B$ und $A \setminus B$ ist jeweils in $\partial A \cup \partial B$ enthalten. Letztere Menge ist nach Satz 2.16 (ii) und Satz 2.15 eine Nullmenge. Damit folgen die Behauptungen aus Satz 2.15. □

Aus den Sätzen 2.11 und 2.16 erhalten wir die folgenden wichtigen (und anschaulich selbstverständlichen) Eigenschaften des Inhalts:

2.18 Satz. (Grundlegende Eigenschaften des Jordan-Inhalts)
Es seien A und B Jordan-messbare Mengen. Dann gilt:

(i) *Aus $A \subset B$ folgt $|A| \leq |B|$.*

(ii) *Es gilt $|A \cup B| \leq |A| + |B|$.*

(iii) *Aus $A^\circ \cap B^\circ = \emptyset$ folgt $|A \cup B| = |A| + |B|$.*

2.3.7 Partitionen

Im Weiteren seien nur noch Jordan-messbare Mengen als Integrationsbereiche zugelassen. Dazu formulieren wir zunächst die Definitionen des unteren und oberen Integrals etwas allgemeiner (und eleganter). Diese Vorgehensweise bringt nicht nur beweistechnische Vorteile mit sich, sondern führt auch zu einem vertieften Verständnis des Riemannschen Integralbegriffs.

Für jede beschränkte Teilmenge $B \neq \emptyset$ des $\mathbb{R}^2$ bezeichne

$$d(B) := \sup\{\|\vec{x} - \vec{y}\|_2 : \vec{x}, \vec{y} \in B\} \tag{2.15}$$

den *Durchmesser* von B. Der Vollständigkeit halber setzen wir $d(\emptyset) := 0$.

Ein Menge $\mathcal{Z}$ endlich vieler nichtleerer, paarweise fremder Jordan-messbaren Mengen heißt *Partition* einer Jordan-messbaren Menge $M \subset \mathbb{R}^2$, falls gilt:

$$\bigcup_{B \in \mathcal{Z}} B = M.$$

Die Zahl

$$\|\mathcal{Z}\| := \max\{d(B) : B \in \mathcal{Z}\}$$

heißt *Feinheit* der Partition.

Eine Partition ist eine Menge, deren Elemente selbst Mengen sind. In solchen Fällen sprechen wir auch von einem *Mengensystem*, vgl. 6.2.2. Bild 2.10 zeigt eine aus einem System von 7 Mengen bestehende Partition einer Menge M. Die Feinheit dieser Partition ist durch die Länge des Doppelpfeiles markiert.

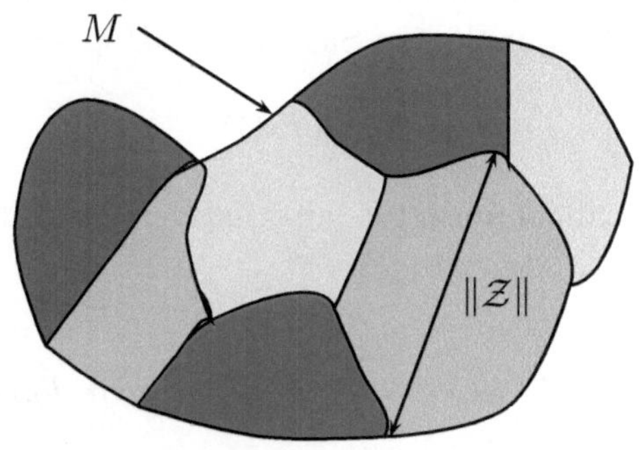

Bild 2.10:
Zu den Begriffsbildungen Partition und Feinheit

Das leere System $\mathcal{Z} = \emptyset$ ist Partition der leeren Menge $\emptyset$. Man beachte, dass der Durchschnitt von zwei verschiedenen Mengen B und C einer Partition $\mathcal{Z}$ eine Nullmenge ist. Wegen $B^0 \cap C^0 = \emptyset$ gilt nämlich $B \cap C \subset \partial B \cup \partial C$, so dass Satz 2.11 (i) die Behauptung $\overline{J}(B \cap C) = 0$ liefert.

Das folgende Beispiel zeigt, dass Partitionen eine natürliche Verallgemeinerung des Zerlegungsbegriffes darstellen.

2.19 Beispiel. (Zerlegungen und Partitionen)
Es seien M eine Jordan-messbare Menge, Q ein Rechteck mit $Q \supset M$ sowie Z eine Zerlegung von Q. Die Menge der durch Z gegebenen Teilrechtecke sei wie früher mit $\mathcal{R}(Z)$ bezeichnet. Dann ist

$$\mathcal{Z} := \{B \cap M : B \in \mathcal{R}(Z)\}$$

eine Partition von M. Für verschiedene $B, C \in \mathcal{R}(Z)$ gilt nämlich

$$(B \cap M)^\circ \cap (C \cap M)^\circ = B^\circ \cap C^\circ \cap M^\circ = \emptyset.$$

Im Folgenden seien M eine Jordan-messbare Menge und f eine Funktion, deren Definitionsbereich die Menge M enthält. Ist $\mathcal{Z}$ eine Partition von M, so definieren wir *Untersumme* und *Obersumme* von f bezüglich $\mathcal{Z}$ wie in 2.1.1 durch

$$U(f; \mathcal{Z}) := \sum_{B \in \mathcal{Z}} |B| \cdot \inf f(B), \tag{2.16}$$

$$O(f; \mathcal{Z}) := \sum_{B \in \mathcal{Z}} |B| \cdot \sup f(B). \tag{2.17}$$

Im Fall $M = \emptyset$ gibt es nur die Partition $\mathcal{Z} = \emptyset$. In diesem Fall ist (nach Definition einer leeren Summe) $U(f;\mathcal{Z}) = O(f;\mathcal{Z}) = 0$.

2.3.8 Eine alternative Definition des Riemann-Integrals

Es sei $M \subset \mathbb{R}^2$ eine Jordan-messbare Menge. Eine Partition $\mathcal{Z}'$ von M heißt *feiner* als eine Partition $\mathcal{Z}$ von M, wenn sich jedes $B \in \mathcal{Z}$ als Vereinigung von Mengen aus $\mathcal{Z}'$ ergibt. In diesem Fall gelten analog zu Satz 2.1 die Ungleichungen

$$U(f;\mathcal{Z}') \geq U(f;\mathcal{Z}), \qquad O(f;\mathcal{Z}') \leq O(f;\mathcal{Z}).$$

Der folgende Satz liefert die bereits angekündigten alternativen Definitionen des unteren und oberen Integrals.

2.20 Satz.
Sind M eine Jordan-messbare Menge und $f : M \to \mathbb{R}$ eine beschränkte Funktion, so gilt

$$\underline{J}(f;M) = \sup\{U(f;\mathcal{Z}) : \mathcal{Z} \textit{ ist eine Partition von } M\},$$
$$\overline{J}(f;M) = \inf\{O(f;\mathcal{Z}) : \mathcal{Z} \textit{ ist eine Partition von } M\}.$$

Beweis: Wir bezeichnen die obigen rechten Seiten mit $J_*(f)$ bzw. $J^*(f)$. Es seien $\mathcal{Z}_k$, $k \in \mathbb{N}$, Partitionen von M mit $\|\mathcal{Z}_k\| \to 0$ für $k \to \infty$. Dann gilt

$$J_*(f) = \lim_{k\to\infty} U(f;\mathcal{Z}_k), \quad J^*(f) = \lim_{k\to\infty} O(f;\mathcal{Z}_k).$$

Der Beweis dieser Aussagen erfolgt analog zu denjenigen von Satz 2.14. Dazu betrachtet man anstelle der Zerlegungen Z und Z' zwei Partitionen $\mathcal{Z}$ und $\mathcal{Z}'$ von M und ersetzt $Z \cup Z'$ durch $\{B \cap C : B \in \mathcal{Z}, C \in \mathcal{Z}'\}$. Diese Mengen bilden eine Partition von M, die feiner als $\mathcal{Z}$ und feiner als $\mathcal{Z}'$ ist. Die Ungleichungen (2.11) und (2.12) gelten dann analog.

Es seien jetzt Z_k, $k \in \mathbb{N}$, Zerlegungen eines Rechtecks $Q \supset M$. Dann sind

$$\mathcal{Z}_k := \{B \cap M : B \in \mathcal{R}(Z_k)\}, \quad k \in \mathbb{N},$$

Partitionen von M mit $\|\mathcal{Z}_k\| \to 0$ für $k \to \infty$. Ferner gilt

$$|U(f_M;Z_k) - U(f;\mathcal{Z}_k)| \leq \sum_{\substack{B\in\mathcal{R}(Z_k)\\ B\cap\partial M\neq\emptyset}} |B|\cdot\inf f_M(B) + \sum_{\substack{B\in\mathcal{Z}_k\\ B\cap\partial M\neq\emptyset}} |B|\cdot\inf f(B),$$

und weil ∂M eine Nullmenge ist, folgt $|U(f_M;Z_k) - U(f;\mathcal{Z}_k)| \to 0$ für $k \to \infty$. Wegen $U(f_M;Z_k) \to \underline{J}(f;M)$ (vgl. Satz 2.14) und dem ersten Beweisteil ergibt sich damit die erste Behauptung des Satzes. Die zweite beweist man analog. □

Ein Ergebnis des obigen Beweises halten wir gesondert fest:

2.21 Satz. (Das Integral als Grenzwert)
Die Voraussetzungen von Satz 2.20 seien erfüllt. Sind dann $\mathcal{Z}_k$, $k \in \mathbb{N}$, Partitionen von M mit $\|\mathcal{Z}_k\| \to 0$ für $k \to \infty$, so gilt

$$\underline{J}(f;M) = \lim_{k\to\infty} U(f;\mathcal{Z}_k), \quad \overline{J}(f;M) = \lim_{k\to\infty} O(f;\mathcal{Z}_k).$$

2.22 Folgerung. (Integration über Nullmengen)
Ist M eine Nullmenge, so ist f integrierbar über M, und es gilt

$$\int_M f(\vec{x})\,d\vec{x} = 0.$$

BEWEIS: Für jede Partition $\mathcal{Z}$ von M gilt $U(f;\mathcal{Z}) = O(f;\mathcal{Z}) = 0$. □

2.3.9 Eigenschaften des Bereichsintegrals

Wir sind jetzt in der Lage, alle Sätze, in denen der Integrationsbereich ein Rechteck war, auf den allgemeinen Fall zu übertragen.

2.23 Satz. (Linearität und Monotonie des Integrals)
Die Sätze 2.3 und 2.4 bleiben gültig, wenn man dort das Rechteck Q durch eine beliebige Jordan-messbare Menge M ersetzt.

Die Additivität aus Satz 2.7 kann wie folgt verallgemeinert werden.

2.24 Satz. (Additivität des Integrals)
Die Menge M sei die Vereinigung zweier fremder Jordan-messbarer Mengen M_1 und M_2. Dann gilt

$$\underline{J}(f;M) = \underline{J}(f;M_1) + \underline{J}(f;M_2), \quad \overline{J}(f;M) = \overline{J}(f;M_1) + \overline{J}(f;M_2).$$

Insbesondere ist f genau dann über M integrierbar, wenn f sowohl über M_1 als auch über M_2 integrierbar ist. In diesem Fall gilt

$$\int_M f(\vec{x})\,d\vec{x} = \int_{M_1} f(\vec{x})\,d\vec{x} + \int_{M_2} f(\vec{x})\,d\vec{x}.$$

BEWEIS: Wir können ohne Einschränkung der Allgemeinheit $M_1 \neq \emptyset$ und $M_2 \neq \emptyset$ voraussetzen. Zu einer beliebig vorgegebenen Zahl $\varepsilon > 0$ existieren Partitionen $\mathcal{Z}_1$ und $\mathcal{Z}_2$ von M_1 bzw. M_2 mit $U(f;\mathcal{Z}_1) \geq \underline{J}(f;M_1) - \varepsilon/2$ und $U(f;\mathcal{Z}_2) \geq \underline{J}(f;M_2) - \varepsilon/2$. Wegen $M_1^\circ \cap M_2^\circ = \emptyset$ ist $\mathcal{Z} := \mathcal{Z}_1 \cup \mathcal{Z}_2$ eine Partition von M, und es folgt

$$U(f;\mathcal{Z}) = U(f;\mathcal{Z}_1) + U(f;\mathcal{Z}_2) \geq \underline{J}(f;M_1) + \underline{J}(f;M_2) - \varepsilon$$

und somit $\underline{J}(f;M) \geq \underline{J}(f;M_1) + \underline{J}(f;M_2)$. Zum Beweis der umgekehrten Ungleichung wählen wir wieder ein $\varepsilon > 0$ und finden eine Partition $\mathcal{Z}$ von M mit $U(f;\mathcal{Z}) \geq \underline{J}(f;M) - \varepsilon$. Wir setzen

$$\mathcal{Z}_1 := \{A \cap M_1 : A \in \mathcal{Z}\}, \quad \mathcal{Z}_2 := \{A \cap M_2 : A \in \mathcal{Z}\}$$

und erhalten so Partitionen von M_1 bzw. M_2. Die Partition $\mathcal{Z}' := \mathcal{Z}_1 \cup \mathcal{Z}_2$ ist feiner als $\mathcal{Z}$, und es folgt

$$U(f;\mathcal{Z}_1) + U(f;\mathcal{Z}_2) = U(f;\mathcal{Z}') \geq U(f;\mathcal{Z}) \geq \underline{J}(f;M) - \varepsilon$$

und somit $\underline{J}(f;M_1) + \underline{J}(f;M_2) \geq \underline{J}(f;M)$. Die Behauptung über das obere Integral beweist man analog. □

2.25 Folgerung.
Es seien M eine Jordan-messbare Menge und $f : \overline{M} \to \mathbb{R}$ eine beschränkte Funktion. Dann gilt

$$\underline{J}(f;M^\circ) = \underline{J}(f;M) = \underline{J}(f;\overline{M}), \quad \overline{J}(f;M^\circ) = \overline{J}(f;M) = \overline{J}(f;\overline{M}).$$

Insbesondere ist die Integrierbarkeit von f über M zu der von f über $\overline{M}$ und auch zu der von f über M° äquivalent. Ist $M^\circ = \emptyset$, so ist f integrierbar über M, und es gilt $\int_M f(\vec{x})\,d\vec{x} = 0$.

Beweis: Die Behauptung ergibt sich aus Satz 2.24 und Folgerung 2.22, weil der Rand von M und damit insbesondere $\overline{M} \setminus M$ und $M \setminus M^\circ$ Nullmengen sind. □

2.26 Folgerung.
Es seien A und B Jordan-messbare Mengen mit $A \subset B$ sowie $f : B \to \mathbb{R}$ eine beschränkte Funktion. Ist $\{\vec{x} \in B \setminus A : f(\vec{x}) \neq 0\}$ eine Nullmenge, so gilt

$$\underline{J}(f;A) = \underline{J}(f;B), \quad \overline{J}(f;A) = \overline{J}(f;B).$$

Ferner ist f genau dann über A integrierbar, wenn f über B integrierbar ist. In diesem Fall gilt

$$\int_A f(\vec{x})\,d\vec{x} = \int_B f(\vec{x})\,d\vec{x}.$$

Beweis: Wir setzen $C := B \setminus A$ und $N := \{\vec{x} \in B \setminus A : f(\vec{x}) \neq 0\}$. Aus der Mengengleichheit $C = (C \setminus N) \cup (C \cap N)$ und der Additivität des unteren Integrals folgt

$$\underline{J}(f;B) = \underline{J}(f;A) + \underline{J}(f;C \setminus N) + \underline{J}(f;C \cap N).$$

(Die Fälle $A = \emptyset$, $C \setminus N = \emptyset$ oder $C \cap N = \emptyset$ sind hier zugelassen.) Der letzte Summand verschwindet wegen Folgerung 2.22, weil $C \cap N$ eine Nullmenge ist. Ist $\mathcal{Z}$ eine Partition von $C \setminus N$, so folgt $U(f;\mathcal{Z}) = O(f;\mathcal{Z}) = 0$, denn es gilt $f(\vec{x}) = 0$ für jedes $\vec{x} \in C \setminus N$. Damit gilt auch $\underline{J}(f;C \setminus N) = 0$, was die erste Behauptung liefert. Die Gleichung für die oberen Integrale beweist man analog. □

Wir werden die obige Folgerung oft mit $A = \emptyset$ verwenden. Danach gilt die Gleichung $\underline{J}(f;B) = \overline{J}(f;B) = 0$, falls $\{\vec{x} \in B : f(\vec{x}) \neq 0\}$ eine Nullmenge ist.

2.3.10 Mittelwertsatz und Dreiecksungleichung

2.27 Satz. (Mittelwertsatz der Integralrechnung)
Ist die Funktion f über M integrierbar und gilt $c \le f(\vec{x}) \le d$ für jedes $\vec{x} \in M$, so gibt es ein $\mu \in [c,d]$ mit der Eigenschaft

$$\frac{1}{|M|} \cdot \int_M f(\vec{x})\, d\vec{x} = \mu.$$

Da das Integral der Funktion $g \equiv c$ über M das Ergebnis $c|M|$ liefert (vgl. Satz 2.29), kann der Beweis des Mittelwertsatzes wie im Fall $d = 1$ (Satz I.7.15) erfolgen. Seine Aussage ist für eine nichtnegative Funktion über einem Rechteck in Bild 2.11 veranschaulicht. In diesem Fall ist das Integral $\int_M f(\vec{x})\, d\vec{x}$ das Volumen der von dem Graphen von f und M begrenzten Menge, vgl. 2.4.2. Dieses Volumen ist gleich dem Volumen eines Quaders mit der Grundfläche M und einer geeigneten Höhe μ mit $c \le \mu \le d$.

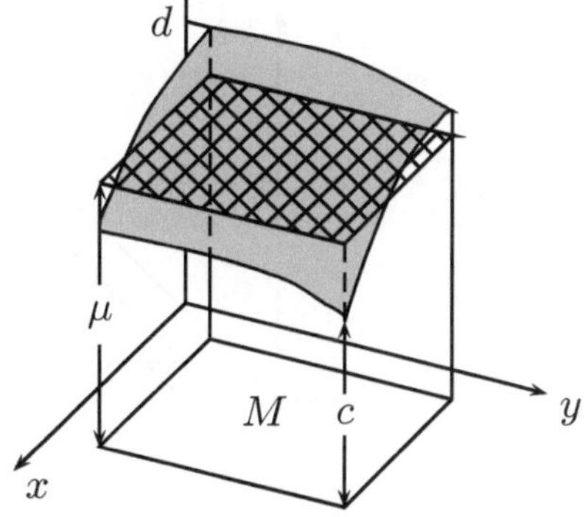

Bild 2.11:
Zum Mittelwertsatz der Integralrechnung

Auch den nächsten Satz beweist man wie im eindimensionalen Fall.

2.28 Satz. (Dreiecksungleichung)
Ist f integrierbar über M, so ist auch $|f|$ integrierbar über M, und es gilt

$$\left| \int_M f(\vec{x})\, d\vec{x} \right| \le \int_M |f(\vec{x})|\, d\vec{x}.$$

2.3.11 Klassen integrierbarer Funktionen

Im Folgenden werden konkrete Klassen integrierbarer Funktionen vorgestellt.

2.29 Satz. (Integration von Treppenfunktionen)
Es seien $A_1, \dots, A_m$ paarweise fremde Jordan-messbare Mengen und $c_1, \dots, c_m$ reelle Zahlen. Dann ist die Funktion $f := \sum_{i=1}^m c_i\, 1_{A_i}$ integrierbar über jeder Jordan-messbaren Menge A, und es gilt

$$\int_A f(\vec{x})\, d\vec{x} = \sum_{i=1}^{m} c_i \cdot |A \cap A_i|.$$

Beweis: Wegen der Linearität des Integrals genügt es, den Fall $m = 1$ und $c_1 = 1$ zu betrachten. Wir schreiben $B := A_1$ und erhalten aus Satz 2.24

$$\int_A 1_B(\vec{x})\, d\vec{x} = \int_{A\setminus B} 1_B(\vec{x})\, d\vec{x} + \int_{A\cap B} 1_B(\vec{x})\, d\vec{x}.$$

Da nach Folgerung 2.26 der erste Summand verschwindet und für jede Partition $\mathcal{Z}$ von $A \cap B$ die Gleichungen $U(1_B; \mathcal{Z}) = O(1_B; \mathcal{Z}) = |A \cap B|$ gelten, ist die Behauptung bewiesen. □

Die in Satz 2.29 betrachtete Funktion f heißt (Jordan-messbare) *Elementarfunktion* bzw. *Treppenfunktion.* Die zweite Namensgebung rührt daher, dass der Graph von f für den Fall, dass die Mengen $A_1, \ldots, A_m$ in Satz 2.29 aneinander angrenzende Rechtecke sind, die Gestalt einer „Treppe" annehmen kann (Bild 2.12).

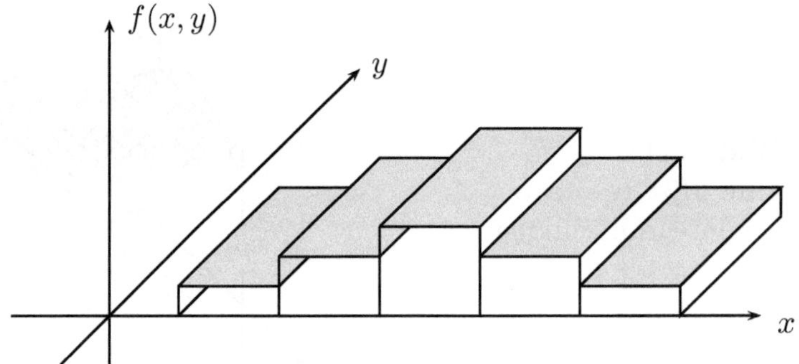

Bild 2.12: Graph einer Treppenfunktion

2.30 Satz. (Integrierbarkeit stetiger Funktionen)
Es seien $M \neq \emptyset$ eine abgeschlossene Jordan-messbare Menge und $f : M \to \mathbb{R}$ eine stetige Funktion. Dann ist f integrierbar über M.

Beweis: Da die Funktion f nach Satz 1.20 gleichmäßig stetig ist, gibt es zu jedem $\varepsilon > 0$ ein $\delta > 0$ mit der Eigenschaft

$$\|\vec{x} - \vec{y}\|_2 \le \delta \Longrightarrow |f(\vec{x}) - f(\vec{y})| \le \varepsilon.$$

Ist $\mathcal{Z}$ eine Partition von M mit $\|\mathcal{Z}\| \le \delta$, so ergibt sich

$$O(f; \mathcal{Z}) - U(f; \mathcal{Z}) = \sum_{B \in \mathcal{Z}} |B| \cdot (\sup f(B) - \inf f(B)) \le \varepsilon \cdot |M|.$$

Damit erhalten wir eine Version des Riemannschen Kriterium (Satz 2.2) für Partitionen, was die Behauptung impliziert. □

Ist $f : M \to \mathbb{R}$ eine auf einer Jordan-messbaren Menge M definierte beschränkte und gleichmäßig stetige Funktion, so zeigt der letzte Beweis, dass f über M integrierbar ist.

Bisher wissen wir, dass Summen von gleichmäßig stetigen Funktionen und Treppenfunktionen integrierbar sind. Außerdem kann man sich leicht klar machen, dass eine integrierbare Funktion integrierbar bleibt (und sich der Wert des Integrals nicht ändert), wenn man sie an endlich vielen Stellen abändert. Für Anwendungen ist die daraus resultierende Klasse integrierbarer Funktionen reichhaltig genug. Der Vollständigkeit halber formulieren wir (ohne Beweis) ein Resultat, welches eine notwendige und zugleich hinreichende Bedingung für die Riemann-Integrierbarkeit einer Funktion angibt.

2.31 Satz. (Lebesguesches[2] Integrabilitätskriterium)
Es seien M eine Jordan-messbare Menge und $f : M \to \mathbb{R}$ eine beschränkte Funktion. Es bezeichne N die Menge aller Punkte aus M in denen f nicht stetig ist. Dann ist f genau dann integrierbar über M, wenn es zu jedem $\varepsilon > 0$ Rechtecke Q_k, $k \in \mathbb{N}$, gibt, so dass $N \subset \cup_{k=1}^{\infty} Q_k$ und $\sum_{k=1}^{\infty} |Q_k| \leq \varepsilon$.

Eine Menge N mit den obigen Eigenschaften heißt *Lebesguesche Nullmenge*. Jede Jordansche Nullmenge ist auch eine Lebesguesche Nullmenge. Die Umkehrung gilt im Allgemeinen nicht.

2.32 Beispiel. (Fortsetzung von Beispiel 2.13)
Nach Beispiel 2.13 ist die Menge

$$M = \{(x, y) \in [0, 1] \times [0, 1] : x, y \in \mathbb{Q}\}$$

nicht Jordan-messbar. Wir werden jetzt zeigen, dass M eine Lebesguesche Nullmenge ist. Hierzu verwenden wir, dass M bijektiv auf die Menge $\mathbb{N}$ der natürlichen Zahlen abgebildet werden kann, dass also $M = \{\vec{x}_1, \vec{x}_2, \ldots\}$ für eine geeignete Folge $(\vec{x}_j)_{j \geq 1}$ aus $[0, 1] \times [0, 1]$ gilt. Die Existenz einer solchen Bijektion kann mit den in I.5.2.11 verwendeten Methoden nachgewiesen werden.

Zu beliebig vorgegebenem $\varepsilon > 0$ wählen wir zu jedem $k \geq 1$ ein Quadrat Q_k mit Mittelpunkt $\vec{x}_k$ und Flächeninhalt $|Q_k| = \varepsilon / 2^k$. Dann gilt $M \subset \cup_{k=1}^{\infty} Q_k$ und $\sum_{k=1}^{\infty} |Q_k| \leq \varepsilon$. Die Menge M ist also eine Lebesguesche Nullmenge.

2.3.12 Riemann-Integral und Jordan-Inhalt im $\mathbb{R}^n$

Sowohl der Integralbegriff als auch der Jordan-Inhalt können ohne Schwierigkeiten auf Funktionen von n Variablen bzw. Teilmengen des $\mathbb{R}^n$ übertragen werden.

[2] Henri Léon Lebesgue (1875–1941), 1919 Professor an der Sorbonne, ab 1921 Professor am Collège de France. Hauptarbeitsgebiete: Reelle Analysis, Maß- und Integrationstheorie, Topologie.

Ausgangspunkt ist das *Volumen*

$$|Q| := (b_1 - a_1) \cdot \ldots \cdot (b_n - a_n) \tag{2.18}$$

eines *Quaders* $Q = [a_1, b_1] \times \ldots \times [a_n, b_n]$, wobei $a_j \leq b_j$ für $j = 1, \ldots, n$. Eine Vereinigung paarweise fremder Quader heißt *Quadersumme.* Anstelle des Jordan-Inhalts oder Inhalt einer Jordan-messbaren Menge spricht man auch vom *Volumen* dieser Menge. Das Integral einer über einer Jordan-messbaren Menge $M \subset \mathbb{R}^n$ integrierbaren Funktion wird auch mit

$$\int_M f(x_1, \ldots, x_n)\, d(x_1, \ldots, x_n)$$

bezeichnet. Der Fall $n = 1$ ist zugelassen und liefert das bereits bekannte Riemannsche Integral von Funktionen einer Veränderlichen.

Ist $A \subset \mathbb{R}^n$ eine Jordan-messbare Menge, so sind auch die Mengen $A + \vec{x} := \{\vec{y} + \vec{x} : \vec{y} \in A\}$ ($\vec{x} \in \mathbb{R}^n$) und $\lambda A := \{\lambda \vec{x} : \vec{x} \in A\}$ ($\lambda > 0$) Jordan-messbar, und analog zu Satz 2.11 bestehen die Gleichungen $|A| = |A + \vec{x}|$, $\vec{x} \in \mathbb{R}^n$, und

$$|\lambda A| = \lambda^n \cdot |A|. \tag{2.19}$$

2.3.13 Vektorwertige Integrale

Es seien m, n natürliche Zahlen, $M \subset \mathbb{R}^n$ eine Jordan-messbare Menge sowie $f : M \to \mathbb{R}^m$ eine beschränkte Funktion. Wie in 1.3.1 bezeichnen $f_1, \ldots, f_m$ die Komponenten von f. Es gilt also $f(\vec{x}) = (f_1(\vec{x}), \ldots, f_m(\vec{x}))$, $\vec{x} \in M$. Die Funktion $f : M \to \mathbb{R}^m$ heißt *Riemann-integrierbar*, wenn jede ihrer Komponentenfunktionen $f_1, \ldots, f_m$ diese Eigenschaft besitzt. In diesem Fall heißt der Vektor

$$\int_M f(\vec{x})\, d\vec{x} := \left(\int_M f_1(\vec{x})\, d\vec{x}, \ldots, \int_M f_m(\vec{x})\, d\vec{x} \right)$$

das *Riemann-Integral* von f (über M).

Im Beweis von Satz 1.42 haben wir das folgende Resultat benutzt.

2.33 Satz. (Dreiecksungleichung für vektorwertige Integrale)
Es seien $M \subset \mathbb{R}^n$ eine Jordan-messbare Menge und $f : M \to \mathbb{R}^m$ eine stetige Funktion. Dann gilt

$$\left\| \int_M f(\vec{x})\, d\vec{x} \right\|_2 \leq \int_M \|f(\vec{x})\|_2\, d\vec{x}.$$

BEWEIS: Wir führen den Beweis im Fall $n = 1$ und $M = [a, b]$ für $a < b$. Die einfache Verallgemeinerung sei dem Leser überlassen. Zunächst betrachten wir eine beschränkte Funktion $h : [a, b] \to \mathbb{R}$ und eine Zerlegung $Z = \{x_0, \ldots, x_k\}$ von $[a, b]$. Definiert man

$$I(h; Z) := \sum_{j=1}^{k} (x_j - x_{j-1}) \cdot h(x_j),$$

so gilt für die Unter- und Obersummen von h bezüglich Z (vgl. I.7.1.1) die Abschätzung

$$U(h;Z) \leq I(h;Z) \leq O(h;Z). \tag{2.20}$$

Wir setzen jetzt $I(f;Z) := (I(f_1;Z),\ldots,I(f_m;Z))$. Aus der Dreiecksungleichung für die euklidische Norm (Folgerung I.8.30) ergibt sich die Ungleichung

$$\|I(f;Z)\|_2 \leq \sum_{j=1}^{k}(x_j - x_{j-1})\cdot\|f(x_j)\|_2 = I(\|f\|;Z). \tag{2.21}$$

Ist $(Z_l)_{l\geq 1}$ eine Folge von Zerlegungen von $[a,b]$ mit $\|Z_l\| \to 0$ für $l \to \infty$, so gilt wegen der Riemann-Integrierbarkeit von $f_1,\ldots,f_m$ (Satz I.7.8), der deshalb gültigen Grenzwertbeziehung (I.7.2) sowie den Ungleichungen (2.20)

$$\lim_{l\to\infty} I(f;Z_l) = \left(\int_a^b f_1(t)\,dt,\ldots,\int_a^b f_m(t)\,dt\right) = \int_a^b f(t)\,dt.$$

Weil eine Norm nach Beispiel 1.14 (i) stetig ist, erhalten wir jetzt aus (2.21)

$$\left\|\int_a^b f(t)\,dt\right\|_2 \leq \lim_{l\to\infty} I(\|f\|;Z_l).$$

Da auch $\|f\|$ eine stetige und damit Riemann-integrierbare Funktion ist, folgt die Behauptung. □

2.4 Der Satz von Fubini

In diesem Abschnitt werden wir unter anderem sehen, wie die Berechnung mehrdimensionaler Integrale auf die iterative Berechnung eindimensionaler Integrale zurückgeführt werden kann.

Der Inhalt einer Jordan-messbaren Menge $M \subset \mathbb{R}^n$ wird mit $|M|_n$ bezeichnet. Allerdings lassen wir den Dimensions-Index n immer dann weg, wenn keine Missverständnisse zu befürchten sind. Im Folgenden bezeichne der Begriff *n-dimensionaler Quader* eine Menge $A \subset \mathbb{R}^n$ der Form $A = [a_1,b_1] \times \ldots \times [a_n,b_n]$ mit $a_j, b_j \in \mathbb{R}$ und $a_j \leq b_j$ für $j = 1,\ldots,n$. In den Spezialfällen $n = 2$ und $n = 3$ ist A ein achsenparalleles Rechteck bzw. ein achsenparallerer Quader.

2.4.1 Der Inhalt verallgemeinerter Quader

Es sei n eine natürliche Zahl mit $n \geq 2$. Die Idee, welche der iterativen Berechnung mehrdimensionaler Integrale zugrunde liegt, kommt bereits im folgenden Resultat zum Ausdruck:

2.34 Satz. (Produktregel)
Es seien $p, q \in \mathbb{N}$ mit $p + q = n$. Weiter seien $A \subset \mathbb{R}^p$ und $B \subset \mathbb{R}^q$ Jordan-messbare Mengen. Dann ist auch das kartesische Produkt $A \times B$ eine Jordan-messbare Teilmenge des $\mathbb{R}^n$, und es gilt

$$|A \times B|_n = |A|_p \cdot |B|_q.$$

BEWEIS: Wir setzen zunächst voraus, dass sowohl $A = \cup_{i=1}^k A_i$ als auch $B = \cup_{j=1}^m B_j$ *Quadersummen*, d.h. Vereinigungen von paarweise fremden Quadern, sind. Dann gilt

$$A \times B = \bigcup_{i=1}^{k} \bigcup_{j=1}^{m} A_i \times B_j.$$

Da für beliebige Mengen $C \subset \mathbb{R}^p$ und $D \subset \mathbb{R}^q$ die Gleichungen

$$\overline{C \times D} = \overline{C} \times \overline{D}, \quad (C \times D)^\circ = C^\circ \times D^\circ$$

bestehen, sind die Mengen $A_i \times B_j$ paarweise fremd, und somit ist $A \times B$ eine Vereinigung paarweiser fremder n-dimensionaler Quader. Aus Satz 2.18 (iii) folgt

$$\begin{aligned} |A \times B|_n &= \sum_{i=1}^{k} \sum_{j=1}^{m} |A_i \times B_j|_n = \sum_{i=1}^{k} \sum_{j=1}^{m} |A_i|_p \cdot |B_j|_q = \left(\sum_{i=1}^{k} |A_i| \right) \cdot \left(\sum_{j=1}^{m} |B_j| \right) \\ &= |A|_p \cdot |B|_q. \end{aligned}$$

Damit ist die Behauptung für Quadersummen A und B bewiesen. Im allgemeinen Fall benutzt man Satz 2.9 und zeigt (unter Benutzung obigen Resultats) die Ungleichungen

$$\underline{J}(A \times B) \geq \underline{J}(A) \cdot \underline{J}(B), \qquad \overline{J}(A \times B) \leq \overline{J}(A) \cdot \overline{J}(B),$$

die sogar für beliebige beschränkte Mengen $A \subset \mathbb{R}^p$ und $B \subset \mathbb{R}^q$ gelten. Daraus folgt die Behauptung des Satzes. □

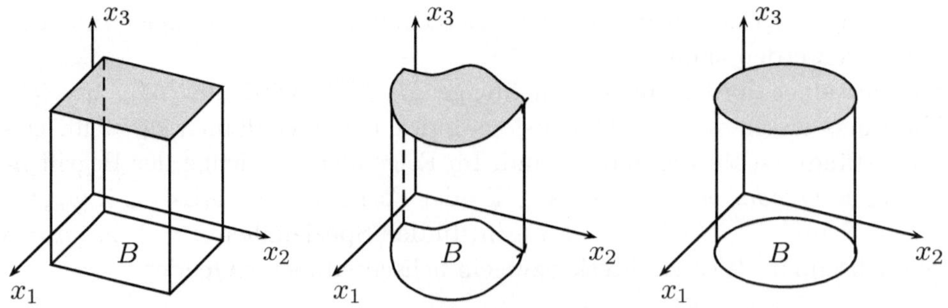

Bild 2.13: Zylinder mit unterschiedlichen Grundflächen B

Die Menge $A \times B$ in Satz 2.34 kann als *verallgemeinerter Quader* mit den Seiten A und B interpretiert werden. Damit verallgemeinert der Satz die elementargeometrische Definition des Quadervolumens.

2.35 Beispiel. (Volumen eines Zylinders)
Es seien $B \subset \mathbb{R}^{n-1}$ eine Jordan-messbare Menge und $a, b \in \mathbb{R}$ mit $a \leq b$. Dann ist das kartesische Produkt $B \times [a, b]$ ein *Zylinder* mit der *Grundfläche* B und der Höhe $b-a$ (Bild 2.13). Sein Volumen berechnet sich nach der Formel $|B|_{n-1} \cdot (b-a)$.

2.4.2 Ordinatenmengen

Es seien $B \subset \mathbb{R}^{n-1}$ eine Menge und $g : B \to \mathbb{R}$ eine Funktion mit $g(\vec{x}) \geq 0$ für jedes $\vec{x} \in B$. Dann heißt

$$M(g) := \{(x_1, \ldots, x_{n-1}, t) \in \mathbb{R}^n : (x_1, \ldots, x_{n-1}) \in B,\ 0 \leq t \leq g(x_1, \ldots, x_{n-1})\}$$

Ordinatenmenge von g. Diese Begriffsbildung ist in Bild 2.14 anhand des Falls $n = 2$ und $B = [0, 1]$ sowie $g(t) = 2t(1-t)$ veranschaulicht.

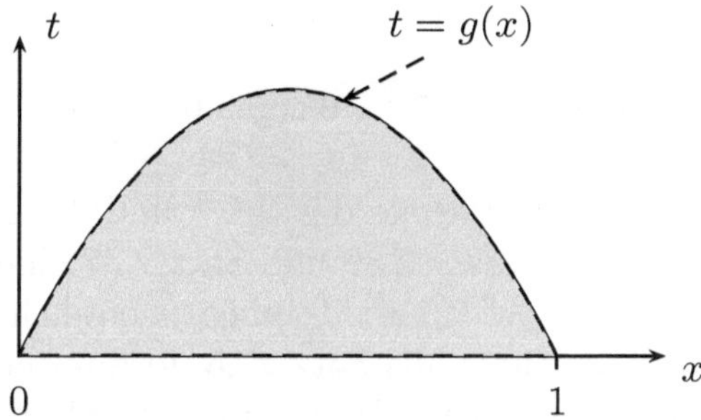

Bild 2.14: Zum Begriff der Ordinatenmenge

Der folgende Satz bestätigt die am Anfang des Kapitels gegebene Motivation des Integrals. Im Fall $n = 2$ erhalten wir die Interpretation des Integrals als „Fläche zwischen dem Graphen einer Funktion und der x-Achse", vgl. Kapitel I.7.

2.36 Satz. (Inhalt der Ordinatenmenge)
Es seien $B \subset \mathbb{R}^{n-1}$ eine Jordan-messbare Menge und $g : B \to [0, \infty)$ eine über B integrierbare Funktion. Dann ist die Ordinatenmenge $M(g)$ Jordan-messbar, und es gilt

$$|M(g)|_n = \int_B g(\vec{x})\, d\vec{x}.$$

BEWEIS: Es sei $\mathcal{Z}$ eine Partition von B. Setzen wir

$$U := \bigcup_{A \in \mathcal{Z}} A \times [0, \inf g(A)], \qquad O := \bigcup_{A \in \mathcal{Z}} A \times [0, \sup g(A)],$$

so gilt $U \subset M(g) \subset O$. Die Mengen U und O sind Vereinigungen paarweise fremder verallgemeinerter Quader, und aus Satz 2.34 folgt

$$U(g; \mathcal{Z}) = |U|_n \leq \underline{J}(M(g)) \leq \overline{J}(M(g)) \leq |O|_n \leq O(g; \mathcal{Z}).$$

Für $\|\mathcal{Z}\| \to 0$ streben die linke und die rechte Seite der obigen Ungleichungskette gegen denselben Grenzwert $\int_B g(\vec{x})\,d\vec{x}$, was zu zeigen war. □

2.37 Satz. (Inhalt des Graphen)
Es seien $B \subset \mathbb{R}^{n-1}$ eine Jordan-messbare Menge und $g : B \to [0, \infty)$ eine über B integrierbare Funktion. Dann ist der Graph

$$\text{Graph}(g) = \{(x_1, \ldots, x_{n-1}, g(x_1, \ldots, x_{n-1})) : (x_1, \ldots, x_{n-1}) \in B\}$$

eine Nullmenge im $\mathbb{R}^n$.

Beweis: Für jede Partition $\mathcal{Z}$ von B gilt

$$\text{Graph}(g) \subset \bigcup_{A \in \mathcal{Z}} A \times [\inf g(A), \sup g(A)].$$

Die rechts stehende Vereinigung paarweise fremder verallgemeinerter Quader besitzt den Inhalt

$$\sum_{A \in \mathcal{Z}} |A|_n \cdot (\sup g(A) - \inf g(A)) = O(f; \mathcal{Z}) - U(f; \mathcal{Z}).$$

Weil g integrierbar ist, strebt die letzte Differenz für $\|\mathcal{Z}\| \to 0$ gegen 0. □

Sind B eine beschränkte, abgeschlossene Teilmenge des $\mathbb{R}^{n-1}$ und $f : B \to \mathbb{R}$ eine stetige Funktion, so stellt Graph(f) nach Satz 2.30 und Satz 2.37 eine Nullmenge dar. Ist also der Rand einer Menge $M \subset \mathbb{R}^n$ Teilmenge endlich vieler solcher Graphen, so ist M wegen des Kriteriums aus Satz 2.15 Jordan-messbar. Nach Satz 2.10 (ii) bleibt die Eigenschaft der Jordan-Messbarkeit erhalten, wenn man Graph(f) durch die Menge $\{(x_1, \ldots, x_n) : x_2 = f(x_1, x_3, \ldots, x_n)\}$ ersetzt. Dieser Sachverhalt beweist die Jordan-Messbarkeit vieler Mengen wie zum Beispiel die der Kugeln $B(\vec{0}, R)$, $R > 0$. Im $\mathbb{R}^2$ ist der Rand der Kugel $B(\vec{0}, 1)$ die Vereinigung der Graphen der auf dem Intervall $[-1, 1]$ definierten Funktionen $\sqrt{1 - x^2}$ und $-\sqrt{1 - x^2}$ (Bild 2.15).

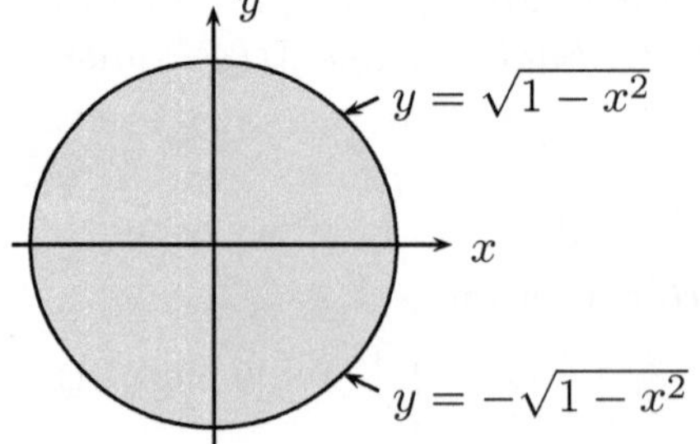

Bild 2.15:
Der Kreisrand als Nullmenge

Das folgende Resultat ist eine Verallgemeinerung von Satz 2.36:

2.38 Satz. (Inhalt der verallgemeinerten Ordinatenmenge)
Es seien $B \subset \mathbb{R}^{n-1}$ eine Jordan-messbare Menge und $g, h : B \to \mathbb{R}$ über B integrierbare Funktionen. Für jedes $\vec{x} \in B$ gelte $g(\vec{x}) \le h(\vec{x})$. Dann ist die durch

$$M(g,h) := \{(x_1, \dots, x_{n-1}, t) \in \mathbb{R}^n : \vec{x} = (x_1, \dots, x_{n-1}) \in B,\ g(\vec{x}) \le t \le h(\vec{x})\}$$

definierte verallgemeinerte Ordinatenmenge *(s. Bild 2.16) Jordan-messbar, und es gilt*

$$|M(g,h)|_n = \int_B (h(\vec{x}) - g(\vec{x}))\, d\vec{x}.$$

BEWEIS: Für jedes $c \in \mathbb{R}$ gilt

$$M(g+c, h+c) = \{(x_1, \dots, x_{n-1}, t) : (x_1, \dots, x_{n-1}, t-c) \in M(g,h)\}.$$

Diese Menge ist genau dann Jordan-messbar, wenn $M(g,h)$ diese Eigenschaft besitzt, und die Inhalte sind dann gleich (vgl. Satz 2.10 (i)). Wir können also o.B.d.A. $g(\vec{x}) > 0$ für jedes $\vec{x} \in B$ annehmen. Dann gilt $M(g) \subset M(h)$ und

$$M(g,h) = (M(h) \setminus M(g)) \cup \mathrm{Graph}(g).$$

Damit ist $M(g,h)$ eine Jordan-messbare Menge (vgl. Satz 2.17). Aus der Additivität des Inhalts (Satz 2.18 (iii)) und den Sätzen 2.36 und 2.37 folgt

$$|M(g,h)|_n = |M(h)|_n - |M(g)|_n = \int_B h(\vec{x})\, d\vec{x} - \int_B g(\vec{x})\, d\vec{x}$$

und somit wegen der Linearität des Integrals die behauptete Gleichung. □

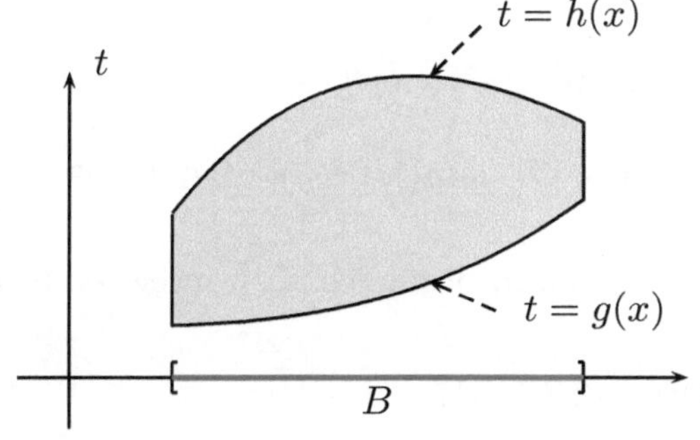

Bild 2.16: Zum Begriff der verallgemeinerten Ordinatenmenge

2.4.3 Der Satz von Fubini

Sind $B \subset \mathbb{R}^n$ eine Jordan-messbare Menge und $f : B \to \mathbb{R}$ eine beschränkte Funktion, so schreiben wir auch

$$\int_{*B} f(\vec{x})\, d\vec{x} := \underline{J}(f; B), \qquad \int_B^* f(\vec{x})\, d\vec{x} := \overline{J}(f; B)$$

für das untere bzw. obere Integral von f über B. Im Fall $n = 1$ und $B = [a, b]$ setzt man entsprechend

$$\int_{*a}^{b} f(x)\,dx := \underline{J}(f;B), \qquad \int_{a}^{*b} f(x)\,dx := \overline{J}(f;B).$$

Im Folgenden seien $p, q \in \mathbb{N}$ mit $p+q = n$. Besitzt ein Punkt $\vec{z} \in \mathbb{R}^n$ die Koordinaten $x_1, \ldots, x_p, y_1, \ldots, y_q$, so schreiben wir $\vec{z} = (\vec{x}, \vec{y})$, mit $\vec{x} := (x_1, \ldots, x_p)$ und $\vec{y} := (y_1, \ldots, y_q)$. Ist f integrierbar über einer Jordan-messbaren Menge $M \subset \mathbb{R}^n$, so wird das Integral von f über M auch in der Form

$$\int_M f(\vec{x}, \vec{y})\,d(\vec{x}, \vec{y}) := \int_M f(\vec{z})\,d\vec{z}$$

geschrieben.

Es seien jetzt $I \subset \mathbb{R}^p$ und $J \subset \mathbb{R}^q$ zwei Quader sowie f eine beschränkte Funktion f auf dem kartesischen Produkt $Q := I \times J$. Für jedes $\vec{x} \in I$ ist die Schnittfunktion $f(\vec{x}, \cdot) : J \to \mathbb{R}$ beschränkt. In Übereinstimmung mit den oben eingeführten Bezeichnungen sind dann

$$\int_{*J} f(\vec{x}, \vec{y})\,d\vec{y}, \qquad \int_{J}^{*} f(\vec{x}, \vec{y})\,d\vec{y}$$

das untere bzw. das obere Integral dieser Schnittfunktion.

Die Funktionen

$$\vec{x} \mapsto \int_{*J} f(\vec{x}, \vec{y})\,d\vec{y}, \qquad \vec{x} \mapsto \int_{J}^{*} f(\vec{x}, \vec{y})\,d\vec{y}$$

sind beschränkt, denn es gilt

$$\max\left(\left|\int_{*J} f(\vec{x}, \vec{y})\,d\vec{y}\right|, \left|\int_{J}^{*} f(\vec{x}, \vec{y})\,d\vec{y}\right|\right) \leq |J| \cdot \sup\{|f(\vec{x}, \vec{y})| : \vec{x} \in I, \vec{y} \in J\}.$$

Es macht also Sinn, zuerst bezüglich $\vec{y}$ und dann bezüglich $\vec{x}$ zu integrieren und das *iterierte Integral*

$$\int_{*J} \left(\int_{*I} f(\vec{x}, \vec{y})\,d\vec{x} \right) d\vec{y}$$

zu bilden. Natürlich ist hier auch die umgekehrte Reihenfolge, d.h. die iterierte Integration

$$\int_{*I} \left(\int_{*J} f(\vec{x}, \vec{y})\,d\vec{y} \right) d\vec{x},$$

möglich. Weitere iterierte Integrale ergeben sich, wenn man das innere oder das äußere untere Integral durch ein oberes Integral ersetzt. Ist f integrierbar, so liefert jede dieser iterierten Integrationen dasselbe Ergebnis:

2.39 Satz. (Satz von Fubini[3] (1))
Ist f integrierbar über $Q = I \times J$, so gilt

$$\int_Q f(\vec{x},\vec{y})\,d(\vec{x},\vec{y}) = \int_{*J}\left(\int_{*I} f(\vec{x},\vec{y})\,d\vec{x}\right)d\vec{y} = \int_{*I}\left(\int_J^* f(\vec{x},\vec{y})\,d\vec{y}\right)d\vec{x}$$
$$= \int_J^*\left(\int_{*I} f(\vec{x},\vec{y})\,d\vec{x}\right)d\vec{y} = \int_I^*\left(\int_J^* f(\vec{x},\vec{y})\,d\vec{y}\right)d\vec{x}.$$

Entsprechende Gleichungen gelten für die umgekehrte Integrationsreihenfolge.

BEWEIS: Es seien $\mathcal{Z}_1$ und $\mathcal{Z}_2$ Partitionen von I bzw. J. Für $A \in \mathcal{Z}_1$ und $B \in \mathcal{Z}_2$ setzen wir $m(A,B) := \inf f(A \times B)$. Dann gilt $m(A,B) \le f(\vec{x},\vec{y})$ für jedes $\vec{x} \in A$ und jedes $\vec{y} \in B$. Bildet man auf beiden Seiten dieser Ungleichung das untere Integral über A, so folgt

$$m(A,B)\cdot|A|_p \le \int_{*A} f(\vec{x},\vec{y})\,d\vec{x}, \quad \vec{y} \in B.$$

Die Additivität des unteren Integrals liefert

$$\sum_{A\in\mathcal{Z}} m(A,B)\cdot|A|_p \le \int_{*I} f(\vec{x},\vec{y})\,d\vec{x}, \quad \vec{y} \in B.$$

Beide Seiten dieser Ungleichung sind Funktionen von $\vec{y} \in B$. Bilden wir das untere Integral über B und summieren anschließend über $B \in \mathcal{Z}_2$, so ergibt sich

$$\sum_{B\in\mathcal{Z}_2}\sum_{A\in\mathcal{Z}_1} m(A,B)\cdot|A|_p\cdot|B|_q \le \int_{*J}\left(\int_{*I} f(\vec{x},\vec{y})\,d\vec{x}\right)d\vec{y}.$$

Wegen $|A \times B|_n = |A|_p|B|_q$ (Satz 2.34) steht auf der linken Seite dieser Ungleichung die Untersumme $U(f;\mathcal{Z})$, wobei $\mathcal{Z}$ die durch $\mathcal{Z} := \{A \times B : A \in \mathcal{Z}_1, B \in \mathcal{Z}_2\}$ definierte Partition von Q ist. Analog folgt die Ungleichung

$$\int_J^*\left(\int_I^* f(\vec{x},\vec{y})\,d\vec{x}\right)d\vec{y} \le O(f;\mathcal{Z}).$$

Ferner gilt

$$\int_{*J}\left(\int_{*I} f(\vec{x},\vec{y})\,d\vec{x}\right)d\vec{y} \le \int_J^*\left(\int_I^* f(\vec{x},\vec{y})\,d\vec{x}\right)d\vec{y}.$$

Mit $\|\mathcal{Z}_1\| \to 0$ und $\|\mathcal{Z}_2\| \to 0$ gilt auch $\|\mathcal{Z}\| \to 0$. (Diese Implikation folgt aus der leicht zu beweisenden Ungleichung $\|\mathcal{Z}\|^2 \le \|\mathcal{Z}_1\|^2 + \|\mathcal{Z}_2\|^2$.) Weil Unter- und Obersumme gegen denselben Grenzwert $\int_Q f(\vec{x},\vec{y})d(\vec{x},\vec{y})$ streben, folgen die erste und die letzte der behaupteten Gleichungen. Die anderen Gleichungen ergeben sich aus den Monotonieeigenschaften des unteren und des oberen Integrals. Die Gleichungen für die umgekehrte Integrationsreihenfolge beweist man analog. □

[3] Guido Fubini (1879–1943), Professor in Turin (ab 1910) und Princeton (ab 1943). Hauptarbeitsgebiete: Projektive Differentialgeometrie, automorphe Funktionen, diskontinuierliche Gruppen.

Unter den Voraussetzungen von Satz 2.39 müssen die Schnittfunktionen $f(\cdot, \vec{y})$ bzw. $f(\vec{x}, \cdot)$ nicht für jedes $\vec{y}$ (bzw. $\vec{x}$) integrierbar sein. Der Beweis zeigt aber, dass die Funktionen

$$\vec{y} \mapsto \int_{*I} f(\vec{x}, \vec{y})\, d\vec{x} \quad \text{und} \quad \vec{y} \mapsto \int_I^* f(\vec{x}, \vec{y})\, d\vec{x}$$

über J integrierbar sind. Analoges gilt für die entsprechenden Integrale über I.

Zukünftig werden die Klammern um die inneren Integrale meist weggelassen. Als direkte Folgerung aus Satz 2.39 ergibt sich:

2.40 Satz. (Satz von Fubini (2))
Die Funktion f sei integrierbar über $Q = I \times J$. Ist die Schnittfunktion $f(\cdot, \vec{y})$ für jedes $\vec{y} \in J$ über I integrierbar, so gilt

$$\int_Q f(\vec{z})\, d\vec{z} = \int_J \int_I f(\vec{x}, \vec{y})\, d\vec{x}\, d\vec{y}.$$

Eine analoge Aussage gilt für die umgekehrte Integrationsreihenfolge.

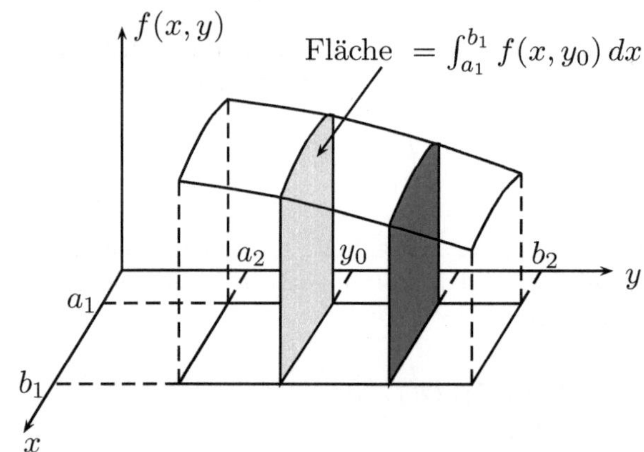

Bild 2.17: Zum Satz von Fubini

2.4.4 Bemerkungen zum Satz von Fubini

(i) Im Fall $p = q = 1$ ist f eine Funktion der beiden Variablen x und y, und die Mengen I, J sind Intervalle der Form $I = [a_1, b_1]$ und $J = [a_2, b_2]$. Ist f integrierbar über dem Rechteck $Q = I \times J$, so gilt zum Beispiel

$$\int_Q f(x,y)\, d(x,y) = \int_{a_2}^{b_2} \int_{a_1}^{b_1} f(x,y)\, dx\, dy. \tag{2.22}$$

Diese Situation ist in Bild 2.17 veranschaulicht. Für festes y_0 kann das „innere Integral" $\int_{a_1}^{b_1} f(x, y_0)\, dx$ im Falle einer nichtnegativen Funktion f als Inhalt einer grau gezeichneten Fläche (des Schnittes der Ebene $\{(x,y,z) \in \mathbb{R}^3 : y = y_0\}$ mit der Menge $\{(x,y,z) \in \mathbb{R}^3 : (x,y) \in I \times J,\ 0 \le z \le f(x,y)\}$) interpretiert werden. Das in (2.22) links stehende Integral ergibt sich dann durch Integration dieser von y_0 abhängenden Flächeninhalte über $y_0 \in [a_2, b_2]$.

(ii) Ist eine Funktion f von 3 Variablen integrierbar über dem Quader $Q = [a_1, b_1] \times [a_2, b_2] \times [a_3, b_3]$, so liefert eine zweimalige Anwendung von Satz 2.39

$$\int_Q f(x,y,z)\, d(x,y,z) = \int_{a_3}^{b_3} \int_{*a_2}^{b_2} \int_{*a_1}^{b_1} f(x,y,z)\, dx\, dy\, dz$$

oder auch

$$\int_Q f(x,y,z)\, d(x,y,z) = \int_{a_2}^{b_2} \int_{a_3}^{*b_3} \int_{*a_1}^{b_1} f(x,y,z)\, dx\, dz\, dy.$$

Dabei können die Integrationen in beliebiger Reihenfolge vorgenommen werden, was in konkreten Fällen zu Rechenvorteilen führen kann. Außerdem ist es unerheblich, ob das untere oder das obere Integral gewählt wird. (Wie nach Satz 2.39 ausgeführt ist das äußerste Integral immer ein Riemann-Integral.) Entsprechende Formeln gelten für Funktionen von n Veränderlichen.

(iii) Als Integrationsbereiche haben wir bisher nur Mengen der Form $I \times J$ zugelassen. Diese Vereinbarung bedeutet keine Einschränkung der Allgemeinheit. Sind nämlich M eine beliebige Jordan-messbare Menge und $f : M \to \mathbb{R}$ eine über M integrierbare Funktion, so kann man einen beliebigen Quader $Q \supset M$ wählen und Satz 2.39 auf die über Q integrierbare Funktion f_M anwenden (vgl. Folgerung 2.26).

2.4.5 Das Prinzip von Cavalieri

Das nach Cavalieri[4] benannte Prinzip der Volumenbestimmung ist eine Umformung des Satzes von Fubini zur mehrfachen Integration. Um es zu formulieren, betrachten wir zunächst eine beliebige Menge $A \subset \mathbb{R}^n$ und setzen für jedes $t \in \mathbb{R}$

$$A_t := \{\vec{x} = (x_1, \ldots, x_{n-1}) : (\vec{x}, t) \in B\}.$$

Im Fall $n = 3$ ergibt sich A_t durch senkrechte Projektion des Durchschnitts von A mit einer zur x_1x_2-Ebene H parallelen Ebene $E_t = \{(x_1, x_2, t) : x_1, x_2 \in \mathbb{R}\}$. Bild 2.18 veranschaulicht diese Begriffsbildung für den Fall eines Tetraeders mit den Eckpunkten P_1, P_2, P_3 und P_4.

[4]Bonaventura Cavalieri (1598?–1647), Schüler von Galileo Galilei, veröffentlichte 1635 sein außerordentlich einflussreiches Buch *Geometria indivisibilus continuorum nova quadam ratione promota*, in welchem er das nach ihm benannte Prinzip formulierte.

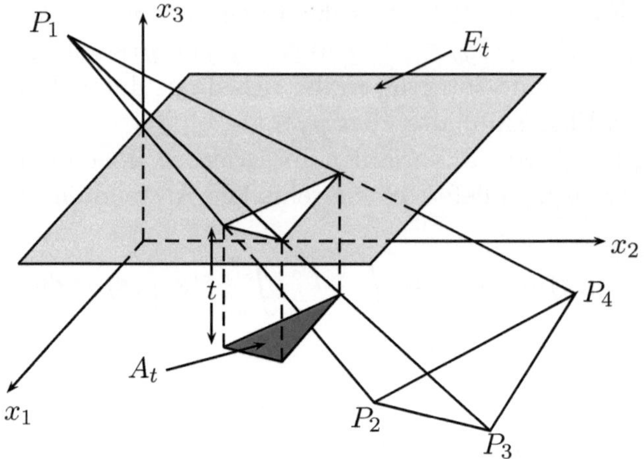

Bild 2.18: Schnittmenge A_t für ein Tetraeder mit den Eckpunkten P_1, P_2, P_3 und P_4

2.41 Satz. (Das Prinzip von Cavalieri)
Es sei $A \subset \mathbb{R}^n$ eine Jordan-messbare Menge. Für jedes $t \in \mathbb{R}$ sei der Schnitt A_t eine Jordan-messbare Teilmenge von $\mathbb{R}^{n-1}$. Die Zahlen a, b mit $a < b$ seien so gewählt, dass $A_t = \emptyset$ für $t \notin [a, b]$. Dann gilt

$$|A|_n = \int_a^b |A_t|_{n-1} \, dt.$$

BEWEIS: Es gibt einen Quader $B \subset \mathbb{R}^{n-1}$ mit $A \subset Q := B \times [a, b]$. Wir wenden Satz 2.40 mit $p = n - 1$, $q = 1$, $I = B$ und $J = [a, b]$ auf die Indikatorfunktion 1_A an und erhalten unter Beachtung von Folgerung 2.26

$$|A|_n = \int_Q 1_A(\vec{x}, t) \, d(\vec{x}, t) = \int_a^b \int_B 1_A(\vec{x}, t) \, d\vec{x} \, dt.$$

Für $t \in [a, b]$ gilt $1_A(\vec{x}, t) = 1$ genau dann, wenn $\vec{x} \in A_t$. Wegen Folgerung 2.26 ist also $\int_B 1_A(\vec{x}, t) \, d\vec{x} = |A_t|_{n-1}$. Damit ist der Satz bewiesen. □

Aus diesem Satz folgt insbesondere, dass zwei Mengen im $\mathbb{R}^3$ das gleiche Volumen besitzen, wenn sie von jeder zur Standebene parallelen Ebene in inhaltsgleichen Flächen geschnitten werden (Prinzip von Cavalieri).

2.42 Beispiel. (Volumen eines verallgemeinerten Kegels)
Es seien $B \subset \mathbb{R}^{n-1}$ eine abgeschlossene Jordan-messbare Menge sowie h eine positive Zahl. Die Vereinigung A aller Strecken $[(\vec{x}, 0), (\vec{0}, h)]$ mit $\vec{x} \in B$ ist ein

(*verallgemeinerter*) *Kegel* mit *Grundfläche* B und *Spitze* im Punkt $(\vec{0}, h)$. Im Fall $n = 3$ nennt man A einen (eigentlichen) *Kegel*, eine *Pyramide* oder ein *Tetraeder* je nachdem, ob die Grundfläche B ein Kreis, ein Quadrat oder ein Dreieck ist (Bild 2.19).

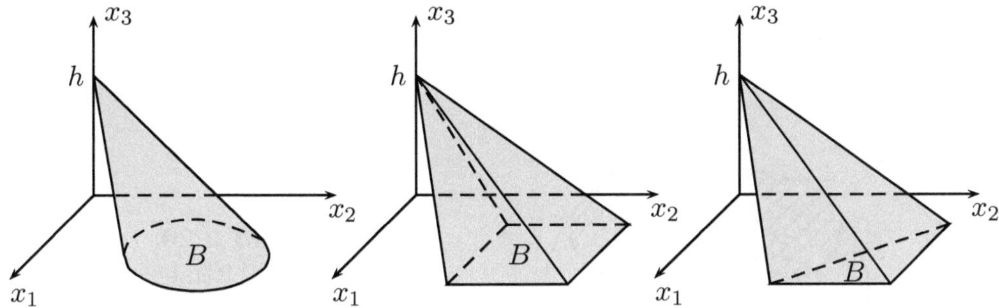

Bild 2.19: Kegel, Pyramide und Tetraeder

Offenbar ist A das Bild der durch

$$f(\vec{x}, t) := (\vec{x}, 0) + t(-\vec{x}, h) = (1 - t) \cdot (\vec{x}, 0) + t \cdot (\vec{0}, h)$$

definierten stetigen Abbildung $f : B \times [0, 1] \to \mathbb{R}^3$. Diese Abbildung bildet die Menge $B \times [0, 1)$ bijektiv auf $A' := A \setminus \{(\vec{0}, h)\}$ ab. Die entsprechende Umkehrabbildung ist ebenfalls stetig. Mit den Methoden des nächsten Kapitels (vgl. Lemma 3.26 und den sich anschließenden Teil (2) des Beweises von Satz 3.21) kann die Jordan-Messbarkeit von A' und A nachgewiesen werden. Aus der Definition der Schnittmengen ergibt sich $A_s = \{(1 - s/h) \cdot \vec{x} : \vec{x} \in B\}$ für $s \in [0, h]$ und $A_s = \emptyset$ sonst. Nach Gleichung (2.19) gilt $|A_s| = (1 - s/h)^{n-1} |B|_{n-1}$. Damit erhalten wir aus dem Prinzip von Cavalieri

$$|A|_n = \int_0^h |A_s|_{n-1}\, ds = |B|_{n-1} \cdot \int_0^h \left(1 - \frac{s}{h}\right)^{n-1} ds = \frac{h}{n} \cdot |B|_{n-1}.$$

Im Spezialfall $n = 3$ reduziert sich diese Aussage auf den elementargeometrischen Sachverhalt, dass der Rauminhalt eines Kegels gleich einem Drittel des Produktes aus Grundfläche und Höhe ist. Im Spezialfall $n = 2$ ergibt sich die bekannte Formel für den Flächeninhalt eines Dreiecks.

2.4.6 Das Kugelvolumen

Wir bestimmen jetzt das Volumen

$$v_n := |B(\vec{0}, 1)|_n = |\{\vec{x} : \|\vec{x}\|^2 \le 1\}|_n$$

der n-dimensionalen Einheitskugel. Im Fall $n = 1$ gilt $B(\vec{0}, 1) = [-1, 1]$ und somit $v_1 = 2$. Für die folgenden Überlegungen kann deshalb $n \geq 2$ angenommen werden. Mit der Abkürzung $B := B(\vec{0}, 1)$ gilt

$$B_t = \{(x_1, \ldots, x_{n-1}) : x_1^2 + \ldots + x_{n-1}^2 \leq 1 - t^2\}, \qquad -1 \leq t \leq 1,$$

und $B_t = \emptyset$, sonst (Bild 2.20).

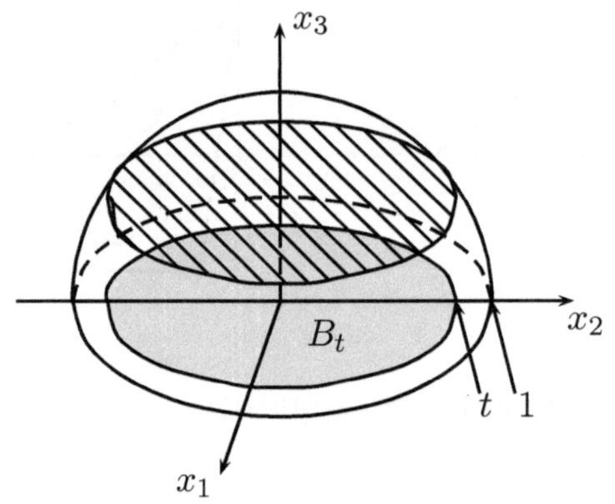

Bild 2.20: Schnittmenge B_t im Fall der Kugel im $\mathbb{R}^3$

Wegen

$$B_t = \sqrt{1 - t^2} \cdot \{(x_1, \ldots, x_{n-1}) : x_1^2 + \ldots + x_{n-1}^2 \leq 1\}$$

und $|\{(x_1, \ldots, x_{n-1}) : x_1^2 + \ldots + x_{n-1}^2 \leq 1\}|_{n-1} = v_{n-1}$ folgt aus Gleichung (2.19)

$$|B_t|_{n-1} = \left(\sqrt{1 - t^2}\right)^{n-1} \cdot v_{n-1} = v_{n-1} \cdot (1 - t^2)^{\frac{n-1}{2}}, \qquad -1 \leq t \leq 1,$$

und das Prinzip von Cavalieri liefert

$$v_n = v_{n-1} \cdot \int_{-1}^{1} |B_t|_{n-1}\, dt = v_{n-1} \cdot \int_{-1}^{1} (1 - t^2)^{\frac{n-1}{2}}\, dt.$$

Mit dem „Substitutions-Trick“ $t = \cos\varphi$ ergibt sich

$$v_n = v_{n-1} \cdot \int_0^{\pi} \sin^n \varphi\, d\varphi = 2v_{n-1} \cdot \int_0^{\frac{\pi}{2}} \sin^n \varphi\, d\varphi.$$

In Beispiel I.7.36 wurde gezeigt, wie dieses Integral rekursiv berechnet werden kann. Als Ergebnis erhält man

$$\int_0^{\pi} \sin^n \varphi\, d\varphi = \begin{cases} \frac{\pi}{2} \cdot \frac{(n-1)\cdot(n-3)\cdot\ldots\cdot 3\cdot 1}{n\cdot(n-2)\cdot\ldots\cdot 4\cdot 2}, & \text{falls } n \text{ gerade}, \\ \frac{(n-1)\cdot(n-3)\cdot\ldots\cdot 4\cdot 2}{n\cdot(n-2)\cdot\ldots\cdot 3\cdot 1}, & \text{falls } n \text{ ungerade}, \end{cases} \tag{2.23}$$

und somit

$$v_{2k} = \frac{\pi^k}{k!}, \quad k \in \mathbb{N}, \tag{2.24}$$

$$v_{2k+1} = \frac{\pi^k \cdot 2^{2k+1} \cdot k!}{(2k+1)!}, \qquad k \in \mathbb{N}_0. \tag{2.25}$$

Insbesondere ergeben sich die bekannten elementargeometrischen Formeln $v_2 = \pi$ (Fläche des Einheitskreises) und $v_3 = \frac{4}{3}\pi$ (Rauminhalt der Einheitskugel). Durch diese Betrachtungen haben wir die analytische Definition (I.6.21) von π und die geometrische Interpretation von π als Flächeninhalt des Einheitskreises in der Ebene miteinander in Einklang gebracht.

2.4.7 Rotationskörper

Sind $[a, b] \subset \mathbb{R}$ ein Intervall und $f : [a, b] \to [0, \infty)$ eine Funktion, so heißt

$$A := \{(x, y, z) \in \mathbb{R}^3 : x^2 + y^2 \leq f(z)^2, \ a \leq z \leq b\}$$

Rotationskörper zur *erzeugenden Funktion* f.

Bild 2.21 veranschaulicht, wie die Menge A durch Drehung des durch den in die yz-Ebene eingebetteten Graphen $\{(z, f(z)) : a \leq z \leq b\}$ um die z-Achse entsteht.

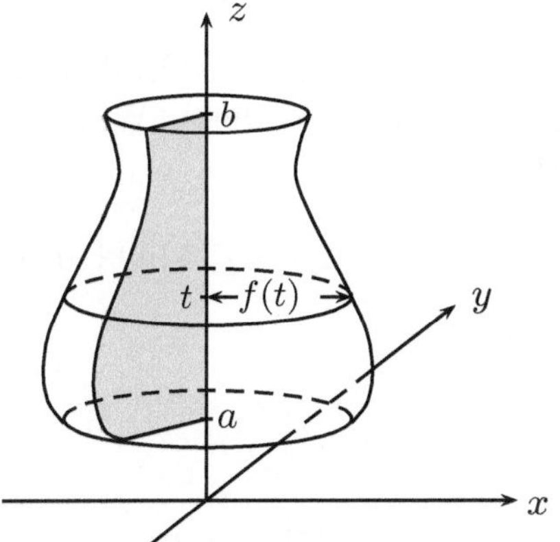

Bild 2.21: Rotationskörper

Wir betrachten jetzt einen Rotationskörper mit *stetiger* erzeugender Funktion und behaupten, dass A Jordan-messbar ist. Zunächst folgt aus Satz 2.36, dass $A^+ := A \cap \{(x, y, z) : x \geq 0, y \geq 0\}$ diese Eigenschaft hat. Nach diesem Satz sind die Menge aller $y, z \in \mathbb{R}^2$ mit $0 \leq y \leq f(z)$ und $a \leq z \leq b$ und damit auch

$$A^+ = \{(x, y, z) \in \mathbb{R}^3 : 0 \leq x \leq \sqrt{f(z)^2 - y^2}, \, 0 \leq y \leq f(z), \ a \leq z \leq b\}$$

Jordan-messbar. Analoge Betrachtungen für die anderen Fälle (wie z.B. $x \geq 0$ und $y \leq 0$) zeigen zusammen mit Satz 2.17 die Messbarkeit von A. Damit können wir das Prinzip von Cavalieri anwenden. Für $a \leq t \leq b$ ist A_t eine Kreisscheibe mit Radius $f(t)$. Nach 2.4.6 hat A_t den Inhalt $\pi f(t)^2$. Also ist

$$|A|_3 = \pi \int_a^b f(t)^2 \, dt \tag{2.26}$$

das Volumen des Rotationskörpers.

2.43 Beispiel. (Volumen eines Rotationsparaboloids)
Wir betrachten die auf dem Intervall $[0, h]$ $(h > 0)$ definierte Funktion $f(z) := \sqrt{z}$. Der zugehörige Rotationskörper A heißt *Rotationsparaboloid* (siehe Bild 1.5 links). Sein Volumen ergibt sich nach (2.26) zu

$$|A|_3 = \pi \int_0^h t \, dt = \frac{\pi}{2} h^2.$$

2.4.8 Kreissektoren und Winkel

Für $(x, y) \in \mathbb{R}^2$ mit $(x, y) \neq (0, 0)$ sei

$$\varphi(x, y) := \arccos \left(\frac{\langle (x, y), (1, 0) \rangle}{\|(x, y)\| \cdot \|(1, 0)\|} \right) = \arccos \left(\frac{x}{\sqrt{x^2 + y^2}} \right) \tag{2.27}$$

der in I.8.4.3 erklärte Winkel zwischen (x, y) und dem ersten Einheitsvektor $(1, 0)$. Zur Vertiefung unseres geometrischen Verständnisses dieses Winkels betrachten wir für ein $\alpha \in \mathbb{R}$ mit $0 \leq \alpha \leq \pi$ die Menge

$$S_\alpha := \{(x, y) \in \mathbb{R}^2 : y \geq 0, \ 0 < x^2 + y^2 \leq 1, \ \varphi(x, y) \leq \alpha\} \cup \{(0, 0)\}. \tag{2.28}$$

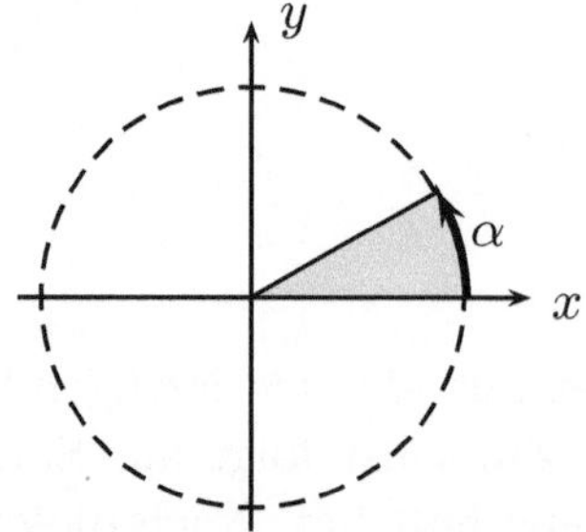

Bild 2.22:
Kreissektor zum Winkel α

Wie wir gleich zeigen werden, handelt es sich hierbei um den in Bild 2.22 dargestellten *Kreissektor*. Ferner werden wir die elementargeometrische Gleichung

$$|S_\alpha| = \frac{\alpha}{2} \tag{2.29}$$

analytisch herleiten. Der Winkel α ist also nicht nur die Länge des im Bild 2.22 als Pfeil dargestellten Kreisbogens S_α (vgl. Beispiel 1.43) sondern auch das Doppelte des Flächeninhalts von S_α. Insbesondere gilt $|S_\pi| = \frac{\pi}{2}$ in Übereinstimmung mit 2.4.6.

Zum Nachweis obiger Behauptungen setzen wir zunächst $\alpha \in (0, \pi/2)$ voraus. Für $(x, y) \in S_\alpha$ ergibt sich dann aus (2.27) und $\alpha < \pi/2$ die Ungleichung $x \geq 0$. Ferner ist leicht einzusehen, dass das Innere von S_α aus allen Punkten (x, y) besteht, für die die strikten Ungleichungen

$$y > 0, \qquad 0 < x^2 + y^2 < 1, \qquad \varphi(x, y) < \alpha,$$

gelten. Damit erhält man für den Rand von S_α die Darstellung

$$\partial S_\alpha = D_1 \cup D_2 \cup D_3$$

mit

$$D_1 := \{(x, y) \in S_\alpha : y = 0\}, \qquad D_2 := \{(x, y) \in S_\alpha : x^2 + y^2 = 1\},$$
$$D_3 := \{(x, y) \in S_\alpha : \varphi(x, y) = \alpha\}.$$

Wegen $\arccos 1 = 0 < \alpha$ gilt zunächst $D_1 = \{(x, 0) : 0 \leq x \leq 1\}$. Ferner ist klar, dass für (x, y) mit $x^2 + y^2 = 1$ die Ungleichung $\varphi(x, y) \leq \alpha$ zu $x \geq \cos \alpha$ äquivalent ist. Deshalb folgt

$$D_2 = \{(x, y) \in \mathbb{R}^2 : y \geq 0,\ x \geq \cos \alpha,\ x^2 + y^2 = 1\}.$$

Ferner ist für $(x, y) \neq (0, 0)$ die Gleichung $\varphi(x, y) = \alpha$ zu $x^2/(x^2 + y^2) = \cos^2 \alpha$ und damit auch zu

$$\frac{x^2 + y^2}{x^2} - 1 = \frac{1}{\cos^2 \alpha} - 1$$

bzw. $y^2/x^2 = \tan^2 \alpha$ äquivalent. Somit ergibt sich

$$D_3 = \{(x, y) \in \mathbb{R}^2 : 0 \leq x \leq \cos \alpha,\ y = x \cdot \tan \alpha\}.$$

Aus diesen Überlegungen folgt nicht nur die geometrische Interpretation von S_α, sondern auch, dass S_α die Ordinatenmenge der durch

$$g(x) := \begin{cases} x \cdot \tan \alpha, & \text{falls } x \leq \cos \alpha, \\ \sqrt{1 - x^2}, & \text{falls } x \geq \cos \alpha, \end{cases}$$

definierten Funktion $g : [0, 1] \to \mathbb{R}$ darstellt.

Weil g stetig (und damit integrierbar) ist, erhalten wir aus Satz 2.36

$$|S_\alpha| = \int_0^{\cos \alpha} x \cdot \tan \alpha \, dx + \int_{\cos \alpha}^1 \sqrt{1 - x^2} \, dx.$$

Das erste Integral liefert den Wert $\frac{1}{2}\sin\alpha\cos\alpha$. Für das zweite ergibt sich nach der Transformation $x = \sin\varphi$ unter Beachtung von Beispiel I.7.36 der Wert

$$\int_0^\alpha \sin^2\varphi\, d\varphi = \frac{1}{2}(\alpha - \sin\alpha\cos\alpha).$$

Damit folgt das gewünschte Resultat (2.29),

Die Gültigkeit von (2.29) für $\alpha = \pi/2$ folgt aus $\cos(\pi/4) = \sin(\pi/4)$ (Beweis mittels Additionstheorem!) und der sich aus Symmetrieüberlegungen ergebenden Gleichung $|S_{\pi/2}| = 2\cdot|S_{\pi/4}|$. Eine analoge Symmetriebeziehung liefert dann (2.29) für jedes $\alpha \in [0, \pi]$.

2.4.9 Kugeloberfläche

Wie groß ist die Oberfläche einer Kugel im Raum? Die Beantwortung dieser Frage setzt ein klar definiertes Maß für den Inhalt einer Fläche (vgl. 1.8.5) voraus, das jedoch hier nicht zur Verfügung steht. Wir behelfen uns mit einem weitreichenden Zugang von Minkowski[5], wonach die Oberfläche $O(A)$ einer beschränkten Menge $A \subset \mathbb{R}^3$ unter bestimmten Voraussetzungen durch den Grenzwert

$$O(A) := \lim_{\varepsilon\to 0+} \frac{|A_{\oplus\varepsilon}|_3 - |A|_3}{\varepsilon} \tag{2.30}$$

definiert werden kann. Hierbei ist $A_{\oplus\varepsilon}$ die in (2.9) eingeführte Parallelmenge von A im Abstand ε. Diesem Ansatz liegt die geometrisch anschauliche Idee zugrunde, dass unter gewissen Voraussetzungen an A für kleines $\varepsilon > 0$ die Approximation

$$|A_{\oplus\varepsilon}|_3 \approx |A|_3 + \varepsilon\cdot O(A)$$

richtig sein sollte. In der Tat kann gezeigt werden, dass der Grenzwert (2.30) für eine große Klasse von Mengen gebildet werden kann. Insbesondere existiert der Oberflächeninhalt $O(A)$ im obigen Sinn dann, wenn die Menge A kompakt und *konvex* ist. Letztere Eigenschaft bedeutet, dass A mit je zwei Punkten auch stets deren Verbindungsstrecke enthält.

Wir benutzen jetzt (2.30), um den Oberflächeninhalt einer Kugel $K_r := B(\vec{0}, r)$ mit Mittelpunkt $\vec{0}$ und Radius $r > 0$ zu bestimmen. Nach 2.4.6 ist $|K_1|_3 = \frac{4}{3}\pi$, und aus Gleichung (2.19) mit $n = 3$ folgt

$$|K_r|_3 = |rK_1|_3 = r^3|K_1|_3 = \frac{4}{3}\pi r^3.$$

[5] Hermann Minkowski (1864–1909), Professor in Bonn (ab 1892), Königsberg (ab 1894), Zürich (ab 1896), Göttingen (ab 1902). Hauptarbeitsgebiete: Zahlentheorie (Geometrie der Zahlen), Konvexgeometrie, Mathematische Physik.

Da die Kugel $B(\vec{0}, r+\varepsilon)$ die Parallelmenge von K_r zum Abstand ε ist, gilt (wieder mit Gleichung (2.19))

$$|(K_r)_{\oplus\varepsilon}|_3 = \frac{4}{3}\pi(r+\varepsilon)^3.$$

Mit (2.30) folgt

$$O(K_r) = \lim_{\varepsilon\to 0+} \frac{1}{\varepsilon} \cdot \left(\frac{4}{3}\pi(r+\varepsilon)^3 - \frac{4}{3}\pi r^3\right) = 4\pi r^2. \tag{2.31}$$

Also ergibt sich die Kugeloberfläche als Ableitung des Kugelvolumens $\frac{4}{3}\pi r^3$ nach dem Radius.

Es sei noch angemerkt, dass man in Analogie zu Formel (2.30) für gewisse beschränkte Teilmengen A des $\mathbb{R}^2$ die *Randlänge* von A durch den Grenzwert

$$l(A) := \lim_{\varepsilon\to 0+} \frac{|A_{\oplus\varepsilon}|_2 - |A|_2}{\varepsilon} \tag{2.32}$$

definieren kann. Für den mit K_r bezeichneten Kreis mit Mittelpunkt $\vec{0} \in \mathbb{R}^2$ und Radius $r > 0$ gilt nach 2.4.6 und Satz 2.10 (iii) $|K_r|_2 = \pi r^2$. Da $(K_r)_{\oplus\varepsilon}$ der Kreis um $\vec{0}$ mit Radius $r+\varepsilon$ ist, folgt $|(K_r)_{\oplus\varepsilon}|_2 = \pi(r+\varepsilon)^2$, und (2.32) liefert die schon in Beispiel 1.43 hergeleitete Länge

$$l(K_r) = \lim_{\varepsilon\to 0+} \frac{\pi(r+\varepsilon)^2 - \pi r^2}{\varepsilon} = 2\pi r$$

des Kreisrandes. Die Kreislänge ist also die Ableitung der Kreisfläche nach dem Radius.

2.4.10 Integration über Normalbereiche

Der folgende Satz ist für die Berechnung von Bereichsintegralen von großer Bedeutung.

2.44 Satz. (Integration über Normalbereiche (1))
Es seien $B \subset \mathbb{R}^2$ eine Jordan-messbare Menge sowie g, h über B integrierbare Funktionen mit $g(\vec{x}) \le h(\vec{x})$ für jedes $\vec{x} \in B$. Weiter sei f eine über

$$M(g,h) := \{(x_1, \ldots, x_{n-1}, t) \in \mathbb{R}^n : \vec{x} = (x_1, \ldots, x_{n-1}) \in B,\ g(\vec{x}) \le t \le h(\vec{x})\}$$

integrierbare Funktion, und die Schnittfunktion $f(\vec{x}, \cdot)$ sei für jedes $\vec{x} \in B$ integrierbar über dem Intervall $[g(\vec{x}), h(\vec{x})]$. Dann gilt

$$\int_{M(g,h)} f(\vec{x}, t)\, d(\vec{x}, t) = \int_B \int_{g(\vec{x})}^{h(\vec{x})} f(\vec{x}, t)\, dt\, d\vec{x}.$$

Beweis: Nach Satz 2.38 ist $M(g,h)$ eine Jordan-messbare Teilmenge des $\mathbb{R}^n$. Weil g und h beschränkt sind, gibt es Zahlen $a < b$ mit $M := M(g,h) \subset B \times [a,b]$. Wir wenden Satz 2.39 mit $p = n-1$, $q = 1$, $J = [a,b]$ auf die Funktion f_M und einen die Menge B enthaltenden Quader I an und erhalten (vgl. Folgerung 2.26)

$$\int_{M(g,h)} f(\vec{x},t)\, d(\vec{x},t) = \int_{I\times[a,b]} f_M(\vec{x},t)\, d(\vec{x},t) = \int_I \int_{*a}^{b} f_M(\vec{x},t)\, dt\, d\vec{x}.$$

Für $\vec{x} \in I \setminus B$ verschwindet das innere Integral. Es sei $\vec{x} \in B$. Nach Definition von f_M gilt $f_M(\vec{x},t) = f(\vec{x},t)$ für $g(\vec{x}) \le t \le h(\vec{x})$ und $f_M(\vec{x},t) = 0$ sonst. Aus der Additivität des unteren Integrals folgt damit

$$\int_{*a}^{b} f_M(\vec{x},t)\, dt = \int_{*g(\vec{x})}^{h(\vec{x})} f(\vec{x},t)\, dt.$$

Nach Voraussetzung ist das rechte untere Integral das Integral von $f(\vec{x},\cdot)$ über dem Intervall $[g(\vec{x}), h(\vec{x})]$. Damit ist der Satz bewiesen. □

Einige Spezialfälle des obigen Satzes verdienen es, gesondert hervorgehoben zu werden. Eine beschränkte Menge $M \subset \mathbb{R}^2$ heißt *Normalbereich bezüglich der x-Achse*, wenn es Zahlen $a < b$ und stetige Funktionen $g, h : [a,b] \to \mathbb{R}$ mit $g(x) \le h(x)$, $x \in [a,b]$, gibt, so dass gilt:

$$M = M(g,h) := \{(x,y) : a \le x \le b,\ g(x) \le y \le h(x)\}.$$

Eine Menge M der Form

$$M = M^*(g,h) := \{(x,y) : a \le y \le b,\ g(y) \le x \le h(y)\}$$

wird *Normalbereich bezüglich der y-Achse* genannt. In beiden Fällen spricht man auch kurz von einem *Normalbereich* (siehe Bild 2.23).

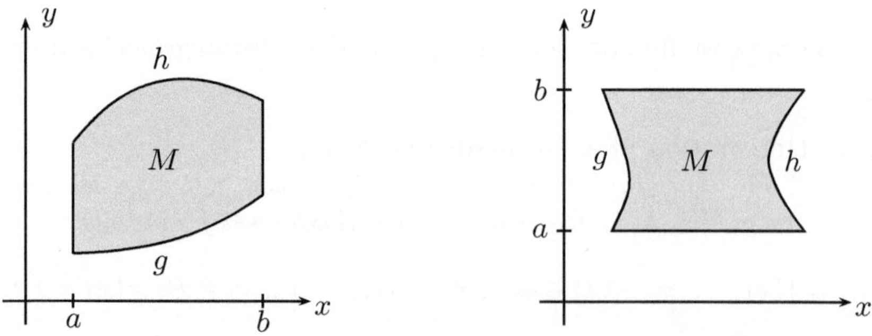

Bild 2.23: Normalbereiche bzgl. der x-Achse (links) und y-Achse (rechts)

Weil stetige Funktionen über beschränkten und abgeschlossenen Mengen integrierbar sind, folgt aus Satz 2.38, dass ein Normalbereich in der ersten Koordinate

Jordan-messbar ist. Wegen der Spiegelungsinvarianz des Inhalts (Satz 2.10 (ii)) gilt diese Aussage dann auch für einen Normalbereich in der zweiten Koordinate.

2.45 Satz. (Integration über Normalbereiche (2))
Es seien $M \subset \mathbb{R}^2$ ein Normalbereich und $f : M \to \mathbb{R}$ eine stetige Funktion. Dann ist f integrierbar über M, und es gilt

$$\int_M f(x,y)\, d(x,y) = \int_a^b \int_{g(x)}^{h(x)} f(x,y)\, dy\, dx,$$

falls M ein Normalbereich in der ersten Koordinate ist und

$$\int_M f(x,y)\, d(x,y) = \int_a^b \int_{g(y)}^{h(y)} f(x,y)\, dx\, dy,$$

falls M ein Normalbereich in der zweiten Koordinate ist. Hierbei sind die Funktionen g und h entsprechend der Definition des Normalbereiches gewählt.

Beweis: Weil g und h stetige Funktionen sind, ergibt sich leicht die Abgeschlossenheit der Menge M. Wegen Satz 2.30 ist f integrierbar über M. Wir beweisen die erste Formel. Die zweite folgt entweder analog (aus Satz 2.39) oder durch Anwenden der ersten Formel auf die Funktion $f^*(x,y) := f(y,x)$. Sei also $M = M(g,h)$. Für jedes $x \in [a,b]$ ist $f(x,\cdot)$ eine stetige Funktion auf $[g(x), h(x)]$ und damit auch integrierbar über diesem Intervall. Weil g und h über $[a,b]$ integrierbar sind, liefert Satz 2.44 die gewünschte Gleichung. □

Es seien $B \subset \mathbb{R}^2$ eine abgeschlossene Jordan-messbare Menge sowie $g, h : B \to \mathbb{R}$ stetige Funktionen mit $g(x,y) \le h(x,y)$, $(x,y) \in B$. Dann heißt die Menge

$$M = M(g,h) := \{(x,y,z) : (x,y) \in B,\ g(x,y,z) \le z \le h(x,y,z)\}$$

Normalbereich in den ersten beiden Koordinaten. Normalbereiche in der ersten und dritten bzw. in der zweiten und dritten Koordinate definiert man entsprechend.

Analog zu den obigen Resultaten gilt:

2.46 Satz. (Integration über Normalbereiche (3))
Es sei $M \subset \mathbb{R}^3$ ein Normalbereich in den ersten beiden Koordinaten. Dann ist M Jordan-messbar. Jede stetige Funktion $f : M \to \mathbb{R}$ ist integrierbar über M, und es gilt

$$\int_M f(x,y,z)\, d(x,y,z) = \int_B \int_{g(x,y)}^{h(x,y)} f(x,y,z)\, dz\, d(x,y). \tag{2.33}$$

Hierbei sind die Funktionen g und h entsprechend der Definition eines Normalbereiches gewählt.

Entsprechende Ergebnisse gelten für Normalbereiche in der ersten und dritten bzw. in der zweiten und dritten Koordinate. Ist die Menge B in (2.33) selbst ein Normalbereich, so kann Satz 2.45 zur Berechnung des äußeren Integrals herangezogen werden.

2.4.11 Der Schwerpunkt

Es seien $A \subset \mathbb{R}^n$ eine Jordan-messbare Menge und $\rho : A \to \mathbb{R}$ eine nichtnegative Riemann-integrierbare Funktion. Wir interpretieren A als *starren Körper* und und $\rho(\vec{x})$ als (infinitesimale) *Massendichte* im Punkt $\vec{x} \in A$. Anschaulich ist $\rho(\vec{x}) \cdot |Q|$ die Gesamtmasse in einer kleinen, den Punkt $\vec{x}$ enthaltenden Umgebung Q. Unter dem *Schwerpunkt* von A versteht man den Vektor

$$\vec{s}_A := \frac{\int_A \rho(\vec{x}) \cdot \vec{x}\, d\vec{x}}{\int_A \rho(\vec{x})\, d\vec{x}}. \tag{2.34}$$

Dabei liefert das (als positiv vorausgesetzte) Integral im Nenner die *Masse* von A. Im Zähler steht ein in 2.3.13 eingeführtes vektorwertiges Integral mit den Komponenten $\int_A \rho(\vec{x}) \cdot x_j\, d\vec{x}$, $j = 1, \ldots, n$. In einem physikalischen Kontext ist der Schwerpunkt derjenige Punkt, in dem man den Körper A unterstützen muss, damit er im *Schwerefeld* im Gleichgewicht ist.

2.47 Beispiel.
Wir betrachten den in Bild 2.24 dargestellten dreiecksförmigen Körper $A := \{(x_1, x_2) \in \mathbb{R}^2 : 0 \le x_1 \le 1,\ 0 \le x_2 \le x_1\}$ mit der konstanten Massendichte $\rho(\vec{x}) = 1$, $\vec{x} \in A$. Hier gilt

$$\int_A \rho(\vec{x}) \cdot x_1\, d\vec{x} = \int_0^1 \left(\int_0^{x_1} 1\, dx_2 \right) x_1\, dx_1 = \int_0^1 x_1^2\, dx_1 = \frac{1}{3}$$

und analog

$$\int_A \rho(\vec{x}) \cdot x_2\, d\vec{x} = \frac{1}{6}, \qquad \int_A \rho(\vec{x})\, d\vec{x} = \frac{1}{2}.$$

Nach Formel (2.34) ergibt sich der Schwerpunkt von A zu $\vec{s} = (2/3, 1/3)$.

2.48 Beispiel.
Die Menge $A := \{(x_1, x_2) \in \mathbb{R}^2 : -1 \le x_1 \le 1,\ 0 \le x_2 \le \sqrt{1 - x_1^2}\}$ beschreibt eine halbkreisförmige Scheibe mit Radius 1 (Bild 2.25). Welche Gesamtmasse und welchen Schwerpunkt besitzt diese Scheibe, wenn die Massendichte proportional zum Abstand von der geraden Kante $\{(x_1, 0) : -1 \le x_1 \le 1\}$, also von der Gestalt $\rho(\vec{x}) = k \cdot x_2$ mit einer Proportionalitätskonstanten $k > 0$ ist?

Die Gesamtmasse der Scheibe ergibt sich zu

$$\int_A \rho(\vec{x})\, d\vec{x} = \int_{-1}^1 k \left(\int_0^{\sqrt{1-x_1^2}} x_2\, dx_2 \right) dx_1 = \frac{k}{2} \int_{-1}^1 (1 - x_1^2)\, dx_1 = \frac{2k}{3}.$$

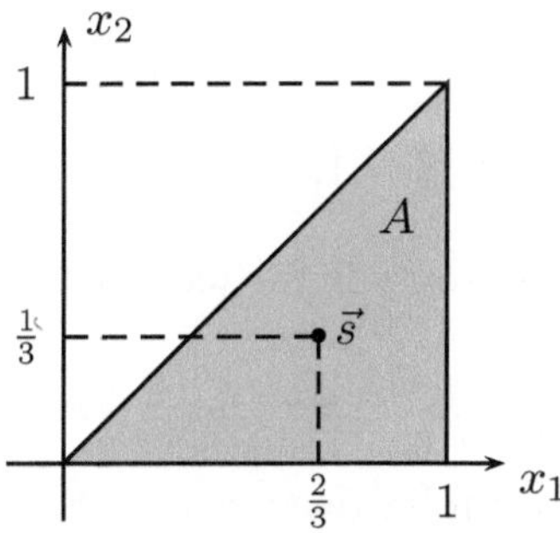

Bild 2.24: Dreieck mit Schwerpunkt

Aus Symmetriegründen folgt $\int_A \rho(\vec{x}) \cdot x_1 \, d\vec{x} = 0$. Weiter gilt

$$\begin{aligned}\int_A \rho(\vec{x}) \cdot x_2 \, d\vec{x} &= \int_{-1}^{1} \int_0^{\sqrt{1-x_1^2}} k \cdot x_2^2 \, dx_2 \, dx_1 = \frac{2k}{3} \int_0^1 (1 - x_1^2)^{3/2} dx_1 \\ &= \frac{2k}{3} \cdot \frac{1}{4} \left(x_1 (1 - x_1^2)^{3/2} + \frac{3x_1}{2} (1 - x_1^2)^{1/2} + \arcsin x_1 \Big|_0^1 \right) = \frac{k\pi}{8},\end{aligned}$$

wobei die obige Stammfunktion von $4(1 - x^2)^{3/2}$ durch Differentiation bestätigt werden kann. Insgesamt folgt, dass der Schwerpunkt $\vec{s}$ der Scheibe (unabhängig von der Proportionalitätskonstanten k) durch $\vec{s} = (0, \frac{3\pi}{16})$ gegeben ist (Bild 2.25).

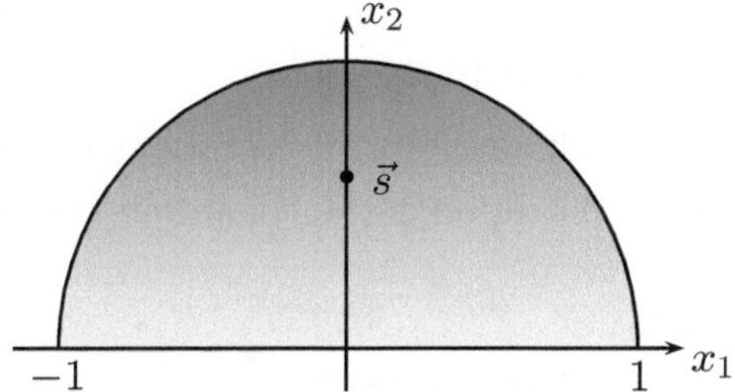

Bild 2.25: Halbkreis mit inhomogener Massenverteilung $\rho(\vec{x}) = kx_2$ und Schwerpunkt

2.49 Beispiel. (Schwerpunkt eines verallgemeinerten Kegels)
Wie in Beispiel 2.42 betrachten wir einen verallgemeinerten Kegel $A \subset \mathbb{R}^n$ mit Grundfläche $B \subset \mathbb{R}^{n-1}$ und fragen nach dem Schwerpunkt $\vec{s}_A = (s_1, \ldots, s_n)$ von A bei konstanter Massendichte $\rho \equiv 1$.

Der Einfachheit halber setzen wir voraus, dass B (bezüglich einer konstanten Massendichte) den Schwerpunkt $\vec{0} \in \mathbb{R}^{n-1}$ besitzt, dass also

$$\int_B x_j \, d(x_1, \ldots, x_{n-1}) = 0, \qquad j = 1, \ldots, n-1,$$

gilt. Wegen der Linearität des Integrals lässt sich diese Annahme durch eine geeignete Verschiebung von B (und damit auch von A) immer erreichen. Der

Satz von Fubini und die Substitutionsregel (Satz I.7.37) liefern für jedes $\lambda > 0$

$$\int_{\lambda B} x_j \, d(x_1, \ldots, x_{n-1}) = 0, \qquad j = 1, \ldots, n-1. \tag{2.35}$$

Mit den Bezeichnungen aus Beispiel 2.42 erhalten wir für jedes $j \in \{1. \ldots, n-1\}$

$$|A|_n \cdot s_j = \int_A x_j \, d(x_1, \ldots, x_n) = \int_0^h \int_{A_t} x_j \, d(x_1, \ldots, x_{n-1}) \, dt.$$

Analog zum Beweis des Prinzips von Cavalieri folgt das aus dem Satz von Fubini. Wegen (2.35) ist damit $s_1 = \ldots = s_{n-1} = 0$. Ferner erhalten wir aus dem Satz von Fubini, der Definition der Schnittmengen A_t sowie Gleichung (2.19)

$$|A|_n \cdot s_n = \int_0^h t \int_{A_t} d(x_1, \ldots, x_{n-1}) \, dt = |B|_{n-1} \cdot \int_0^h t \cdot \left(1 - \frac{t}{h}\right)^{n-1} dt.$$

Mit der Substitution $u := (h-t)/h$ ergibt sich

$$|A|_n \cdot s_n = |B|_{n-1} h^2 \cdot \int_0^1 (1-u) \cdot u^{n-1} \, du = |B|_{n-1} \cdot \frac{h^2}{n(n+1)}.$$

Unter Beachtung von $|A|_n = \frac{h}{n} \cdot |B|_{n-1}$ folgt schließlich $\vec{s}_A = (0, \ldots, 0, h/(n+1))$. Im Fall $n = 3$ besitzt also der Schwerpunkt von A den Abstand $h/4$ von der Grundfläche.

Lernziel-Kontrolle

- Warum ist eine Riemann-integrierbare Funktion notwendigerweise beschränkt?
- Warum ist der Konvergenzbegriff für die Definition des Riemann-Integrals wesentlich?
- Wann ist eine Menge Jordan-messbar?
- Welche Invarianzeigenschaften besitzt der Jordan-Inhalt?
- Wie lässt sich die Eigenschaft der Jordan-Messbarkeit mit Hilfe des Begriffs der Nullmenge beschreiben?
- Können Sie das Riemann-Integral mit Hilfe von Partitionen formulieren?
- Geben Sie Klassen integrierbarer Funktionen an!
- Wie lautet das Lebesguesche Integrabilitätskriterium?
- Was ist eine (verallgemeinerte) Ordinatenmenge, und wie kann man deren Inhalt bestimmen?
- Was besagen der Satz von Fubini und das Prinzip von Cavalieri?
- Mit welchem allgemeinen Ansatz wurde der Umfang eines Kreises ermittelt?
- Wie integriert man über Normalbereiche?
- Wie ist der Schwerpunkt einer mit der Massendichte ρ belegten Menge A definiert?

Kapitel 3

Determinanten

Herr Vektor hatte 'ne Tante,
die jeder in Detern gut kannte,
ihr Wille geschah,
wo immer sie war,
sie hieß nur „die Determinante“.

Anonymus

Wie verändert sich der Inhalt einer Jordan-messbaren Menge $M \subset \mathbb{R}^n$ unter einer linearen Abbildung („Transformation“) $T : \mathbb{R}^n \to \mathbb{R}^n$? Es wird sich zeigen, dass man den Inhalt von $T(M)$ aus dem Inhalt von M durch die Multiplikation mit einer nur von T (aber nicht von M!) abhängigen Konstanten, der sogenannten *Determinante* von T, erhält. Im Mittelpunkt dieses Kapitels stehen das Studium der Eigenschaften von Determinanten sowie die Herleitung und Verallgemeinerung der oben angesprochenen Multiplikationsregel.

3.1 Determinantenformen

3.1.1 Parallelepiped und Parallelogramm

Sind $\vec{a}_1, \ldots, \vec{a}_k$ Vektoren des $\mathbb{R}^n$, so heißt die Menge aller Linearkombinationen

$$\lambda_1\vec{a}_1 + \ldots + \lambda_k\vec{a}_k$$

mit $0 \leq \lambda_j \leq 1$ für jedes $j \in \{1, \ldots, k\}$ das von den Vektoren $\vec{a}_1, \ldots, \vec{a}_k$ aufgespannte *Parallelepiped*.

Offenbar ist das von einem Vektor $\vec{a} \in \mathbb{R}^n$ aufgespannte Parallelepiped die Strecke $[\vec{0}, \vec{a}]$ zwischen $\vec{0}$ und $\vec{a}$. Im Fall $n \geq 2$ ist das von zwei Vektoren $\vec{a}$ und $\vec{b}$

aufgespannte Parallelepiped ein *Parallelogramm* mit den *Seitenvektoren* $\vec{a}$ und $\vec{b}$ (Bild 3.1 links). Das von drei Vektoren $\vec{a}, \vec{b}, \vec{c}$ aufgespannte Parallelepiped heißt (im Fall $n \geq 3$) auch *Parallelotop* mit den *Kantenvektoren* $\vec{a}$, $\vec{b}$ und $\vec{c}$ (Bild 3.1 rechts).

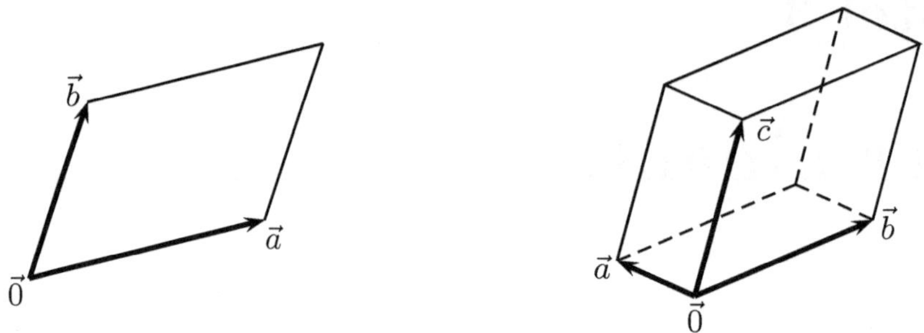

Bild 3.1: Parallelogramm (links) und Parallelotop (rechts)

3.1 Satz. (Fläche eines Parallelogramms)
Es seien $\vec{a} = (a_1, a_2), \vec{b} = (b_1, b_2) \in \mathbb{R}^2$ und P das von $\vec{a}, \vec{b}$ aufgespannte Parallelogramm. Dann ist P Jordan-messbar, und es gilt $|P| = |D|$ mit $D := a_1b_2 - a_2b_1$.

Beweis: Zur Vermeidung von Fallunterscheidungen betrachten wir nur den in Bild 3.2 dargestellten Fall $0 < a_1 < b_1$ und $0 < b_2 < a_2$.

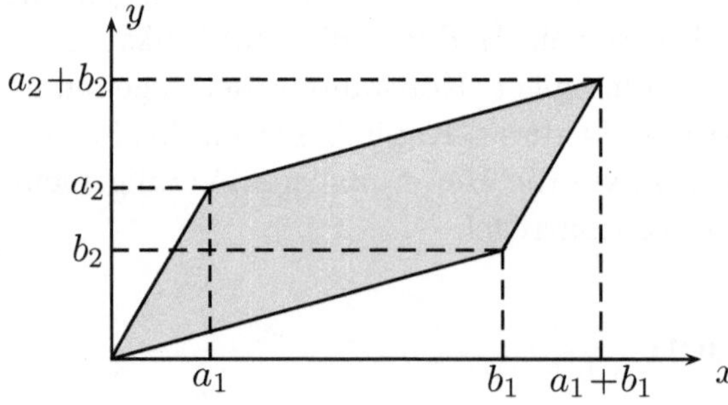

Bild 3.2:
Zum Beweis von Satz 3.1

Mit den Abkürzungen $r := b_2 - a_2b_1/a_1 = D/a_1$ und $s := a_2 - b_2a_1/b_1 = -D/b_1$ definieren wir die beiden stetigen Funktionen $g, h : [0, a_1 + b_1] \to \mathbb{R}$ durch die Festsetzungen

$$g(x) := \begin{cases} \frac{b_2}{b_1}x, & \text{falls } 0 \leq x \leq b_1, \\ \frac{a_2}{a_1}x + r, & \text{falls } b_1 \leq x \leq a_1 + b_1, \end{cases} \qquad h(x) := \begin{cases} \frac{a_2}{a_1}x, & \text{falls } 0 \leq x \leq a_1, \\ \frac{b_2}{b_1}x + s, & \text{falls } a_1 \leq x \leq a_1 + b_1. \end{cases}$$

Dann gilt (vgl. Bild 3.2)

$$P = \{(x, y) : 0 \leq x \leq a_1 + b_1,\ g(x) \leq y \leq h(x)\},$$

und Satz 2.45 für $f(x, y) = 1$, $(x, y) \in P$, (oder auch direkt Satz 2.38) liefert

$$\begin{aligned} |P| &= \int_0^{a_1+b_1} (h(x) - g(x))\, dx \\ &= \int_0^{a_1} \left(\frac{a_2}{a_1} - \frac{b_2}{b_1}\right) x\, dx + \int_{a_1}^{b_1} s\, dx + \int_{b_1}^{a_1+b_1} \left(\left(\frac{b_2}{b_1} - \frac{a_2}{a_1}\right) x + s - r\right) dx \\ &= \int_0^{a_1} \left(\frac{a_2}{a_1} - \frac{b_2}{b_1}\right) x\, dx + (b_1 - a_1)s + \int_0^{a_1} \left(\frac{b_2}{b_1} - \frac{a_2}{a_1}\right) (z + b_1)\, dz + (s - r)a_1 \\ &= (b_1 - a_1)s + (a_1 b_2 - a_2 b_1) + (s - r)a_1 \\ &= D + b_1 s - a_1 r = -D = |D|. \end{aligned}$$

□

In der Elementargeometrie ergibt sich der Flächeninhalt eines Parallelogramms als Produkt der Längen der Grundlinie und der zugehörigen Höhe. Bezeichnet $L_{\vec{b}}(\vec{a})$ das *Lot* von $\vec{a}$ auf den von $\vec{b}$ aufgespannten Unterraum $U := \operatorname{Span}(\vec{b})$, also die orthogonale Projektion von $\vec{a}$ auf $U^\perp$ (vgl. I.8.6.7), so lässt sich die Aussage von Satz 3.1 in der Form

$$|P| = \|\vec{b}\|_2 \cdot \|L_{\vec{b}}(\vec{a})\|_2 \tag{3.1}$$

schreiben (Bild 3.3).

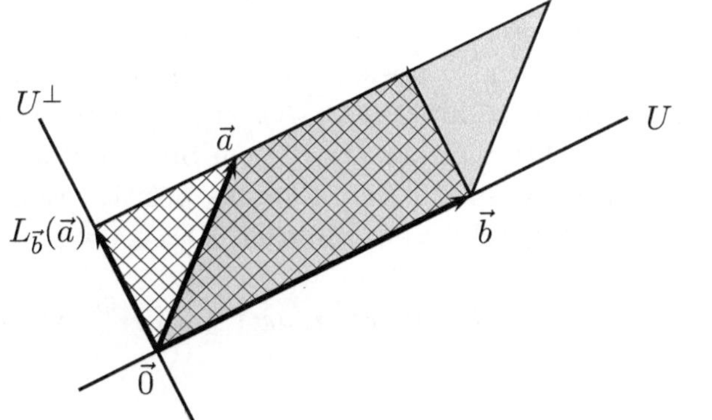

Bild 3.3:
Zu Formel (3.1)

Nach I.8.6.8 gilt

$$\|L_{\vec{b}}(\vec{a})\|_2^2 = \|\vec{a}\|_2^2 - \|\vec{b}\|_2^{-2} \langle \vec{a}, \vec{b} \rangle^2,$$

also

$$\begin{aligned} \|\vec{b}\|_2^2 \cdot \|L_{\vec{b}}(\vec{a})\|_2^2 &= \|\vec{a}\|_2^2 \cdot \|\vec{b}\|_2^2 - \langle \vec{a}, \vec{b} \rangle^2 \\ &= (a_1^2 + a_2^2)(b_1^2 + b_2^2) - (a_1 b_1 + a_2 b_2)^2 \\ &= (a_1 b_2 - a_2 b_1)^2. \end{aligned}$$

Damit bestätigt sich (3.1).

3.1.2 Definition von Determinantenformen

Wir betrachten jetzt die in Satz 3.1 auftretende Größe D in Abhängigkeit der Vektoren $\vec{a} = (a_1, a_2)$ und $\vec{b} = (b_1, b_2)$, setzen also

$$D(\vec{a}, \vec{b}) := a_1 b_2 - a_2 b_1. \tag{3.2}$$

Die in dieser Weise definierte Funktion $D : \mathbb{R}^2 \times \mathbb{R}^2 \to \mathbb{R}$ ist *linear in jedem Argument*, d.h. für jede Wahl von $\vec{a}$ und $\vec{b}$ sind die Schnittfunktionen $D(\cdot, \vec{b})$ und $D(\vec{a}, \cdot)$ linear. Für festes $\vec{b} \in \mathbb{R}^2$ gilt also etwa

$$D(c_1\vec{x}_1 + c_2\vec{x}_2, \vec{b}) = c_1 \cdot D(\vec{x}_1, \vec{b}) + c_2 \cdot D(\vec{x}_2, \vec{b})$$

für alle $\vec{x}_1, \vec{x}_2 \in \mathbb{R}^2$ und alle $c_1, c_2 \in \mathbb{R}$.

Sind die Vektoren $\vec{a}$ und $\vec{b}$ linear abhängig, gilt also etwa $\vec{b} = c \cdot \vec{a}$ und somit $b_1 = ca_1$, $b_2 = ca_2$ für ein $c \in \mathbb{R}$, so folgt $D(\vec{a}, \vec{b}) = 0$.

Schließlich ist

$$D(\vec{e_1}, \vec{e_2}) = 1,$$

wobei $\{\vec{e_1}, \vec{e_2}\}$ die kanonische Einheitsbasis von $\mathbb{R}^2$ bezeichnet.

In Übereinstimmung mit Satz 3.1 interpretiert man $D(\vec{a}, \vec{b}) = a_1 b_2 - a_2 b_1$ auch als *vorzeichenbehafteten* Flächeninhalt des von $\vec{a}$ und $\vec{b}$ aufgespannten Parallelogramms. Gilt $D(\vec{a}, \vec{b}) > 0$ (bzw. $D(\vec{a}, \vec{b}) < 0$) so heißen $\vec{a}$ und $\vec{b}$ *positiv* (bzw. *negativ*) *orientiert*. Anschaulich sind $\vec{a}$ und $\vec{b}$ positiv (bzw. negativ) orientiert, wenn $\vec{a}$ nach Drehung um einen Winkel φ mit $0 < \varphi < \pi$ entgegen (bzw. mit) dem Uhrzeigersinn in Richtung des Vektors $\vec{b}$ zeigt. In diesem Sinn sind also die Vektoren $\vec{a}$, $\vec{b}$ in Bild 3.2 und 3.3 negativ und in Bild 3.1 links positiv orientiert.

Die obigen Eigenschaften der in (3.2) erklärten Funktion $D : \mathbb{R}^2 \times \mathbb{R}^2 \to \mathbb{R}$ motivieren die nachfolgende Begriffsbildung.

Eine Funktion $D : (\mathbb{R}^n)^n \to \mathbb{R}$ heißt *Determinantenform* (auf $\mathbb{R}^n$), wenn sie die folgenden Eigenschaften besitzt:

(E1) Die Funktion D ist *multilinear*, d.h. linear in jedem Argument. So gilt etwa für jede feste Wahl von $\vec{a}_2, \ldots, \vec{a}_n \in \mathbb{R}^n$:

$$D(c_1\vec{x}_1 + c_2\vec{x}_2, \vec{a}_2, \ldots, \vec{a}_n) = c_1 \cdot D(\vec{x}_1, \vec{a}_2, \ldots, \vec{a}_n) + c_2 \cdot D(\vec{x}_2, \vec{a}_2, \ldots, \vec{a}_n)$$

für alle $\vec{x}_1, \vec{x}_2 \in \mathbb{R}^n$ und alle $c_1, c_2 \in \mathbb{R}$.

(E2) Es gilt $D(\vec{a}_1, \ldots, \vec{a}_n) = 0$, falls $\vec{a}_1, \ldots, \vec{a}_n$ linear abhängig sind.

(E3) Es gibt Vektoren $\vec{a}_1, \ldots, \vec{a}_n \in \mathbb{R}^n$ mit $D(\vec{a}_1, \ldots, \vec{a}_n) \neq 0$.

Wir werden sehen, dass es bis auf multiplikative Faktoren nur eine Determinantenform geben kann. Sind also D_1 und D_2 zwei Abbildungen mit obigen Eigenschaften, so existiert eine Konstante $c \neq 0$ mit

$$D_2(\vec{a}_1, \dots, \vec{a}_n) = c \cdot D_1(\vec{a}_1, \dots, \vec{a}_n)$$

für alle $\vec{a}_1, \dots, \vec{a}_n \in \mathbb{R}^n$. Insbesondere folgt, dass eine Determinantenform durch Angabe des Funktionswertes $D(\vec{e}_1, \dots, \vec{e}_n)$ für die kanonische Orthonormalbasis des $\mathbb{R}^n$ eindeutig bestimmt ist. Im Spezialfall $D(\vec{e}_1, \dots, \vec{e}_n) = 1$ wird sich (als Verallgemeinerung von Satz 3.1) ergeben, dass $|D(\vec{a}_1, \dots, \vec{a}_n)|$ der Jordan-Inhalt des von $\vec{a}_1, \dots, \vec{a}_n$ aufgespannten Parallelepipeds ist.

3.1.3 Erste Eigenschaften von Determinantenformen

3.2 Lemma. (Determinantenformen sind alternierend)
Eine Determinantenform ist alternierend, *d.h. sie ändert ihr Vorzeichen, wenn man zwei Argumente vertauscht. Es gilt also*

$$D(\vec{a}_1, \dots, \vec{a}_n) = -D(\vec{a}_1, \dots, \vec{a}_{i-1}, \vec{a}_j, \vec{a}_{i+1}, \dots, \vec{a}_{j-1}, \vec{a}_i, \vec{a}_{j+1}, \dots, \vec{a}_n)$$

für alle $\vec{a}_1, \dots, \vec{a}_n \in \mathbb{R}^n$ *und alle* i, j *mit* $1 \leq i < j \leq n$.

Beweis: Aus (E1) folgt für alle $\vec{a}_1, \dots, \vec{a}_n \in \mathbb{R}^n$, alle $1 \leq i < j \leq n$ und alle $\lambda \in \mathbb{R}$:

$$\begin{aligned} &D(\vec{a}_1, \dots, \vec{a}_{i-1}, \vec{a}_i + \lambda\vec{a}_j, \vec{a}_{i+1}, \dots, \vec{a}_n) \\ &\quad = D(\vec{a}_1, \dots, \vec{a}_{i-1}, \vec{a}_i, \vec{a}_{i+1}, \dots, \vec{a}_n) + \lambda D(\vec{a}_1, \dots, \vec{a}_{i-1}, \vec{a}_j, \vec{a}_{i+1}, \dots, \vec{a}_n). \end{aligned}$$

Aus (E2) ergibt sich aber insbesondere $D(\vec{b}_1, \dots, \vec{b}_n) = 0$, falls zwei der Argumente gleich sind. Der zweite Summand auf der rechten Seite fällt also weg, und wir erhalten

$$D(\vec{a}_1, \dots, \vec{a}_n) = D(\vec{a}_1, \dots, \vec{a}_{i-1}, \vec{a}_i + \lambda\vec{a}_j, \vec{a}_{i+1}, \dots, \vec{a}_n). \tag{3.3}$$

Ganz analog gilt dieses Ergebnis auch für $i > j$. Mehrfaches Anwenden dieser Gleichung führt auf

$$\begin{aligned} D(\vec{a}_1, \dots, \vec{a}_n) &= D(\vec{a}_1, \dots, \vec{a}_i + \vec{a}_j, \dots, \vec{a}_j, \dots, \vec{a}_n) \\ &= D(\vec{a}_1, \dots, \vec{a}_i + \vec{a}_j, \dots, \vec{a}_j - (\vec{a}_i + \vec{a}_j), \dots, \vec{a}_n) \\ &= D(\vec{a}_1, \dots, \vec{a}_i + \vec{a}_j, \dots, -\vec{a}_i, \dots, \vec{a}_n) \\ &= -D(\vec{a}_1, \dots, \vec{a}_j, \dots, \vec{a}_i, \dots, \vec{a}_n), \end{aligned}$$

womit das Lemma bewiesen ist. □

Wir überlegen uns jetzt, dass eine Determinantenform D bereits durch ihren Wert auf einer Basis des $\mathbb{R}^n$ festgelegt ist. Hierzu betrachten wir zunächst n beliebige Vektoren $\vec{b}_1, \dots, \vec{b}_n$ und reelle Zahlen β_{ij} mit $i, j \in \{1, \dots, n\}$ und setzen

$$\vec{a}_j := \sum_{i=1}^{n} \beta_{ij} \cdot \vec{b}_i, \qquad j = 1, \dots, n. \tag{3.4}$$

Weil D eine multilineare Abbildung ist, gilt

$$D(\vec{a}_1, \ldots, \vec{a}_n) = \sum_{i_1=1}^{n} \cdots \sum_{i_n=1}^{n} \beta_{i_1 1} \cdot \ldots \cdot \beta_{i_n n} \cdot D(\vec{b}_{i_1}, \ldots, \vec{b}_{i_n}). \tag{3.5}$$

Da D auch die Eigenschaft (E2) besitzt, fallen alle Summanden weg, bei denen mindestens zwei der Indizes $i_1, \ldots, i_n$ gleich sind. Die Summe in (3.5) erstreckt sich somit nur über alle Index-Tupel $(i_1, \ldots, i_n)$, bei denen sämtliche Komponenten verschieden sind. Jedes solche Tupel bildet über die Festsetzung $\pi(j) := i_j$, $j = 1, \ldots, n$, eine Permutation π von $\{1, \ldots, n\}$. Schreiben wir Π_n für die Menge aller $n!$ Permutationen von $\{1, \ldots, n\}$, so ergibt sich

$$D(\vec{a}_1, \ldots, \vec{a}_n) = \sum_{\pi \in \Pi_n} \beta_{\pi(1)1} \cdot \ldots \cdot \beta_{\pi(n)n} \cdot D(\vec{b}_{\pi(1)}, \ldots, \vec{b}_{\pi(n)}). \tag{3.6}$$

Im nächsten Unterabschnitt fragen wir, wie sich die Zahl $D(\vec{b}_{\pi(1)}, \ldots, \vec{b}_{\pi(n)})$ durch $D(\vec{b}_1, \ldots, \vec{b}_n)$ ausdrücken lässt.

3.1.4 Transpositionen und Permutationen

Eine *Transposition* der Menge $\{1, \ldots, n\}$ ist eine Permutation von $\{1, \ldots, n\}$, die genau zwei Elemente vertauscht und die übrigen unverändert lässt. Natürlich ist hierbei $n \geq 2$ vorausgesetzt. Im Fall $n = 3$ gibt es die drei Transpositionen

$$\begin{pmatrix} 1 & 2 & 3 \\ 1 & 3 & 2 \end{pmatrix}, \quad \begin{pmatrix} 1 & 2 & 3 \\ 3 & 2 & 1 \end{pmatrix}, \quad \begin{pmatrix} 1 & 2 & 3 \\ 2 & 1 & 3 \end{pmatrix}, \tag{3.7}$$

welche die Elemente 2 und 3 bzw. 1 und 3 bzw. 1 und 2 vertauschen. Vertauscht die Transposition $\pi \in \Pi_n$ die beiden verschiedenen Elemente i und j, gilt also $\pi(i) = j$, $\pi(j) = i$ und $\pi(k) = k$ für jedes $k \in \{1, \ldots .n\} \setminus \{i, j\}$, so schreiben wir hierfür auch $\pi =: [i, j]$. In diesem Sinne können die drei Transpositionen in (3.7) in der Form $[2, 3]$, $[1, 3]$ und $[1, 2]$ geschrieben werden.

Wegen $\pi \circ \pi = \mathrm{id}$ ist jede Transposition *zu sich selbst invers*, d.h. es gilt $\pi^{-1} = \pi$.

3.3 Satz. (Eigenschaften von Transpositionen)
Jede Permutation $\pi \in \Pi_n$ kann als Hintereinanderausführung (Komposition) von endlich vielen Transpositionen dargestellt werden. Ist π Komposition einer geraden (bzw. ungeraden) Anzahl von Transpositionen, so ist auch in jeder anderen Darstellung von π als Komposition von Transpositionen die Anzahl der beteiligten Transpositionen gerade (bzw. ungerade).

Beweis: Die erste Behauptung kann durch „Rückwärtsinduktion" über die Anzahl m der von π festgehaltenen Zahlen bewiesen werden. Lässt nämlich π genau $m - 1$ Zahlen fest und gilt $\pi(i) \neq i$ für ein $i \in \{1, \ldots, n\}$, so lässt $\tau := [i, \pi(i)] \circ \pi$ genau m Zahlen fest, und es gilt $\pi = [i, \pi(i)] \circ \tau$. Zum Beweis der zweiten Behauptung betrachten wir das Polynom

$$f(x_1, \ldots, x_n) := \prod_{1 \le i < j \le n} (x_i - x_j), \qquad x_1, \ldots, x_n \in \mathbb{R}.$$

Für jedes $\pi \in \Pi_n$ gilt

$$f(x_1, \ldots, x_n) = c_\pi \cdot f(x_{\pi(1)}, \ldots, x_{\pi(n)})$$

mit $c_\pi \in \{-1, 1\}$. Für eine Transposition τ ist $c_\tau = -1$. Ist $\pi = \tau_m \circ \ldots \circ \tau_1$ Komposition von m Transpositionen, so folgt die Gleichung $c_\pi = (-1)^m$ induktiv. Diese Zahl ist genau dann gleich 1, wenn m gerade ist. Damit ist der Satz bewiesen. □

Aufgrund des soeben bewiesenen Satzes ist die folgende Definition sinnvoll:

Ist $\pi \in \Pi_n$ Komposition von m Transpositionen, so heißt die Zahl $\operatorname{sgn}(\pi) := (-1)^m$ das *Signum* (oder *Vorzeichen*) von π. Gilt $\operatorname{sgn}(\pi) = 1$, so nennt man π eine *gerade* Permutation, anderenfalls eine *ungerade* Permutation.

3.4 Beispiel.
Die durch $\pi(1) := 2$, $\pi(2) := 5$, $\pi(3) := 1$, $\pi(4) := 4$ und $\pi(5) := 3$ definierte Permutation $\pi \in \Pi_5$ ist ungerade, denn es gilt

$$\begin{pmatrix} 1 & 2 & 3 & 4 & 5 \\ 2 & 5 & 1 & 4 & 3 \end{pmatrix} = [1,3] \circ [1,2] \circ [2,5].$$

3.5 Satz. (Eigenschaften der Signumfunktion)
Für alle Permutationen $\pi, \sigma \in \Pi_n$ gilt

$$\operatorname{sgn}(\pi \circ \sigma) = \operatorname{sgn}(\pi) \cdot \operatorname{sgn}(\sigma).$$

Insbesondere folgt $\operatorname{sgn}(\pi^{-1}) = \operatorname{sgn}(\pi)$.

BEWEIS: Jede Transposition ist ungerade. Deshalb ist die Gleichung $\operatorname{sgn}(\pi \circ \sigma) = \operatorname{sgn}(\pi) \cdot \operatorname{sgn}(\sigma)$ richtig, falls π oder σ Transpositionen sind. Der allgemeine Fall ergibt sich dann induktiv aus Satz 3.3. Die zweite Behauptung folgt wegen

$$1 = \operatorname{sgn}(\mathrm{id}) = \operatorname{sgn}(\pi \circ \pi^{-1}) = \operatorname{sgn}(\pi) \cdot \operatorname{sgn}(\pi^{-1})$$

aus der ersten. □

3.1.5 Existenz und Eindeutigkeit von Determinantenformen

Aus Gleichung (3.6), Lemma 3.2 und den Ergebnissen aus 3.1.4 folgt jetzt für die durch (3.4) verbundenen Vektoren $\vec{a}_1, \ldots, \vec{a}_n$ und $\vec{b}_1, \ldots, \vec{b}_n$

$$D(\vec{a}_1, \ldots, \vec{a}_n) = D(\vec{b}_1, \ldots, \vec{b}_n) \cdot \sum_{\pi \in \Pi_n} \operatorname{sgn}(\pi) \cdot \beta_{\pi(1)1} \cdot \ldots \cdot \beta_{\pi(n)n}. \tag{3.8}$$

Da sich beliebige Vektoren $\vec{a}_1, \dots, \vec{a}_n$ stets in der Form (3.4) darstellen lassen, wenn $\vec{b}_1, \dots, \vec{b}_n$ eine Basis des $\mathbb{R}^n$ bilden, ergibt sich insbesondere, dass eine Determinantenform durch ihre Werte auf einer Basis bereits eindeutig bestimmt ist. Nach Eigenschaft (E2) gilt $D(\vec{b}_1, \dots, \vec{b}_n) = 0$, wenn die Vektoren $\vec{b}_1, \dots, \vec{b}_n$ linear abhängig sind. Das folgende Resultat zeigt, dass auch die Umkehrung dieser Implikation richtig ist.

3.6 Satz. (Charakterisierung der linearen Unabhängigkeit)
Es seien D eine Determinantenform und $\vec{b}_1, \dots, \vec{b}_n \in \mathbb{R}^n$ Vektoren. Dann gilt:

$$\vec{b}_1, \dots, \vec{b}_n \text{ linear abhängig} \iff D(\vec{b}_1, \dots, \vec{b}_n) = 0.$$

Beweis: Wegen Eigenschaft (E2) ist nur die Richtung „$\Leftarrow$" zu zeigen. Wären $\vec{b}_1, \dots, \vec{b}_n$ linear unabhängig und damit eine Basis des $\mathbb{R}^n$, so könnten wir beliebige Vektoren $\vec{a}_1, \dots, \vec{a}_n \in \mathbb{R}^n$ in der Form (3.4) darstellen. Wegen $D(\vec{b}_1, \dots, \vec{b}_n) = 0$ und (3.8) würde dann $D(\vec{a}_1, \dots, \vec{a}_n) = 0$ gelten, was jedoch im Widerspruch zu Eigenschaft (E3) steht. □

Bisher haben wir noch nicht bewiesen, dass Determinantenformen überhaupt existieren. Gleichung (3.8) zeigt, wie man hierzu vorgehen muss.

3.7 Satz. (Existenz von Determinantenformen)
Es sei $\{\vec{b}_1, \dots, \vec{b}_n\}$ eine Basis des $\mathbb{R}^n$. Sind die Vektoren $\vec{a}_1, \dots, \vec{a}_n$ durch (3.4) gegeben, so sei

$$D(\vec{a}_1, \dots, \vec{a}_n) := \sum_{\pi \in \Pi_n} \operatorname{sgn}(\pi) \cdot \beta_{\pi(1)1} \cdot \ldots \cdot \beta_{\pi(n)n} \tag{3.9}$$

gesetzt. Dann ist D eine Determinantenform.

Beweis: Die Multilinearität von D ergibt sich direkt aus der Definition. Setzt man in (3.9) speziell $\vec{a}_i := \vec{b}_i$ für $i = 1, \dots, n$, so ist (β_{ij}) die Einheitsmatrix E_n. Auf der rechten Seite von (3.9) bleibt somit nur der zur Identität $\pi = \mathrm{id}$ gehörende Summand übrig, und man erhält $D(\vec{a}_1, \dots, \vec{a}_n) = 1$. Damit ist auch Eigenschaft (E3) erfüllt. Zum Nachweis der noch verbleibenden Eigenschaft (E2) können wir $n \geq 2$ voraussetzen. Wir nehmen an, die Vektoren $\vec{a}_1, \dots, \vec{a}_n$ seien linear abhängig, wobei o.B.d.A. $\vec{a}_1$ Linearkombination von $\vec{a}_2, \dots, \vec{a}_n$ sei, d.h. es gilt

$$\vec{a}_1 = \lambda_2 \cdot \vec{a}_2 + \ldots + \lambda_n \cdot \vec{a}_n$$

für gewisse $\lambda_2, \dots, \lambda_n \in \mathbb{R}$. Dann ist

$$D(\vec{a}_1, \vec{a}_2, \dots, \vec{a}_n) = \lambda_2 \cdot D(\vec{a}_2, \vec{a}_2, \dots, \vec{a}_n) + \ldots + \lambda_n \cdot D(\vec{a}_n, \vec{a}_2, \dots, \vec{a}_n).$$

Es genügt also der Nachweis von $D(\vec{a}_k, \dots, \vec{a}_k, \dots) = 0$ für jedes $k \in \{2, \dots, n\}$. Hierzu bezeichne $\sigma := [1, k]$ diejenige Transposition, welche die Zahlen 1 und k vertauscht. Für jedes $\pi \in \Pi_n$ gilt dann $\operatorname{sgn}(\pi) = -\operatorname{sgn}(\pi \circ \sigma)$. Durchläuft π alle geraden Permutationen, so durchläuft $\pi \circ \sigma$ alle ungeraden Permutationen. Wegen $\beta_{i1} = \beta_{ik}$ $(i = 1, \ldots, n)$ ändert sich aber andererseits am Produkt $\beta_{\pi(1)1} \cdot \ldots \cdot \beta_{\pi(n)n}$ nichts, wenn man π durch $\pi \circ \sigma$ ersetzt. Damit heben sich in (3.9) jeweils zwei Summanden mit entgegengesetztem Vorzeichen auf, und es folgt $D(\vec{a}_k, \ldots, \vec{a}_k, \ldots) = 0$. □

Der folgende Satz zeigt, dass sich Determinantenformen nur um ein Vielfaches unterscheiden.

3.8 Satz. (Eindeutigkeit von Determinantenformen)
Es seien D_1 und D_2 Determinantenformen. Dann gibt es eine Zahl $c \neq 0$ mit

$$D_2(\vec{a}_1, \ldots, \vec{a}_n) = c \cdot D_1(\vec{a}_1, \ldots, \vec{a}_n), \qquad \vec{a}_1, \ldots, \vec{a}_n \in \mathbb{R}^n. \tag{3.10}$$

BEWEIS: Es sei $\{\vec{b}_1, \ldots, \vec{b}_n\}$ eine Basis des $\mathbb{R}^n$. Wir setzen

$$c := \frac{D_2(\vec{b}_1, \ldots, \vec{b}_n)}{D_1(\vec{b}_1, \ldots, \vec{b}_n)}.$$

Wegen Satz 3.6 ist diese Definition sinnvoll. Mit den Bezeichnungen aus (3.8) folgt

$$\begin{aligned} D_2(\vec{a}_1, \ldots, \vec{a}_n) &= D_2(\vec{b}_1, \ldots, \vec{b}_n) \cdot \sum_{\pi \in \Pi_n} \operatorname{sgn}(\pi) \cdot \beta_{\pi(1)1} \cdot \ldots \cdot \beta_{\pi(n)n} \\ &= c \cdot D_1(\vec{b}_1, \ldots, \vec{b}_n) \cdot \sum_{\pi \in \Pi_n} \operatorname{sgn}(\pi) \cdot \beta_{\pi(1)1} \cdot \ldots \cdot \beta_{\pi(n)n} \\ &= c \cdot D_1(\vec{a}_1, \ldots, \vec{a}_n). \end{aligned}$$

□

Aus den Sätzen 3.7 und 3.8 folgt, dass es nur eine Determinantenform D mit der Eigenschaft $D(\vec{e}_1, \ldots, \vec{e}_n) = 1$ gibt. Diese Determinantenform wird in der Folge mit $\det(\cdot)$ bezeichnet. Nach (3.9) gilt

$$\det(\vec{a}_1, \ldots, \vec{a}_n) := \sum_{\pi \in \Pi_n} \operatorname{sgn}(\pi) \cdot \beta_{\pi(1)1} \cdot \ldots \cdot \beta_{\pi(n)n}. \tag{3.11}$$

Dabei sind $\vec{a}_1, \ldots, \vec{a}_n$ durch (3.4) gegeben. Man beachte, dass (3.11) im Fall $n = 2$ die in (3.2) definierte Abbildung darstellt.

3.1.6 Die Determinante linearer Abbildungen

Der folgende Satz ermöglicht die Definition der *Determinante* als einer wichtigen Kennzahl einer linearer Abbildung T. Ist M eine Jordan-messbare Menge des Inhalts 1, so ist (wie wir später zeigen werden) der Betrag der Determinante von T der Inhalt von $T(M)$.

3.9 Satz. (Lineare Bijektionen und Determinanten)
Die Abbildung $T : \mathbb{R}^n \to \mathbb{R}^n$ sei linear und bijektiv. Dann gibt es eine reelle Zahl γ, so dass

$$\frac{D(T(\vec{b}_1), \ldots, T(\vec{b}_n))}{D(\vec{b}_1, \ldots, \vec{b}_n)} = \gamma \tag{3.12}$$

für jede Determinantenform D und jede Basis $\{\vec{b}_1, \ldots, \vec{b}_n\}$ des $\mathbb{R}^n$.

Beweis: Es sei D eine Determinantenform. Wir definieren

$$D_1(\vec{a}_1, \ldots, \vec{a}_n) := D(T(\vec{a}_1), \ldots, T(\vec{a}_n)), \qquad \vec{a}_1, \ldots, \vec{a}_n \in \mathbb{R}^n,$$

und behaupten, dass auch D_1 eine Determinantenform ist. Zunächst ist klar, dass D_1 multilinear ist. Da mit $\vec{a}_1, \ldots, \vec{a}_n$ auch die Vektoren $T(\vec{a}_1), \ldots, T(\vec{a}_n)$ linear abhängig sind, ergibt sich Eigenschaft (E2). Ist $\{\vec{b}_1, \ldots, \vec{b}_n\}$ eine Basis von $\mathbb{R}^n$, so stellt auch $\{T(\vec{b}_1), \ldots, T(\vec{b}_n)\}$ eine Basis des $\mathbb{R}^n$ dar (vgl. z.B. Satz I.8.24). Nach Satz 3.6 gilt $D(T(\vec{b}_1), \ldots, T(\vec{b}_n)) \neq 0$, so dass D_1 auch (E3) erfüllt. Ist $\{\vec{b}_1, \ldots, \vec{b}_n\}$ eine Basis des $\mathbb{R}^n$, so setzen wir

$$\gamma := \frac{D(T(\vec{b}_1), \ldots, T(\vec{b}_n))}{D(\vec{b}_1, \ldots, \vec{b}_n)}.$$

Wegen Satz 3.8 hängt der Wert von γ nicht von der speziellen Wahl der Basis ab. Ist D_2 eine weitere Determinantenform, so gibt es nach Satz 3.8 eine Zahl $c \neq 0$ mit

$$D(\vec{a}_1, \ldots, \vec{a}_n) = c \cdot D_2(\vec{a}_1, \ldots, \vec{a}_n), \qquad \vec{a}_1, \ldots, \vec{a}_n \in \mathbb{R}^n,$$

und damit auch

$$D(T(\vec{a}_1), \ldots, T(\vec{a}_n)) = c \cdot D_2(T(\vec{a}_1), \ldots, T(\vec{a}_n)).$$

Daraus folgt

$$\gamma = \frac{D(T(\vec{a}_1), \ldots, T(\vec{a}_n))}{D(\vec{a}_1, \ldots, \vec{a}_n)} = \frac{D_2(T(\vec{a}_1), \ldots, T(\vec{a}_n))}{D_2(\vec{a}_1, \ldots, \vec{a}_n)},$$

und der Satz ist bewiesen. □

Es sei $T : \mathbb{R}^n \to \mathbb{R}^n$ eine lineare Abbildung. Sind D eine Determinantenform und $\{\vec{b}_1, \ldots, \vec{b}_n\}$ eine Basis des $\mathbb{R}^n$, so heißt der Quotient

$$\det(T) := \frac{D(T(\vec{b}_1), \ldots, T(\vec{b}_n))}{D(\vec{b}_1, \ldots, \vec{b}_n)} \tag{3.13}$$

Determinante von T.

Nach Satz 3.9 ist diese Definition unabhängig von der speziellen Wahl der Determinantenform und der Basis, wenn T bijektiv ist. Aber auch dann, wenn T keine Bijektion ist, hängt der Wert von $\det(T)$ nicht von D und $\vec{b}_1, \ldots, \vec{b}_n$ ab. In diesem Fall sind nämlich $T(\vec{b}_1), \ldots, T(\vec{b}_n)$ für jede Wahl einer Basis $\{\vec{b}_1, \ldots, \vec{b}_n\}$ linear abhängig. Für jede Determinantenform D gilt somit $\det(T) = 0$.

3.10 Satz. (Regularitätskriterium)
Für eine lineare Abbildung $T : \mathbb{R}^n \to \mathbb{R}^n$ gilt:

$$T \textit{ ist bijektiv} \iff \det(T) \neq 0.$$

BEWEIS: Es seien $\{\vec{b}_1, \ldots, \vec{b}_n\}$ eine Basis des $\mathbb{R}^n$ und D eine beliebige Determinantenform. Es gilt $\det(T) \neq 0$ genau dann, wenn der Zähler in (3.13) von Null verschieden ist. Letzteres ist nach Satz 3.6 äquivalent zur linearen Unabhängigkeit der Vektoren $T(\vec{b}_1), \ldots, T(\vec{b}_n)$ und somit zur Bijektivität von T. □

3.1.7 Der Multiplikationssatz

Das folgende wichtige Resultat besagt, dass sich Determinanten bei der Hintereinanderausführung (Komposition) von Abbildungen multiplikativ verhalten.

3.11 Satz. (Multiplikationssatz)

(i) *Für beliebige lineare Abbildungen $S, T : \mathbb{R}^n \to \mathbb{R}^n$ gilt*

$$\det(S \circ T) = \det(S) \cdot \det(T).$$

(ii) *Es gilt* $\det(\mathrm{id}_{\mathbb{R}^n}) = 1$.

(iii) *Ist T eine lineare Bijektion, so gilt*

$$\det(T^{-1}) = \frac{1}{\det(T)}.$$

BEWEIS: (i): Zunächst sei T eine lineare Bijektion. Wir wählen eine Basis $\{\vec{b}_1, \ldots, \vec{b}_n\}$ des $\mathbb{R}^n$. Dann ist auch $T(\vec{b}_1), \ldots, T(\vec{b}_n)$ eine Basis. Weil die Definition der Determinante unabhängig von der Wahl der Basis ist, folgt

$$\begin{aligned}
\det(S \circ T) &= \frac{D(S \circ T(\vec{b}_1), \ldots, S \circ T(\vec{b}_n))}{D(\vec{b}_1, \ldots, \vec{b}_n)} \\
&= \frac{D(S \circ T(\vec{b}_1), \ldots, S \circ T(\vec{b}_n))}{D(T(\vec{b}_1), \ldots, T(\vec{b}_n))} \cdot \frac{D(T(\vec{b}_1), \ldots, T(\vec{b}_n))}{D(\vec{b}_1, \ldots, \vec{b}_n)} \\
&= \det(S) \cdot \det(T).
\end{aligned}$$

Ist T nicht bijektiv, so ist auch $S \circ T$ nicht bijektiv, und die erste Behauptung reduziert sich auf die triviale Gleichung $0 = 0$.

(ii): Die Gleichung $\det(\mathrm{id}_{\mathbb{R}^n}) = 1$ ist eine direkte Konsequenz der Definition.

(iii): Ist T bijektiv, so folgt nach (ii) und (i)

$$1 = \det(T \circ T^{-1}) = \det(T) \cdot \det(T^{-1}).$$ □

3.1.8 Die Determinante einer Matrix

Es sei $\{\vec{b}_1, \ldots, \vec{b}_n\}$ eine Basis des $\mathbb{R}^n$. Ist dann $T : \mathbb{R}^n \to \mathbb{R}^n$ eine lineare Abbildung, so gibt es Zahlen a_{ij} $(i, j = 1, \ldots, n)$ mit

$$T(\vec{b}_j) = \sum_{i=1}^{n} a_{ij} \cdot \vec{b}_i, \qquad j = 1, \ldots n. \tag{3.14}$$

Die hierdurch definierte Matrix $A = (a_{ij})$ ist die in I.8.3.3 eingeführte *Basisdarstellung von* T bezüglich $\{\vec{b}_1, \ldots, \vec{b}_n\}$. Im Fall der kanonischen Basis $\{\vec{e}_1, \ldots, \vec{e}_n\}$ ergibt sich die kanonische Matrix von T. Aus (3.8) und (3.14) folgt

$$D(T(\vec{b}_1), \ldots, T(\vec{b}_n)) = D(\vec{b}_1, \ldots, \vec{b}_n) \cdot \sum_{\pi \in \Pi_n} \operatorname{sgn}(\pi) \cdot a_{\pi(1)1} \cdot \ldots \cdot a_{\pi(n)n}$$

und somit

$$\det(T) = \sum_{\pi \in \Pi_n} \operatorname{sgn}(\pi) \cdot a_{\pi(1)1} \cdot \ldots \cdot a_{\pi(n)n}.$$

Es sei $A = (a_{ij})$ eine $n \times n$-Matrix. Dann heißt

$$\det(A) := \sum_{\pi \in \Pi_n} \operatorname{sgn}(\pi) \cdot a_{\pi(1)1} \cdot \ldots \cdot a_{\pi(n)n} \tag{3.15}$$

Determinante von A. Man nennt $\det(A)$ auch die *Determinante der Spaltenvektoren* $\vec{a}_1, \ldots, \vec{a}_n$ von A und schreibt

$$\det(\vec{a}_1, \ldots, \vec{a}_n) := \det(A).$$

Die oben hergeleitete Vorschrift zur Berechnung von Determinanten linearer Abbildungen wollen wir nochmals festhalten:

3.12 Satz. (Berechnung von Determinanten)
Die Determinante einer linearen Abbildung T ergibt sich als Determinante der Basisdarstellung A von T bezüglich einer beliebigen Basis $\{\vec{b}_1, \ldots, \vec{b}_n\}$ des $\mathbb{R}^n$.

Eine $n \times n$-Matrix A ist kanonische Matrix der linearen Abbildung $\vec{x} \mapsto A\vec{x}$ (vgl. I.8.3.3 und I.8.7.3 (iv)). Nach Satz 3.12 ist also die Determinante der Matrix A auch die Determinante der linearen Abbildung A. Und so sollte es ja auch sein!

3.1.9 Eigenschaften der Determinante

Der folgende Satz fasst die wichtigsten Eigenschaften der Determinanten von Matrizen zusammen.

3.13 Satz. (Eigenschaften von Determinanten)
Es seien A und B $n \times n$-Matrizen. Dann gilt:

(i) $\det(A) = \det(A^T)$.

(ii) *Vertauscht man in A zwei Spalten (bzw. Zeilen), so ändert die Determinante ihr Vorzeichen.*

(iii) *Addiert man zu einer Spalte (bzw. Zeile) eine Linearkombination der anderen Spalten (bzw. Zeilen), so bleibt die Determinante unverändert.*

(iv) *Die Determinante ist linear in jeder Spalte (bzw. Zeile).*

(v) $\det(A) = 0 \iff$ *die Spalten (bzw. Zeilen) von A sind linear abhängig.*

(vi) $\det(A \cdot B) = \det(A) \cdot \det(B)$.

(vii) *Ist A regulär, so gilt*

$$\det(A^{-1}) = \frac{1}{\det(A)}.$$

BEWEIS: Wir beweisen zunächst (i). Es sei $A = (a_{ij})$. Ist $\pi \in \Pi_n$, so gilt

$$a_{\pi(1)1} \cdot \ldots \cdot a_{\pi(n)n} = a_{1\pi^{-1}(1)} \cdot \ldots \cdot a_{n\pi^{-1}(n)},$$

da jeder Faktor auf beiden Seiten genau einmal auftritt und die Multiplikation kommutativ ist. Nach Satz 3.5 gilt $\text{sgn}(\pi) = \text{sgn}(\pi^{-1})$, und wir erhalten

$$\det(A) = \sum_{\pi \in \Pi_n} \text{sgn}(\pi^{-1}) \cdot a_{1\pi^{-1}(1)} \cdot \ldots \cdot a_{n\pi^{-1}(n)}.$$

Weil aber mit π auch π^{-1} die Menge Π_n durchläuft (die Zuordnung $\pi \mapsto \pi^{-1}$ ist eine Bijektion der Menge Π_n aller Permutationen), steht auf der rechten Seite die Determinante von A^T. Damit ist (i) bewiesen. Mit Hilfe dieser Beziehung entspricht jeder Aussage über Spalten eine solche über Zeilen. Die anderen Behauptungen folgen jetzt aus den bereits bekannten Eigenschaften der Determinante und der Tatsache, dass die Determinante einer Matrix als Determinante einer linearen Abbildung interpretiert werden kann. Beispielsweise ergibt sich die wichtige Gleichung (vi) aus dem Multiplikationssatz 3.11 (i) und dem Sachverhalt, dass die Matrizenmultiplikation der Hintereinanderausführung linearer Abbildungen entspricht (Satz I.8.63). □

3.1.10 Unterdeterminanten

Manchmal ist eine Verallgemeinerung von Satz 3.13 (v) hilfreich. Wir betrachten hierzu eine (im Allgemeinen nicht quadratische) Matrix A mit m Zeilen und n Spalten. Ist $1 \leq k \leq \min\{m, n\}$ und wählt man k Spalten und k Zeilen von A, so bilden die in diesen ausgewählten Spalten und Zeilen stehenden Elemente von A eine $k \times k$-Matrix, die auch *k-reihige Untermatrix* von A genannt wird. Die Determinante dieser Matrix heißt auch *k-reihige Unterdeterminante* von A.

3.14 Beispiel.
Die 2×3-Matrix

$$A = \begin{pmatrix} 4 & 1 & 8 \\ 2 & 0 & 5 \end{pmatrix}$$

besitzt die 2-reihigen Unterdeterminanten

$$\det \begin{pmatrix} 4 & 1 \\ 2 & 0 \end{pmatrix} = 4 \cdot 0 - 2 \cdot 1 = -2, \qquad \det \begin{pmatrix} 4 & 8 \\ 2 & 5 \end{pmatrix} = 4 \cdot 5 - 2 \cdot 8 = 4$$

und

$$\det \begin{pmatrix} 1 & 8 \\ 0 & 5 \end{pmatrix} = 1 \cdot 5 - 0 \cdot 8 = 5.$$

3.15 Satz. (Rangbestimmung mittels Determinanten)
Der Rang einer von der Nullmatrix verschiedenen Matrix A ist die größte Zahl $r \in \mathbb{N}$, für die es eine von 0 verschiedene r-reihige Unterdeterminante von A gibt.

BEWEIS: Die $m \times n$-Matrix A besitze den Rang $s > 0$. Dann gibt es s linear unabhängige Spaltenvektoren von A, die eine $m \times s$-Matrix B mit dem Rang s bilden. Wegen $\text{Rang}(B) = \text{Rang}(B^T)$ existieren in B s linear unabhängige Zeilen(vektoren). Diese bestimmen eine quadratische Untermatrix C von B, die ebenfalls den Rang s besitzt. Aus Satz 3.13 (v) folgt $\det(C) \neq 0$ und damit die Ungleichung $r \geq s$. Zum Beweis der umgekehrten Ungleichung wählen wir eine r-reihige Unterdeterminante von A, die nicht gleich 0 ist. Es bezeichne D die zugehörige $r \times r$-Matrix. Wiederum wegen Satz 3.13 (v) sind die Spaltenvektoren von D linear unabhängig. Damit besitzt aber auch A mindestens r linear unabhängige Spaltenvektoren. Es folgt $r \leq s$, und der Satz ist bewiesen. □

3.1.11 Berechnung der Determinante einer 3×3-Matrix

Für eine 3×3-Matrix $A = (a_{ij})$ gilt definitionsgemäß

$$\det \begin{pmatrix} a_{11} & a_{12} & a_{13} \\ a_{21} & a_{22} & a_{23} \\ a_{31} & a_{32} & a_{33} \end{pmatrix} = a_{11}a_{22}a_{33} + a_{12}a_{23}a_{31} + a_{13}a_{21}a_{32} - a_{13}a_{22}a_{31} - a_{11}a_{23}a_{32} - a_{12}a_{21}a_{33}. \tag{3.16}$$

Diese auf den ersten Blick unübersichtliche Formel kann man sich leicht nach dem sog. *Schema von Sarrus*[1] merken. Hierbei werden rechts neben die Matrix A noch

[1] Pierre Frédéric Sarrus (1798–1861), Professor in Straßburg. Seine wichtigste Arbeit trägt den Titel *Méthode pour trouver des conditions d'integralité d'une équation differentielle* (1847).

einmal deren erste und zweite Spalte gesetzt. In der entstehenden 3×5-Matrix ergibt sich die Determinante von A als Summe der Produkte der Einträge in den von links oben nach rechts unten verlaufenden Schräglinien, vermindert um die Summe der Produkte der Elemente in den von rechts oben nach links unten verlaufenden Diagonalen (Bild 3.4).

Es sei jedoch ausdrücklich darauf hingewiesen, dass eine analoge Regel für $n \times n$-Matrizen mit $n \geq 4$ nicht gilt!

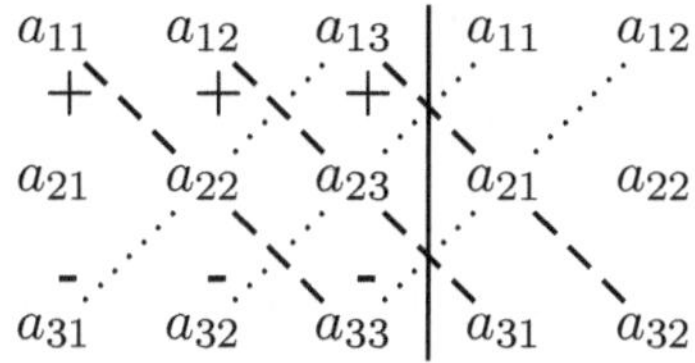

Bild 3.4:
Schema von Sarrus zur Berechnung der Determinante einer 3×3-Matrix

3.16 Beispiel.
Die Matrix

$$A = \begin{pmatrix} 3 & 2 & 5 \\ 1 & 0 & 6 \\ 2 & 4 & 7 \end{pmatrix}$$

besitzt die Determinante

$$\det(A) = 3 \cdot 0 \cdot 7 + 2 \cdot 6 \cdot 2 + 5 \cdot 1 \cdot 4 - 5 \cdot 0 \cdot 2 - 3 \cdot 6 \cdot 4 - 2 \cdot 1 \cdot 7 = -42.$$

3.1.12 Dreiecksmatrizen

Eine $n \times n$-Matrix $A = (a_{ij})$ heißt *obere Dreiecksmatrix*, wenn alle Elemente unterhalb der Hauptdiagonalen $a_{11}, a_{22}, \ldots, a_{nn}$ verschwinden, wenn also $a_{ij} = 0$ für $j < i$ gilt. Eine obere Dreiecksmatrix heißt *normiert*, wenn jedes ihrer Diagonalelemente gleich 1 ist. Die Matrix A heißt (*normierte*) *untere Dreiecksmatrix*, wenn A^T eine (normierte) obere Dreiecksmatrix ist.

3.17 Beispiel.
Die Matrizen

$$A = \begin{pmatrix} 2 & 0 & -4 & 5 \\ 0 & 3 & 1 & 0 \\ 0 & 0 & 0 & 7 \\ 0 & 0 & 0 & 2 \end{pmatrix}, \qquad B = \begin{pmatrix} 1 & 0 & 0 & 0 \\ 3 & 1 & 0 & 0 \\ 0 & 5 & 1 & 0 \\ 8 & 0 & 2 & 1 \end{pmatrix} \tag{3.17}$$

sind eine (nicht normierte) obere Dreiecksmatrix bzw. eine normierte untere Dreiecksmatrix.

Ist $A = (a_{ij})_{1 \leq i,j \leq n}$ eine obere (bzw. untere) Dreiecksmatrix, so liefert nur die Identität $\pi = \mathrm{id}$ einen Beitrag zur Summe (3.15), und es folgt

$$\det(A) = a_{11} \cdot \ldots \cdot a_{nn}.$$

Die Matrizen A und B in (3.17) besitzen somit die Determinanten $\det(A) = 0$ bzw. $\det(B) = 1$.

Mit Hilfe des Gaußschen Algorithmus' kann jede Matrix in eine obere (bzw. untere) Dreiecksmatrix überführt werden. Die Normierung zur Erzeugung einer „führenden 1" kann dabei unterbleiben. Wird keine Zeilenvertauschung vorgenommen, so bleibt die Determinante nach Satz 3.13 in jedem Schritt unverändert. Vertauscht man zwei Zeilen, so ändert sich das Vorzeichen. Insgesamt erhält man damit ein sehr effizientes Verfahren zur Berechnung von Determinanten.

3.18 Beispiel.
Unter Verwendung des Gaußschen Algorithmus' ergibt sich die Determinante der Matrix

$$A = \begin{pmatrix} 0 & 3 & 6 & 3 \\ 2 & 1 & -2 & 2 \\ 1 & 2 & 1 & 4 \\ -2 & 1 & 2 & 1 \end{pmatrix}$$

zu

$$\begin{aligned} \det(A) &= -\det \begin{pmatrix} 2 & 1 & -2 & 2 \\ 0 & 3 & 6 & 3 \\ 1 & 2 & 1 & 4 \\ -2 & 1 & 2 & 1 \end{pmatrix} = -\det \begin{pmatrix} 2 & 1 & -2 & 2 \\ 0 & 3 & 6 & 3 \\ 0 & 3/2 & 2 & 3 \\ 0 & 2 & 0 & 3 \end{pmatrix} \\ &= -\det \begin{pmatrix} 2 & 1 & -2 & 2 \\ 0 & 3 & 6 & 3 \\ 0 & 0 & -1 & 3/2 \\ 0 & 0 & -4 & 1 \end{pmatrix} = -\det \begin{pmatrix} 2 & 1 & -2 & 2 \\ 0 & 3 & 6 & 3 \\ 0 & 0 & -1 & 3/2 \\ 0 & 0 & 0 & -5 \end{pmatrix} \\ &= -(2 \cdot 3 \cdot (-1) \cdot (-5)) = -30. \end{aligned}$$

Hierbei wurden folgende Schritte des Gaußschen Algorithmus' durchgeführt:

1. Vertauschung der ersten beiden Zeilen
2. Multiplikation der ersten Zeile mit $-1/2$ und Addition zur dritten Zeile sowie Addition der ersten zur vierten Zeile
3. Multiplikation der zweiten Zeile mit $-1/2$ und Addtion zur dritten Zeile sowie Multiplikation der zweiten Zeile mit $-2/3$ und Addition zu Zeile 4
4. Multiplikation der dritten Zeile mit -4 und Addition zur vierten Zeile

3.1.13 Der Entwicklungssatz von Laplace

Im Folgenden wird ein rekursives Verfahren vorgestellt, welches die Berechnung der Determinante einer $n \times n$-Matrix A auf die Berechnung der Determinanten von gewissen $(n-1) \times (n-1)$-Matrizen zurückführt. Diese Matrizen entstehen aus A durch Streichen von Zeilen und Spalten. Genauer bezeichne A_{ij} diejenige $(n-1) \times (n-1)$-Matrix, die aus A durch Streichen der i-ten Zeile und der j-ten Spalte hervorgeht. Für die Matrix

$$A = \begin{pmatrix} 5 & 3 & 0 & 4 \\ -2 & 9 & 1 & 5 \\ 3 & 6 & 6 & -1 \\ 4 & 0 & -2 & -6 \end{pmatrix}$$

gilt also etwa

$$A_{12} = \begin{pmatrix} -2 & 1 & 5 \\ 3 & 6 & -1 \\ 4 & -2 & -6 \end{pmatrix}, \qquad A_{33} = \begin{pmatrix} 5 & 3 & 4 \\ -2 & 9 & 5 \\ 4 & 0 & -6 \end{pmatrix}.$$

Um die Anzahl der Zeilen der beteiligten Matrizen zu verdeutlichen, werden wir die Determinante einer $n \times n$-Matrix A gelegentlich auch mit $\det_n(A)$ bezeichnen.

3.19 Satz. (Entwicklungssatz von Laplace)
Es sei $A = (a_{ij})$ eine $(n \times n)$-Matrix. Dann gilt für jedes $i \in \{1, \ldots, n\}$:

$$\det_n(A) = \sum_{j=1}^{n} (-1)^{i+j} \cdot a_{ij} \cdot \det_{n-1}(A_{ij}), \tag{3.18}$$

(Entwicklung von $\det(A)$ *nach der i-ten Zeile).*

Beweis: Wir beweisen die Behauptung nur für $i = 1$; der allgemeine Fall erfordert nur größeren Schreibaufwand. Zerlegt man die Menge Π_n aller Permutationen $\pi = (\pi(1), \ldots, \pi(n))$ nach dem Wert $\pi(1) \in \{1, \ldots, n\}$, so folgt

$$\begin{aligned} \det(A) &= \sum_{\pi \in \Pi_n} \operatorname{sgn}(\pi) \cdot a_{1\pi(1)} \cdot \ldots \cdot a_{n\pi(n)} \\ &= \sum_{j=1}^{n} \sum_{\substack{\pi \in \Pi_n \\ \pi(1)=j}} a_{1j} \cdot \operatorname{sgn}((j, \pi(2), \ldots, \pi(n))) \cdot a_{2\pi(2)} \cdot \ldots \cdot a_{n\pi(n)}. \end{aligned}$$

Ist $\pi(1) = j$, so kann $(\pi(2), \ldots, \pi(n))$ als Element der mit $\Pi_{n,j}$ bezeichneten Menge aller Bijektionen von $\{2, \ldots, n\}$ auf $\{1, \ldots, n\} \setminus \{j\}$ aufgefasst werden. Das Signum einer solchen Bijektion wird analog zum Signum einer Permutation aus Π_{n-1} definiert, indem man $\pi(2), \ldots, \pi(n)$ durch m Vertauschungen der Größe nach ordnet und das Signum als $(-1)^m$ definiert. Es sind $j-1$ Transpositionen erforderlich, um die Permutation $(j,\pi(2),\ldots,\pi(n))$ in die Permutation $\sigma := (\pi(2),\ldots,j,\ldots,\pi(n))$ mit der Eigenschaft $\sigma(j)=j$ zu überführen. Offenbar gilt $\mathrm{sgn}(\sigma)=\mathrm{sgn}((\pi(2),\ldots,\pi(n)))$, und es folgt

$$\det(A)=\sum_{j=1}^{n} a_{1j}\sum_{\pi\in\Pi_{n,j}}(-1)^{1+j}\,\mathrm{sgn}(\pi)\cdot a_{2\pi(2)}\cdot\ldots\cdot a_{n\pi(n)},$$

so dass sich (3.18) für $i=1$ aus der Definition der Matrizen A_{1j} ergibt. □

Es empfiehlt sich, Formel (3.18) für *schwach besetzte* Zeilen anzuwenden, d.h. für Zeilen, die möglichst viele Nullen enthalten. Derartige Zeilen können grundsätzlich durch vorhergehende geeignete elementare Zeilenoperationen erzeugt werden. Man beachte auch, dass die Determinante von A prinzipiell durch mehrfaches rekursives Anwenden der Entwicklungsformel ermittelt werden kann. In jedem Rekursionsschritt wird dabei die Zeilenzahl der beteiligten Matrizen verringert.

Natürlich kann $\det(A)$ auch gemäß der Formel

$$\det_n(A)=\sum_{j=1}^{n}(-1)^{i+j}\cdot a_{ji}\cdot\det_{n-1}(A_{ji}) \tag{3.19}$$

nach der i-ten Spalte entwickelt werden. Diese Darstellung folgt unmittelbar aus (3.18) und der Gleichung $\det(A)=\det(A^T)$.

3.20 Beispiel.
Zur Bestimmung der Determinante der Matrix

$$A=\begin{pmatrix}2&8&0&1\\4&3&1&3\\5&0&2&0\\6&3&2&1\end{pmatrix}$$

empfiehlt sich eine Entwicklung nach der dritten Zeile, da diese 2 Nullen enthält. Nach (3.18) für $i=3$ gilt

$$\begin{aligned}\det(A)&=5\cdot(-1)^{3+1}\det\begin{pmatrix}8&0&1\\3&1&3\\3&2&1\end{pmatrix}+2\cdot(-1)^{3+3}\det\begin{pmatrix}2&8&1\\4&3&3\\6&3&1\end{pmatrix}\\&=5\cdot(-37)+2\cdot 94=3.\end{aligned}$$

Dabei können die Determinanten der beiden 3×3-Matrizen z.B. nach dem Schema von Sarrus (vgl. Bild 3.4) berechnet werden.

3.2 Lineare Transformation von Integralen

Die Bedeutung der Determinanten für die Integration (und die gesamte Analysis) resultiert aus dem folgenden Satz und dessen Verallgemeinerungen.

3.2.1 Der Transformationssatz

3.21 Satz. (Lineare Transformation mehrdimensionaler Integrale)
Es seien $M \subset \mathbb{R}^n$ eine Jordan-messbare Menge sowie $T : \mathbb{R}^n \to \mathbb{R}^n$ eine lineare Abbildung. Dann ist die Menge $T(M)$ Jordan-messbar. Eine beschränkte Funktion $f : T(M) \to \mathbb{R}$ ist genau dann über $T(M)$ integrierbar, wenn die Funktion $|\det(T)| \cdot (f \circ T)$ über M integrierbar ist. In diesem Fall gilt

$$\int_{T(M)} f(\vec{y})\, d\vec{y} = \int_M f(T(\vec{x})) \cdot |\det(T)|\, d\vec{x}. \tag{3.20}$$

Für $f(\vec{y}) = 1$, $\vec{y} \in T(M)$, ergibt sich der folgende wichtige Spezialfall.

3.22 Satz. (Lineare Transformation des Inhalts)
Sind $M \subset \mathbb{R}^n$ eine Jordan-messbare Menge und $T : \mathbb{R}^n \to \mathbb{R}^n$ eine lineare Abbildung, so ist $T(M)$ Jordan-messbar, und es gilt

$$|T(M)| = |\det(T)| \cdot |M|. \tag{3.21}$$

Es sei $T : \mathbb{R}^n \to \mathbb{R}^n$ eine lineare Abbildung, und es sei $\vec{a}_i := T(\vec{e}_i)$, $i = 1, \ldots, n$, das Bild des i-ten Einheitsvektors. Dann besitzt die kanonische Matrix von T die Spaltenvektoren $\vec{a}_1, \ldots, \vec{a}_n$. Ist M der *Einheitswürfel* $[0,1] \times \ldots \times [0,1]$, so ist $T(M)$ das von $\vec{a}_1, \ldots, \vec{a}_n$ aufgespannte Parallelepiped. Damit liefern Satz 3.22 und Satz 3.12 die angestrebte Verallgemeinerung von Folgerung 3.1:

3.23 Folgerung. (Volumen eines Parallelepipeds)
Das von n Vektoren $\vec{a}_1, \ldots, \vec{a}_n \in \mathbb{R}^n$ aufgespannte Parallelepiped P ist Jordan-messbar, und es gilt

$$|P| = |\det(\vec{a}_1, \ldots, \vec{a}_n)|.$$

3.2.2 Beweis von Satz 3.21 Teil (1): Der Fall $\det(T) = 0$*

Wir gliedern den Beweis von Satz 3.21 in mehrere Teile und behandeln zunächst den Fall, dass T nicht bijektiv ist. Nach Satz 3.10 ist dann $\det(T) = 0$, und wir zeigen jetzt, dass $T(M)$ eine Nullmenge ist. Wegen $\text{Rang}(T) \leq n - 1$ gibt es einen Vektor $\vec{a} = (a_1, \ldots, a_n) \neq \vec{0}$ aus dem orthogonalen Komplement von $\text{Bild}(T)$. Somit ist $\text{Bild}(T)$ Teilmenge der Hyperebene $\{\vec{y} : \langle \vec{y}, \vec{a} \rangle = 0\}$. Aufgrund der Stetigkeit von T ist $T(M)$ eine beschränkte Menge, also in einem gewissen Quader Q enthalten. Gilt $a_i \neq 0$ (mindestens eine Komponente von $\vec{a}$ muss diese Eigenschaft besitzen), so folgt mit der Abkürzung $b_j := a_j / a_i$ die Teilmengenbeziehung

$$T(M) \subset B := \Big\{(y_1, \ldots, y_n) \in Q : y_i = \sum\nolimits_{j \neq i} b_j y_j\Big\}.$$

Ist $i = n$, so folgt aus Satz 2.37 und der Integrierbarkeit der Funktion $(y_1, \ldots, y_{n-1}) \mapsto \sum_{j=1}^{n-1} b_j y_j$ (Satz 2.30), dass B (und damit auch $T(M)$) eine Nullmenge ist. Ist $i \neq n$ (und damit $n \geq 2$), so betrachten wir die Transposition $\pi := [i, n]$ und die Menge

$$B_\pi := \{(y_1, \ldots, y_n) : (y_{\pi(1)}, \ldots, y_{\pi(n)}) \in B\}.$$

Nach Satz 2.10 (ii) ist B_π Jordan-messbar, und es gilt $|B_\pi| = |B|$. Da wir gerade gesehen haben, dass B_π eine Nullmenge ist, sind somit auch B und $T(M)$ Nullmengen. Nach Folgerung 2.22 ist f über $T(M)$ integrierbar, wobei das Integral wegen $|T(M)| = 0$ verschwindet. Formel (3.20) gilt also im Fall $\det(T) = 0$. □

3.2.3 Lipschitzstetigkeit von Funktionen

Die folgende Begriffsbildung ergibt sich in natürlicher Weise im Zusammenhang mit dem Beweis des Transformationssatzes; sie spielt jedoch auch in anderen Bereichen der Analysis eine große Rolle.

Es seien $M \subset \mathbb{R}^n$ und $k \in \mathbb{N}$. Eine Funktion $f : M \to \mathbb{R}^k$ heißt *Lipschitzstetig*[2], wenn es eine Zahl $L \geq 0$ mit

$$\|f(\vec{x}) - f(\vec{y})\|_2 \leq L \cdot \|\vec{x} - \vec{y}\|_2, \qquad \vec{x}, \vec{y} \in M, \tag{3.22}$$

gibt. Die Zahl L heißt dann *Lipschitzkonstante* von f. Bei einer Lipschitzstetigen Funktion kann somit der Abstand zweier Funktionswerte $f(\vec{x})$ und $f(\vec{y})$ stets durch ein bestimmtes Vielfaches des Abstandes von $\vec{x}$ und $\vec{y}$ nach oben abgeschätzt werden.

Eine Funktion ist Lipschitzstetig, wenn jede ihrer Komponenten diese Eigenschaft besitzt. Man beachte, dass jede Lipschitzstetige Funktion gleichmäßig stetig ist. Nach Lemma 1.66 ist jede lineare Funktion Lipschitzstetig.

3.24 Satz. (Lipschitzstetigkeit differenzierbarer Funktionen)
Es seien $U \subset \mathbb{R}^n$ offen und $f : U \to \mathbb{R}$ differenzierbar. Dann gilt:

(i) Ist U konvex (d.h. U enthält mit je zwei Punkten auch stets deren Verbindungsstrecke) und sind die partiellen Ableitungen von f beschränkt, so ist f Lipschitzstetig.

(ii) Sind die partiellen Ableitungen von f stetig auf einer beschränkten, abgeschlossenen Menge $W \subset U$, so ist f Lipschitzstetig auf W.

Beweis: Die Aussage (i) folgt direkt aus dem Mittelwertsatz (Folgerung 1.48). Unter den Voraussetzungen von (ii) folgt aus Satz 1.18 (i) die Beschränktheit der partiellen Ableitungen auf W. Die Behauptung kann jetzt mittels (i) hergeleitet werden. Auf die Details können wir hier verzichten. □

3.25 Lemma. (Lipschitzstetige Bilder von Nullmengen)
Sind $M \subset \mathbb{R}^n$ eine beschränkte Menge und $f : M \to \mathbb{R}^n$ eine Lipschitzstetige Funktion, so gibt es eine Zahl $c > 0$ mit $\overline{J}(f(M)) \leq c \cdot \overline{J}(M)$. Insbesondere gilt: Ist M eine Nullmenge, so ist auch $f(M)$ eine Nullmenge.

---

[2] Rudolf Otto Sigismund Lipschitz (1832–1903), Gymnasiallehrer in Königsberg (ab 1853), Prof. in Breslau (ab 1862) und Bonn (ab 1864). Hauptarbeitsgebiete: Zahlentheorie, Differentialgleichungen, Riemannsche Mannigfaltigkeiten.

Beweis: Es sei $Q \supset M$ ein Würfel, also ein Quader mit gleichen Seitenlängen, und es sei $\mathcal{Z}$ eine nur aus Würfeln mit den Seitenlängen $a > 0$ bestehende Partition von Q. Ist $A \in \mathcal{Z}$ mit $A \cap M \neq \emptyset$, so folgt aus der Lipschitzstetigkeit (3.22), dass $f(A \cap M)$ Teilmenge eines Würfels A^* mit der (von A unabhängigen) Seitenlänge $L\sqrt{n} \cdot a$ ist. Sind nämlich $\vec{y}_1, \vec{y}_2 \in f(A \cap M)$, so existieren $\vec{x}_1, \vec{x}_2 \in A \cap M$ mit $\vec{y}_1 = f(\vec{x}_1)$, $\vec{y}_2 = f(\vec{x}_2)$, und es folgt

$$\|\vec{y}_1 - \vec{y}_2\|_2 = \|f(\vec{x}_1) - f(\vec{x}_2)\|_2 \leq L \cdot \|\vec{x}_1 - \vec{x}_2\|_2 \leq L \cdot a \cdot \sqrt{n}.$$

Nach Satz 2.16 (ii) ergibt sich somit

$$\overline{J}(f(A \cap M)) \leq \sum_{\substack{A \in \mathcal{Z} \\ A \cap M \neq \emptyset}} |A^*| \leq (L\sqrt{n})^n \cdot \sum_{\substack{A \in \mathcal{Z} \\ A \cap M \neq \emptyset}} |A|.$$

Da nach Satz 2.14 die letzte Summe für $a \to 0$ gegen $\overline{J}(M)$ konvergiert, ist das Lemma bewiesen. □

3.26 Lemma.
Es seien $V \subset \mathbb{R}^n$ und $W \subset \mathbb{R}^m$ offene Mengen sowie $f : V \to W$ eine stetige und bijektive Abbildung. Ist dann $A \subset V$, so gilt $f(A)^\circ \subset f(A^\circ)$.

Beweis: Es sei $\vec{y} \in f(A)^\circ$. Dann gibt es ein $\varepsilon > 0$ mit $B^\circ(\vec{y}, \varepsilon) \subset f(A)$. Daraus folgt $f^{-1}(B^\circ(\vec{y}, \varepsilon)) \subset A$. Nach Satz 1.21 ist $f^{-1}(B^\circ(\vec{y}, \varepsilon))$ eine offene Menge. Diese Menge enthält den Punkt $\vec{x} := f^{-1}(\vec{y})$. Es gibt also ein $\varepsilon_1 > 0$ mit

$$B(\vec{x}, \varepsilon_1) \subset f^{-1}(B^\circ(\vec{y}, \varepsilon)) \subset A.$$

Damit ist $\vec{x} \in A^\circ$ und $\vec{y} = f(\vec{x}) \in f(A^\circ)$. Daraus folgt die Behauptung des Lemmas. □

3.2.4 Beweis von Satz 3.21 Teil (2): $T(M)$ ist Jordan-messbar*

Wir beweisen jetzt mit Hilfe des Kriteriums aus Satz 2.15, dass die Menge $T(M)$ unter den Voraussetzungen von Satz 3.21 Jordan-messbar ist. Nach dem ersten Beweisteil kann dabei die Bijektivität von T vorausgesetzt werden. Aufgrund der Stetigkeit von T^{-1} ist die Menge $T(\overline{M})$ nach Satz 1.21 abgeschlossen. Weil $\overline{M}$ beschränkt ist, ist $T(\overline{M})$ außerdem beschränkt. Aus $T(M) \subset T(\overline{M})$ und der Abgeschlossenheit von $T(\overline{M})$ folgt (zum Beispiel mit Satz 1.9 (ii)) die Inklusion $\overline{T(M)} \subset T(\overline{M})$. Ferner ist $T(M^\circ)$ nach Satz 1.21 offen, was $T(M)^\circ \supset T(M^\circ)^\circ = T(M^\circ)$ nach sich zieht. Damit ergibt sich

$$\partial(T(M)) = \overline{T(M)} \setminus T(M)^\circ \subset T(\overline{M}) \setminus T(M^\circ) = T(\overline{M} \setminus M^\circ) = T(\partial M),$$

wobei wir beim vorletzten Gleichheitszeichen die Bijektivität von T benutzt haben. Nach Voraussetzung und dem bereits erwähnten Kriterium ist $\partial M = \overline{M} \setminus M$ eine Nullmenge. Lemma 3.25 besagt, dass dann auch $T(\partial M)$ eine Nullmenge ist. Also ist $\partial(T(M))$ eine Nullmenge, was zu zeigen war. □

3.2.5 Beweis von Satz 3.21 Teil (3): Rückführung auf (3.21)*

Im nächsten Beweisschritt werden wir Behauptung (3.20) auf den in Satz 3.22 beschriebenen Spezialfall zurückführen und betrachten hierzu eine Partition $\mathcal{Z}$ von M. Wir zeigen zunächst, dass dann

$$\mathcal{Z}_T := \{T(A) : A \in \mathcal{Z}\}$$

eine Partition von $T(M)$ ist. Hierbei werde vorausgesetzt, dass $T : \mathbb{R}^n \to \mathbb{R}^n$ eine lineare und bijektive Abbildung ist. Zunächst ergibt die Vereinigung aller Mengen aus $\mathcal{Z}_T$ die Menge $T(M)$. Aus Teil (2) des Beweises folgt ferner, dass nicht nur $T(M)$, sondern auch jede Menge aus $\mathcal{Z}_T$ Jordan-messbar ist. Sind schließlich A und B zwei verschiedene Mengen aus $\mathcal{Z}$, so folgt aus Lemma 3.26 und der Injektivität von T, dass

$$T(A)^\circ \cap T(B)^\circ \subset T(A^\circ) \cap T(B^\circ) = \emptyset.$$

Wäre Satz 3.22 bereits bewiesen, so würde sich

$$\begin{aligned} U(|\det(T)|f \circ T, \mathcal{Z}) &= \sum_{A \in \mathcal{Z}} |A| \cdot |\det(T)| \cdot \inf f(T(A)) \\ &= \sum_{B \in \mathcal{Z}_T} |B| \cdot \inf f(B) = U(f, \mathcal{Z}_T) \end{aligned}$$

und eine analoge Beziehung für die entsprechende Obersumme ergeben. Ist L eine Lipschitzkonstante von T, so gilt offenbar $\|\mathcal{Z}_T\| \leq L \cdot \|\mathcal{Z}\|$. Mit $\|\mathcal{Z}\| \to 0$ gilt dann also auch $\|\mathcal{Z}_T\| \to 0$, und wir erhielten die allgemeine Behauptung des Satzes 3.21. □

3.2.6 Beweis von Satz 3.21 Teil (4): (3.21) für Bijektionen*

Mit Blick auf die bereits bewiesenen Aussagen genügt es jetzt, Gleichung (3.21) für den Fall einer linearen und bijektiven Abbildung $T : \mathbb{R}^n \to \mathbb{R}^n$ zu beweisen. Dazu nehmen wir zunächst an, diese Gleichung wäre bereits für den Fall eines Quaders bewiesen. Wie in Teil (3) ergibt sich dann, dass (3.21) auch für Quadersummen richtig ist. Ist jetzt M eine beliebige Jordan-messbare Menge, so gibt es nach Satz 2.9 Quadersummen A_k, $k \in \mathbb{N}$, mit den Eigenschaften $M \subset A_k$ und

$$|A_k \setminus M| = |A_k| - |M| \to 0 \qquad \text{für } k \to \infty.$$

Hierbei wurde die Additivität des Inhalts benutzt. Mit Hilfe von Lemma 3.25 folgt jetzt

$$|T(A_k)| - |T(M)| = |T(A_k) \setminus T(M)| = |T(A_k \setminus M)| \leq c \cdot |A_k \setminus M| \to 0$$

und somit $|T(A_k)| \to |T(M)|$. Damit ergäbe sich (3.21) auch im allgemeinen Fall. □

3.2.7 Beweis von Satz 3.21 Teil (5): (3.21) gilt für Quader*

Im entscheidenden Beweisteil zeigen wir jetzt die Gültigkeit von (3.21) im Fall eines Quaders $M = [a_1, b_1] \times \ldots \times [a_n, b_n]$ und einer linearen und bijektiven Abbildung $T : \mathbb{R}^n \to \mathbb{R}^n$. Da der Fall $n = 1$ unmittelbar klar ist, können wir $n \geq 2$ voraussetzen. Wir benutzen die in 2.4.3 eingeführte Schreibweise mit $p = n - 1$ und $q = 1$ und nehmen zunächst an, dass T die spezielle Form

$$T(\vec{x}, t) = (\vec{x}, g(\vec{x}) + at), \qquad \vec{x} = (x_1, \ldots, x_{n-1}) \in \mathbb{R}^{n-1},\ t \in \mathbb{R},$$

besitzt. Hierbei ist $a \in \mathbb{R}$ mit $a \neq 0$, und $g : \mathbb{R}^{n-1} \to \mathbb{R}$ ist eine lineare Abbildung, also von der Form $g(\vec{x}) = c_1 x_1 + \ldots + c_{n-1} x_{n-1}$ mit gewissen $c_1, \ldots, c_{n-1} \in \mathbb{R}$. Die kanonische Matrix A von T besitzt folglich die Gestalt

$$A = \begin{pmatrix} 1 & 0 & \cdots & 0 & 0 \\ 0 & 1 & 0 & \cdots & 0 \\ \vdots & \vdots & \ddots & \vdots & \vdots \\ 0 & 0 & \cdots & 1 & 0 \\ c_1 & c_2 & \cdots & c_{n-1} & a \end{pmatrix}.$$

Aus Satz 3.12 folgt also $\det(A) = a$. Wir setzen $I := [a_1, b_1] \times \ldots \times [a_{n-1}, b_{n-1}]$ und nehmen z.B. $a < 0$ an (der Fall $a > 0$ verläuft analog). Dann ist

$$T(M) = \{(\vec{x}, s) : \vec{x} \in I, g(\vec{x}) + ab_n \leq s \leq g(\vec{x}) + aa_n\},$$

und aus dem Satz von Fubini folgt

$$|T(M)| = \int_I \left(\int_{g(\vec{x})+ab_n}^{g(\vec{x})+aa_n} ds \right) d\vec{x} = a(a_n - b_n) \cdot |I| = -a|M| = |\det(T)| \cdot |M|.$$

Die allgemeine Behauptung beweisen wir jetzt durch Induktion über n. Dabei besagt die Induktionsannahme, dass die Gleichung $|g(M)| = |\det(g)| \cdot |M|$ für jede Jordan-messbare Menge $M \subset \mathbb{R}^{n-1}$ und jede bijektive lineare Abbildung $g : \mathbb{R}^{n-1} \to \mathbb{R}^{n-1}$ richtig ist.

Es sei nun $T : \mathbb{R}^n \to \mathbb{R}^n$ eine (allgemeine) lineare und bijektive Abbildung mit kanonischer Matrix $A = (a_{ij})$. Dann muss wenigstens eine der vor Satz 3.19 definierten $(n-1) \times (n-1)$-Matrizen A_{ni}, $i = 1, \ldots, n$, regulär sein (anderenfalls wäre nach diesem Satz $\det(A) = \det(T) = 0$). Der Einfachheit halber werde angenommen, dass A_{nn} regulär ist. (Der weitere Verlauf des Beweises zeigt, dass diese Annahme keine Einschränkung der Allgemeinheit darstellt.) Wir schreiben $T = (T_1, \ldots, T_n)$ und setzen

$$h(\vec{x}, t) := (T_1(\vec{x}, t), \ldots, T_{n-1}(\vec{x}, t), t), \qquad \vec{x} = (x_1, \ldots, x_{n-1}) \in \mathbb{R}^{n-1},\ t \in \mathbb{R}.$$

Dann ist $h : \mathbb{R}^n \to \mathbb{R}^n$ eine lineare Abbildung, deren erste $n-1$ Komponenten mit denen von T übereinstimmen. Für jedes $t \in [a_n, b_n]$ definieren wir eine Abbildung $h_t : \mathbb{R}^{n-1} \to \mathbb{R}^{n-1}$ vermöge

$$h_t(\vec{x}) := (T_1(\vec{x}, t), \ldots, T_{n-1}(\vec{x}, t)), \qquad \vec{x} \in \mathbb{R}^{n-1}.$$

Aus dieser Definition ergibt sich $h_t(\vec{x}) = h_0(\vec{x}) + t\vec{a}$ mit $\vec{a} := (a_{1n}, \ldots, a_{n-1,n})$. Die Abbildung h_0 ist linear, und es gilt

$$\det{}_n(h) = \det{}_{n-1}(h_0) = \det{}_{n-1}(A_{nn}) \neq 0. \tag{3.23}$$

Die erste Gleichung ergibt sich hier, weil die kanonische Matrix

$$\begin{pmatrix} a_{11} & \cdots & \cdots & a_{1n} \\ \vdots & \vdots & \vdots & \vdots \\ a_{n-1,1} & \cdots & \cdots & a_{n-1,n} \\ 0 & \cdots & 0 & 1 \end{pmatrix}$$

von h in einfacher Weise aus der kanonischen Matrix A_{nn} von h_0 hervorgeht. Nach Satz 3.10 existiert die Umkehrabbildung von h, und wir setzen

$$G(\vec{x},t) := (\vec{x}, T_n(h^{-1}(\vec{x},t))).$$

Nach Definition von $h(\vec{x},t)$ gilt dann

$$G(h(\vec{x},t)) = T(\vec{x},t), \tag{3.24}$$

also $G \circ h = T$, so dass aus dem Multiplikationssatz 3.11 für Determinanten

$$\det(T) = \det(G) \cdot \det(h) \tag{3.25}$$

folgt. Insbesondere ist $\det(G) \neq 0$. Da die lineare Abbildung G die ersten $n-1$ Argumente unverändert lässt und somit von der zu Beginn des Beweisteiles angenommenen speziellen Gestalt ist, folgt wie oben festgestellt

$$|T(M)| = |G(h(M))| = |\det(G)| \cdot |h(M)|. \tag{3.26}$$

Nun ist

$$\begin{aligned} h(M) &= \{(T_1(\vec{x},t), \ldots, T_{n-1}(\vec{x},t), t) : \vec{x} \in I,\, t \in [a_n, b_n]\} \\ &= \{(\vec{y},t) : \vec{y} \in h_t(I),\, t \in [a_n, b_n]\}, \end{aligned}$$

so dass der Satz von Fubini und die Induktionsvoraussetzung die Gleichungskette

$$\begin{aligned} |h(M)| &= \int_{a_n}^{b_n} \left(\int_{h_t(I)} d\vec{y} \right) dt = \int_{a_n}^{b_n} |h_t(I)|_{n-1}\, dt = \int_{a_n}^{b_n} |\det{}_{n-1}(h_0)| \cdot |I|_{n-1}\, dt \\ &= |\det{}_n(h)| \int_{a_n}^{b_n} |I|_{n-1}\, dt = |\det(h)| \cdot |M| \end{aligned}$$

liefern. Dabei wurde beim vorletzten Gleichheitszeichen Beziehung (3.23) benutzt. Setzen wir dieses Ergebnis in (3.26) ein, so folgt unter Beachtung von (3.25)

$$|T(M)| = |\det(T)| \cdot |M|.$$

Damit ist der Induktionsbeweis abgeschlossen und Satz 3.21 vollständig bewiesen. □

3.2.8 Diagonalmatrizen

Eine $n \times n$-Matrix $A = (a_{ij})$ mit der Eigenschaft $a_{ij} = 0$ für alle $i, j \in \{1, \ldots, n\}$ mit $i \neq j$ heißt *Diagonalmatrix*. Man schreibt dann $\operatorname{diag}(a_{11}, \ldots, a_{nn}) := A$.

In diesem Sinn ist also

$$\operatorname{diag}(-1,5,8) = \begin{pmatrix} -1 & 0 & 0 \\ 0 & 5 & 0 \\ 0 & 0 & 8 \end{pmatrix}.$$

Jede Diagonalmatrix ist zugleich eine obere und eine untere Dreiecksmatrix. Insbesondere ist die Determinante einer Diagonalmatrix $\operatorname{diag}(a_{11}, \ldots, a_{nn})$ das Produkt der Diagonalelemente $a_{11}, \ldots, a_{nn}$. Aus den Sätzen 3.22 und 3.12 folgt:

3.27 Folgerung.
Es seien $\{\vec{b}_1, \ldots, \vec{b}_n\}$ *eine Basis des* $\mathbb{R}^n$ *und* $\lambda_1, \ldots, \lambda_n$ *reelle Zahlen. Die lineare Abbildung* $T : \mathbb{R}^n \to \mathbb{R}^n$ *sei durch* $T(\vec{b}_i) = \lambda_i \cdot \vec{b}_i$, $i = 1, \ldots, n$, *festgelegt. Dann gilt für jede Jordan-messbare Menge* $M \subset \mathbb{R}^n$*:*

$$|T(M)| = |\lambda_1| \cdot \ldots \cdot |\lambda_n| \cdot |M|.$$

3.28 Beispiel. (Volumen eines Ellipsoids)
Ein *Ellipsoid* mit den *Halbachsenlängen* $a_1, \ldots, a_n > 0$ und Mittelpunkt $\vec{0}$ ist definiert als die Menge

$$E := \left\{\vec{y} = (y_1, \ldots, y_n) : y_1^2/a_1^2 + \ldots + y_n^2/a_n^2 \leq 1\right\}.$$

Bild 3.5 illustriert den Spezialfall $n = 2$. Der Rand dieser Menge ist die in Beispiel 1.40 diskutierte Ellipse.

Bezeichnen A die Diagonalmatrix $\mathrm{diag}(a_1, \ldots, a_n)$ und $B := B(\vec{0}, 1)$ die Einheitskugel im $\mathbb{R}^n$, so gilt

$$A(B) = \{A\vec{x} : \vec{x} \in B\} = \{\vec{y} : A^{-1}\vec{y} \in B\} = E.$$

Schreiben wir wie früher (vgl. 2.4.6) $v_n = |B(\vec{0}, 1)|$ für das Volumen von B, so ergibt sich aus Folgerung 3.27 (mit $M = B$ und $T = A$)

$$|E| = a_1 \cdot \ldots \cdot a_n \cdot v_n$$

als Volumen von E. Wegen $v_3 = 4\pi/3$ (vgl. (2.25)) gilt dann etwa für $n = 3$

$$|E| = \frac{4}{3}\pi \cdot a_1 a_2 a_3.$$

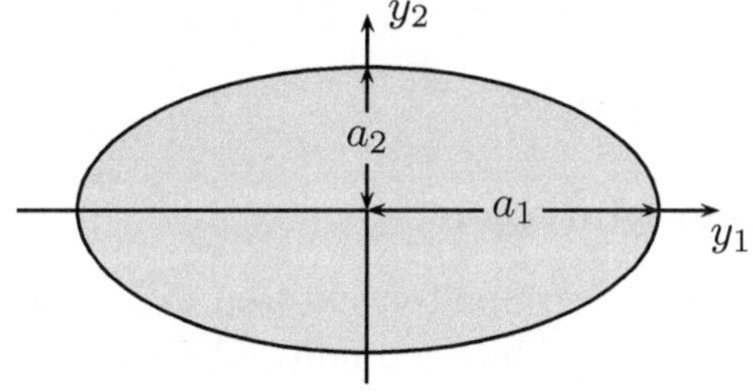

Bild 3.5: Ellipse mit den Halbachsenlängen a_1 und a_2

3.2.9 Orthogonale Abbildungen

Jede lineare Abbildung T mit der Eigenschaft $\det(T) \in \{-1, 1\}$ ist in dem Sinn *volumentreu*, dass für jede Jordan-messbare Menge die Identität $|T(M)| = |M|$ besteht; die Abbildung T lässt also den Inhalt *invariant*. Wir befassen uns jetzt mit einem wichtigen Spezialfall volumentreuer Abbildungen.

(i) Eine lineare Abbildung $T : \mathbb{R}^n \to \mathbb{R}^n$ heißt *orthogonal*, wenn

$$\langle T(\vec{x}), T(\vec{y})\rangle = \langle \vec{x}, \vec{y}\rangle, \qquad \vec{x}, \vec{y} \in \mathbb{R}^n, \tag{3.27}$$

(ii) Eine lineare Abbildung $T : \mathbb{R}^n \to \mathbb{R}^n$ heißt *isometrisch*, wenn

$$\|T(\vec{x})\|_2 = \|\vec{x}\|_2, \qquad \vec{x} \in \mathbb{R}^n. \tag{3.28}$$

Setzt man in (3.27) speziell $\vec{y} = \vec{x}$, so folgt (3.28). Jede orthogonale Abbildung ist also insbesondere isometrisch. Der folgende Satz besagt, dass auch die Umkehrung gilt. Weil eine orthogonale Abbildung somit sowohl die Länge von Vektoren als auch die Winkel zwischen Vektoren unverändert lässt, nennt man sie auch eine *Kongruenzabbildung*.

3.29 Satz. (Charakterisierung orthogonaler Abbildungen)
Eine lineare Abbildung ist genau dann orthogonal, wenn sie isometrisch ist.

Beweis: Der Beweis beruht auf der Gleichung

$$4\langle \vec{x}, \vec{y}\rangle = \|\vec{x} + \vec{y}\|_2^2 - \|\vec{x} - \vec{y}\|_2^2, \qquad \vec{x}, \vec{y} \in \mathbb{R}^n, \tag{3.29}$$

die man unter Beachtung von $\|\vec{x} \pm \vec{y}\|_2^2 = \|\vec{x}\|_2^2 \pm 2\langle \vec{x}, \vec{y}\rangle + \|\vec{y}\|_2^2$ durch direkte Rechnung bestätigt. Ist T eine isometrische Abbildung, gilt also (3.28), so folgt

$$\begin{aligned} 4\langle T(\vec{x}), T(\vec{y})\rangle &= \|T(\vec{x}) + T(\vec{y})\|_2^2 - \|T(\vec{x}) - T(\vec{y})\|_2^2 \\ &= \|T(\vec{x} + \vec{y})\|_2^2 - \|T(\vec{x} - \vec{y})\|_2^2 \\ &= \|\vec{x} + \vec{y}\|_2^2 - \|\vec{x} - \vec{y}\|_2^2 = 4\langle \vec{x}, \vec{y}\rangle, \end{aligned}$$

was zeigt, dass T auch orthogonal ist. □

3.2.10 Orthogonale Matrizen

Ist A eine $n \times n$-Matrix mit den Spaltenvektoren $\vec{a}_1, \ldots, \vec{a}_n$, so ist die Gleichung $A^T A = E_n$ nach Definition der Matrizenmultiplikation zu

$$\langle \vec{a}_i, \vec{a}_j\rangle = \delta_{ij}, \qquad i, j \in \{1, \ldots, n\},$$

äquivalent. Dabei steht $\delta_{ij} := 1$, falls $i = j$, und $\delta_{ij} = 0$, sonst, für das in I.8.4.4 eingeführte Kroneckersymbol. Die Spaltenvektoren von A bilden also ein

Orthonormalsystem im $\mathbb{R}^n$. Analog folgt, dass die Gleichung $AA^T = E_n$ genau dann gilt, wenn die Zeilenvektoren von A ein Orthonormalsystem im $\mathbb{R}^n$ sind. Das folgende Resultat ergibt sich recht leicht aus den Sätzen I.8.66, I.8.68 und I.6.72.

3.30 Satz. (Charakterisierung von Orthogonalität)
Für jede $n \times n$-Matrix sind die folgenden Aussagen äquivalent:

(i) *Es gilt $A^T A = E_n$.*

(ii) *Es gilt $AA^T = E_n$.*

(iii) *Die Matrix A ist regulär, und es gilt $A^{-1} = A^T$.*

Eine $n \times n$-Matrix A heißt *orthogonal*, wenn eine der (äquivalenten) Aussagen (i)–(iii) von Satz 3.30 erfüllt ist.

3.2.11 Orthogonale Abbildungen und Matrizen

Der folgende Satz erhellt den Zusammenhang zwischen orthogonalen Abbildungen und Matrizen.

3.31 Satz. (Orthogonale Abbildungen und orthogonale Matrizen)
Es sei A die Basisdarstellung einer linearen Abbildung $T : \mathbb{R}^n \to \mathbb{R}^n$ bezüglich einer Orthonormalbasis $\{\vec{b}_1, \ldots, \vec{b}_n\}$ im $\mathbb{R}^n$. Dann ist T genau dann orthogonal, wenn A eine orthogonale Matrix ist.

Beweis: Als Basisdarstellung von T ist die Matrix $A = (a_{ij})$ durch die Gleichungen

$$T(\vec{b}_j) = \sum_{i=1}^{n} a_{ij} \cdot \vec{b}_i, \qquad j = 1, \ldots n,$$

definiert. Wir wählen beliebige $\lambda_1, \ldots, \lambda_n, \mu_1, \ldots, \mu_n \in \mathbb{R}$ und betrachten die Vektoren

$$\vec{x} := \sum_{j=1}^{n} \lambda_j \cdot \vec{b}_j, \qquad \vec{y} := \sum_{j=1}^{n} \mu_j \cdot \vec{b}_j. \tag{3.30}$$

Wegen $\langle \vec{b}_i, \vec{b}_j \rangle = \delta_{ij}$ und der Linearität von T folgt

$$\begin{aligned}
\langle T(\vec{x}), T(\vec{y}) \rangle &= \Big\langle \sum_{j=1}^{n} \lambda_j \cdot T(\vec{b}_j), \sum_{l=1}^{n} \lambda_l \cdot T(\vec{b}_l) \Big\rangle \\
&= \sum_{i,j,k,l=1}^{n} \lambda_j \cdot \mu_l \cdot a_{ij} \cdot a_{kl} \cdot \langle \vec{b}_i, \vec{b}_k \rangle \\
&= \sum_{i,j,l=1}^{n} \lambda_j \cdot \mu_l \cdot a_{ij} \cdot a_{il} = \sum_{j,l=1}^{n} \lambda_j \cdot \mu_l \cdot c_{jl}
\end{aligned} \tag{3.31}$$

mit

$$c_{jl} := \sum_{i=1}^{n} a_{ij} a_{il}. \tag{3.32}$$

Analog folgt

$$\langle \vec{x}, \vec{y} \rangle = \sum_{i=1}^{n} \sum_{j=1}^{n} \lambda_i \cdot \mu_j \cdot \langle \vec{b}_i, \vec{b}_j \rangle = \sum_{j=1}^{n} \lambda_j \mu_j.$$

Nach Definition gilt $A^T A = (c_{jl})$. Ist A orthogonal, so gilt $A^T A = E_n$, und es folgt $\langle T(\vec{x}), T(\vec{y}) \rangle = \langle \vec{x}, \vec{y} \rangle$. Damit ist T orthogonal. Setzen wir umgekehrt die Orthogonalität von T voraus, so können wir für fest gewählte $j, l \in \{1, \ldots, n\}$ in (3.30) speziell $\vec{x} = \vec{b}_j$ und $\vec{y} = \vec{b}_l$ wählen. Es ergibt sich

$$\delta_{jl} = \langle \vec{b}_j, \vec{b}_l \rangle = \langle T(\vec{b}_j), T(\vec{b}_l) \rangle = c_{jl}$$

mit c_{jl} wie in (3.32), d.h. $A^T A = E_n$. Nach Satz 3.30 (iii) ist die Matrix A orthogonal. □

Ist A eine orthogonale Matrix, so liefert der Multiplikationssatz 3.11

$$1 = \det(E_n) = \det(A^T A) = \det(A^T) \det(A) = \det(A)^2,$$

d.h. $|\det(A)| = 1$. Damit folgt aus Satz 3.22 (und den Sätzen 3.31 und 3.12):

3.32 Satz. (Volumentreue orthogonaler Abbildungen)
Orthogonale Abbildungen sind volumentreu.

3.2.12 Drehungen und Bewegungen

Die folgende Definition verallgemeinert Begriffe aus der Elementargeometrie.

(i) Eine orthogonale Abbildung T mit $\det(T) = 1$ heißt *Drehung* (oder *eigentlich orthogonale Abbildung*).

(ii) Eine orthogonale Abbildung T mit $\det(T) = -1$ heißt *Umlegung* (oder *uneigentlich orthogonale Abbildung*).

(iii) Eine Abbildung $f : \mathbb{R}^n \to \mathbb{R}^n$ heißt *Bewegung*, wenn sie die Komposition einer orthogonalen Abbildung und einer Translation ist, d.h. wenn es eine orthogonale Abbildung $T : \mathbb{R}^n \to \mathbb{R}^n$ und einen Vektor $\vec{a} \in \mathbb{R}^n$ gibt, so dass

$$f(\vec{x}) = T(\vec{x}) + \vec{a}, \qquad \vec{x} \in \mathbb{R}^n.$$

Aus der Volumentreue orthogonaler Abbildungen und der bereits bekannten Volumentreue von Translationen (Satz 2.10 (i)) erhalten wir unmittelbar:

3.33 Satz. (Volumentreue von Bewegungen)
Bewegungen sind volumentreu.

3.34 Beispiel. (Orthogonale Abbildungen in $\mathbb{R}^2$)
Es sei $T : \mathbb{R}^2 \to \mathbb{R}^2$ eine orthogonale Abbildung. Bezeichnet

$$A := \begin{pmatrix} a_{11} & a_{12} \\ a_{21} & a_{22} \end{pmatrix}$$

die kanonische Matrix von T, so sind nach den vor Satz 3.30 angestellten Überlegungen die Spaltenvektoren von A ein Orthonormalsystem des $\mathbb{R}^2$; es gelten also die Gleichungen

$$a_{11}^2 + a_{21}^2 = 1, \qquad a_{12}^2 + a_{22}^2 = 1, \qquad a_{11}a_{12} + a_{21}a_{22} = 0. \tag{3.33}$$

Die erste Gleichung bedeutet, dass der Punkt (a_{11}, a_{21}) auf dem Rand des Einheitskreises liegt und somit in der Form $(a_{11}, a_{21}) = (\cos\varphi, \sin\varphi)$ mit einem eindeutig bestimmten Winkel $\varphi \in [0, 2\pi)$ darstellbar ist. Die übrigen Gleichungen in (3.33) besagen, dass der ebenfalls auf dem Einheitskreisrand liegende Punkt (a_{12}, a_{22}) aus (a_{11}, a_{21}) durch eine Viertelkreisdrehung, und zwar entweder gegen oder mit dem Uhrzeigersinn, hervorgeht. Im ersten Fall gilt $(a_{12}, a_{22}) = (-\sin\varphi, \cos\varphi)$, im zweiten $(a_{12}, a_{22}) = (\sin\varphi, -\cos\varphi)$. Somit gibt es für die Gestalt von A nur die beiden Möglichkeiten

$$A = A_1 := \begin{pmatrix} \cos\varphi & -\sin\varphi \\ \sin\varphi & \cos\varphi \end{pmatrix}, \qquad A = A_2 := \begin{pmatrix} \cos\varphi & \sin\varphi \\ \sin\varphi & -\cos\varphi \end{pmatrix},$$

mit $\varphi \in [0, 2\pi)$. Es gilt $\det(A_1) = \cos^2\varphi + \sin^2\varphi = 1$ und analog $\det(A_2) = -1$. Die Matrix A_1 repräsentiert eine Drehung mit dem *Drehwinkel* φ entgegen dem Uhrzeigersinn (Bild 3.6 links).

Um die durch A_2 definierte Abbildung geometrisch zu deuten, kann man die Additionstheoreme (vgl. I.6.29)

$$\cos\varphi = \cos\left(\frac{\varphi}{2} + \frac{\varphi}{2}\right) = \cos^2\left(\frac{\varphi}{2}\right) - \sin^2\left(\frac{\varphi}{2}\right),$$
$$\sin\varphi = \sin\left(\frac{\varphi}{2} + \frac{\varphi}{2}\right) = 2 \cdot \sin\left(\frac{\varphi}{2}\right) \cdot \cos\left(\frac{\varphi}{2}\right)$$

benutzen. Hiermit folgt nach direkter Rechnung

$$A_2 \cdot (\cos(\varphi/2), \sin(\varphi/2))^T = (\cos(\varphi/2), \sin(\varphi/2))^T, \tag{3.34}$$
$$A_2 \cdot (\sin(\varphi/2), -\cos(\varphi/2))^T = (-\sin(\varphi/2), \cos(\varphi/2))^T. \tag{3.35}$$

Die Abbildung A_2 lässt also den Punkt $(u_0, v_0) := (\cos(\varphi/2), \sin(\varphi/2))$ und folglich (wegen der Linearität) jeden Punkt auf der durch (u_0, v_0) und $(0,0)$ gehenden

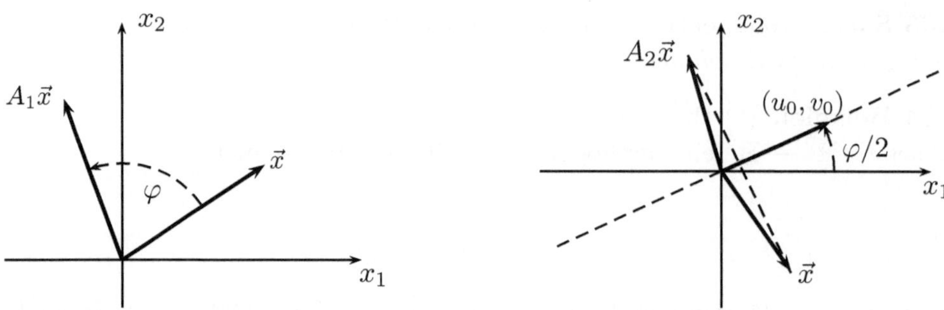

Bild 3.6: Drehung um den Winkel φ (links) und Spiegelung an der Geraden $x_1 \sin(\varphi/2) - x_2 \cos(\varphi/2) = 0$ (rechts)

Geraden invariant. Zusammen mit Gleichung (3.35) und der Linearität von A_2 besagt (3.34), dass A_2 eine *Spiegelung* an der den Koordinatenursprung enthaltenden Hyperebene mit Normale $(\sin(\varphi/2), -\cos(\varphi/2))$, d.h. eine Spiegelung an der Geraden $x_1 \sin(\varphi/2) - x_2 \cos(\varphi/2) = 0$ bewirkt (Bild 3.6 rechts).

3.3 Der allgemeine Transformationsatz

3.3.1 Formulierung des Transformationssatzes

Aus dem vorigen Abschnitt wissen wir, wie der Integrand eines Riemann-Integrals modifiziert werden muss, wenn man von der Integrationsvariablen $\vec{x}$ zu einer *linearen* Funktion von $\vec{x}$ übergeht. Häufig liegt jedoch eine nicht-lineare (differenzierbare) Transformation $T : M \to \mathbb{R}^n$ vor. Formal ergibt sich die allgemeine Substitutionsformel aus (3.20), indem man die dort auftretende Determinante von T durch die Determinante der Jacobi-Matrix $T'(\vec{x})$, die sog. *Jacobi-Determinante* von T, ersetzt. Bis auf diese Änderungen kann der Satz jedoch fast wörtlich übertragen werden.

3.35 Satz. (Transformationssatz)
Es seien $M \subset \mathbb{R}^n$ eine Jordan-messbare Menge sowie $T : \overline{M} \to \mathbb{R}^n$ eine Lipschitzstetige Abbildung. Die Einschränkung von T auf M° sei stetig differenzierbar und injektiv. Dann ist $T(M)$ Jordan-messbar. Eine beschränkte Funktion $f : T(M) \to \mathbb{R}$ ist genau dann über $T(M)$ integrierbar, wenn die Funktion $f \circ T \cdot |\det(T')|$ über M integrierbar ist. In diesem Fall gilt

$$\int_{T(M)} f(\vec{y})\, d\vec{y} = \int_M f(T(\vec{x})) \cdot |\det(T'(\vec{x}))|\, d\vec{x}. \tag{3.36}$$

Hierbei setzt man $\det(T'(\vec{x})) := 0$, falls $T'(\vec{x})$ nicht definiert ist, d.h. falls $\vec{x} \in M \setminus M^\circ$.

Dieser Satz ist eine Verallgemeinerung der Substitutionsregel (I.7.20) für eindimensionale Riemann-Integrale. Aus der Lipschitzstetigkeit von T folgt direkt die Beschränktheit aller partiellen Ableitungen von T. Der Integrand der rechten Seite von (3.36) ist also beschränkt auf M.

Ist $\vec{x} \in M^\circ$, so interpretiert man die Komponenten von $\vec{x}$ als (neue) *Koordinaten* des Punktes $T(\vec{x})$. Jedem Punkt aus $T(M^\circ)$ sind auf diese Weise eindeutig bestimmte Koordinaten zugeordnet. Ein wichtiges Beispiel, auf das wir später zurückkommen werden, sind die in 1.59 eingeführten Polarkoordinaten. Für den Spezialfall, dass T die Identität auf M ist, ergeben sich die kartesischen Koordinaten (Komponenten) von $\vec{x}$. Variiert man in $T(\vec{y})$ eine Koordinate unter Festhalten aller übrigen Koordinaten, so entsteht eine Kurve im $\mathbb{R}^n$, die sogenannte *Koordinatenlinie.* Im Allgemeinen sind diese Koordinatenlinien keine Geraden, weshalb man auch von *krummlinigen* Koordinaten spricht (siehe Bild 3.7). Bei Integration bezüglich allgemeinen Koordinaten wirkt die Jacobi-Determinante als Korrekturfaktor.

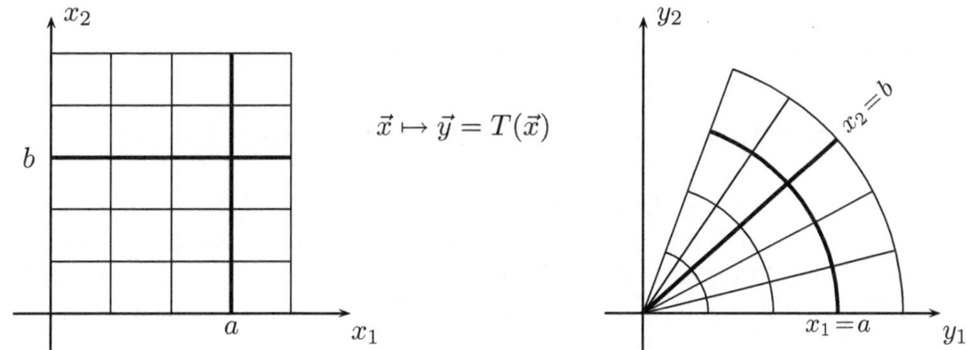

Bild 3.7: Krummlinige Koordinaten am Beispiel von Polarkoordinaten ($y_1 = x_1 \cos x_2,\ y_2 = x_1 \sin x_2$)

In der Situation des Satzes 3.35 bezeichnet man die Abbildung T auch mit $\vec{x} \mapsto \vec{y}(\vec{x})$ und die Jacobi-Matrix dieser Abbildung mit

$$\frac{\partial(y_1, \ldots, y_n)}{\partial(x_1, \ldots, x_n)} := T'(\vec{x}).$$

Die Transformationsformel lautet dann

$$\int_{T(M)} f(y_1, \ldots, y_n)\, d(y_1, \ldots, y_n)$$
$$= \int_M f(T(x_1, \ldots, x_n)) \left| \det \left(\frac{\partial(y_1, \ldots, y_n)}{\partial(x_1, \ldots, x_n)} \right) \right| d(x_1, \ldots, x_n).$$

In dieser Form lässt sich die Regel leichter merken, weil man im rechten Integral den Ausdruck $d(x_1, \ldots, x_n)$ rein formal gegen $\partial(x_1, \ldots, x_n)$ „kürzen“ kann.

3.3.2 Zum Beweis des Transformationssatzes

Da wir bereits wissen, wie sich der Inhalt einer Menge unter *linearen* Abbildungen verhält, lässt sich die Transformationsformel (3.36) leicht heuristisch begründen. Es sei dazu $\mathcal{Z}$ eine Partition von M. Dann bilden die Mengen $T(A)$, $A \in \mathcal{Z}$, eine Partition von $T(M)$ (Bild 3.8).

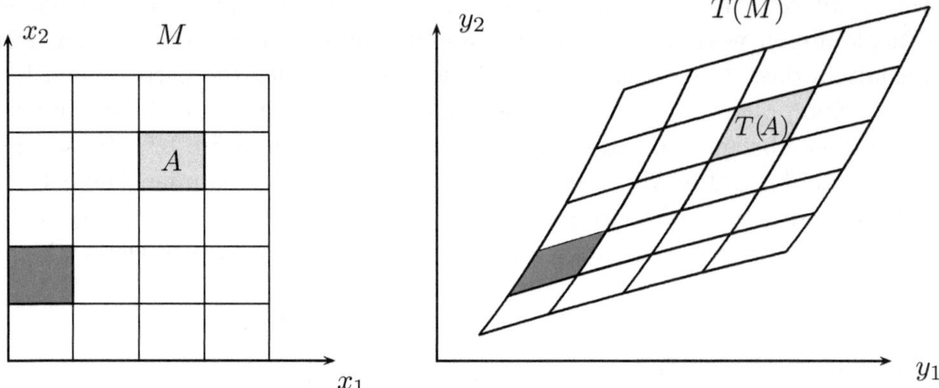

Bild 3.8: Partition von M und zugehörige Partition von $T(M)$

Für jedes $A \in \mathcal{Z}$ sei $\vec{x}_A$ ein Punkt aus A und $\vec{y}_A := T(\vec{x}_A)$ der zugehörige Punkt aus $T(A)$. Ist die Funktion f stetig und ist die Feinheit $\|\mathcal{Z}\|$ klein, so kann das Integral der Funktion $h := f \circ T \cdot |\det T'|$ über eine Menge $A \in \mathcal{Z}$ durch das Produkt $h(\vec{x}_A) \cdot |A|$ angenähert werden. Wir erhalten somit die Approximation

$$\int_M f(T(\vec{x})) \cdot |\det(T'(\vec{x}))| \, d\vec{x} \approx \sum_{A \in \mathcal{Z}} f(T(\vec{x}_A)) \cdot |\det(T'(\vec{x}_A))| \cdot |A|.$$

Für $\vec{x} \in A \in \mathcal{Z}$ kann aber $T(\vec{x})$ durch $T(\vec{x}_A) + T'(\vec{x}_A)(\vec{x} - \vec{x}_A)$ approximiert werden, d.h. es gilt

$$T(A) \approx \{T(\vec{x}_A) + T'(\vec{x}_A)(\vec{x} - \vec{x}_A) : \vec{x} \in A\}.$$

Aus der Translationsinvarianz des Inhalts und Folgerung 3.22 ergibt sich damit

$$|T(A)| \approx |T'(\vec{x}_A)(A)| = |\det(T'(\vec{x}_A))| \cdot |A| \tag{3.37}$$

und deshalb

$$\int_M f(T(\vec{x})) \cdot |\det(T'(\vec{x}))| \, d\vec{x} \approx \sum_{A \in \mathcal{Z}} f(\vec{y}_A) \cdot |T(A)| \approx \int_{T(M)} f(\vec{y}) \, d\vec{y}.$$

Bild 3.9 veranschaulicht die Approximation (3.37) für den Fall $n = 2$ anhand eines Rechtecks A mit den Eckpunkten $\vec{x}_A = (x_1, x_2)$, $(x_1 + h_1, x_2)$, $(x_1, x_2 + h_2)$

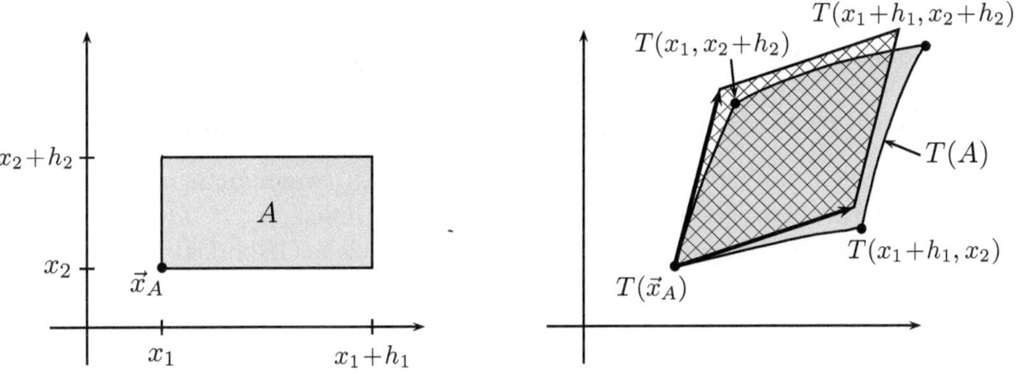

Bild 3.9: Approximation (3.37) im Fall $n = 2$

und $(x_1 + h_1, x_2 + h_2)$; es gilt also $|A| = h_1 h_2$. Die in Bild 3.9 rechts dargestellte Menge $T(A)$ ist näherungsweise ein Parallelogramm.

Formel (3.37) bedeutet, dass die Fläche $|T(A)|$ von $T(A)$ durch die Fläche des in Bild 3.9 schraffiert dargestellten Parallelogramms angenähert wird. Bezeichnet nämlich T_{x_i} den Vektor der partiellen Ableitungen der Komponenten von T nach der i-ten Variablen, so besitzt dieses Parallelogramm die im Punkt $T(\vec{x}_A)$ angetragenen Seitenvektoren

$$T_{x_1}(x_1, x_2) \cdot h_1, \qquad T_{x_2}(x_1, x_2) \cdot h_2.$$

Die Matrix mit den Spaltenvektoren T_{x_1} und T_{x_2} stellt die Jacobi-Matrix von T dar. Aus Folgerung 3.23 und der Bewegungsinvarianz des Inhalts ergibt sich die Fläche dieses Parallelogramms zu

$$|\det(T_{x_1}(x_1, x_2)h_1, T_{x_2}(x_1, x_2)h_2)| = h_1 h_2 \cdot |\det T'(\vec{x}_A)| = |A| \cdot |\det T'(\vec{x}_A)|,$$

also zur rechten Seite von (3.37).

Der exakte Nachweis des Transformationssatzes kann hier nur angedeutet werden. Ein mögliches Vorgehen besteht darin, den Beweis von Theorem 3.21 zu verallgemeinern. Sieht man von technischen Feinheiten ab, so findet man die wesentliche Idee im Teil (5) dieses Beweises. Das dortige Vorgehen kann wie folgt verallgemeinert werden. Lässt die Funktion T die ersten $n - 1$ Argumente unverändert, so folgt (3.36) relativ schnell aus dem Satz von Fubini und der eindimensionalen Substitutionsformel für Riemann-Integrale. Im allgemeinen Fall kann man wieder vollständige Induktion sowie die Darstellung $T = G \circ h$ von T als Komposition von zwei (einfacheren) Funktionen benutzen (vgl. (3.24)). Dabei lässt G die ersten $n-1$ Argumente und h das letzte Argument unverändert. Neben der Multiplikationsformel für Determinanten verwendet man dann die Kettenregel $T'(\vec{y}) = G'(h(\vec{y}))h'(\vec{y})$ der Differentialrechnung. Das Zusammenspiel dieser beiden Formeln ist der Schlüssel zum Beweis des Satzes. Die ausführlichen Details finden sich etwa in Heuser (2008) und Walter (2002).

3.3.3 Andere Formulierungen des Transformationssatzes

In Anwendungen von Satz 3.35 ist man gut beraten, wenn man zunächst die wesentlichen Bestandteile von (3.36) identifiziert (nämlich M, T, $T(M)$ und f), ohne sich zunächst um die technischen Details zu viele Gedanken zu machen. Gleichwohl wollen wir hier auf eine alternative Formulierung des Satzes eingehen.

3.36 Satz. (Transformationssatz)
Es seien $V \subset \mathbb{R}^n$ eine offene Menge sowie $T : V \to \mathbb{R}^n$ eine injektive und stetig differenzierbare Abbildung. Für die Jacobi-Determinante von T gelte $\det(T'(\vec{y})) \neq 0$ *für jedes $\vec{y} \in V$. Dann gilt Gleichung* (3.36) *für jede Jordan-messbare, beschränkte und abgeschlossene Teilmenge M von V und jede über $T(M)$ integrierbare Funktion $f : T(M) \to \mathbb{R}$.*

Unter den Voraussetzungen von Satz 3.36 besagt Satz 1.76, dass $T(V)$ eine offene Menge ist und dass auch die Umkehrabbildung $T^{-1} : T(V) \to V$ stetig differenzierbar ist. (In diesem Fall nennt man T einen *Diffeomorphismus* zwischen V und $T(V)$.) Diese Voraussetzungen sind für manche Anwendungen zu stark. Stattdessen haben wir nur die schwächere Eigenschaft der Lipschitzstetigkeit von T vorausgesetzt.

Satz 3.36 ergibt sich als Folgerung aus Satz 3.35. Unter den Voraussetzungen des Satzes ist die Funktion T wegen Satz 3.24 nämlich Lipschitzstetig auf M.

3.3.4 Lineare Abbildungen

Wir möchten abschließend noch einmal den Spezialfall einer linearen bijektiven Abbildung $T : \mathbb{R}^n \to \mathbb{R}^n$ hervorheben. Setzen wir $\vec{a}_i := T(\vec{e}_i)$, $i = 1, \ldots, n$, so ist $\vec{x} \in \mathbb{R}^n$ der Koordinatenvektor von $T(\vec{x})$ bezüglich der Basis $\vec{a}_1, \ldots, \vec{a}_n$. Die Abbildung T ist differenzierbar, und ihre Jacobi-Matrix besitzt die Spalten $\vec{a}_1, \ldots, \vec{a}_n$, hängt also nicht vom Punkt $\vec{x} \in \mathbb{R}^n$ ab. Für jede Jordan-messbare Menge $M \subset \mathbb{R}^n$ und jede integrierbare Funktion $f : T(M) \to \mathbb{R}$ gilt die Formel

$$\int_{T(M)} f(\vec{y})\, d\vec{y} = |\det(\vec{a}_1, \ldots, \vec{a}_n)| \cdot \int_M f(T(\vec{x}))\, d\vec{x}.$$

3.3.5 Ebene Polarkoordinaten

Nach Beispiel 1.59 werden *ebene Polarkoordinaten* durch $x = r\cos\varphi$, $y = r\sin\varphi$, also durch die Abbildung

$$T : [0, \infty) \times [0, 2\pi] \to \mathbb{R}^2, \qquad T(r, \varphi) := (r\cos\varphi, r\sin\varphi), \tag{3.38}$$

definiert. Die Einschränkung von T auf $(0,\infty)\times[0,2\pi)$ ist eine bijektive Abbildung auf $\mathbb{R}^2 \setminus \{\vec{0}\}$. Eingeschränkt auf die offene Menge $(0,\infty)\times(0,2\pi)$ ist T stetig differenzierbar, und wegen $\sin^2\varphi + \cos^2\varphi = 1$ gilt für die Jacobi-Determinante (1.63)

$$\det(T'(r,\varphi)) = r, \qquad 0 < r,\ 0 < \varphi < 2\pi. \tag{3.39}$$

Nach Satz 3.24 ist T auf jeder beschränkten Teilmenge von $[0,\infty)\times[0,2\pi]$ Lipschitzstetig. Sind $M \subset [0,\infty)\times[0,2\pi]$ eine abgeschlossene Jordan-messbare Menge und $f : T(M) \to \mathbb{R}$ eine stetige beschränkte Funktion, so liefert der Transformationssatz die Gleichung

$$\int_{T(M)} f(x,y)\,d(x,y) = \int_M r \cdot f(r\cos\varphi, r\sin\varphi)\,d(r,\varphi). \tag{3.40}$$

Die Anwendung dieser Formel bietet sich immer dann an, wenn man $T(M)$ und $f \circ T$ in einfacher Weise durch Polarkoordinaten ausdrücken kann. Ist etwa

$$T(M) := \{(r\cos\varphi, r\sin\varphi) : \ r_0 \le r \le r_1,\ \varphi_0 \le \varphi \le \varphi_1\} \tag{3.41}$$

$(0 \le r_0 < r_1 < \infty,\ 0 \le \varphi_0 < \varphi_1 \le 2\pi)$ die mengentheoretische Differenz zweier zum Ursprung konzentrischer und durch die Winkel φ_0 und φ_1 beschriebenen Kreissegmente, die zu den Radien r_1 bzw. r_0 gehören (Bild 3.10 rechts), so stellt sich M als Rechteck $[r_0,r_1]\times[\varphi_0,\varphi_1]$ dar (Bild 3.10 links). In diesem Fall gilt

$$\int_{T(M)} f(x,y)\,d(x,y) = \int_{r_0}^{r_1}\int_{\varphi_0}^{\varphi_1} r \cdot f(r\cos\varphi, r\sin\varphi)\,dr d\varphi. \tag{3.42}$$

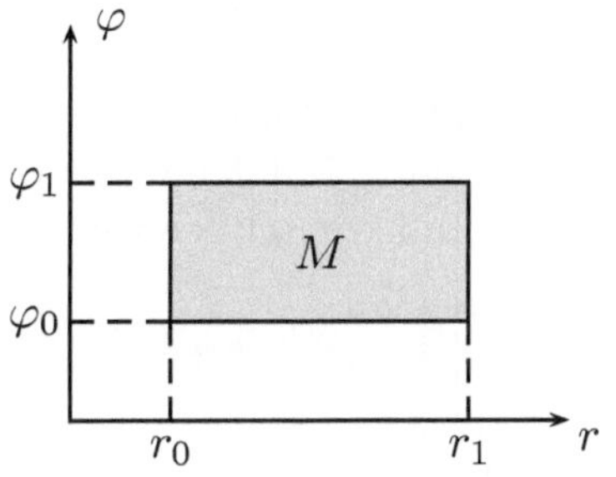

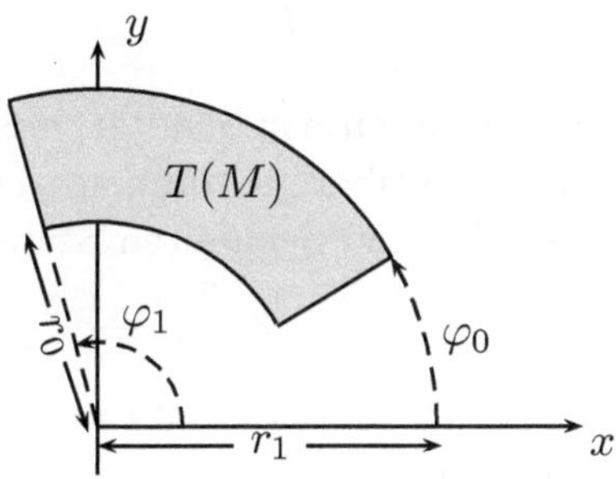

Bild 3.10: Transformation eines Rechtecks mit Hilfe von Polarkoordinaten: $(r,\varphi) \mapsto (x,y) = (r\cos\varphi, r\sin\varphi)$

3.37 Beispiel. (Flächeninhalt der Kreisscheibe)
Setzt man in (3.41) $r_0 := 0$, $r_1 := R$, $\varphi_0 := 0$ und $\varphi_1 := 2\pi$, so gilt $T(M) = B(\vec{0}, R)$. Im Spezialfall $f(x,y) = 1$, $(x,y) \in B(\vec{0}, R)$, folgt dann aus (3.42) die bereits in 2.4.6 hergeleitete Formel

$$|B(\vec{0}, R)| = \int_{B(\vec{0},R)} 1 \, d(x,y) = \int_0^R \int_0^{2\pi} r \cdot 1 \, dr \, d\varphi = \pi R^2$$

für die Fläche eines Kreises mit dem Radius R.

3.38 Beispiel. (Polares Flächenmoment einer Ellipsenfläche)
Wir betrachten die von einer Ellipse eingeschlossene Menge

$$M := \{(x,y) : x^2/a^2 + y^2/b^2 \leq 1\}$$

mit den Halbachsenlängen $a > 0$ und $b > 0$ (vgl. Beispiele 1.40 und 3.28). Die Zahl

$$I_p(M) := \int_M (x^2 + y^2) \, d(x,y)$$

heißt *polares Flächenmoment* von M. Mit der Transformation $T(x,y) := (ax, by)$ erhalten wir aus dem Transformationssatz 3.35 die Gleichung

$$I_p(M) = ab \int_B (a^2x^2 + b^2y^2) \, d(x,y)$$

mit der Einheitskreisscheibe $B := \{(x,y) : x^2 + y^2 \leq 1\}$. Damit liefert (3.42) die Formel

$$I_p(M) = ab \int_0^1 \int_0^{2\pi} r^3 \cdot (a^2 \cos^2 \varphi + b^2 \sin^2 \varphi) \, dr \, d\varphi = \frac{ab}{4}(a^2 + b^2) \int_0^{2\pi} \sin^2 \varphi \, d\varphi.$$

Hierbei haben wir benutzt, dass die Integrale von $\sin^2$ und $\cos^2$ über dem Intervall $[0, 2\pi]$ übereinstimmen. (Der Leser mache sich das klar!) Mit Hilfe der nach Beispiel I.7.36 bekannten Stammfunktion von $\sin^2$ erhalten wir schließlich

$$I_p(M) = \frac{ab\pi}{4}(a^2 + b^2).$$

Für den Fall eines Kreises mit Radius $R > 0$ ergibt sich $I_p(M) = \frac{\pi}{2} R^4$.

3.39 Beispiel.
Zu berechnen sei das Integral

$$\int_C \sqrt{x^2 + y^2} \, d(x,y),$$

wobei

$$C := \{(x, y) : x \le 0, x^2 + y^2 \le 9\}.$$

Offenbar gilt $C = T(M)$ mit

$$M = \{(r, \varphi) : 0 \le r \le 3,\ \pi/2 \le \varphi \le (3\pi)/2\}.$$

Es liegt also der in Bild 3.10 illustrierte allgemeine Fall mit $r_0 = 0$, $r_1 = 3$, $\varphi_0 = \pi/2$ und $\varphi_1 = 3\pi/2$ vor. Nach (3.42) ist das gesuchte Integral gleich

$$\int_M r \cdot \sqrt{r^2 \sin^2\varphi + r^2 \cos^2\varphi}\, d(r, \varphi) = \int_0^3 \int_{\pi/2}^{(3\pi)/2} r^2\, d\varphi\, dr = \int_0^3 \pi r^2\, dr = 9\pi.$$

3.40 Beispiel. (Leibnizsche Sektorformel)
Es seien $\alpha, \beta \in [0, 2\pi]$ mit $\alpha < \beta$, $h : [\alpha, \beta] \to [0, \infty)$ eine stetige Funktion sowie

$$M := \{(r, \varphi) : \alpha \le \varphi \le \beta,\ 0 \le r \le h(\varphi)\} \tag{3.43}$$

(Bild 3.11 links).

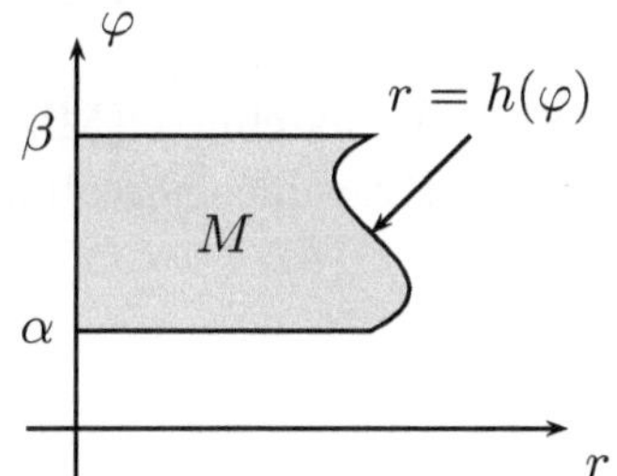

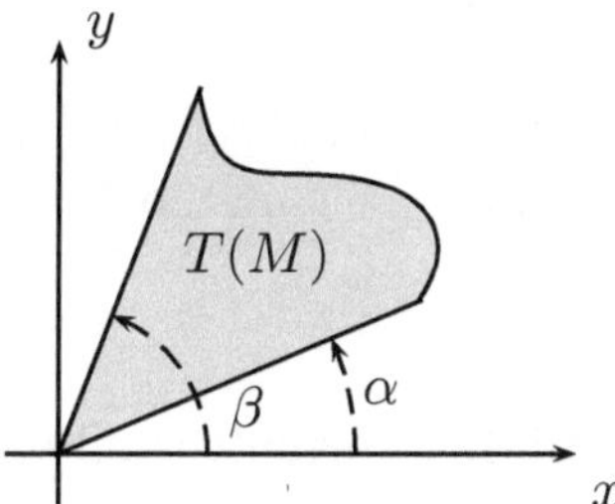

Bild 3.11: Die Mengen M und $T(M)$ mit M wie in (3.43)

Dann ist die Menge $T(M)$ ein durch die Strahlen $\varphi = \alpha$, $\varphi = \beta$ und die Kurve $r = h(\varphi)$ begrenzter Sektor im $\mathbb{R}^2$ (Bild 3.11 rechts). Aus (3.40) folgt (mit $f(x, y) = 1$ für jedes $(x, y) \in T(M)$)

$$|T(M)| = \int_\alpha^\beta \int_0^{h(\varphi)} r\, dr\, d\varphi = \frac{1}{2} \int_\alpha^\beta h(\varphi)^2\, d\varphi.$$

3.41 Beispiel. (Archimedische Spirale)
Der „Diagonalen“ $\{(\varphi, \varphi) : 0 \le \varphi \le 2\pi\}$ im System der Polarkoordinaten (r, φ) entspricht im (x, y)-Koordinatensystem die Menge $\{(\varphi \cos\varphi, \varphi \sin\varphi) : 0 \le \varphi \le 2\pi\}$. Diese *Archimedische Spirale* ist in Bild 3.12 links veranschaulicht.

Unter Verwendung der Leibnizschen Sektorformel mit $h(\varphi) = \varphi$ ergibt sich der Inhalt der von der Archimedischen Spirale und den Strahlen $\varphi = \alpha$, $\varphi = \beta$ begrenzten Fläche (Bild 3.12 Mitte) zu

$$\frac{1}{6}(\beta^3 - \alpha^3).$$

Wählen wir speziell $\alpha = 0$ und $\beta = 2\pi$, so liegt diese mit F bezeichnete Fläche innerhalb der Kreisscheibe K mit dem Radius 2π und berührt den Rand von K im Punkt $(2\pi, 0)$ (Bild 3.12 rechts). Aus obiger Formel ergibt sich der Anteil der Fläche F an der gesamten Kreisfläche K zu

$$\frac{|F|}{|K|} = \frac{8\pi^3}{6} \cdot \frac{1}{\pi(2\pi)^2} = \frac{1}{3}.$$

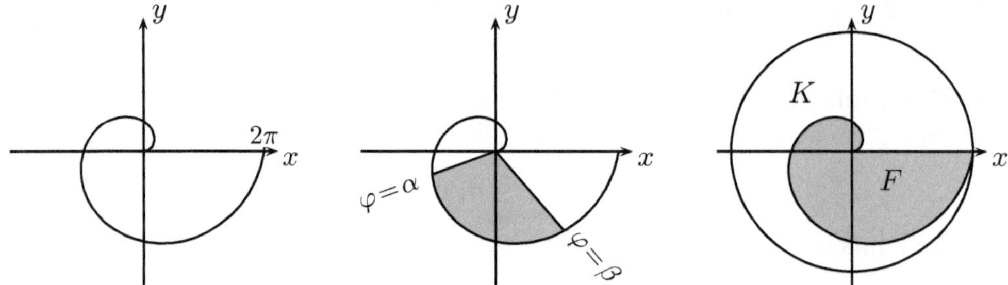

Bild 3.12: Archimedische Spirale (links) mit Flächenausschnitt (Mitte). Der Anteil der grau gezeichneten Fläche an der gesamten Kreisfläche (rechts) ist 1/3.

3.42 Beispiel. (Normalverteilung)
In der Stochastik spielt das uneigentliche Integral

$$\int_{-\infty}^{\infty} e^{-x^2/2}\, dx = \lim_{r\to\infty} \int_{-r}^{r} e^{-x^2/2}\, dx$$

eine große Rolle. Zur Bestimmung dieses Grenzwertes setzen wir

$$I_r := \left(\int_{-r}^{r} e^{-x^2/2}\, dx\right)^2, \qquad r > 0.$$

Mit der Abkürzung $W_r := [-r, r] \times [-r, r]$ liefert der Satz von Fubini

$$I_r = \left(\int_{-r}^{r} e^{-x^2/2}\, dx\right) \cdot \left(\int_{-r}^{r} e^{-y^2/2} dy\right) = \int_{W_r} e^{-(x^2+y^2)/2}\, d(x, y),$$

und wegen der Teilmengenbeziehungen $B(\vec{0}, r) \subset W_r \subset B(\vec{0}, \sqrt{2}r)$ erhalten wir somit aus der Monotonie (bzw. Additivität) des Integrals die Ungleichungskette

$$\int_{B(\vec{0},r)} e^{-(x^2+y^2)/2}\, d(x, y) \le I_r \le \int_{B(\vec{0},\sqrt{2}r)} e^{-(x^2+y^2)/2}\, d(x, y).$$

Nach Einführung von Polarkoordinaten folgt für jedes $s > 0$ aus der Transformationsformel (3.42)

$$\begin{aligned}\int_{B(\vec{0},s)} e^{-(x^2+y^2)/2}\, d(x,y) &= \int_0^s \int_0^{2\pi} re^{-r^2/2}\, d\varphi\, dr \\ &= 2\pi \int_0^s re^{-r^2/2} dr = 2\pi(1 - e^{-s^2/2}).\end{aligned}$$

Für $s \to \infty$ strebt der letzte Term gegen 2π, und die obigen Ungleichungen liefern dann auch $I_r \to 2\pi$ für $r \to \infty$ und somit

$$\int_{-\infty}^{\infty} e^{-x^2/2}\, dx = \lim_{r\to\infty} \sqrt{I_r} = \sqrt{2\pi}. \tag{3.44}$$

Insbesondere folgt, dass die in Beispiel I.7.43 eingeführte Verteilungsfunktion

$$\Phi(t) := \frac{1}{\sqrt{2\pi}} \int_{-\infty}^{t} e^{-x^2/2}\, dx, \qquad t \in \mathbb{R}, \tag{3.45}$$

der Gaußschen *Normalverteilung* die Eigenschaft $\lim_{t\to\infty} \Phi(t) = 1$ besitzt.

3.43 Beispiel. (Gammafunktion und Kugelvolumen)
In Beispiel I.7.31 wurde die Gammafunktion

$$\Gamma(\alpha) := \int_0^{\infty} t^{\alpha-1}e^{-t}\, dt, \qquad \alpha > 0,$$

definiert. Substituiert man in

$$\int_{-\infty}^{\infty} e^{-x^2} dx = 2\int_0^{\infty} e^{-x^2}\, dx$$

$x^2 = t$, so folgt aus (3.44)

$$\Gamma(1/2) = \sqrt{\pi}.$$

Unter Verwendung der Rekursion $\Gamma(\alpha + 1) = \alpha \cdot \Gamma(\alpha)$ (vgl. (I.7.17)) ergibt sich

$$\Gamma\left(\frac{2k+1}{2} + 1\right) = \frac{(2k+1)\cdot \ldots \cdot 3 \cdot 1}{2^{k+1}}\sqrt{\pi} = \frac{(2k+1)!}{k! \cdot 2^{2k+1}}\sqrt{\pi}, \qquad k \in \mathbb{N}_0.$$

Zusammen mit der Gleichung $\Gamma(n + 1) = n!$ ($n \in \mathbb{N}$) liefert diese Formel eine Möglichkeit, das in 2.4.6 berechnete Kugelvolumen $v_n = |B(\vec{0}, 1)|_n$ (vgl. (2.24) und (2.25)) mit Hilfe von Γ und π auszudrücken. Es gilt

$$v_n = \frac{\pi^{n/2}}{\Gamma\left(\frac{n}{2} + 1\right)}, \qquad n \in \mathbb{N}. \tag{3.46}$$

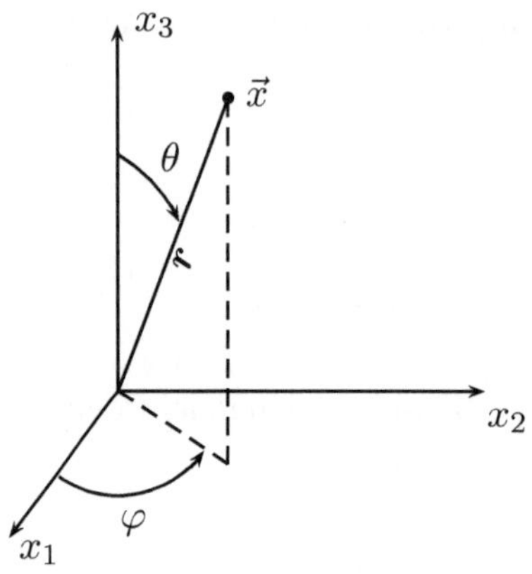

Bild 3.13:
Kugelkoordinaten r, φ, θ eines Punktes $\vec{x}$

3.3.6 Kugelkoordinaten

Kugelkoordinaten sind *räumliche Polarkoordinaten*, durch die jedem Punkt $\vec{x} = (x, y, z)$ aus $\mathbb{R}^3$ der Abstand $r := \|\vec{x}\|_2$ von $\vec{x}$ vom Koordinatenursprung $\vec{0}$ und zwei Winkel $\varphi \in [0, 2\pi)$ und $\theta \in [0, \pi]$ zugeordnet sind (Bild 3.13).

Hierbei ist θ der Winkel zwischen den Vektoren $(0, 0, 1)$ und $\vec{x}$. Interpretiert man den Punkt $(0, 0, 1)$ als „Nordpol" einer Kugel, so kann die Differenz $\pi/2 - \theta$ als (im Bogenmaß gemessener) *Breitengrad* von $\vec{x}$ angesehen werden. Für jeden Punkt mit der Eigenschaft $z = 0$ (dieser liegt in der „Äquatorebene") ist dieser Winkel gleich $\pi/2$. Der Winkel φ ist der *Längengrad* von $\vec{x}$; er wird durch die ebenen Polarkoordinaten $(\sqrt{x^2 + y^2}, \varphi)$ von $(x, y, 0)$ festgelegt. Man beachte die Gleichung

$$\sqrt{x^2 + y^2} = \sin\theta \cdot \sqrt{x^2 + y^2 + z^2} = r \sin\theta.$$

Die zu den Kugelkoordinaten gehörende Transformation T besitzt den Definitionsbereich $D := [0, \infty) \times [0, 2\pi] \times [0, \pi]$ und lautet

$$T(r, \varphi, \theta) := (r \cos\varphi \sin\theta, r \sin\varphi \sin\theta, r \cos\theta). \tag{3.47}$$

Diese Abbildung bildet D surjektiv auf $\mathbb{R}^3$ ab und ist auf D° injektiv sowie stetig differenzierbar. Ihre Jacobi-Matrix ist

$$T'(r, \varphi, \theta) = \begin{pmatrix} \cos\varphi \sin\theta & -r \sin\varphi \sin\theta & r \cos\varphi \cos\theta \\ \sin\varphi \sin\theta & r \cos\varphi \sin\theta & r \sin\varphi \cos\theta \\ \cos\theta & 0 & -r \sin\theta \end{pmatrix}, \tag{3.48}$$

und eine einfache Rechnung ergibt

$$\det(T'(r, \varphi, \theta)) = -r^2 \sin\theta. \tag{3.49}$$

Die Transformationsformel liefert jetzt für jede Jordan-messbare Menge $M \subset D$ und jede integrierbare Funktion $f : T(M) \to \mathbb{R}$:

$$\int_{T(M)} f(x,y,z)\,d(x,y,z)$$
$$= \int_M f(r\cos\varphi\sin\theta, r\sin\varphi\sin\theta, r\cos\theta)r^2\sin\theta\,d(r,\varphi,\theta). \quad (3.50)$$

3.44 Beispiel.
Zu berechnen sei das Integral

$$\int_C (x^2+y^2)\,d(x,y,z),$$

wobei

$$C := \{(x,y,z) : y \leq 0,\ 1 \leq x^2+y^2+z^2 \leq 4\}$$

gesetzt ist. Die Menge C beschreibt diejenige Hälfte der durch die Radien 1 und 2 begrenzten Kugelschale mit Mittelpunkt $\vec{0}$, die in dem Halbraum $\{x,y,z) \in \mathbb{R}^3 : y \leq 0\}$ liegt. Es gilt $C = T(M)$ mit

$$M = \{(r,\varphi,\theta) : 1 \leq r \leq 2,\ \pi \leq \varphi \leq 2\pi,\ 0 \leq \theta \leq \pi\}.$$

Nach Formel (3.50) ist das gesuchte Integral somit gleich

$$\int_M (r^2\cos^2\varphi\sin^2\theta + r^2\sin^2\varphi\sin^2\theta)r^2\sin\theta\,d(r,\varphi,\theta)$$
$$= \int_0^\pi \int_1^2 \int_\pi^{2\pi} r^4\sin^3\theta d\varphi\,dr\,d\theta = \pi\int_0^\pi\int_1^2 r^4\sin^3\theta\,dr\,d\theta$$
$$= \frac{31}{5}\pi\int_0^\pi \sin^3\theta\,d\theta = \frac{124}{15}\pi.$$

Dabei wurde beim letzten Gleichheitszeichen das unbestimmte Integral

$$\int \sin^3\theta\,d\theta = (\cos^3\theta)/3 - \cos\theta$$

benutzt (Nachprüfen durch Differentiation!).

3.45 Beispiel. (Kugelschalen)
Es seien $R > 0$ und g eine stetige, beschränkte Funktion auf $[0,R]$. Wir wenden (3.50) mit $f(\vec{x}) := g(\|\vec{x}\|)$ und $M := \{(r,\varphi,\theta) : 0 \leq r \leq R\}$ an. Auf der rechten Seite von (3.50) können die Integrationen über φ und θ ausgeführt werden, und wegen $T(M) = B(\vec{0},R)$ folgt

$$\int_{B(\vec{0},R)} g(\|\vec{x}\|)\,d\vec{x} = 4\pi\int_0^R g(r)r^2\,dr. \quad (3.51)$$

Mit der speziellen Wahl $g(t) := 1$, $0 \le t \le R$, erhalten wir insbesondere das aus Beispiel 2.4.6 bekannte Kugelvolumen

$$|B(\vec{0}, R)| = \frac{4}{3}\pi R^3.$$

Da die Ableitung $4\pi r^2$ des Kugelvolumens $\frac{4}{3}\pi r^3$ als Oberflächeninhalt der Kugel $B(\vec{0}, r)$ interpretiert werden kann, besitzt die rechte Seite von (3.51) eine sehr anschauliche Deutung: Die auf dem Rand dieser Kugel konstante Funktion f wird entlang „infinitesimal dünner" Kugelschalen integriert.

3.3.7 Zylinderkoordinaten

Die *Zylinderkoordinaten* eines Punktes $\vec{x} = (x, y, z)$ aus $\mathbb{R}^3$ sind die Polarkoordinaten von (x, y) sowie die dritte Koordinate z (Bild 3.14).

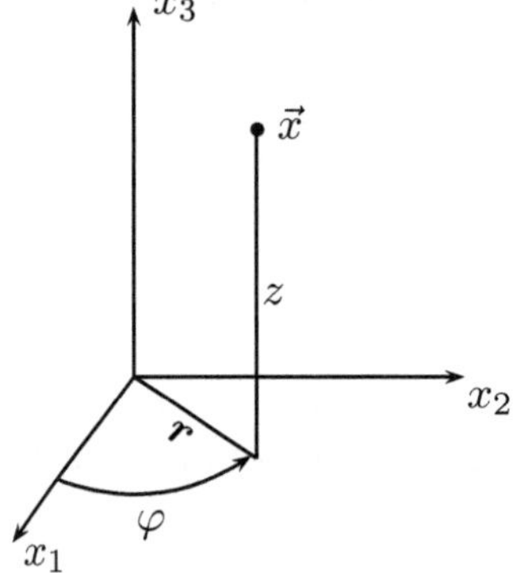

Bild 3.14:
Zylinderkoordinaten r, φ, z von $\vec{x}$

Die zugehörige Transformation T besitzt den Definitionsbereich $D := [0, \infty) \times [0, 2\pi] \times \mathbb{R}$ und lautet

$$T(r, \varphi, z) := (r\cos\varphi, r\sin\varphi, z). \tag{3.52}$$

Diese Abbildung bildet D surjektiv auf $\mathbb{R}^3$ ab und ist auf D° injektiv sowie stetig differenzierbar. Die Jacobi-Matrix von T ist

$$T'(r, \varphi, z) = \begin{pmatrix} \cos\varphi & -r\sin\varphi & 0 \\ \sin\varphi & r\cos\varphi & 0 \\ 0 & 0 & 1 \end{pmatrix}, \tag{3.53}$$

und die Jacobi-Determinante ergibt sich (z.B. durch Entwickeln nach der dritten Zeile) zu

$$\det(T'(r, \varphi, z)) = r. \tag{3.54}$$

Nach der Transformationsformel (3.36) gilt für jede Jordan-messbare Menge $M \subset D$ und jede integrierbare Funktion $f : T(M) \to \mathbb{R}$ die Gleichung

$$\int_{T(M)} f(x,y,z)\,d(x,y,z) = \int_M r \cdot f(r\cos\varphi, r\sin\varphi, z)\,d(r,\varphi,z). \tag{3.55}$$

Die in Zylinderkoordinaten am einfachsten zu beschreibenden Körper sind *zylindrische Keile*. Ein derartiger (in Bild 3.15 abgebildeter) Keil ist in Zylinderkoordinaten ein Quader der Gestalt

$$[r_1,r_2] \times [\varphi_1,\varphi_2] \times [z_1,z_2] = \{(r,\varphi,z) : r_1 \le r \le r_2,\ \varphi_1 \le \varphi \le \varphi_2,\ z_1 \le z \le z_2\}.$$

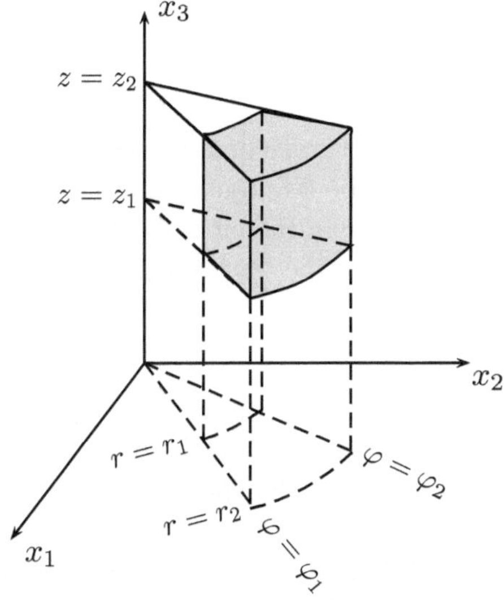

Bild 3.15:
Zylindrischer Keil

3.46 Beispiel.
Wir stellen uns die Aufgabe, die Masse eines (Kreis-)Zylinders mit Radius R und Höhe h zu bestimmen, dessen Massendichte ρ proportional zum Abstand von einer der beiden Grundflächen ist (vgl. auch 2.4.11). In diesem Fall ist es mathematisch bequem, den Zylinder in der Form

$$C := \{(x,y,z) : x^2 + y^2 \le R^2,\ 0 \le z \le h\}$$

zu beschreiben. Die Massendichte ist dann als Funktion der Gestalt $\rho(x,y,z) = k \cdot z$ mit einer gewissen positiven Konstanten k darstellbar. Formel (3.55) mit

$M := [0,R] \times [0,2\pi] \times [0,h]$ liefert für die gesuchte Gesamtmasse

$$\begin{aligned}\int_C k \cdot z \, d(x,y,z) &= \int_M r \cdot k \cdot z \, d(r,\varphi,z) \\ &= k \cdot \int_0^h z \int_0^R r \, dr \int_0^{2\pi} 1 \, d\varphi \, dz \\ &= k \cdot \frac{1}{2} h^2 \cdot \frac{1}{2} R^2 \cdot 2\pi = \frac{k\pi}{2} \cdot h^2 R^2.\end{aligned}$$

3.3.8 Das Trägheitsmoment

Es seien $A \subset \mathbb{R}^n$ eine Jordan-messbare Menge und $L \subset \mathbb{R}^n$ eine Gerade. Ferner sei $\rho : A \to \mathbb{R}$ eine Massendichte wie in 2.4.11. Unter dem *Trägheitsmoment* von A bezüglich der (*Trägheits-*)*Achse* L versteht man die Zahl

$$\theta_{A,L} := \int_A \rho(\vec{x}) \, (d(\vec{x}, L))^2 \, d\vec{x}. \tag{3.56}$$

Hierbei ist $d(\vec{x}, L)$ der in I.8.6.3 definierte Abstand zwischen $\vec{x}$ und L.

In physikalisch-technischen Anwendungen ist die Menge A meist ein *starrer Körper* im $\mathbb{R}^3$, der sich mit konstanter Winkelgeschwindigkeit ω (= überstrichener Drehwinkel pro Zeit) um die Achse L dreht. Die Größe $\frac{1}{2}\omega^2 \theta_{A,L}$ beschreibt dann die gesamte Rotationsenergie des Körpers.

3.47 Beispiel. (Trägheitsmoment eines Zylinders)
Es sei $A := B \times [-a,a]$, $a > 0$, ein zur xy-Ebene symmetrischer Zylinder mit der kreisförmigen Grundfläche $B := \{(x,y) : x^2 + y^2 \le R^2\}$, $R > 0$. Welches Trägheitsmoment bezüglich der x-Achse besitzt der Körper A bei konstanter Massendichte $\rho(x) \equiv 1$?

Wir verwenden Formel (3.56) mit $L := \{(t,0,0) : t \in \mathbb{R}\}$. Da ein Punkt $(x,y,z) \in \mathbb{R}^3$ den Abstand $\sqrt{y^2 + z^2}$ zur Geraden L besitzt, gilt

$$\begin{aligned}\theta_{A,L} &= \int_B \int_{-a}^a (y^2 + z^2) \, dz \, d(x,y) \\ &= 2a \int_B y^2 \, d(x,y) + \frac{2a^3}{3} \int_B d(x,y) \\ &= 2a \int_0^R \int_0^{2\pi} r^3 \sin^2 \varphi \, dr \, d\varphi + \frac{2a^3 \pi R^2}{3}.\end{aligned}$$

Dabei wurden beim zweiten Gleichheitszeichen der Satz von Fubini und beim letzten Gleichheitszeichen Polarkoordinaten (vgl. (3.40)) sowie die Formel $|B|_2 = \pi R^2$ verwendet. Die Auswertung des ersten Integrals liefert schließlich

$$\theta_{A,L} = \frac{hR^4}{4}\pi + \frac{h^3 \pi R^2}{12} = \frac{\pi h R^2}{12}(3R^2 + h^2).$$

Dabei ist $h := 2a$ die Höhe des Zylinders.

3.48 Beispiel. (Trägheitsmoment eines Zylinders bezüglich der Zentralachse) Es sei $A = B \times [0, h]$ ein Zylinder im $\mathbb{R}^3$ mit der Höhe $h > 0$ und einer zunächst beliebigen Jordan-messbaren Grundfläche $B \subset \mathbb{R}^2$ (vgl. Beispiel 2.35). Diesmal fragen wir nach dem Trägheitsmoment von A bezüglich der z-Achse L bei erneut konstanter Massendichte $\rho(x) \equiv 1$. Nach Definition und dem Satz von Fubini gilt

$$\theta_{A,L} = \int_B \int_0^h (x^2 + y^2)\, dz\, d(x, y) = h \cdot I_p(B)$$

mit dem *polaren Flächenmoment*

$$I_p(B) := \int_B (x^2 + y^2)\, d(x, y)$$

von B. Gilt etwa $B = \{(x, y) : x^2/a^2 + y^2/b^2 \le 1\}$ mit $a > 0$ und $b > 0$, so folgt aus Beispiel 3.38

$$\theta_{A,L} = \frac{abh\pi}{4}(a^2 + b^2).$$

In den obigen Beispielen verlief die Bezugsachse L durch den Schwerpunkt des Körpers. Es zeigt sich, dass der allgemeine Fall durch eine einfache Formel auf diesen Spezialfall zurückgeführt werden kann.

3.49 Satz. (Satz von Steiner[3])
Gegeben sei ein Körper $A \subset \mathbb{R}^n$ mit konstanter Massendichte $\rho(\vec{x}) \equiv \rho_0 > 0$. Ferner seien $L \subset \mathbb{R}^n$ eine Gerade und L_0 eine zu L parallele Gerade durch den Schwerpunkt $\vec{s}_A$ von A. Dann gilt

$$\theta_{A,L} = \theta_{A,L_0} + \rho_0 |A|_n (d(L, L_0))^2. \tag{3.57}$$

Dabei ist $d(L, L_0)$ der Abstand zwischen L und L_0.

Beweis: Es sei $\vec{z} \in \mathbb{R}^n$. Anwendung von Satz 3.35 auf $T(\vec{x}) := \vec{x} + \vec{z}$ liefert

$$\begin{aligned}\theta_{A+\vec{z},L+\vec{z}} &= \rho_0 \int_{A+\vec{z}} d(\vec{y}, L + \vec{z})^2\, d\vec{y} = \rho_0 \int_A d(\vec{x} + \vec{z}, L + \vec{z})^2\, d\vec{x} \\ &= \rho_0 \int_A d(\vec{x}, L)^2\, d\vec{x} = \theta_{A,L}.\end{aligned}$$

Weil der Schwerpunkt von $A - \vec{s}_A$ (bei konstanter Massendichte) gleich $\vec{0}$ ist (Linearität des Integrals!) und weil sich deshalb die Behauptung (3.57) bei Übergang von A, L, L_0

[3] Jakob Steiner (1796–1863). Der Sohn eines Kleinbauern aus dem Berner Oberland war nach einem Studienaufenthalt in Heidelberg ab 1829 Oberlehrer an der Berliner Gewerbeschule. 1832 Dr.h.c. (Universität Königsberg), 1833 Professor, 1834 Mitglied der Berliner Akademie und a.o. Professor an der Berliner Universität. Hauptarbeitsgebiet: Geometrie.

zu $A - \vec{s}_A, L - \vec{s}_A, L_0 - \vec{s}_A$ nicht ändert, können wir jetzt o.B.d.A. $\vec{s}_A = \vec{0}$ annehmen. Es gelte $L_0 = \text{Span}(\vec{u})$ sowie $L = \vec{x}_0 + L_0$ mit $\|\vec{u}\|_2 = 1$ und $\vec{u} \perp \vec{x}_0$ (vgl. I.8.6.4). Dann ist $d(L, L_0) = \|\vec{x}_0\|$. Ferner erhalten wir aus den Formeln

$$d(\vec{x}, L)^2 = \langle \vec{x} - \vec{x}_0, \vec{x} - \vec{x}_0 \rangle - \langle \vec{x} - \vec{x}_0, \vec{u} \rangle^2, \qquad d(\vec{x}, L_0)^2 = \langle \vec{x}, \vec{x} \rangle - \langle \vec{x}, \vec{u} \rangle^2,$$

(vgl. I.8.6.8) sowie $\langle \vec{x}_0, \vec{u} \rangle = 0$ die Gleichung

$$d(\vec{x}, L)^2 = d(\vec{x}, L_0)^2 - 2\langle \vec{x}, \vec{x}_0 \rangle + \langle \vec{x}_0, \vec{x}_0 \rangle, \qquad \vec{x} \in \mathbb{R}^n.$$

Wir multiplizieren diese Gleichung mit ρ_0 und integrieren über A. Wegen $\vec{s}_A = \vec{0}$ verschwindet das Integral über $2\rho_0 \langle \vec{x}, \vec{x}_0 \rangle$. Damit ergibt sich die Behauptung. □

Lernziel-Kontrolle

- Was ist ein Parallelepiped?
- Durch welche Eigenschaften ist eine Determinantenform festgelegt?
- Was ist eine Transposition?
- Wie ist das Vorzeichen einer Permutation definiert?
- Warum ist eine Determinantenform durch ihren Wert auf einer Basis eindeutig bestimmt?
- Was ist die Determinante einer linearen Abbildung bzw. einer Matrix?
- Können Sie einige Eigenschaften von Determinanten angeben?
- Warum ist der Gaußsche Algorithmus nützlich, um die Determinante einer Matrix zu bestimmen?
- Was besagt der Entwicklungssatz von Laplace?
- Wie verändert sich der Inhalt einer Menge unter einer linearen Abbildung?
- Welches Volumen besitzt das von 3 Vektoren im $\mathbb{R}^3$ aufgespannte Parallelepiped?
- Warum ist eine vektorwertige Funktion Lipschitzstetig, wenn jede ihrer Komponenten diese Eigenschaft besitzt?
- Warum sind die Eigenschaften, *orthogonal* bzw. *isometrisch* zu sein, für eine lineare Abbildung äquivalent?
- Können Sie äquivalente Bedingungen für die Orthogonalität einer Matrix angeben?
- Welche orthogonalen Abbildungen gibt es im $\mathbb{R}^2$?
- Können Sie den allgemeinen Transformationssatz formulieren?
- Was sind Polar-, Kugel- und Zylinderkoordinaten, und warum führt man sie ein?
- Können Sie das Volumen des zylindrischen Keils in Bild 3.15 mit Hilfe von r_1, r_2, φ_1, φ_2, z_1 und z_2 ausdrücken?

Kapitel 4

Normierte Räume und Hilberträume

Ach der? Der ist Poet geworden. Für die Mathematik hatte er zuwenig Phantasie.

David Hilbert

Dieses Kapitel gibt eine Einführung in die komplexen Zahlen sowie in Theorie und Anwendungen normierter reeller und komplexer Vektorräume und Hilberträume sowie linearer Operatoren auf solchen Räumen.

4.1 Die komplexen Zahlen

Da Quadrate reeller Zahlen stets größer oder gleich 0 sind, kann es keine reelle Zahl x geben, die der Gleichung $x^2 = -1$ genügt. Dieser Mangel wird durch die Erweiterung des Zahlbereiches $\mathbb{R}$ zum Körper $\mathbb{C}$ der komplexen Zahlen behoben.

Der Umgang mit komplexen Zahlen ist heute unentbehrliches Handwerkszeug in den Ingenieurwissenschaften. So werden etwa in der Nachrichtentechnik Signale im Allgemeinen als komplexwertige Funktionen betrachtet.

4.1.1 Vorbetrachtungen

Wir nähern uns der (zu definierenden) Menge $\mathbb{C}$ der komplexen Zahlen, indem wir zunächst einige wünschenswerte Eigenschaften von $\mathbb{C}$ auflisten. Sicherlich sollte mit komplexen Zahlen gemäß den Körperaxiomen aus I.3.3.5 gerechnet werden können, und die reellen Zahlen sollten innerhalb der Menge $\mathbb{C}$ „einen natürlichen Platz einnehmen“. Ferner sollte im Zahlbereich $\mathbb{C}$ die Gleichung $x \cdot x = -1$ lösbar sein. Genauer sollen die folgenden Eigenschaften gelten:

(C1) Es gibt zwei *Verknüpfungen* (d.h. Abbildungen) $+ : \mathbb{C} \times \mathbb{C} \to \mathbb{C}$ (*Addition*) und $\cdot : \mathbb{C} \times \mathbb{C} \to \mathbb{C}$ (*Multiplikation*), so dass $(\mathbb{C}, +, \cdot)$ die Körperaxiome (K1)–(K3) aus I.3.3.5 erfüllt.

(C2) Die Menge $\mathbb{R}$ kann mit einer geeigneten Teilmenge von $\mathbb{C}$ identifiziert werden, und auf dieser Teilmenge stimmen die Verknüpfungen $+$ und $\cdot$ mit der Addition bzw. der Multiplikation reeller Zahlen überein.

(C3) Es gibt ein Element $i \in \mathbb{C}$ mit $i^2 := i \cdot i = -1$.

Wenn überhaupt eine Menge $\mathbb{C}$ mit diesen Eigenschaften existiert, so muss diese Menge jede „Zahl" der Gestalt

$$z = x + i \cdot y, \qquad x, y \in \mathbb{R}, \tag{4.1}$$

enthalten. Sind $z_1 = x_1 + i \cdot y_1$ und $z_2 = x_2 + i \cdot y_2$ zwei Elemente von $\mathbb{C}$ der Gestalt (4.1), so gilt $z_1 = z_2$ genau dann, wenn $x_1 - x_2 = i \cdot (y_2 - y_1)$. Hierbei haben wir sowohl die in jedem Körper gültigen Kommutativgesetze als auch das Distributivgesetz ausgenutzt (vgl. I.3.3.5). Aus $z_1 = z_2$ folgt somit

$$(x_1 - x_2)^2 = i^2 \cdot (y_2 - y_1)^2 = -(y_1 - y_2)^2$$

und damit $x_1 = x_2$ und $y_1 = y_2$.

Wir können also jedes z der Form (4.1) mit dem geordneten Paar $(x, y) \in \mathbb{R}^2$ identifizieren! Aus den Kommutativgesetzen, dem Distributivgesetz sowie der Gleichung $i^2 = -1$ erhält man ferner

$$(x_1 + i \cdot y_1) + (x_2 + i \cdot y_2) = x_1 + x_2 + i \cdot (y_1 + y_2), \tag{4.2}$$

$$(x_1 + i \cdot y_1) \cdot (x_2 + i \cdot y_2) = x_1 x_2 - y_1 y_2 + i \cdot (x_1 y_2 + x_2 y_1). \tag{4.3}$$

4.1.2 Existenz der komplexen Zahlen

Die bisherigen Überlegungen legen es nahe, $\mathbb{C} := \mathbb{R}^2$ zu setzen und durch

$$(x_1, y_1) + (x_2, y_2) := (x_1 + x_2, y_1 + y_2), \tag{4.4}$$

$$(x_1, y_1) \cdot (x_2, y_2) := (x_1 x_2 - y_1 y_2, x_1 y_2 + x_2 y_1), \tag{4.5}$$

eine Addition und eine Multiplikation auf $\mathbb{C}$ zu definieren. Mit Hilfe einer einfachen Rechnung ergibt sich dann das folgende Resultat.

4.1 Satz. (Existenz der komplexen Zahlen)
Das Tripel $(\mathbb{C}, +, \cdot)$ *ist ein Körper mit dem Nullelement* $(0, 0)$ *und dem Einselement* $(1, 0)$. *Dabei ist* $(-x, -y)$ *das inverse Element von* (x, y) *bezüglich der Addition und*

$$(x, y)^{-1} = \left(\frac{x}{x^2 + y^2}, \frac{-y}{x^2 + y^2} \right)$$

das inverse Element von $(x, y) \neq (0, 0)$ *bezüglich der Multiplikation.*

Die mit der Addition (4.4) und der Multiplikation (4.5) versehene Menge $\mathbb{C}$ heißt *Körper der komplexen Zahlen.* Obwohl $\mathbb{C}$ als *Menge* nichts anderes ist als der $\mathbb{R}^2$, wird die Schreibweise $\mathbb{C}$ immer dann verwendet, wenn betont werden soll, dass der $\mathbb{R}^2$ durch die Verknüpfungen (4.4) und (4.5) die Struktur eines *Zahlkörpers* erhält. Wegen

$$(x_1, 0) + (x_2, 0) = (x_1 + x_2, 0), \qquad (x_1, 0) \cdot (x_2, 0) = (x_1 \cdot x_2, 0)$$

entspricht in $\mathbb{C}$ das Rechnen mit komplexen Zahlen der Form $(a, 0)$ genau dem Rechnen im Körper $(\mathbb{R}, +, \cdot)$. Aus diesem Grund identifiziert man die komplexe Zahl $(a, 0) \in \mathbb{C}$ mit der reellen Zahl $a \in \mathbb{R}$, setzt also kurz $a := (a, 0)$ für komplexe Zahlen der Form $(a, 0)$. Insbesondere bezeichnen

$$0 := (0, 0), \qquad 1 := (1, 0)$$

die neutralen Elemente der Addition bzw. der Multiplikation.

Die komplexe Zahl $i := (0, 1)$ heißt *imaginäre Einheit.* Für $z = (x, y) \in \mathbb{C}$ heißen $\mathrm{Re}(z) := x$ der *Realteil* und $\mathrm{Im}(z) := y$ der *Imaginärteil* von z. Nach Definition gilt also

$$z = \mathrm{Re}(z) + i \cdot \mathrm{Im}(z), \qquad z \in \mathbb{C}.$$

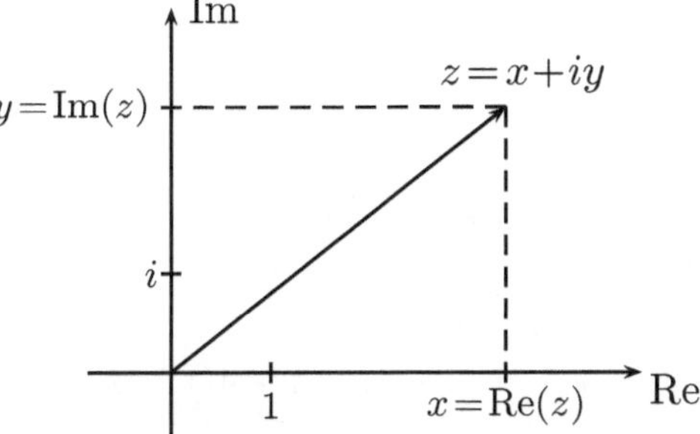

Bild 4.1: Gaußsche Zahlenebene

Diese Begriffsbildungen sind in Bild 4.1 veranschaulicht. Jede komplexe Zahl $z = x + iy$ kann als Vektor der sog. *Gaußschen Zahlenebene* interpretiert werden. Der Real- bzw. Imaginärteil von z entsteht durch Orthogonalprojektion von z auf die waagerechte (reelle) Achse bzw. auf die senkrechte, sog. *imaginäre*, Achse.

Da die Addition (4.2) komplexer Zahlen der vektoriellen Addition (4.4) in $\mathbb{R}^2$ entspricht und die Multiplikation einer komplexen Zahl $z = x+iy$ mit einer *reellen* Zahl a gleichbedeutend mit der Multiplikation $a \cdot (x, y) = (ax, ay)$ ist, besitzen die komplexen Zahlen mit der Addition (4.2) und der durch $a \cdot (x+iy) \mapsto ax+iay$ definierten Multiplikation $\cdot : \mathbb{R} \times \mathbb{C} \to \mathbb{C}$ die gleiche Vektorraumstruktur wie der $\mathbb{R}^2$.

Weil die komplexen Zahlen einen Körper bilden, gilt $0 \cdot z = z \cdot 0 = 0$ für jedes $z \in \mathbb{C}$. Ferner ist $(-1) \cdot z$ das Inverse $-z$ von z bezüglich der Addition. Das Produkt $z_1 \cdot z_2$ zweier komplexer Zahlen ist genau dann Null, wenn $z_1 = 0$ oder $z_2 = 0$. Ist nämlich $z_1 \neq 0$, so folgt aus $z_1 \cdot z_2 = 0$ die Gleichung $0 = ((z_1)^{-1} \cdot z_1) \cdot z_2 = z_2$. Ist $z_2 \neq 0$, so schreiben wir statt $z_1 \cdot z_2^{-1}$ auch $\frac{z_1}{z_2}$ bzw. z_1/z_2.

Nach Definition gilt

$$i \cdot i = (0,1) \cdot (0,1) = (-1,0) = -(1,0) = -1.$$

Somit besitzen die komplexen Zahlen in der Tat die gewünschten Eigenschaften (C1)–(C3). In einer naheliegenden Weise, die wir hier aber nicht präzisieren wollen, sind sie der *kleinste* Körper mit diesen Eigenschaften.

Abschließend sei bemerkt, dass man für $z \in \mathbb{C}$ und $n \in \mathbb{N}_0$ die n-te *Potenz* z^n wie für reelle Zahlen durch

$$z^0 := 1, \qquad z^1 := z, \qquad z^{n+1} := z \cdot z^n, \quad n \in \mathbb{N},$$

definiert. Ferner setzt man für $z \neq 0$

$$z^{-n} := \frac{1}{z^n}, \qquad n \in \mathbb{N}.$$

4.2 Beispiel. (Umformung auf Standardform)
Es gilt

$$\begin{aligned}
(3-2i) + (4+i) &= 7 - i, \\
(3-2i) \cdot (4+i) &= 3 \cdot 4 - 4 \cdot 2i + 3i - 2i^2 = 14 - 5i, \\
\frac{1}{1-i} &= \frac{1}{1-i} \cdot \frac{1+i}{1+i} = \frac{1+i}{1-i^2} = \frac{1}{2} + \frac{1}{2} \cdot i, \\
(2+i)^3 &= (2+i) \cdot (2+i)^2 = (2+i) \cdot (3+4i) = 2 + 11i.
\end{aligned}$$

4.3 Beispiel. (Quadratische Gleichungen mit reellen Koeffizienten)
Sind $c, d \in \mathbb{R}$ mit der Eigenschaft $d - c^2/4 > 0$, so besitzt die quadratische Gleichung $x^2 + cx + d = 0$ keine reelle Lösung x. Lässt man jedoch auch komplexwertige Lösungen zu, fragt man also nach Lösungen $z \in \mathbb{C}$ der Gleichung

$$z^2 + cz + d = 0, \tag{4.6}$$

so lassen sich diese durch quadratische Ergänzung finden. Wegen

$$z^2 + cz + d = 0 \iff (z + c/2)^2 + d - c^2/4 = 0$$

$$\iff (z + c/2)^2 = (d - c^2/4) \cdot (-1)$$

erkennt man, dass

$$z_1 := -c/2 + i \cdot \sqrt{d - c^2/4}, \qquad z_2 := -c/2 - i \cdot \sqrt{d - c^2/4}$$

Lösungen von (4.6) sind. Eine elementare Rechnung liefert

$$(z - z_1) \cdot (z - z_2) = z^2 + cz + d.$$

Weil das Produkt zweier komplexer Zahlen genau dann verschwindet, wenn mindestens eine dieser Zahlen gleich Null ist, folgt, dass z_1 und z_2 die einzigen komplexen Lösungen von (4.6) sind.

4.1.3 Konjugiert komplexe Zahl, Betrag

Man nennt

$$\bar{z} := x - iy$$

die zu $z = x + iy$ *konjugiert komplexe* Zahl und die reelle Zahl

$$|z| := \sqrt{x^2 + y^2}$$

den *Betrag* von z.

Geometrisch entsteht $\bar{z}$ durch Spiegelung des Punktes z der Gaußschen Zahlenebene an der reellen Achse. Der Betrag von $z = x+iy$ ist die euklidische Norm des Vektors $(x, y) \in \mathbb{R}^2$; $|z|$ stellt also den Abstand von z zum Koordinatenursprung der Gaußschen Zahlenebene dar (Bild 4.2).

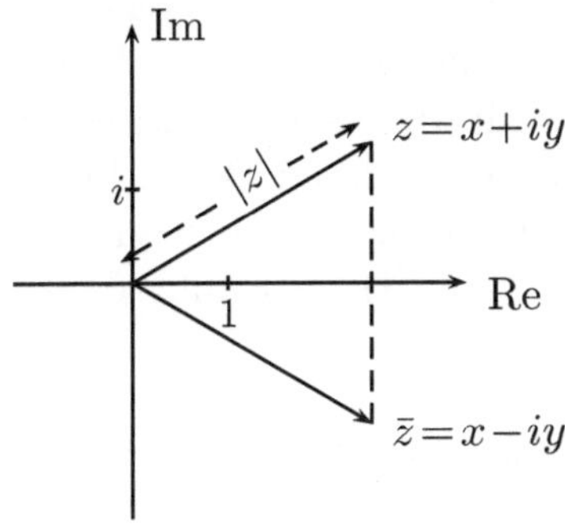

Bild 4.2: Übergang von z zur konjugiert komplexen Zahl $\bar{z}$ und $|z|$ als Länge des Pfeiles vom Ursprung zu z

Konjugation und Betrag haben die folgenden Eigenschaften. Dabei sind die auftretenden komplexen Zahlen z, z_1 und z_2 beliebig wählbar.

(i) $z = \bar{z} \iff \mathrm{Im}(z) = 0 \iff z \in \mathbb{R}$.

(ii) $|z| = |\bar{z}|$.

(iii) $z \cdot \bar{z} = |z|^2$.

(iv) $\overline{z_1 + z_2} = \bar{z}_1 + \bar{z}_2$.

(v) $\overline{z_1 \cdot z_2} = \bar{z}_1 \cdot \bar{z}_2$.

(vi) $|z_1 \cdot z_2| = |z_1| \cdot |z_2|$.

(vii) $|z_1 + z_2| \le |z_1| + |z_2|$. (*Dreiecksungleichung*)

Die Eigenschaften (i)–(vi) können direkt nachgeprüft werden. Eigenschaft (vii) ist ein Spezialfall der Dreiecksungleichung in Folgerung I.8.30. Aus (iii) folgt für $z \neq 0$ die bereits aus Satz 4.1 bekannte Formel

$$\frac{1}{z} = \frac{\bar{z}}{|z|^2}. \tag{4.7}$$

4.1.4 Konvergenz von Folgen in $\mathbb{C}$

Eine komplexe Zahl z heißt *Grenzwert* einer Folge $(z_n)_{n\ge 1}$ aus $\mathbb{C}$, wenn es zu jedem $\varepsilon > 0$ ein $n_0 \in \mathbb{N}$ gibt, so dass für jedes $n \ge n_0$ die Ungleichung

$$|z_n - z| \le \varepsilon$$

erfüllt ist. In diesem Fall sagt man, (z_n) *konvergiert gegen* z und schreibt hierfür $\lim_{n\to\infty} z_n = z$ oder $z_n \to z$ für $n \to \infty$.

Offenbar ist die Konvergenz komplexer Zahlenfolgen ein Spezialfall der in Abschnitt 1.1 behandelten Konvergenz im $\mathbb{R}^n$. Nach Satz 1.1 liegt nämlich Konvergenz von (z_n) gegen z genau dann vor, wenn die (reellen) Folgen der Real- und Imaginärteile von z_n gegen den Real- bzw. Imaginärteil von z konvergieren.

Soweit nur die Addition in $\mathbb{C}$ und die Multiplikation komplexer mit reellen Zahlen betroffen ist, übertragen sich auch alle anderen Definitionen und Ergebnisse aus Abschnitt 1.1. Insbesondere ist die Stetigkeit einer auf einer Teilmenge $D \subset \mathbb{C}$ definierten Funktion $f : D \to \mathbb{R}^k$ $(k \in \mathbb{N})$ im Punkt $z_0 \in D$ analog zu früher durch die Bedingung

$$\text{für jede Folge } (z_n) \text{ aus } D \text{ mit } z_n \to z_0 \text{ gilt } f(z_n) \to f(z_0)$$

definiert.

4.4 Beispiel.
Die ersten Glieder der durch $z_n := i^n/n$, $n \in \mathbb{N}$, definierten Folge (z_n) sind

$$z_1 = i,\ z_2 = -\frac{1}{2},\ z_3 = -\frac{i}{3},\ z_4 = \frac{1}{4}, \dots .$$

Es gilt $|z_n| = |z_n - 0| = 1/n \to 0$ für $n \to \infty$ und somit $\lim_{n\to\infty} z_n = 0$.

4.5 Beispiel. (Geometrische Folge)
Für fixiertes $q \in \mathbb{C}$ betrachten wir die Folge $z_n = q^n$. Ist $|q| < 1$, so gilt (wegen 4.1.3 (vi)) $|z_n| = |q|^n \to 0$ für $n \to \infty$, also $\lim_{n\to\infty} z_n = 0$. Im Fall $|q| > 1$ ist die Folge (q^n) nicht konvergent. Würde nämlich $q^n \to z_0$ für ein $z_0 \in \mathbb{C}$ gelten, so müsste wegen der Stetigkeit der Betragsabbildung $z \mapsto |z|$ auch $|q^n| = |q|^n \to |z_0|$ gelten. Nach Beispiel I.5.5 (i) ist aber die reelle Folge $(|q|^n)$ im Fall $|q| > 1$ divergent.

4.1.5 Unendliche Reihen

Ist $(z_n)_{n\geq 1}$ eine Folge in $\mathbb{C}$, so versteht man unter der *komplexen Reihe*

$$\sum_{k=1}^{\infty} z_k = z_1 + z_2 + z_3 + \ldots$$

völlig analog zum reellen Fall (vgl. I.5.2) die Folge (s_n) der n-ten Partialsummen

$$s_n := \sum_{k=1}^{n} z_k = z_1 + z_2 + \ldots + z_n, \qquad n \in \mathbb{N}.$$

Die Reihe $\sum_{k=1}^{\infty} z_k$ heißt *konvergent* mit der *Summe* z, wenn die Folge (s_n) gegen z konvergiert. In diesem Fall setzt man analog zu früher $z =: \sum_{k=1}^{\infty} z_k$. Eine nicht konvergente Reihe heißt *divergent.*

Die Reihe $\sum_{k=1}^{\infty} z_k$ heißt *absolut konvergent*, wenn die reelle Reihe $\sum_{k=1}^{\infty} |z_k|$ konvergent ist.

Wie früher ist bei komplexen Reihen die untere Grenze des Summationsindex k häufig gleich 0 oder (seltener) gleich einer anderen ganzen Zahl.

4.6 Beispiel. (Geometrische Reihe)
Wir fixieren $q \in \mathbb{C}$ und untersuchen die *geometrische Reihe* $\sum_{k=0}^{\infty} q^k$. Für die Partialsumme $s_n = 1 + q + \ldots + q^n$ ergibt sich wie in I.5.2.2 im Fall $q \neq 1$ die Darstellung

$$s_n = \frac{1 - q^{n+1}}{1 - q}.$$

Aus Beispiel 4.5 folgt also

$$\sum_{k=0}^{\infty} q^k = \frac{1}{1-q}, \qquad |q| < 1.$$

Für $|q| \geq 1$ ist

$$|s_{n+1} - s_n| = |q^{n+1}| = |q|^{n+1} \geq 1, \qquad n \geq 1,$$

so dass die Reihe nach dem Konvergenzkriterium von Cauchy nicht konvergent sein kann.

Analog zu Satz I.5.32 gilt auch für komplexe Reihen:

4.7 Satz. (Absolute Konvergenz von Reihen)
Eine absolut konvergente komplexe Reihe $\sum_{k=1}^{\infty} z_k$ *ist konvergent, und es gilt*

$$\Big|\sum_{k=1}^{\infty} z_k\Big| \leq \sum_{k=1}^{\infty} |z_k|.$$

Mit Hilfe dieses Satzes kann das Studium der Konvergenzeigenschaften komplexer Reihen auf den Fall reeller Reihen zurückgeführt werden. (Man beachte aber, dass das Leibniz-Kriterium nicht auf $\mathbb{C}$ übertragen werden kann.) Zum Beispiel gilt das folgende Analogon von Satz I.5.38:

4.8 Satz. (Umordnungssatz)
Eine absolut konvergente Reihe darf beliebig umgeordnet werden, ohne dass sich ihr Wert ändert.

4.1.6 Potenzreihen

Sind (a_n) eine Folge in $\mathbb{C}$ und $z_0 \in \mathbb{C}$, so heißt die Reihe

$$\sum_{n=0}^{\infty} a_n (z - z_0)^n \tag{4.8}$$

(komplexe) *Potenzreihe* mit (komplexen) *Koeffizienten* $a_0, a_1, \ldots$ und *Entwicklungspunkt* $z_0 \in \mathbb{C}$. Setzt man (mit den Konventionen $1/0 := \infty$ und $1/\infty := 0$)

$$r := \frac{1}{\limsup_{n\to\infty} \sqrt[n]{|a_n|}}, \tag{4.9}$$

so kann völlig analog zu Satz I.6.21 gezeigt werden, dass die Potenzreihe (4.8) im Fall $r = 0$ nur für $z = z_0$ konvergiert. Gilt $r = \infty$, so liegt für jedes $z \in \mathbb{C}$ absolute Konvergenz vor. Im verbleibenden Fall $0 < r < \infty$ konvergiert die Reihe (4.8) für jedes z in der offenen Kreisscheibe $\{z : |z - z_0| < r\}$ absolut. Für jedes z mit $|z - z_0| > r$ liegt Divergenz vor. Für jedes z auf dem Kreisrand $\{z : |z - z_0| = r\}$ ist jeweils Konvergenz oder Divergenz möglich. Die Zahl r in (4.9) heißt *Konvergenzradius* der Potenzreihe (4.8).

Die Funktion

$$f(z) := \sum_{n=0}^{\infty} a_n (z - z_0)^n$$

ist für jedes $z \in \mathbb{C}$ definiert, für welches die Reihe konvergiert. Sie heißt wie früher *Summenfunktion* der Potenzreihe (4.8).

4.9 Beispiel. (Exponentialfunktion)
Wegen $\limsup_{n\to\infty} \sqrt[n]{1/n!} = 0$ ist die Reihe

$$\exp(z) := \sum_{n=0}^{\infty} \frac{z^n}{n!} \tag{4.10}$$

für jedes $z \in \mathbb{C}$ absolut konvergent. Die durch (4.10) definierte Funktion $\exp : \mathbb{C} \to \mathbb{C}$ heißt (*komplexe*) *Exponentialfunktion*. Sie stimmt für reelle z mit der in (I.5.28) definierten Exponentialfunktion überein. Auch im Komplexen benutzt man die Schreibweise

$$e^z := \exp(z), \qquad z \in \mathbb{C}.$$

Die (fast) wörtliche Übertragung der entsprechenden Beweise in I.5.3 liefert die folgenden Eigenschaften der Exponentialfunktion:

4.10 Satz. (Eigenschaften der Exponentialfunktion)
Die Exponentialfunktion ist stetig und genügt der Funktionalgleichung

$$\exp(z_1 + z_2) = \exp(z_1) \cdot \exp(z_2), \qquad z_1, z_2 \in \mathbb{C}. \tag{4.11}$$

Aus diesem Satz folgt $\exp(z) \cdot \exp(-z) = 1$, $z \in \mathbb{C}$, und damit $\exp(z) \neq 0$. Ferner ergibt sich

$$\exp(z)^n = \exp(nz), \qquad n \in \mathbb{Z}. \tag{4.12}$$

4.11 Beispiel. (Sinus und Kosinus)
Ebenso wie die Exponentialfunktion können auch die Funktionen sin (*Sinus*) und cos (*Kosinus*) über die Festsetzungen

$$\cos(z) := \sum_{n=0}^{\infty} (-1)^n \frac{z^{2n}}{(2n)!}, \qquad z \in \mathbb{C},$$
$$\sin(z) := \sum_{n=0}^{\infty} (-1)^n \frac{z^{2n+1}}{(2n+1)!}, \qquad z \in \mathbb{C},$$

zu Funktionen von $\mathbb{C}$ in $\mathbb{C}$ erweitert werden. Wie früher lassen wir dabei im Folgenden häufig die Klammern weg, schreiben also kurz $\sin z$ und $\cos z$.

4.12 Satz. (Eigenschaften von Sinus und Kosinus)
Für jedes $z \in \mathbb{C}$ gilt

$$\exp(iz) = \cos z + i \cdot \sin z,$$
$$\exp(-iz) = \cos z - i \cdot \sin z.$$

Beweis: Wegen $i^{2k} = (-1)^k$ und $(-i)^{2k+1} = i(-1)^k$ für jedes $k \in \mathbb{N}_0$ folgt

$$\exp(iz) = \sum_{n=0}^{\infty} \frac{(iz)^n}{n!} = \sum_{k=0}^{\infty} \frac{(iz)^{2k}}{(2k)!} + \sum_{k=0}^{\infty} \frac{(iz)^{2k+1}}{(2k+1)!} = \cos z + i \cdot \sin z.$$

Die zweite Gleichung beweist man analog. □

4.1.7 Die Eulersche Formel

Aus Satz 4.12 erhalten wir

$$(\cos z + i \cdot \sin z) \cdot (\cos z - i \cdot \sin z) = \exp(iz) \cdot \exp(-iz) = 1,$$

also

$$\cos^2 z + \sin^2 z = 1, \qquad z \in \mathbb{C}.$$

Setzt man in Satz 4.12 speziell $z = x$ für $x \in \mathbb{R}$, so folgt die *Eulersche Formel*

$$\exp(ix) = \cos x + i \cdot \sin x, \qquad x \in \mathbb{R}, \tag{4.13}$$

d.h.

$$\mathrm{Re}(\exp(ix)) = \cos x, \qquad \mathrm{Im}(\exp(ix)) = \sin x, \qquad x \in \mathbb{R}.$$

Insbesondere gilt

$$|\exp(ix)| = \sqrt{\cos^2 x + \sin^2 x} = 1, \qquad x \in \mathbb{R},$$

was bedeutet, dass die Zahlen $\exp(ix)$, $x \in \mathbb{R}$, auf dem Rand $\{z \in \mathbb{C} : |z|^2 = 1\}$ des Einheitskreises liegen. Da die Funktionen $\cos x$ und $\sin x$, $x \in \mathbb{R}$, periodisch sind, liefert (4.13) die Periodizitätseigenschaft

$$\exp(ix) = \exp(ix + i \cdot 2\pi k), \qquad k \in \mathbb{Z}, \tag{4.14}$$

der komplexen Exponentialfunktion auf der imaginären Achse $\{ix : x \in \mathbb{R}\}$ sowie

$$e^{i \cdot 2k\pi} = 1, \qquad k \in \mathbb{Z}. \tag{4.15}$$

Aus der Funktionalgleichung (4.11) und der Eulerschen Formel folgt ferner für alle $x, y \in \mathbb{R}$

$$\begin{aligned}
\cos(x+y) + i \cdot \sin(x+y) &= \exp(i \cdot (x+y)) \\
&= \exp(ix) \cdot \exp(iy) \\
&= (\cos x + i \cdot \sin x) \cdot (\cos y + i \cdot \sin y) \\
&= \cos x \cos y - \sin x \sin y + i \cdot (\sin x \cos y + \cos x \sin y)
\end{aligned}$$

und damit ein eleganter Beweis der *Additionstheoreme*

$$\begin{aligned}
\cos(x+y) &= \cos x \cos y - \sin x \sin y, \\
\sin(x+y) &= \sin x \cos y + \cos x \sin y.
\end{aligned}$$

Setzt man in (4.12) $z = i \cdot x$, $x \in \mathbb{R}$, und benutzt auf beiden Seiten die Eulersche Formel, so ergibt sich die *Formel von de Moivre*[1]

$$(\cos x + i \cdot \sin x)^n = \cos(nx) + i \cdot \sin(nx), \qquad n \in \mathbb{Z}. \tag{4.16}$$

4.1.8 Polarkoordinaten

Jede komplexe Zahl $z \in \mathbb{C}$ mit $z \neq 0$ besitzt eine eindeutige Darstellung der Form

$$z = r \exp(i\varphi) \tag{4.17}$$

mit $0 < r < \infty$ und $0 \leq \varphi < 2\pi$. Dabei ist $r = |z|$. Man nennt φ auch *Argument* (oder *Phase*) von z (Bild 4.3). Die Zahlen r und φ sind nichts anderes als die in 3.3.5 diskutierten *Polarkoordinaten* von $z = (\mathrm{Re}(z), \mathrm{Im}(z))$. In diesem Sinn gilt also z.B.

$$1 + i = \sqrt{2} \cdot e^{i\pi/4}, \qquad -1 + i = \sqrt{2} \cdot e^{i3\pi/4}.$$

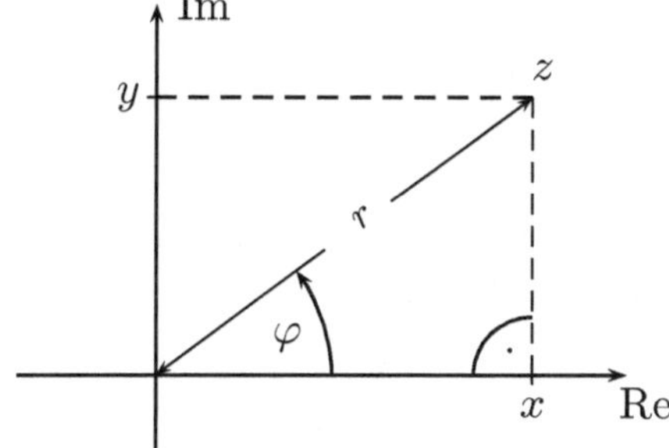

Bild 4.3:
Darstellung von $z = x + iy$ in Polarkoordinaten: $z = re^{i\varphi}$

Liegen zwei komplexe Zahlen in den Polarkoordinaten $z_1 = r_1 \exp(i\varphi_1)$ bzw. $z_2 = r_2 \exp(i\varphi_2)$ vor, so gilt

$$z_1 \cdot z_2 = r_1 \cdot r_2 \exp(i \cdot (\varphi_1 + \varphi_2)).$$

Die komplexe Multiplikation kann also geometrisch als Multiplikation der Beträge und gleichzeitige Addition der Winkel und somit als *Drehstreckung* gedeutet werden (siehe Bild 4.4). Hierbei ist die Periodizitätseigenschaft (4.14) zu beachten. Multiplikation von z mit $1 + i$ bedeutet somit geometrisch eine Drehstreckung von z mit dem Winkel $\pi/4$ (45 Grad) gegen den Uhrzeigersinn bei gleichzeitiger Streckung mit dem Faktor $\sqrt{2}$.

[1] Abraham de Moivre (1667–1754). Moivre musste nach dem Studium in Paris als Protestant Frankreich verlassen. Er emigrierte 1688 nach London, wo er sich bis ins hohe Alter seinen Lebensunterhalt durch Privatunterricht in Mathematik verdiente. 1697 Aufnahme in die Royal Society und 1735 in die Berliner Akademie. De Moivre gilt als bedeutendster Wahrscheinlichkeitstheoretiker vor P.S. Laplace.

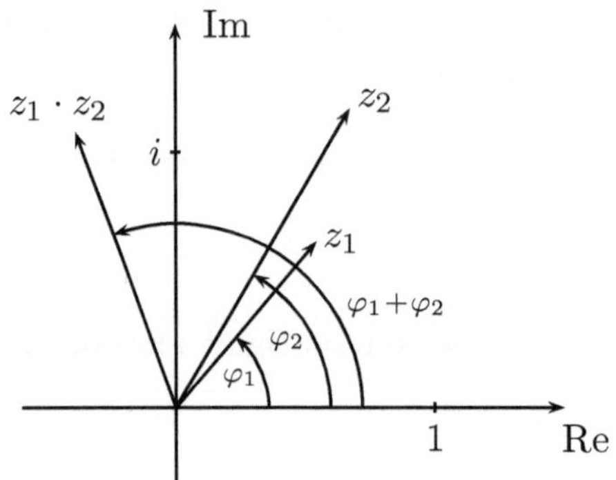

Bild 4.4: Multiplikation zweier komplexer Zahlen als Drehstreckung

4.1.9 Die komplexen Einheitswurzeln

4.13 Satz. (Komplexe Einheitswurzeln)
Für jedes $n \in \mathbb{N}$ besitzt die Gleichung $z^n = 1$ genau n verschiedene Lösungen $z_0, \ldots, z_{n-1}$, nämlich

$$z_k = \exp\left(i \cdot \frac{2\pi k}{n}\right), \qquad k = 0, \ldots, n-1. \tag{4.18}$$

BEWEIS: Die Gleichung $(z_k)^n = 1$ ergibt sich sofort aus (4.12) und (4.15). Ist umgekehrt $z \in \mathbb{C}$ mit $z^n = 1$, so folgt $|z|^n = 1$ und somit $|z| = 1$. Es gibt also ein eindeutig bestimmtes $\varphi \in [0, 2\pi)$ mit $z = e^{i \cdot \varphi}$. Wegen

$$1 = z^n = e^{i \cdot n\varphi} = \cos(n\varphi) + i \cdot \sin(n\varphi)$$

(Formel von de Moivre) erhält man $\varphi = 2\pi k/n$ für ein $k \in \{0, \ldots, n-1\}$. □

Die komplexen Zahlen $z_0, \ldots, z_{n-1}$ in (4.18) heißen die n-ten *Einheitswurzeln*. Sie bilden die Ecken eines regelmäßigen n-Ecks auf dem Rand des Einheitskreises (siehe Bild 4.5 im Fall $n = 5$).

Für eine beliebige komplexe Zahl c kann die Gleichung $z^n = c$ mit Hilfe der Polarkoordinatendarstellung $c = re^{i \cdot \varphi}$ gelöst werden. Ist $r = 0$, so gibt es nur die Lösung $z = 0$. Ist $r > 0$, so erhält man die n verschiedenen Lösungen

$$z_k = \sqrt[n]{r} \exp\left(i \cdot \frac{\varphi + 2\pi k}{n}\right), \qquad k = 0, \ldots, n-1. \tag{4.19}$$

4.14 Beispiele.

(i) Die Gleichung $z^2 = 1$ besitzt die beiden Lösungen $z_0 = 1$ und $z_1 = -1$.

(ii) Die Gleichung $z^3 = 1$ hat die drei Lösungen $z_0 = 1$, $z_1 = \cos\frac{2\pi}{3} + i \sin\frac{2\pi}{3}$ und $z_2 = \cos\frac{4\pi}{3} + i \sin\frac{4\pi}{3}$.

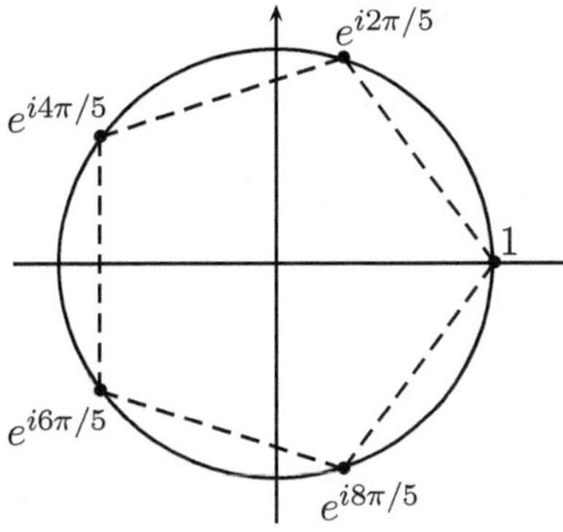

Bild 4.5:
Die 5-ten Einheitswurzeln $e^{i2\pi k/5}$, $k = 0, \ldots, 4$

(iii) Die Gleichung $z^4 = 1$ hat die vier Lösungen $z_0 = 1$, $z_1 = \cos\frac{\pi}{2} + i\sin\frac{\pi}{2} = i$, $z_2 = -1$ und $z_3 = -i$.

4.15 Beispiel.
Die Gleichung $z^4 = 2i$, d.h.

$$z^4 = 2\left(\cos\frac{\pi}{2} + i\sin\frac{\pi}{2}\right),$$

besitzt die Lösungen

$$z_0 = \sqrt[4]{2}\left(\cos\frac{\pi}{8} + i\sin\frac{\pi}{8}\right), \qquad z_1 = \sqrt[4]{2}\left(\cos\frac{5\pi}{8} + i\sin\frac{5\pi}{8}\right),$$

$$z_2 = \sqrt[4]{2}\left(\cos\frac{9\pi}{8} + i\sin\frac{9\pi}{8}\right), \qquad z_3 = \sqrt[4]{2}\left(\cos\frac{13\pi}{8} + i\sin\frac{13\pi}{8}\right).$$

Man beachte die Gleichungen $z_2 = -z_0$ und $z_3 = -z_1$.

4.16 Beispiel. (Quadratische Gleichungen mit komplexen Koeffizienten)
Die Lösungen einer quadratischen Gleichung $z^2 + az + b = 0$ mit $a, b \in \mathbb{C}$ lassen sich in gewohnter Weise durch quadratische Ergänzung bestimmen. Als Beispiel betrachten wir die Gleichung

$$z^2 - (4 + 2i) \cdot z + 3 + 3i = 0.$$

Wegen

$$\begin{aligned} z^2 - 2(2+i) \cdot z + 3 + 3i &= (z - (2+i))^2 - (2+i)^2 + 3 + 3i \\ &= (z - 2 - i)^2 - i \end{aligned}$$

ist obige Gleichung äquivalent zu

$$(z - 2 - i)^2 = i.$$

Die beiden Lösungen der Gleichung $w^2 = i$ sind

$$w_1 = \exp(i\pi/4) = (1/\sqrt{2})(1+i), \qquad w_2 = \exp(i5\pi/4) = -(1/\sqrt{2})(1+i).$$

Als Lösungen der Ausgangsgleichung erhalten wir somit

$$z_1 = 2 + (1/\sqrt{2}) + (1 + (1/\sqrt{2}))i, \qquad z_2 = 2 - (1/\sqrt{2}) + (1 - (1/\sqrt{2}))i.$$

4.1.10 Polynome, Fundamentalsatz der Algebra

Sind $n \in \mathbb{N}_0$ und $a_0, a_1, \ldots, a_n \in \mathbb{C}$, so heißt die durch

$$P(z) := a_0 + a_1 z + a_2 z^2 + \ldots + a_n z^n, \qquad z \in \mathbb{C},$$

definierte Abbildung $P : \mathbb{C} \to \mathbb{C}$ (komplexes) *Polynom.* Polynome sind offenbar spezielle Potenzreihen, nämlich solche, für die alle Koeffizienten bis auf endlich viele gleich Null sind.

Gilt $a_n \neq 0$, so heißt die Zahl n *Grad* des Polynoms (vgl. auch Beispiel I.6.3 (ii)). Dem Nullpolynom $P \equiv 0$ wird kein Grad zugewiesen.

Für komplexe Polynome gilt die folgende grundlegende Aussage.

4.17 Satz. (Fundamentalsatz der Algebra)
Jedes nichtkonstante komplexe Polynom

$$P(z) = a_0 + a_1 z + a_2 z^2 + \ldots + a_n z^n, \qquad z \in \mathbb{C}, \tag{4.20}$$

(d.h. $n \geq 1$ und $a_n \neq 0$) besitzt eine Darstellung der Form

$$P(z) = a_n \cdot (z - z_1) \cdot (z - z_2) \cdot \ldots \cdot (z - z_n). \tag{4.21}$$

Dabei sind $z_1, \ldots, z_n \in \mathbb{C}$ die Lösungen der Gleichung $P(z) = 0$, also die Nullstellen von P.

Jedes komplexe Polynom n-ten Grades besitzt also mindestens eine und höchstens *n Nullstellen.* Tritt z_1 in der Darstellung (4.21) k-mal auf, so nennt man z_1 eine *k-fache Nullstelle* von P, und die Zahl k die *Vielfachheit* (*Multiplizität*) von z_1. Zählt man die Nullstellen entsprechend ihrer jeweiligen Vielfachheit, so gibt es genau n Nullstellen.

4.18 Beispiel.
Das Polynom $P(z) = z^3 + (1-2i)z^2 - (1+2i)z - 1$ ist vom Grad 3 und besitzt die Darstellung

$$P(z) = (z-i)^2 \cdot (z+1),$$

woraus man die Nullstellen i (Vielfachheit 2) und -1 (Vielfachheit 1) abliest.

4.19 Folgerung. (Identitätssatz für Polynome)
Stimmen zwei Polynome $P(z) = a_0 + a_1 z + \ldots + a_n z^n$ *und* $Q(z) = b_0 + b_1 z + \ldots + b_n z^n$ *an mindestens* $n+1$ *verschiedenen Stellen* z *überein, so folgt* $a_k = b_k$ *für* $k = 0, \ldots, n$ *und damit* $P = Q$.

BEWEIS: Wir nehmen indirekt an, dass es ein $m \in \{0, \ldots, n\}$ mit $a_m \neq b_m$ und $a_k = b_k$ für $k \in \{m+1, \ldots, n\}$ gibt. Dann ist $P - Q$ ein Polynom m-ten Grades mit mindestens $n+1$ verschiedenen Nullstellen. Für $m = 0$ ist das nicht möglich. Ist aber $m \geq 1$, so erhalten wir wegen $m < n+1$ einen Widerspruch zum Fundamentalsatz. □

In der obigen Folgerung kann $a_n = 0$ oder $b_n = 0$ gelten. Zwei Polynome höchstens n-ten Grades, die für $n+1$ verschiedene Werte übereinstimmen, besitzen also denselben Grad und dieselben Koeffizienten.

Wir stellen dem Beweis des Fundamentalsatzes eine Hilfsaussage voran:

4.20 Lemma. (Division durch Linearfaktoren)
Es sei $P(z) = a_0 + a_1 z + \ldots + a_n z^n$ *ein komplexes Polynom vom Grad* $n \geq 1$. *Ist* z_1 *eine Nullstelle von* P, *so gibt es ein Polynom* Q *vom Grade* $n-1$, *so dass*

$$P(z) = (z - z_1) \cdot Q(z), \qquad z \in \mathbb{C}.$$

Hat P *nur reelle Koeffizienten, und ist* z_1 *ebenfalls reell, so besitzt auch* Q *nur reelle Koeffizienten.*

BEWEIS: Wegen $P(z_1) = 0$ gilt

$$P(z) = P(z) - P(z_1) = a_1(z - z_1) + \ldots + a_n(z^n - z_1^n), \qquad z \in \mathbb{C}.$$

Für $k \geq 2$ benutzen wir jetzt die leicht einzusehende Gleichung

$$z^k - z_1^k = (z - z_1) \cdot q_k(z),$$

wobei

$$q_k(z) := z^{k-1} + z^{k-2} z_1 + \ldots + z z_1^{k-2} + z_1^{k-1}.$$

Damit folgt

$$P(z) = (z - z_1)(a_1 + a_2 q_2(z) + \ldots + a_n q_n(z)) =: (z - z_1) \cdot Q(z).$$

Wegen $a_n \neq 0$ besitzt das Polynom Q den Grad $n-1$. Die zweite Behauptung ergibt sich aus der Konstruktion von Q. □

BEWEIS DES FUNDAMENTALSATZES:
Nach Lemma 4.20 ist nur noch zu zeigen, dass P mindestens eine Nullstelle besitzt. Wir setzen hierzu

$$\mu := \inf\{|P(z)| : z \in \mathbb{C}\} \tag{4.22}$$

und überlegen uns zunächst, dass es eine Zahl $r_1 > 0$ gibt, so dass das Infimum in (4.22) innerhalb der abgeschlossenen Kreisscheibe $B := \{z \in \mathbb{C} : |z| \leq r_1\}$ angenommen wird. Wegen $a_n \neq 0$ können wir in (4.20) den Faktor $a_n z^n$ ausklammern und erhalten nach Bildung der Beträge die Darstellung

$$|P(z)| = |a_n| \cdot |z|^n \cdot |1 + R_n(z)|, \qquad z \neq 0, \tag{4.23}$$

wobei abkürzend

$$R_n(z) := \frac{a_{n-1}}{a_n} \cdot \frac{1}{z} + \frac{a_{n-2}}{a_n} \cdot \frac{1}{z^2} + \ldots + \frac{a_1}{a_n} \cdot \frac{1}{z^{n-1}} + \frac{a_0}{a_n} \cdot \frac{1}{z^n}$$

gesetzt wurde. Schreiben wir kurz $K := \max\{|a_j/a_{n-1}| : j = 0, \ldots, n\}$, so gilt für jedes $r \in \mathbb{R}$ mit $r \geq 1$ und jedes $z \in \mathbb{C}$ mit $|z| \geq r$

$$|R_n(z)| \leq K \cdot \left(\frac{1}{|z|} + \ldots + \frac{1}{|z|^n} \right) \leq \frac{n \cdot K}{r}.$$

Mit (4.23) ergibt sich dann

$$\lim_{r \to \infty} \sup\{|P(z)| : z \in \mathbb{C},\ |z| \geq r\} = 0.$$

Somit gibt es in der Tat ein geeignetes $r_1 > 0$ mit $|P(z)| > \mu$ für jedes $z \in \mathbb{C}$ mit $|z| > r_1$, und es folgt

$$\mu = \inf\{|P(z)| : z \in B\}.$$

Weil die Menge B abgeschlossen und beschränkt ist, nimmt die stetige Funktion $z \mapsto |P(z)|$ auf B ihr Minimum an (vgl. Satz 1.18). Es gibt also ein $z_1 \in B$ mit $|P(z_1)| = \mu$. Wir beweisen jetzt, dass $\mu = 0$ gilt, also z_1 eine Nullstelle von P ist und nehmen hierzu indirekt an, dass $P(z_1) \neq 0$ gilt. Dann ist $Q(z) := P(z + z_1)/P(z_1)$ ein Polynom n-ten Grades mit $Q(0) = 1$ und

$$|Q(z)| \geq 1 \quad \text{für jedes } z \in \mathbb{C}. \tag{4.24}$$

Das Polynom Q besitzt die Gestalt

$$Q(z) = 1 + b_m z^m + \ldots + b_n z^n$$

mit $m \in \{1, \ldots, n\}$, $b_m, \ldots, b_n \in \mathbb{C}$ und $b_m \neq 0$. Die Zahl $-|b_m|(b_m)^{-1}$ hat den Betrag 1. Ist $\varphi \in [0, 2\pi)$ ihr Argument, so gilt mit $\psi := \varphi/m$:

$$-|b_m|(b_m)^{-1} = e^{i\varphi} = e^{im\psi}.$$

Wir betrachten jetzt komplexe Zahlen $z = re^{i\psi}$ für $r > 0$ und erhalten

$$\begin{aligned} Q(re^{i\psi}) &= 1 + b_m r^m e^{im\psi} + \ldots + b_n r^n e^{in\psi} \\ &= 1 - |b_m| r^m + b_{m+1} r^{m+1} e^{i(m+1)\psi} + \ldots + b_n r^n e^{in\psi}. \end{aligned}$$

Für genügend kleines r ist $1 - |b_m| r^m > 0$. Für solche r erhalten wir aus der Dreiecksungleichung und $|e^{ik\psi}| = 1$, $k \in \mathbb{N}$, die Abschätzung

$$\begin{aligned} |Q(re^{i\psi})| &\leq 1 - |b_m| r^m + |b_{m+1}| r^{m+1} + \ldots + |b_n| r^n \\ &= 1 - r^m(|b_m| - |b_{m+1}| r + \ldots - |b_n| r^{n-m}). \end{aligned}$$

Für hinreichend kleines r ist der Klammerausdruck positiv und somit $|Q(re^{i\psi})| < 1$. Dieser Widerspruch zu (4.24) beweist die Behauptung. □

4.2 Reelle und komplexe Vektorräume

In I.8.2 haben wir die Vektorraumstruktur des $\mathbb{R}^n$ kennengelernt. Charakteristisch für diese Struktur ist, dass Elemente des $\mathbb{R}^n$ addiert und mit reellen Zahlen multipliziert werden können, wobei diese *Verknüpfungen* gewissen Grundregeln (Axiomen) gehorchen. Der allgemeine Begriff des Vektorraums ist eine Abstraktion, die von der speziellen Natur des $\mathbb{R}^n$ (und anderer Beispiele) absieht.

Im Folgenden sei $\mathbb{K} = \mathbb{R}$ oder $\mathbb{K} = \mathbb{C}$.

4.2.1 Definition des Vektorraums

Es sei V eine Menge, die mit einer Verknüpfung (Abbildung) $+ : V \times V \to V$ (sog. *Addition*) und einer Verknüpfung $(\lambda, x) \mapsto \lambda x$ von $\mathbb{K} \times V$ in V (sog. *skalare Multiplikation*) versehen sei. Dann heißt V *Vektorraum über* $\mathbb{K}$, wenn die folgenden Eigenschaften erfüllt sind:

(i) Die Addition genügt dem *Kommutativgesetz*

$$x + y = y + x, \qquad x, y \in V,$$

und dem *Assoziativgesetz*

$$x + (y + z) = (x + y) + z, \qquad x, y, z \in V.$$

(ii) Es existiert ein Element $0 \in V$ (sog. *Nullvektor*) mit

$$x + 0 = 0 + x = x, \qquad x \in V.$$

Ferner gibt es zu jedem $x \in V$ genau ein $y \in V$ mit

$$y + x = x + y = 0.$$

Man schreibt $-x := y$ und nennt y das *Inverse* zu x.

(iii) Die skalare Multiplikation genügt dem *Assoziativgesetz*

$$\lambda(\mu x) = (\lambda\mu)x, \qquad \lambda, \mu \in \mathbb{K},\ x \in V.$$

(iv) Es gelten die *Distributivgesetze*

$$\lambda(x + y) = \lambda x + \lambda y, \qquad \lambda \in \mathbb{K},\ x, y \in V,$$
$$(\lambda + \mu)x = \lambda x + \mu x, \qquad \lambda, \mu \in \mathbb{K},\ x \in V.$$

(v) Es gilt

$$1x = x, \qquad x \in V.$$

Ein Vektorraum über $\mathbb{R}$ bzw. $\mathbb{C}$ heißt *reeller* bzw. *komplexer* Vektorraum.

Sind V eine Menge und $+ : V \times V \to V$ eine Verknüpfung, so dass die Eigenschaften (i) und (ii) erfüllt sind, so nennt man das Paar $(V, +)$ eine *Abelsche Gruppe* mit *neutralem Element* $0 \in V$.

4.2.2 Diskussion und Beispiele

Ist V ein Vektorraum über dem Körper $\mathbb{K}$, so werden in Anlehnung an die Bezeichnungen im $\mathbb{R}^n$ die Elemente von V als *Vektoren* und diejenigen von $\mathbb{K}$ als *Skalare* bezeichnet.

Zur Verdeutlichung der Multiplikation eines Vektors $x \in V$ mit einem Skalar $\lambda \in \mathbb{K}$ schreiben wir manchmal $\lambda \cdot x$ für λx. Aus (4.2) (iv) folgt für jedes $x \in V$

$$0 \cdot x + 0 \cdot x = (0+0) \cdot x = 0 \cdot x$$

und damit $0 \cdot x = 0$. Man beachte, dass hier die Null des Körpers und der Nullvektor aus (4.2) (i) mit demselben Symbol bezeichnet werden. Aus dem Zusammenhang wird immer hervorgehen, was gemeint ist. Analog folgt für jedes $\lambda \in \mathbb{K}$

$$\lambda \cdot 0 = \lambda \cdot (0+0) = \lambda \cdot 0,$$

d.h. $\lambda \cdot 0 = 0$. (Hier bezeichnet 0 den Nullvektor.) Schließlich zeigt man leicht, dass $(-1) \cdot x$ das Inverse $-x$ von x bezüglich der Addition in V ist.

Die folgenden Beispiele deuten an, dass ein Vektorraum eine häufig auftretende und sehr allgemeine Struktur ist.

4.21 Beispiel. (Der $\mathbb{R}^n$ als Vektorraum)
Die Menge $\mathbb{R}^n = \{(x_1, \dots, x_n) : x_1, \dots, x_n \in \mathbb{R}\}$ ist mit den Verknüpfungen

$$\begin{aligned} (x_1, \dots, x_n) + (y_1, \dots, y_n) &:= (x_1 + y_1, \dots, x_n + y_n), \\ \lambda(x_1, \dots, x_n) &:= (\lambda x_1, \dots, \lambda x_n) \end{aligned}$$

$((x_1, \dots, x_n), (y_1, \dots, y_n) \in \mathbb{R}^n,\ \lambda \in \mathbb{R})$ ein reeller Vektorraum (vgl. I.8.2).

4.22 Beispiel. ($\mathbb{C}^n$ und $\mathbb{K}^n$)
Die Menge $\mathbb{C}^n := \{(z_1, \dots, z_n) : z_1, \dots, z_n \in \mathbb{C}\}$ aller n-Tupel mit komplexen Komponenten wird zu einem komplexen Vektorraum, wenn man die Addition und die skalare Multiplikation wie im $\mathbb{R}^n$ (siehe Beispiel 4.21) komponentenweise definiert. Ist $\mathbb{K}$ ein beliebiger Körper, so wird in gleicher Weise die Menge $\mathbb{K}^n$ aller n-Tupel mit Komponenten aus $\mathbb{K}$ ein Vektorraum über $\mathbb{K}$.

4.23 Beispiel. (Zahlenfolgen)
Die Menge

$$F := \{(a_n)_{n \ge 1} : a_n \in \mathbb{R} \text{ für } n \in \mathbb{N}\}$$

aller reellen Zahlenfolgen wird zu einem Vektorraum über $\mathbb{R}$, wenn man die Addition zweier Folgen $(a_n)_{n \ge 1}$ und $(b_n)_{n \ge 1}$ durch

$$(a_n)_{n \ge 1} + (b_n)_{n \ge 1} := (a_n + b_n)_{n \ge 1}$$

und die Multiplikation einer Folge $(a_n)_{n\geq 1}$ mit einem Skalar $\lambda \in \mathbb{R}$ durch

$$\lambda(a_n)_{n\geq 1} := (\lambda a_n)_{n\geq 1}$$

definiert. Der Nullvektor ist hier diejenige Folge, deren Glieder identisch gleich 0 sind. In gleicher Weise wird die Menge aller komplexen Zahlenfolgen zu einem Vektorraum über $\mathbb{C}$.

Die nächsten Beispiele zeigen, dass gewisse Mengen von Funktionen eine Vektorraumstruktur besitzen. Da wir Funktionen üblicherweise mit den Symbolen f, g oder h und nicht mit x, y oder z bezeichnen, sollte man sich frühzeitig daran gewöhnen, dass ein „Vektor" in vielerlei Gestalt auftreten kann, was auch eine Flexibilität hinsichtlich der Schreibweise erfordert. Insbesondere wird damit auch deutlich, warum wir die Vektoren eines allgemeinen Vektorraumes nicht mit einem Pfeil versehen (oder anderswie hervorheben). Es würde wenig Sinn machen (und eher zu Missverständnissen Anlass geben), wenn eine Funktion f plötzlich mit $\vec{f}$ bezeichnet würde. Die Pfeilschreibweise bleibt ausschließlich den Vektorräumen $\mathbb{R}^n$ und $\mathbb{C}^n$ vorbehalten.

4.24 Beispiel. (Allgemeiner Funktionenraum)
Es sei M eine beliebige nichtleere Menge und

$$V(M) := \{f : f \text{ ist Funktion von } M \text{ in } \mathbb{R}\}$$

die Menge aller reellen Funktionen auf M. Definiert man die Addition $f + g$ von Funktionen f und g aus $V(M)$ sowie die Multiplikation einer Funktion $f \in V(M)$ mit einem Skalar $\lambda \in \mathbb{R}$ wie üblich argumentweise, also durch

$$(f+g)(x) := f(x) + g(x), \qquad (\lambda f)(x) := \lambda f(x), \qquad x \in M,$$

so wird die Menge $V(M)$ zu einem reellen Vektorraum. Der Nullvektor ist hier die *Nullfunktion* $f \equiv 0$, also diejenige Funktion, die jedem Element $x \in M$ den Wert 0 zuordnet.

Man beachte, dass dieses Beispiel so allgemein ist, dass es sowohl die Situation des Folgenraums (setze $M := \mathbb{N}$ in Beispiel 4.23) als auch den $\mathbb{R}^n$ (setze $M := \{1, 2, \ldots, n\}$ in Beispiel 4.21) als Spezialfälle enthält.

4.25 Beispiel. (Stetige Funktionen auf einem Intervall)
Es seien $I \subset \mathbb{R}$ ein Intervall und $C(I)$ die Menge aller stetigen Funktionen $f : I \to \mathbb{R}$. Da die Summe zweier Funktionen aus $C(I)$ wieder stetig ist, also zu $C(I)$ gehört, und mit $\lambda \in \mathbb{R}$ und $f \in C(I)$ auch das Produkt λf eine stetige Funktion ist, bildet die Menge $C(I)$ einen reellen Vektorraum.

In gleicher Weise ist die Menge aller stetigen Funktionen $f : I \to \mathbb{C}$ ein komplexer Vektorraum.

4.2.3 Lineare Unterräume

Es sei V ein Vektorraum über $\mathbb{K}$.

Eine nichtleere Teilmenge U von V heißt (*linearer*) *Unterraum* von V, falls Folgendes gilt:

(i) Sind $x, y \in U$, so folgt $x + y \in U$.

(ii) Sind $x \in U$ und $\lambda \in \mathbb{K}$, so folgt $\lambda x \in U$.

Man beachte, dass diese Definition völlig analog zum Fall $V = \mathbb{R}^n$ ist (vgl. I.8.3.2).

Jeder Unterraum U von V enthält den Nullvektor 0 und ist selbst wieder ein Vektorraum über $\mathbb{K}$. Die Menge $\{0\}$ ist der kleinste und die Menge V der größte Unterraum von V.

4.26 Beispiel. (Beschränkte Zahlenfolgen, Nullfolgen)
In Fortsetzung von Beispiel 4.23 betrachten wir die Mengen

$$F_b := \{(a_n)_{n\geq 1} \in F : \text{es gibt ein } C > 0 \text{ mit } |a_n| \leq C \text{ für jedes } n \in \mathbb{N}\},$$
$$F_0 := \left\{(a_n)_{n\geq 1} \in F : \lim_{n\to\infty} a_n = 0\right\},$$

aller beschränkten Zahlenfolgen bzw. aller Nullfolgen.

Da sowohl die Summe zweier beschränkter Folgen als auch das skalare Vielfache einer beschränkten Folge wieder eine beschränkte Folge ergeben, ist die Menge F_b ein Unterraum des Folgenraums F aus Beispiel 4.23. In gleicher Weise bildet die Menge F_0 aller Nullfolgen einen Unterraum von F. Wegen $F_0 \subset F_b$ ist F_0 auch ein Unterraum von F_b.

4.27 Beispiel. (Beschränkte und stetige Funktionen)
Es sei $[a, b]$ $(a < b)$ ein beschränktes Intervall. Nach Beispiel 4.24 ist die Menge $V[a, b] := V([a, b])$ aller Funktionen $f : [a, b] \to \mathbb{R}$ ein reeller Vektorraum. Die Menge

$$B[a, b] := \left\{ f \in V[a, b] : \sup_{a\leq x\leq b} |f(x)| < \infty \right\} \tag{4.25}$$

aller beschränkten Funktionen auf $[a, b]$ ist ein Unterraum von $V([a, b])$.

Nach den Rechenregeln für stetige Funktionen (vgl. I.6.1) ist auch die Menge

$$C[a, b] := \{f \in V([a, b]) : f \text{ stetig}\}$$

aller stetigen Funktionen auf $[a, b]$ ein Unterraum von $V[a, b]$. Da jede auf einem beschränkten, abgeschlossenen Intervall stetige Funktion beschränkt ist (vgl. I.6.6), ist $C[a, b]$ auch ein Unterraum von $B[a, b]$. Analoge Aussagen gelten auch für komplexwertige Funktionen auf $[a, b]$.

4.28 Beispiel. (Vektorraumstruktur von Polynomen)
Die Menge Pol($\mathbb{K}$) aller Polynome mit Koeffizienten aus $\mathbb{K}$, also aller Funktionen $f : \mathbb{K} \to \mathbb{K}$ der Gestalt

$$f(x) = \sum_{j=0}^{k} a_j x^j, \qquad x \in \mathbb{K},$$

mit $k \in \mathbb{N}_0$ und $a_0, \dots, a_k \in \mathbb{K}$, ist ein Vektorraum über $\mathbb{K}$. Bezeichnet $\mathrm{Pol}_n(\mathbb{K})$ die Menge aller Polynome in Pol($\mathbb{K}$), deren Grad kleiner oder gleich $n \in \mathbb{N}_0$ ist (einschließlich des Nullpolynoms), so ist für jedes $n \geq 0$ die Menge $\mathrm{Pol}_n(\mathbb{K})$ ein Unterraum von $\mathrm{Pol}_{n+1}(\mathbb{K})$. Insbesondere ist $\mathrm{Pol}_n(\mathbb{K})$ ein Unterraum von Pol($\mathbb{K}$). Die Menge Pol($\mathbb{K}$) wiederum ist ein Unterraum des Vektorraums aller stetigen Funktionen $f : \mathbb{K} \to \mathbb{K}$.

Ist $M \subset V$, so bildet die Menge U aller *Linearkombinationen*

$$\lambda_1 x_1 + \dots + \lambda_k x_k$$

mit $k \in \mathbb{N}$, $\lambda_1, \dots, \lambda_k \in \mathbb{K}$ und $x_1, \dots, x_k \in M$ einen Unterraum von V. Man bezeichnet ihn mit

$$\mathrm{Span}(M) := U$$

und sagt, dass M den Unterraum U *aufspannt*, bzw. dass M ein *Erzeugendensystem* von U ist. Ist $M = \{x_1, \dots, x_m\}$ eine endliche Menge, so schreiben wir auch

$$\mathrm{Span}(x_1, \dots, x_m) := \mathrm{Span}(M).$$

4.29 Beispiel.
In der Situation von Beispiel 4.28 sei $f_0(x) := 1$, $x \in \mathbb{K}$, sowie für $k = 1, \dots, n$ $f_k(x) := x^k, x \in \mathbb{K}$, gesetzt. Dann gilt

$$\mathrm{Span}(f_0, f_1, \dots, f_n) = \mathrm{Pol}_n(\mathbb{K}).$$

4.2.4 Lineare Unabhängigkeit und Dimension

Es sei V ein Vektorraum über $\mathbb{K}$. Endlich viele Vektoren $x_1, \dots, x_k \in V$ heißen *linear unabhängig*, wenn sie keine nichttriviale Linearkombination des Nullvektors ermöglichen, wenn also für alle $\lambda_1, \dots, \lambda_k \in \mathbb{K}$ gilt:

$$\lambda_1 x_1 + \dots + \lambda_k x_k = 0 \implies \lambda_1 = \dots = \lambda_k = 0.$$

Anderenfalls heißen $x_1, \dots, x_k$ *linear abhängig*.

Eine Menge $M \subset V$ heißt *linear unabhängig*, wenn jede endliche und nichtleere Teilmenge von M aus linear unabhängigen Vektoren besteht. Anderenfalls heißt M *linear abhängig*.

Ein Vektorraum $V \neq \{0\}$ heißt *endlichdimensional*, wenn es eine natürliche Zahl n gibt, so dass jede Menge linear unabhängiger Vektoren höchstens n Elemente enthält. In diesem Fall heißt die Maximalzahl m linear unabhängiger Vektoren die *Dimension* von V, und man schreibt $\dim V := m \ (\leq n)$. Gibt es zu jedem $n \in \mathbb{N}$ eine n-elementige Menge linear unabhängiger Vektoren, so nennt man V *unendlichdimensional* und schreibt $\dim V := \infty$. Besteht V nur aus dem Nullvektor, so setzt man $\dim V := 0$.

4.2.5 Basis eines Vektorraumes

Es sei $V \neq \{0\}$ ein Vektorraum über dem Körper $\mathbb{K}$. Eine Menge $B \subset V$ heißt *Basis* von V, wenn sie die beiden folgenden Eigenschaften besitzt:

(i) $\mathrm{Span}(B) = V$.

(ii) Die Menge B ist linear unabhängig.

Im Fall $V = \{0\}$ ist vereinbarungsgemäß $\emptyset$ die Basis von V.

Die folgenden Aussagen sind ganz analog zu Satz I.8.12 und Folgerung I.8.13.

4.30 Satz. (Charakterisierung einer Basis)
Es sei $B = \{x_1, \ldots, x_m\}$ eine m-elementige Teilmenge von V. Dann sind die folgenden Aussagen äquivalent:

(i) *B ist eine Basis von V.*

(ii) *B ist linear unabhängig, und es gilt* $\dim V = m$.

(iii) $\mathrm{Span}(B) = V$, *und es gilt* $\dim V = m$.

(iv) *Jeder Vektor $x \in V$ ist Linearkombination $\lambda_1 x_1 + \ldots + \lambda_m x_m$ mit eindeutig bestimmten Koeffizienten $\lambda_1, \ldots, \lambda_m \in \mathbb{K}$.*

Beweis: Wir beginnen mit einigen Vorbemerkungen. Ausgangspunkt aller Überlegungen im $\mathbb{R}^n$ waren lineare Gleichungssysteme und deren Lösung mit Hilfe des Gaußschen Algorithmus. Zunächst ist klar, wie Gleichungssysteme mit Koeffizienten und Lösungen aus $\mathbb{K}$ formuliert werden. Ferner ist unmittelbar einzusehen, dass der Gaußsche Algorithmus unverändert richtig bleibt. Damit lässt sich aber auch das Fundamentallemma übertragen, wonach beliebige $n+1$ Vektoren aus $\mathbb{K}^n$ linear abhängig sind. Der Beweis ergibt sich jetzt wie folgt durch eine einfache Übertragung der entsprechenden Argumente aus I.8.2.4:

(i)⇒(ii): Nach den Definitionen einer Basis und der Dimension gilt zunächst $m \leq \dim V$. Andererseits impliziert das Fundamentallemma wie im Beweis von Satz I.8.12 (ii), dass beliebige $m+1$ Vektoren aus $\mathrm{Span}(B) = V$ linear abhängig sind. Also gilt auch $\dim V \leq m$ und somit insgesamt $\dim V = m$.

(ii)⇒(iv): Man vergleiche den Beweis von Satz I.8.12 (i).

(iv)⇒(i): Wir müssen zeigen, dass B linear unabhängig ist und nehmen indirekt das Gegenteil an. Dann ist (zum Beispiel) x_m Linearkombination von $x_1, \ldots, x_{m-1}$. Wegen

$x_m = 1 \cdot x_m$ gibt es dann zwei verschiedene Darstellungen von x_m als Linearkombination von $x_1, \ldots, x_m$. Dieser Widerspruch zur vorausgesetzten Aussage (iv) beweist (i).

(iii)⇔(i): Bisher haben wir bewiesen, dass die Aussagen (i),(ii) und (iv) gleichwertig sind. Aus der Äquivalenz von (i) und (ii) folgt jetzt die Gültigkeit des Basisauswahlsatzes I.8.15 und damit auch die Aussage von Folgerung I.8.16. Damit ist auch die letzte Äquivalenz bewiesen. □

Wir halten insbesondere fest, dass jeder endlichdimensionale Vektorraum V eine endliche Basis $\{x_1, \ldots, x_m\}$ besitzt. Es ist dann oft bequemer, von der Basis $x_1, \ldots, x_m$ zu sprechen, d.h. auf die Mengenschreibweise zu verzichten. Die Koeffizienten $\lambda_1, \ldots, \lambda_m$ in (iv) nennt man die *Koordinaten* von $x \in V$ bezüglich der Basis $x_1, \ldots, x_m$ von V. Der Vektor $(\lambda_1, \ldots, \lambda_m) \in \mathbb{K}^m$ ist der entsprechende *Koordinatenvektor*. Ganz analog zu I.8.2.5 kann man also auch hier eine Basis als *Koordinatensystem* in V bezeichnen. Wie später noch klarer werden wird, sind Koordinatensysteme ein gutes Hilfsmittel für die Analyse der Eigenschaften von Abbildungen zwischen Vektorräumen.

Eine weitere Folgerung aus dem obigen Satz ist:

4.31 Folgerung.
Ein unendlichdimensionaler Vektorraum besitzt keine endliche Basis.

BEWEIS: Hätte V eine endliche Basis mit $m \geq 1$ Elementen, so würde aus dem obigen Satz $\dim V = m < \infty$ folgen. □

Auch der Basisergänzungssatz I.8.17 kann verallgemeinert werden:

4.32 Satz. (Ergänzung einer linear unabhängigen Menge zu einer Basis)
Es sei $U \subset V$ eine linear unabhängige Menge. Dann gibt es eine Basis B von V mit $U \subset B$.

Im Fall $\dim V < \infty$ wird dieser Satz wie Satz I.8.15 bewiesen. Für den Fall $\dim V = \infty$ benötigt man höhere Methoden der Mengenlehre (sogenannte *transfinite* Induktion). Da wir diesen Teil des Satzes (welcher insbesondere die Existenz einer Basis sichert) später nicht benötigen, beweisen wir diese Aussage nicht.

4.33 Beispiel. (Kanonische Basis von $\mathbb{C}^n$)
Der komplexe Vektorraum $\mathbb{C}^n$ besitzt die Dimension n. Eine Basis (die *kanonische Basis*) ist $B = \{\vec{e}_1, \ldots, \vec{e}_n\}$ mit $\vec{e}_j = (0, \ldots, 1, \ldots, 0)$, $j = 1, \ldots, n$. Hier steht die 1 der komplexen Zahlen an j-ter Stelle.

Man beachte jedoch, dass $\mathbb{C}^n$ auch ein Vektorraum über $\mathbb{R}$ ist, wenn man als skalare Faktoren ausschließlich reelle Zahlen zulässt. In diesem Fall ist die Dimension von $\mathbb{C}^n$ gleich $2n$. Dieser Sachverhalt wird sofort anhand des Falls $n = 1$ klar; eine Basis von $\mathbb{C}$ als Vektorraum über $\mathbb{R}$ ist $B := \{1, i\}$.

4.34 Beispiel. (Polynome)
Wir betrachten den komplexen Vektorraum $\mathrm{Pol}_n(\mathbb{C})$ aller komplexwertigen Polynome mit maximalem Grad $n \in \mathbb{N}$ und die Polynome $f_k(z) := z^k$, $z \in \mathbb{C}$, für $k = 0, \ldots, n$. Natürlich gilt $\mathrm{Span}(f_0, \ldots, f_n) = \mathrm{Pol}_n(\mathbb{C})$. Andererseits sind aber $f_0, \ldots, f_n$ linear unabhängig. Sind nämlich $\lambda_0, \ldots, \lambda_n \in \mathbb{C}$ mit $\lambda_0 f_0 + \ldots + \lambda_n f_n = 0$, so bedeutet diese Gleichung

$$\lambda_0 + \lambda_1 z + \ldots + \lambda_n z^n = 0, \qquad z \in \mathbb{C}. \tag{4.26}$$

Aus dem Identitätssatz für Polynome (Folgerung 4.19) ergibt sich $\lambda_j = 0$ für jedes $j \in \{0, \ldots, n\}$. Damit besitzt $\mathrm{Pol}_n(\mathbb{C})$ die Dimension $n+1$. Außerdem folgt, dass $\{f_n : n \in \mathbb{N}_0\}$ eine Basis des komplexen Vektorraums $\mathrm{Pol}(\mathbb{C})$ aller Polynome ist. Dieser Vektorraum ist also unendlichdimensional.

Man beachte, dass diese Überlegungen in gleicher Weise für reelle Polynome über dem Körper $\mathbb{R}$ gelten. Dabei kann man aus dem Bestehen der Gleichung (4.26) für $\lambda_0, \ldots, \lambda_n \in \mathbb{R}$ und jedes $z \in \mathbb{R}$ durch Betrachten des Falls $z \to \infty$ auf $\lambda_n = \ldots = \lambda_0 = 0$ schließen. Wäre nämlich $\lambda_n \neq 0$, so kann (4.26) für jedes $z \neq 0$ in der äquivalenten Form

$$\lambda_n z^n \cdot \left(1 + \frac{\lambda_{n-1}}{\lambda_n}\frac{1}{z} + \ldots + \frac{\lambda_1}{\lambda_n}\frac{1}{z^{n-1}} + \frac{\lambda_0}{\lambda_n}\frac{1}{z^n}\right) = 0$$

geschrieben werden. Da der Klammerausdruck für $z \to \infty$ gegen 1 konvergiert und somit für hinreichend großes z von Null verschieden ist, muss $\lambda_n = 0$ gelten. Induktiv schließt man dann auf $\lambda_{n-1} = \ldots = \lambda_1 = \lambda_0 = 0$.

Vor schnellen Verallgemeinerungen sei jedoch gewarnt! Der Vektorraum $\mathrm{Pol}(\mathbb{K})$ aller Polynome über dem kleinstmöglichen Körper $\mathbb{K} = \{0, 1\} = GF(2)$ (vgl. I.3.3.6) ist nicht unendlichdimensional, sondern zweidimensional! Dies liegt daran, dass wegen $0 = 0^k$ und $1 = 1^k$ die Funktionen $x \mapsto f_k(x) := x^k$, $k = 1, 2, \ldots$ übereinstimmen, also $\mathrm{Span}(f_1) = \mathrm{Span}(\{f_k : k \in \mathbb{N}\})$ gilt. Setzt man andererseits in die Gleichung

$$\lambda_0 f_0(x) + \lambda_1 f_1(x) = 0, \qquad x \in \mathbb{K},$$

zunächst $x = 0$ und danach $x = 1$ ein, so folgt $\lambda_0 = 0$ und $\lambda_1 = 0$. Dies zeigt, dass die Funktionen f_0 und f_1 linear unabhängig sind und somit eine Basis von $\mathrm{Pol}(GF(2))$ bilden.

Im Folgenden betrachten wir häufig Abbildungen zwischen Vektorräumen. Für derartige Abbildungen sind die Bezeichnungen *Transformation* oder *Operator* üblich. Da die Elemente der auftretenden Vektorräume meist Funktionen sind, die mit den üblichen Symbolen f oder g bezeichnet werden, verwenden wir für Abbildungen zwischen Vektorräumen den Buchstaben T, welcher an das Wort „Transformation“ erinnern soll.

4.2.6 Lineare Abbildungen

In diesem und dem nächsten Unterabschnitt seien V und W Vektorräume über dem gleichen Körper $\mathbb{K}$.

Eine Abbildung $T : V \to W$ heißt *linear*, falls sie *additiv* und *homogen* ist, d.h. falls

$$T(\lambda x + \mu y) = \lambda T(x) + \mu T(y), \qquad x, y \in V,\ \lambda, \mu \in \mathbb{K}.$$

Ist V endlichdimensional, so gibt es analog zu I.8.3.2 das folgende allgemeine Prinzip zur Konstruktion linearer Abbildungen.

4.35 Satz. (Lineare Fortsetzung)
Es seien $x_1, \ldots, x_n$ eine Basis von V und $y_1, \ldots, y_n$ Vektoren aus W (die nicht notwendig verschieden sein müssen). Dann gibt es genau eine lineare Abbildung $T : V \to W$ mit

$$T(x_j) = y_j, \qquad j = 1, \ldots, n. \tag{4.27}$$

Das folgende Beispiel zeigt, dass lineare Abbildungen zwischen endlichdimensionalen Vektorräumen in kanonischer Weise durch Matrizen vermittelt werden (vgl. I.8.3.3 im Fall $V = \mathbb{R}^n, W = \mathbb{R}^m$).

4.36 Beispiel. (Matrizen und lineare Abbildungen)
Es seien V und W Vektorräume über $\mathbb{K}$ mit $\dim V = n$ und $\dim W = m$, wobei $m, n \in \mathbb{N}$. Weiter seien $x_1, \ldots, x_n$ eine Basis von V sowie $y_1, \ldots, y_m$ eine Basis von W. Ist dann $A = (a_{jk})$ eine $m \times n$-Matrix mit Einträgen aus $\mathbb{K}$, so gibt es genau eine lineare Abbildung $T : V \to W$ mit

$$T(x_k) = \sum_{j=1}^{m} a_{jk} \cdot y_j, \qquad k = 1, \ldots, n. \tag{4.28}$$

Die Matrix A heißt *Darstellung* von T bezüglich der Basen $\{x_1, \ldots, x_n\}$ und $\{y_1, \ldots, y_m\}$.

4.37 Beispiel. (Differentiation als linearer Operator)
Es seien $I \subset \mathbb{R}$ ein offenes Intervall und k eine natürliche Zahl. Die mit $C^k(I)$ bezeichnete Menge aller k-mal stetig differenzierbaren Funktionen auf I ist ein reeller Vektorraum. Dieser unendlichdimensionale Vektorraum (er enthält u.a. alle Polynomfunktionen) ist ein Unterraum des Raumes $C(I) =: C^0(I)$ aller stetigen Funktionen auf I. Der Operator

$$f \mapsto T(f) := f', \qquad f \in C^k(I),$$

der jeder Funktion aus $C^k(I)$ deren Ableitung zuordnet, ist wegen

$$(\lambda f + \mu g)' = \lambda f' + \mu g'$$

($\lambda, \mu \in \mathbb{R}$, $f, g \in C^k(I)$) eine lineare Abbildung von $C^k(I)$ ($k \geq 1$) in $C^{k-1}(I)$.

4.38 Beispiel. (Simpson-Quadraturoperator)
Auf dem Vektorraum $C[a,b]$ der stetigen Funktionen $f : [a,b] \to \mathbb{R}$ wird durch

$$T(f) := \frac{b-a}{6}\left(f(a) + 4f\left(\frac{a+b}{2}\right) + f(b)\right)$$

ein linearer Operator $T : C[a,b] \to \mathbb{R}$ definiert. Der Wert $T(f)$ ist die Approximation des Integrals $\int_a^b f(x)\,dx$ nach der Simpson-Regel (vgl. I.7.5.2).

4.2.7 Kern und Bild linearer Abbildungen

Ist $T : V \to W$ eine lineare Abbildung, so sind der *Kern*

$$\operatorname{Kern}(T) := \{x \in V : T(x) = 0\}$$

von T und das *Bild*

$$\operatorname{Bild}(T) := T(V) = \{T(x) : x \in V\}$$

von T Unterräume von V bzw. W.

Die lineare Abbildung T ist genau dann injektiv, wenn

$$\operatorname{Kern}(T) = \{0\}.$$

Ferner gilt analog zu Satz I.8.25:

4.39 Satz. (Dimensionsformel)
Ist $T : V \to W$ eine lineare Abbildung, so gilt

$$\dim \operatorname{Kern}(T) + \dim \operatorname{Bild}(T) = \dim V. \tag{4.29}$$

Beweis: Sind $\operatorname{Kern}(T)$ und $\operatorname{Bild}(T)$ beide endlichdimensional, so kann Formel (4.29) so wie Satz I.8.25 bewiesen werden. Ist $\dim \operatorname{Kern}(T) = \infty$, so folgt auch $\dim V = \infty$ und damit ebenfalls (4.29). Ist schließlich $\dim \operatorname{Bild}(T) = \infty$, so muss auch $\dim V = \infty$ sein. Anderenfalls könnten wir nämlich eine aus endlich vielen Vektoren $x_1, \ldots, x_n$ bestehende Basis von V wählen. Nach Satz 4.35 wäre dann

$$\operatorname{Bild}(T) = \operatorname{Span}(T(x_1), \ldots, T(x_n)).$$

Aus dem Basisauswahlsatz würde sich dann der Widerspruch $\dim \operatorname{Bild}(T) \leq n < \infty$ ergeben. □

4.40 Beispiel.
Es sei $V = W := \operatorname{Pol}_n(\mathbb{R})$ der Vektorraum aller reellen Polynome vom Höchstgrad $n \geq 1$ (einschließlich des Nullpolynoms). Dieser Vektorraum hat die Dimension $n+1$. Die durch

$$f \mapsto T(f) := f' \qquad \text{(Ableitungsbildung)}$$

definierte lineare Abbildung besitzt wegen $(d/dx)x^k = kx^{k-1}$ $(k = 1, \dots, n)$ die Eigenschaften

$$\begin{aligned}\operatorname{Kern}(T) &= \{f \in \operatorname{Pol}_n(\mathbb{R}) : \text{es gibt ein } a \in \mathbb{R} \text{ mit } f \equiv a\},\\ \operatorname{Bild}(T) &= \operatorname{Pol}_{n-1}(\mathbb{R}).\end{aligned}$$

In diesem Fall gilt $\dim \operatorname{Bild}(T) = n$ und $\dim \operatorname{Kern}(T) = 1$.

Als Folgerung aus Satz 4.39 erhalten wir das nachstehende Resultat (vgl. Folgerung I.8.26):

4.41 Satz. (Äquivalenz von Injektivität und Surjektivität)
Es gelte $\dim V = \dim W < \infty$, *und es sei* $T : V \to W$ *eine lineare Abbildung. Dann gilt:*

$$T \text{ injektiv} \iff T \text{ surjektiv}.$$

Eine lineare und bijektive Abbildung $T : V \to W$ heißt *Isomorphismus* zwischen V und W. Gibt es einen solchen Isomorphismus, so nennt man V und W *isomorph*. Nach Satz 4.41 ist jede injektive oder surjektive lineare Abbildung bereits ein Isomorphismus.

Ist $T : V \to W$ ein Isomorphismus, so auch die Umkehrabbildung $T^{-1} : W \to V$. Soweit lediglich die Vektorraumeigenschaften von V bzw. W betroffen sind, muss zwischen isomorphen Vektorräumen nicht mehr unterschieden werden. Ein Isomorphismus wirkt als bloße „Umbenennung" der Vektoren aus V.

4.42 Satz. (Isomorphien zwischen endlichdimensionalen Vektorräumen)
Zwei endlichdimensionale Vektorräume über demselben Körper sind genau dann isomorph, wenn sie die gleiche Dimension besitzen.

BEWEIS: Ist T ein Isomorphismus zwischen V und W, so ist $\operatorname{Kern}(T) = \{0\}$, und aus der Dimensionsformel (4.29) folgt $\dim W = \dim V$. Wir setzen jetzt umgekehrt $n := \dim V = \dim W$ voraus. Im Fall $n = 0$ ist nichts zu beweisen. Im Fall $n \geq 1$ garantiert Satz 4.35 mit einer Basis $\{y_1, \dots, y_n\}$ von W die Existenz einer surjektiven (und damit auch injektiven) linearen Abbildung $T : V \to W$. □

4.43 Satz. ($\mathbb{K}^n$ als Prototyp eines n-dimensionalen Vektorraums)
Jeder n-dimensionale Vektorraum über dem Körper $\mathbb{K}$ ist zu $\mathbb{K}^n$ isomorph.

BEWEIS: Es sei $\{x_1, \dots, x_n\}$ eine Basis des n-dimensionalen Vektorraums V, und es sei $\{\vec{e}_1, \dots, \vec{e}_n\}$ die kanonische Basis von $\mathbb{K}^n$. Dann ist die durch $T(x_j) := \vec{e}_j$, $j = 1, \dots, n$, eindeutig festgelegte lineare Abbildung T ein Isomorphismus zwischen V und $\mathbb{K}^n$. □

Man beachte, dass mit den obigen Bezeichnungen $T(x)$ den Koordinatenvektor von x bezüglich der Basis $\{x_1, \dots, x_n\}$ liefert. Die lineare Unabhängigkeit von m Vektoren $y_1, \dots, y_m \in V$ ist wegen der Injektivität von T äquivalent zur linearen Unabhängigkeit der Koordinatenvektoren $T(y_1), \dots, T(y_m) \in \mathbb{K}^n$.

4.3 Normierte Vektorräume

Es sei V ein Vektorraum über dem Körper $\mathbb{K} \in \{\mathbb{R}, \mathbb{C}\}$. Häufig besitzt V eine zusätzliche Struktur, die es gestattet, die vom $\mathbb{R}^n$ her bekannten Begriffe Abstand, Konvergenz, Stetigkeit usw. zu verallgemeinern.

Eine *Norm* auf V ist eine Abbildung $x \mapsto \|x\|$ von V in $[0, \infty)$, so dass für alle $x, y \in V$ und alle $\lambda \in \mathbb{K}$ die folgenden Eigenschaften erfüllt sind (vgl. 1.1.4):

$$\|x\| = 0 \Longleftrightarrow x = 0, \qquad \text{(Definitheit)}, \tag{4.30}$$

$$\|\lambda x\| = |\lambda| \cdot \|x\|, \qquad \text{(Homogenität)}, \tag{4.31}$$

$$\|x + y\| \leq \|x\| + \|y\|, \qquad \text{(Dreiecksungleichung)}. \tag{4.32}$$

Ist $\|\cdot\|$ eine Norm auf V, so nennt man das Paar $(V, \|\cdot\|)$ (oder auch kurz V) einen *normierten Raum*. Wie früher interpretieren wir $\|x\|$ als *Länge* von x und $\|x - y\|$ als *Abstand* zwischen x und y. Sind V und W normierte Räume, so schreiben wir zur besseren Unterscheidung der Normen auf V und W auch $\|\cdot\|_V$ und $\|\cdot\|_W$.

4.44 Beispiel. (Der Raum $\mathbb{K}^n$)
Die Menge $\mathbb{K}^n$ ist ein normierter Vektorraum. Eine Standardnorm ist die euklidische Norm

$$\|\vec{x}\|_2 = \sqrt{\sum_{j=1}^{n} |x_j|^2}, \qquad \vec{x} = (x_1, \ldots, x_n) \in \mathbb{K}^n.$$

Sofern nichts anderes gesagt wird, werden wir im $\mathbb{K}^n$ diese Norm zugrunde legen. Im Fall $\mathbb{C}^n$ wird sich die Dreiecksungleichung später als Folgerung aus einem allgemeineren Resultat ergeben.

4.45 Beispiel. (Die Räume $B[a,b]$ und $C[a,b]$, Supremumsnorm)
Auf dem reellen Vektorraum $B[a,b]$ aller beschränkten Funktionen $f : [a,b] \to \mathbb{R}$ (vgl. Beispiel 4.25) definiert die Festsetzung

$$\|f\|_\infty := \sup\{|f(x)| : x \in [a,b]\}, \qquad f \in B([a,b]), \tag{4.33}$$

eine Norm, die sogenannte *Supremumsnorm* von f.

Dabei sind die Eigenschaften der Definitheit und der Homogenität unmittelbar klar. Die Dreiecksungleichung ergibt sich aus der Abschätzung

$$|(f+g)(x)| = |f(x) + g(x)| \leq |f(x)| + |g(x)| \leq \|f\|_\infty + \|g\|_\infty$$

und anschließender Supremumsbildung auf der linken Seite.

Ein wichtiger Unterraum von $B[a,b]$ ist die Menge $C[a,b]$ aller stetigen Funktionen $f : [a,b] \to \mathbb{R}$.

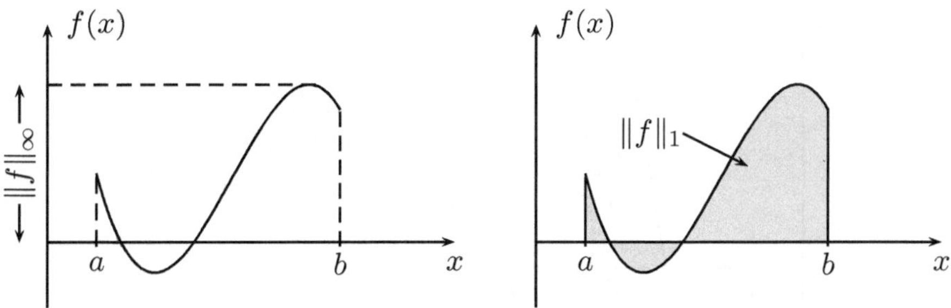

Bild 4.6: Supremumsnorm (links) und L^1-Integralnorm als Fläche (rechts)

4.46 Beispiel. (Raum $C[a,b]$, L^1-Integralnorm)
Auf dem reellen Vektorraum $C[a,b]$ definiert das Integral

$$\|f\|_1 := \int_a^b |f(x)|\,dx \tag{4.34}$$

eine Norm, die sogenannte *L^1-Integralnorm* .

Hier ergibt sich die Dreiecksungleichung $\|f+g\|_1 \leq \|f\|_1 + \|g\|_1$ aus der Monotonie des Integrals, und die Homogenitätseigenschaft (4.31) ist offensichtlich. Zum Nachweis der Definitheitseigenschaft ist zu beachten, dass das neutrale Element 0 der Addition in $C[a,b]$ die *Nullfunktion* $f \equiv 0$ ist. Es gelte $\int_a^b |f(x)|\,dx = 0$. Wir nehmen indirekt an, dass es ein $x_0 \in [a,b]$ mit $f(x) \neq 0$ gibt und setzen $\delta := |f(x_0)|$. Wegen der Stetigkeit von f existiert ein Intervall $I \subset [a,b]$ positiver Länge mit $|f(x)| \geq \delta/2$ für jedes $x \in I$. Also folgt

$$\int_a^b |f(x)|\,dx \geq \int_I |f(x)|\,dx \geq |I| \cdot \frac{\delta}{2} > 0,$$

was ein Widerspruch ist.

Jede der Normen $\|f\|_\infty$ und $\|f\|_1$ beschreibt in eigener Weise, wie groß der „Abstand" der Funktion f zur Nullfunktion ist. Während es bei der Supremumsnorm nur auf den betragsmäßig größten Funktionswert ankommt (Bild 4.6 links), ist es bei der L^1-Integralnorm der Inhalt der in Bild 4.6 rechts grau darstellten Fläche zwischen dem Graphen von f und der x-Achse.

Bild 4.7 verdeutlicht noch einmal diese unterschiedlichen Sichtweisen von der durch die Normen $\|f\|_\infty$ und $\|f\|_1$ gemessenen „Größe" einer Funktion. Die Supremumsnorm der dort dargestellten Dreiecksfunktion kann durch geeignete Wahl von K beliebig groß gemacht werden. Ist K fest gewählt, so kann die Länge ε der Basis des Dreiecks so klein gewählt werden, dass die Integralnorm $\|f\|_1 = K\varepsilon/2$ beliebig klein wird, also diese Funktion im Sinne der Integralnorm die Nullfunktion beliebig genau approximiert!

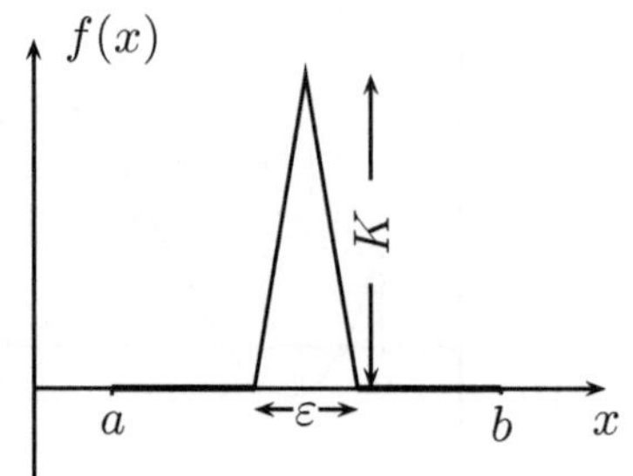

Bild 4.7:
Eine Funktion f mit $\|f\|_\infty = K$ und $\|f\|_1 = K\cdot\varepsilon/2$

4.3.1 Konvergenz und topologische Grundbegriffe

Eine *Folge* $(x_n) = (x_n)_{n\in\mathbb{N}}$ in einem Vektorraum V (synonym: mit Werten in V) ist eine Abbildung $n \mapsto x_n$ von $\mathbb{N}$ in V. (Analog definiert man eine Folge $(x_n)_{n\geq m}$ für $m \in \mathbb{N}$.) Sind die *Folgenglieder* x_n einer Folge (x_n) in V alle in einer Menge $D \subset V$, so spricht man von einer Folge *aus* D.

Ist $(V, \|\cdot\|)$ ein normierter Raum, so wird die *Konvergenz* einer Folge (x_n) mit Werten in V gegen einen *Grenzwert* $x \in V$ wie in 1.1.6 durch

$$\lim_{n\to\infty} x_n = x \;:\Longleftrightarrow\; \lim_{n\to\infty} \|x_n - x\| = 0$$

definiert. Wie früher schreiben wir hierfür auch $x_n \to x$ (für $n \to \infty$).

Der Grenzwert einer konvergenten Folge in $(V, \|\cdot\|)$ ist eindeutig bestimmt. Aus $x_n \to x$ und $x_n \to y$ folgt nämlich wegen $\|x - y\| \leq \|x - x_n\| + \|y - x_n\|$ und Grenzübergang $n \to \infty$ die Gleichheit $\|x - y\| = 0$ und somit $x = y$.

Die vertrauten Rechenregeln

$$\begin{aligned} x_n \to x &\implies \lambda x_n \to \lambda x, \qquad \lambda \in \mathbb{K}, \\ x_n \to x,\ y_n \to y &\implies x_n + y_n \to x + y \end{aligned}$$

bleiben auch in allgemeinen normierten Räumen gültig.

Die Mengen

$$B(x, r) := \{y \in V : \|y - x\| \leq r\} \quad \text{und} \quad B^\circ(x, r) := \{y \in V : \|y - x\| < r\}$$

nennt man abgeschlossene bzw. offene *Kugel* mit Mittelpunkt x und Radius r. Die Begriffe *Umgebung, innerer Punkt, offene Menge, abgeschlossene Menge, abgeschlossene Hülle* werden so definiert wie im $\mathbb{R}^n$. Die entsprechenden Sätze 1.6 und 1.9 bleiben unverändert gültig.

4.47 Beispiel. (Konvergenz und Kugeln im Raum $(C[a, b], \|\cdot\|_\infty)$)
Im Raum $C[a, b]$ der stetigen reellwertigen Funktionen $f : [a, b] \to \mathbb{R}$ bedeutet $\|f_n - f\|_\infty \to 0$ die *gleichmäßige* Konvergenz der Folge (f_n) gegen f (vgl. I.6.5.1).

Bild 4.8 veranschaulicht die abgeschlossene „Kugel“

$$B(f,r) = \{g \in C[a,b] : \|g - f\|_\infty \le r\}$$

um f mit Radius r. Legt man um den Graphen von f ein in Bild 4.8 grau gezeichnetes Band der vertikalen Breite $2r$ mit „Mittenlinie“ Graph(f), so besteht $B(f,r)$ aus allen stetigen Funktionen g, deren Graph ganz innerhalb dieses Bandes verläuft. Dabei darf Graph(g) den gestrichelt gezeichneten Rand des Bandes berühren. Letzteres ist jedoch für Funktionen in der *offenen* Kugel $B^\circ(f,r)$ nicht erlaubt.

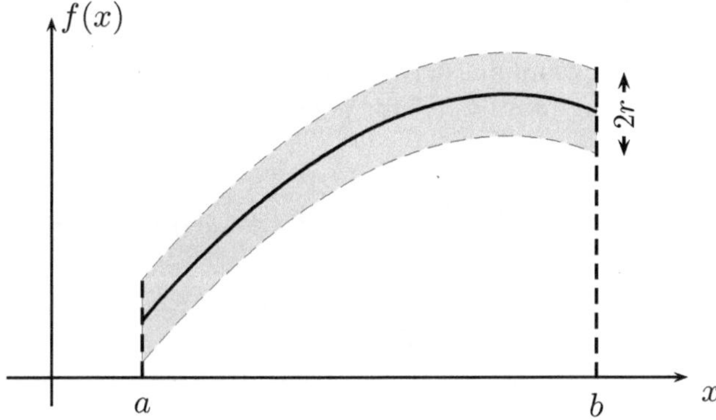

Bild 4.8: Kugel $B(f,r)$ um f mit Radius r in der Supremumsnorm

Der nächste Satz zeigt, dass jede stetige Funktion auf beschränkten und abgeschlossenen Intervallen gleichmäßig durch Polynome approximiert werden kann.

4.48 Satz. (Weierstraßscher Approximationssatz)
Es seien $[a,b]$ ein abgeschlossenes und beschränktes Intervall und $f : [a,b] \to \mathbb{R}$ eine stetige Funktion. Dann gibt es zu jedem $\varepsilon > 0$ ein Polynom P mit

$$\|f - P\|_\infty = \max\{|f(x) - P(x)| : a \le x \le b\} \le \varepsilon.$$

BEWEIS: Durch Übergang zu den Funktionen $t \mapsto f(a + t(b-a))$, $t \mapsto P(a + t(b-a))$, $0 \le t \le 1$, kann o.B.d.A. $a = 0$ und $b = 1$ angenommen werden. Für $n \in \mathbb{N}$ definieren wir das sog. n-te *Bernštein*[2]*-Polynom* zu f durch

$$B_n^f(x) := \sum_{k=0}^{n} f\left(\frac{k}{n}\right)\binom{n}{k} x^k (1-x)^{n-k}.$$

[2]Sergej Natanowitsch Bernštein (1880–1968), wirkte ab 1933 in St. Petersburg und nach 1945 in Moskau (jeweils an der Akademie der Wissenschaften). Hauptarbeitsgebiete: Wahrscheinlichkeitsrechnung, Differentialgleichungen, konstruktive Funktionentheorie.

Da f nach Satz I.7.7 gleichmäßig stetig ist, existiert zu beliebigem $\varepsilon > 0$ ein $\delta > 0$ mit

$$|f(x) - f(y)| \le \varepsilon \qquad \text{für alle } x, y \in [a, b] \text{ mit } |x - y| \le \delta. \tag{4.35}$$

Nach Satz I.6.5 ist f beschränkt; es gibt also ein $M \ge 0$ mit

$$\sup\{|f(x)| : a \le x \le b\} \le M. \tag{4.36}$$

Sind $X_1, \ldots, X_n$ unabhängige Zufallsvariablen mit der Binomialverteilung $Bin(1, x)$, so gilt für das arithmetische Mittel $\bar{X}_n := n^{-1} \sum_{j=1}^{n} X_j$ nach I.4.4.2., (I.4.30) und (I.4.75)

$$\mathbb{E}(\bar{X}_n) = x, \qquad \mathbb{V}(\bar{X}_n) = \frac{x(1-x)}{n}.$$

Wegen $B_n^f(x) = \mathbb{E} f(\bar{X}_n)$ folgt dann aus der Dreiecksungleichung sowie (4.35), (4.36) und der Tschebyschow-Ungleichung (Satz I.4.9) für jedes $x \in [0, 1]$

$$\begin{aligned} |B_n^f(x) - f(x)| &= |\mathbb{E} f(\bar{X}_n) - f(x)| \le \mathbb{E}\, |f(\bar{X}_n) - f(x)| \\ &= \mathbb{E}\, |f(\bar{X}_n) - f(x)|\, 1\{|\bar{X}_n - x| \le \delta\} + \mathbb{E}\, |f(\bar{X}_n - f(x)|\, 1\{|\bar{X}_n - x| > \delta\} \\ &\le \varepsilon + 2M\mathbb{P}(|\bar{X}_n - x| > \delta) \\ &\le \varepsilon + \frac{2Mx(1-x)}{n\delta^2} \le \varepsilon + \frac{M}{2n\delta^2} \end{aligned}$$

und somit $\|B_n^f - f\|_\infty \le 2\varepsilon$ für genügend großes n. □

4.3.2 Kompaktheit

Eine Teilmenge M eines normierten Raumes V heißt *beschränkt*, wenn es ein $C > 0$ mit $\|x\| \le C$ für jedes $x \in M$ gibt, wenn also M in einer geeigneten Kugel um 0 enthalten ist.

Die Menge $M \subset V$ heißt *kompakt* (genauer: *folgenkompakt*), wenn jede Folge mit Elementen aus M eine Teilfolge besitzt, welche gegen einen Grenzwert in M konvergiert.

4.49 Satz. (Kompakte Mengen sind abgeschlossen und beschränkt)
Es seien $(V, \|\cdot\|)$ ein normierter Raum und $M \subset V$. Dann gilt:

$$M \text{ kompakt} \implies M \text{ abgeschlossen und beschränkt.}$$

Beweis: Ist $x \in \overline{M}$, so gibt es nach Satz 1.9 (ii) und der Bemerkung vor Beispiel 4.47 eine Folge (x_n) aus M mit $x_n \to x$. Wegen der Kompaktheit von M besitzt (x_n) eine Teilfolge, die gegen ein gewisses $y \in M$ konvergiert. Da diese Teilfolge auch gegen x konvergiert, liefert die Eindeutigkeit des Grenzwertes $x = y$ und somit $x \in M$, also die Abgeschlossenheit von M. Wäre M nicht beschränkt, gäbe es eine Folge (x_n) aus M mit $\|x_n\| \ge n$, $n \in \mathbb{N}$. Diese Folge kann jedoch keine konvergente Teilfolge besitzen, was der Kompaktheit von M widerspricht. □

Wie wir später (s. Satz 4.62) sehen werden, ist die Umkehrung des obigen Satzes in *endlichdimensionalen* normierten Räumen richtig. Im Allgemeinen ist sie jedoch falsch:

4.50 Beispiel. (Kompaktheit und unendlichdimensionale Räume)
Im Raum $C[0,1]$ mit der in Beispiel 4.45 definierten Supremumsnorm $\|\cdot\|_\infty$ ist die Menge

$$M := \{f \in C[0,1] : \|f\|_\infty \leq 1\}$$

als Kugel um 0 mit Radius 1 *beschränkt* (im Sinne der Norm $\|\cdot\|_\infty$). Sie ist auch *abgeschlossen* im Sinne von Satz 1.9 (ii), denn aus $f_k \in M$ und $\|f_k - f\|_\infty \to 0$ für $k \to \infty$ folgt $f \in M$. Die Menge M ist aber nicht kompakt! Ist nämlich $f_k \in C[0,1]$ so beschaffen, dass $f_k(1/k) = 1$ und $f_k(1/j) = 0$ für jedes $j \in \mathbb{N}$ mit $j \neq k$ gelten (siehe Bild 4.9 für eine mögliche Wahl von f_k), so gilt

$$\|f_k - f_j\|_\infty = 1, \quad k \neq j.$$

Aus diesem Grund besitzt die Folge $(f_k)_{k\geq 1}$ keine konvergente Teilfolge.

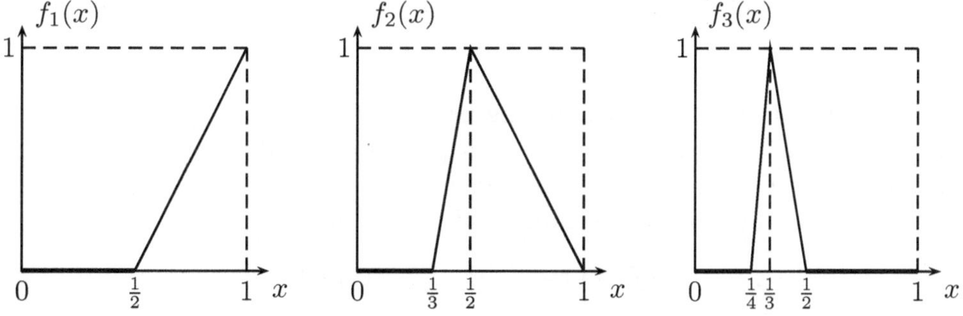

Bild 4.9: Funktionen f_1, f_2 und f_3 mit $\|f_j - f_k\|_\infty = 1$ $(1 \leq j \neq k \leq 3)$

4.3.3 Stetigkeit

Es seien $(V, \|\cdot\|_V)$ und $(W, \|\cdot\|_W)$ normierte Räume. Ist $D \subset V$ und ist $T : D \to W$ eine Abbildung, so wird die *Stetigkeit* von T in einem Punkt $x_0 \in D$ analog zu früher durch die Bedingung

für jede Folge (x_n) aus D mit $x_n \to x_0$ gilt $T(x_n) \to T(x_0)$

definiert.

Man kann wieder zeigen, dass T genau dann stetig in $x_0 \in D$ ist, wenn es zu jedem $\varepsilon > 0$ ein $\delta > 0$ gibt, so dass gilt:

$$\|T(x) - T(x_0)\|_W \leq \varepsilon \quad \text{für jedes } x \in D \text{ mit } \|x - x_0\|_V \leq \delta. \tag{4.37}$$

Eine Abbildung $T : D \to W$ heißt *stetig auf* D, wenn sie in jedem Punkt x_0 von D stetig ist.

Jede Linearkombination $\lambda S + \mu T$, $\lambda, \mu \in \mathbb{K}$, zweier stetiger Abbildungen $S, T : D \to W$ ist stetig. Dabei ist

$$(\lambda S + \mu T)(x) := \lambda S(x) + \mu T(x), \qquad x \in V.$$

Auch die Komposition stetiger Abbildungen ist wieder stetig.

4.51 Beispiel. (Stetigkeit der Norm-Bildung)
Ist $V(, \|\cdot\|)$ ein normierter Raum, so ist die Norm-Bildung, also die Abbildung $x \mapsto \|x\|$ von V in $\mathbb{R}$, stetig. Diese Tatsache folgt aus der Abschätzung

$$|\|x\| - \|y\|| \leq \|x - y\|, \qquad x, y \in V,$$

die ihrerseits eine Konsequenz der Dreiecksungleichungen

$$\|x\| = \|x - y + y\| \leq \|x - y\| + \|y\|, \qquad \|y\| = \|y - x + x\| \leq \|y - x\| + \|x\|$$

ist.

4.52 Beispiel. (Die Ableitungsbildung ist nicht stetig!)
Es seien $V := C^1[0,1]$ die Menge der auf $[0,1]$ stetig differenzierbaren Funktionen und $W := C[0,1]$, jeweils versehen mit der Supremumsnorm $\|\cdot\|_\infty$. Wir behaupten, dass die Ableitungsbildung, also der durch

$$T(f)(x) := f'(x), \qquad x \in [0,1],$$

definierte Operator $T : C^1[0,1] \to C[0,1]$, nicht stetig ist. Hierzu betrachten wir die durch $f_n(x) := n^{-1}\sin(nx)$, $0 \leq x \leq 1$, definierte Funktionenfolge $(f_n)_{n\geq 1}$ in V. Es gilt $\|f_n\|_\infty = n^{-1} \to 0$ für $n \to \infty$, was zeigt, dass (f_n) im Sinne der Norm $\|\cdot\|_\infty$ gegen die Nullfunktion konvergiert. Wäre die Ableitungsbildung stetig, so müsste auch $\|T(f_n)\|_\infty \to 0$ gelten, was aber wegen $T(f_n)(x) = \cos(nx)$ und

$$\|T(f_n)\|_\infty \geq |T(f_n)(1/n)| = \cos(1) > 0$$

nicht erfüllt ist.

4.53 Beispiel.
Gegeben seien n Vektoren $x_1, \ldots, x_n$ in einem normierten Raum V. Dann ist die Abbildung

$$(\lambda_1, \ldots, \lambda_n) \mapsto \lambda_1 x_1 + \ldots + \lambda_n x_n$$

von $\mathbb{K}^n$ in V stetig.

Den folgenden Satz beweist man so wie Satz 1.21.

4.54 Satz. (Charakterisierung der Stetigkeit)
Es seien V und W normierte Räume, $T : V \to W$ eine Funktion und $D \subset V$ eine offene Menge. Dann ist T genau dann stetig auf D, wenn das Urbild $T^{-1}(U)$ jeder offenen Menge $U \subset W$ eine offene Teilmenge von V ist.

4.55 Satz. (Das stetige Bild einer kompakten Menge ist kompakt)
Es seien V und W normierte Räume, $D \subset V$ eine kompakte Teilmenge von V und $T : D \to W$ eine stetige Abbildung. Dann ist $T(D)$ eine kompakte Teilmenge von W.

BEWEIS: Es sei (y_k) eine beliebige Folge in $T(D)$. Zu jedem $k \in \mathbb{N}$ wählen wir ein $x_k \in D$ mit $T(x_k) = y_k$. Weil D kompakt ist, besitzt die Folge (x_k) eine gegen ein gewisses $x \in D$ konvergierende Teilfolge (x'_k). Aus der Stetigkeit von T ergibt sich die Konvergenz $T(x'_k) \to T(x) \in T(D)$ für $k \to \infty$. Damit besitzt (y_k) eine konvergente Teilfolge mit Grenzwert in $T(D)$, was zu zeigen war. □

Aus dem letzten Satz erhalten wir jetzt ohne Schwierigkeiten die Min-Max-Eigenschaft stetiger reellwertiger Funktionen mit kompaktem Definitionsbereich.

4.56 Satz. (Min-Max-Eigenschaft stetiger Funktionen auf kompakten Mengen)
Es sei V ein normierter Raum. Ist $f : D \to \mathbb{R}$ eine stetige Funktion mit kompaktem Definitionsbereich $D \subset V$, so nimmt f auf D ihr Minimum und Maximum an, d.h. es gibt $x_0, x_1 \in D$ mit der Eigenschaft

$$f(x_0) = \min\{f(x) : x \in D\}, \qquad f(x_1) = \max\{f(x) : x \in D\}.$$

BEWEIS: Wir zeigen, dass f auf D ein Minimum annimmt und setzen hierzu $s := \inf\{f(x) : x \in D\}$. Nach Definition des Infimums gibt es eine Folge (x_n) aus D mit $f(x_n) \to s$ für $n \to \infty$. Wegen der Kompaktheit von D existiert eine Teilfolge (x'_n) von (x_n) mit $x'_n \to x_0$ für ein $x_0 \in D$. Da f stetig ist, gilt $f(x'_n) \to f(x_0)$. Weil $f(x'_n)$ als Teilfolge einer gegen s konvergenten Folge ebenfalls gegen s konvergiert, gilt $f(x_0) = s$, was zu zeigen war. □

4.3.4 Äquivalente Normen

Zwei Normen $\|\cdot\|$ und $\|\cdot\|'$ auf einem Vektorraum V heißen *äquivalent*, wenn es positive Zahlen c_1, c_2 gibt, so dass

$$c_1 \cdot \|x\| \le \|x\|' \le c_2 \cdot \|x\|, \qquad x \in V.$$

Äquivalente Normen erzeugen denselben Konvergenz- und denselben Stetigkeitsbegriff. Es gilt:

4.57 Satz. (Äquivalenz von Normen im endlichdimensionalen Fall)
Es sei V ein endlichdimensionaler Vektorraum. Dann sind je zwei Normen auf V äquivalent.

BEWEIS: Im Fall $n := \dim V = 0$ ist nichts zu beweisen. Wir setzen also $n \geq 1$ voraus und wählen eine Basis $x_1, \ldots, x_n$ von V. Jedes $x \in V$ besitzt eine Darstellung $x = \lambda_1 x_1 + \ldots + \lambda_n x_n$ mit eindeutig bestimmten Koeffizienten $\lambda_1, \ldots, \lambda_n$, und wir definieren

$$\|x\|_1 := |\lambda_1| + \ldots + |\lambda_n|.$$

Man kann leicht überprüfen, dass $\|\cdot\|_1$ eine Norm auf V ist. Wir wählen jetzt eine beliebige Norm $\|\cdot\|$ auf V und zeigen, dass $\|\cdot\|_1$ und $\|\cdot\|$ äquivalent sind. Als Komposition stetiger Abbildungen ist

$$(\lambda_1, \ldots, \lambda_n) \mapsto f(\lambda_1, \ldots, \lambda_n) := \|\lambda_1 x_1 + \ldots + \lambda_n x_n\|$$

eine stetige Abbildung von $\mathbb{K}^n$ in $\mathbb{R}$. Die Menge

$$B_1 := \{(\lambda_1, \ldots, \lambda_n) \in \mathbb{K}^n : |\lambda_1| + \ldots + |\lambda_n| = 1\}$$

ist abgeschlossen und beschränkt. Weil f auf B_1 nirgends verschwindet, folgt aus Satz 1.18 (im Fall $\mathbb{K} = \mathbb{C}$ muss man diesen Satz auf $\mathbb{R}^{2n}$ anwenden)

$$\delta := \inf\{\|\lambda_1 x_1 + \ldots + \lambda_n x_n\| : |\lambda_1| + \ldots + |\lambda_n| = 1\} > 0. \tag{4.38}$$

Setzt man in (4.38) $\lambda_j := \mu_j/(|\mu_1| + \ldots + |\mu_n|)$, $\mu_1, \ldots, \mu_n \in \mathbb{K}$, $(\mu_1, \ldots, \mu_n) \neq (0, \ldots, 0)$, so folgt

$$|\mu_1| + \ldots + |\mu_n| \leq \delta^{-1} \|\mu_1 x_1 + \ldots + \mu_n x_n\|, \qquad \mu_1, \ldots, \mu_n \in \mathbb{K}. \tag{4.39}$$

(Diese Ungleichung gilt offenbar auch im Fall $\mu_1 = \ldots = \mu_n = 0$). Mit der Abkürzung $c := \max\{\|x_j\| : j = 1, \ldots, n\}$ liefert die Dreiecksungleichung

$$\|\mu_1 x_1 + \ldots + \mu_n x_n\| \leq |\mu_1| \cdot \|x_1\| + \ldots + |\mu_n| \cdot \|x_n\| \leq c \cdot (|\mu_1| + \ldots + |\mu_n|).$$

Kombiniert man dieses Resultat mit (4.39), so folgt

$$\|x\|_1 \leq \delta^{-1} \|x\| \leq c \cdot \|x\|_1, \qquad x \in V,$$

also die behauptete Äquivalenz von $\|\cdot\|_1$ und $\|\cdot\|$. □

Nach diesem Satz ist es für Konvergenzbetrachtungen in endlichdimensionalen normierten Räumen egal, welche Norm zugrunde gelegt wird. Wie das folgende Beispiel zeigt, gilt dies jedoch nicht im unendlichdimensionalen Fall.

4.58 Beispiel. (Die Normen $\|\cdot\|_\infty$ und $\|\cdot\|_1$ sind nicht äquivalent)
Die Menge $C[a, b]$ der stetigen reellwertigen Funktionen auf einem Intervall $[a, b]$ wird sowohl unter der Supremumsnorm $\|\cdot\|_\infty$ (Beispiel 4.45) als auch unter der L^1-Integralnorm $\|\cdot\|_1$ (Beispiel 4.46) zu einem normierten Raum. Wegen

$$\|f\|_1 = \int_a^b |f(x)|\, dx \leq \sup\{|f(x)| : a \leq x \leq b\} \cdot \int_a^b 1\, dx = (b - a) \cdot \|f\|_\infty$$

ist die Integralnorm insofern „schwächer“ als die Supremumsnorm, als die Konvergenz $\|f_n - f\|_\infty \to 0$ die Konvergenz $\|f_n - f\|_1 \to 0$ zur Folge hat. Bild 4.7 zeigt, dass es jedoch keine Konstante $C > 0$ mit $\|f\|_\infty \leq C \cdot \|f\|_1$ für jedes $f \in C[a,b]$ geben kann. Definieren wir nämlich f_n als Dreiecksfunktion wie in Bild 4.7 veranschaulicht mit $K := \sqrt{n}$ und $\varepsilon := 2/n$, so folgt $\|f_n\|_\infty = \sqrt{n} \to \infty$ und $\|f_n\|_1 = 1/\sqrt{n} \to 0$ für $n \to \infty$. Die Normen $\|\cdot\|_1$ und $\|\cdot\|_\infty$ sind also nicht äquivalent.

Die Stetigkeit *linearer* Operatoren (Abbildungen) kann wie folgt charakterisiert werden:

4.59 Satz. (Charakterisierung der Stetigkeit linearer Abbildungen)
Es seien $(V, \|\cdot\|_V)$ und $(W, \|\cdot\|_W)$ normierte Räume und $T : V \to W$ ein linearer Operator. Dann sind die folgenden Aussagen äquivalent:

(i) *T ist stetig.*

(ii) *T ist stetig in $0 \in V$.*

(iii) *Es gibt ein $C > 0$ mit $\|T(x)\|_W \leq C \cdot \|x\|_V$, $x \in V$.*

Beweis: Zu beweisen sind nur zwei Implikationen.

(ii)⇒(iii): Ist T stetig in 0, so gibt es ein $\delta > 0$ mit $\|T(x) - T(0)\|_W = \|T(x)\|_W \leq 1$ für jedes $x \in V$ mit $\|x\|_V \leq \delta$. Für $y \in V$ mit $y \neq 0$ können wir diese Ungleichung für $x := \|y\|_V^{-1}\delta y$ verwenden und erhalten $\|y\|_V^{-1}\delta\|T(y)\|_W \leq 1$ und damit (iii) mit $C = \delta^{-1}$.

(iii)⇒(i): Für alle $x, y \in V$ gilt

$$\|T(x) - T(y)\|_W = \|T(x-y)\|_W \leq C \cdot \|x - y\|_V.$$

Die Funktion T ist also sogar *gleichmäßig stetig* (vgl. Satz 1.20). □

4.60 Satz. (Lineare Abbildungen auf endlichdimensionalen Räumen sind stetig)
Ist in der Situation von Satz 4.59 der normierte Raum V endlichdimensional, so ist jeder lineare Operator $T : V \to W$ stetig.

Beweis: Weil im Fall $\dim V = 0$ nichts zu beweisen ist, kann $n := \dim V > 0$ vorausgesetzt werden. Wegen Satz 4.57 können wir auf V mit der im Beweis des Satzes definierten Norm $\|x\|_1 = |\lambda_1| + \ldots + |\lambda_n|$ arbeiten. Dabei ist $x = \sum_{j=1}^n \lambda_j x_j$ die eindeutig bestimmte Koordinatendarstellung von $x \in V$ bezüglich der Basis $x_1, \ldots, x_n$. Mit $C := \max\{\|T(x_j)\|_W : j = 1, \ldots, n\}$ folgt

$$\begin{aligned}\|T(x)\|_W &= \|T(\lambda_1 x_1 + \ldots + \lambda_n x_n)\|_W \\ &\leq |\lambda_1| \cdot \|T(x_1)\|_W + \ldots + |\lambda_n| \cdot \|T(x_n)\|_W \\ &\leq C \cdot (|\lambda_1| + \ldots + |\lambda_n|) = C \cdot \|x\|_1,\end{aligned}$$

so dass die Stetigkeit von T aus Satz 4.59 folgt. □

Eine Kombination der Sätze 4.42 und 4.60 liefert:

4.61 Folgerung.
Gilt $\dim V = \dim W < \infty$, *so gibt es einen stetigen Isomorphismus* $T : V \to W$, *dessen Umkehrabbildung* T^{-1} *ebenfalls stetig ist.*

4.62 Satz. (Kompaktheit in endlichdimensionalen Räumen)
Es seien $(V, \|\cdot\|)$ *ein endlichdimensionaler normierter Raum und* M *eine beschränkte und abgeschlossene Teilmenge von* V. *Dann ist* M *kompakt.*

BEWEIS: Es sei $n := \dim(V) > 0$. Wir setzen $W := \mathbb{R}^n$ und wählen T entsprechend Folgerung 4.61. Satz 4.54 (oder ein direktes Argument) zeigt, dass $T(M)$ abgeschlossen ist. Weil $x \mapsto \|T(x)\|_2$ als Komposition zweier stetiger Abbildungen stetig ist (Beweis analog zu I.6.2!), folgt aus Satz 4.59, dass $T(M)$ beschränkt ist. Damit können wir den Satz 1.5 von Bolzano–Weierstraß anwenden. Ist also (x_k) eine Folge in M, so besitzt die Folge $(f(x_k))$ eine gegen ein $\vec{y} \in T(M)$ konvergierende Teilfolge. Damit besitzt (x_k) eine gegen $f^{-1}(\vec{y}) \in M$ konvergierende Teilfolge. □

4.3.5 Die Norm stetiger linearer Operatoren

Sind $(V, \|\cdot\|_V)$ und $(W, \|\cdot\|_W)$ normierte Räume und $T : V \to W$ ein stetiger linearer Operator, so nennt man die (nach Satz 4.59 (iii) wohldefinierte) Zahl

$$\|T\| := \inf\{C > 0 : \|T(x)\|_W \leq C \cdot \|x\|_V \text{ für jedes } x \in V\}$$

die *Norm* (oder *Operatornorm*) von T.

Man beachte, dass die Norm eines linearen Operators T nicht nur von T, sondern auch von den Normen auf V und W abhängt. Aus der Definition folgt die wichtige Ungleichung

$$\|T(x)\|_W \leq \|T\| \cdot \|x\|_V, \qquad x \in V. \tag{4.40}$$

Es gibt alternative Beschreibungen für die Norm von T:

4.63 Satz. (Charakterisierung der Operatornorm)
Ist $T : V \to W$ *ein stetiger linearer Operator, so gilt*

$$\begin{aligned} \|T\| &= \sup\{\|T(x)\|_W : \|x\|_V = 1\} \\ &= \sup\{\|T(x)\|_W : \|x\|_V \leq 1\}. \end{aligned}$$

BEWEIS: Aus (4.40) folgt

$$\sup\{\|T(x)\|_W : \|x\|_V = 1\} \leq \sup\{\|T(x)\|_W : \|x\|_V \leq 1\} \leq \|T\|.$$

Umgekehrt erhalten wir wegen der Linearität von T für jedes $y \in V$ mit $y \neq 0$

$$\begin{aligned} \|T(y)\|_W &= \left\| T\left(\|y\|_V \cdot \frac{y}{\|y\|_V}\right) \right\|_W = \left\| \|y\|_V \cdot T\left(\frac{y}{\|y\|_V}\right) \right\|_W \\ &= \|y\|_V \cdot \left\| T\left(\frac{y}{\|y\|_V}\right) \right\|_W \leq \|y\|_V \cdot \sup\{\|T(x)\|_W : \|x\|_V = 1\} \end{aligned}$$

und damit $\|T\| \leq \sup\{\|T(x)\|_W : \|x\|_V = 1\}$. □

4.64 Beispiel. (Integrationsoperator)
Auf dem Raum $(C[a,b], \|\cdot\|_\infty)$ ist der *Integrationsoperator* $T : C[a,b] \to C[a,b]$ durch

$$T(f)(x) := \int_a^x f(y)\,dy, \qquad a \le x \le b,$$

definiert. Dieser Operator ist linear. Wegen

$$\begin{aligned}\|T(f)\|_\infty &= \sup\left\{\left|\int_a^x f(y)\,dy\right| : a \le x \le b\right\} \le \sup\left\{\int_a^x |f(y)|\,dy : a \le x \le b\right\}\\ &\le \sup\left\{\int_a^x \|f\|_\infty\,dy : a \le x \le b\right\} = (b-a)\cdot\|f\|_\infty\end{aligned}$$

gilt $\|T\| \le (b-a)$. Da für die Funktion $f_0(x) := 1$, $a \le x \le b$, in dieser Ungleichungskette stets das Gleichheitszeichen gilt, folgt $\|T\| = b-a$.

4.65 Beispiel. (Simpson-Quadraturoperator)
Auf dem normierten Raum $(B([a,b]), \|\cdot\|_\infty)$ der beschränkten Funktionen auf $[a,b]$ ist der (lineare) Simpsonsche Quadraturoperator $T : B[a,b] \to \mathbb{R}$ durch

$$T(f) := \frac{b-a}{6}\cdot\left(f(a) + 4\cdot f\left(\frac{a+b}{2}\right) + f(b)\right)$$

definiert. Unter Zugrundelegung der Betragsfunktion als Norm auf $\mathbb{R}$ gilt für jedes $f \in B[a,b]$

$$\begin{aligned}|T(f)| &\le \frac{b-a}{6}\cdot\left(|f(a)| + 4\cdot\left|f\left(\frac{a+b}{2}\right)\right| + |f(b)|\right)\\ &\le \frac{b-a}{6}\cdot 6\cdot\|f\|_\infty = (b-a)\cdot\|f\|_\infty\end{aligned}$$

und somit $\|T\| \le b-a$. Da für die schon in Beispiel 4.65 verwendete Funktion $f_0 \equiv 1$ das Gleichheitszeichen angenommen wird, folgt $\|T\| = b-a$.

4.66 Beispiel. (Multiplikationsoperator)
Es seien $a, b \in \mathbb{R}$ mit $0 \le a < b$. Auf dem normierten Raum $(C[a,b], \|\cdot\|_\infty)$ ist der *Multiplikationsoperator* $T : C[a,b] \to C[a,b]$ durch

$$T(f)(x) := x\cdot f(x), \qquad a \le x \le b,$$

definiert. Offenbar ist T ein linearer Operator. Wegen

$$\|T(f)\|_\infty = \sup\{|x\cdot f(x)| : a \le x \le b\} = \sup\{|x|\cdot|f(x)| : a \le x \le b\} \le b\cdot\|f\|_\infty,$$

gilt $\|T\| \le b$. Für die Funktion $f_0 \equiv 1$ gilt

$$\|T(f_0)\|_\infty = \sup_{a\le x\le b} |x| = b = b\cdot\|f_0\|_\infty.$$

Somit folgt $\|T\| = b$. Für beliebige $a, b \in \mathbb{R}$ mit $a < b$ ergibt sich $\|T\| = \max(|a|, |b|)$.

4.67 Beispiel. (Zeilensummennorm einer Matrix)
Wir betrachten eine $m \times n$-Matrix $A = (a_{jk})$ und identifizieren A mit der linearen Abbildung $\vec{x} \mapsto A \cdot \vec{x}$ von $\mathbb{R}^n$ in $\mathbb{R}^m$. Zunächst versehen wir sowohl den $\mathbb{R}^n$ als auch den $\mathbb{R}^m$ mit der in 1.1.4 eingeführten Maximumsnorm $\|\cdot\|_\infty$. Für jedes $\vec{x} = (x_1, \ldots, x_n) \in \mathbb{R}^n$ mit $\|\vec{x}\|_\infty \leq 1$ ergibt sich (mit einer „selbsterklärenden" Notation für das Maximum)

$$\|A \cdot \vec{x}\|_\infty = \max_{1\leq j\leq m} \Big| \sum_{k=1}^{n} a_{jk} x_k \Big| \leq \max_{1\leq j\leq m} \sum_{k=1}^{n} |a_{jk}| \cdot |x_k| \leq \max_{1\leq j\leq m} \sum_{k=1}^{n} |a_{jk}|. \quad (4.41)$$

Also gilt

$$\|A\| \leq \max_{1\leq j\leq m} \sum_{k=1}^{n} |a_{jk}|, \quad (4.42)$$

und durch geeignete Wahl von $x_k \in \{-1, 1\}$ in (4.41) erkennt man, dass hier sogar das Gleichheitszeichen gilt.

Auf der rechten Seite von (4.42) steht die sog. *Zeilensummennorm* von A. Beispielsweise besitzt die Matrix

$$A := \begin{pmatrix} 2 & -6 & -5 \\ 10 & 0 & 1 \end{pmatrix}$$

die Zeilensummennorm $\max(2 + 6 + 5, 10 + 0 + 1) = 13$.

4.68 Beispiel. (Spaltensummennorm einer Matrix)
In der Situation von Beispiel 4.67 versehen wir jetzt den $\mathbb{R}^n$ und den $\mathbb{R}^m$ mit der in 1.1.4 eingeführten Betragssummennorm $\|\cdot\|_1$. Für jedes $\vec{x} = (x_1, \ldots, x_n) \in \mathbb{R}^n$ mit $\|\vec{x}\|_1 \leq 1$ gilt

$$\|A \cdot \vec{x}\|_1 = \sum_{j=1}^{m} \Big| \sum_{k=1}^{n} a_{jk} x_k \Big| \leq \sum_{k=1}^{n} \sum_{j=1}^{m} |a_{jk}| \cdot |x_k| \leq \max_{1\leq k\leq n} \sum_{j=1}^{m} |a_{jk}| \quad (4.43)$$

und somit

$$\|A\| \leq \max_{1\leq k\leq n} \sum_{j=1}^{m} |a_{jk}|. \quad (4.44)$$

Wiederum erkennt man durch geeignete Wahl von $x_k \in \{0, 1\}$ in (4.43), dass hier das Gleichheitszeichen gilt.

Auf der rechten Seite von (4.44) steht die sog. *Spaltensummennorm* von A. Die Matrix A aus dem vorangehenden Beispiel besitzt die Spaltensummennorm $\max(2 + 10, 6 + 0, 5 + 1) = 12$.

4.69 Beispiel. (Euklidische Norm einer Matrix)
Wir betrachten die in 1.7.5 eingeführte euklidische Norm

$$\|A\|_2 = \sqrt{\sum_{j=1}^{m} \sum_{k=1}^{n} a_{jk}^2}$$

einer $m \times n$-Matrix A. Es sei B eine $n \times p$-Matrix. Besitzt A die Zeilenvektoren $\vec{a}_1, \ldots, \vec{a}_m$ und hat B die Spaltenvektoren $\vec{b}_1, \ldots, \vec{b}_p$, so weist das Matrizenprodukt $(c_{jk}) := A \cdot B$ die Einträge $c_{jk} = \langle \vec{a}_j, \vec{b}_k \rangle$ auf. Nach der Cauchy–Schwarzschen Ungleichung gilt somit $|c_{jk}| \leq \|\vec{a}_j\|_2 \cdot \|\vec{b}_k\|_2$, und es folgt

$$\|A \cdot B\|_2^2 = \sum_{j=1}^{m} \sum_{k=1}^{p} c_{jk}^2 \leq \sum_{j=1}^{m} \sum_{k=1}^{p} \|\vec{a}_j\|_2^2 \cdot \|\vec{b}_k\|_2^2 = \|A\|_2^2 \cdot \|B\|_2^2.$$

Insbesondere gilt

$$\|A \cdot \vec{x}\|_2 \leq \|A\|_2 \cdot \|\vec{x}\|_2, \qquad \vec{x} \in \mathbb{R}^n,$$

und damit $\|A\| \leq \|A\|_2$, wenn die Operatornorm bzgl. der euklidischen Norm auf $\mathbb{R}^n$ und $\mathbb{R}^m$ gebildet wird.

Die euklidische Norm ist keine Operatornorm. Für $m = n$ und eine beliebige Norm auf $\mathbb{R}^n$ besitzt nämlich die Einheitsmatrix E_n immer die Norm 1. Andererseits ist aber $\|E_n\|_2 = \sqrt{n}$.

4.3.6 Vollständigkeit, Banachräume

Es sei V ein normierter Raum. Völlig analog zu früher heißt eine Folge (x_n) in V *Cauchy-Folge*, falls gilt: Zu jedem $\varepsilon > 0$ gibt es ein $n_0 \in \mathbb{N}$ mit der Eigenschaft

$$\|x_n - x_m\| \leq \varepsilon, \qquad \text{falls } n, m \geq n_0.$$

Aufgrund der Dreiecksungleichung $\|x_n - x_m\| \leq \|x_n - x\| + \|x - x_m\|$ ist jede konvergente Folge eine Cauchy-Folge. Von besonderer Bedeutung sind normierte Räume, in denen auch stets die Umkehrung gilt.

Ein normierter Raum V heißt *vollständig*, wenn jede Cauchy-Folge in V konvergiert, also einen Grenzwert in V besitzt. Ein vollständiger normierter Raum heißt *Banachraum* [3].

4.70 Beispiel. (Vollständigkeit endlichdimensionaler normierter Räume)
Es seien $(V, \|\cdot\|)$ ein k-dimensionaler Vektorraum über dem Körper $\mathbb{K} \in \{\mathbb{R}, \mathbb{C}\}$

[3] Stefan Banach (1892–1945), polnischer Mathematiker. Ab 1939 Präsident der polnischen mathematischen Gesellschaft. Mit seiner Dissertation (1922) begründete Banach die moderne Funktionalanalysis.

und $\{y_1, \ldots, y_k\}$ eine beliebige Basis von V. Da nach Satz 4.57 die Norm $\|\cdot\|$ zur Summenbetragsnorm

$$\|x\|_1 := \sum_{j=1}^{k} |\lambda_j|, \qquad x = \sum_{j=1}^{k} \lambda_j \cdot y_j,$$

äquivalent ist, können wir zum Nachweis der Vollständigkeit von V mit der Norm $\|\cdot\|_1$ arbeiten.

Es sei $(x_n)_{n\geq 1}$ eine beliebige Folge in V. Da $\{y_1, \ldots, y_k\}$ eine Basis von V ist, gibt es eindeutig bestimmte Skalare $\lambda_{n,j} \in \mathbb{K}$ $(n \geq 1,\ j = 1, \ldots, k)$, so dass x_n die Darstellung

$$x_n = \lambda_{n,1} \cdot y_1 + \ldots + \lambda_{n,k} \cdot y_k$$

besitzt. Wegen

$$\|x_n - x_m\|_1 = \sum_{j=1}^{k} |\lambda_{n,j} - \lambda_{m,j}|$$

ist (x_n) genau dann eine Cauchy-Folge, wenn für jedes $j = 1, \ldots, k$ die Folge $(\lambda_{n,j})_{n\geq 1}$ eine Cauchy-Folge in $\mathbb{K}$ ist. Aufgrund der Vollständigkeit von $\mathbb{K}$ existieren die Grenzwerte $\lambda_j := \lim_{n\to\infty} \lambda_{n,j}$, $j = 1, \ldots, k$. Setzen wir $x := \sum_{j=1}^{k} \lambda_j \cdot y_j$, so gilt $x \in V$ und

$$\|x_n - x\|_1 = \sum_{j=1}^{k} |\lambda_{n,j} - \lambda_j| \;\to\; 0, \qquad n \to \infty.$$

Die Cauchy-Folge (x_n) besitzt also einen Grenzwert in V, was zeigt, dass V ein Banachraum ist. Insbesondere sind also der $\mathbb{R}^n$ und der $\mathbb{C}^n$ Banachräume.

4.71 Beispiel. ($(C[a,b], \|\cdot\|_\infty)$ ist ein Banachraum)
Der reelle Vektorraum $C[a,b]$ aller stetigen Funktionen $f : [a,b] \to \mathbb{R}$, versehen mit der in Beispiel 4.45 definierten Supremums-Norm $\|\cdot\|_\infty$, ist ein Banachraum. Ist nämlich (f_n) eine Cauchy-Folge, so ist wegen

$$|f_n(x) - f_m(x)| \leq \|f_n - f_m\|_\infty, \qquad x \in [a,b],$$

für jedes $x \in [a,b]$ die Folge $(f_n(x))$ eine Cauchy-Folge in $\mathbb{R}$. Wegen der Vollständigkeit von $\mathbb{R}$ existiert der mit $f(x)$ bezeichnete Grenzwert von $(f_n(x))$. Hierdurch wird eine Funktion $f : [a,b] \to \mathbb{R}$ definiert. Zu beliebig vorgegebenem $\varepsilon > 0$ finden wir ein $n_0 \in \mathbb{N}$, so dass gilt:

$$n, m \geq n_0 \implies \sup\{|f_n(x) - f_m(x)| : a \leq x \leq b\} \leq \varepsilon.$$

Beim Grenzübergang $m \to \infty$ folgt hieraus

$$n \geq n_0 \implies \sup\{|f_n(x) - f(x)\| : a \leq x \leq b\} \leq \varepsilon$$

und somit $\|f_n - f\|_\infty \to 0$ für $n \to \infty$. Als Grenzwert einer gleichmäßig konvergenten Folge stetiger Funktionen ist f stetig (Satz I.6.33).

4.72 Beispiel. ($(C[a,b], \|\cdot\|_1)$ ist kein Banachraum)
Versieht man die Menge $C[a,b]$ nicht mit der im vorigen Beispiel betrachteten Supremumsnorm, sondern mit der Integralnorm $\|\cdot\|_1$, so zeigen die folgenden Überlegungen, dass dieser normierte Raum *nicht* vollständig und somit *kein* Banachraum ist.

Wir setzen o.B.d.A. $a := -1$ und $b := 1$ und betrachten die durch

$$f_n(x) := \begin{cases} 0, & \text{falls } -1 \le x \le -1/n, \\ (nx+1)/2, & \text{falls } -1/n < x < 1/n, \\ 1, & \text{falls } 1/n \le x \le 1, \end{cases}$$

definierte Funktionenfolge $(f_n)_{n \ge 1}$ aus $C[-1,1]$ (Bild 4.10).

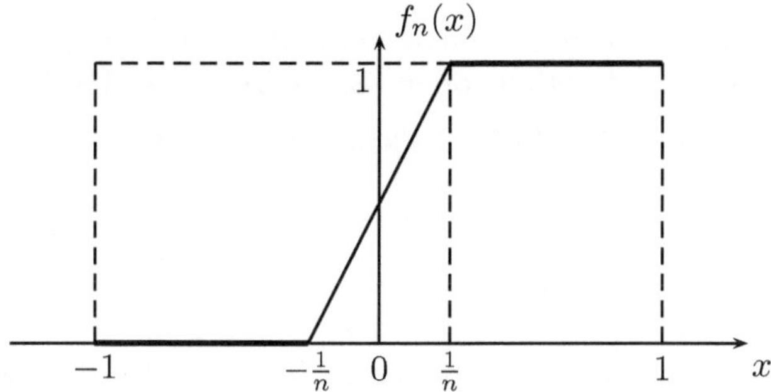

Bild 4.10:
Die Funktion f_n

Diese Folge ist eine Cauchy-Folge, denn zu gegebenem $\varepsilon > 0$ unterscheiden sich die Funktionen f_n und f_m für hinreichend große Werte von n und m nur auf dem Intervall $[-\varepsilon/2, \varepsilon/2]$. Wegen $|f_n(x) - f_m(x)| \le 1$ ergibt sich hieraus

$$\|f_n - f_m\|_1 = \int_{-1}^{1} |f_n(x) - f_m(x)|\, dx = \int_{-\varepsilon/2}^{\varepsilon/2} |f_n(x) - f_m(x)|\, dx \le \varepsilon.$$

Es kann jedoch kein $f \in C[-1,1]$ mit $\|f_n - f\|_1 \to 0$ geben. Wir nehmen an, f wäre eine derartige Funktion, und leiten einen Widerspruch her. Ist $\varepsilon \in (0,1)$ beliebig gewählt, so verschwindet die Funktion f_n für hinreichend großes n auf dem Intervall $[-1, -\varepsilon]$, und für solche n gilt dann

$$\int_{-1}^{-\varepsilon} |f_n(x) - f(x)|\, dx = \int_{-1}^{-\varepsilon} |f(x)|\, dx.$$

Da nach Voraussetzung $\|f_n - f\|_1 \to 0$ gilt, folgt wegen

$$\int_{-1}^{-\varepsilon} |f_n(x) - f(x)|\, dx \le \|f_n - f\|_1$$

und der angenommenen Stetigkeit von f die Aussage $f(x) = 0$, $-1 \le x \le -\varepsilon$. In gleicher Weise ergibt sich $f(x) = 1$, $\varepsilon \le x \le 1$. Da ε beliebig klein gewählt werden kann, muss (wiederum wegen der angenommenen Stetigkeit von f) sowohl $f(0) = 0$ $(= \lim_{n\to\infty} f(-1/n))$ als auch $f(0) = 1$ $(= \lim_{n\to\infty} f(1/n))$ gelten, was unmöglich ist. Aus diesem Grund ist die Funktion f an der Stelle $x = 0$ unstetig und liegt somit nicht in der Menge $C[-1, 1]$.

4.3.7 Der Banachsche Fixpunktsatz

Es seien $(V, \|\cdot\|)$ ein Banachraum, D eine Teilmenge von V und $T : D \to D$ eine Abbildung. Wir fragen, ob T mindestens einen *Fixpunkt*, also (mindestens) ein $x \in D$ mit der Eigenschaft

$$T(x) = x$$

besitzt. Wenn T linear ist und $D = V$ gilt, können wir einen Fixpunkt angeben, nämlich den Nullvektor. Wie das Beispiel $V = \mathbb{R}$ und $T(x) := x+1$, $x \in \mathbb{R}$, zeigt, muss es (ohne weitere Voraussetzungen) nicht unbedingt einen Fixpunkt geben.

Die Abbildung T heißt *Kontraktion* oder *kontrahierende Abbildung*, wenn eine Zahl q mit $0 \le q < 1$ (sog. *Kontraktionskonstante*) existiert, so dass gilt:

$$\|T(x) - T(y)\| \le q \cdot \|x - y\|, \qquad x, y \in V. \tag{4.45}$$

In diesem Fall nennt man T auch eine *q-Kontraktion.*

Ungleichung (4.45) besagt, dass der Abstand zwischen zwei beliebigen Punkten durch die Abbildung T um mindestens den Faktor q verkleinert wird. Eine kontrahierende Abbildung ist insbesondere (gleichmäßig) stetig.

4.73 Satz. (Banachscher Fixpunktsatz)
Es seien $(V, \|\cdot\|)$ ein Banachraum, $D \subset V$ eine abgeschlossene Teilmenge von V, $q \in [0, 1)$ und $T : D \to D$ eine q-Kontraktion. Dann besitzt T genau einen Fixpunkt $x \in D$. Ist $x_0 \in D$ ein beliebiger Startwert *und die Folge (x_k) in V rekursiv durch die Vorschrift*

$$x_{k+1} := T(x_k), \qquad k \in \mathbb{N}_0, \tag{4.46}$$

definiert, so gilt

$$\|x - x_k\| \le \frac{1}{1-q} \cdot \|x_{k+1} - x_k\| \le \frac{q^k}{1-q} \cdot \|x_1 - x_0\|, \qquad k \in \mathbb{N}_0. \tag{4.47}$$

Insbesondere folgt $x_k \to x$ für $k \to \infty$.

Beweis: Für alle $y, z \in D$ ergibt sich aus der Dreiecksungleichung und (4.45)

$$\begin{aligned}\|y - z\| &\le \|y - T(y)\| + \|T(y) - T(z)\| + \|T(z) - z\| \\ &\le \|y - T(y)\| + q \cdot \|y - z\| + \|T(z) - z\|,\end{aligned}$$

d.h.

$$\|y - z\| \leq \frac{1}{1-q} \cdot (\|T(y) - y\| + \|T(z) - z\|). \tag{4.48}$$

Insbesondere kann T höchstens einen Fixpunkt besitzen. Ferner folgt für jedes $k \in \mathbb{N}_0$:

$$\|x_{k+1} - x_k\| = \|T(x_k) - T(x_{k-1})\| \leq q \cdot \|x_k - x_{k-1}\| \leq \ldots \leq q^k \cdot \|x_1 - x_0\|. \tag{4.49}$$

Für $k, m \in \mathbb{N}$ setzen wir in (4.48) $y = x_{k+m}$ und $z = x_k$ und erhalten aus (4.49)

$$\begin{aligned}\|x_{k+m} - x_k\| &\leq \frac{1}{1-q} \cdot (\|x_{k+m+1} - x_{k+m}\| + \|x_{k+1} - x_k\|) \\ &\leq \frac{1}{1-q} \cdot (q^{k+m} + q^k) \cdot \|x_1 - x_0\| \leq \frac{2q^k}{1-q} \cdot \|x_1 - x_0\|.\end{aligned}$$

Also ist (x_k) eine Cauchy-Folge aus D. Weil V vollständig und D abgeschlossen ist, konvergiert diese Folge gegen einen Grenzwert x aus D. Vollzieht man in der Rekursion $x_{k+1} = T(x_k)$ den Grenzübergang $k \to \infty$ und benutzt die Stetigkeit von T, so folgt $x = T(x)$. Setzen wir in (4.48) $y = x$ und $z = x_k$, so ergibt sich die erste der behaupteten Ungleichungen. Die zweite folgt mit (4.49). □

Der Banachsche Fixpunktsatz liefert nicht nur die Existenz eines Fixpunktes x, sondern auch ein konstruktives Verfahren zur Ermittlung von x sowie eine konkrete Fehlerabschätzung (4.47). Der Satz hat bereits im Beweis des Satzes über implizite Funktionen (Satz 1.69) eine entscheidende Rolle gespielt. In Kapitel 8 werden wir eine weitere wichtige Anwendung kennenlernen.

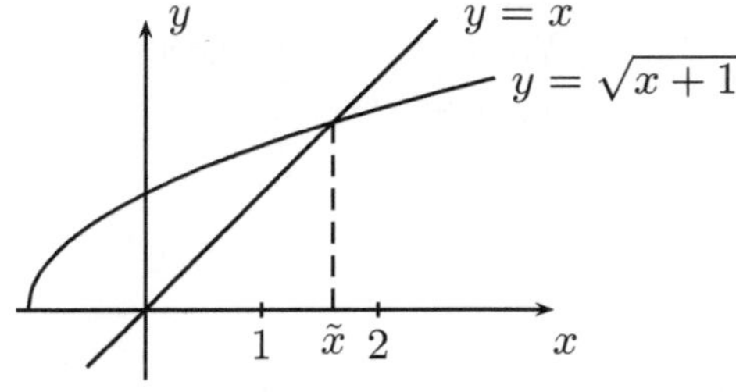

Bild 4.11: Fixpunkt $\tilde{x}$ der Funktion $\sqrt{1+x}$

4.74 Beispiel.
Die auf dem Intervall $[-1, \infty)$ definierte stetige Funktion $f(x) := \sqrt{1+x}$ ist streng monoton wachsend. Wegen $f(1) = \sqrt{2} > 1$ und $f(2) = \sqrt{3} < 2$ gibt es nach dem Zwischenwertsatz I.6.2.3 mindestens ein $\tilde{x}$ im Intervall $[1, 2]$, welches die Fixpunktgleichung $f(\tilde{x}) = \tilde{x}$ erfüllt (Bild 4.11). Wir werden mit Hilfe des Banachschen Fixpunktsatzes zeigen, dass es genau ein derartiges $\tilde{x}$ gibt, und werden dieses $\tilde{x}$ numerisch approximieren.

Um Satz 4.73 anwenden zu können, benötigen wir zunächst einen Banachraum $(V, \|\cdot\|)$ und eine abgeschlossene Teilmenge D von V. Da eine reellwertige Funktion vorliegt, setzen wir $V := \mathbb{R}$ und wählen als Norm die Betragsfunktion $|\cdot|$. Wir wissen auch schon, dass eine Lösung x der Gleichung $f(x) = x$ im Intervall $[1,2]$ existiert. Als abgeschlossene Teilmenge D von $\mathbb{R}$ bietet sich somit die Wahl $D := [1,2]$ an. Bezeichnet T die Einschränkung der Funktion f auf D, so gilt wegen der strengen Monotonie von T auf D die Inklusion $T(D) = [\sqrt{2}, \sqrt{3}] \subset D$. Die Funktion T kann also auf D beliebig iteriert werden. Der Nachweis, dass T auf D eine Kontraktion ist, geschieht entweder mit dem Mittelwertsatz oder (hier einfacher) mit dem „Erweiterungstrick“

$$(\sqrt{1+x} - \sqrt{1+y}) \cdot (\sqrt{1+x} + \sqrt{1+y}) = x - y,$$

aus dem die Abschätzung

$$|T(x) - T(y)| = \frac{1}{\sqrt{1+x} + \sqrt{1+y}} \cdot |x-y| \leq \frac{1}{2} \cdot |x-y|, \qquad x, y \in D$$

folgt. Somit ist T eine Kontraktion mit der Kontraktionskonstanten $q = 1/2$.

Wählt man $x_0 := 1.5$ als Startwert der Iteration (4.46), so liefert die Rekursionsformel $x_{j+1} := \sqrt{1+x_j}$, $j \in \mathbb{N}_0$, die in Tabelle 4.1 angegebenen Werte:

j	x_j
0	1.5
1	1.581138830
2	1.606592304
3	1.614494442
4	1.616939839
5	1.617695842
6	1.617929492
7	1.618001697
8	1.618024010

Tabelle 4.1:
Werte x_j der Iteration
$x_{j+1} = \sqrt{1+x_j}$

Die erste Ungleichung in (4.47) ergibt die Fehlerabschätzung

$$|\tilde{x} - 1.618001697| \leq 2 \cdot |x_8 - x_7| = 0.000044626.$$

Der gesuchte Fixpunkt ist also (auf vier Nachkommastellen genau) $\tilde{x} = 1.6180$.

4.75 Beispiel. (Newton-Verfahren)
In I.6.67 wurde die Konvergenz des Newton-Verfahrens

$$x_{j+1} := x_j - \frac{f(x_j)}{f'(x_j)}, \qquad j \in \mathbb{N}_0,$$

zur Bestimmung der Nullstelle $\tilde{x}$ einer zweimal differenzierbaren Funktion f bewiesen. Die nachfolgenden Betrachtungen zeigen, dass das Newton-Verfahren als Spezialfall des Banachschen Fixpunktsatzes angesehen werden kann.

Gilt $f(\tilde{x}) = 0$ und $f'(\tilde{x}) \neq 0$, so folgt

$$f(\tilde{x}) = 0 \iff \tilde{x} = T(\tilde{x}),$$

wobei

$$T(x) := x - \frac{f(x)}{f'(x)}$$

gesetzt ist. Nach dem ersten Mittelwertsatz I.6.50 ist die Abbildung T auf einem geeigneten, die Nullstelle $\tilde{x}$ als inneren Punkt enthaltenden, abgeschlossenen Intervall D eine Kontraktion, wenn für ein $q \in [0,1)$ die Ungleichung $|T'(x)| \leq q$, $x \in D$, erfüllt ist. Nun gilt

$$T'(x) = 1 - \frac{(f'(x))^2 - f(x) \cdot f''(x)}{(f'(x))^2} = \frac{f(x) \cdot f''(x)}{(f'(x))^2},$$

was zeigt, dass das Newton-Verfahren mit Startwert $x_0 \in D$ konvergiert, wenn

$$\sup_{x \in D} \left| \frac{f(x) \cdot f''(x)}{(f'(x))^2} \right| \leq q < 1 \tag{4.50}$$

sowie $T(D) \subset D$ gilt. Ungleichung (4.50) ist eine von vielen Möglichkeiten, Bedingungen für die Konvergenz des Newton-Verfahrens aufzustellen (vgl. I.6.67).

4.4 Metrische Räume

Viele Ergebnisse dieses Abschnitts lassen sich in einem allgemeineren Rahmen formulieren und beweisen. Hierzu benötigt man lediglich eine Menge $X \neq \emptyset$ sowie einen geeigneten *Abstandsbegriff* zwischen Punkten aus X.

Eine Abbildung $d : X \times X \to [0, \infty)$ heißt *Metrik* auf X, wenn folgendes gilt:

$$d(x,y) = 0 \iff x = y, \quad \text{(Definitheit)}, \tag{4.51}$$

$$d(x,y) = d(y,x), \quad \text{(Symmetrie)}, \tag{4.52}$$

$$d(x,z) \leq d(x,y) + d(y,z), \quad \text{(Dreiecksungleichung)}. \tag{4.53}$$

Ist die Menge X mit einer Metrik versehen, so nennt man das Paar (X, d) einen *metrischen Raum*.

4.76 Beispiel. (Normierte Räume)
Es sei $(V, \|\cdot\|)$ ein normierter Raum. Setzt man

$$d(x,y) := \|x - y\|, \qquad x, y \in V,$$

so ist d eine Metrik auf V. Jeder normierte Raum ist somit auch ein metrischer Raum.

4.77 Beispiel. (Binärer Blockcode, Hamming-Abstand)
Ein *binärer Blockcode der Länge* n ist eine nichtleere Teilmenge X der Menge $\{0,1\}^n$ aller n-Tupel aus den Symbolen 1 und 0. Die Elemente von X heißen *Codewörter*; man schreibt sie üblicherweise nicht als Tupel $x = (x_1, \ldots, x_n)$, sondern einfach als $x = x_1 x_2 \ldots x_n$.

In diesem Sinn ist etwa

$$X_0 := \{00000,\ 01101,\ 10111,\ 11010\}$$

ein aus vier Codewörtern bestehender binärer Blockcode der Länge 5.

Ist allgemein X ein binärer Blockcode der Länge n, so definiert man den *Hammingabstand*[4] $d(x,y)$ zwischen Codewörtern $x = x_1 \ldots x_n$ und $y = y_1 \ldots y_n$ durch

$$d(x,y) := \operatorname{card}\{j \in \{1,\ldots,n\} : x_j \neq y_j\},$$

also durch die Anzahl der Stellen, an denen sich die Codewörter x und y unterscheiden. Der Hammingabstand $d : X \times X \to \mathbb{R}$ ist eine Metrik auf X.

Schreiben wir kurz $w := 00000$, $x := 01101$, $y := 10111$ und $z := 11010$ für die Wörter des oben definierten Blockcodes X_0, so gilt $d(w,x) = d(w,z) = d(x,y) = d(y,z) = 3$ und $d(w,y) = d(x,z) = 4$.

Definiert man allgemein den *Minimalabstand* eines binären Blockcodes X durch

$$d_{\min} := \min\{d(x,y) : x, y \in X,\ x \neq y\},$$

so besitzt der Blockcode X_0 den Minimalabstand 3. Der Minimalabstand eines Blockcodes ist eine Kenngröße für die Anzahl der (aufgrund von Übertragungsstörungen unvermeidbaren) Fehler in einem Codewort, die ein intelligenter Decodierer korrigieren kann. Dabei bedeutet das Wort „Fehler“, dass das Zeichen 0 fälschlicherweise durch 1 übertragen wird oder umgekehrt.

Wird etwa eines der Wörter aus dem Blockcode X_0 versendet und kommt beim Empfänger das Wort $u := 00101$ an, so weiß der Empfänger, dass mindestens eine der fünf Stellen im versendeten Wort gestört wurde. Da zwischen dem empfangenen Codewort u und den in Frage kommenden „richtigen“ Codewörtern aus X_0 die Hammingabstände $d(u,w) = 2$, $d(u,x) = 1$, $d(u,y) = 2$ und $d(u,z) = 5$ bestehen, kann nur das Wort x versandt worden sein, wenn ein Übertragungsfehler *an nur einer Stelle* im Wort erfolgte. Ein binärer Blockcode mit dem Minimalabstand 3 ist also in der Lage, einen einzelnen innerhalb eines Wortes auftretenden Fehler zu korrigieren.

Allgemein kann ein binärer Blockcode bis zu k Fehler im Codewort korrigieren, wenn der Minimalabstand $d_{\min}$ des Codes die Ungleichung $d_{\min} \geq 2k+1$ erfüllt.

[4] Richard Wesley Hamming (1915–1998), Mathematiker. Hamming promovierte 1942 (University of Illinois) und arbeitete 1945 in Los Alamos und ab 1946 bei den Bell Laboratories. Hauptarbeitsgebiete: Fehlerkorrigierende Codes, numerische Integration, digitale Filter.

4.4.1 Konvergenz und Vollständigkeit

Ist (X, d) ein metrischer Raum, so heißt eine Folge (x_n) aus X *konvergent* gegen ein $x \in X$, wenn die reelle Folge $(d(x_n, x))$ gegen Null konvergiert. Eine Folge (x_n) in X heißt *Cauchy-Folge*, wenn es zu jedem $\varepsilon > 0$ ein $n_0 \in \mathbb{N}$ mit der Eigenschaft

$$d(x_n, x_m) \leq \varepsilon, \qquad m, n \geq n_0,$$

gibt. Jede konvergente Folge ist eine Cauchy-Folge. Hat umgekehrt jede Cauchy-Folge einen Grenzwert in X, so nennt man (X, d) *vollständig*. Insbesondere ist also ein Banachraum ein vollständiger metrischer Raum.

Sind (X, d) ein vollständiger metrischer Raum und $T : X \to X$ eine Abbildung mit

$$d(T(x), T(y)) \leq q \cdot d(x, y), \qquad x, y, \in X,$$

für ein $q \in [0, 1)$, so besitzt T genau einen Fixpunkt $x \in X$ (Banachscher Fixpunktsatz in metrischen Räumen). Der Beweis ergibt sich durch Übertragung des Beweises von Satz 4.73, wenn dort stets $\|x - y\|$ durch $d(x, y)$ ersetzt wird.

4.5 Hilberträume

4.5.1 Skalarprodukt

Im Folgenden sei V ein Vektorraum über dem Körper $\mathbb{K}$ mit $\mathbb{K} = \mathbb{R}$ oder $\mathbb{K} = \mathbb{C}$.

Unter einem *Skalarprodukt* (oder *inneren Produkt*) auf V versteht man eine Funktion $\langle \cdot, \cdot \rangle : V \times V \to \mathbb{K}$ mit folgenden Eigenschaften:

$$\langle \alpha x + \beta y, z \rangle = \alpha \langle x, z \rangle + \beta \langle y, z \rangle, \qquad \text{(Linearität)} \qquad (4.54)$$

$$\langle y, x \rangle = \overline{\langle x, y \rangle}, \qquad \text{(Symmetrie)} \qquad (4.55)$$

$$\langle x, x \rangle > 0, \qquad x \neq 0. \qquad \text{(Definitheit)} \qquad (4.56)$$

Dabei sind $x, y, z \in V$ sowie $\alpha, \beta \in \mathbb{K}$. In (4.55) steht rechts die zu $\langle x, y \rangle$ konjugiert komplexe Zahl. (Für jedes $w \in \mathbb{C}$ ist $\bar{w} := \operatorname{Re}(w) - i \operatorname{Im}(w)$.) Da $w \in \mathbb{C}$ genau dann reell ist, wenn $\bar{w} = w$ gilt, folgt aus (4.55) insbesondere $\langle x, x \rangle \in \mathbb{R}$, $x \in V$.

Aus (4.54) und (4.55) ergeben sich die Gleichungen

$$\langle x, \alpha y + \beta z \rangle = \bar{\alpha} \langle x, y \rangle + \bar{\beta} \langle x, z \rangle, \qquad (4.57)$$

$$\langle x, 0 \rangle = \langle 0, x \rangle = 0, \qquad x \in V. \qquad (4.58)$$

Mit (4.56) wird zusätzlich verlangt, dass $\langle x, x \rangle = 0$ nur für den Nullvektor $x = 0$ gilt.

4.78 Beispiele. (Kanonisches Skalarprodukt)
In Analogie zum *kanonischen Skalarprodukt*

$$\langle \vec{x}, \vec{y} \rangle = x_1 y_1 + \ldots + x_n y_n, \qquad \vec{x}, \vec{y} \in \mathbb{R}^n,$$

im $\mathbb{R}^n$ (vgl. I.8.4) definiert

$$\langle \vec{x}, \vec{y} \rangle := x_1 \bar{y}_1 + \ldots + x_n \bar{y}_n, \qquad \vec{x}, \vec{y} \in \mathbb{C}^n, \tag{4.59}$$

ein Skalarprodukt auf $\mathbb{C}^n$. Der Leser sollte die Eigenschaften (4.54)–(4.56) selbstständig überprüfen und sich dabei insbesondere klar machen, warum auf der rechten Seite von (4.59) die konjugiert komplexen Komponenten von $\vec{y}$ benutzt werden müssen.

Es sei allgemeiner V ein Vektorraum über $\mathbb{K}$ mit der endlichen Dimension $n := \dim V$. Wir fixieren eine Basis $\{b_1, \ldots, b_n\}$ von V. Sind $x_1, \ldots, x_n \in \mathbb{K}$ bzw. $y_1, \ldots, y_n \in \mathbb{K}$ die Koordinaten zweier Vektoren $x, y \in V$ bezüglich $\{b_1, \ldots, b_n\}$, so definiert

$$\langle x, y \rangle := x_1 \bar{y}_1 + \ldots + x_n \bar{y}_n$$

ein Skalarprodukt auf V.

4.79 Beispiel.
Auf dem reellen Vektorraum $C[a, b]$ der auf dem Intervall $[a, b]$ definierten stetigen reellen Funktionen ist

$$\langle f, g \rangle := \int_a^b f(x) g(x)\, dx, \qquad f, g \in C[a, b],$$

ein Skalarprodukt.

4.80 Beispiel. (Der reelle Folgenraum l^2)
Es bezeichne

$$l^2 := \left\{ x = (x_k)_{k \geq 1} : x_k \in \mathbb{R} \text{ für jedes } k \geq 1 \text{ und } \sum_{k=1}^{\infty} x_k^2 < \infty \right\}$$

die Menge aller *quadratisch summierbaren* reellen Zahlenfolgen. Offenbar ist jede Folge aus l^2 eine Nullfolge. Wie das Beispiel $x_k := 1/\sqrt{k}$, $k \geq 1$, zeigt, gilt die Umkehrung jedoch nicht.

Mit der üblichen Addition $x + y := (x_k + y_k)$ zweier Folgen $x = (x_k)$ und $y = (y_k)$ aus l^2 und der skalaren Multiplikation $\alpha x := (\alpha x_k)$ ($x \in l^2$, $\alpha \in \mathbb{R}$) bildet die Menge l^2 einen reellen Vektorraum.

Dass mit x und y auch die Summenfolge $x + y$ quadratisch summierbar ist, folgt dabei unmittelbar aus den Ungleichungen $(x_k + y_k)^2 \leq 2(x_k^2 + y_k^2)$, $k \in \mathbb{N}$. Definieren wir

$$\langle x, y \rangle := \sum_{j=1}^{\infty} x_j y_j, \qquad x, y \in l^2, \tag{4.60}$$

so ergibt sich aus der Cauchy–Schwarzschen Ungleichung im $\mathbb{R}^n$ (Satz I.8.29)

$$\sum_{j=1}^{n} |x_j y_j| \le \left(\sum_{j=1}^{n} x_j^2\right)^{1/2} \cdot \left(\sum_{j=1}^{n} y_j^2\right)^{1/2}, \qquad n \in \mathbb{N},$$

die absolute Konvergenz der auf der rechten Seite von (4.60) stehenden Reihe. Man rechnet direkt nach, dass $\langle \cdot, \cdot \rangle$ ein Skalarprodukt auf l^2 definiert. Wie später deutlich werden wird, handelt es sich hier um ein typisches Beispiel für ein Skalarprodukt auf unendlichdimensionalen Vektorräumen.

4.5.2 Die Cauchy–Schwarzsche Ungleichung

Ist V ein Vektorraum (über $\mathbb{K} = \mathbb{R}$ oder $\mathbb{K} = \mathbb{C}$) mit Skalarprodukt $\langle \cdot, \cdot \rangle$, so definieren wir

$$\|x\| := \sqrt{\langle x, x \rangle}, \qquad x \in V. \tag{4.61}$$

Aus den Eigenschaften des Skalarproduktes folgt, dass die Abbildung $\| \cdot \| : V \to \mathbb{R}$ definit (vgl. (4.30)) und homogen (vgl. (4.31)) ist. Die nächste wichtige Ungleichung verallgemeinert den für das kanonische Skalarprodukt auf dem $\mathbb{R}^n$ geltenden Satz I.8.29. Im Beweis und auch später verwenden wir die Gleichungen

$$\|x + y\|^2 = \langle x, x \rangle + \langle x, y \rangle + \langle y, x \rangle + \langle y, y \rangle = \|x\|^2 + \langle x, y \rangle + \overline{\langle x, y \rangle} + \|y\|^2, \tag{4.62}$$

die sich aus $\|x + y\|^2 = \langle x + y, x + y \rangle$ und den Eigenschaften des Skalarproduktes ergeben.

4.81 Satz. (Cauchy–Schwarzsche Ungleichung)
Für alle $x, y \in V$ gilt

$$|\langle x, y \rangle| \le \|x\| \cdot \|y\|. \tag{4.63}$$

Das Gleichheitszeichen gilt genau dann, wenn x und y linear abhängig sind.

BEWEIS: Sind x und y linear abhängig, so gilt $y = 0$ oder $x = \alpha y$ für ein $\alpha \in \mathbb{K}$. In jedem dieser Fälle tritt in (4.63) das Gleichheitszeichen ein. Sind x und y linear unabhängig, so gilt $x - \alpha y \neq 0$, $\alpha \in \mathbb{K}$, und somit unter Benutzung von (4.62) und der Identität $\alpha\bar{\alpha} = |\alpha|^2$

$$0 < \|x - \alpha y\|^2 = \|x\|^2 - \bar{\alpha}\langle x, y \rangle - \alpha\overline{\langle x, y \rangle} + |\alpha|^2 \|y\|^2, \qquad \alpha \in \mathbb{K}.$$

Mit der Wahl $\alpha := \langle x, y \rangle / \|y\|^2$ erhalten wir

$$0 < \|x\|^2 - \frac{\overline{\langle x, y \rangle} \cdot \langle x, y \rangle}{\|y\|^2} - \frac{\langle x, y \rangle \cdot \overline{\langle x, y \rangle}}{\|y\|^2} + \frac{|\langle x, y \rangle|^2}{\|y\|^2} = \|x\|^2 - \frac{|\langle x, y \rangle|^2}{\|y\|^2}$$

und folglich $|\langle x, y\rangle| < \|x\| \cdot \|y\|$. □

Die folgende Ungleichung zeigt, dass $\|\cdot\|$ eine Norm auf V ist. Der Beweis ist eine direkte Verallgemeinerung des entsprechenden Resultates für das kanonische Skalarprodukt auf dem $\mathbb{R}^n$.

4.82 Folgerung. (Dreiecksungleichung)
Für alle $x, y \in V$ gilt

$$\|x+y\| \leq \|x\| + \|y\|. \tag{4.64}$$

Gleichheit besteht genau dann, wenn $y = 0$ oder $x = \alpha y$ für ein $\alpha \in \mathbb{R}$ mit $\alpha \geq 0$.

BEWEIS: Für alle $x, y \in V$ erhalten wir aus (4.62)

$$\|x+y\|^2 = \|x\|^2 + 2\,\mathrm{Re}(\langle x, y\rangle) + \|y\|^2.$$

Wegen $\mathrm{Re}(\langle x, y\rangle) \leq |\langle x, y\rangle|$ liefert die Cauchy–Schwarzsche Ungleichung

$$\|x+y\|^2 \leq \|x\|^2 + 2\|x\| \cdot \|y\| + \|y\|^2 = (\|x\| + \|y\|)^2$$

und damit (4.64). Gilt $y = 0$ oder $x = \alpha y$ für ein $\alpha \geq 0$, so tritt in (4.64) das Gleichheitszeichen ein. Gilt umgekehrt Gleichheit in (4.64), so folgt nach Quadrieren die Identität $\mathrm{Re}(\langle x, y\rangle) = \|x\| \cdot \|y\|$ und somit unter Beachtung von (4.63) und $\mathrm{Re}(\langle x, y\rangle) \leq |\langle x, y\rangle|$ die Gleichheit $\mathrm{Re}(\langle x, y\rangle) = |\langle x, y\rangle|$, also $|\langle x, y\rangle| = \|x\| \cdot \|y\|$. Nach Satz 4.81 sind x und y linear abhängig. Setzen wir $y \neq 0$ voraus, so gilt $x = \alpha y$ für ein $\alpha \in \mathbb{K}$, und wir erhalten

$$\mathrm{Re}(\alpha)\|y\|^2 = \mathrm{Re}(\langle \alpha y, y\rangle) = \mathrm{Re}(\langle x, y\rangle) = |\langle x, y\rangle| = |\alpha| \cdot \|y\|^2.$$

Damit ist $\mathrm{Re}(\alpha) = |\alpha|$. Daraus folgt einerseits $\mathrm{Im}(\alpha) = 0$, d.h. $\alpha \in \mathbb{R}$, und andererseits $\alpha = |\alpha|$, d.h. $\alpha \geq 0$. □

4.83 Folgerung. (Stetigkeit des Skalarproduktes)
Sind (x_k) und (y_k) zwei gegen x bzw. y konvergente Folgen in V, so folgt

$$\lim_{k \to \infty} \langle x_k, y_k\rangle = \langle x, y\rangle.$$

BEWEIS: Da die Norm eine stetige Abbildung ist, konvergiert mit (x_k) auch die Folge $(\|x_k\|)$. Somit gibt es ein $C > 0$ mit $\|x_k\| \leq C$ für jedes $k \in \mathbb{N}$, und es folgt

$$\begin{aligned}
|\langle x, y\rangle - \langle x_k, y_k\rangle| &= |\langle x - x_k, y\rangle + \langle x_k, y\rangle - \langle x_k, y_k\rangle| \\
&= |\langle x - x_k, y\rangle + \langle x_k, y - y_k\rangle| \\
&\leq |\langle x - x_k, y\rangle| + |\langle x_k, y - y_k\rangle| \\
&\leq \|x - x_k\| \cdot \|y\| + \|x_k\| \cdot \|y - y_k\| \to 0
\end{aligned}$$

für $k \to \infty$. □

4.5.3 Orthogonalität

Es seien V ein Vektorraum über $\mathbb{K}$ und $\langle\cdot,\cdot\rangle : V \times V \to \mathbb{K}$ ein Skalarprodukt auf V. Im Folgenden übertragen wir einige der Definitionen und Resultate aus I.8.4 auf den vorliegenden allgemeinen Fall.

(i) Zwei Vektoren $x, y \in V$ heißen *orthogonal*, wenn $\langle x, y\rangle = 0$. In diesem Fall schreibt man $x \perp y$. Sind x und y orthogonal, so folgt aus (4.62) der *Satz von Pythagoras*:
$$\|x + y\|^2 = \|x\|^2 + \|y\|^2.$$

(ii) Zwei Teilmengen $U, W \subset V$ heißen *orthogonal*, wenn $\langle x, y\rangle = 0$ für jede Wahl von $x \in U$ und $y \in W$ gilt. In diesem Fall schreibt man $U \perp W$.

(iii) Ist U eine Teilmenge von V, so heißt
$$U^\perp := \{x \in V : \langle x, y\rangle = 0 \text{ für jedes } y \in U\}$$
das *orthogonale Komplement* von U.

Für jede Teilmenge U von V ist $U^\perp$ ein Unterraum von V. Ferner ergibt sich aus Folgerung 4.83, dass $U^\perp$ abgeschlossen ist.

4.5.4 Die orthogonale Projektion

In Anwendungen steht man oft vor dem Problem, für einen Vektor $x \in V$ einen Vektor y aus einem gegebenen Unterraum U von V so zu bestimmen, dass der Abstand $\|x - y\|$ möglichst klein wird. Es zeigt sich, dass die entsprechenden Ergebnisse aus dem $\mathbb{R}^n$ verallgemeinert werden können. Zunächst definieren wir:

Es seien V ein Vektorraum mit Skalarprodukt, U ein Unterraum von V sowie $x \in V$. Ein Vektor $y \in U$ heißt *orthogonale Projektion* von x auf U, wenn $x - y \in U^\perp$ gilt.

Ist $y \in U$ orthogonale Projektion von x, so gilt
$$x = y + z$$
mit $z \in U^\perp$. Ohne weitere Voraussetzungen an U und V muss die orthogonale Projektion y nicht existieren. Wenn sie aber existiert, ist sie auch eindeutig bestimmt. Ist nämlich $x = y' + z'$ eine weitere Darstellung von x mit $y' \in U$ und $z' \in U^\perp$, so folgt $y - y' = z' - z \in U \cap U^\perp$, also $\langle y - y', y - y'\rangle = \|y - y'\|^2 = 0$. Damit ist $y = y'$ und $z = z'$.

4.84 Satz. (Approximationssatz)
Es seien U ein Unterraum von V und $x \in V$. Dann ist $y \in U$ genau dann orthogonale Projektion von x auf U, wenn für jedes $z \in U$ mit $z \neq y$ gilt:
$$\|x - y\| < \|x - z\|. \tag{4.65}$$

Beweis: Es sei $y \in U$ die orthogonale Projektion von x auf U. Für jedes $z \in U$ gilt $x - y \perp y - z$. Also folgt aus dem Satz von Pythagoras

$$\|x - z\|^2 = \|x - y\|^2 + \|y - z\|^2 \geq \|x - y\|^2,$$

wobei das Gleichheitszeichen nur für $y = z$ eintreten kann.

Wir setzen jetzt umgekehrt voraus, dass $y \in U$ die Ungleichung (4.65) für jedes $z \in U$ mit $z \neq y$ erfüllt. Wird indirekt angenommen, dass $x - y \in U^\perp$ nicht richtig ist, so gibt es einen Vektor $z \in U$ mit $\alpha := \langle x - y, z\rangle \neq 0$. Ohne die Allgemeinheit einzuschränken, können wir dabei $\|z\| = 1$ voraussetzen. Der Vektor $y + \alpha z$ ist ein Element von U, und es gilt

$$\begin{aligned}\|x - (y + \alpha z)\|^2 &= \|x - y\|^2 + |\alpha|^2 - 2\operatorname{Re}(\langle x - y, \alpha z) \\ &= \|x - y\|^2 + |\alpha|^2 - 2|\alpha|^2 < \|x - y\|^2,\end{aligned}$$

was im Widerspruch zur Voraussetzung an y steht. Damit ist der Satz bewiesen. □

Die orthogonale Projektion von x auf U wird (im Falle ihrer Existenz) mit $P_U(x)$ bezeichnet. Wenn $P_U(x)$ für jedes $x \in V$ existiert, so ist P_U eine lineare Abbildung von V in U. In diesem Fall existiert auch für jedes $x \in V$ die orthogonale Projektion $P_{U^\perp}(x)$ von x auf $U^\perp$, und es gilt

$$P_U + P_{U^\perp} = \mathrm{id}_V .$$

4.5.5 Orthonormalsysteme

Zur konkreten Berechnung der orthogonalen Projektion ist die folgende Begriffsbildung hilfreich.

(i) Eine Menge $A \subset V$ heißt *Orthogonalsystem*, falls $0 \notin A$ und falls die Vektoren aus A paarweise orthogonal sind, also

$$\langle x, y\rangle = 0, \qquad x, y \in A, \quad x \neq y,$$

gilt. Gilt darüber hinaus $\|x\| = 1$ für jedes $x \in A$, so heißt A *Orthonormalsystem*.

(ii) Es seien U ein Unterraum von V und $A \subset U$ ein Orthonormalsystem. Ist A eine Basis von U, so nennt man A eine *Orthonormalbasis* von U.

Es seien A ein Orthonormalsystem und $\{a_1, \ldots, a_m\}$ eine endliche Teilmenge von A. Sind $\alpha_1, \ldots, \alpha_m \in \mathbb{K}$ mit $\alpha_1 a_1 + \ldots + \alpha_m a_m = 0$, so folgt durch skalare Multiplikation dieser Gleichung mit a_j:

$$\langle \alpha_j a_j, a_j\rangle = \alpha_j \cdot \|a_j\|^2 = \alpha_j = 0, \qquad j = 1, \ldots, m.$$

Die Vektoren eines Orthogonalsystems sind also linear unabhängig.

Es sei $\{a_1, \dots, a_m\}$ eine Orthonormalbasis des Unterraums $U \subset V$, und es seien

$$x := \alpha_1 a_1 + \ldots + \alpha_m a_m, \qquad y := \beta_1 a_1 + \ldots + \beta_m a_m$$

mit $\alpha_1, \dots, \alpha_m \in \mathbb{K}$ und $\beta_1, \dots, \beta_m \in \mathbb{K}$. Dann gilt

$$\langle x, y \rangle = \sum_{j=1}^{m} \sum_{k=1}^{m} \langle \alpha_j a_j, \beta_k a_k \rangle = \sum_{j=1}^{m} \sum_{k=1}^{m} \alpha_j \bar{\beta}_k \langle a_j, a_k \rangle = \sum_{j=1}^{m} \alpha_j \bar{\beta}_j.$$

In dieser Gleichungskette steht rechts das Skalarprodukt der Koordinatenvektoren von x und y in $\mathbb{C}^n$. Insbesondere gilt

$$\|x\|^2 = \sum_{j=1}^{m} |\alpha_j|^2.$$

4.5.6 Ein Orthonormalisierungsverfahren

Den folgenden Satz beweist man wie den Spezialfall in Satz I.8.32.

4.85 Satz. (Orthonormalisierungsverfahren von E. Schmidt)
Es seien U und W endlichdimensionale Unterräume von V mit $U \subset W$. Es gelte $m := \dim U < \dim V =: k$. Ist $\{a_1, \dots, a_m\}$ eine Orthonormalbasis von U, so gibt es Vektoren $a_{m+1}, \dots, a_k \in W$, so dass $\{a_1, \dots, a_k\}$ eine Orthonormalbasis von W ist.

Benutzt man Satz 4.85 mit $U = \{0\}$ so ergibt sich:

4.86 Folgerung. (Existenz einer Orthonormalbasis)
Jeder endlichdimensionale Unterraum von V besitzt eine Orthonormalbasis.

Im Falle eines endlichdimensionalen Unterraums U kann die orthogonale Projektion auf U wie folgt berechnet werden:

4.87 Satz. (Projektionsformel)
Ist U ein endlichdimensionaler Unterraum von V, so besitzt jedes $x \in V$ eine orthogonale Projektion $P_U(x)$ von x auf U. Bezeichnet $\{a_1, \dots, a_m\}$ eine Orthonormalbasis von U, so gilt

$$P_U(x) = \langle x, a_1 \rangle a_1 + \ldots + \langle x, a_m \rangle a_m. \tag{4.66}$$

Beweis: Wir können $U \neq \{0\}$ voraussetzen. Nach Folgerung 4.86 gibt es eine Orthonormalbasis $\{a_1, \dots, a_m\}$ von U. Für $x \in V$ definieren wir $f(x)$ durch die rechte Seite von (4.66). Dann ist $f(x) \in U$, und mit der Abkürzung $\alpha_j := \langle x, a_j \rangle$ gilt für jedes $j \in \{1, \dots, m\}$:

$$\langle x - f(x), a_j \rangle = \langle x, a_j \rangle - \alpha_1 \langle a_1, a_j \rangle - \ldots - \alpha_m \langle a_m, a_j \rangle = \langle x, a_j \rangle - \alpha_j \langle a_j, a_j \rangle = 0.$$

Daraus folgt $x - f(x) \in U^\perp$. Also ist $f(x)$ die orthogonale Projektion von x auf U. □

4.5.7 Definition eines Hilbertraumes

Es stellt sich jetzt die grundlegende Frage, ob sich jeder Vektor aus V durch orthogonale Projektionen auf endlichdimensionale Unterräume beliebig genau approximieren lässt. Um diese Frage positiv beantworten zu können, benötigen wir eine Voraussetzung an V:

Ein Vektorraum V mit Skalarprodukt heißt *Hilbertraum* [5], falls jede Cauchy-Folge in V konvergent ist, d.h. falls V mit der Norm $\|x\| = \sqrt{\langle x, x\rangle}$ ein Banachraum und somit vollständig ist.

4.88 Beispiel. (Der komplexe Folgenraum l^2)
Es bezeichne l^2 die Menge aller komplexen Folgen $x = (x_k)$ mit $\sum_{j=1}^{\infty} |x_j|^2 < \infty$. Wie in Beispiel 4.80 ergibt sich, dass l^2 ein komplexer Vektorraum ist und dass

$$\langle x, y\rangle := \sum_{j=1}^{\infty} x_j \bar{y}_j$$

ein Skalarprodukt definiert. Wir zeigen jetzt, dass l^2 ein Hilbertraum ist und wählen hierzu eine Cauchy-Folge (x^n) in l^2. Dabei benutzen wir die Schreibweise $x^n = (x_k^n)_{k\geq 1}$, bezeichnen also das k-te Glied der n-ten Folge mit x_k^n. Zu jedem $\varepsilon > 0$ gibt es ein $n_0 \in \mathbb{N}$ mit

$$\|x^m - x^l\| = \sum_{j=1}^{\infty} |x_j^m - x_j^l|^2 \leq \varepsilon, \qquad m, l \geq n_0. \tag{4.67}$$

Folglich ist für jedes $k \geq 1$ die Folge $(x_k^n)_{n\geq 1}$ eine Cauchy-Folge in $\mathbb{C}$, die wegen der Vollständigkeit von $\mathbb{C}$ gegen einen mit x_k bezeichneten Grenzwert konvergiert. Wir behaupten, dass die Folge $x := (x_k)$ ein Element von l^2 ist und $\|x^n - x\| \to 0$ für $n \to \infty$, also $x^n \to x \in l^2$ gilt. Zum Beweis dieser Behauptungen wählen wir erneut ein $\varepsilon > 0$ und finden ein $n_0 \in \mathbb{N}$, so dass (wegen (4.67)) für jedes $m \geq m_0$ und jedes $p \in \mathbb{N}$ die Ungleichungen

$$\sum_{j=1}^{p} |x_j^m - x_j^l|^2 \leq \varepsilon, \qquad m, l \geq n_0,$$

erfüllt sind. Für $l \to \infty$ folgt daraus $\sum_{j=1}^{p} |x_j^m - x_j|^2 \leq \varepsilon$ für jedes $m \geq n_0$ und jedes $p \in \mathbb{N}$. Beim Grenzübergang $p \to \infty$ ergibt sich nun $\sum_{j=1}^{\infty} |x_j^m - x_j|^2 \leq \varepsilon$ für $m \geq n_0$, was sowohl $x^m - x \in l^2$ und somit $x = (x - x^m) + x^m \in l^2$ als auch $x^m \to x$ für $m \to \infty$ nach sich zieht.

[5] David Hilbert (1862–1943), Professor in Königsberg (ab 1892) und Göttingen (1895–1930). Hilbert besaß breit gestreute mathematische Interessen, die von der Invariantentheorie über die algebraische Zahlentheorie, Grundlagen der Geometrie, Analysis bis hin zur Relativitätstheorie reichten. Auf dem Internationalen Mathematikerkongress 1900 in Paris stellte Hilbert seine berühmte Liste von 23 Problemen vor, denen sich seiner Meinung nach die Mathematiker verstärkt zuwenden sollten. Einige dieser Probleme sind noch immer ungelöst.

4.5.8 Unendliche Reihen

Mit Blick auf Gleichung (4.66) führt das in 4.5.7 formulierte Approximationsproblem in natürlicher Weise auf den Begriff einer (unendlichen) *Reihe* $\sum_{n=1}^{\infty} z_n$ mit Summanden $z_n \in V$. Der Wert einer solchen Reihe ist definiert als Grenzwert der Folge der Partialsummen

$$z_1 + \ldots + z_n, \qquad n \in \mathbb{N}.$$

Existiert dieser Grenzwert, so heißt die Reihe *konvergent*. Man nennt die Reihe $\sum_{n=1}^{\infty} z_n$ *absolut konvergent*, wenn die reelle Reihe $\sum_{n=1}^{\infty} \|z\|_n$ konvergent ist.

In Hilberträumen sind absolut konvergente Reihen konvergent. Dieser Sachverhalt folgt unter Verwendung der Abkürzung $s_k := \sum_{j=1}^{k} z_j$ aus der für alle $k, m \in \mathbb{N}$ mit $k > m$ gültigen Abschätzung

$$\|s_k - s_m\| = \Big\| \sum_{j=m+1}^{k} z_j \Big\| \le \sum_{j=m+1}^{k} \|z_j\| \le \sum_{j=m+1}^{\infty} \|z_j\|.$$

Da die rechte Seite dieser Ungleichungskette für genügend großes m beliebig klein gemacht werden kann, ist (s_k) eine Cauchy-Folge, die wegen der Vollständigkeit von V gegen ein $z \in V$ konvergiert.

4.5.9 Allgemeine Fourierreihen

Es sei V ein Hilbertraum mit Skalarprodukt $\langle \cdot, \cdot \rangle$.

(i) Eine Folge (a_n) in V heißt *Orthonormalfolge*, falls für jedes $n \ge 1$ die Menge $\{a_1, \ldots, a_n\}$ ein Orthonormalsystem ist. Eine Orthonormalfolge ist also durch die Gleichungen $\langle a_j, a_k \rangle = \delta_{jk}$, $j, k \in \mathbb{N}$, charakterisiert.

(ii) Eine Orthonormalfolge (a_n) heißt *vollständig*, falls für jedes $x \in V$ gilt:

$$\text{Aus } \langle x, a_n \rangle = 0 \text{ für jedes } n \in \mathbb{N} \text{ folgt } x = 0.$$

Wir geben ein wichtiges Beispiel eines Hilbertraums mit einer vollständigen Orthonormalfolge:

4.89 Beispiel. (Vollständige Orthonormalfolge in l^2)
Wir betrachten den in Beispiel 4.88 diskutierten Hilbertraum l^2. Für jedes $n \ge 1$ sei $a_n = (a_{n,k})_{k \ge 1}$, $a_{n,k} := \delta_{nk}$, diejenige Folge aus l^2, deren n-tes Glied gleich 1 ist und deren andere Glieder sämtlich gleich 0 sind, also

$$\begin{aligned} a_1 &= 1,\ 0,\ 0,\ 0,\ 0, \ldots \\ a_2 &= 0,\ 1,\ 0,\ 0,\ 0, \ldots \\ a_3 &= 0,\ 0,\ 1,\ 0,\ 0, \ldots \quad \text{usw.} \end{aligned}$$

Offenbar ist (a_n) eine Orthonormalfolge (von Folgen!) in l^2. Diese Folge ist vollständig. Ist nämlich $x \in l^2$, so bedeutet $\langle x, a_n \rangle = 0$, dass das n-te Folgenglied von x verschwindet.

Wir formulieren jetzt den angekündigten grundlegenden Approximationssatz.

4.90 Satz. (Allgemeine Fourierreihe, Parsevalsche[6] Gleichung)
Es seien V ein Hilbertraum und (a_n) eine vollständige Orthonormalfolge in V. Ist $x \in V$, so gelten die Gleichungen

$$x = \sum_{j=1}^{\infty} \langle x, a_j \rangle a_j, \tag{4.68}$$

$$\|x\|^2 = \sum_{j=1}^{\infty} |\langle x, a_j \rangle|^2. \qquad \text{(Parsevalsche Gleichung)} \tag{4.69}$$

Beweis: Es sei $U_n := \operatorname{Span}(a_1, \ldots, a_n)$, $n \in \mathbb{N}$. Dann ist $\{a_1, \ldots, a_n\}$ eine Orthonormalbasis von U_n, und mit der Abkürzung $\alpha_j := \langle x, a_j \rangle$ ergibt sich die orthogonale Projektion von $x \in V$ auf U_n nach (4.66) zu $P_{U_n}(x) = \alpha_1 a_1 + \ldots + \alpha_n a_n$. Aus dem Satz von Pythagoras folgt

$$\|x\|^2 = \|P_{U_n}(x)\|^2 + \|P_{U_n^\perp}(x)\|^2 \geq \|P_{U_n}(x)\|^2 = \sum_{j=1}^{n} |\alpha_j|^2,$$

was zeigt, dass die Reihe $\sum_{j=1}^{\infty} |\alpha_j|^2$ konvergiert. Für $n \geq m$ gilt somit

$$\begin{aligned}\big\|P_{U_n}(x) - P_{U_m}(x)\big\| &= \|\alpha_m a_m + \ldots + \alpha_n a_n\|^2 \\ &= |\alpha_m|^2 + \ldots + |\alpha_n|^2 \leq \sum_{j=m}^{\infty} |\alpha_j|^2 \to 0\end{aligned}$$

für $m \to \infty$. Also ist $(P_{U_n}(x))$ eine Cauchy-Folge, die wegen der vorausgesetzten Vollständigkeit von V gegen den Vektor $x^* := \sum_{j=1}^{\infty} \alpha_j a_j \in V$ konvergiert. Aus der Stetigkeit des Skalarprodukts (Folgerung 4.83) erhalten wir für jedes $j \in \mathbb{N}$ die Aussage

$$\langle x^*, a_j \rangle = \lim_{n \to \infty} \langle \alpha_1 a_1 + \ldots + \alpha_n a_n, a_j \rangle = \alpha_j$$

und damit $\langle x - x^*, a_j \rangle = \alpha_j - \alpha_j = 0$. Weil (a_n) vollständig ist, folgt $x - x^* = 0$ und somit (4.68). Die Parsevalsche Gleichung ergibt sich aus der Stetigkeit der Norm:

$$\|x^*\|^2 = \lim_{n \to \infty} \|\alpha_1 a_1 + \ldots + \alpha_n a_n\|^2 = \lim_{n \to \infty} \left(|\alpha_1|^2 + \ldots + |\alpha_n|^2\right). \qquad \square$$

Die Koeffizienten $\alpha_j = \langle x, a_j \rangle$ heißen *Fourierkoeffizienten* von $x \in V$. Die Reihe $\sum_{j=1}^{\infty} \alpha_j a_j$ ist die *Fourierreihe* von x (bezüglich der gewählten Orthonormalfolge). Die Fourierkoeffizienten sind durch x eindeutig festgelegt.

[6]Marc-Antoine Parseval des Chenes (1755–1836). Landedelmann, 1792 als Royalist inhaftiert. Seine fünf mathematischen Publikationen befassen sich mit Differentialgleichungen und Reihendarstellungen.

4.5.10 Isomorphe Hilberträume

Unter den Voraussetzungen von Satz 4.90 ist V in folgendem Sinn *isomorph* zum Raum l^2 aller $\mathbb{K}$-wertigen Folgen (α_n) mit $\sum_{n=1}^{\infty} |\alpha_n|^2 < \infty$: Die Abbildung

$$x \mapsto T(x) := (\langle x, a_n \rangle)_{n \geq 1}$$

von V in l^2, welche jedem $x \in V$ die Folge der Fourierkoeffizienten bezüglich einer fest gewählten vollständigen Orthonormalfolge zuordnet, ist linear, bijektiv und besitzt darüber hinaus die Eigenschaft

$$\langle x, y \rangle = \langle T(x), T(y) \rangle, \qquad x, y \in V.$$

Wegen der Stetigkeit des Skalarproduktes (vgl. Folgerung 4.83) ist das zu

$$\langle x, y \rangle = \sum_{j=1}^{\infty} \langle x, a_j \rangle \cdot \overline{\langle y, a_j \rangle}, \qquad (\textit{Verallgemeinerte Parsevalsche Gleichung})$$

äquivalent. Die Surjektivität von T ergibt sich, weil das Urbild einer Folge $(\alpha_n) \in l^2$ unter T die Summe $\sum_{n=1}^{\infty} \alpha_n a_n \in V$ ist. Bezeichnet $s_k := \sum_{n=1}^{k} \alpha_n a_n$ die k-te Partialsumme dieser Reihe, so ergibt sich die Konvergenz aus der für alle m und k mit $k > m$ gültigen Gleichungskette

$$\|s_k - s_m\|^2 = \Big\| \sum_{j=m+1}^{k} \alpha_j a_j \Big\|^2 = \sum_{j=m+1}^{k} |\alpha_j|^2$$

wie im Beweis von Satz 4.90.

4.5.11 Die Besselsche Ungleichung

Es seien (a_n) eine (nicht notwendig vollständige) Orthonormalfolge im Hilbertraum V und $x \in V$. Im Beweis von Satz 4.90 haben wir gezeigt, dass die Reihe

$$x^* := \sum_{j=1}^{\infty} \langle x, a_j \rangle \cdot a_j$$

konvergiert und dass die folgende Ungleichung gilt:

$$\|x^*\|^2 = \sum_{j=1}^{\infty} |\langle x, a_j \rangle|^2 \leq \|x\|^2. \qquad (\textit{Besselsche}^7 \textit{ Ungleichung})$$

[7] Friedrich Bessel (1784–1846), Astronom, Mathematiker und Geodät. Als Kaufmannslehrling beschäftige sich Bessel autodidaktisch mit Nautik, Astronomie und Mathematik. B. wurde 1809 Leiter der Sternwarte in Königsberg und 1813 dortselbst Professor. Bessels Leistungen in der Astronomie umfassten u.a. die Erstellung eines Fundamentalkatalogs für Fixsterne, die Bestimmung der Parallaxe von 61 Cygni, die Entwicklung einer Kometentheorie, Arbeiten über die Bahn von Sternschnuppen und seine Voraussage über die Existenz von Sirius B und Procyon B. Bessels Hauptbeitrag zur Mathematik waren die für die Behandlung von Schwingungsvorgängen grundlegenden, nach ihm benannten Funktionen.

Lernziel-Kontrolle

- Was ist $(1+i)^8$?
- Was ist $\exp(\pi i)$?
- Können Sie die Gleichung $\exp(iz) = \cos z + i \sin z$ herleiten?
- Welche Polarkoordinatendarstellung besitzt die Zahl $-1+i$?
- Welche komplexen Lösungen besitzt die Gleichung $z^8 = 1$?
- Was ist ein Vektorraum?
- Können Sie Beispiele für Vektorräume angeben?
- Können Sie Unterräume des Vektorraums $C[a,b]$ angeben?
- Was ist eine Basis eines Vektorraums?
- Warum ist der Vektorraum $C[a,b]$ unendlichdimensional?
- Können Sie einen dreidimensionalen Unterraum von $C[a,b]$ angeben?
- Was ist eine lineare Abbildung zwischen Vektorräumen?
- Warum ist der Begriff einer linearen Abbildung nur bei Vektorräumen über dem gleichen Körper sinnvoll?
- Warum ist jeder n-dimensionale reelle Vektorraum zum $\mathbb{R}^n$ isomorph?
- Wodurch ist ein normierter Raum definiert?
- Warum sind die Normen $\|\cdot\|_\infty$ und $\|\cdot\|_1$ auf $C[a,b]$ nicht äquivalent?
- Wie ist der Konvergenzbegriff in normierten Räumen definiert?
- Wann heißt eine Teilmenge eines normierten Raumes kompakt?
- Warum sind kompakte Mengen beschränkt und abgeschlossen?
- Wie ist die Norm eines stetigen linearen Operators definiert?
- Was ist ein Banachraum?
- Was besagt der Banachsche Fixpunktsatz?
- Was ist ein metrischer Raum?
- Was ist ein Skalarprodukt?
- Können Sie Beispiele für Skalarprodukte angeben?
- Auf welche Weise definiert ein Skalarprodukt eine Norm?
- Warum gilt für orthogonale Vektoren der Satz von Pythagoras?
- Was versteht man unter einem orthogonalen Komplement?
- Was sind ein Orthogonalsystem und eine Orthonormalbasis?
- Was ist ein Hilbertraum?
- Wie ist die (absolute) Konvergenz von Reihen im Hilbertraum definiert?
- Was ist eine (vollständige) Orthonormalfolge in einem Hilbertraum?
- Was besagt die Besselsche Ungleichung?

Kapitel 5

Eigenwerte und Eigenräume

In deinen Augen glänzt der Eigenwert,
In jedem Seufzer schwingt ein Tensor mit,
Du weißt nicht, wie mein Operator litt,
Hast du ihm doch Funktionen stets verwehrt.

Stanislaw Lem

In diesem Kapitel bauen wir die in Kapitel I.8 begonnene Theorie der endlichdimensionalen Vektorräume weiter aus. Im Mittelpunkt steht die für viele Anwendungen grundlegende Eigenwertheorie linearer Abbildungen. Zu den wichtigen Ergebnissen dieses Kapitels gehört die Diagonalisierbarkeit selbstadjungierter Abbildungen und symmetrischer Matrizen. Daraus ergeben sich Definitheitskriterien für symmetrische Matrizen sowie die Hauptachsentransformation für quadratische Formen.

5.1 Matrizen und lineare Abildungen

5.1.1 Matrizen

Ganz analog zu I.8.1.4 ist eine *komplexe $m \times n$-Matrix* $A = (a_{jk})$ ein rechteckiges Schema von m *Zeilen* und n Spalten mit jeweils komplexwertigen Einträgen. Dabei steht die komplexe Zahl a_{jk} in der j-ten Zeile und k-ten Spalte von A. Die Menge aller komplexen (bzw. reellen) $m \times n$-Matrizen sei mit $M_{\mathbb{C}}(m,n)$ (bzw. $M_{\mathbb{R}}(m,n)$) bezeichnet. So wie reelle Matrizen können auch komplexe Matrizen addiert und mit komplexen Zahlen multipliziert werden: Für $A = (a_{jk}), B = (b_{jk}) \in M_{\mathbb{C}}(m,n)$ sowie $c \in \mathbb{C}$ setzt man $A + B := (a_{jk} + b_{jk})$, $c \cdot A := (c \cdot a_{jk})$. Mit diesen Verknüpfungen wird die Menge $M_{\mathbb{C}}(m,n)$ ein komplexer Vektorraum.

5.1.2 Darstellung linearer Abbildungen

Im Folgenden sei $\mathbb{K} = \mathbb{R}$ oder $\mathbb{K} = \mathbb{C}$, und es seien V und W endlichdimensionale Vektorräume über $\mathbb{K}$ mit $\dim V = n$ und $\dim W = m$. Wie schon in Abschnitt 4.2 werden wir auch hier bei der Bezeichnung der Vektoren auf die (etwas umständliche) Pfeil-Schreibweise verzichten. Eine Ausnahme bildet nur der Fall $V = \mathbb{K}^n$ (bzw. $W = \mathbb{K}^m$). Sind $a_1, \ldots, a_n$ eine Basis von V sowie $b_1, \ldots, b_m$ eine Basis von W, und ist $f : V \to W$ eine lineare Abbildung, so ist f bereits durch die Werte $f(a_1), \ldots, f(a_n)$ festgelegt. Da $f(a_k)$ nur auf eine Weise durch eine Linearkombination der Basisvektoren $b_1, \ldots, b_m$ dargestellt werden kann, gibt es eindeutig bestimmte Zahlen $a_{jk} \in \mathbb{K}$ mit

$$f(a_k) = \sum_{j=1}^{m} a_{jk} b_j, \qquad k = 1, \ldots, n. \tag{5.1}$$

Die $m \times n$-Matrix $A = (a_{jk})$ aus (5.1) heißt *Darstellung(smatrix)* von f bezüglich der Basen $a_1, \ldots, a_n$ und $b_1, \ldots, b_m$. Im Fall $V = W$ und $a_j = b_j$, $j = 1, \ldots, n$, nennt man A auch die Darstellung(smatrix) von f bezüglich der Basis $a_1, \ldots, a_n$. Ist $f : \mathbb{K}^n \to \mathbb{K}^m$ eine lineare Abbildung und A die Darstellung von f bzgl. der kanonischen Basen von $\mathbb{K}^n$ und $\mathbb{K}^m$, so heißt A die *kanonische Matrix* von f.

Jede Matrix $A \in M_{\mathbb{K}}(m, n)$ definiert eine lineare Abbildung $\varphi_A : \mathbb{K}^n \to \mathbb{K}^m$, die wie in I.8.3.3 durch

$$\varphi_A(\vec{x}) := \Big(\sum_{j=1}^{n} a_{1j} x_j, \ldots, \sum_{j=1}^{n} a_{mj} x_j \Big), \qquad \vec{x} = (x_1, \ldots, x_n) \in \mathbb{K}^n, \tag{5.2}$$

gegeben ist. Wie schon durch die Bezeichnungen suggeriert wird, ist A die kanonische Matrix dieser Abbildung.

5.1.3 Der Rang

Der *Rang* (bzw. *Spaltenrang*) einer Matrix $A \in M_{\mathbb{K}}(m, n)$ ist die maximale Anzahl linear unabhängiger Spaltenvektoren von A. Er stimmt mit dem *Zeilenrang* von A überein (vgl. Satz I.8.46).

Es sei A die Darstellung einer linearen Abbildung $f : V \to W$ bezüglich der Basen $a_1, \ldots, a_n$ von V und $b_1, \ldots, b_m$ von W. Besitzt der Vektor $v \in V$ den Koordinatenvektor $\vec{x} \in \mathbb{K}^n$ bezüglich der Basis $a_1, \ldots, a_n$, so gilt

$$\begin{aligned} f(v) &= f(x_1 a_1 + \ldots + x_n a_n) \\ &= \sum_{j=1}^{n} x_j f(a_j) = \sum_{j=1}^{n} \sum_{k=1}^{m} x_j a_{kj} b_k = \sum_{k=1}^{m} \sum_{j=1}^{n} a_{kj} x_j b_k. \end{aligned}$$

Also ist $\varphi_A(\vec{x})$ der Koordinatenvektor von $f(v)$ bezüglich der Basis $b_1, \ldots, b_m$. Die j-te Spalte der Matrix A ist der Koordinatenvektor von $f(a_j)$ bezüglich der Basis $b_1, \ldots, b_m$. Nach Definition ist der Rang von f die maximale Anzahl linear unabhängiger Vektoren in der Menge $\{f(a_1), \ldots, f(a_n)\}$. Wie wir in 4.2.7 gesehen haben, können wir bei der Bestimmung dieser Anzahl auch zu den entsprechenden Koordinatenvektoren (bezüglich der Basis $b_1, \ldots, b_m$) also zu den Spaltenvektoren der Matrix A übergehen.

5.1 Satz. (Rang der Darstellungsmatrix)
Ist die Matrix A die Darstellung einer linearen Abbildung $f : V \to W$, so gilt

$$\mathrm{Rang}(f) = \mathrm{Rang}(A).$$

5.1.4 Matrizenmultiplikation

Sind $A = (a_{jk}) \in M_{\mathbb{K}}(m, n)$ eine $m \times n$-Matrix und $B = (b_{kl}) \in M_{\mathbb{K}}(n, p)$ eine $n \times p$-Matrix, so kann man wie in I.8.7.2 das durch

$$C = (c_{jl}) := AB, \qquad c_{jl} = \sum_{k=1}^{n} a_{jk} b_{kl}, \qquad j = 1, \ldots, m, \; l = 1, \ldots, p,$$

definierte *Matrixprodukt* $AB \in M_{\mathbb{C}}(m, p)$ von A und B bilden.

Im Spezialfall $p = 1$ ist B ein n-dimensionaler Spaltenvektor und AB ein m-dimensionaler Spaltenvektor. Identifizieren wir Vektoren aus dem $\mathbb{K}^n$ (bzw. $\mathbb{K}^m$) mit Spaltenvektoren, so stimmt die Abbildung $B \mapsto AB$ mit (5.2) überein, d.h. es gilt $A\vec{x} = \varphi_A(\vec{x})$. Nach Definition des Matrixproduktes muss in Ausdrücken der Form $A\vec{x}$ der Vektor $\vec{x}$ immer als n-dimensionaler Spaltenvektor interpretiert werden (vgl. auch I.8.7.3 (iv)). Wie schon in Abschnitt I.8.7 werden wir auch hier gelegentlich von A als linearer Abbildung sprechen. Gemeint ist natürlich immer die Abbildung φ_A.

Völlig analog zu Satz I.8.63 besteht der folgende grundlegende Zusammenhang zwischen dem Matrixprodukt und der Komposition linearer Abbildungen:

5.2 Satz. (Matrizenmultiplikation und Komposition linearer Abbildungen)
Es seien V, W und U Vektorräume über $\mathbb{K}$ mit den Dimensionen n, m und p. Ferner sei $A \in M_{\mathbb{K}}(m, n)$ die Darstellung einer linearen Abbildung $f : V \to W$ bezüglich der Basen $a_1, \ldots, a_n$ von V und $b_1, \ldots, b_m$ von W und $B \in M_{\mathbb{K}}(p, m)$ die Darstellung einer linearen Abbildung $g : W \to U$ bezüglich der Basen $b_1, \ldots, b_m$ und $c_1, \ldots, c_p$ von W bzw. U. Dann ist $BA \in M_{\mathbb{K}}(p, n)$ die Darstellung von $g \circ f : V \to U$ bezüglich der Basen $a_1, \ldots, a_n$ und $c_1, \ldots, c_p$.

Man beachte, dass die Reihenfolge der Faktoren im Produkt BA zur „Kompositions-Reihenfolge“ korrespondiert. Es wird zuerst f und danach g ausgeführt.

5.1.5 Einheitsmatrix, inverse Matrix

Wie früher bezeichnet E_n die *Einheitsmatrix*, deren Diagonalelemente gleich 1 und deren andere Elemente alle gleich 0 sind.

Die Einheitsmatrix ist das neutrale Element der Matrizenmultiplikation, d.h. es gilt $AE_n = E_nA = A$ für jedes $A \in M_{\mathbb{K}}(n,n)$. Ist V ein n-dimensionaler Vektorraum über $\mathbb{K}$, so ist E_n die Darstellung der Identität $\mathrm{id}_V : V \to V$ (es gilt $\mathrm{id}_V(v) = v$ für jedes $v \in V$) auf einem $\mathbb{K}$-Vektorraum V bezüglich einer beliebigen Basis von V. Weil die Identität als neutrales Element bzgl. der Komposition linearer Abbildungen wirkt, steht dieser Sachverhalt im Einklang mit Satz 5.2.

Eine quadratische Matrix $A \in M_{\mathbb{K}}(n,n)$ heißt *regulär*, wenn sie den maximal möglichen Rang n besitzt.

Analog zu Satz I.8.68 sieht man, dass die Matrix A genau dann regulär ist, wenn die *inverse Matrix* $A^{-1} \in M_{\mathbb{K}}(n,n)$ von A existiert. Die Matrix A^{-1} ist durch jede der beiden Gleichungen

$$A^{-1}A = E_n, \qquad AA^{-1} = E_n$$

eindeutig bestimmt.

5.1.6 Basiswechsel

Es sei V ein n-dimensionaler Vektorraum über $\mathbb{K}$ mit Basis $a_1, \ldots, a_n$. Manchmal ist es zweckmäßig, das Koordinatensystem zu wechseln, d.h. von der Basis $a_1, \ldots, a_n$ zu einer anderen Basis $\tilde{a}_1, \ldots, \tilde{a}_n$ von V überzugehen. Es bezeichne T die durch die Forderung

$$T(\tilde{a}_j) = a_j, \qquad j = 1, \ldots, n$$

eindeutig bestimmte bijektive lineare Abbildung (Isomorphismus) zwischen V und V, und es sei $C = (c_{jk})$ die Darstellung von T bezüglich der Basis $\tilde{a}_1, \ldots, \tilde{a}_n$. Damit gilt (vgl. (5.1))

$$T(\tilde{a}_k) = a_k = \sum_{j=1}^{n} c_{jk}\tilde{a}_j, \qquad k = 1, \ldots, n. \tag{5.3}$$

Die Matrix C heißt *Transformationsmatrix* des *Basiswechsels* von $a_1, \ldots, a_n$ zu $\tilde{a}_1, \ldots, \tilde{a}_n$. Sie ist nach Satz 5.1 regulär.

Die Namensgebung „Transformationsmatrix“ ist leicht zu erklären. Ist nämlich $\vec{x} = (x_1, \ldots, x_n)$ der Koordinatenvektor eines Vektors $v \in V$ bezüglich der Basis $a_1, \ldots, a_n$, so gilt

$$v = \sum_{k=1}^{n} x_k a_k = \sum_{k=1}^{n}\sum_{j=1}^{n} c_{jk}x_k\tilde{a}_j = \sum_{j=1}^{n}\left(\sum_{k=1}^{n} c_{jk}x_k\right)\tilde{a}_j.$$

Damit ist $C\vec{x}$ der Koordinatenvektor von $\vec{x}$ bezüglich der Basis $\tilde{a}_1, \ldots, \tilde{a}_n$. Die Transformationsmatrix ist auch die Darstellung der Identität id_V bezüglich der Basen $a_1, \ldots, a_n$ und $\tilde{a}_1, \ldots, \tilde{a}_n$.

Bezeichnet $\tilde{C}$ die Transformationsmatrix des Basiswechsels von $\tilde{a}_1, \ldots, \tilde{a}_n$ zu $a_1, \ldots, a_n$, so ist das Matrixprodukt $\tilde{C}C$ nach Satz 5.2 die Darstellung der Identität bezüglich der Basis $a_1, \ldots, a_n$. Somit ist $\tilde{C}C = E_n$, und wir erhalten:

5.3 Satz. (Inverse Transformationsmatrix)
Ist C die Transformationsmatrix eines Basiswechsels von $a_1, \ldots, a_n$ zu $\tilde{a}_1, \ldots, \tilde{a}_n$, so ist die inverse Matrix C^{-1} die Transformationsmatrix des „inversen" Basiswechsels von $\tilde{a}_1, \ldots, \tilde{a}_n$ zu $a_1, \ldots, a_n$.

Jede reguläre Matrix $C = (c_{jk}) \in M_{\mathbb{K}}(n, n)$ ist Transformationsmatrix eines geeigneten Basiswechsels. Dazu wählt man eine Basis $\tilde{a}_1, \ldots, \tilde{a}_n$ von V und definiert $a_1, \ldots, a_n$ durch (5.3). Die lineare Unabhängigkeit dieser Vektoren ist eine direkte Folgerung aus der Gleichung $\mathrm{Kern}(C) = \{0\}$.

5.1.7 Das Verhalten von Darstellungen unter Basiswechseln

Es sei A die Darstellung einer linearen Abbildung $f : V \to W$ bezüglich der Basen $a_1, \ldots, a_n$ und $b_1, \ldots, b_m$ von V bzw. W. Wie ändert sich diese Darstellung, wenn man in V und W zu anderen Basen $\tilde{a}_1, \ldots, \tilde{a}_n$ bzw. $\tilde{b}_1, \ldots, \tilde{b}_m$ übergeht? Die Antwort ist sehr einfach:

5.4 Satz. (Basiswechsel)
Es seien C und D die Transformationsmatrizen der Basiswechsel von $a_1, \ldots, a_n$ zu $\tilde{a}_1, \ldots, \tilde{a}_n$ in V bzw. von $b_1, \ldots, b_m$ zu $\tilde{b}_1, \ldots, \tilde{b}_m$ in W. Ist dann A die Darstellung der linearen Abbildung $f : V \to W$ bezüglich $a_1, \ldots, a_n$ und $b_1, \ldots, b_m$, so ist DAC^{-1} die Darstellung von f bezüglich $\tilde{a}_1, \ldots, \tilde{a}_n$ und $\tilde{b}_1, \ldots, \tilde{b}_m$.

Beweis: Es seien $C = (c_{jk})$, $D = (d_{jk})$, und es bezeichne $B = (b_{jk})$ die Darstellung von f bzgl. $\tilde{a}_1, \ldots, \tilde{a}_n$ und $\tilde{b}_1, \ldots, \tilde{b}_m$. Aus den Definitionen von $A = (a_{jk})$ und der Transformationsmatrix D erhalten wir für jedes $k \in \{1, \ldots, n\}$ die Gleichung

$$f(a_k) = \sum_{j=1}^{m} a_{jk} b_j = \sum_{j=1}^{m} \sum_{l=1}^{m} a_{jk} d_{lj} \tilde{b}_l = \sum_{l=1}^{m} \sum_{j=1}^{m} d_{lj} a_{jk} \tilde{b}_l.$$

Andererseits liefern die Definitionen von C und B für jedes k die Gleichungskette

$$f(a_k) = f(c_{1k}\tilde{a}_1 + \ldots + c_{nk}\tilde{a}_n) = \sum_{j=1}^{n} c_{jk} f(\tilde{a}_j) = \sum_{l=1}^{m} \sum_{j=1}^{n} b_{lj} c_{jk} \tilde{b}_l.$$

Der Vergleich der obigen rechten Seiten liefert

$$\sum_{j=1}^{m} d_{lj} a_{jk} = \sum_{j=1}^{n} b_{lj} c_{jk}, \qquad k = 1, \ldots, n,\ l = 1, \ldots, m,$$

und somit $DA = BC$. Multipliziert man diese Gleichung von rechts mit C^{-1}, so folgt die Behauptung. □

Die Aussage von Satz 5.4 ist in Bild 5.1 veranschaulicht. Dabei wurden die unterschiedlichen Basen in V und W durch eine Indexnotation gekennzeichnet. So bedeutet etwa $W_{b_1,\ldots,b_m}$ der Vektorraum W mit der Basis $b_1, \ldots, b_m$.

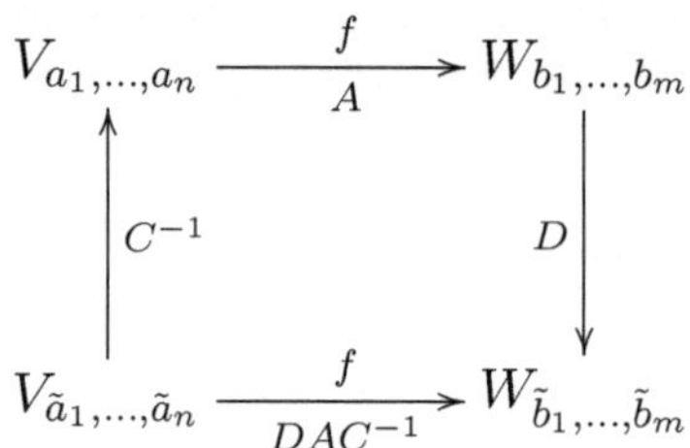

Bild 5.1: Zur Illustration der Aussage von Satz 5.4

Von besonderem Interesse ist der Spezialfall $V = W$:

5.5 Folgerung. (Basiswechsel)
Ist C die Transformationsmatrix des Basiswechsels von $a_1, \ldots, a_n$ zu $\tilde{a}_1, \ldots, \tilde{a}_n$ in V und ist A die Darstellung einer linearen Abbildung $f : V \to V$ bezüglich $a_1, \ldots, a_n$, so ist CAC^{-1} die Darstellung von f bezüglich $\tilde{a}_1, \ldots, \tilde{a}_n$.

5.6 Folgerung. (Basiswechsel in $\mathbb{K}^n$)
Es sei A die Darstellung einer linearen Abbildung $f : \mathbb{K}^n \to \mathbb{K}^n$ bezüglich einer Basis $\vec{a}_1, \ldots, \vec{a}_n$ von $\mathbb{K}^n$. Bezeichnet S die Matrix mit den Spaltenvektoren $\vec{a}_1, \ldots, \vec{a}_n$, so ist SAS^{-1} die Darstellung von f bezüglich der kanonischen Basis $\vec{e}_1, \ldots, \vec{e}_n$ von $\mathbb{K}^n$.

BEWEIS: Die Transformationsmatrix des Basiswechsels von $\vec{a}_1, \ldots, \vec{a}_n$ zu $\vec{e}_1, \ldots, \vec{e}_n$ hat die Spaltenvektoren $\vec{a}_1, \ldots, \vec{a}_n$. Deshalb ergibt sich die Behauptung aus der vorangehenden Folgerung. □

5.1.8 Determinanten

Die *Determinante* $\det(f)$ einer linearen Abbildung $f : V \to V$ wird wie in 3.1.6 definiert. Dabei ist zu beachten, dass *Multilinearformen* und insbesondere *Determinantenformen* als Abbildungen von V^n in $\mathbb{K}$ erklärt werden müssen. Auch die *Determinante* $\det(A)$ einer komplexen $n \times n$-Matrix A wird wie im reellen Fall eingeführt (vgl. (3.15)). So ist etwa

$$\det \begin{pmatrix} 1+i & 1-i \\ 2 & i \end{pmatrix} = (1+i)i - 2(1-i) = 3(i-1).$$

Alle in Kapitel 3 bewiesenen Eigenschaften von Determinanten bleiben für komplexe Vektorräume und komplexe Matrizen gültig.

5.1.9 Ähnliche Matrizen

Zwei quadratische Matrizen $A, B \in M_{\mathbb{K}}(n,n)$ heißen *ähnlich*, wenn es eine reguläre Matrix $C \in M_{\mathbb{K}}(n,n)$ gibt, so dass

$$B = CAC^{-1}.$$

Wie man direkt nachrechnet, ist die Ähnlichkeitsrelation eine Äquivalenzrelation auf der Menge $M_{\mathbb{K}}(n,n)$. Ferner gilt:

5.7 Satz. (Solidaritätseigenschaften ähnlicher Matrizen)
Ähnliche Matrizen besitzen denselben Rang und dieselbe Determinante.

BEWEIS: Die erste Behauptung kann man leicht direkt nachweisen. Die zweite ist eine Konsequenz des Multiplikationssatzes für Determinanten. Alternativ kann man auch Folgerung 5.5 benutzen. Danach repräsentieren ähnliche Matrizen dieselbe lineare Abbildung von $\mathbb{K}^n$ in $\mathbb{K}^n$ bezüglich verschiedener Basen. Somit folgt die erste Behauptung aus Satz 5.1 und die zweite aus Satz 3.12. □

5.2 Eigenwerte

In diesem Abschnitt fixieren wir einen n-dimensionalen Vektorraum V über dem Körper $\mathbb{K}$. Dabei ist $\mathbb{K} = \mathbb{R}$ oder $\mathbb{K} = \mathbb{C}$. Aus dem Kontext wird aber klar, dass viele Ergebnisse auch für beliebige andere Körper wie z.B. $\mathbb{K} = \mathbb{Q}$ richtig sind.

5.2.1 Invariante Unterräume

Es seien $\lambda \in \mathbb{K}$ und f die durch $f(v) := \lambda v$ definierte lineare Abbildung. Ist $\lambda \neq 0$, so wird jeder Unterraum U von V durch f *als Ganzes* auf sich selbst abgebildet, d.h. es gilt

$$f(U) = U.$$

Ist $\lambda = 0$, so gilt immer noch $f(U) = \{0\} \subset U$. Sind nun $f : V \to V$ eine allgemeine lineare Abbildung und $U \subset V$ ein Unterraum, so heißt U *invariant* unter f, falls $f(U) \subset U$ gilt, falls also das Bild von U Teilmenge von U ist.

Derartige Invarianzbeziehungen sind wichtige Eigenschaften linearer Abbildungen. Ist U ein eindimensionaler Unterraum von V mit $U = \text{Span}(v)$ (im $\mathbb{R}^n$ beschreibt U eine durch den Ursprung und den Punkt v gehende Gerade), so gilt $f(U) \subset U$ genau dann, wenn $f(\mu v) = \mu f(v) \in U$ für jedes $\mu \in \mathbb{K}$, d.h. genau dann, wenn $f(v) \in U$. In diesem Fall gibt es also ein $\lambda \in \mathbb{K}$ mit $f(v) = \lambda v$.

5.2.2 Definition von Eigenwert und Eigenvektor

(i) Ist $f : V \to V$ eine lineare Abbildung, so heißt $\lambda \in \mathbb{K}$ *Eigenwert* von f, falls es einen Vektor $v \neq 0$ gibt, so dass gilt:

$$f(v) = \lambda v$$

In diesem Fall heißt v (zum Eigenwert λ gehörender) *Eigenvektor* von f.

(ii) Ist $A \in M_{\mathbb{K}}(n, n)$ eine Matrix, so heißt $\lambda \in \mathbb{K}$ ein *Eigenwert* von A zum *Eigenvektor* $\vec{x} \neq \vec{0}$, falls $A\vec{x} = \lambda\vec{x}$ gilt, d.h. falls λ Eigenwert der durch (5.2) definierten linearen Abbildung $\varphi_A : \mathbb{K}^n \to \mathbb{K}^n$ ist und $\vec{x}$ der zugehörige Eigenvektor ist.

Bevor wir Methoden kennenlernen, mit denen man Eigenwerte und Eigenvektoren systematisch ermitteln kann, geben wir zwei Beispiele.

5.8 Beispiel.
Wie man leicht nachrechnet, besitzt die reelle Matrix

$$A := \begin{pmatrix} 1 & 1 \\ 0 & 3 \end{pmatrix}$$

die Eigenvektoren $\vec{x}_1 := (1, 0)$ und $\vec{x}_2 := (1, 2)$ zu den Eigenwerten $\lambda_1 := 1$ bzw. $\lambda_2 := 3$. Aus der linearen Unabhängigkeit von $\vec{x}_1$ und $\vec{x}_2$ folgt, dass es keine weiteren Eigenwerte gibt. Wäre nämlich λ ein weiterer von λ_1 und λ_2 verschiedener Eigenwert zum Eigenvektor $\vec{x} \neq \vec{0}$, so wäre $\vec{x}$ (da $\{\vec{x}_1, \vec{x}_2\}$ eine Basis des $\mathbb{R}^2$ ist) in der Form $\vec{x} = \alpha_1\vec{x}_1 + \alpha_2\vec{x}_2$ mit $(\alpha_1, \alpha_2) \neq (0, 0)$ darstellbar. Aus

$$A\vec{x} = \alpha_1 A\vec{x}_1 + \alpha_2 A\vec{x}_2 = \alpha_1\lambda_1\vec{x}_1 + \alpha_2\lambda_2\vec{x}_2 = \lambda(\alpha_1\vec{x}_1 + \alpha_2\vec{x}_2)$$

folgt dann $\alpha_1(\lambda_1 - \lambda)\vec{x}_1 + \alpha_2(\lambda_2 - \lambda)\vec{x}_2 = \vec{0}$ und somit wegen der linearen Unabhängigkeit von $\vec{x}_1$ und $\vec{x}_2$ der Widerspruch $\lambda = \lambda_1$ oder $\lambda = \lambda_2$. Damit sind $\mathrm{Span}(\vec{x}_1)$ und $\mathrm{Span}(\vec{x}_2)$ die einzigen invarianten eindimensionalen Unterräume.

Im Fall $\mathbb{K} = \mathbb{R}$ muss es keine Eigenwerte geben:

5.9 Beispiel.
Nach Beispiel 3.34 repräsentiert die reelle Matrix

$$A := \begin{pmatrix} \cos\varphi & -\sin\varphi \\ \sin\varphi & \cos\varphi \end{pmatrix}$$

eine Drehung $f : \mathbb{R}^2 \to \mathbb{R}^2$ um den Ursprung mit dem Drehwinkel $\varphi \in [0, 2\pi)$. Im Fall $\varphi \notin \{0, \pi\}$ existiert folglich keine invariante Gerade, und somit besitzen f und A keinen (reellen) Eigenwert. Im Fall $\varphi = 0$ ist f die Identität und jeder von Null verschiedene Vektor Eigenvektor von f zum Eigenwert $\lambda = 1$. Für $\varphi = \pi$ ist f eine Punktspiegelung am Nullpunkt. In diesem Fall ist jedes $v \neq 0$ Eigenvektor zum Eigenwert $\lambda = -1$.

5.10 Beispiel.
Wir betrachten nochmals die Matrix

$$A := \begin{pmatrix} \cos\varphi & -\sin\varphi \\ \sin\varphi & \cos\varphi \end{pmatrix},$$

interpretieren sie aber jetzt als Element von $M_{\mathbb{C}}(2,2)$. Man rechnet leicht nach, dass $\lambda_1 := \cos\varphi + i\sin\varphi = e^{i\varphi}$ und $\lambda_2 := \cos\varphi - i\sin\varphi = e^{-i\varphi}$ Eigenwerte mit zugehörigen Eigenvektoren $\vec{x}_1 := (1,-i)$ bzw. $\vec{x}_2 := (1,i)$ sind.

5.2.3 Eigenräume

Ist $\lambda \in \mathbb{K}$ ein Eigenwert der linearen Abbildung $f : V \to V$, so nennt man

$$\mathrm{Eig}(f;\lambda) := \{v \in V : f(v) = \lambda v\}$$

den zugehörigen *Eigenraum* von f. Offenbar ist $\mathrm{Eig}(f;\lambda)$ ein Unterraum von V, der alle zum Eigenwert λ gehörenden Eigenvektoren von f sowie den Nullvektor enthält.

5.11 Satz. (Charakterisierung der Eigenwerte)
Es seien $f : V \to V$ eine lineare Abbildung und $\lambda \in \mathbb{K}$ ein Skalar. Dann ist λ genau dann Eigenwert von f, wenn $\det(f - \lambda\,\mathrm{id}_V) = 0$. In diesem Fall gilt

$$\mathrm{Eig}(f;\lambda) = \mathrm{Kern}(f - \lambda\,\mathrm{id}_V).$$

BEWEIS: Für jedes $v \in V$ gilt $f(v) = \lambda v$ genau dann, wenn $f(v) - \lambda v = 0$, d.h. genau dann, wenn

$$v \in \mathrm{Kern}(f - \lambda\,\mathrm{id}_V).$$

Weil V endlichdimensional ist, gilt $\mathrm{Kern}(f - \lambda\,\mathrm{id}_V) \neq \{0\}$ genau dann, wenn f nicht bijektiv ist. Nach dem Regularitätskriterium von Satz 3.10 ist letzteres äquivalent zu $\det(f - \lambda\,\mathrm{id}_V) = 0$. Damit ist alles bewiesen. □

5.12 Satz. (Charakteristisches Polynom)
Ist $f : V \to V$ eine lineare Abbildung, so gibt es Skalare $q_0, \dots, q_n \in \mathbb{K}$ mit

$$\det(f - \lambda\,\mathrm{id}_V) = q_n\lambda^n + q_{n-1}\lambda^{n-1} + \ldots + q_1\lambda + q_0, \qquad \lambda \in \mathbb{K}.$$

Insbesondere gilt $q_0 = \det(f)$ und $q_n = (-1)^n$.

BEWEIS: Es seien $a_1, \dots, a_n$ eine Basis von V und D eine Determinantenform auf V. Wegen der Multilinearität von D gilt für jedes $\lambda \in \mathbb{K}$:

$$\begin{aligned} D(f(a_1) - \lambda a_1, \dots, f(a_n) - \lambda a_n) &= D(f(a_1), \dots, f(a_n)) \\ &+ (-\lambda)D(a_1, f(a_2), \dots, f(a_n)) + \ldots + (-\lambda)D(f(a_1), \dots, f(a_{n-1}), a_n) \\ &+ \ldots + (-\lambda)^n D(a_1, \dots, a_n). \end{aligned}$$

Division dieser Gleichung durch $D(a_1, \dots, a_n)$ liefert die Behauptungen. □

5.2.4 Das charakteristische Polynom

Das in den Sätzen 5.11 und 5.12 auftretende Polynom erhält einen eigenen Namen:

(i) Ist $f : V \to V$ eine lineare Abbildung, so heißt die Funktion

$$\lambda \mapsto P_f(\lambda) := \det(f - \lambda\,\mathrm{id}_V)$$

von $\mathbb{K}$ in $\mathbb{K}$ *charakteristisches Polynom* von f.

(ii) Ist $A \in M_{\mathbb{K}}(n, n)$, so heißt die Funktion

$$\lambda \mapsto P_A(\lambda) := \det(A - \lambda E_n)$$

von $\mathbb{K}$ in $\mathbb{K}$ *charakteristisches Polynom von A*.

Das charakteristische Polynom einer Matrix ist also das charakteristische Polynom der zugehörigen linearen Abbildung. Auch im allgemeinen Fall wird das charakteristische Polynom durch die Berechnung der Determinante einer Matrix ermittelt:

5.13 Satz. (Berechnung des charakteristischen Polynoms)
Ist $A \in M_{\mathbb{K}}(n, n)$ die Darstellung der linearen Abbildung $f : V \to V$ bezüglich einer Basis $a_1, \ldots, a_n$ von V, so gilt

$$\det(f - \lambda\,\mathrm{id}_V) = \det(A - \lambda E_n), \qquad \lambda \in \mathbb{K}.$$

BEWEIS: Offenbar ist $A - \lambda E_n$ die Darstellung der Abbildung $f - \lambda\,\mathrm{id}_V$ bezüglich der Basis $a_1, \ldots, a_n$, so dass sich die Behauptung aus Satz 3.12 ergibt. □

Nach Folgerung 5.5 stellen ähnliche Matrizen dieselbe lineare Abbildung dar. Damit erhalten wir:

5.14 Satz. (Solidaritätseigenschaft ähnlicher Matrizen)
Ähnliche Matrizen besitzen dasselbe charakteristische Polynom.

Sind $A, B \in M_{\mathbb{K}}(n, n)$ ähnliche Matrizen, so ergibt sich aus dem letzten Satz:

$$\det(A - \lambda E_n) = \det(B - \lambda E_n), \qquad \lambda \in \mathbb{K}.$$

Nach dem Identitätssatz für Polynome (Folgerung 4.19) müssen die Koeffizienten der charakteristischen Polynome übereinstimmen; es muss also

$$\det(A - \lambda E_n) = \det(B - \lambda E_n) = q_n\lambda^n + q_{n-1}\lambda^{n-1} + \ldots + q_1\lambda + q_0, \qquad \lambda \in \mathbb{K},$$

gelten. Insbesondere folgt die bereits aus Satz 5.12 bekannte Gleichung $q_0 = \det(A) = \det(B)$. Der Beweis von Satz 5.12 liefert ferner

$$\begin{aligned}(-1)^{n-1}q_{n-1} &= \det(A\vec{e}_1, \vec{e}_2, \ldots, \vec{e}_n) + \ldots + \det(\vec{e}_1, \ldots, \vec{e}_{n-1}, A\vec{e}_n)\\ &= a_{11} + \ldots + a_{nn}.\end{aligned}$$

Diese Zahl, also die Summe der Diagonalelemente einer quadratischen Matrix A, heißt *Spur* von A. Ähnliche Matrizen besitzen also dieselbe Spur.

5.2.5 Algebraische Vielfachheiten

Nach Satz 5.11 sind die Eigenwerte einer linearen Abbildung $f : V \to V$ die Nullstellen des charakteristischen Polynoms von f. Aufgrund des Fundamentalsatzes der Algebra gibt es im Fall $\mathbb{K} = \mathbb{C}$ eine natürliche Zahl m, (paarweise) verschiedene komplexe Zahlen $\lambda_1, \ldots, \lambda_m$ und natürliche Zahlen $n_1, \ldots, n_m$ mit $n_1 + \ldots + n_m = n$ und der Eigenschaft

$$\det(f - \lambda \operatorname{id}_V) = (-1)^n(\lambda - \lambda_1)^{n_1} \cdot \ldots \cdot (\lambda - \lambda_m)^{n_m}, \qquad \lambda \in \mathbb{C}. \qquad (5.4)$$

Die Zahlen $\lambda_1, \ldots, \lambda_m$ sind die *voneinander verschiedenen* Eigenwerte von f. Die Zahl n_j ist die sogenannte *algebraische Vielfachheit* von λ_j.

Wie wir in Beispiel 5.9 gesehen haben, muss es im Fall $\mathbb{K} = \mathbb{R}$ keine (reellen) Eigenwerte geben. Ist λ_1 ein Eigenwert, so gibt es nach Lemma 4.20 eine natürliche Zahl k mit

$$\det(f - \lambda \operatorname{id}_V) = (\lambda - \lambda_1)^k p(\lambda), \qquad \lambda \in \mathbb{R}.$$

Dabei ist $p : \mathbb{R} \to \mathbb{R}$ ein Polynom mit $p(\lambda_1) \neq 0$. Auch in diesem Fall heißt k *algebraische Vielfachheit* von λ_1. Analoge Spechweisen verwendet man für die Eigenwerte von Matrizen.

5.2.6 Komplexe und reelle Eigenwerte

Es sei $A \in M_{\mathbb{K}}(n, n)$ die Darstellung einer linearen Abbildung von $f : V \to V$ bezüglich irgendeiner Basis von V. Gemäß (5.4) und Satz 5.13 gilt dann

$$P_A(\lambda) = \det(A - \lambda E_n) = q_n\lambda^n + q_{n-1}\lambda^{n-1} + \ldots + q_1\lambda + q_0, \qquad \lambda \in \mathbb{K}. \quad (5.5)$$

Im Fall $\mathbb{K} = \mathbb{C}$ steht die alternative Darstellung (5.4) zur Verfügung. Setzt man dort $\lambda = 0$, so ergibt sich die Determinante von A als Produkt der Eigenwerte von A. Dabei müssen die Eigenwerte entsprechend ihrer Vielfachheit verwendet werden.

Es gelte jetzt $\mathbb{K} = \mathbb{R}$. Interpretiert man A als *komplexe* Matrix, so folgt aus der Definition (3.15) der Determinante einer Matrix sofort, dass das charakteristische Polynom von A auch in diesem Fall wieder durch (5.5) gegeben ist. Lediglich λ darf jetzt in ganz $\mathbb{C}$ variieren. Man beachte aber, dass die Koeffizienten $q_0, \ldots, q_n$ reell sind! Wiederum erhalten wir eine Darstellung der Form (5.4). Eine echt komplexe Nullstelle von P_A heißt auch *echt komplexer Eigenwert* von A. Ist λ ein solch komplexer Eigenwert, so folgt durch Übergang zu konjugiert komplexen Zahlen:

$$0 = \bar{0} = \overline{P_A(\lambda)} = (-1)^n(\bar{\lambda})^n + q_{n-1}(\bar{\lambda})^{n-1} + \ldots + q_1\bar{\lambda} + q_0 = P_A(\bar{\lambda}).$$

Damit ist auch $\bar{\lambda}$ ein komplexer Eigenwert von A. Man überlegt sich leicht (z.B. mit Hilfe von Lemma 4.20), dass beide Nullstellen dieselbe Vielfachheit haben. Wir fassen zusammen:

5.15 Satz. (Determinante und Eigenwerte reeller Matrizen)
Die Determinante einer reellen Matrix A ist das Produkt der mit ihren Vielfachheiten gezählten (komplexen und reellen) Eigenwerte. Ein echt komplexer Eigenwert $\lambda \in \mathbb{C} \setminus \mathbb{R}$ von A tritt immer zusammen mit seinem konjugiert komplexen Pendant $\bar{\lambda}$ auf.

5.16 Beispiel.
Es sei $\varphi \in [0, 2\pi)$ mit $\varphi \neq 0$ und $\varphi \neq \pi$. Die Matrix

$$A = \begin{pmatrix} 1 & 0 & 0 \\ 0 & \cos\varphi & -\sin\varphi \\ 0 & \sin\varphi & \cos\varphi \end{pmatrix}$$

besitzt das charakteristische Polynom

$$P_A(\lambda) = (1 - \lambda)\left((\cos\varphi - \lambda)^2 + \sin^2\varphi\right)$$

und somit den reellen Eigenwert $\lambda_1 = 1$ sowie die konjugiert komplexen Eigenwerte $\lambda_2 = \cos\varphi + i\sin\varphi$, $\lambda_3 = \bar{\lambda}_2 = \cos\varphi - i\sin\varphi$.

5.2.7 Geometrische Vielfachheiten

Es seien $f : V \to V$ eine lineare Abbildung und λ ein Eigenwert von f. Die Dimension des zugehörigen Eigenraums heißt *geometrische Vielfachheit* von λ.

Wie der nachstehende Satz zeigt, ist die geometrische Vielfachheit eines Eigenwertes höchstens so groß wie seine algebraische Vielfachheit.

5.17 Satz. (Geometrische und algebraische Vielfachheit)
Es seien $f : V \to V$ eine lineare Abbildung und $\lambda_1 \in \mathbb{K}$ ein Eigenwert von f mit der algebraischen Vielfachheit k. Dann gilt

$$\dim \operatorname{Eig}(f; \lambda_1) \leq k.$$

Beweis: Nach Satz 5.11 gilt $m := \dim \operatorname{Eig}(f; \lambda_1) \geq 1$. Wir wählen eine Basis $a_1, \ldots, a_m$ von $\operatorname{Eig}(f; \lambda_1)$ und ergänzen diese zu einer Basis $a_1, \ldots, a_n$ von V. Ist A die Darstellungsmatrix von f bezüglich dieser Basis, so ist für jedes $j \in \{1, \ldots, m\}$ der j-te Spaltenvektor von A gleich $\lambda_1 \vec{e}_j$. Damit ist $(\lambda_1 - \lambda)\vec{e}_j$ der j-te Spaltenvektor von $A - \lambda E_n$, und man erhält (z.B. durch sukzessives Anwenden des Entwicklungssatzes von Laplace auf die ersten m Spalten der Matrix $A - \lambda E_n$)

$$\det(A - \lambda E_n) = (\lambda_1 - \lambda)^m Q(\lambda),$$

wobei Q ein Polynom $(n-m)$-ten Grades ist. Somit besitzt λ_1 mindestens die algebraische Vielfachheit m. □

5.2.8 Lineare Unabhängigkeit von Eigenvektoren

5.18 Satz. (Lineare Unabhängigkeit von Eigenvektoren)
Es seien $\lambda_1, \ldots, \lambda_m$ (paarweise) verschiedene Eigenwerte einer linearen Abbildung $f : V \to V$. Für jedes $j \in \{1, \ldots, m\}$ sei v_j ein zu λ_j gehörender Eigenvektor von f. Dann sind $v_1, \ldots, v_m$ linear unabhängig.

BEWEIS: Wir zeigen durch vollständige Induktion über $j \in \{1, \ldots, m\}$, dass $v_1, \ldots, v_j$ linear unabhängig sind. Für den Fall $j = 1$ ist diese Behauptung offensichtlich richtig. Wir wählen jetzt ein beliebiges $j \in \{1, \ldots, m-1\}$ und vollziehen den Induktionsschritt von j nach $j+1$. Hierzu seien $\mu_1, \ldots, \mu_{j+1} \in \mathbb{K}$ mit $\mu_1 v_1 + \ldots + \mu_{j+1} v_{j+1} = 0$. Wenden wir auf beiden Seiten dieser Gleichung die Abbildung $f - \lambda_{j+1} \operatorname{id}_V$ an, so ergibt sich

$$\mu_1(\lambda_1 - \lambda_{j+1})v_1 + \ldots + \mu_j(\lambda_j - \lambda_{j+1})v_j = 0.$$

Aus der Verschiedenheit aller Eigenwerte sowie der Induktionsvoraussetzung folgt $\mu_1 = \ldots = \mu_j = 0$ und damit $\mu_{j+1} v_{j+1} = 0$. Somit ist auch $\mu_{j+1} = 0$. Der Satz ist bewiesen. □

5.2.9 Diagonalisierbarkeit linearer Abbildungen

Eine lineare Abbildung $f : V \to V$ besitzt eine besonders übersichtliche Darstellung, wenn eine aus Eigenvektoren von f bestehende Basis $v_1, \ldots, v_n$ von V existiert. In diesem Fall ist nämlich die Darstellung von f bezüglich dieser Basis die Diagonalmatrix (vgl. 3.2.8)

$$\operatorname{diag}(\lambda_1, \ldots, \lambda_n).$$

Hierbei bezeichnet λ_j den zu v_j gehörenden Eigenwert von f. Ist umgekehrt $\operatorname{diag}(\lambda_1, \ldots, \lambda_n)$ eine Darstellung von f bezüglich einer Basis $v_1, \ldots, v_n$, so ist λ_j Eigenwert zum Eigenvektor v_j. Nach Satz 5.18 gibt es eine solche Darstellung, falls f genau n verschiedene Eigenwerte besitzt. Allgemein gilt:

5.19 Satz. (Diagonalisierbarkeit (1))
Es seien V ein komplexer Vektorraum und $f : V \to V$ eine lineare Abbildung. Genau dann existiert eine aus Eigenvektoren von f bestehende Basis von V, wenn die algebraische und die geometrische Vielfachheit jedes Eigenwertes von f übereinstimmen.

BEWEIS: ($\Rightarrow$): Es sei $v_1, \ldots, v_n$ eine aus Eigenvektoren von f bestehende Basis von V, und es seien $\lambda_1, \ldots, \lambda_n$ die zugehörigen Eigenwerte von f. Weiter seien $\mu_1, \ldots, \mu_m$ die *verschiedenen* Eigenwerte von f, und es sei n_j die Vielfachheit, mit der μ_j unter $\lambda_1, \ldots, \lambda_n$ auftritt. Da f durch die Diagonalmatrix $D := \operatorname{diag}(\lambda_1, \ldots, \lambda_n)$ dargestellt wird, liefert Satz 5.13

$$\det(f - \lambda \operatorname{id}_V) = (\mu_1 - \lambda_1)^{n_1} \cdot \ldots \cdot (\mu_m - \lambda_m)^{n_m}.$$

Folglich besitzt μ_j die algebraische Vielfachheit n_j. Weil die Diagonalmatrix $D - \mu_j E_n$ an genau n_j Stellen der Hauptdiagonalen eine Null enthält, gilt

$$\operatorname{Rang}(f - \mu_j \operatorname{id}_V) = \operatorname{Rang}(D - \mu_j E_n) = n - n_j.$$

Somit besitzt der Kern von $f - \mu_j \operatorname{id}_V$ die Dimension n_j, was zeigt, dass n_j auch die geometrische Vielfachheit von μ_j ist.

($\Leftarrow$): Es seien $\mu_1, \ldots, \mu_m$ die verschiedenen Eigenwerte von f und $n_1, \ldots, n_m$ die zugehörigen algebraischen Vielfachheiten. Insbesondere gilt dann $n_1 + \ldots + n_m = n$. Wir setzen voraus, dass n_j für jedes $j \in \{1, \ldots, m\}$ auch die geometrische Vielfachheit von λ_j ist. Es sei $v_{j1}, \ldots, v_{jn_j}$ eine Basis von $\operatorname{Eig}(f; \lambda_j)$, $j = 1, \ldots, m$. Mit Satz 5.18 folgt leicht, dass die Menge B aller n Vektoren $v_{j1}, \ldots, v_{jn_j}$, $j = 1, \ldots, m$, linear unabhängig und somit eine Basis von V ist. □

Der obige Beweis impliziert die folgende Aussage für reelle Vektorräume:

5.20 Satz. (Diagonalisierbarkeit (2))
Es seien V ein reeller Vektorraum und $f : V \to V$ eine lineare Abbildung. Genau dann existiert eine aus Eigenvektoren von f bestehende Basis von V, wenn f nur reelle Eigenwerte besitzt und die algebraische und die geometrische Vielfachheit jedes Eigenwertes von f übereinstimmen.

5.2.10 Diagonalisierbarkeit reeller Matrizen

Eine reelle Matrix $A \in M_{\mathbb{R}}(n, n)$ heißt *diagonalisierbar*, wenn es eine reguläre Matrix $B \in M_{\mathbb{R}}(n, n)$ gibt, so dass BAB^{-1} eine Diagonalmatrix ist.

Nach Definition ist eine Matrix $A \in M_{\mathbb{R}}(n, n)$ somit genau dann diagonalisierbar, wenn sie einer Diagonalmatrix ähnlich ist. Ferner erhalten wir aus Satz 5.20:

5.21 Satz. (Diagonalisierbarkeit reeller Matrizen)
Eine reelle Matrix $A \in M_{\mathbb{R}}(n, n)$ ist genau dann diagonalisierbar, wenn sie nur reelle Eigenwerte besitzt und die algebraische und die geometrische Vielfachheit jedes Eigenwertes von A übereinstimmen.

Die Matrix $A \in M_{\mathbb{R}}(n, n)$ erfülle die Voraussetzungen des obigen Satzes. Es seien $\lambda_1, \ldots, \lambda_n$ die entsprechend ihren Vielfachheiten gezählten (reellen) Eigenwerte von A, $\vec{v}_1, \ldots, \vec{v}_n$ die zugehörigen Eigenvektoren sowie S die Matrix mit den Spaltenvektoren $\vec{v}_1, \ldots, \vec{v}_n$. Dann gilt die Gleichung

$$\operatorname{diag}(\lambda_1, \ldots, \lambda_n) = S^{-1}AS,$$

wie man sofort durch Multiplikation (von links) beider Seiten mit S bestätigen kann (vgl. auch Folgerung 5.6).

5.22 Beispiel.
Die Matrix

$$A := \begin{pmatrix} 1 & 1 & 0 \\ 0 & 2 & 1 \\ 0 & 0 & 3 \end{pmatrix}$$

besitzt das charakteristische Polynom $P_A(\lambda) = (1-\lambda)(2-\lambda)(3-\lambda)$ und damit die Eigenwerte $\lambda_1 = 1$, $\lambda_2 = 2$ und $\lambda_3 = 3$. Der zu λ_1 gehörende Eigenraum $\mathrm{Eig}(A;1)$ ist der Kern der Matrix $A - E_3$, d.h. die Lösungsmenge des homogenen Gleichungssystems

$$\begin{pmatrix} 0 & 1 & 0 \\ 0 & 1 & 1 \\ 0 & 0 & 2 \end{pmatrix} \begin{pmatrix} x_1 \\ x_2 \\ x_3 \end{pmatrix} = \begin{pmatrix} 0 \\ 0 \\ 0 \end{pmatrix}.$$

Es ergibt sich $\mathrm{Eig}(A;1) = \mathrm{Span}((1,0,0))$. Analog findet man $(1,1,0)$ und $(1,2,2)$ als die zu λ_2 bzw. λ_3 gehörenden Eigenvektoren. Mit

$$S := \begin{pmatrix} 1 & 1 & 1 \\ 0 & 1 & 2 \\ 0 & 0 & 2 \end{pmatrix}$$

gilt dann $S^{-1}AS = \mathrm{diag}(1,2,3)$; die Matrix A ist also diagonalisierbar.

5.23 Beispiel.
Die Matrix

$$A := \begin{pmatrix} 1 & 1 & 0 \\ 0 & 2 & 0 \\ 0 & 0 & 2 \end{pmatrix}$$

hat die Eigenwerte $\lambda_1 = 1$ und $\lambda_2 = 2$, wobei λ_2 die algebraische Vielfachheit 2 besitzt. Der zu λ_2 gehörende Eigenraum $\mathrm{Eig}(A;2)$ ist Lösungsmenge des homogenen linearen Gleichungssystems

$$\begin{pmatrix} -1 & 1 & 0 \\ 0 & 0 & 0 \\ 0 & 0 & 0 \end{pmatrix} \begin{pmatrix} x_1 \\ x_2 \\ x_3 \end{pmatrix} = \begin{pmatrix} 0 \\ 0 \\ 0 \end{pmatrix}.$$

Es ergibt sich $\mathrm{Eig}(A;2) = \mathrm{Span}((1,1,0),(0,0,1))$, was zeigt, dass λ_2 auch die geometrische Vielfachheit 2 besitzt. Die Matrix A ist somit diagonalisierbar.

5.24 Beispiel.
Die Matrix

$$A := \begin{pmatrix} 3 & 1 \\ 0 & 3 \end{pmatrix}$$

besitzt den (einzigen) Eigenwert 3, und dieser hat die algebraische Vielfachheit 2. Der zugehörige Eigenraum $\mathrm{Eig}(A;3)$ ist Lösungsmenge des homogenen linearen Gleichungssystems

$$\begin{pmatrix} 0 & 1 \\ 0 & 0 \end{pmatrix} \begin{pmatrix} x_1 \\ x_2 \end{pmatrix} = \begin{pmatrix} 0 \\ 0 \end{pmatrix}.$$

Wegen $\mathrm{Eig}(A;3) = \mathrm{Span}((1,0))$ besitzt der Eigenwert die geometrische Vielfachheit 1. Nach Satz 5.21 ist die Matrix A nicht diagonalisierbar.

Das letzte Beispiel kann man verallgemeinern:

5.25 Beispiel. (Jordan-Kästchen)
Eine komplexe $n \times n$-Matrix der Gestalt

$$J := \begin{pmatrix} \mu & 1 & 0 & \dots & 0 & 0 \\ 0 & \mu & 1 & \dots & 0 & 0 \\ \dots & \dots & \dots & \dots & \dots & \dots \\ 0 & 0 & 0 & \dots & \mu & 1 \\ 0 & 0 & 0 & \dots & 0 & \mu \end{pmatrix}$$

mit $\mu \in \mathbb{C}$ heißt *Jordan-Kästchen.* Diese Matrix besitzt den einzigen Eigenwert μ. Da der zugehörige Eigenraum durch $\mathrm{Eig}(J;\mu) = \mathrm{Span}(\vec{e}_1)$ gegeben ist, ist die Matrix J nicht diagonalisierbar.

5.3 Symmetrische und unitäre Matrizen

In diesem Abschnitt werden wir u.a. zeigen, dass sich jede (reelle) symmetrische Matrix diagonalisieren lässt. Wir werden die Theorie weitgehend für komplexe Vektorräume entwickeln. Diese Vorgehensweise ist nicht nur effizienter, sondern liefert auch zusätzliche inhaltliche Einsichten.

5.3.1 Hermitesche Matrizen

Es sei $A \in M_{\mathbb{C}}(n,n)$ eine komplexe $n \times n$-Matrix. Ersetzt man jeden Eintrag von A durch die entsprechende konjugiert komplexe Zahl, so entsteht die *zu* A *konjugiert komplexe* Matrix $\bar{A}$. Die Transponierte dieser Matrix wird üblicherweise mit

$$A^* := (\bar{A})^T$$

bezeichnet. In diesem Sinn ist z.B.

$$A := \begin{pmatrix} i & 3+i \\ 1 & 4-i \end{pmatrix} \Longrightarrow \bar{A} = \begin{pmatrix} -i & 3-i \\ 1 & 4+i \end{pmatrix} \Longrightarrow A^* = \begin{pmatrix} -i & 1 \\ 3-i & 4+i \end{pmatrix}.$$

Allgemein gilt $(A^*)^* = A$ sowie $(AB)^* = B^*A^*$, falls B eine weitere Matrix aus $M_{\mathbb{C}}(n,n)$ ist. Ferner besteht die Beziehung

$$\det(A^*) = \overline{\det(A)}.$$

Die Matrix A heißt *hermitesch* [1], falls $A = A^*$.

[1] Charles Hermite (1822–1901), französischer Mathematiker. Ab 1848 wirkte Hermite an der Ecole Polytechnique, 1869-1876 als Prof. 1862–1869 war er auch Prof. an der Ecole Normale und 1869–1897 an der Sorbonne. Hermite war einer der bedeutendsten Vertreter der Analysis seiner Zeit. Hauptarbeitsgebiete: Zahlentheorie, Algebra, Funktionentheorie, Approximations- und Interpolationstheorie.

Eine reelle Matrix ist genau dann hermitesch, wenn sie symmetrisch ist. Ferner überlegt man sich leicht, dass A genau dann hermitesch ist, wenn gilt:

$$\langle A\vec{x}, \vec{y}\rangle = \langle \vec{x}, A\vec{y}\rangle, \qquad \vec{x}, \vec{y} \in \mathbb{C}^n.$$

Dabei bezeichnet $\langle\cdot,\cdot\rangle$ das kanonische Skalarprodukt auf $\mathbb{C}^n$ (vgl. Beispiel 4.78).

5.3.2 Selbstadjungierte Abbildungen

Es sei V ein n-dimensionaler Vektorraum über dem Körper $\mathbb{K} \in \{\mathbb{R}, \mathbb{C}\}$ und $\langle\cdot,\cdot\rangle$ ein Skalarprodukt über V (vgl. 4.5.1). Im Fall $\mathbb{K} = \mathbb{R}$ nennt man V einen *euklidischen* und im Fall $\mathbb{K} = \mathbb{C}$ einen *unitären* Vektorraum.

Eine lineare Abbildung $f : V \to V$ heißt *selbstadjungiert*, wenn gilt:

$$\langle f(v), w\rangle = \langle v, f(w)\rangle, \qquad v, w \in V.$$

Das folgende Resultat stellt den Zusammenhang zwischen selbstadjungierten Abbildungen und hermiteschen bzw. symmetrischen Matrizen her:

5.26 Satz. (Selbstadjungierte Abbildungen und hermitesche Matrizen)
Es sei A die Darstellung einer linearen Abbildung $f : V \to V$ bezüglich einer Orthonormalbasis $b_1, \ldots, b_n$ von V. Dann gilt:

$$f \text{ selbstadjungiert} \iff A \text{ hermitesch bzw. symmetrisch.}$$

Beweis: Es genügt, den Beweis für den unitären Fall $\mathbb{K} = \mathbb{C}$ zu führen. Wir betrachten hierzu die Koordinatenvektoren von Vektoren aus V bezüglich der Basis $b_1, \ldots, b_n$. Weil letztere eine Orthonormalbasis ist, ergibt sich das Skalarprodukt zweier Vektoren aus V als das Skalarprodukt der entsprechenden Koordinatenvektoren in $\mathbb{C}^n$. Besitzen v und w die Koordinatenvektoren $\vec{x}$ und $\vec{y}$, so haben $f(v)$ und $f(w)$ die Koordinatenvektoren $A\vec{x}$ und $A\vec{y}$. Damit ist $\langle f(v), w\rangle = \langle v, f(w)\rangle$ äquivalent zu $\langle A\vec{x}, \vec{y}\rangle = \langle \vec{x}, A\vec{y}\rangle$. □

5.3.3 Eigenwerte selbstadjungierter Abbildungen

5.27 Satz. (Eigenwerte selbstadjungierter Abbildungen)
Alle Eigenwerte einer selbstadjungierten Abbildung sind reell.

Beweis: Es sei $\lambda \in \mathbb{K}$ Eigenwert einer selbstadjungierten Abbildung $f : V \to V$. Wir wählen einen zugehörigen Eigenvektor $v \neq 0$ und erhalten (vgl. 4.5.1)

$$\lambda\langle v, v\rangle = \langle \lambda v, v\rangle = \langle f(v), v\rangle = \langle v, f(v)\rangle = \langle v, \lambda v\rangle = \bar{\lambda}\langle v, v\rangle.$$

Damit folgt $\bar{\lambda} = \lambda$ und somit $\lambda \in \mathbb{R}$. □

Der obige Satz hat wichtige Konsequenzen:

5.28 Satz. (Charakteristisches Polynom einer hermiteschen Matrix)
Das charakteristische Polynom einer hermiteschen Matrix $A \in M_{\mathbb{C}}(n,n)$ *ist von der Form*

$$\det(A - \lambda E_n) = (\lambda_1 - \lambda) \cdot \ldots \cdot (\lambda_n - \lambda), \qquad \lambda \in \mathbb{C}, \tag{5.6}$$

mit $\lambda_1, \ldots, \lambda_n \in \mathbb{R}$. *Insbesondere besitzt* A *nur die reellen Eigenwerte* $\lambda_1, \ldots, \lambda_n$, *und es gilt* $\det(A) = \lambda_1 \cdot \ldots \cdot \lambda_n$.

BEWEIS: Wegen Satz 5.26 vermittelt A eine selbstadjungierte Abbildung von $\mathbb{C}^n$ in $\mathbb{C}^n$, die nach Satz 5.27 nur reelle Eigenwerte besitzt. Andererseits gibt es nach dem Fundamentalsatz der Algebra (Satz 4.17) komplexe Zahlen $\lambda_1, \ldots, \lambda_n$, so dass (5.6) gilt. (Man beachte die Form des Koeffizienten q_n in Satz 5.12.) Nach Satz 5.11 muss aber jedes λ_j Eigenwert von A sein. Damit ist alles bewiesen. □

In Anwendungen treten meist reellwertige Matrizen auf. Dann gilt:

5.29 Satz. (Charakteristisches Polynom einer symmetrischen Matrix)
Ist $A \in M_{\mathbb{R}}(n,n)$ *eine reellwertige symmetrische Matrix, so gibt es reelle Zahlen* $\lambda_1, \ldots, \lambda_n$ *mit*

$$\det(A - \lambda E_n) = (\lambda_1 - \lambda) \cdot \ldots \cdot (\lambda_n - \lambda), \qquad \lambda \in \mathbb{R}. \tag{5.7}$$

Insbesondere hat A *die (nicht notwendig verschiedenen) Eigenwerte* $\lambda_1, \ldots, \lambda_n$.

BEWEIS: Wir können A als hermitesche komplexe Matrix interpretieren. Damit gilt die Behauptung von Satz 5.28 und insbesondere (5.6). Daraus folgt (5.7), und Satz 5.11 liefert wieder, dass jedes λ_j Eigenwert von A ist. □

5.3.4 Diagonalisierbarkeit selbstadjungierter Abbildungen

Wir können jetzt das zentrale Ergebnis dieses Abschnitts beweisen.

5.30 Satz. (Diagonalisierbarkeit selbstadjungierter Abbildungen)
Ist $f : V \to V$ *eine selbstadjungierte lineare Abbildung, so gibt es eine aus Eigenvektoren von* f *bestehende Orthonormalbasis von* V.

BEWEIS: Wir beweisen die Behauptung durch Induktion über die Dimension n von V. Ist $n = 1$, so ist nichts zu zeigen, da jeder Vektor mit der Länge 1 Eigenvektor ist und eine Orthonormalbasis von V bildet. Für $n \geq 2$ führen wir jetzt den Induktionsschritt von $n-1$ auf n durch. Dazu betrachten wir zunächst eine Darstellung A von f bzgl. einer Orthonormalbasis von V. Die Matrix A hat dieselben Eigenwerte wie f. Andererseits ist A nach Satz 5.26 hermitesch (bzw. symmetrisch) und besitzt damit wegen Satz 5.28 (bzw. Satz 5.29) mindestens einen reellen Eigenwert λ. Es sei v ein Eigenvektor von f zum Eigenwert λ mit $\|v\| = 1$. Wir definieren den $(n-1)$-dimensionalen Unterraum

$$W := \{w \in V : \langle v, w \rangle = 0\} = \operatorname{Span}(v)^{\perp}$$

der zu v orthogonalen Vektoren und zeigen die Invarianz von W unter f, d.h. die Inklusion $f(W) \subset W$. Für jedes $w \in W$ gilt nämlich

$$\langle v, f(w)\rangle = \langle f(v), w\rangle = \langle \lambda v, w\rangle = \lambda\langle v, w\rangle = 0$$

und damit $f(w) \in W$. Somit ist die mit g bezeichnete Einschränkung von f auf W eine lineare Abbildung von W in W. Ferner ist g selbstadjungiert, wobei das Skalarprodukt auf W die Einschränkung von $\langle\cdot,\cdot\rangle$ auf $W \times W$ ist. Jeder Eigenwert und jeder Eigenvektor von g ist auch Eigenwert bzw. Eigenvektor von f. Nach Induktionsvoraussetzung gibt es eine aus Eigenvektoren von f bestehende Orthonormalbasis B von W. Dann ist $B \cup \{v\}$ eine aus Eigenvektoren von f bestehende Orthonormalbasis von V. □

5.31 Folgerung. (Orthogonalität der Eigenräume)
Die Eigenräume paarweise verschiedener Eigenwerte einer selbstadjungierten Abbildung sind orthogonal.

Wir behandeln jetzt einige interessante Anwendungen des bewiesenen Satzes. Vorher benötigen wir noch einen neuen Begriff.

Eine Matrix $B \in M_{\mathbb{C}}(n,n)$ heißt *unitär*, falls $BB^* = E_n$, oder äquivalent dazu $B^*B = E_n$ gilt.

Eine unitäre Matrix B ist regulär, und es gilt $B^{-1} = B^*$. Die Matrix B ist genau dann unitär, wenn die Spaltenvektoren (bzw. die Zeilenvektoren) ein Orthonormalsystem in $\mathbb{C}^n$ sind. Für eine unitäre Matrix gilt weiter

$$1 = \det(BB^*) = \det(B)\det(B^*) = \det(B)\overline{\det(B)} = |\det(B)|^2,$$

also $|\det(B)| = 1$.

5.32 Satz. (Diagonalisierbarkeit hermitescher Matrizen)
Zu jeder hermiteschen Matrix A gibt es eine unitäre Matrix B und reelle Zahlen $\lambda_1, \ldots, \lambda_n$ mit

$$B^*AB = \mathrm{diag}(\lambda_1, \ldots, \lambda_n).$$

Dabei sind $\lambda_1, \ldots, \lambda_n$ die Eigenwerte von A.

Beweis: Es sei $\vec{b}_1, \ldots, \vec{b}_n$ eine aus Eigenvektoren von A bestehende Orthonormalbasis von $\mathbb{C}^n$ (vgl. Satz 5.30), und es seien $\lambda_1, \ldots, \lambda_n$ die zugehörigen reellen Eigenwerte von A. Wir definieren B als die Matrix mit den Spaltenvektoren $\vec{b}_1, \ldots, \vec{b}_n$. Dann ist AB die Matrix mit den Spaltenvektoren $\lambda_1\vec{b}_1, \ldots, \lambda_n\vec{b}_n$. Folglich ist der j-te Spaltenvektor von $B^*(AB)$ gleich

$$\lambda_j B^*\vec{b}_j = \lambda_j \vec{e}_j.$$

Damit ist der Satz bewiesen. □

Analog beweist man die folgende Darstellung symmetrischer Matrizen.

5.33 Satz. (Diagonalisierbarkeit symmetrischer Matrizen)
Zu jeder symmetrischen Matrix A existieren eine orthogonale Matrix B und reelle Zahlen $\lambda_1, \ldots, \lambda_n$ mit

$$B^T AB = \operatorname{diag}(\lambda_1, \ldots, \lambda_n).$$

Dabei sind $\lambda_1, \ldots, \lambda_n$ die Eigenwerte von A.

5.3.5 Unitäre und orthogonale Abbildungen

Eine lineare Abbildung $f : V \to V$ heißt *unitär* im Fall $\mathbb{K} = \mathbb{C}$ bzw. *orthogonal* im Fall $\mathbb{K} = \mathbb{R}$, wenn gilt:

$$\langle f(x), f(y) \rangle = \langle x, y \rangle, \qquad x, y \in V.$$

Unter Verwendung der Gleichung $\langle u, v \rangle = (\|u + v\|^2 - \|u - v\|^2)/4$ $(u, v \in V)$ beweist man wie im Fall $V = \mathbb{R}^n$, dass obige Eigenschaft genau dann vorliegt, wenn f *isometrisch* ist, d.h. wenn

$$\|f(x)\| = \|x\|, \qquad x \in V.$$

Hierbei ist $\|\cdot\|$ die durch $\langle \cdot, \cdot \rangle$ induzierte Norm auf V. Eine unitäre (bzw. orthogonale) Abbildung ist injektiv, also ein Isomorphismus. Ihre Umkehrabbildung ist ebenfalls unitär (bzw. orthogonal). Auch die Komposition zweier unitärer (bzw. orthogonaler) Abbildungen ist erneut unitär (bzw. orthogonal).

Der folgende Satz liefert den Zusammenhang zwischen unitären (bzw. euklidischen) Abbildungen und den entsprechenden Matrizen. Der Beweis erfolgt wie im Spezialfall $V = \mathbb{R}^n$ (vgl. Satz 3.31).

5.34 Satz. (Orthogonale Abbildungen und orthogonale Matrizen)
Es sei A die Darstellung einer linearen Abbildung $f : V \to V$ bezüglich einer Orthonormalbasis $b_1, \ldots, b_n$ von V. Dann ist f genau dann unitär (bzw. orthogonal), wenn A eine unitäre (bzw. orthogonale) Matrix ist.

5.35 Satz. (Eigenwerte orthogonaler Abbildungen)
Ist $f : V \to V$ eine unitäre (bzw. orthogonale) Abbildung, so haben alle Eigenwerte von f den Betrag 1, und es gilt $|\det(f)| = 1$.

Beweis: Es seien λ ein Eigenwert von f und v ein zugehörige Eigenvektor. Dann gilt

$$\|v\| = \|f(v)\| = \|\lambda v\| = |\lambda| \cdot \|v\|.$$

Wegen $\|v\| \neq 0$ folgt daraus $|\lambda| = 1$. Zum Beweis der zweiten Behauptung betrachtet man die Darstellung A von f bezüglich einer Orthonormalbasis von V. Weil A nach Satz 5.34 unitär (bzw. orthogonal) ist, gilt $|\det(A)| = 1$. Andererseits ist aber $\det(f) = \det(A)$. Damit ist der Satz bewiesen. □

5.3.6 Struktur orthogonaler Abbildungen

Es sei V ein euklidischer Vektorraum der Dimension $n \in \mathbb{N}$. Die folgende Definition verallgemeinert die Begriffsbildungen in 3.2.12.

Eine orthogonale Abbildung $f : V \to V$ heißt *eigentlich* orthogonal bzw. *Drehung*, wenn $\det(f) = 1$. Anderenfalls heißt sie *uneigentlich* orthogonal.

5.36 Beispiel. (Spiegelung)
Es sei $e \in V$ mit $\|e\| = 1$, und es sei U der $(n-1)$-dimensionale Unterraum

$$U := \{v \in V : \langle v, e\rangle = 0\} = \operatorname{Span}(v)^{\perp},$$

also die Hyperebene der zu e orthogonalen Vektoren. Mit der orthogonalen Projektion $P_{U^\perp}(v) = \langle v, e\rangle \cdot e$ von $v \in V$ auf $U^\perp$ gilt $v = P_U(v) + \langle v, e\rangle \cdot e$, und wir definieren eine lineare Abbildung $f : V \to V$ durch

$$f(v) := P_U(v) - \langle v, e\rangle \cdot e.$$

Offensichtlich beschreibt f eine *Spiegelung* an U (Bild 5.2). Ist $b_1, \ldots, b_{n-1}$ eine Orthonormalbasis von U, so ist $b_1, \ldots, b_{n-1}, e$ eine Orthonormalbasis von V. Die Darstellung A bzgl. dieser Basis ist die Matrix $\operatorname{diag}(1, \ldots, 1, -1)$. Insbesondere gilt $\det(f) = \det(A) = -1$. Also ist f eine uneigentliche orthogonale Abbildung.

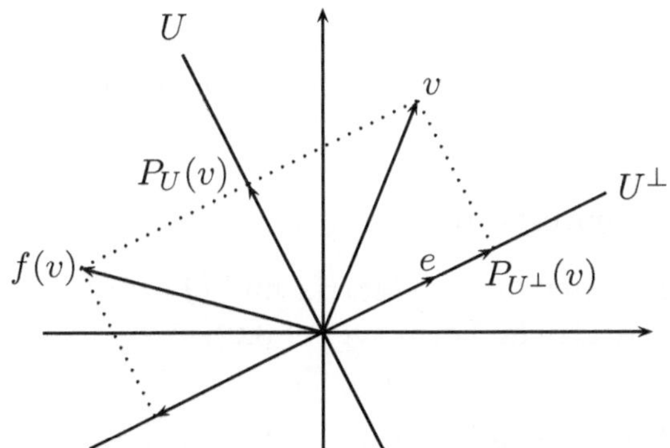

Bild 5.2: Spiegelung als uneigentliche orthogonale Abbildung

5.37 Satz. (Eigentliche und uneigentliche orthogonale Abbildungen)
Es sei $f : V \to V$ eine uneigentlich orthogonale Abbildung. Ferner sei h die Spiegelung an einem $(n-1)$-dimensionalen Unterraum $U \subset V$. Dann gibt es eine eindeutig bestimmte Drehung $g : V \to V$ mit $f = h \circ g$.

BEWEIS: Wegen der Bijektivität von h sind die Gleichungen $f = h \circ g$ und $g = h^{-1} \circ f$ äquivalent. Es ist also nur noch zu zeigen, dass $h^{-1} \circ f$ eine Drehung ist. Nun gilt

$$\det(h^{-1} \circ f) = \det(h^{-1}) \det(f) = (\det(h))^{-1} \det(f) = (-1)(-1) = 1,$$

und der Satz ist bewiesen. □

5.38 Beispiel. (Drehungen im $\mathbb{R}^3$)
Es sei $f : \mathbb{R}^3 \to \mathbb{R}^3$ eine Drehung, und es sei A die Darstellung von f bezüglich einer Orthonormalbasis im $\mathbb{R}^3$. Nach Satz 5.34 ist dann $AA^T = E_n$, und aus den Eigenschaften der Determinante folgt

$$\begin{aligned}\det(A - E_3) &= \det(A - AA^T) = \det(A(E_3 - A^T)) \\ &= \det(A)\det(E_3 - A^T) = \det(E_3 - A) = -\det(A - E_3).\end{aligned}$$

Also ist $\det(A - E_3) = 0$, und 1 ist ein Eigenwert von f. Es sei $\vec{b}_1$ ein zugehöriger Eigenvektor mit $\|\vec{b}_1\| = 1$. Wir ergänzen $\vec{b}_1$ zu einer Orthonormalbasis $\vec{b}_1, \vec{b}_2, \vec{b}_3$ von $\mathbb{R}^3$ und betrachten die Darstellung B von f bezüglich dieser Basis. Wegen $f(\vec{b}_1) = \vec{b}_1$ besitzt die orthogonale Matrix B die Gestalt

$$B = \begin{pmatrix} 1 & 0 & 0 \\ 0 & a & b \\ 0 & c & d \end{pmatrix}.$$

Die 2×2-Matrix C mit den Einträgen a, b, c, d muss ebenfalls orthogonal sein. Ferner folgt aus $\det(A) = 1$ auch $\det(C) = 1$. Wie in Beispiel 3.34 ergibt sich

$$B = \begin{pmatrix} 1 & 0 & 0 \\ 0 & \cos\varphi & -\sin\varphi \\ 0 & \sin\varphi & \cos\varphi \end{pmatrix}$$

mit $\varphi \in [0, 2\pi)$. Damit ist f eine Drehung um die *Drehachse* $\vec{b}_1$ mit dem *Drehwinkel* φ.

5.3.7 Die Hauptachsentransformation

Es seien $A = (a_{jk})$ eine reelle symmetrische $n \times n$-Matrix und $Q_A : \mathbb{R}^n \to \mathbb{R}$ die durch $Q_A(\vec{x}) = \vec{x}^T A\vec{x}$ definierte quadratische Form (vgl. 1.3.2).

5.39 Satz. (Hauptachsentransformation)
Es sei A eine symmetrische reelle Matrix, und es sei $\vec{b}_1, \ldots, \vec{b}_n$ eine aus Eigenvektoren von A bestehende Orthonormalbasis von $\mathbb{R}^n$. Ferner seien $\lambda_1, \ldots, \lambda_n$ die zugehörigen Eigenwerte von A. Hat $\vec{x}$ den Koordinatenvektor $\vec{y}$ bezüglich $\vec{b}_1, \ldots, \vec{b}_n$, so gilt

$$\langle \vec{x}, A\vec{x} \rangle = \lambda_1 y_1^2 + \ldots + \lambda_n y_n^2.$$

BEWEIS: Wie im Beweis von Satz 5.32 sei B die orthogonale Matrix mit den Spaltenvektoren $\vec{b}_1, \ldots, \vec{b}_n$. Nach Folgerung 5.6 ist dann $B^{-1} = B^T$ die Transformationsmatrix des Basiswechsels von $\vec{e}_1, \ldots, \vec{e}_n$ zu $\vec{b}_1, \ldots, \vec{b}_n$. Andererseits gilt aber $B^T AB = D$ mit $D := \operatorname{diag}(\lambda_1, \ldots, \lambda_n)$, eine Gleichung, die äquivalent zu $A = BDB^T$ ist. Ist $\vec{x} \in \mathbb{R}^n$, so ist $\vec{y} := B^T\vec{x}$ der Koordinatenvektor von $\vec{x}$ bezüglich $\vec{b}_1, \ldots, \vec{b}_n$, und es folgt

$$\langle \vec{x}, A\vec{x} \rangle = \langle \vec{x}, BDB^T\vec{x} \rangle = \langle B^T\vec{x}, DB^T\vec{x} \rangle = \langle \vec{y}, D\vec{y} \rangle = \lambda_1 y_1^2 + \ldots + \lambda_n y_n^2. \qquad \square$$

Ist eine quadratische Form von der Gestalt

$$Q(\vec{x}) = \lambda_1 x_1^2 + \ldots + \lambda_n x_n^2$$

für gewisse $\lambda_1, \ldots, \lambda_n \in \mathbb{R}$, so sagt man, dass Q *Normalform* besitzt. Das obige Resultat besagt also, dass jede quadratische Form durch eine orthogonale Koordinatentransformation auf Normalform gebracht werden kann. Dabei ist die Normalform bis auf die Reihenfolge der λ_j eindeutig bestimmt.

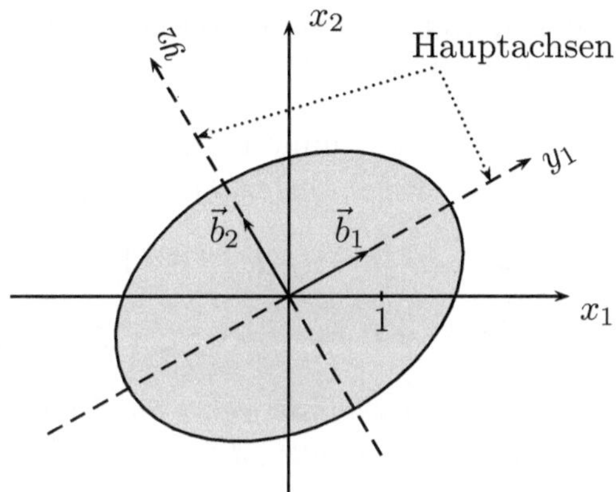

Bild 5.3: Hauptachsentransformation und elliptischer Bereich $\{(x_1, x_2) : f(x_1, x_2) \leq 4\}$

5.40 Beispiel.
Für die quadratische Form

$$f(x_1, x_2) := \frac{5}{4} x_1^2 - \frac{\sqrt{3}}{2} x_1 x_2 + \frac{7}{4} x_2^2$$

gilt $f = Q_A$ mit

$$A := \begin{pmatrix} 5/4 & -\sqrt{3}/4 \\ -\sqrt{3}/4 & 7/4 \end{pmatrix}.$$

Das charakteristische Polynom von A ist

$$P_A(\lambda) = (5/4 - \lambda)\,(7/4 - \lambda) - 3/16 = \lambda^2 - 3\lambda + 2.$$

Damit ergeben sich die Eigenwerte $\lambda_1 = 1$ und $\lambda_2 = 2$. Wir bestimmen jetzt eine aus Eigenvektoren von A bestehende Orthonormalbasis $\vec{b}_1, \vec{b}_2$ von $\mathbb{R}^2$. Der zu λ_1 gehörende Eigenraum von A ist der Kern von $A - E_2$, also die Lösungsmenge des linearen Gleichungssystems $x_1/4 - \sqrt{3}x_2/4 = 0$. Zusammen mit der Forderung $x_1^2 + x_2^2 = 1$ folgt hieraus $\vec{b}_1 = \frac{1}{2}(\sqrt{3}, 1)$. Wegen Folgerung 5.31 ist jeder zu $\vec{b}_1$ orthogonale Vektor $\vec{b} \neq \vec{0}$ Eigenvektor von A. Damit ergibt sich $\vec{b}_2 = \frac{1}{2}(-1, \sqrt{3})$ (oder alternativ $\vec{b}_2 = \frac{1}{2}(1, -\sqrt{3})$). Wegen Satz 5.39 gilt

$$f(x_1, x_2) = y_1^2 + 2y_2^2,$$

wobei y_1, y_2 die Koordinaten von $(x_1, x_2) \in \mathbb{R}^2$ bzgl. der Basis $\vec{b}_1, \vec{b}_2$ sind. Bezeichnet B die Matrix mit den Spaltenvektoren $\vec{b}_1, \vec{b}_2$, so gilt $(y_1, y_2)^T = B^T(x_1, x_2)^T$.

Die durch den Ursprung sowie die Punkte $\vec{b}_1$ und $\vec{b}_2$ gehenden Geraden heißen *Hauptachsen* (Bild 5.3). Die Bereiche $A_c := \{(x_1, x_2) \in \mathbb{R}^2 : f(x_1, x_2) \leq c\}$, $c > 0$ sind Ellipsoide mit Zentrum $(0, 0)$, deren Halbachsenlängen das Verhältnis $\sqrt{2}$ zu 1 aufweisen. Bild 5.3 zeigt die Menge A_c für den Fall $c = 4$.

5.3.8 Definitheitseigenschaften symmetrischer Matrizen

Mit Satz 5.39 können leicht Definitheitskriterien für symmetrische Matrizen bewiesen werden. Wir erinnern hier an die Definition 1.3.3.

5.41 Satz. (Eigenwertkriterien für die Definitheit symmetrischer Matrizen) *Ist A eine symmetrische $n \times n$-Matrix mit den Eigenwerten $\lambda_1, \ldots, \lambda_n$, so gilt:*

(i) *A ist genau dann positiv definit, wenn $\lambda_j > 0$ für jedes $j \in \{1, \ldots, n\}$.*

(ii) *A ist genau dann negativ definit, wenn $\lambda_j < 0$ für jedes $j \in \{1, \ldots, n\}$.*

(iii) *A ist genau dann positiv (bzw. negativ) semidefinit wenn die Ungleichung $\lambda_j \geq 0$ (bzw. $\lambda_j \leq 0$) für jedes $j \in \{1, \ldots, n\}$ erfüllt ist.*

(iv) *A ist genau dann indefinit, wenn es $j, k \in \{1, \ldots, n\}$ mit $\lambda_j < 0 < \lambda_k$ gibt.*

Beweis: Weil der Übergang von einem Koordinatensystem in ein anderes ein Isomorphismus ist, kann nach Satz 5.39 vorausgesetzt werden, dass die quadratische Form Q_A Normalform hat. In diesem Fall sind die Behauptungen offensichtlich. □

5.3.9 Determinantenkriterien für Definitheit

Die in 5.3.8 bewiesenen Definitheitskriterien für eine symmetrische Matrix verlangen die Kenntnis der Eigenwerte oder zumindest hinreichend genaue Abschätzungen. Der folgende Satz liefert ein alternatives und zumindest für nicht zu große Matrizen einfach anzuwendendes Verfahren.

5.42 Satz. (Determinantenkriterium für positive Definitheit) *Es sei A eine symmetrische reellwertige $n \times n$-Matrix. Für $j \in \{1, \ldots, n\}$ entstehe die Matrix $A_j \in M_{\mathbb{R}}(j, j)$ durch Streichen der letzten $n-j$ Zeilen und $n-j$ Spalten von A. Dann ist A genau dann positiv definit, wenn*

$$\det(A_j) > 0, \qquad j = 1, \ldots, n.$$

Beweis: $(\Rightarrow)$: Ist A positiv definit, so ergibt sich unmittelbar aus der Definition dieser Eigenschaft, dass auch jede der Matrizen A_j positiv definit ist. Als Produkt der Eigenwerte von A_j ist die Determinante von A_j nach Satz 5.41 positiv.

($\Leftarrow$): Da für $n = 1$ nichts zu beweisen ist, sei im Folgenden $n \geq 2$ vorausgesetzt. Es gelte $\det(A_j) > 0$, $j = 1, \ldots, n$. Mittels des Gaußschen Algorithmus konstruieren wir jetzt eine normierte untere Dreiecksmatrix B, eine normierte obere Dreiecksmatrix C und eine Diagonalmatrix D mit der Eigenschaft

$$A = BDC. \tag{5.8}$$

Dabei benutzen wir nur den entscheidenden Schritt des Algorithmus, nämlich die Addition des Vielfachen einer Zeile zu einer anderen Zeile. Es sei $A = (a_{jk})$. Dann ist $a_{11} = \det(A_1) > 0$, und wir definieren eine normierte untere Dreiecksmatrix durch

$$B_1 := \begin{pmatrix} 1 & 0 & 0 & \ldots & 0 \\ -a_{21}/a_{11} & 1 & 0 & \ldots & 0 \\ \ldots & \ldots & \ldots & \ldots & \ldots \\ -a_{n1}/a_{11} & 0 & 0 & \ldots & 1 \end{pmatrix}.$$

Offenbar stimmen die erste Zeile der Matrix A und die erste Zeile des Matrizenproduktes B_1A überein. Für $j \geq 2$ ergibt sich die j-te Zeile von B_1A durch Addition der j-ten Zeile von A und der mit $-a_{j1}/a_{11}$ multiplizierten ersten Zeile von A. Die Matrix B_1A ist also von der Form

$$B_1A = (b_{jk}) = \begin{pmatrix} a_{11} & a_{12} & a_{13} & \ldots & a_{1n} \\ 0 & b_{22} & b_{23} & \ldots & b_{2n} \\ \ldots & \ldots & \ldots & \ldots & \ldots \\ 0 & b_{n2} & b_{n3} & \ldots & b_{nn} \end{pmatrix}.$$

Wendet man Satz 3.13 (iii) auf die Matrix A_2 an, so folgt $a_{11}b_{22} = \det(A_2) > 0$. Wegen $a_{11} > 0$, ist also $b_{22} > 0$. Für $n \geq 3$ definieren wir die normierte untere Dreiecksmatrix

$$B_2 := \begin{pmatrix} 1 & 0 & 0 & \ldots & 0 \\ 0 & 1 & 0 & \ldots & 0 \\ 0 & -b_{32}/b_{22} & 1 & \ldots & 0 \\ \ldots & \ldots & \ldots & \ldots & \ldots \\ 0 & -b_{n2}/b_{22} & 0 & \ldots & 1 \end{pmatrix}.$$

Die Matrix $(c_{jk}) := B_2B_1A$ besitzt die Gestalt

$$(c_{jk}) = \begin{pmatrix} a_{11} & a_{12} & a_{13} & \ldots & a_{1n} \\ 0 & b_{22} & b_{23} & \ldots & b_{2n} \\ 0 & 0 & c_{33} & \ldots & c_{3n} \\ \ldots & \ldots & \ldots & \ldots & \ldots \\ 0 & 0 & c_{n3} & \ldots & c_{nn} \end{pmatrix}.$$

Dabei ist $a_{11}b_{22}c_{33} = \det(A_3) > 0$. Wegen $a_{11} > 0$ und $b_{22} > 0$ folgt somit $c_{33} > 0$. Induktiv erhalten wir jetzt normierte untere Dreiecksmatrizen $B_1, \ldots, B_{n-1}$, so dass

$$R := B_{n-1} \ldots B_1A$$

eine obere Dreiecksmatrix ist. Dabei sind die Diagonalelemente $d_1, \ldots, d_n$ von R alle positiv. Setzen wir

$$B := B_1^{-1} \ldots B_{n-1}^{-1}, \qquad D := \operatorname{diag}(d_1, \ldots, d_n), \qquad C := D^{-1}R,$$

so ergibt sich wegen $R = B^{-1}A$

$$A = BR = BDD^{-1}R = BDC,$$

d.h. die Darstellung (5.8). Verwendet man wie in I.8.7.7 den Gaußschen Algorithmus zur Bestimmung der Inversen, so wird deutlich, dass die Inverse einer unteren normierten Dreiecksmatrix wiederum eine normierte Dreiecksmatrix ist. Damit besitzt auch B diese Eigenschaft. Die Matrix C ist eine normierte obere Dreiecksmatrix.

Wir zeigen jetzt, dass die Darstellung (5.8) eindeutig bestimmt ist und nehmen dazu an, dass eine weitere Darstellung $A = \tilde{B}\tilde{D}\tilde{C}$ mit den oben angegebenen Eigenschaften vorliegt. Multipliziert man beide Seiten der Gleichung $\tilde{B}\tilde{D}\tilde{C} = BDC$ von links mit B^{-1}, von rechts mit $\tilde{C}^{-1}$ und schließlich von links mit $\tilde{D}^{-1}$, so ergibt sich

$$B^{-1}\tilde{B} = \tilde{D}^{-1}DC\tilde{C}^{-1}.$$

Links steht hier eine normierte untere Dreiecksmatrix und rechts eine obere Dreiecksmatrix. Damit ist $B^{-1}\tilde{B} = E_n$ und somit $B = \tilde{B}$. Analog folgt $C = \tilde{C}$ und somit schließlich auch $D = \tilde{D}$.

Bisher haben wir die Symmetrie von A noch nicht benutzt. Aus ihr folgt

$$BDC = A = A^T = C^T DB^T.$$

Die obige Eindeutigkeitssaussage impliziert $C = B^T$ und damit $A = BDB^T$. Ist $\vec{x} \in \mathbb{R}^n \neq \vec{0}$, so ist auch $\vec{y} := B^T\vec{x} \neq \vec{0}$, und wie im Beweis von Satz 5.39 ergibt sich

$$\langle \vec{x}, A\vec{x} \rangle = d_1 y_1^2 + \ldots + d_n y_n^2 > 0.$$

Folglich ist A positiv definit, und der Satz ist bewiesen. □

Aus dem obigen Beweis erhalten wir noch das folgende nützliche Resultat:

5.43 Satz. (Cholesky-Zerlegung)
Es sei $A \in M_{\mathbb{R}}(n,n)$. Die in Satz 5.42 definierten Matrizen $A_1, \ldots, A_n$ seien regulär. Dann gibt es eindeutig bestimmte reguläre Matrizen $B, C, D \in M_{\mathbb{R}}(n,n)$ mit den folgenden Eigenschaften: B ist eine normierte untere Dreiecksmatrix, C ist eine normierte obere Dreiecksmatrix, D ist eine Diagonalmatrix, und es gilt $A = BDC$. Ist A symmetrisch, so gilt $C = B^T$, d.h. $A = BDB^T$.

Die Struktur der Matrizen B, D und C ist nachstehend anhand des Falles $n = 4$ veranschaulicht. Damit die Matrix D regulär ist, müssen alle Diagonalelemente von Null verschieden sein.

$$A = \underbrace{\begin{pmatrix} 1 & 0 & 0 & 0 \\ b_{21} & 1 & 0 & 0 \\ b_{31} & b_{32} & 1 & 0 \\ b_{41} & b_{42} & b_{43} & 1 \end{pmatrix}}_{B} \cdot \underbrace{\begin{pmatrix} d_{11} & 0 & 0 & 0 \\ 0 & d_{22} & 0 & 0 \\ 0 & 0 & d_{33} & 0 \\ 0 & 0 & 0 & d_{44} \end{pmatrix}}_{D} \cdot \underbrace{\begin{pmatrix} 1 & c_{12} & c_{13} & c_{14} \\ 0 & 1 & c_{23} & c_{24} \\ 0 & 0 & 1 & c_{34} \\ 0 & 0 & 0 & 1 \end{pmatrix}}_{C}$$

Es gilt auch eine gewisse Umkehrung von Satz 5.43. Ist nämlich die Matrix A das Produkt BC einer regulären unteren Dreiecksmatrix $B \in M_{\mathbb{R}}(n,n)$ und einer regulären oberen Dreiecksmatrix $C \in M_{\mathbb{R}}(n,n)$, so sind die Matrizen $A_1, \ldots, A_n$ regulär. Zum Beweis bildet man die Matrizen B_j und C_j durch Streichen der letzten $n-j$ Zeilen und Spalten von B bzw. C. Dann sind B_j und C_j reguläre untere (bzw. obere) Dreiecksmatrizen, und es gilt $A_j = B_j C_j$, $j = 1, \ldots, n-1$.

5.44 Folgerung. (Determinantenkriterium für negative Definitheit)
Eine symmetrische Matrix $A \in M_{\mathbb{R}}(n,n)$ ist genau dann negativ definit, wenn für die im Satz 5.42 definierten Matrizen A_j gilt:

$$(-1)^j \det(A_j) > 0, \qquad j = 1, \ldots, n.$$

Beweis: Die Matrix A ist genau dann negativ definit, wenn $-A$ positiv definit ist. Ferner gilt

$$\det(-A_j) = (-1)^j \det(A_j), \qquad j = 1, \ldots, n.$$

Also folgt die Behauptung aus Satz 5.42. □

Der Beweis des Satzes 5.42 zeigt, wie man praktisch vorgehen kann, um die Definitheit einer symmetrischen Matrix A zu überprüfen. Die Matrix A ist genau dann positiv (bzw. negativ) definit, wenn man A mit dem Gaußschen Algorithmus (ohne Normierung und Zeilenvertauschung) durch sukzessives zeilenweises Vorgehen auf obere Dreiecksgestalt bringen kann und alle Diagonalelemente der so erhaltenen oberen Dreiecksmatrix positiv (bzw. negativ) sind. Erhält man dagegen eine Dreieckmatrix, deren Diagonalelemente mindestens ein negatives und mindestens ein positives Element enthalten, so ist A indefinit.

5.45 Beispiel.
Drei Schritte des Gaußschen Algorithmus liefern die Äquivalenz

$$A = \begin{pmatrix} 2 & 1 & 0 & 0 \\ 1 & 2 & 1 & 0 \\ 0 & 1 & 2 & 1 \\ 0 & 0 & 1 & 2 \end{pmatrix} \sim \begin{pmatrix} 2 & 1 & 0 & 0 \\ 0 & 3/2 & 1 & 0 \\ 0 & 0 & 4/3 & 1 \\ 0 & 0 & 0 & 5/4 \end{pmatrix}.$$

Weil die Diagonalelemente der rechten Matrix positiv sind, ist A positiv definit.

5.3.10 Skalarprodukte und positiv definite Matrizen

Zwischen positiv definiten Matrizen und Skalarprodukten auf dem $\mathbb{R}^n$ gibt es einen engen Zusammenhang.

5.46 Satz. (Struktur der Skalarprodukte)
Jedes Skalarprodukt $\langle\cdot,\cdot\rangle$ auf $\mathbb{R}^n$ ist von der Form

$$\langle\vec{x},\vec{y}\rangle = \sum_{j,k=1}^{n} a_{jk}x_jy_k, \qquad \vec{x} = (x_1,\dots,x_n),\ \vec{y} = (y_1,\dots,y_n) \in \mathbb{R}^n, \tag{5.9}$$

wobei $A := (a_{jk})$ eine positiv definite $n \times n$-Matrix ist.

BEWEIS: Ist $\langle\cdot,\cdot\rangle$ ein Skalarprodukt auf $\mathbb{R}^n$, so setzen wir $a_{jk} := \langle\vec{e}_j,\vec{e}_k\rangle$ und erhalten (5.9) aus der Linearität des Skalarproduktes in beiden Argumenten. Die Symmetrie der Matrix A folgt aus $\langle\vec{e}_j,\vec{e}_k\rangle = \langle\vec{e}_k,\vec{e}_j\rangle$ und die positive Definitheit von A aus der entsprechenden Eigenschaft des Skalarproduktes. Umgekehrt ist klar, dass jede positiv definite Matrix A vermöge (5.9) ein Skalarprodukt auf $\mathbb{R}^n$ definiert. □

Analog kann man auch die Skalarprodukte auf $\mathbb{C}^n$ sowie allgemeinen endlichdimensionalen Vektorräumen beschreiben.

Lernziel-Kontrolle

- Was ist die Darstellungsmatrix einer linearen Abbildung?
- Was ist die Transformationsmatrix eines Basiswechsels?
- Wie verhalten sich Darstellungsmatrizen unter Basiswechseln?
- Wann heißen zwei Matrizen ähnlich?
- Was sind ein Eigenwert und ein Eigenvektor einer linearen Abbildung?
- Welcher Vektor ist als Eigenvektor ausgeschlossen?
- Was bedeuten die Begriffe Eigenraum sowie geometrische und algebraische Vielfachheit?
- Was ist das charakteristische Polynom einer Matrix?
- Warum besitzen ähnliche Matrizen das gleiche charakteristische Polynom?
- Wann ist eine reelle Matrix diagonalisierbar?
- Warum ist ein Jordan-Kästchen nicht diagonalisierbar?
- Was ist eine hermitesche Matrix?
- Welcher Zusammenhang besteht zwischen Selbstadjungiertheit und Hermitesch?
- Was besagt die Diagonalisierbarkeit einer selbstadjungierten Abbildung?
- Was ist eine unitäre bzw. orthogonale lineare Abbildung?
- Können Sie eine eigentlich bzw. uneigentlich orthogonale Abbildung angeben?
- Was bewerkstelligt die „Hauptachsentransformation“?
- Kennen Sie Kriterien für die Definitheit symmetrischer Matrizen?

Kapitel 6

Das allgemeine Integral

On a réussi, en particulier, à charactériser les fonctions d'ensemble qui sont des intégrales indéfinies par deux propriétés: l'additivité complète et l'absolue continuité. Quand une fonction d'ensemble $\psi(E)$ jouit de ces deux propriétés, elle est l'intégrale indéfinie d'une fonction f qui dépend de $1, 2, 3, \ldots$ variables suivant que les ensembles E sont formés à l'aide des points d'une droite, d'un plan, de l'espace ordinaire, etc. Pour avoir un langage et une notation uniformes, disons que f est une fonction de point, $f(P)$, et écrivons:

$$\Psi E = \int_E f(P)\, dm(P).$$

Henri Lebesgue

In diesem Kapitel geben wir einen Abriss der Lebesgueschen Integrationstheorie. Das Lebesgue-Integral vermeidet verschiedene Nachteile des Riemann-Integrals (s. unten) und liefert grundlegende Beispiele für Banach- und Hilberträume. Für die in späteren Kapiteln zu behandelnde Fourier-Analyse und Stochastik ist dieser Integralbegriff unverzichtbar. Im zweiten Abschnitt werden wir einen allgemeinen Integralbegriff entwickeln und gleichzeitig einige der im ersten Abschnitt offen gebliebenen Resultate beweisen. Der ungeduldige Leser sollte bei Bedarf sofort nachschlagen.

6.1 Das Lebesguesche Integral

Zur Einstimmung betrachten wir einen Quader $Q \subset \mathbb{R}^n$ und bezeichnen mit $R(Q)$ die Menge aller über Q Riemann-integrierbaren Funktionen $f : Q \to \mathbb{R}$. Nach Satz 2.3 ist $R(Q)$ ein reeller Vektorraum. Wie in Beispiel 4.46 könnte man versuchen, die Norm einer Funktion $f \in R(Q)$ durch

$$\|f\|_1 := \int_Q |f(\vec{x})|\, d\vec{x}$$

zu definieren. Weil aus $\|f\|_1 = 0$ im Allgemeinen nicht $f \equiv 0$ folgt (man wähle etwa f als Indikatorfunktion einer nichtleeren Jordanschen Nullmenge), ist $\|\cdot\|_1$ keine Norm. Ein größerer Mangel des Riemann-Integrals ist aber, dass $(R(Q), \|\cdot\|)$ auch *nicht vollständig* ist. Ist nämlich (f_k) eine wie in 4.3.6 definierte Cauchy-Folge in $R(Q)$, so muss es kein $f \in R(Q)$ mit $\lim_{k\to\infty} \|f_k - f\|_1 = 0$ geben. (Den Nachweis dieser Aussage werden wir in Beispiel 6.32 führen.) Mit Blick auf den Banachschen Fixpunktsatz oder den Approximationssatz 4.90 wäre die Existenz einer derartigen Funktion f aber eine höchst wünschenswerte Eigenschaft! Die tiefere Ursache dieses Mangels ist die Existenz konvergenter und monoton wachsender Folgen nichtnegativer und durch 1 beschränkter Riemann-integrierbarer Funktionen, deren Grenzwert nicht Riemann-integrierbar ist:

6.1 Beispiel. (Fortsetzung von Beispiel 2.13)
Es sei $A := \{(x_1, \ldots, x_n) \in Q : x_1, \ldots, x_n \in \mathbb{Q}\}$ die Menge aller Punkte aus Q mit rationalen Koordinaten. Mit den Methoden aus I.5.2.11 kann man zeigen, dass A eine abzählbar-unendliche Menge ist. Damit gibt es eine Bijektion $j \mapsto \vec{x}_j$ von $\mathbb{N}$ auf A. Für jedes $k \in \mathbb{N}$ definieren wir jetzt f_k als Indikatorfunktion von $A_k := \{\vec{x}_1, \ldots, \vec{x}_k\}$. Weil A_k eine Jordansche Nullmenge ist, gilt $\int_Q f_k(\vec{x})\, d\vec{x} = 0$. Ferner konvergiert die Folge (f_k) auf ganz Q gegen die Indikatorfunktion 1_A von A. Nach Beispiel 2.13 ist aber die Funktion 1_A nicht Riemann-integrierbar.

6.1.1 Das äußere Lebesgue-Maß

In der Definition des Jordan-Inhalts wurden *abgeschlossene* Quader verwendet. Ein damit verbundener Nachteil ist, dass ein Quader nicht in disjunkte, sondern nur in *fremde* Quader (vgl. 2.2.1) zerlegt werden kann. Im Hinblick auf eine sinnvolle Erweiterung des Jordan-Inhalts verstehen wir im Folgenden unter einem *Quader* jede Menge der Form

$$(\vec{a}, \vec{b}), \quad (\vec{a}, \vec{b}], \quad [\vec{a}, \vec{b}), \quad [\vec{a}, \vec{b}] \tag{6.1}$$

mit $\vec{a} = (a_1, \ldots, a_n) \in \mathbb{R}^n$ und $\vec{b} = (b_1, \ldots, b_n) \in \mathbb{R}^n$. Hierbei ist

$$(\vec{a}, \vec{b}) := \{(x_1, \ldots, x_n) \in \mathbb{R}^n : a_j < x_j < b_j \text{ für } j = 1, \ldots, n\}.$$

Die Mengen $(\vec{a}, \vec{b}] = \{(x_1, \ldots, x_n) \in \mathbb{R}^n : a_j < x_j \leq b_j \text{ für } j = 1, \ldots, n\}$ sowie $[\vec{a}, \vec{b})$ und $[\vec{a}, \vec{b}]$ definiert man analog (vgl. Bild 6.1 im Fall $n = 2$). Man beachte, dass in obigem Sinn auch die leere Menge $\emptyset = (\vec{a}, \vec{a})$ $(\vec{a} \in \mathbb{R}^n)$ als Quader angesehen wird. Offenbar ist $[\vec{a}, \vec{b}] = [a_1, b_1] \times \ldots \times [a_n, b_n]$ der aus Kapitel 2 vertraute abgeschlossene Quader, während die offene Menge $(\vec{a}, \vec{b})$ auch als *offener Quader* bezeichnet wird. Aufgrund der Jordan-Messbarkeit eines abgeschlossenen Quaders ist nach Folgerung 2.12 jeder der übrigen in (6.1) auftretenden Quader Q Jordan-messbar, und alle Quader in (6.1) besitzen den gleichen Jordan-Inhalt

$$|Q| = (b_1 - a_1) \cdot \ldots \cdot (b_n - a_n).$$

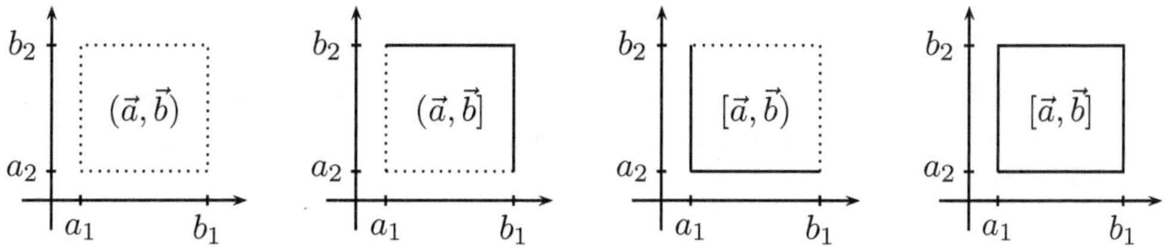

Bild 6.1: Die in (6.1) auftretenden Quader im Fall $n = 2$

Eine endliche oder abzählbar-unendliche Menge $\mathcal{Z}$ von Quadern heißt *Quader-Überdeckung* einer Menge $M \subset \mathbb{R}^n$, falls

$$M \subset \bigcup_{Q \in \mathcal{Z}} Q.$$

Die folgende grundlegende Definition lehnt sich eng an die Aussage des Satzes 2.9 über den äußeren Jordan-Inhalt an. Die entscheidende Neuerung besteht darin, dass jetzt eine Menge durch die Vereinigung von möglicherweise *abzählbar-unendlich* vielen Mengen approximiert wird.

Für eine Menge $M \subset \mathbb{R}^n$ heißt

$$\lambda^n(M) := \inf \Big\{ \sum_{Q \in \mathcal{Z}} |Q| : \mathcal{Z} \text{ ist Quader-Überdeckung von } M \Big\} \tag{6.2}$$

das *äußere Lebesgue-Maß* von M.

Hier und im Folgenden erweitern wir die Definition des Infimums und Supremums auf Teilmengen A der erweiterten reellen Zahlen $\bar{\mathbb{R}} := [-\infty, \infty]$. Mit der in I.5.1.18 eingeführten Ordnungsrelation $\leq$ ist $\sup A$ die kleinste obere Schranke von A und $\inf A$ die größte untere Schranke von A. Speziell ist $\sup A = \infty$, falls $\infty \in A$ und $\inf A = -\infty$, falls $-\infty \in A$. Zu beachten sind noch die Sonderfälle $\sup\{-\infty\} = -\infty$ und $\inf\{\infty\} := \infty$. Letzterer Fall kann in (6.2) eintreten.

6.2 Beispiel. (Fortsetzung von Beispiel 6.1)
Die abzählbar-unendliche Menge $M := \mathbb{Q}^n \cap [0,1]^n$ der Punkte mit rationalen Koordinaten im Einheitsquader des $\mathbb{R}^n$ besitzt das äußere Lebesgue-Maß Null. Ist nämlich $M = \{\vec{x}_1, \vec{x}_2, \ldots\}$, und ist zu vorgegebenem $\varepsilon > 0$ die Menge Q_j ein Quader mit den Eigenschaften $\vec{x}_j \in Q_j$ und $|Q_j| = \varepsilon/2^j$ $(j \geq 1)$, so gilt

$$M \subset \bigcup_{j=1}^{\infty} Q_j \qquad \text{und} \qquad \sum_{j=1}^{\infty} |Q_j| = \varepsilon.$$

Somit ist $\lambda^n(M) \leq \varepsilon$ und folglich $\lambda^n(M) = 0$, da ε beliebig war.

6.1.2 Rechnen mit ∞ und $-\infty$

Wir werden in der Folge häufig Summen betrachten, bei denen Summanden gleich ∞ oder $-\infty$ sein können. In diesem Zusammenhang sei an die in I.5.1.18 gegebenen Definitionen

$$x + \infty = \infty + x := \infty, \qquad x - \infty = -\infty + x := -\infty, \qquad x \in \mathbb{R},$$

erinnert. Weiter vereinbart man $\infty + \infty := \infty$ und $-\infty - \infty := -\infty$. Nicht definiert sind die Ausdrücke $\infty - \infty$ und $-\infty + \infty$. Ist $(a_n)_{n \geq 1}$ eine Folge mit $0 \leq a_n \leq \infty$, $n \geq 1$, so setzt man

$$\sum_{n=1}^{\infty} a_n := \infty, \quad \text{falls } a_n = \infty \text{ für mindestens ein } n \in \mathbb{N}. \tag{6.3}$$

Im Fall $0 \leq a_n < \infty$ für jedes $n \geq 1$ steht auf der linken Seite von (6.3) eine Reihe im Sinne von I.5.2, die konvergieren oder gegen ∞ divergieren kann.

Für Produkte, in denen ∞ und $-\infty$ als Faktoren auftreten, definieren wir

$$\infty \cdot \infty := (-\infty) \cdot (-\infty) := \infty, \quad \infty \cdot (-\infty) := (-\infty) \cdot \infty := -\infty.$$

Ist $x \in \mathbb{R}$, so setzt man

$$\begin{aligned} \infty \cdot x &:= x \cdot \infty := \infty, \quad (x > 0), & (-\infty) \cdot x &:= x \cdot (-\infty) := -\infty \quad (x > 0), \\ \infty \cdot x &:= x \cdot \infty := -\infty, \quad (x < 0), & (-\infty) \cdot x &:= x \cdot (-\infty) := \infty \quad (x < 0). \end{aligned}$$

Schließlich definiert man $|-\infty| := |\infty| := \infty$ sowie als wichtige Sonderregel

$$\infty \cdot 0 := 0 \cdot \infty := 0. \tag{6.4}$$

6.1.3 Eigenschaften des äußeren Lebesgue-Maßes

Das äußere Lebesgue-Maß λ^n ist auf der Potenzmenge $\mathcal{P}(\mathbb{R}^n)$ des $\mathbb{R}^n$ definiert. Seine Eigenschaften sind denen des oberen Jordanschen Inhalts (s. 2.3.1) analog.

6.3 Satz. (Eigenschaften des äußeren Lebesgue-Maßes)
Das äußere Lebesgue-Maß $\lambda^n : \mathcal{P}(\mathbb{R}^n) \to [0, \infty]$ besitzt folgende Eigenschaften:

(i) $\lambda^n(\emptyset) = 0$.

(ii) *Aus $A \subset B$ folgt $\lambda^n(A) \leq \lambda^n(B)$.* (Monotonie von λ^n)

(iii) *Mit der Konvention (6.3) gilt für beliebige Teilmengen A_j, $j \in \mathbb{N}$, von Teilmengen des $\mathbb{R}^n$*

$$\lambda^n\left(\bigcup_{j=1}^{\infty} A_j\right) \leq \sum_{j=1}^{\infty} \lambda^n(A_j). \qquad (\sigma\text{-Subadditivität von } \lambda^n)$$

Beweis: (i): Für $\mathcal{Z} := \{\emptyset\}$ gilt $\sum_{Q\in\mathcal{Z}} |Q| = 0$.

(ii): Gilt $A \subset B$, so ist jede Quader-Überdeckung von B auch eine Quader-Überdeckung von A. Damit folgt die behauptete Ungleichung aus den Eigenschaften des Infimums.

(iii): Wir können o.B.d.A. annehmen, dass die auf der rechten Seite der behaupteten Ungleichung stehende Reihe konvergiert. Wegen $\lambda^n(A_j) < \infty$ gibt es dann nach Definition des Infimums zu jedem $\varepsilon > 0$ und zu jedem $j \geq 1$ eine Folge $(Q_{j,k})_{k\geq 1}$ von Quadern mit

$$A_j \subset \bigcup_{k=1}^{\infty} Q_{j,k} \quad \text{und} \quad \sum_{k=1}^{\infty} |Q_{j,k}| \leq \lambda^n(A_j) + \frac{\varepsilon}{2^j}.$$

Dann ist $\mathcal{Z} := \{Q_{j,k} : j,k \in \mathbb{N}\}$ eine Quader-Überdeckung der Menge $\cup_{j=1}^{\infty} A_j$. Ferner erhalten wir unter Beachtung des Umordnungssatzes I.5.38

$$\sum_{Q\in\mathcal{Z}} |Q| = \sum_{j=1}^{\infty}\sum_{k=1}^{\infty} |Q_{j,k}| \leq \sum_{j=1}^{\infty} \left(\lambda^n(A_j) + \frac{\varepsilon}{2^j}\right) \leq \sum_{j=1}^{\infty} \lambda^n(A_j) + \varepsilon.$$

Weil ε beliebig klein gewählt werden kann, folgt die Behauptung. □

Setzt man in (iii) $A_j := \emptyset$ für $j > m \in \mathbb{N}$, so ergibt sich die *Subadditivität* von λ^n, d.h. die Ungleichung

$$\lambda^n\left(\bigcup_{j=1}^{m} A_j\right) \leq \sum_{j=1}^{m} \lambda^n(A_j), \qquad A_1,\ldots,A_m \in \mathcal{P}(\mathbb{R}^n). \tag{6.5}$$

Der folgende Satz zeigt insbesondere, dass der Jordan-Inhalt $|A|$ einer Jordan-messbaren Menge A mit dem äußeren Lebesgue-Maß $\lambda^n(A)$ übereinstimmt.

6.4 Satz. (Äußeres Lebesgue-Maß und Jordanscher Inhalt)
Für jede beschränkte Menge $M \subset \mathbb{R}^n$ gilt $\underline{J}(M) \leq \lambda^n(M) \leq \overline{J}(M)$.

Beweis: Da in (6.2) auch endliche Quader-Überdeckungen zugelassen sind, ergibt sich die Ungleichung $\lambda^n(M) \leq \overline{J}(M)$ aus Satz 2.9 und den Eigenschaften des Infimums. Zum Beweis der ersten Ungleichung wählen wir zunächst eine beliebige Quadersumme A (vgl. 2.3.12) und ein $\varepsilon > 0$. Nach Definition von $\lambda^n(A)$ gibt es eine Quader-Überdeckung $\mathcal{Z} = \{Q_j : j \geq 1\}$ von A mit $\sum_{j=1}^{\infty} |Q_j| \leq \lambda^n(A) + \varepsilon$. Zu jeder natürlichen Zahl j existiert ein offener Quader Q'_j mit $Q_j \subset Q'_j$ und $|Q'_j| \leq |Q_j| + 2^{-j}\varepsilon$. Weil die Menge A in der Vereinigung aller Q'_j enthalten ist, gibt es nach dem Überdeckungssatz 1.12 ein $m \in \mathbb{N}$ mit $A \subset Q'_1 \cup \ldots \cup Q'_m$. Es folgt

$$|A| \leq |Q'_1| + \ldots + |Q'_m| \leq \sum_{j=1}^{\infty} \left(|Q_j| + \frac{\varepsilon}{2^j}\right) = \sum_{j=1}^{\infty} |Q_j| + \varepsilon \leq \lambda^n(A) + 2\varepsilon$$

und somit $|A| \leq \lambda^n(A)$, da $\varepsilon > 0$ beliebig war. Gilt $A \subset M$, so erhalten wir damit aus Satz 6.3 (ii)

$$|A| \leq \lambda^n(M).$$

Der Übergang zum Supremum liefert zusammen mit Satz 2.9 die behauptete Ungleichung $\underline{J}(M) \leq \lambda^n(M)$. □

6.1.4 Das Lebesgue-Maß

Eine Menge $M \subset \mathbb{R}^n$ heißt *Lebesgue-messbar* oder kurz *messbar,* falls gilt:

$$\lambda^n(E) = \lambda^n(E \cap M) + \lambda^n(E \cap (\mathbb{R}^n \setminus M)) \qquad \text{für jedes } E \subset \mathbb{R}^n. \tag{6.6}$$

Wegen der Subadditivität von λ^n ist die Messbarkeit von M zu

$$\lambda^n(E) \geq \lambda^n(E \cap M) + \lambda^n(E \cap (\mathbb{R}^n \setminus M)) \qquad \text{für jedes } E \subset \mathbb{R}^n \tag{6.7}$$

äquivalent. Diese auf C. Carathéodory[1] zurückgehende Definition ist dadurch motiviert, dass jede Menge $E \subset \mathbb{R}^n$ als Vereinigung der disjunkten Mengen $E \cap M$ und $E \cap (\mathbb{R}^n \setminus M)$ geschrieben werden kann. Wenn sich die Menge M „in vernünftiger Weise" messen lässt, sollte ihr Maß für jedes $E \subset \mathbb{R}^n$ gleich der Summe der Maße der Mengen $E \cap M$ und $E \cap (\mathbb{R}^n \setminus M)$ sein. Man beachte, dass jeder der beiden Summanden auf der rechten Seite von (6.6) gleich ∞ sein darf; nach den Konventionen über das Rechnen mit ∞ ist dann auch die linke Seite von (6.6) gleich ∞.

Wir werden sehen, dass jede Jordan-messbare Menge auch Lebesgue-messbar ist. Darüber hinaus wird sich zeigen, dass das System (d.h. die Menge) aller Lebesgue-messbaren Mengen Eigenschaften besitzt, die eine Realisierung der zu Beginn dieses Abschnitts formulierten Ziele gestatten.

6.5 Satz. (Eigenschaften Lebesgue-messbarer Mengen)

(i) *Jede Jordan-messbare Menge ist auch Lebesgue-messbar.*

(ii) *Ist die Menge M Lebesgue-messbar, so auch ihr Komplement $\mathbb{R}^n \setminus M$.*

(iii) *Sind A_j, $j \in \mathbb{N}$, Lebesgue-messbare Mengen, so sind auch die Mengen $\cup_{j=1}^{\infty} A_j$ und $\cap_{j=1}^{\infty} A_j$ Lebesgue-messbar.*

BEWEIS: Die Aussagen (ii) und (iii) sind Spezialfälle von Satz 6.60. Zum Beweis von (i) betrachten wir eine Jordan-messbare Menge $M \subset \mathbb{R}^n$. Zum Nachweis von (6.7) können wir o.B.d.A. $\lambda^n(E) < \infty$ voraussetzen. Es sei $\varepsilon > 0$. Nach Definition von $\lambda^n(E)$ gibt es eine Quader-Überdeckung $\mathcal{Z}$ von E mit $\sum_{Q \in \mathcal{Z}} |Q| \leq \lambda^n(E) + \varepsilon$. Aus Satz 2.17 folgt für jedes $Q \in \mathcal{Z}$, dass die disjunkten Mengen $Q \cap M$ und $Q \cap (\mathbb{R}^n \setminus M)$ Jordan-messbar sind. Ferner gilt $E \cap M \subset \cup_{Q \in \mathcal{Z}} Q \cap M$ und $E \cap (\mathbb{R}^n \setminus M) \subset \cup_{Q \in \mathcal{Z}} Q \cap (\mathbb{R}^n \setminus M)$. Damit erhalten wir aus der Subadditivität von λ^n, Satz 6.4 sowie aus der Additivität des Jordan-Inhalts

[1] Constantin Carathéodory (1873–1950), Mathematiker und Physiker. 1898–1900 als Ingenieur in englischen Diensten bei Staudammprojekten am Nil beschäftigt, Professor in Hannover (ab 1909), Breslau (ab 1910), Göttingen (ab 1913), Berlin (ab 1918), Izmir (ab 1920) und München (ab 1924). Hauptarbeitsgebiete: Variationsrechnung, partielle Differentialgleichungen, Maß- und Integrationstheorie.

(Satz 2.18)

$$\begin{aligned}\lambda^n(E\cap M)+\lambda^n(E\cap(\mathbb{R}^n\setminus M)) &\le \sum_{Q\in\mathcal{Z}}\lambda^n(Q\cap M)+\sum_{Q\in\mathcal{Z}}\lambda^n(Q\cap(\mathbb{R}^n\setminus M))\\ &=\sum_{Q\in\mathcal{Z}}(|Q\cap M|+|Q\cap(\mathbb{R}^n\setminus M)|)\\ &=\sum_{Q\in\mathcal{Z}}|Q|\le\lambda^n(E)+\varepsilon.\end{aligned}$$

Weil $\varepsilon>0$ beliebig gewählt wurde, ergibt sich (6.7). □

6.6 Satz. (Messbarkeit offener und abgeschlossener Mengen)
Jede offene bzw. abgeschlossene Menge ist Lebesgue-messbar.

BEWEIS: Es sei $\mathcal{Z}$ das System aller abgeschlossenen Quader $[\vec{a},\vec{b}]$ mit der Eigenschaft, dass $\vec{a}$ und $\vec{b}$ rationale Koordinaten besitzen. Die Menge $\mathcal{Z}$ ist abzählbar-unendlich (vgl. auch Beispiel 6.1). Es sei $U\subset\mathbb{R}^n$ eine offene Menge. Ist $\vec{x}\in U$, so gibt es ein $\varepsilon>0$ mit $B(\vec{x},\varepsilon)\subset U$. Also existiert auch ein Quader $Q_{\vec{x}}\in\mathcal{Z}$ mit $\vec{x}\in Q_{\vec{x}}$ und $Q_{\vec{x}}\subset U$. Daraus erhalten wir $U=\cup_{\vec{x}\in U}Q_{\vec{x}}$. Da jeder Quader Lebesgue-messbar ist, impliziert Satz 6.5 (iii) die Lebesgue-Messbarkeit von U. Nach Satz 6.5 (ii) ist dann auch jede abgeschlossene Menge Lebesgue-messbar. □

Das System aller Lebesgue-messbaren Mengen wird mit $\mathcal{L}^n$ bezeichnet. Nach den bisherigen Überlegungen enthält $\mathcal{L}^n$ insbesondere jede Jordan-messbare Menge, jede offene Menge und jede abgeschlossene Menge. Es lässt sich jedoch zeigen (Walter, 2002, S.350), dass nicht jede Teilmenge des $\mathbb{R}^n$ Lebesgue-messbar ist.

Die Einschränkung des auf der Potenzmenge $\mathcal{P}(\mathbb{R}^n)$ definierten äußeren Maßes $\lambda^n(\cdot)$ auf das System $\mathcal{L}^n$ der Lebesgue-messbaren Mengen heißt *Lebesgue-Maß* (auf $\mathbb{R}^n$). Es wird ebenfalls mit $\lambda^n(\cdot)$ bezeichnet. Für $A\in\mathcal{L}^n$ heißt $\lambda^n(A)\in[0,\infty]$ das *Lebesgue-Maß von A*.

6.7 Satz. (Eigenschaften des Lebesgue-Maßes)

(i) *Es gilt* $\lambda^n(\emptyset)=0$.

(ii) *Sind* $A_1,A_2,\ldots$ *paarweise disjunkte Lebesgue-messbare Mengen, so gilt*

$$\lambda^n\left(\bigcup_{j=1}^{\infty}A_j\right)=\sum_{j=1}^{\infty}\lambda^n(A_j). \qquad (\sigma\text{-Additivität})$$

(iii) *Ist* $A\subset\mathbb{R}^n$ *Jordan-messbar, so gilt* $\lambda^n(A)=|A|$.

BEWEIS: Die dritte Behauptung ist eine Folgerung aus Satz 6.4 (i). Die ersten beiden Behauptungen sind ein Spezialfall von Satz 6.60. □

6.1.5 Lebesguesche Unter- und Obersummen

Es sei M eine nichtleere messbare Teilmenge des $\mathbb{R}^n$. Eine aus messbaren und paarweise disjunkten Mengen bestehende Menge (Mengensystem) $\mathcal{Z} \subset \mathcal{P}(\mathbb{R}^n)$ heißt *Lebesgue-Partition* von M, falls $\mathcal{Z}$ endlich oder abzählbar-unendlich ist (vgl. I.5.2.10) und falls M die Vereinigung aller $A \in \mathcal{Z}$ ist, also $M = \cup_{A\in\mathcal{Z}} A$ gilt.

Sind $\mathcal{Z}$ und $\mathcal{Z}^*$ Lebesgue-Partitionen von M, so heißt $\mathcal{Z}$ *feiner* als $\mathcal{Z}^*$, falls jede Menge aus $\mathcal{Z}$ Teilmenge einer Menge aus $\mathcal{Z}^*$ ist. In diesem Fall schreiben wir $\mathcal{Z} \succ \mathcal{Z}^*$. Sind $\mathcal{Z}_1$und $\mathcal{Z}_2$ beliebige Lebesgue-Partitionen von M, so ist die sogenannte *gemeinsame Verfeinerung*

$$\mathcal{Z}_1 \cdot \mathcal{Z}_2 := \{A \cap B : A \in \mathcal{Z}_1,\ B \in \mathcal{Z}_2\} \tag{6.8}$$

von $\mathcal{Z}_1$ und $\mathcal{Z}_2$ eine Lebesgue-Partition von M. Diese Namensgebung rührt daher, dass $\mathcal{Z}_1 \cdot \mathcal{Z}_2$ sowohl feiner als $\mathcal{Z}_1$ als auch feiner als $\mathcal{Z}_2$ ist.

Sind $f : M \to [0, \infty]$ eine Funktion und $\mathcal{Z}$ eine Lebesgue-Partition von M, so heißt

$$U(f; \mathcal{Z}) := \sum_{A\in\mathcal{Z}} \inf f(A) \cdot \lambda^n(A) \tag{6.9}$$

die *Untersumme* von f bezüglich $\mathcal{Z}$ und

$$O(f; \mathcal{Z}) := \sum_{A\in\mathcal{Z}} \sup f(A) \cdot \lambda^n(A) \tag{6.10}$$

die *Obersumme* von f bezüglich $\mathcal{Z}$.

In der obigen Definition ist der Fall $U(f; \mathcal{Z}) = \infty$ zunächst zugelassen. Um auch Funktionen $f : M \to \bar{\mathbb{R}}$ behandeln zu können, machen wir eine Voraussetzung, die für alle weiteren Betrachtungen wesentlich ist. Wir fordern nämlich die Existenz einer Lebesgue-Partition $\mathcal{Z}^*$ von M mit der Eigenschaft

$$O(|f|; \mathcal{Z}^*) = \sum_{A\in\mathcal{Z}^*} \sup\{|f(x)| : x \in A\} \cdot \lambda^n(A) < \infty. \tag{6.11}$$

Man beachte auch, dass hier Mengen $A \in \mathcal{Z}^*$ mit $\sup\{|f(x)| : x \in A\} = \infty$ auftreten können. Nach den Rechenregeln (6.4) muss dann aber notwendigerweise $\lambda^n(A) = 0$ gelten (andernfalls hätte die Reihe (6.11) den Wert ∞).

Sind $\mathcal{Z}$ und $\mathcal{Z}^*$ Lebesgue-Partitionen von M mit den Eigenschaften (6.11) und $\mathcal{Z} \succ \mathcal{Z}^*$, so definiert man die Unter- bzw. Obersumme von f bezüglich $\mathcal{Z}$ erneut durch (6.9) bzw. (6.10).

Die Voraussetzungen (6.11) und $\mathcal{Z} \succ \mathcal{Z}^*$ gewährleisten, dass die in (6.9) bzw. (6.10) auftretenden Reihen absolut konvergieren. In der Tat gelten für jedes $A \subset M$ die Ungleichungen

$$|\sup f(A)| \leq \sup |f|(A), \qquad |\inf f(A)| \leq \sup |f|(A).$$

Damit folgt

$$\begin{aligned}\sum_{A\in\mathcal{Z}} |\inf f(A)|\cdot\lambda^n(A) &\le \sum_{B\in\mathcal{Z}^*}\sum_{\substack{A\in\mathcal{Z}\\ A\subset B}} \sup|f|(A)\cdot\lambda^n(A)\\ &\le \sum_{B\in\mathcal{Z}^*}\sup|f|(B)\cdot\sum_{\substack{A\in\mathcal{Z}\\ A\subset B}}\lambda^n(A) = O(|f|;\mathcal{Z}^*),\end{aligned}$$

wobei zuletzt die σ-Additivität von λ^n (Satz 6.7) benutzt wurde. Analog ergibt sich die absolute Konvergenz der Reihe (6.10). Diese Überlegungen zeigen auch, dass Ober- und Untersummen wie beim Riemann-Integral beim Übergang zu feineren Zerlegungen prinzipiell kleiner bzw. größer werden.

6.1.6 Definition des Lebesgue-Integrals

Es seien $M\subset\mathbb{R}^n$ eine nichtleere Lebesgue-messbare Menge und $f: M\to\bar{\mathbb{R}}$ eine Funktion. Gibt es eine Lebesgue-Partition $\mathcal{Z}^*$ von M mit den Eigenschaften (6.11) und

$$\sup\{U(f;\mathcal{Z}) : \mathcal{Z}\succ\mathcal{Z}^*\} = \inf\{O(f;\mathcal{Z}) : \mathcal{Z}\succ\mathcal{Z}^*\}, \qquad (6.12)$$

so heißt f *Lebesgue-integrierbar* (über M), und man schreibt

$$\int_M f = \int_M f(\vec{x})\,d\vec{x} := \sup\{U(f;\mathcal{Z}) : \mathcal{Z}\succ\mathcal{Z}^*\}.$$

Die Funktion f und die Menge M heißen *Integrand* bzw. *Integrationsbereich* des Integrals. Im Fall $M=\mathbb{R}^n$ schreibt man auch kurz $\int f := \int_{\mathbb{R}^n} f$, $\int f(\vec{x})\,d\vec{x} := \int_{\mathbb{R}^n} f(\vec{x})\,d\vec{x}$.

In (6.12) werden Infimum und Supremum über alle Lebesgue-Partitionen $\mathcal{Z}$ von M gebildet, die feiner als irgendeine Partition $\mathcal{Z}^*$ mit der Eigenschaft (6.11) sind. Die erhaltenen Werte in (6.12) sind jedoch unabhängig von der speziellen Wahl von $\mathcal{Z}^*$. Ist nämlich $\mathcal{Z}'$ eine weitere Lebesgue-Partition von M mit $O(|f|;\mathcal{Z}')<\infty$, so gilt

$$\inf\{O(f;\mathcal{Z}) : \mathcal{Z}\succ\mathcal{Z}^*\} = \inf\{O(f;\mathcal{Z}) : \mathcal{Z}\succ\mathcal{Z}^*\cdot\mathcal{Z}'\}.$$

Hierbei folgt die Ungleichung „$\le$“ aus der für jede Lebesgue-Partition gültigen Implikation $\mathcal{Z}\succ\mathcal{Z}^*\cdot\mathcal{Z}' \Rightarrow \mathcal{Z}\succ\mathcal{Z}^*$ und der Definition des Infimums, während die umgekehrte Ungleichung eine Konsequenz der Monotonieeigenschaften der Obersummen ist. Eine analoge Beziehung gilt für die Untersummen.

Der folgende Satz zeigt, dass der Lebesguesche Integralbegriff eine Erweiterung des Riemann-Integrals darstellt.

6.8 Satz. (Riemannsches und Lebesguesches Integral)
Es seien $M \subset \mathbb{R}^n$ eine Jordan-messbare Menge und $f : M \to \mathbb{R}$ eine Funktion. Ist f über M Riemann-integrierbar, so ist f auch über M Lebesgue-integrierbar, und beide Integrale stimmen überein.

BEWEIS: Wegen Folgerung 2.22 kann man sich in der Behauptung von Satz 2.20 auf Partitionen beschränken, die aus paarweise disjunkten Teilmengen von M bestehen. Weil jede Jordan-messbare Menge auch Lebesgue-messbar ist, erhält man damit

$$\begin{aligned}\underline{J}(f;M) &\leq \sup\{U(f;\mathcal{Z}) : \mathcal{Z} \text{ ist Lebesgue-Partition von } M\} \\ &\leq \inf\{O(f;\mathcal{Z}) : \mathcal{Z} \text{ ist Lebesgue-Partition von } M\} \leq \overline{J}(f;M)\end{aligned}$$

und somit die Behauptung. □

Die Beispiele 2.13 und 6.2 zeigen, dass es auf einem Quader definierte Funktionen gibt, die zwar Lebesgue- aber nicht Riemann-integrierbar sind. Zukünftig soll unter einer *integrierbaren* Funktion stets eine Lebesgue-integrierbare Funktion verstanden werden. Auch beim Integral werden wir meist auf den Zusatz „Lebesgue-“ verzichten.

6.1.7 Lebesguesche Nullmengen

Analog zu 2.3.6 nennen wir eine Menge $M \subset \mathbb{R}^n$ *Lebesguesche Nullmenge*, falls $\lambda^n(M) = 0$ gilt.

Wegen Satz 6.3 (ii) ist jede Teilmenge einer Lebesgueschen Nullmenge ebenfalls eine Lebesguesche Nullmenge. Nach Satz 6.3 (iii) ist eine endliche oder abzählbar-unendliche Vereinigung von Lebesgueschen Nullmengen ebenfalls eine Lebesguesche Nullmenge. Ferner gilt:

6.9 Satz. (Messbarkeit von Nullmengen)
Eine Lebesguesche Nullmenge ist messbar.

BEWEIS: Es sei $M \subset \mathbb{R}^n$ mit $\lambda^n(M) = 0$. Zu beweisen sind die Ungleichungen (6.7). Wegen $\lambda^n(E \cap M) = 0$ sind diese eine Konsequenz der Monotonie von λ^n. □

6.10 Satz. (Jordansche und Lebesguesche Nullmengen)
Es sei $M \subset \mathbb{R}^n$ eine beschränkte Menge. Ist M eine Jordansche Nullmenge, so ist M auch eine Lebesguesche Nullmenge. Die Umkehrung gilt, falls M abgeschlossen ist.

BEWEIS: Die erste Behauptung folgt aus Satz 6.4. Ist M eine abgeschlossene Lebesguesche Nullmenge, so gibt es nach Definition zu jedem $\varepsilon > 0$ eine Quader-Überdeckung $\mathcal{Z}$ von M mit

$$\sum_{Q \in \mathcal{Z}} |Q| \leq \varepsilon. \tag{6.13}$$

Dabei können wir o.B.d.A. annehmen, dass alle Quader offen sind (andernfalls zähle man die Quader aus $\mathcal{Z}$ in der Form $Q_1, Q_2, \dots$ auf und wähle offene Quader $Q'_1, Q'_2 \dots$ mit $Q_j \subset Q'_j$ und $|Q'_j| \leq |Q_j| + \varepsilon/2^j$, $j \geq 1$). Wegen Satz 1.12 existiert eine endliche Teilmenge $\mathcal{Z}'$ von $\mathcal{Z}$ mit $M \subset \cup_{Q \in \mathcal{Z}'} Q$. Insbesondere gilt (6.13), wenn man dort $\mathcal{Z}$ durch $\mathcal{Z}'$ ersetzt. Weil $\varepsilon > 0$ beliebig wählbar ist, folgt die behauptete Gleichung $\overline{J}(M) = 0$. □

6.11 Satz. (Integrierbarkeit und Endlichkeit)
Sind $M \subset \mathbb{R}^n$ messbar und $f : M \to \bar{\mathbb{R}}$ integrierbar, so ist die Menge

$$\{\vec{x} \in M : f(\vec{x}) \in \{-\infty, \infty\}\}$$

der „$\pm\infty$-Stellen von f“ eine Lebesguesche Nullmenge.

Beweis: Es sei $\mathcal{Z}^*$ eine Lebesgue-Partition von M mit $O(|f|; \mathcal{Z}^*) < \infty$. Besitzt eine Menge $A \in \mathcal{Z}^*$ die Eigenschaft $\sup\{|f(\vec{x})| : \vec{x} \in A\} = \infty$, so muss nach den in 6.1.2 vereinbarten Rechenregeln $\lambda(A) = 0$ sein. Somit ist $\{\vec{x} \in M : f(\vec{x}) \in \{-\infty, \infty\}\}$ Teilmenge der Vereinigung aller (abzählbar-unendlich vielen) $A \in \mathcal{Z}^*$ mit $\lambda(A) = 0$. Nach Satz 6.3 (iii) ist diese Vereinigung eine Lebesguesche Nullmenge. □

Das folgende Resultat besagt, dass das Lebesgue-Integral unempfindlich gegenüber Abänderungen des Integranden auf Nullmengen ist.

6.12 Satz. (Das Lebesgue-Integral wird durch Nullmengen nicht beeinflusst)
Es seien $M \subset \mathbb{R}^n$ messbar und $f, g : M \to \bar{\mathbb{R}}$ Funktionen; f sei integrierbar. Ist $\{\vec{x} \in M : f(\vec{x}) \neq g(\vec{x})\}$ eine Lebesguesche Nullmenge, so ist auch g integrierbar, und es gilt

$$\int_M f(\vec{x})\, d\vec{x} = \int_M g(\vec{x})\, d\vec{x}.$$

Beweis: Wir setzen $B := \{\vec{x} \in M : f(\vec{x}) = g(\vec{x})\}$ und betrachten die Lebesgue-Partition $\mathcal{Z}' := \{B, M \setminus B\}$. Ferner sei $\mathcal{Z}^*$ eine Lebesgue-Partition von M mit $O(|f|; \mathcal{Z}^*) < \infty$. Ist $\mathcal{Z} \succ \mathcal{Z}' \cdot \mathcal{Z}^*$ und ist $A \in \mathcal{Z}$, so gilt entweder $A \subset B$ oder $\lambda(A) = 0$, und wir erhalten $O(f; \mathcal{Z}) = O(g; \mathcal{Z})$. Analog ergibt sich $U(f; \mathcal{Z}) = U(g; \mathcal{Z})$ und damit die Behauptung. □

Hat $f : M \to \bar{\mathbb{R}}$ die Eigenschaft, dass $\{\vec{x} \in M : f(\vec{x}) < 0\}$ eine Lebesguesche Nullmenge ist, so gilt $U(f; \mathcal{Z}) = O(f; \mathcal{Z}) \geq 0$ für jede Lebesgue-Partition von M. Ist f integrierbar, so folgt $\int_M f \geq 0$. Ist $\{\vec{x} \in M : f(\vec{x}) \neq 0\}$ eine Lebesguesche Nullmenge, so folgt $\int_M f = 0$. Der folgende Spezialfall von Satz 6.69 zeigt, dass auch die Umkehrung dieser Aussage richtig ist.

6.13 Satz. (Positivität des Integrals)
Es seien $M \subset \mathbb{R}^n$ messbar und $f : M \to [0, \infty]$ eine nichtnegative *integrierbare Funktion. Dann gilt:*

$$\int_M f(\vec{x})\, d\vec{x} = 0 \iff \lambda^n(\{\vec{x} \in M : f(\vec{x}) > 0\}) = 0.$$

6.1.8 Strukturelle Eigenschaften des Lebesgue-Integrals

Die folgenden Resultate entsprechen den Sätzen 2.3 und 2.4. Die Beweise geben wir im nächsten Abschnitt. Wir fixieren eine messbare Menge $M \subset \mathbb{R}^n$.

6.14 Satz. (Linearität des Lebesgue-Integrals)
Sind die Funktionen $f, g : M \to \bar{\mathbb{R}}$ integrierbar und sind $\alpha, \beta \in \mathbb{R}$, so ist auch die Funktion $\alpha f + \beta g$ integrierbar, und es gilt

$$\int_M (\alpha f(\vec{x}) + \beta g(\vec{x}))\, d\vec{x} = \alpha \int_M f(\vec{x})\, d\vec{x} + \beta \int_M g(\vec{x})\, d\vec{x}.$$

Man beachte, dass der Funktionswert von $\alpha f + \beta g$ möglicherweise nicht für jedes $\vec{x} \in M$ definiert ist (die Summe $\alpha f(\vec{x}) + \beta g(\vec{x})$ kann von der Form $-\infty + \infty$ oder $\infty + (-\infty)$ sein). Für jedes solche $\vec{x}$ setzen wir $(\alpha f + \beta g)(\vec{x}) := 0$. Nach Satz 6.11 ist im Falle der Integrierbarkeit von f und g die Menge aller $\vec{x}$ mit $f(\vec{x}) \in \{-\infty, \infty\}$ oder $g(\vec{x}) \in \{-\infty, \infty\}$ eine Lebesguesche Nullmenge.

6.15 Satz. (Monotonie des Lebesgue-Integrals)
Sind die Funktionen $f, g : M \to \bar{\mathbb{R}}$ integrierbar und ist $\{\vec{x} \in M : f(\vec{x}) > g(\vec{x})\}$ eine Lebesguesche Nullmenge, so folgt

$$\int_M f(\vec{x})\, d\vec{x} \le \int_M g(\vec{x})\, d\vec{x}. \tag{6.14}$$

Für die Monotonie (6.14) reicht es also aus, dass die Ungleichung $f(\vec{x}) \le g(\vec{x})$ für jedes $\vec{x} \in M$ außerhalb einer Lebesgue-Nullmenge gilt.

6.1.9 Der Satz über die majorisierte Konvergenz

Der große Vorteil des Lebesgue-Integrals gegenüber dem Riemann-Integral liegt in der Möglichkeit, unter sehr allgemeinen Voraussetzungen Integral- und Grenzwertbildung vertauschen zu können. Ein wichtiges Beispiel ist der folgende Spezialfall von Satz 6.74.

6.16 Satz. (Satz über die majorisierte Konvergenz)
Es seien $M \subset \mathbb{R}^n$ messbar und $f_k : M \to \bar{\mathbb{R}}$, $k \in \mathbb{N}$, integrierbare Funktionen. Weiter seien $f : M \to \bar{\mathbb{R}}$ eine Funktion mit

$$\lim_{k\to\infty} f_k(\vec{x}) = f(\vec{x}) \quad \textit{für jedes } \vec{x} \in M \tag{6.15}$$

und $g : M \to \bar{\mathbb{R}}$ eine integrierbare Funktion (sog. Majorante*) mit*

$$|f_k(\vec{x})| \le g(\vec{x}) \qquad \textit{für jedes } k \ge 1 \textit{ und jedes } \vec{x} \in M. \tag{6.16}$$

Dann ist f integrierbar, und es gilt

$$\int_M f(\vec{x})\, d\vec{x} = \lim_{k\to\infty} \int_M f_k(\vec{x})\, d\vec{x}. \tag{6.17}$$

Im nächsten Abschnitt werden wir sehen, dass sich jede integrierbare Funktion durch Funktionen sehr einfacher Bauart geeignet approximieren lässt. In diesem Zusammenhang erwähnen wir die folgende Lebesgue-Version von Satz 2.29.

6.17 Satz. (Integration Lebesgue-messbarer Elementarfunktionen)
Es seien $A_1, \ldots, A_m$ Lebesgue-messbare Mengen mit endlichem Lebesgue-Maß und $c_1, \ldots, c_m \in \mathbb{R}$. Dann ist die Funktion $f := \sum_{j=1}^m c_j \, 1_{A_j}$ integrierbar über jeder Lebesgue-messbaren Menge M, und es gilt

$$\int_M f(\vec{x})\, d\vec{x} = \sum_{j=1}^m c_j \cdot \lambda^n(M \cap A_j).$$

6.1.10 Messbare Funktionen

Es sei $M \subset \mathbb{R}^n$ eine Lebesgue-messbare Menge.

Eine Funktion $f : M \to \bar{\mathbb{R}}$ heißt *messbar*, falls

$$\{\vec{x} \in M : f(\vec{x}) < c\} \in \mathcal{L}^n \qquad \text{für jedes } c \in \mathbb{R}. \tag{6.18}$$

Die Gleichungen

$$\{\vec{x} \in M : f(\vec{x}) \le c\} = \bigcap_{k=1}^\infty \Big\{\vec{x} \in M : f(\vec{x}) < c + \frac{1}{k}\Big\},$$
$$\{\vec{x} \in M : f(\vec{x}) < c\} = \bigcup_{k=1}^\infty \Big\{\vec{x} \in M : f(\vec{x}) \le c - \frac{1}{k}\Big\}$$

sowie Satz 6.5 (iii) zeigen, dass die Bedingung (6.18) zu

$$\{\vec{x} \in M : f(\vec{x}) \le c\} \in \mathcal{L}^n, \qquad c \in \mathbb{R} \tag{6.19}$$

äquivalent ist.

6.18 Satz. (Messbarkeit und Stetigkeit)
Jede stetige Funktion $f : M \to \mathbb{R}$ ist messbar.

Beweis: Es seien $c \in \mathbb{R}$ und $A := \{\vec{x} \in M : f(\vec{x}) < c\}$. Wegen der $\varepsilon\delta$-Charakterisierung der Stetigkeit gibt es zu jedem $\vec{x} \in A$ ein $\varepsilon_{\vec{x}} > 0$ mit $B^0(\vec{x}, \varepsilon_{\vec{x}}) \cap M \subset A$. Damit ist auch $U \cap M \subset A$, wobei

$$U := \bigcup_{\vec{x} \in A} B^0(\vec{x}, \varepsilon_{\vec{x}}).$$

Wegen $A \subset U \cap M$ gilt also $A = U \cap M$. Als offene Menge ist U nach Satz 6.6 Lebesgue-messbar. Damit erhalten wir die Behauptung aus Satz 6.5 (iii). □

6.19 Satz. (Messbarkeit und Monotonie)
Jede monoton wachsende oder fallende Funktion $f : M \to \mathbb{R}$ ist messbar.

Beweis: Es sei $c \in \mathbb{R}$. Ist f monoton wachsend, so gibt es ein $a \in \mathbb{R}$, so dass für die Menge $A := \{\vec{x} \in M : f(\vec{x}) \leq c\}$ nur einer der drei Fälle $A = \emptyset$, $A = M \cap (-\infty, a)$ oder $A = M \cap (-\infty, a]$ eintreten kann. Nach Satz 6.6 und Satz 6.5 (iii) gilt in jedem dieser Fälle $A \in \mathcal{L}^n$. Ist f monoton fallend, so gilt entweder $A = \emptyset$ oder $A = M \cap [a, \infty)$ bzw. $A = M \cap (a, \infty)$ für ein geeignetes $a \in \mathbb{R}$, und es folgt ebenfalls $A \in \mathcal{L}^n$. □

6.20 Satz. (Operationen mit messbaren Funktionen)
Es seien $f, g : M \to \bar{\mathbb{R}}$ messbare Funktionen und $\alpha \in \mathbb{R}$. Dann sind auch die Funktionen $|f|$, $\alpha \cdot f$, $f + g$ (falls auf ganz Ω definiert) und $f \cdot g$ messbar. Gilt $g(\vec{x}) \neq 0$ für jedes $\vec{x} \in M$, so ist auch f/g messbar.

Schließlich erwähnen wir noch ein Analogon von Satz 6.12:

6.21 Satz. (Messbarkeit wird durch Nullmengen nicht beeinflusst)
Es seien $f, g : M \to \bar{\mathbb{R}}$ zwei Funktionen. Ist f eine messbare Funktion und ist $\{\vec{x} \in M : f(\vec{x}) \neq g(\vec{x})\}$ eine Lebesguesche Nullmenge, so ist auch g messbar.

Beweis: Es sei $c \in \mathbb{R}$. Nach Satz 6.9 ist $N := \{\vec{x} \in M : f(\vec{x}) \neq g(\vec{x})\}$ eine messbare Menge. In der Zerlegung

$$\{\vec{x} \in M : g(\vec{x}) < c\} = \{\vec{x} \in M : f(\vec{x}) < c\} \cap (\mathbb{R}^n \setminus N) \cup \{\vec{x} \in M : g(\vec{x}) < c\} \cap N$$

steht auf der rechten Seite die Vereinigung zweier messbarer Mengen (s. Sätze 6.9 und 6.5). Also ist auch die links stehende Menge messbar. □

6.1.11 Integrierbarkeit messbarer Funktionen

Der folgende grundlegende Satz verdeutlicht den engen Zusammenhang zwischen Messbarkeit und Integrierbarkeit. Wir beweisen ihn in 6.2.25.

6.22 Satz. (Integrierbarkeit und Messbarkeit)
Eine Funktion $f : M \to \bar{\mathbb{R}}$ ist genau dann integrierbar, wenn f messbar ist und $\sup\{U(|f|; \mathcal{Z}) : \mathcal{Z}$ ist Lebesgue-Partition von $M\} < \infty$ gilt.

Eine messbare Funktion f ist also genau dann integrierbar, wenn ihr Betrag $|f|$ integrierbar ist. Das Riemann-Integral besitzt diese Eigenschaft nicht (vgl. 6.1.17 und 6.1.20).

6.23 Folgerung. (Integrierbarkeit majorisierter messbarer Funktionen)
Die Funktion $f : M \to \bar{\mathbb{R}}$ sei messbar. Ferner sei $g : M \to \bar{\mathbb{R}}$ integrierbar, und es gelte $|f| \leq g$. Dann ist f integrierbar.

Ist $f : M \to \bar{\mathbb{R}}$ eine messbare Funktion und ist $N \subset M$ messbar, so ist auch $1_N \cdot f$ messbar. Wegen Folgerung 6.23 impliziert die Integrierbarkeit von f diejenige von $1_N \cdot f$. Dabei gilt

$$\int_M 1_N \cdot f = \int_N f,$$

wobei rechts das Integral der auf N eingeschränkten Funktion f steht. Diese Formel folgt sofort aus der Linearitätsaussage von Satz 6.14.

Das nächste Resultat zeigt, wann aus der Integrierbarkeit einer Funktion f über beschränkten Teilmengen ihres Definitionsbereiches auf die Integrierbarkeit der Funktion geschlossen werden kann.

6.24 Satz. (Kriterium für Integrierbarkeit)
Die Funktion $f : M \to \bar{\mathbb{R}}$ sei messbar. Ferner sei f für jedes $c > 0$ integrierbar über $M \cap [-c, c]^n$. Dann ist f genau dann integrierbar (über M), wenn

$$\lim_{c \to \infty} \int_{M \cap [-c,c]^n} |f(\vec{x})| \, d\vec{x} < \infty. \tag{6.20}$$

BEWEIS: Ist f integrierbar, so folgt (6.20) aus dem Satz 6.16 über die majorisierte Konvergenz, angewendet auf die Funktionenfolge $f_k := 1_{[-k,k]^n} \cdot |f|$ und $g := |f|$. Die umgekehrte Implikation ergibt sich aus Satz 6.66. □

6.1.12 Integration komplexwertiger Funktionen

In vielen technischen Anwendungen werden Integrale über eine komplexwertige Funktion $f : M \to \mathbb{C}$ gebildet. Hierbei ist $M \subset \mathbb{R}^n$ Lebesgue-messbar. Jede solche Funktion ist von der Form

$$f(\vec{x}) = u(\vec{x}) + i \cdot v(\vec{x}), \qquad \vec{x} \in M,$$

mit Funktionen $u, v : M \to \mathbb{R}$ und der imaginären Einheit $i \in \mathbb{C}$. In Übereinstimmung mit dem Sprachgebrauch für komplexe Zahlen nennen wir $\mathrm{Re}(f) := u$ den *Realteil* und $\mathrm{Im}(f) := v$ den *Imaginärteil* von f.

Eine Funktion $f : M \to \mathbb{C}$ heißt *messbar* (bzw. *integrierbar*), wenn sowohl der Real- als auch der Imaginärteil von f messbar (bzw. Lebesgue-integrierbar) sind. Ist f integrierbar, so nennt man

$$\int_M f = \int f(\vec{x}) \, d\vec{x} := \int_M u(\vec{x}) \, d\vec{x} + i \cdot \int_M v(\vec{x}) \, d\vec{x}$$

das *Lebesgue-Integral* bzw. *Integral* von f (über M). Analog definiert man die Riemann-Integrierbarkeit und das Riemann-Integral von f.

Das Integral komplexwertiger Funktionen ist wieder linear (vgl. Satz 6.14). Ferner gilt:

6.25 Satz. (Dreiecksungleichung)
Ist die Funktion $f : M \to \mathbb{C}$ integrierbar, so auch $|f|$, und es gilt

$$\left| \int_M f(\vec{x}) \, d\vec{x} \right| \le \int_M |f(\vec{x})| \, d\vec{x}.$$

BEWEIS: Die Integrierbarkeit von $|f|$ ergibt sich aus Folgerung 6.23 sowie den Ungleichungen $\mathrm{Re}(f) \leq |f|$ und $\mathrm{Im}(f) \leq |f|$. Wir benutzen jetzt eine Polarkoordinatendarstellung $re^{i\varphi}$ von $\int_M f(\vec{x})\,d\vec{x}$ mit $r \geq 0$ und $\varphi \in [0, 2\pi)$. Dann gilt

$$\left|\int_M f(\vec{x})\,d\vec{x}\right| = r = e^{-i\varphi}\int_M f(\vec{x})\,d\vec{x} = \int_M e^{-i\varphi} f(\vec{x})\,d\vec{x}.$$

Als reelle Zahl muss das letzte Integral gleich $\int_M \mathrm{Re}(e^{-i\varphi} f(\vec{x}))\,d\vec{x}$ sein. Wegen der Ungleichung $\mathrm{Re}(e^{-i\varphi} f(\vec{x})) \leq |e^{-i\varphi} f(\vec{x})| = |f(\vec{x})|$ erhalten wir die Behauptung aus Satz 6.15. □

6.1.13 Transformation von Lebesgue-Integralen

Der Transformationssatz 3.35 kann auf Lebesgue-integrierbare Funktionen ausgedehnt werden. Wir notieren hier nur eine Verallgemeinerung von Satz 3.21:

6.26 Satz. (Lineare Transformation von Lebesgue-Integralen)
Es seien $M \subset \mathbb{R}^n$ eine Lebesgue-messbare Menge, $T : \mathbb{R}^n \to \mathbb{R}^n$ eine lineare Abbildung und $\vec{x}_0 \in \mathbb{R}^n$. Dann ist die Menge $T(M) + \vec{x}_0$ Lebesgue-messbar. Eine messbare Funktion $f : T(M) + \vec{x}_0 \to \mathbb{R}$ ist genau dann integrierbar, wenn die Funktion $\vec{x} \mapsto |\det(T)| \cdot f(T(\vec{x}) + \vec{x}_0)$ über M integrierbar ist. In diesem Fall gilt

$$\int_{T(M)+\vec{x}_0} f(\vec{y})\,d\vec{y} = |\det(T)| \cdot \int_M f(T(\vec{x}) + \vec{x}_0)\,d\vec{x}.$$

6.1.14 L^p-Räume

Im Folgenden sei M eine Lebesgue-messbare Teilmenge des $\mathbb{R}^n$. Für $\mathbb{K} \in \{\mathbb{R}, \mathbb{C}\}$ bezeichnen wir mit $L^0(M; \mathbb{K})$ die Menge aller messbaren Funktionen $f : M \to \mathbb{K}$. Ferner bezeichnen wir für jedes $p > 0$ mit

$$L^p(M; \mathbb{K}) := \left\{ f \in L^0(M; \mathbb{K}) : \int_M |f(\vec{x})|^p\,d\vec{x} < \infty \right\}$$

die Menge der „p-fach integrierbaren“ komplex- bzw. reellwertigen messbaren Funktionen. Für $f \in L^p(M; \mathbb{K})$ nennt man die nichtnegative reelle Zahl

$$\|f\|_p := \left(\int_M |f(\vec{x})|^p\,d\vec{x} \right)^{1/p}$$

die *L^p-Norm* von f. Dabei wird der Sinn der Sprechweise „Norm“ in Kürze klar werden. Zunächst ist offensichtlich, dass die L^p-Norm der Nullfunktion $f \equiv 0$ auf M gleich Null ist, und dass (vgl. (4.31))

$$\|\lambda f\|_p = |\lambda| \cdot \|f\|_p \qquad f \in L^p(M; \mathbb{K}), \lambda \in \mathbb{K},$$

gilt. Das folgende Resultat gibt über strukturelle Eigenschaften der gerade definierten sogenannten *L^p-Räume* Auskunft. Dabei ist $\mathbb{K} = \mathbb{C}$ oder $\mathbb{K} = \mathbb{R}$.

6.27 Satz. (Vektorraumstruktur der L^p-Räume)

(i) *Die Menge $L^p(M;\mathbb{K})$ ist ein Vektorraum über $\mathbb{K}$.*

(ii) *Eine Funktion f gehört genau dann zu $L^p(M;\mathbb{C})$, wenn Real- und Imaginärteil von f zu $L^p(M;\mathbb{R})$ gehören.*

(iii) *Ist M Jordan-messbar, so bildet die Menge aller Riemann-integrierbaren Funktionen $f : M \to \mathbb{K}$ einen linearen Unterraum von $L^p(M;\mathbb{K})$.*

BEWEIS: (i): Sind $f, g : M \to \mathbb{C}$ messbar, so ist die Summe $f+g$ nach Satz 6.20 messbar. Ist $h : M \to \mathbb{C}$ messbar, so folgt die Messbarkeit von $\mathrm{Re}(h)^2$ und $\mathrm{Im}(h)^2$ direkt aus der Definition (6.18). Damit zeigt Satz 6.20, dass auch $|h|^2$ messbar ist. Daraus folgt schließlich die Messbarkeit von $|h|$ und $|h|^\alpha$ für jedes $\alpha > 0$. Folgerung 6.23 und die Ungleichung

$$|f(\vec{x}) + g(\vec{x})|^p \leq (|f(\vec{x})| + |g(\vec{x})|)^p \leq 2^p(|f(\vec{x})|^p + |g(\vec{x})|^p), \qquad \vec{x} \in M,$$

zeigen, dass $L^p(M;\mathbb{C})$ ein Vektorraum über $\mathbb{C}$ ist.

(ii): Für jede messbare Funktion $f : M \to \mathbb{C}$ gilt die Ungleichung

$$\max(|\mathrm{Re}(f)|, |\mathrm{Im}(f)|) \leq |f| \leq 2(|\mathrm{Re}(f)| + |\mathrm{Im}(f)|).$$

Nach Folgerung 6.23 ist damit die Integrierbarkeit von $|f|^p$ zu der von $|\mathrm{Re}(f)|^p$ *und* $|\mathrm{Im}(f)|^p$ äquivalent.

(iii): Ist M Jordan-messbar und ist $f : M \to \mathbb{C}$ Riemann-integrierbar, so ist f wegen der Sätze 6.8 und 6.22 messbar. Als Riemann-integrierbare Funktion ist f aber auch beschränkt. Deshalb wird $|f|^p$ durch eine auf (der beschränkten Menge) M integrierbare konstante Funktion majorisiert. Folgerung 6.23 impliziert die Integrierbarkeit von $|f|^p$. Die verbleibenden Aussagen beweist man analog. □

6.1.15 Die Ungleichungen von Hölder und Minkowski

6.28 Satz. (Höldersche[2] Ungleichung)
Es seien $p, q > 1$ reelle Zahlen mit der Eigenschaft $1/p + 1/q = 1$. Ferner seien $f \in L^p(M;\mathbb{K})$ und $g \in L^q(M;\mathbb{K})$. Dann ist $f \cdot g$ integrierbar, und es gilt

$$\int_M |f \cdot g| \leq \left(\int_M |f|^p\right)^{1/p} \left(\int_M |g|^q\right)^{1/q},$$

d.h. $\|f \cdot g\|_1 \leq \|f\|_p \cdot \|g\|_q$.

---

[2]Ludwig Otto Hölder (1859–1937), 1896 Professor in Königsberg als Nachfolger von H. Minkowski, ab 1899 Professor an der Universität Leipzig. Hauptarbeitsgebiete: Algebra, Funktionentheorie, Grundlagen der Mechanik.

Beweis: Wir beweisen den Satz im reellen Fall $\mathrm{Im}(f) = \mathrm{Im}(g) \equiv 0$. Den allgemeinen Fall kann man etwa mittels Polarkoordinaten darauf zurückführen. Der Schlüssel zum Beweis liegt in der Ungleichung

$$xy \leq \frac{x^p}{p} + \frac{y^q}{q}, \qquad x, y \geq 0. \tag{6.21}$$

Aus der Voraussetzung folgt nämlich $(p-1)(q-1) = 1$. Bild 6.2 macht deutlich, wie (6.21) durch Integration gewonnen werden kann.

Wie wir oben gesehen haben, ist das Produkt $f \cdot g$ messbar. Damit folgt die Integrierbarkeit von $f \cdot g$ aus (6.21) und Folgerung 6.23.

Zum Beweis der behaupteten Ungleichung setzen wir zunächst $\|f\|_p = \|g\|_q = 1$ voraus. Integration der Ungleichung (6.21) liefert unter Beachtung der Monotonie des Integrals

$$\int_M |f(\vec{x})| \cdot |g(\vec{x})| \, d\vec{x} \leq \frac{1}{p} \int_M |f(\vec{x})|^p \, d\vec{x} + \frac{1}{q} \int_M |g(\vec{x})|^q \, d\vec{x} = \frac{1}{p} + \frac{1}{q} = 1. \tag{6.22}$$

Um diese Ungleichung zu verallgemeinern, nehmen wir jetzt an, dass $\|f\|_p > 0$ als auch $\|g\|_q > 0$ gelten. Dann können wir (6.22) auf die Funktionen $\tilde{f} := f/\|f\|_p$ und $\tilde{g} := g/\|g\|_q$ anwenden. Wegen $\|\tilde{f}\|_p = \|\tilde{g}\|_q = 1$ folgt dann die Behauptung.

Wir nehmen schließlich an, dass etwa $\|f\|_p = 0$ ist. Dann ist $\{\vec{x} \in M : f(\vec{x}) \neq 0\}$ nach Satz 6.13 eine Lebesguesche Nullmenge. Damit ist aber auch $\{\vec{x} \in M : f(\vec{x}) \cdot g(\vec{x}) \neq 0\}$ eine Lebesguesche Nullmenge, und es folgt $\int_M |fg| = 0$, also die Behauptung. □

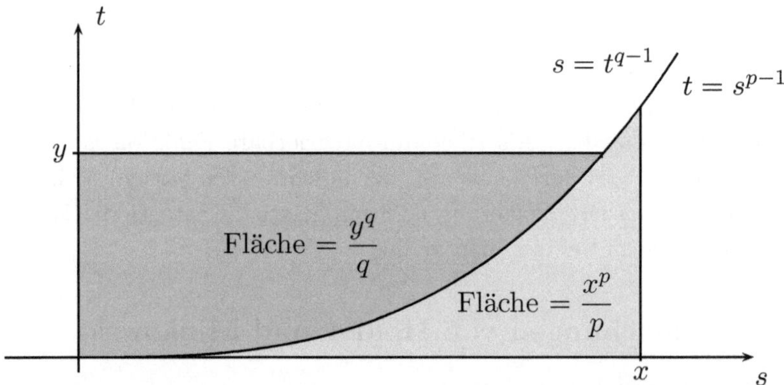

Bild 6.2: Zur Hölderschen Ungleichung

Von besonderem Interesse ist der Fall $p = q = 2$. Dann erhalten wir die bereits in Satz 4.81 in einem allgemeineren Rahmen bewiesene Cauchy–Schwarzsche Ungleichung.

Der nächste wichtige Satz zeigt, dass die Zuordnung $f \mapsto \|f\|_p$ die Dreiecksungleichung (4.32) erfüllt.

6.29 Satz. (Minkowski-Ungleichung)
Es seien $p \geq 1$ sowie $f, g \in L^p(M; \mathbb{K})$, $\mathbb{K} \in \{\mathbb{C}, \mathbb{R}\}$. Dann gilt

$$\|f + g\|_p \leq \|f\|_p + \|g\|_p.$$

BEWEIS: Mit Blick auf die bereits bekannte Dreiecksungleichung können wir uns auf den Fall $p > 1$ beschränken. Ferner können wir o.B.d.A. $\|f+g\|_p > 0$ voraussetzen. Aus der Dreiecksungleichung (Satz 6.25) folgt

$$\|f+g\|_p^p = \int_M |f+g| \cdot |f+g|^{p-1} \leq \int_M |f| \cdot |f+g|^{p-1} + \int_M |g| \cdot |f+g|^{p-1}.$$

Mit $q := p/(p-1)$ ergibt sich deshalb aus Satz 6.28

$$\|f+g\|_p^p \leq \|f\|_p \cdot \left(\int_M |f+g|^{(p-1)q}\right)^{1/q} + \|g\|_p \cdot \left(\int_M |f+g|^{(p-1)q}\right)^{1/q}.$$

Dividiert man diese Ungleichung durch $\|f+g\|_p^{p-1}$, so folgt wegen $(p-1)q = p$ die Behauptung. □

Im Fall $\lambda^n(M) < \infty$ gilt für jede Wahl von p und q mit $0 < q \leq p$

$$L^q(M;\mathbb{C}) \subset L^p(M;\mathbb{C}). \tag{6.23}$$

Diese Inklusion ergibt sich aus Folgerung 6.23. Ist nämlich $f \in L^q(M;\mathbb{C})$, so ist

$$g(\vec{x}) := \begin{cases} 1, & \text{falls } |f(\vec{x})| \leq 1, \\ |f(\vec{x})|^p, & \text{falls } |f(\vec{x})| > 1, \end{cases}$$

eine integrierbare Majorante von $|f|^q$. Dabei folgt die Integrierbarkeit von g aus Satz 6.14.

6.1.16 Vollständigkeit von L^p

Es seien $M \subset \mathbb{R}^n$ eine Lebesgue-messbare Menge, $p \geq 1$ eine reelle Zahl und $\mathbb{K} = \mathbb{R}$ oder $\mathbb{K} = \mathbb{C}$. Aufgrund der Minkowski-Ungleichung besitzt der mit der Abbildung $f \to \|f\|_p$ versehene Raum $L^p(M;\mathbb{K})$ die Eigenschaften (4.31) und (4.32) eines normierten Raumes; nur die Forderung „aus $\|f\|_p = 0$ folgt stets $f \equiv 0$" der Definitheit (vgl. (4.30)) ist nicht erfüllt. Nach Satz 6.13 impliziert $\|f\|_p = 0$, dass $\{\vec{x} \in M : f(\vec{x}) \neq 0\}$ eine Lebesguesche Nullmenge ist. Aus diesem Grund sind wir im Folgenden „großzügig" und sehen zwei Funktionen aus $L^p(M;\mathbb{K})$ als gleich an, wenn $\{\vec{x} \in M : f(\vec{x}) \neq g(\vec{x})\}$ eine Lebesguesche Nullmenge ist. Mit dieser Vereinbarung wird $(L^p(M;\mathbb{K}), \|\cdot\|_p)$ ein normierter Raum. Der folgende Spezialfall von Satz 6.79 zeigt, dass dieser Raum vollständig und somit ein Banachraum ist.

6.30 Satz. (Vollständigkeit von L^p)
Der Raum $(L^p(M;\mathbb{K}), \|\cdot\|_p)$ ist vollständig, d.h. zu jeder Cauchy-Folge (f_k) in $L^p(M;\mathbb{K})$ gibt es ein $f \in L^p(M;\mathbb{K})$ mit $\lim_{k\to\infty} \|f_k - f\|_p = 0$.

6.31 Folgerung. (Der Hilbertraum $L^2(M;\mathbb{K})$)
Es sei $M \subset \mathbb{R}^n$ eine Lebesgue-messbare Menge. Dann sind der mit dem Skalarprodukt

$$\langle f, g\rangle := \int_M f(\vec{x}) \cdot \overline{g(\vec{x})}\, d\vec{x}$$

versehene Funktionenraum $L^2(M;\mathbb{C})$ und der mit dem Skalarprodukt

$$\langle f, g\rangle := \int_M f(\vec{x}) \cdot g(\vec{x})\, d\vec{x}$$

versehene Funktionenraum $L^2(M;\mathbb{R})$ Hilberträume.

Wir lösen jetzt ein nach Beispiel 6.1 gegebenes Versprechen ein.

6.32 Beispiel. (Unvollständigkeit der Riemann-integrierbaren Funktionen)
Wir betrachten einen Quader $Q \subset \mathbb{R}^n$, den wir der Einfachheit halber als offen voraussetzen. Es seien $R(Q)$ und $L^1(Q)$ die Mengen der Riemann- bzw. Lebesgue-integrierbaren Funktionen auf Q. Wir werden zeigen, dass $R(Q)$ im Gegensatz zu $L^1(Q)$ nicht vollständig und somit kein Banachraum ist.

Hierzu sei $A := \{\vec{x}_1, \vec{x}_2, \ldots\}$ wie in Beispiel 6.1 die Menge aller Punkte aus Q mit rationalen Koordinaten. Wir fixieren ein $\varepsilon > 0$ und wählen offene Quader $Q_k \subset Q$ mit $\vec{x}_k \in Q_k$ und $\lambda^n(Q_k) \le \varepsilon 2^{-k}$, $k \ge 1$. Wegen der Subadditivität von λ^n gilt für die Vereinigung $B := \cup_{k\ge 1} Q_k$ aller Quader Q_k die Ungleichung

$$\lambda^n(B) \le \varepsilon. \tag{6.24}$$

Für jedes $k \in \mathbb{N}$ sei f_k die Indikatorfunktion der Menge $B_k := Q_1 \cup \ldots \cup Q_k$. Wegen Satz 2.17 und Satz 2.29 gilt $f_k \in R(Q)$. Unter Benutzung von Satz 6.8 und der Subadditivität von λ^n gilt ferner für alle $k, l \in \mathbb{N}$ mit $k > l$

$$\int_Q |f_k(\vec{x}) - f_l(\vec{x})|\, d\vec{x} \le \int_Q 1_{Q_{l+1}\cup\ldots\cup Q_k}(\vec{x})\, d\vec{x} \le \sum_{j=l+1}^{k} \lambda^n(Q_j) \le \frac{\varepsilon}{2^l}.$$

Also ist (f_k) eine Cauchy-Folge in $R(M)$ bezüglich der Integralnorm $\|\cdot\|_1$. Wir nehmen indirekt an, es würde ein $f \in R(M)$ mit $\lim_{k\to\infty} \|f_k - f\|_1 = 0$ geben. Aus Satz 6.16 folgt zunächst $\lim_{k\to\infty} \|f_k - 1_B\|_1 = 0$. Weil aber f auch in $L^1(Q)$ ist, muss dann wegen der Eindeutigkeit des Grenzwertes in $L^1(Q)$ die Menge

$$N := \{\vec{x} \in Q : f(\vec{x}) \ne 1_B(\vec{x})\}$$

eine Lebesguesche Nullmenge sein. Es sei jetzt $\mathcal{Z}$ eine aus endlich vielen Quadern bestehende Partition von Q, wobei jede Menge aus $\mathcal{Z}$ positives Volumen besitzen soll. Dann folgt aus der Konstruktion von B, dass für jedes $C \in \mathcal{Z}$ die Ungleichung

$\lambda^n(C \cap B) > 0$ erfüllt sein muss. Wegen der Additivität von λ (Satz 6.7) ist dann aber auch $\lambda^n(C \cap B \cap (Q \setminus N)) > 0$. Insbesondere gibt es zu jedem $C \in \mathcal{Z}$ ein $\vec{x}_C \in C \cap B$ mit $f(\vec{x}_C) = 1$. Somit erhalten wir für die Riemannsche Obersumme von 1_B bezüglich $\mathcal{Z}$ die Abschätzung $O(f;\mathcal{Z}) \geq \sum_{C\in\mathcal{Z}} \lambda^n(C) = \lambda(Q) = 1$ und folglich $\int_Q f(\vec{x})\,d\vec{x} \geq 1$. Andererseits ist aber nach Satz 6.12

$$\lambda^n(B) = \int_Q 1_B(\vec{x})\,d\vec{x} = \int_Q f(\vec{x})\,d\vec{x} \geq 1.$$

Wählen wir $\varepsilon < 1$, so ergibt sich hier ein Widerspruch zu (6.24).

6.1.17 Das uneigentliche Riemann-Integral

Es seien $I \subset \mathbb{R}$ ein Intervall und $f : I \to \mathbb{R}$ eine messbare Funktion. Im Fall der Beschränktheit von I besagt Satz 6.8, dass die Riemann-Integrierbarkeit von f die Lebesgue-Integrierbarkeit nach sich zieht und dann beide Integrale übereinstimmen. Wie wir in 6.1.20 sehen werden, ist diese Implikation für das in I.7.3.1 eingeführte uneigentliche Riemann-Integral über einem *unbeschränkten* Intervall nicht mehr richtig. Jedoch gilt:

6.33 Satz. (Uneigentliche Integrale)
Es seien $a \in \mathbb{R}$ und $f : I \to \mathbb{R}$ eine auf $I = [a,\infty)$ (bzw. $I = (-\infty, a]$) definierte Funktion. Ist f Lebesgue-integrierbar, so ist f auch uneigentlich Riemann-integrierbar, und die Integrale stimmen überein. Die umgekehrte Aussage gilt, falls f messbar und nichtnegativ ist.

Beweis: Es genügt, den Fall $I = [a,\infty)$ zu betrachten. Ist f Lebesgue-integrierbar, so folgt nach Anwendung von Satz 6.16 auf die Funktionenfolge $f_k := 1_{[a,a+k]} \cdot f$, $k \in \mathbb{N}$, die Konvergenz

$$\lim_{c\to\infty} \int_{[a,c]} f(x)\,dx = w \qquad (6.25)$$

mit $w := \int_{[a,\infty)} f(x)\,dx$. Nach Satz 6.8 besitzt f also das uneigentliche Riemann-Integral w. Ist f messbar und nichtnegativ, so folgt aus der Endlichkeit des Grenzwertes (6.25) und Satz 6.66, dass f Lebesgue-integrierbar ist. □

Sind $a, b \in \bar{\mathbb{R}}$ mit $a \leq b$, so werden wir im Folgenden unter

$$\int_a^b f(x)\,dx := \int_I f(x)\,dx$$

immer das Lebesgue-Integral verstehen. Hierbei ist $I = [a,b]$ für $a, b \in \mathbb{R}$, $I = [a,\infty)$ für $b = \infty$, $I = (-\infty, b]$ für $a = -\infty$ und $I = \mathbb{R}$ für $a = -\infty$, $b = \infty$. Wegen Satz 6.12 gilt (für $a, b \in \mathbb{R}$)

$$\int_{[a,b]} f(x)\,dx = \int_{(a,b]} f(x)\,dx = \int_{[a,b)} f(x)\,dx.$$

6.1.18 Dichten von Verteilungsfunktionen

Eine *(Wahrscheinlichkeits-)Dichte* ist eine messbare Funktion $f : \mathbb{R} \to [0, \infty)$ mit der Eigenschaft

$$\int_{-\infty}^{\infty} f(x)\, dx = 1. \tag{6.26}$$

Diese Definition steht in Übereinstimmung mit I.7.6 und Satz 6.33. Zu jeder Dichte gehört eine durch

$$F(t) := \int_{-\infty}^{t} f(x)\, dx, \qquad t \in \mathbb{R},$$

definierte *Verteilungsfunktion* $F : \mathbb{R} \to [0, 1]$. Anschaulich beschreibt $F(t)$ die Fläche zwischen dem Graphen von f und der x-Achse über dem Intervall $(-\infty, t]$. Bild 6.3 veranschaulicht eine Dichte und die zugehörige Verteilungsfunktion.

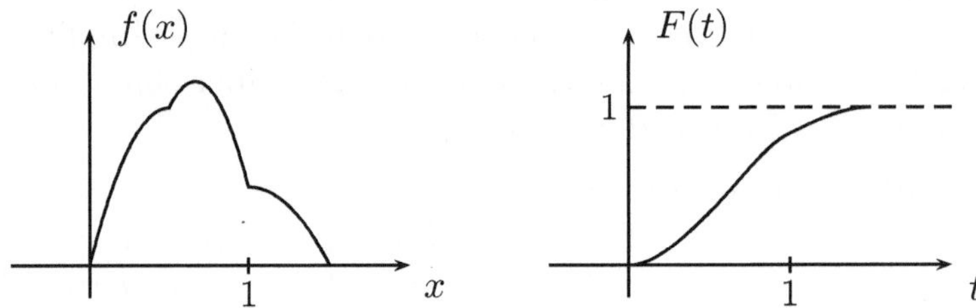

Bild 6.3: Dichte (links) und zugehörige Verteilungsfunktion (rechts)

Von zentraler Bedeutung ist die Dichte

$$\varphi_{\mu,\sigma}(x) := \frac{1}{\sigma\sqrt{2\pi}} \cdot \exp\left(-\frac{(x-\mu)^2}{2\sigma^2}\right), \qquad x \in \mathbb{R}, \tag{6.27}$$

der *Normalverteilung* mit Parametern $\mu \in \mathbb{R}$ und $\sigma > 0$ (Bild 6.4 links). Dabei ergibt sich Gleichung (6.26) aus Beispiel 3.42 und einer einfachen Substitution. Die Größen μ und σ können geometrisch als Symmetriezentrum bzw. Abstand zwischen μ und den bei $\mu \pm \sigma$ liegenden Wendepunkten von $\varphi_{\mu,\sigma}$ gedeutet werden.

Eine andere interessante Dichte beruht auf der in den Beispielen I.7.31 und 3.43 diskutierten Gammafunktion

$$\Gamma(\alpha) := \int_0^{\infty} t^{\alpha-1} e^{-t}\, dt.$$

Die Dichte der *Gammaverteilung* (kurz: Gammadichte) mit Parametern $\alpha > 0$ und $\beta > 0$ wird durch

$$g_{\alpha,\beta}(x) := \frac{\beta^{\alpha}}{\Gamma(\alpha)} x^{\alpha-1} \exp(-\beta x), \qquad x > 0, \tag{6.28}$$

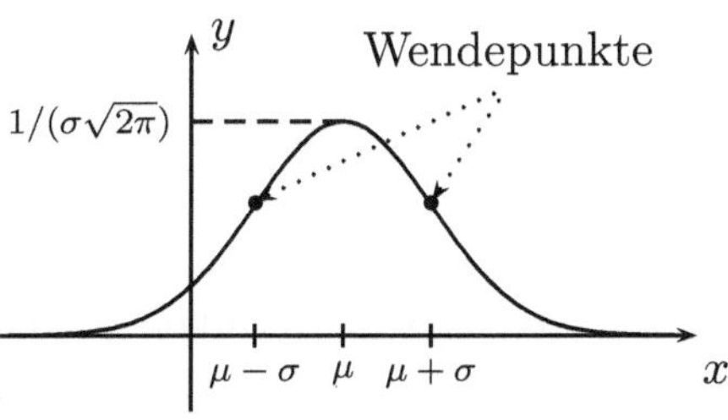

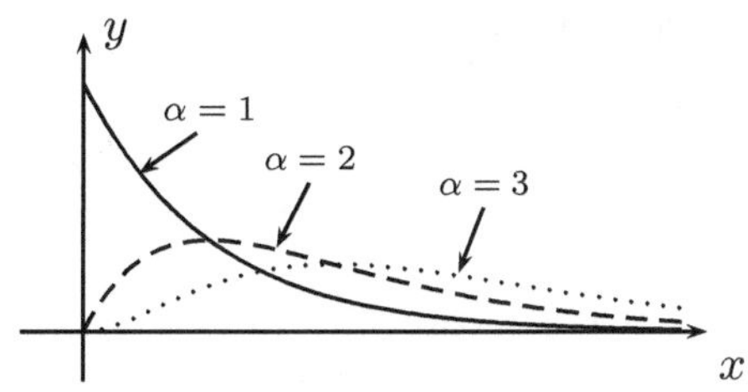

Bild 6.4: Dichte der Normalverteilung (links) und Dichten von Gammaverteilungen mit $\beta = 1$ und verschiedenen Werten von α (rechts)

und $g_{\alpha,\beta}(x) := 0$ für $x \leq 0$, definiert. Bild 6.4 (rechts) zeigt Graphen von $g_{\alpha,\beta}$ für $\beta = 1$ und verschiedene Werte von α. Man beachte, dass im Spezialfall $\alpha = 1$ die in Beispiel I.7.42 diskutierte Exponentialverteilung vorliegt.

6.1.19 Der Satz von Fubini

Es seien m und n natürliche Zahlen, $M \subset \mathbb{R}^{m+n}$ eine messbare Menge sowie $f : M \to \bar{\mathbb{R}}$ eine messbare Funktion. Ist f integrierbar, so wird das Integral von f auch in der Form

$$\int_M f(\vec{x}, \vec{y})\, d(\vec{x}, \vec{y}) := \int_M f(\vec{z})\, d\vec{z}$$

geschrieben. Hierbei greifen wir eine Vereinbarung aus 2.4.3 auf und schreiben einen Punkt $\vec{z} \in \mathbb{R}^{m+n}$ in eindeutiger Weise als $\vec{z} = (\vec{x}, \vec{y})$ mit $\vec{x} \in \mathbb{R}^m$ und $\vec{y} \in \mathbb{R}^n$. Für das Lebesgue-Integral gilt der Satz von Fubini (Satz 2.39) in der folgenden Form:

6.34 Satz. (Satz von Fubini)
Eine messbare Funktion $f : \mathbb{R}^{m+n} \to \bar{\mathbb{R}}$ ist genau dann integrierbar, wenn die Menge N aller $\vec{x} \in \mathbb{R}^m$, für welche die Funktion $f(\vec{x}, \cdot) : \mathbb{R}^n \to \bar{\mathbb{R}}$ nicht integrierbar ist, eine Nullmenge darstellt und $\vec{x} \mapsto \int f(\vec{x}, \vec{y})\, d\vec{y}$ eine integrierbare Funktion auf $\mathbb{R}^m \setminus N$ ist. In diesem Fall gilt

$$\int f(\vec{x}, \vec{y})\, d(\vec{x}, \vec{y}) = \int_{\mathbb{R}^m \setminus N} \left(\int_{\mathbb{R}^n} f(\vec{x}, \vec{y})\, d\vec{y} \right) d\vec{x}.$$

Ist $f : \mathbb{R}^{m+n} \to \bar{\mathbb{R}}$ integrierbar, so schreibt man die Aussage des Satzes von Fubini auch einfach in der Form

$$\int f(\vec{x}, \vec{y})\, d(\vec{x}, \vec{y}) = \iint f(\vec{x}, \vec{y})\, d\vec{y}\, d\vec{x} = \iint f(\vec{x}, \vec{y})\, d\vec{x}\, d\vec{y}.$$

Dabei gilt die zweite Gleichung aus Symmetriegründen.

6.1.20 Der Integralsinus

Die durch

$$\mathrm{Si}(t) := \int_0^t \frac{\sin(u)}{u}\, du, \qquad t \geq 0,$$

definierte Funktion $\mathrm{Si} : [0, \infty) \to \mathbb{R}$ heißt *Integralsinus*. Aus Stetigkeitsgründen setzt man im obigen Integranden $(\sin u)/u := 1$ für $u = 0$.

6.35 Satz. (Asymptotik des Integralsinus)
Es gilt $\lim_{t\to\infty} \mathrm{Si}(t) = \pi/2$.

Beweis: Mittels Differentiation bestätigt man die Formel

$$\int_0^t e^{-ux} \sin x\, dx = \frac{1}{1+u^2}\left[1 - e^{-ut}(u \sin t + \cos t)\right], \qquad t \geq 0.$$

Aufgrund der Abschätzung

$$\int_0^t \int_0^\infty |e^{-ux} \sin x|\, du\, dx \leq \int_0^t \frac{|\sin x|}{x}\, dx \leq t$$

kann der Satz von Fubini auf die Funktion $(x, u) \mapsto 1_{(0,t)\times(0,\infty)}(x, u) e^{-ux} \sin x$ angewendet werden, und wir erhalten

$$\begin{aligned}\mathrm{Si}(t) &= \int_0^t \sin x \left[\int_0^\infty e^{-ux}\, du\right] dx = \int_0^\infty \left[\int_0^t e^{-ux} \sin x\, dx\right] du \\ &= \int_0^\infty \frac{1}{1+u^2}\, du - \int_0^\infty \frac{e^{-ut}}{1+u^2}(u \sin t + \cos t)\, du.\end{aligned}$$

Das erste Integral ergibt $\pi/2$. Nach dem Satz über die majorisierte Konvergenz strebt das zweite Integral für $t \to \infty$ gegen 0. Damit ist die Behauptung bewiesen. □

Bild 6.5 zeigt die Funktionen $\sin t/t$ und $|\sin t|/t$. Wir beweisen jetzt, dass letztere auf $[0, \infty)$ nicht Lebesgue-integrierbar ist. Dazu betrachten wir die Intervalle $I_k := [(k + 1/6) \cdot \pi, (k + 5/6) \cdot \pi)$, $k \in \mathbb{N}_0$. Für $t \in I_k$ ist $|\sin t| \geq 1/2$ und $t \leq (k + 1)\pi$, also

$$\frac{|\sin t|}{t} \geq \frac{1}{2(k+1)\pi}.$$

Wegen $\lambda^1(I_k) = 2\pi/3$ folgt somit für jedes $m \in \mathbb{N}$

$$\int_0^{m\pi} \frac{|\sin t|}{t}\, dt \geq \sum_{k=0}^{m-1} \int_{I_k} \frac{|\sin t|}{t}\, dt \geq \sum_{k=0}^{m-1} \frac{1}{2(k+1)\pi} \lambda^1(I_k) = \frac{1}{3} \sum_{k=0}^{m-1} \frac{1}{k+1}.$$

Weil die harmonische Reihe divergiert, ist das Kriterium aus Satz 6.24 verletzt, die Funktion $|\sin t|/t$ also nicht integrierbar.

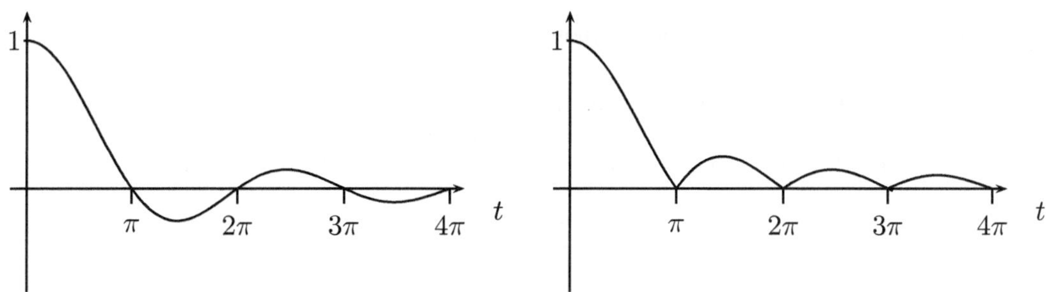

Bild 6.5: Die Funktionen $t \mapsto \sin t/t$ (links) und $t \mapsto |\sin t|/t$ (rechts)

6.1.21 Die Faltung

Es seien $f, g : \mathbb{R} \to \mathbb{C}$ integrierbare Funktionen. Nach Satz 6.20 ist die durch

$$h(x, y) := f(x - y) \cdot g(y)$$

erklärte Funktion $h : \mathbb{R}^2 \to \mathbb{C}$ messbar. Da $h(\cdot, y)$ für jedes feste $y \in \mathbb{R}$ integrierbar ist ($h(\cdot, y)$ in Real- und Imaginärteil zerlegen sowie Satz 6.26 anwenden!), liefert der Satz von Fubini die Integrierbarkeit der Funktion h. Wiederum mit dem Satz von Fubini können wir jetzt schließen, dass der Ausdruck

$$f * g(x) := \int f(x - y) \cdot g(y)\, dy \tag{6.29}$$

für jedes x außerhalb einer Nullmenge $N \subset \mathbb{R}$ wohldefiniert ist. Für $x \in N$ setzen wir $f * g(x) := 0$.

Die durch (6.29) definierte Funktion $f * g : \mathbb{R} \to \mathbb{C}$ heißt die *Faltung* von f und g.

Aus der Definition und Satz 6.26 erhalten wir unmittelbar:

6.36 Satz. (Kommutativität der Faltung)
Für alle integrierbaren $f, g : \mathbb{R} \to \mathbb{C}$ gilt $f * g = g * f$.

Aus dem Satz von Fubini folgt:

6.37 Satz. (Faltung von Dichten)
Sind $f, g : \mathbb{R} \to \mathbb{R}$ Dichten, so ist auch $f * g$ eine Dichte.

Wir werden später (s. Satz 9.16) sehen, dass $f * g$ die Dichte der Summe zweier unabhängiger Zufallsvariablen ist, welche die Dichten f bzw. g besitzen.

6.38 Satz. (Gleichmäßige Stetigkeit der Faltung)
Es seien $f, g \in L^1(\mathbb{R}; \mathbb{C}) \cap L^2(\mathbb{R}; \mathbb{C})$. Dann ist $f * g$ beschränkt und gleichmäßig stetig.

Beweis: Die Cauchy–Schwarzsche Ungleichung (Satz 6.28) liefert

$$|f * g(x)| \leq \int |f(x-y)| \cdot |g(y)|\, dy \leq \|f\|_2 \cdot \|g\|_2, \qquad x \in \mathbb{R},$$

und damit die Beschränktheit von $f * g$. Für alle $x, h \in \mathbb{R}$ gilt ferner

$$\begin{aligned} |f * g(x+h) - f * g(x)| &\leq \int |f(x+h-y) - f(x-y)| \cdot |g(y)|\, dy \\ &\leq \left(\int |f(h-y) - f(-y)|^2\, dy \right)^{1/2} \cdot \|g\|_2. \end{aligned}$$

Ist f stetig, und ist $\{x \in \mathbb{R} : f(x) \neq 0\}$ eine beschränkte Menge, so folgt aus dem Satz von der majorisierten Konvergenz $\int |f(h-y) - f(-y)|^2\, dy \to 0$ für $h \to 0$. Im allgemeinen Fall benutzt man die Approximation aus Satz 6.45. Auf die Details können wir hier verzichten. □

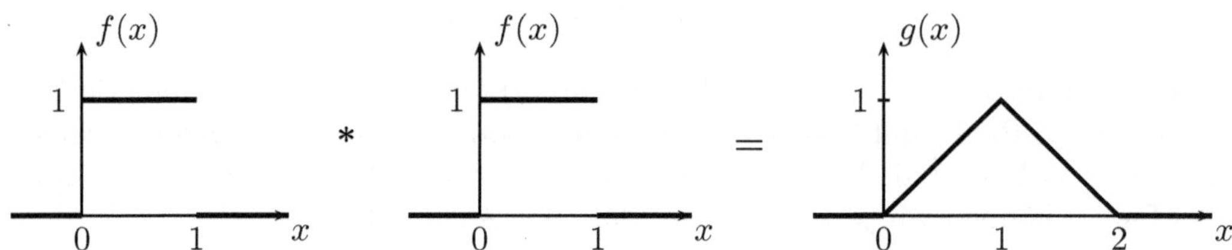

Bild 6.6: Faltung zweier Gleichverteilungen: $g = f * f$

6.39 Beispiel. (Faltung von Gleichverteilungen)
Für die Dichte $f = 1_{[0,1]}$ der Gleichverteilung auf $[0,1]$ (vgl. Beispiel I.7.41 und 6.1.18) gilt

$$f * f(x) = \int f(x-y) f(y)\, dy = \int_{\max(0,x-1)}^{\min(1,x)} 1_{[0,1]}(x-y)\, 1_{[0,1]}(y)\, dy.$$

Daraus ergibt sich die in Bild 6.6 rechts dargestellte Dichte

$$f * f(x) = x \cdot 1_{[0,1]}(x) + (2-x) \cdot 1_{[1,2]}(x)$$

der sogenannten *Dreiecksverteilung.*

6.40 Beispiel. (Faltung von Gammadichten)
Für zwei Gammadichten $g_{\alpha_1,\beta}$ und $g_{\alpha_2,\beta}$ (vgl. (6.28)) mit gleichem Parameter β gilt

$$g_{\alpha_1,\beta} * g_{\alpha_2,\beta} = g_{\alpha_1+\alpha_2,\beta}. \tag{6.30}$$

Für jedes $x > 0$ erhalten wir nämlich

$$\begin{aligned} g_{\alpha_1,\beta} * g_{\alpha_2,\beta}(x) &= \frac{\beta^{\alpha_1+\alpha_2}}{\Gamma(\alpha_1)\Gamma(\alpha_2)} \int_0^x (x-y)^{\alpha_1-1} y^{\alpha_2-1} e^{-\beta(x-y)} e^{-\beta y}\, dy \\ &= \frac{\beta^{\alpha_1+\alpha_2} x^{\alpha_1+\alpha_2-2} e^{-\beta x}}{\Gamma(\alpha_1)\Gamma(\alpha_2)} \int_0^x \left(\frac{x-y}{x}\right)^{\alpha_1-1} \left(\frac{y}{x}\right)^{\alpha_2-1} dy \\ &= \frac{\beta^{\alpha_1+\alpha_2} x^{\alpha_1+\alpha_2-1} e^{-\beta x}}{\Gamma(\alpha_1)\Gamma(\alpha_2)} B(\alpha_1, \alpha_2), \end{aligned}$$

wobei zuletzt die Substitution $z := y/x$ benutzt wurde und

$$B(\alpha_1, \alpha_2) := \int_0^1 z^{\alpha_1-1}(1-z)^{\alpha_2-1}\, dz$$

gesetzt ist. Die Funktion $B(\cdot,\cdot)$ heißt *Eulersche Beta-Funktion*. Da nach Satz 6.37 die Funktion $g_{\alpha_1,\beta} * g_{\alpha_2,\beta}$ eine Dichte ist, folgt

$$B(\alpha_1, \alpha_2) = \frac{\Gamma(\alpha_1)\Gamma(\alpha_2)}{\Gamma(\alpha_1+\alpha_2)}$$

und somit auch (6.30).

6.1.22 Glättungseigenschaften der Faltung

Ist $f : \mathbb{R}^n \to \bar{\mathbb{R}}$, so heißt die abgeschlossene Hülle der Menge $\{\vec{x} \in \mathbb{R}^n : f(\vec{x}) \neq 0\}$ *Träger* von f. Man bezeichnet ihn mit $\operatorname{supp}(f)$. Sind $G \subset \mathbb{R}^n$ eine offene Menge und $k \in \mathbb{N}$, so bezeichnet $C_0^k(G)$ die Menge aller k-mal stetig differenzierbaren Funktionen $f : \mathbb{R}^n \to \mathbb{R}$, deren Träger beschränkt und Teilmenge von G ist. Diese Bezeichnung verwenden wir auch für $k = 0$ bzw. $k = \infty$. Dann ist $C_0^k(G)$ die Menge aller stetigen bzw. unendlich oft differenzierbaren Funktionen mit beschränktem in G gelegenen Träger.

Im Folgenden verwenden wir oft, dass eine Funktion aus $f \in C_0^k(G)$ über G integrierbar ist. Wegen $\lambda^n(\operatorname{supp}(f)) < \infty$ und der Beschränktheit von f ergibt sich diese Integrierbarkeit aus Folgerung 6.23.

6.41 Beispiel. (Unendlich oft differenzierbare Funktionen)
Die Funktion $f(t) := 1_{(0,\infty)}(t)\exp(-1/t)$ ist stetig. Analog zu Beispiel I.6.63 ergibt sich aus dem Mittelwertsatz, dass f unendlich oft differenzierbar ist. Nach der Kettenregel ist die Funktion

$$\psi(\vec{x}) := c \cdot f\big(1 - \|\vec{x}\|_2^2\big), \qquad \vec{x} \in \mathbb{R}^n,$$

ebenfalls unendlich oft differenzierbar. Die Normierungskonstante $c > 0$ wird hier so gewählt, dass $\int \psi(\vec{x})\, d\vec{x} = 1$. Die Funktion ψ hat als (beschränkten) Träger die Kugel $B(\vec{0}, 1)$.

6.42 Satz. (Differenzierbarkeitseigenschaften der Faltung)
Es seien $f, g \in L^1(\mathbb{R}^n; \mathbb{R})$. Der Träger von f sei beschränkt, und g sei k-mal stetig differenzierbar. Dann ist auch die Faltung $f * g$ k-mal stetig differenzierbar, und es gilt $(f * g)^{(k)} = f * g^{(k)}$.

BEWEIS: Der Einfachheit halber beschränken wir uns auf den Fall $n = 1$. Nach Voraussetzung an f gibt es ein $r > 0$ mit $\operatorname{supp}(f) \subset [-r, r]$. Für alle $x \in \mathbb{R}$ und $h \neq 0$ gilt dann

$$\frac{f * g(x+h) - f * g(x)}{h} = \int_{-r}^{r} f(y) \cdot \frac{g(x+h-y) - g(x-y)}{h}\, dy.$$

Nach Voraussetzung strebt der Integrand für $h \to 0$ gegen $f(y)g'(x-y)$. Aus dem Mittelwertsatz I.6.50 erhalten wir für alle y und h die Existenz einer Zahl $\theta = \theta(x, h) \in (0, 1)$ mit $(g(x+h-y) - g(x-y))/h = g'(x - y + \theta(x, h)h)$. Setzen wir o.B.d.A. $|h| \leq 1$ voraus, so ist obiger Integrand wegen der Stetigkeit von g' betragsmäßig durch die auf dem Intervall $[-r, r]$ integrierbare Funktion

$$y \mapsto |f(y)| \max\{|g'(z)| : |x - z| \leq r + 1\}$$

beschränkt. Damit folgt die Behauptung aus dem Satz 6.16 über die majorisierte Konvergenz. Den Beweis der Stetigkeit von $f * g'$ überlassen wir dem Leser. Für allgemeines $k \in \mathbb{N}_0$ bzw. $k = \infty$ ergibt sich die Behauptung durch Induktion. □

Mit Hilfe der Funktion ψ aus Beispiel 6.41 definieren wir für jedes $f \in L^1(\mathbb{R}^n; \mathbb{R})$ und jedes $\alpha > 0$

$$f_\alpha(\vec{x}) := \frac{1}{\alpha^n} \int f(\vec{y}) \psi\Big(\frac{\vec{x} - \vec{y}}{\alpha}\Big)\, d\vec{y} = \int f(\vec{x} - \alpha\vec{y}) \psi(\vec{y})\, d\vec{y}, \qquad \vec{x} \in \mathbb{R}^n. \tag{6.31}$$

Hierbei ergibt sich die zweite Gleichung aus der Transformationsformel in Satz 6.26 (man setze $T(\vec{y}) := (\vec{x} - \vec{y})/\alpha$). Mit $\psi_\alpha(\vec{x}) := \alpha^{-n}\psi(\vec{x}/\alpha)$ gilt $f_\alpha = f * \psi_\alpha$. Hat f einen beschränkten Träger, so ist f_α nach Satz 6.42 unendlich oft differenzierbar. Außerdem gilt dann

$$\lim_{\alpha \to 0} \sup\{|f(\vec{x}) - f_\alpha(\vec{x})| : \vec{x} \in \mathbb{R}^n\} = 0,$$

die Funktion f kann also *gleichmäßig* durch C_0^∞-Funktionen approximiert werden. Wir werden den (recht einfachen) Beweis dieser Konvergenz hier nicht führen. Stattdessen beweisen wir im nächsten Unterabschnitt ein ähnliches Resultat über die L^1-Approximation einer *beliebigen* integrierbaren Funktion durch Funktionen aus C_0^∞. Dabei wird die *Glättung* f_α eine wichtige Rolle spielen.

6.1.23 Approximation integrierbarer Funktionen*

Für viele Zwecke ist es wünschenswert, eine integrierbare Funktion durch unendlich oft differenzierbare Funktionen beliebig genau (im Sinne der L^1-Norm) zu approximieren. Zur Vorbereitung eines entsprechenden Resultates benötigen wir den folgenden Satz, welcher auch von eigenständigem Interesse ist.

6.43 Satz. (Approximation messbarer Mengen durch offene Mengen)
Ist $M \subset \mathbb{R}^n$ eine messbare Menge, so gibt es für jedes $\varepsilon > 0$ eine offene Menge $G \subset \mathbb{R}^n$ mit $M \subset G$ und $\lambda^n(G \setminus M) \leq \varepsilon$.

BEWEIS: Zunächst seien $A \subset \mathbb{R}^n$ beliebig und $\varepsilon > 0$. Nach Definition von $\lambda^n(A)$ finden wir Quader $Q_1, Q_2, \ldots$ mit $A \subset \cup_{j=1}^{\infty} Q_j$ und $\sum_{j=1}^{\infty} |Q_j| \leq \lambda^n(A) + \varepsilon$. Für jedes $j \in \mathbb{N}$ gibt es einen offenen Quader $V_j \supset Q_j$ mit $\lambda^n(V_j) \leq \lambda^n(Q_j) + 2^{-j}\varepsilon$. Für die offene Menge $G := \cup_{j=1}^{\infty} V_j$ erhalten wir aus der σ-Subadditivität von λ^n die Ungleichungskette

$$\lambda^n(G) \leq \sum_{j=1}^{\infty} \lambda^n(V_j) \leq \sum_{j=1}^{\infty} (\lambda^n(Q_j) + 2^{-j}\varepsilon) \leq \lambda^n(A) + 2\varepsilon.$$

Ist nun M eine beliebige messbare Menge, so ist M die Vereinigung $\cup_{k=1}^{\infty} M_k$ beschränkter messbarer Mengen M_k. Es sei $\varepsilon > 0$. Für jedes $k \in \mathbb{N}$ gibt es nach dem ersten Beweisteil eine offene Menge $G_k \supset M_k$ mit $\lambda^n(G_k) \leq \lambda^n(M_k) + 2^{-k}\varepsilon$. Wegen $\lambda(M_k) < \infty$ bedeutet das $\lambda^n(G_k \setminus M_k) \leq 2^{-k}\varepsilon$. Die Menge $G := \cup_{k=1}^{\infty} G_k$ ist offen und enthält M. Aus $G \setminus M \subset \cup_{k=1}^{\infty} G_k \setminus M_k$ und der σ-Subadditivität von λ^n erhalten wir

$$\lambda^n(G \setminus M) \leq \sum_{k=1}^{\infty} \lambda^n(G_k \setminus M_k) \leq \varepsilon$$

und damit die Behauptung. □

Wir benötigen noch eine Hilfsaussage. Dazu verwenden wir die durch (2.9) definierte Parallelmenge.

6.44 Lemma. (Approximation offener Mengen)
Es seien $G \subset \mathbb{R}^n$ eine offene und beschränkte Menge sowie B eine abgeschlossene Teilmenge von G. Dann gibt es ein $g \in C_0^{\infty}(G)$ und ein $\alpha > 0$ mit $0 \leq g \leq 1$, $B_{\oplus\alpha} \subset G$ und $g(\vec{x}) = 1$ für jedes $\vec{x} \in B_{\oplus\alpha}$.

BEWEIS: Wir setzen $C := \mathbb{R}^n \setminus G$. Die schon in I.8.6.3 und 2.3.4 diskutierte Abbildung

$$\vec{x} \mapsto d(\vec{x}, C) := \inf\{\|\vec{x} - \vec{y}\|_2 : \vec{y} \in C\}$$

ist stetig. (Der interessierte Leser kann zur Übung beweisen, dass sogar die Lipschitzstetigkeit $|d(\vec{x}, C) - d(\vec{y}, C)| \leq \|\vec{x} - \vec{y}\|_2$ vorliegt!) Wegen $B \subset G$ gilt $d(\vec{x}, C) > 0$ für jedes $\vec{x} \in B$. Nach Satz 1.18 ist also

$$d(B, C) := \inf\{d(\vec{x}, C) : \vec{x} \in B\} = 6\alpha$$

für ein $\alpha > 0$. Es sei $h : \mathbb{R} \to \mathbb{R}$ diejenige stetige Funktion, die auf $(-\infty, 2\alpha]$ den Wert 0 und auf $[4\alpha, \infty)$ den Wert 1 annimmt und zwischen 2α und 4α linear wächst. Wir betrachten jetzt die durch

$$f(\vec{x}) := h(d(\vec{x}, C)), \qquad \vec{x} \in \mathbb{R}^n,$$

definierte stetige Funktion $f : \mathbb{R}^n \to \mathbb{R}^n$. Nach Definition ist $f(\vec{x}) = 0$ für $\vec{x} \in C_{\oplus 2\alpha}$ und $f(\vec{x}) = 1$ für $\vec{x} \notin C_{\oplus 4\alpha}$. Wegen $B_{\oplus 2\alpha} \subset \mathbb{R}^n \setminus C_{\oplus 4\alpha}$ (der Leser mache sich das graphisch und analytisch klar!) gilt also insbesondere $f(\vec{x}) = 1$ für $\vec{x} \in B_{\oplus 2\alpha}$.

Wir zeigen jetzt, dass die durch (6.31) definierte Funktion $g := f_\alpha$ alle geforderten Eigenschaften hat. Nach Satz 6.42 ist g unendlich oft differenzierbar. Aus $0 \leq f \leq 1$ und der Monotonie des Integrals ergibt sich $0 \leq g \leq 1$. (Man beachte $\int \psi(\vec{y})\, d\vec{y} = 1$.) Für $\vec{x} \in B_{\oplus\alpha}$ und $\|\vec{y}\|_2 \leq 1$ gilt $\vec{x} - \alpha\vec{y} \in B_{\oplus 2\alpha}$ und damit (wegen $\operatorname{supp}(\psi) \subset B(\vec{0}, 1)$) $g(\vec{x}) = 1$. Für $\vec{x} \in C_{\oplus\alpha}$ und $\|\vec{y}\|_2 \leq 1$ gilt $\vec{x} - \alpha\vec{y} \in C_{\oplus 2\alpha}$ und damit $g(\vec{x}) = 0$. Deshalb ist die offene Menge $A := \cup_{\vec{x} \in C} B^0(\vec{x}, \alpha)$ eine Teilmenge von $\{\vec{x} \in \mathbb{R}^n : g(\vec{x}) = 0\}$, und es folgt

$$\operatorname{supp}(g) \subset \mathbb{R}^n \setminus A \subset \mathbb{R}^n \setminus C = G.$$

Damit ist das Lemma vollständig bewiesen. □

6.45 Satz. (Approximation integrierbarer Funktionen)
Es seien $G \subset \mathbb{R}^n$ eine offene Menge, $p \geq 1$ und $f \in L^p(G; \mathbb{R})$. Dann gibt es für jedes $\varepsilon > 0$ ein $g \in C_0^\infty(G)$ mit $\|f - g\|_p \leq \varepsilon$.

BEWEIS: Wir gehen schrittweise vor, und beginnen mit sehr einfachen Funktionen f.

(i): Zunächst gelte $f = 1_H$ für eine offene und *beschränkte* Menge $H \subset G$. Für jedes $k \in \mathbb{N}$ ist

$$H_k := \{\vec{x} \in H : d(\vec{x}, \partial H) \geq 1/k\}$$

eine beschränkte und abgeschlossene Menge. Ferner gilt $H = \cup_{k=1}^\infty H_k$. Nach Lemma 6.44 gibt es zu jedem $k \in \mathbb{N}$ ein $f_k \in C_0^\infty(H)$ mit $0 \leq f_k \leq 1$ und $f_k(\vec{x}) = 1$ für $\vec{x} \in H_k$. Damit folgt $f_k \leq 1_H$ und $\lim_{k\to\infty} f_k(\vec{x}) = 1_H(\vec{x})$. Wegen $|\,1_H - f_k|^p \leq 2^p\, 1_H$ und $\lambda^n(H) < \infty$ erhalten wir $\lim_{k\to\infty} \|\,1_H - f_k\|_p = 0$ aus dem Satz 6.16 über die majorisiert Konvergenz.

(ii): Im nächsten Schritt setzen wir $f = 1_A$ für eine beschränkte und messbare Menge $A \subset H$ voraus. Nach Satz 6.43 gibt es für jedes $\varepsilon > 0$ eine offene Menge $H \subset G$ mit $A \subset H$ und $\lambda^n(H \setminus A) \leq \varepsilon$. Dabei können wir annehmen, dass H beschränkt ist. (Sonst könnte man H mit einer geeigneten offenen Kugel schneiden.) Damit ist $1_H \in L^p(G; \mathbb{R})$ und $\|\,1_H - 1_A\,\|_p \leq \varepsilon$. Wegen (i) und der Minkowski-Ungleichung ergibt sich die Behauptung.

(iii): Jetzt gelte $f = c_1\, 1_{A_1} + \ldots + c_m\, 1_{A_m}$ für ein $m \in \mathbb{N}$, $c_1, \ldots, c_m \in \mathbb{R} \setminus \{0\}$ und beschränkte und messbare Mengen $A_1, \ldots, A_m \subset G$. Ein solches f nennen wir *spezielle Elementarfunktion* (vgl. 6.2.7). Es sei $\varepsilon > 0$ gegeben. Nach (ii) können wir 1_{A_j} für jedes $j \in \{1, \ldots, m\}$ bis auf $|c_j|^{-1} m^{-1} \varepsilon$ in der L^p-Norm durch ein $g_j \in C_0^\infty(G)$ approximieren. Damit liefert die Minkowski-Ungleichung

$$\Big\| f - \sum_{j=1}^m c_j g_j \Big\|_p = \Big\| \sum_{j=1}^m c_j (1_{A_j} - g_j) \Big\|_p \leq \sum_{j=1}^m |c_j| \cdot \|\, 1_{A_j} - g_j \|_p \leq \varepsilon.$$

(iv): Abschließend behandeln wir den allgemeinen Fall. Die Sätze 6.48 und 6.52 liefern eine Folge $(f_k)_{k\geq 1}$ messbarer Elementarfunktionen (vgl. 6.2.7) mit $\lim_{k\to\infty} f_k(\vec{x}) = f(\vec{x})$ für jedes $\vec{x} \in \mathbb{R}^n$ und $|f_k(\vec{x})| \leq |f(\vec{x})|$. Insbesondere gilt $\operatorname{supp}(f_k) \subset \operatorname{supp}(f)$. Mit $g_k(\vec{x}) := \min(k, f_k(\vec{x}))$ für $\|\vec{x}\|_2 \leq k$ und $g_k(\vec{x}) := 0$ für $\|\vec{x}\|_2 > k$ erhalten wir spezielle Elementarfunktionen g_k, die ansonsten dieselben Eigenschaften haben wie die Funktionen f_k. Aus $|f(\vec{x}) - g_k(\vec{x})|^p \leq 2^p |f(\vec{x})|^p$ und dem Satz über majorisierte Konvergenz folgt

$\lim_{k\to\infty} \|f - g_k\|_p = 0$. Zusammen mit (iii) und der Minkowski-Ungleichung ergibt sich dann die Behauptung. □

6.2 Grundzüge der Maßtheorie*

Wir geben hier eine kurze, auf die Bedürfnisse dieses Buches zugeschnittene Einführung in die allgemeine Maß- und Integrationstheorie. Eine ausführliche Darstellung findet man etwa in (Leinert, 1995).

6.2.1 Mengen

Im gesamten Abschnitt sei Ω eine (als Grundmenge dienende) nichtleere Menge. Ist $A \subset \Omega$, so bezeichnet $A^c := \Omega \setminus A$ wie üblich das Komplement von A.

Sind $A_n \subset \Omega$, $n \in \mathbb{N}$, Mengen, so spricht man auch von einer *Folge von Mengen*. Man bezeichnet sie auch mit $(A_n)_{n\geq 1}$ oder (A_n). Folgen $(A_n)_{n\geq m}$ von Mengen ($m \in \mathbb{N}$) werden ganz analog eingeführt. Für eine Folge $A_n \subset \Omega$, $n \in \mathbb{N}$, von Mengen schreibt man $A_n \uparrow A$ (für $n \to \infty$), falls $A_n \subset A_{n+1}$ und $\cup_{n=1}^{\infty} A_n = A$. Analog schreibt man $A_n \downarrow A$ (für $n \to \infty$), falls $A_{n+1} \subset A_n$ und $\cap_{n=1}^{\infty} A_n = A$.

6.2.2 Mengensysteme

Ein *Mengensystem* (über Ω) ist eine Teilmenge $\mathcal{A}$ der Potenzmenge $\mathcal{P}(\Omega)$ von Ω. Ein Mengensystem $\mathcal{A} \subset \mathcal{P}(\Omega)$ heißt

(i) *durchschnittsstabil* (bzw. *vereinigungsstabil*), wenn mit $A, B \in \mathcal{A}$ auch $A \cap B \in \mathcal{A}$ (bzw. $A \cup B \in \mathcal{A}$) gilt;

(ii) *abgeschlossen unter Differenzbildung* (bzw. *echter Differenzbildung*), falls aus $A, B \in \mathcal{A}$ (bzw. aus $A, B \in \mathcal{A}$ und $A \subset B$) die Beziehung $B \setminus A \in \mathcal{A}$ folgt;

(iii) *abgeschlossen unter Komplementbildung*, falls aus $A \in \mathcal{A}$ die Relation $A^c \in \mathcal{A}$ folgt;

(iv) *abgeschlossen unter monotonen Vereinigungen* falls aus $A_k \in \mathcal{A}$, $k \in \mathbb{N}$, und $A_k \uparrow A$ die Relation $A \in \mathcal{A}$ folgt.

(v) *abgeschlossen unter monotonen Durchschnitten*, falls aus $A_k \in \mathcal{A}$, $k \in \mathbb{N}$, und $A_k \downarrow A$ die Relation $A \in \mathcal{A}$ folgt.

Zwischen diesen Eigenschaften gibt es zahlreiche Beziehungen. Ist etwa $\mathcal{A}$ durchschnittsstabil und abgeschlossen unter Komplementbildung, so ist $\mathcal{A}$ wegen $A \cup B = (A^c \cap B^c)^c$ auch vereinigungsstabil.

6.2.3 σ-Algebren

Ein Mengensystem $\mathcal{A} \subset \mathcal{P}(\Omega)$ heißt *σ-Algebra* (über Ω), falls $\Omega \in \mathcal{A}$ und falls $\mathcal{A}$ abgeschlossen unter Komplementbildung sowie unter *abzählbaren* Durchschnitten und Vereinigungen ist. Letzteres bedeutet

$$\bigcap_{k=1}^{\infty} A_k \in \mathcal{A}, \qquad \bigcup_{k=1}^{\infty} A_k \in \mathcal{A} \tag{6.32}$$

für jede Folge $A_k \in \mathcal{A}$, $k \in \mathbb{N}$, von Mengen aus $\mathcal{A}$.

Jede σ-Algebra enthält die leere Menge $\emptyset = \Omega^c$ und ist vereinigungs- und durchschnittsstabil. Um letzteres einzusehen, kann man in (6.32) für jedes $k \geq 3$ $A_k := \Omega$ (bzw. $A_k := \emptyset$) setzen. Abzählbar viele mengentheoretische Operationen mit Mengen aus einer σ-Algebra $\mathcal{A}$ führen nicht aus $\mathcal{A}$ heraus.

Der Durchschnitt *beliebig vieler* σ-Algebren ist wieder eine σ-Algebra. Ist also $J \neq \emptyset$ und ist $\{\mathcal{A}_j : j \in J\}$ eine Menge von σ-Algebren $\mathcal{A}_j \subset \mathcal{P}(\Omega)$, so ist

$$\bigcap_{j \in J} \mathcal{A}_j = \{A \subset \Omega : A \in \mathcal{A}_j \text{ für jedes } j \in J\}$$

ebenfalls eine σ-Algebra. Die Potenzmenge $\mathcal{P}(\Omega)$ ist eine σ-Algebra, die jedes Mengensystem umfasst. Diese Sachverhalte ermöglichen die folgende Definition.

Ist $\mathcal{M} \subset \mathcal{P}(\Omega)$ ein Mengensystem, so heißt

$$\sigma(\mathcal{M}) := \bigcap_{\substack{\mathcal{M} \subset \mathcal{A} \\ \mathcal{A}\ \sigma\text{-Algebra}}} \mathcal{A} = \bigcap \{\mathcal{A} : \mathcal{A} \subset \mathcal{P}(\Omega) \text{ ist } \sigma\text{-Algebra und } \mathcal{A} \supset \mathcal{M}\}$$

die von $\mathcal{M}$ *erzeugte* σ-Algebra. Das System $\mathcal{M}$ heißt *Erzeuger* von $\sigma(\mathcal{M})$.

6.2.4 Der monotone Klassensatz

Ein Mengensystem $\mathcal{D} \subset \mathcal{P}(\Omega)$ heißt *d-System*, falls $\Omega \in \mathcal{D}$ und falls $\mathcal{D}$ abgeschlossen unter echter Differenzbildung und monotonen Vereinigungen ist.

Mit dem folgenden Satz erhalten wir ein sehr nützliches Hilfsmittel, um Aussagen von durchschnittsstabilen Systemen $\mathcal{M}$ auf die erzeugte σ-Algebra $\sigma(\mathcal{M})$ ausdehnen zu können.

6.46 Satz. (Monotoner Klassensatz)
Es seien $\mathcal{M} \subset \mathcal{P}(\Omega)$ ein durchschnittsstabiles Mengensystem und $\mathcal{D}$ ein d-System mit $\mathcal{M} \subset \mathcal{D}$. Dann gilt $\sigma(\mathcal{M}) \subset \mathcal{D}$.

BEWEIS: O.B.d.A. können wir annehmen, dass $\mathcal{D}$ das (wohldefinierte!) kleinste d-System ist, welches $\mathcal{M}$ enthält. Weil ein d-System genau dann eine σ-Algebra ist, wenn es durchschnittsstabil ist (der Beweis sei Übungsaufgabe!), genügt es zu zeigen, dass $\mathcal{D}$ durchschnittsstabil ist. Dazu wählen wir zunächst ein $B \in \mathcal{M}$ und definieren

$$\mathcal{D}_B := \{A \subset \Omega : A \cap B \in \mathcal{D}\}.$$

Weil $\mathcal{M}$ nach Voraussetzung durchschnittsstabil ist, gilt $\mathcal{M} \subset \mathcal{D}_B$. Wir weisen jetzt nach, dass $\mathcal{D}_B$ ein d-System ist. Aus unserer anfänglichen Annahme über $\mathcal{D}$ würde dann $\mathcal{D} \subset \mathcal{D}_B$ folgen. Offenbar gilt $\Omega \in \mathcal{D}_B$. Sind $A, A' \in \mathcal{D}_B$ mit $A' \subset A$, so folgt

$$(A \setminus A') \cap B = A \cap B \setminus A' \cap B \in \mathcal{D},$$

weil $\mathcal{D}$ ein d-System ist. Schließlich folgt aus $A_n \in \mathcal{D}$ und $A_n \uparrow A$ auch $A_n \cap B \uparrow A \cap B \in \mathcal{D}$. Damit gilt $\mathcal{D} \subset \mathcal{D}_B$, also $A \cap B \in \mathcal{D}$ für jedes $B \in \mathcal{M}$ und jedes $A \in \mathcal{D}$. Wir vertauschen jetzt die Rollen von A und B und betrachten für $A \in \mathcal{D}$ das System $\mathcal{D}_A$ aller Mengen $B \subset \Omega$ mit $A \cap B \in \mathcal{D}$. Wie wir gerade gesehen haben, gilt $\mathcal{M} \subset \mathcal{D}_A$. Weil aber $\mathcal{D}_A$ ein d-System ist (Beweis wie oben!), erhalten wir $\mathcal{D} \subset \mathcal{D}_A$, also die gewünschte Beziehung $A \cap B \in \mathcal{D}$ für alle $A, B \in \mathcal{D}$. Damit ist der Satz bewiesen. □

6.2.5 Die Borelsche σ-Algebra

Es seien Ω ein normierter Raum und $\mathcal{U}$ das System aller offenen Teilmengen von Ω (vgl. 4.3.1). Dann heißt $\mathcal{B}(\Omega) := \sigma(\mathcal{U})$ *Borelsche σ-Algebra* (über Ω). Die Elemente von $\mathcal{B}(\Omega)$ heißen *Borelsche Mengen* oder kurz *Borelmengen* (in Ω). Die σ-Algebra der Borelmengen über $\mathbb{R}^n$ (versehen mit einer beliebigen Norm) wird mit $\mathcal{B}^n := \mathcal{B}(\mathbb{R}^n)$ bezeichnet.

In Satz 6.61 wird sich herausstellen, dass jede Borelsche Teilmenge des $\mathbb{R}^n$ Lebesgue-messbar ist. Ferner gilt:

6.47 Satz. (Borelsche σ-Algebra über $\mathbb{R}^n$)
Im normierten Raum $(\mathbb{R}^n, \|\cdot\|_2)$ ist das System

$$\mathcal{M} := \{\times_{j=1}^{n}[a_j, b_j] : a_j < b_j,\ a_j, b_j \in \mathbb{Q} \text{ für } j = 1, \ldots, n\}$$

aller Quader mit rationalen Eckpunkten ein Erzeuger von $\mathcal{B}^n$.

BEWEIS: Aus Satz 1.9 folgt, dass das System aller abgeschlossenen Teilmengen ein Erzeuger von $\mathcal{B}^n$ ist. (Insbesondere gilt also $\{\vec{x}\} \in \mathcal{B}^n$ für jedes $\vec{x} \in \mathbb{R}^n$.) Damit ist $\sigma(\mathcal{M}) \subset \mathcal{B}^n$. Zum Beweis der umgekehrten Inklusion genügt es zu bemerken, dass jede (nichtleere) offene Menge $A \subset \mathbb{R}^n$ Vereinigung derjenigen abzählbar vielen $Q \in \mathcal{M}$ mit $Q \subset A$ ist. □

6.2.6 Messräume und messbare Abbildungen

Satz 6.5 und 6.1.10 legen die folgenden Definitionen nahe.

(i) Ist $\mathcal{A} \subset \mathcal{P}(\Omega)$ eine σ-Algebra, so heißt das Paar $(\Omega, \mathcal{A})$ *Messraum*. Die Elemente von $\mathcal{A}$ nennt man *messbare Mengen*.

(ii) Es sei $(\Omega, \mathcal{A})$ ein Messraum. Eine Funktion $f : \Omega \to \bar{\mathbb{R}}$ heißt *$\mathcal{A}$-messbar* (kurz: *messbar*), falls

$$\{\omega \in \Omega : f(\omega) < c\} \in \mathcal{A} \qquad \text{für jedes } c \in \mathbb{R}. \tag{6.33}$$

Wie in 6.1.10 erkennt man, dass die Messbarkeitsbedingung (6.33) zu

$$\{\omega \in \Omega : f(\omega) \leq c\} \in \mathcal{A}, \qquad c \in \mathbb{R}, \tag{6.34}$$

äquivalent ist. Im wichtigen Spezialfall $(\Omega, \mathcal{A}) = (\mathbb{R}^n, \mathcal{B}^n)$ bleiben die Sätze 6.18 und 6.19 über die Messbarkeit stetiger bzw. monotoner Funktionen unverändert gültig.

6.2.7 Approximation messbarer Funktionen

Eine Funktion $f : \Omega \to [0, \infty)$ heißt *Elementarfunktion*, falls $f(\Omega)$ eine endliche Menge ist, d.h. falls f nur endlich viele verschiedene Werte annimmt.

Nimmt die Elementarfunktion f die paarweise verschiedenen reellen Werte $c_1, \ldots, c_m$ an, so gilt

$$f = c_1 \, 1_{A_1} + \ldots + c_m \, 1_{A_m} \tag{6.35}$$

mit $A_j := \{\omega \in \Omega : f(\omega) = c_j\}$, $j \in \{1, \ldots, m\}$. Diese Mengen sind paarweise disjunkt. Ist $(\Omega, \mathcal{A})$ ein Messraum und ist f $\mathcal{A}$-messbar, so folgt $A_1, \ldots, A_m \in \mathcal{A}$.

Sind $f_k : \Omega \to [0, \infty]$, $k \in \mathbb{N}$, Funktionen mit $f_k(\omega) \leq f_{k+1}(\omega)$ für jedes $k \in \mathbb{N}$ und jedes $\omega \in \Omega$, so schreibt man $f_k \uparrow$ (für $k \to \infty$). In diesem Fall existiert für jedes $\omega \in \Omega$ der Grenzwert $f(\omega) := \lim_{k\to\infty} f_k(\omega)$ im eigentlichen oder uneigentlichen Sinne, und man schreibt $f_k \uparrow f$ (für $k \to \infty$).

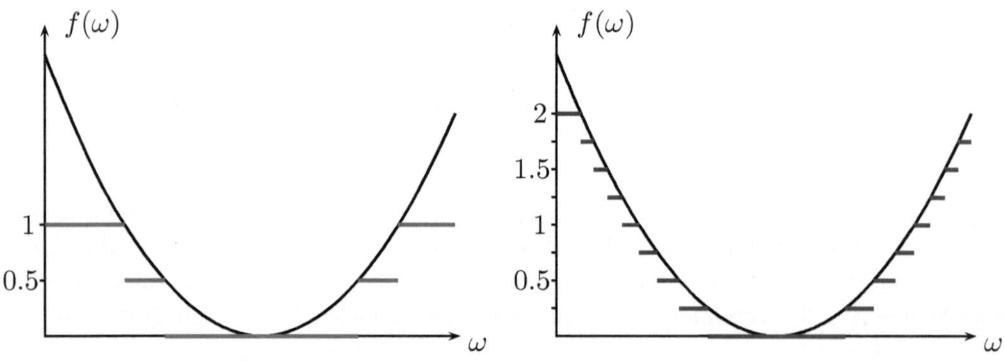

Bild 6.7: Approximation von f durch f_1 (links) und f_2 (rechts)

6.48 Satz. (Approximation durch Elementarfunktionen)
Es seien $(\Omega, \mathcal{A})$ ein Messraum und $f : \Omega \to [0, \infty]$ eine $\mathcal{A}$-messbare Funktion. Dann gibt es $\mathcal{A}$-messbare Elementarfunktionen $f_k : \Omega \to [0, \infty)$, $k \in \mathbb{N}$, mit $f_k \uparrow f$ für $k \to \infty$.

BEWEIS: Für jedes $k \in \mathbb{N}$ definieren wir

$$f_k(\omega) := \begin{cases} j2^{-k}, & \text{falls } j2^{-k} \leq f(\omega) < (j+1)2^{-k} \text{ für ein } j \in \{0, \ldots, k2^k - 1\}, \\ k, & \text{falls } f(\omega) \geq k. \end{cases}$$

Bild 6.7 zeigt die ersten beiden Approximationen f_1 und f_2 für eine auf einem Intervall erklärte quadratische Funktion. Weil f messbar ist, ist f_k eine messbare Elementarfunktion. Man prüft leicht nach, dass die Folge (f_k) die geforderten Eigenschaften hat. □

6.2.8 Messbarkeit von Grenzwerten

Sind J eine nichtleere Menge und f_j für jedes $j \in J$ eine Funktion von Ω nach $\bar{\mathbb{R}}$, so bezeichnet man mit $\sup_{j \in J} f_j$ die durch $\omega \mapsto \sup\{f_j(\omega) : j \in J\}$ definierte Funktion von Ω nach $\bar{\mathbb{R}}$. Hierbei erinnern wir an die in 6.1.1 getroffenen Vereinbarungen über Infimum und Supremum. Gilt $J = \{m, m+1, \ldots\}$ für ein $m \in \mathbb{N}_0$, so nennt man f_n, $n \geq m$, (bzw. $(f_n)_{n \geq m}$) eine *Folge von Funktionen*. Man schreibt dann $\sup_{k \geq m} f_k := \sup_{j \in J} f_j$. Analog definiert man die Funktion $\inf_{j \in J} f_j$. Im Fall $J = \{m, m+1, \ldots\}$ können auch die Funktionen $\liminf_{k \to \infty} f_k$ bzw. $\limsup_{k \to \infty} f_k$ ganz analog definiert werden. Besitzt die Folge $(f_k(\omega))$ für jedes $\omega \in \Omega$ einen Grenzwert im eigentlichen oder uneigentlichen Sinne, so bezeichnet $\lim_{k \to \infty} f_k$ die Funktion $\omega \mapsto \lim_{k \to \infty} f_k(\omega)$ von Ω nach $\bar{\mathbb{R}}$.

6.49 Satz. (Grenzwerte messbarer Funktionen)
Sind $(\Omega, \mathcal{A})$ ein Messraum und $f_k : \Omega \to \bar{\mathbb{R}}$, $k \in \mathbb{N}$, eine Folge $\mathcal{A}$-messbarer Funktionen, so sind $\inf_{k \in \mathbb{N}} f_k$, $\sup_{k \in \mathbb{N}} f_k$, $\liminf_{k \to \infty} f_k$ und $\limsup_{k \to \infty} f_k$ ebenfalls $\mathcal{A}$-messbare Funktionen.

Beweis: Nach Voraussetzung und den Eigenschaften einer σ-Algebra ist

$$\{\omega \in \Omega : \sup_{k \in \mathbb{N}} f_k(\omega) \leq c\} = \bigcap_{k=1}^{\infty} \{\omega \in \Omega : f_k(\omega) \leq c\}$$

für jedes $c \in \mathbb{R}$ in $\mathcal{A}$. Also ist $\sup_{k \in \mathbb{N}} f_k$ messbar. Die Messbarkeit von $\inf_{k \in \mathbb{N}} f_k$ folgt aus der Gleichung $\inf_{k \in \mathbb{N}} f_k = -\sup_{k \in \mathbb{N}}(-f_k)$ (vgl. auch Satz 6.50). Die verbleibenden Behauptungen ergeben sich dann aus $\liminf_{k \to \infty} f_k = \sup_{m \in \mathbb{N}} \inf_{k \geq m} f_k$ und einer analogen Formel für $\limsup_{k \to \infty} f_k$. □

6.2.9 Weitere Eigenschaften messbarer Funktionen

Wir betrachten einen Messraum $(\Omega, \mathcal{A})$ und beweisen Satz 6.20. Vorher sollen einige nützliche Abkürzungen eingeführt werden. Für $f, g : \Omega \to \bar{\mathbb{R}}$ schreibt man

$$\{f \leq g\} := \{\omega \in \Omega : f(\omega) \leq g(\omega)\}.$$

Analog definiert man die Mengen $\{f \geq g\}$, $\{f < g\}$, $\{f > g\}$ und $\{f \neq g\}$. Für $g \equiv c \in \mathbb{R}$ ergibt sich etwa die Bezeichnung $\{f \leq c\} = \{\omega \in \Omega : f(\omega) \leq c\}$.

6.50 Satz. (Operationen mit messbaren Funktionen)
Es seien $f, g : \Omega \to \bar{\mathbb{R}}$ $\mathcal{A}$-messbare Funktionen und $\alpha \in \mathbb{R}$. Dann sind auch die Funktionen $|f|$, $\alpha \cdot f$, $f + g$ (falls auf ganz Ω definiert) und $f \cdot g$ $\mathcal{A}$-messbar. Gilt $g(\omega) \neq 0$ für jedes $\omega \in \Omega$, so ist auch der Quotient f/g $\mathcal{A}$-messbar.

Beweis: Es gelte etwa $\alpha < 0$. Dann folgt für jedes $c \in \mathbb{R}$

$$\{\alpha \cdot f < c\} = \{f > c/\alpha\} \in \mathcal{A}$$

und damit die Messbarkeit von $\alpha \cdot f$.

Wir beweisen jetzt die Messbarkeit von $f + g$. Sind f und g messbare Elementarfunktionen, so kann man leicht zeigen, dass auch $f + g$ eine messbare Elementarfunktion ist. Im allgemeinen Fall ergibt sich aus den Sätzen 6.48 und 6.52 die Existenz zweier Folgen (f_n) und (g_n) messbarer Elementarfunktionen mit $\lim_{n\to\infty} f_n = f$ bzw. $\lim_{n\to\infty} g_n = g$. Ist $f + g$ auf ganz Ω definiert, so gilt $f + g = \lim_{n\to\infty}(f_n + g_n)$, wobei beide Seiten gleich $-\infty$ oder ∞ sein können. Damit folgt die Messbarkeit von $f + g$ aus Satz 6.49. Die verbleibenden Aussagen beweist man analog. □

6.51 Satz. (Messbare Funktionen und messbare Mengen)
Sind $f, g : \Omega \to \bar{\mathbb{R}}$ $\mathcal{A}$-messbare Funktionen, so gehört jede der Mengen $\{f < g\}$, $\{f \le g\}$, $\{f = g\}$ und $\{f \ne g\}$ zu $\mathcal{A}$.

Beweis: Wir definieren eine Funktion $h : \Omega \to \bar{\mathbb{R}}$ durch $h(\omega) := g(\omega)$, falls $|g(\omega)| < \infty$ und durch $h(\omega) := 0$ sonst. Aus $\{|g| = \infty\} \in \mathcal{A}$ ergibt sich die Messbarkeit von h. Weil $f - h$ nach Satz 6.50 messbar ist, folgt $\{f < h\} = \{f - h < 0\} \in \mathcal{A}$ und damit

$$\{f < g\} = \{f < h\} \cap \{|g| = \infty\} \cup \{f < \infty\} \cap \{g = \infty\} \in \mathcal{A}.$$

Vertauschen wir die Rollen von f und g, so erhalten wir $\{f \le g\} = \{g < f\}^c \in \mathcal{A}$. Schließlich folgt $\{f = g\} = \{f \le g\} \cap \{g \le f\} \in \mathcal{A}$ und $\{f \ne g\} = \{f = g\}^c \in \mathcal{A}$. □

6.2.10 Positiv- und Negativteil einer Funktion

Ist $f : \Omega \to \bar{\mathbb{R}}$ eine Funktion, so heißen die durch

$$f^+(\omega) := \max(f(\omega), 0), \qquad f^-(\omega) := -\min(f(\omega), 0),$$

definierten Funktionen $f^+, f^- : \Omega \to \bar{\mathbb{R}}$ *Positivteil* bzw. *Negativteil* von f.

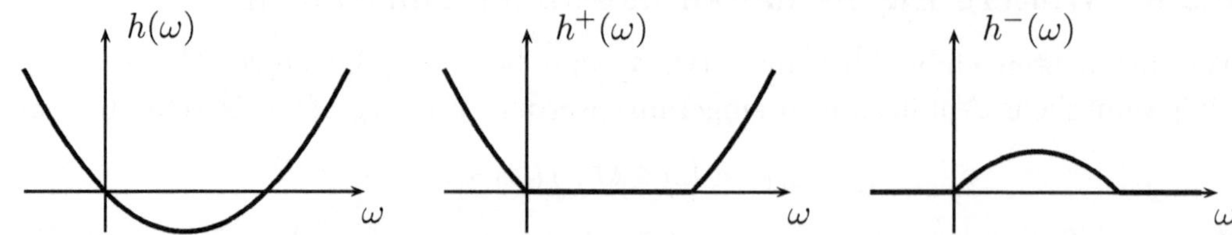

Bild 6.8: Funktion h mit Positiv- und Negativteil

Bild 6.8 veranschaulicht diese Begriffsbildung. Für jede Funktion $f : \Omega \to \bar{\mathbb{R}}$ gelten die Gleichungen

$$f = f^+ - f^-, \qquad |f| = f^+ + f^-. \tag{6.36}$$

Hierbei ist die Funktion $|f| : \Omega \to [0, \infty]$ natürlich wieder argumentweise definiert. Ferner ist $|\infty| = |-\infty| := \infty$.

Wegen des folgenden Satzes nennen wir die Gleichung $f = f^+ - f^-$ auch *messbare Zerlegung* von f (in Positiv- und Negativteil).

6.52 Satz. (Messbarkeit von Positiv- und Negativteil)
Sind $(\Omega, \mathcal{A})$ ein Messraum und $f : \Omega \to \bar{\mathbb{R}}$ eine $\mathcal{A}$-messbare Funktion, so sind die Funktionen f^+, f^- und $|f|$ ebenfalls $\mathcal{A}$-messbar.

BEWEIS: Für jedes $c > 0$ gilt $\{f^+ < c\} = \{f < c\}$. Für $c \leq 0$ ist $\{f^+ < c\} = \emptyset$. Also ist f^+ messbar. Analog folgt die Messbarkeit von f^-. Damit ergibt sich die Messbarkeit von $|f| = f^+ - f^-$ aus Satz 6.50. □

6.2.11 Maße

Es sei $(\Omega, \mathcal{A})$ ein Messraum. Satz 6.7 motiviert die folgende Definition.

Eine Funktion $\mu : \mathcal{A} \to [0, \infty]$ heißt *Maß* auf $(\Omega, \mathcal{A})$, falls sie die folgenden Eigenschaften besitzt:

(i) Es gilt $\mu(\emptyset) = 0$.

(ii) Sind $A_1, A_2, \ldots$ paarweise disjunkte Mengen aus $\mathcal{A}$, so gilt

$$\mu\left(\bigcup_{j=1}^{\infty} A_j\right) = \sum_{j=1}^{\infty} \mu(A_j). \qquad (\sigma\text{-Additivität})$$

Ist μ ein Maß auf $(\Omega, \mathcal{A})$, so heißt das Tripel $(\Omega, \mathcal{A}, \mu)$ *Maßraum*.

Aus der Definition eines Maßes μ ergeben sich zahlreiche weitere Eigenschaften wie zum Beispiel die (endliche) *Additivität*

$$\mu(A_1 \cup \ldots \cup A_m) = \mu(A_1) + \ldots + \mu(A_m)$$

für beliebiges $m \in \mathbb{N}$ und beliebige paarweise disjunkte Mengen $A_1, \ldots, A_m$ aus $\mathcal{A}$. Der folgende Satz liefert weitere Eigenschaften.

6.53 Satz. (Eigenschaften von Maßen)
Es sei $(\Omega, \mathcal{A}, \mu)$ ein Maßraum. Dann gilt:

(i) *Das Maß μ ist* monoton, *d.h. aus $A, B \in \mathcal{A}$ und $A \subset B$ folgt $\mu(A) \leq \mu(B)$.*

(ii) *Das Maß μ ist* stetig von unten, *d.h. aus $A_k \in \mathcal{A}$, $k \in \mathbb{N}$, und $A_k \uparrow A$ folgt $\mu(A) = \lim_{k\to\infty} \mu(A_k)$.*

(iii) *Das Maß μ ist* stetig von oben, *d.h. aus $A_k \in \mathcal{A}$, $k \in \mathbb{N}$, $A_k \downarrow A$ und $\mu(A_1) < \infty$ folgt $\mu(A) = \lim_{k\to\infty} \mu(A_k)$.*

(iv) *Das Maß μ ist σ-*subadditiv*, d.h. aus $A_k \in \mathcal{A}$, $k \in \mathbb{N}$, folgt*

$$\mu\left(\bigcup_{k=1}^{\infty} A_k\right) \leq \sum_{k=1}^{\infty} \mu(A_k).$$

BEWEIS: Eigenschaft (i) folgt aus der disjunkten Zerlegung $B = A \cup (B \setminus A)$ und der Additivität $\mu(B) = \mu(A) + \mu(B \setminus A)$. Zum Beweis von (ii) definieren wir paarweise disjunkte messbare Mengen durch $B_1 := A_1$ und $B_k := A_k \setminus A_{k-1}$ für $k \geq 2$. Aus $A = \cup_{k=1}^{\infty} B_k$ und der σ-Additivität von μ folgt

$$\mu(A) = \lim_{m\to\infty} \sum_{k=1}^{m} \mu(B_k) = \lim_{m\to\infty} \mu\left(\bigcup_{k=1}^{m} B_k\right) = \lim_{m\to\infty} \mu(A_m).$$

Den Beweis von (iii) überlassen wir dem Leser. Zum Beweis von (iv) definieren wir paarweise disjunkte Mengen induktiv durch $B_1 := A_1$ und $B_{k+1} := A_{k+1} \setminus B_k$. Dann gilt $\cup_{k=1}^{m} B_k = \cup_{k=1}^{m} A_k$ für jedes $m \in \mathbb{N}$. Damit folgt aus der Additivität und der Monotonie von μ

$$\mu(A_1 \cup \ldots \cup A_m) = \mu(B_1) + \ldots + \mu(B_m) \leq \mu(A_1) + \ldots + \mu(A_m).$$

Da wegen (ii) die linke Seite dieser Ungleichung für $m \to \infty$ gegen $\mu(\cup_{k=1}^{\infty} A_k)$ konvergiert, folgt die Behauptung (iv). □

6.54 Beispiel. (Lebesgue-Dichten)
Nach Satz 6.7 ist $(\mathbb{R}^n, \mathcal{L}^n, \lambda^n)$ ein Maßraum. Ist $f : \mathbb{R}^n \to [0, \infty]$ Lebesgue-integrierbar, so definiert

$$\mu(A) := \int_A f(\vec{x})\, d\vec{x}, \qquad A \in \mathcal{L}^n,$$

ein Maß μ auf $(\mathbb{R}^n, \mathcal{L}^n)$. Die Eigenschaften eines Maßes werden sich aus den Sätzen 6.71 und 6.66 ergeben. Die Funktion f heißt *Dichte* von μ (vgl. 6.1.18).

6.55 Beispiel. (Dirac[3]-Maß)
Es sei $\omega \in \Omega$. Dann ist die durch

$$\delta_\omega(A) := \begin{cases} 1, & \text{falls } \omega \in A, \\ 0, & \text{falls } \omega \notin A, \end{cases}$$

definierte Funktion $\delta_\omega : \mathcal{A} \to \mathbb{R}$ ein Maß, das *Dirac-Maß* im Punkt ω. Offenbar gilt $\delta_\omega(A) = 1_A(\omega)$.

[3]Paul Adrien Maurice Dirac (1902–1984), Physiker und Mathematiker. Professor für Mathematik in Cambridge (ab 1940) und Oxford (ab 1953), Nobelpreis 1933 für Arbeiten zur Quantenmechanik, entwarf die nach ihm benannte Hypothese von einem Weltall unendlicher Masse.

6.56 Beispiel. (Zählmaß)
Es sei $D \subset \Omega$. Für jedes $A \in \mathcal{A}$ sei

$$\mu(A) := \operatorname{card}(A \cap D)$$

die Kardinalität von $A \cap D$. Dabei sei $\operatorname{card}(B) := \infty$, falls $B \subset \Omega$ eine unendliche Menge ist. Eine einfache Verallgemeinerung von Satz I.3.16. (i) zeigt, dass μ ein Maß ist. Es heißt *Zählmaß* mit *Träger* D. In Anwendungen ist D meist eine endliche oder abzählbar unendliche Menge, die auch oft mit Ω zusammenfällt.

Sind μ ein Maß auf $(\Omega, \mathcal{A})$ und $c \geq 0$, so definiert

$$(c\mu)(A) := c \cdot \mu(A), \qquad A \in \mathcal{A},$$

ein Maß $c\mu$. Der nächste Satz zeigt, dass man Maße auch addieren kann:

6.57 Satz. (Summe von Maßen)
Es seien μ_k, $k \in \mathbb{N}$, Maße auf $(\Omega, \mathcal{A})$. Dann definiert

$$\mu(A) := \sum_{k=1}^{\infty} \mu_k(A), \qquad A \in \mathcal{A}, \tag{6.37}$$

ein Maß μ auf $(\Omega, \mathcal{A})$.

BEWEIS: Es gilt $\mu(\emptyset) = 0$. Zum Nachweis der σ-Additivität von μ betrachten wir paarweise disjunkte Mengen $A_j \in \mathcal{A}$, $j \in \mathbb{N}$. Dann gilt

$$\begin{aligned}\mu\left(\bigcup_{j=1}^{\infty} A_j\right) &= \sum_{k=1}^{\infty} \mu_k\left(\bigcup_{j=1}^{\infty} A_j\right) \\ &= \sum_{k=1}^{\infty}\sum_{j=1}^{\infty} \mu_k(A_j) = \sum_{j=1}^{\infty}\sum_{k=1}^{\infty} \mu_k(A_j) = \sum_{j=1}^{\infty} \mu(A_j).\end{aligned}$$

Hierbei wurde benutzt, dass die Summation einer Reihe mit nichtnegativen Summanden in beliebiger Reihenfolge vorgenommen werden kann. □

Für das in Satz 6.57 eingeführte Maß μ schreibt man auch

$$\mu = \sum_{k=1}^{\infty} \mu_k. \tag{6.38}$$

6.58 Beispiel. (Diskrete Maße)
Es seien $D \subset \Omega$ eine *diskrete* (d.h. endliche oder abzählbar-unendliche) Menge. Ferner sei $\omega \mapsto p_\omega$ eine Abbildung von D in $[0, \infty)$. Dann definiert

$$\mu(A) := \sum_{\omega \in D \cap A} p_\omega, \qquad A \in \mathcal{A},$$

ein sogenanntes *diskretes Maß* μ. Mit dem in Beispiel 6.55 eingeführten Dirac-Maß und der Bezeichnung (6.38) gilt

$$\mu = \sum_{\omega \in D} p_\omega \delta_\omega.$$

Die Menge $\{\omega \in D : p_\omega > 0\}$ heißt *Träger* von μ. Das Zählmaß aus Beispiel 6.56 ergibt sich im Spezialfall $p_\omega := 1$, $\omega \in D$.

6.59 Satz. (Eindeutigkeitssatz)
Es seien μ und ν Maße auf $(\Omega, \mathcal{A})$ mit $\mu(\Omega) = \nu(\Omega) < \infty$. Gilt dann $\mu(A) = \nu(A)$ für jedes A aus einem durchschnittsstabilen Erzeuger $\mathcal{M}$ von $\mathcal{A}$, so folgt $\mu = \nu$.

BEWEIS: Es sei $\mathcal{D}$ das System aller Mengen $A \in \mathcal{A}$ mit $\mu(A) = \nu(A)$. Nach Voraussetzung ist $\Omega \in \mathcal{D}$. Ferner ergibt sich aus den Eigenschaften eines Maßes (vgl. Satz 6.53 nebst Beweis) sehr schnell, dass $\mathcal{D}$ ein d-System ist. Weil aber $\mathcal{D}$ nach Voraussetzung das durchschnittsstabile System $\mathcal{M}$ umfasst, impliziert Satz 6.46 die behauptete Inklusion $\mathcal{A} = \sigma(\mathcal{M}) \subset \mathcal{D}$. □

6.2.12 Äußere Maße

Wir stellen jetzt Hilfsmittel zur Verfügung, welche die Konstruktion allgemeiner Maße erlauben. Dazu erweist sich der folgende Begriff als nützlich.

Eine Funktion $\mu : \mathcal{P}(\Omega) \to [0, \infty]$ heißt *äußeres Maß* (auf Ω), wenn sie die folgenden Eigenschaften hat:

(i) Es gilt $\mu(\emptyset) = 0$.

(ii) Die Funktion μ ist *monoton*, d.h. aus $A \subset B$ folgt $\mu(A) \leq \mu(B)$.

(iii) Die Funktion μ ist *σ-subadditiv*, d.h. für jede Folge $A_n \subset \Omega$, $n \in \mathbb{N}$, gilt

$$\mu\left(\sum_{n=1}^{\infty} A_n\right) \leq \sum_{n=1}^{\infty} \mu(A_n).$$

Nach Satz 6.3 ist das äußere Lebesgue-Maß λ^n ein äußeres Maß auf $\mathbb{R}^n$.

6.2.13 Konstruktion von Maßen aus äußeren Maßen

Es sei μ ein äußeres Maß. Eine Menge $A \subset \Omega$ heißt *μ-messbar*, falls

$$\mu(E) = \mu(E \cap A) + \mu(E \cap A^c), \qquad E \subset \Omega. \tag{6.39}$$

Das System aller μ-messbaren Mengen wird mit $\mathcal{A}(\mu)$ bezeichnet.

Wegen der Subadditivität von μ (vgl. (6.5)) ist (6.39) zu

$$\mu(E) \geq \mu(E \cap A) + \mu(E \cap A^c), \qquad E \subset \Omega, \tag{6.40}$$

äquivalent.

6.60 Satz. (Eigenschaften messbarer Mengen)
Es sei μ ein äußeres Maß auf Ω. Dann ist $\mathcal{A}(\mu)$ eine σ-Algebra, und die Einschränkung von μ auf $\mathcal{A}(\mu)$ ist ein Maß.

Beweis: Für jedes $E \subset \Omega$ gilt $\mu(E\cap\emptyset)+\mu(E\cap\Omega) = \mu(\emptyset)+\mu(E) = \mu(E)$, d.h. $\emptyset \in \mathcal{A}(\mu)$. Außerdem folgt aus $A \in \mathcal{A}(\mu)$ offensichtlich auch $A^c \in \mathcal{A}(\mu)$.

Es seien jetzt $A, B \in \mathcal{A}(\mu)$ und $E \subset \Omega$. Wir verwenden nacheinander die Beziehungen $A \in \mathcal{A}(\mu)$ und $B \in \mathcal{A}(\mu)$ und erhalten

$$\begin{aligned}\mu(E) &= \mu(E \cap A) + \mu(E \cap A^c)\\ &= \mu(E \cap A \cap B) + \mu(E \cap A \cap B^c) + \mu(E \cap A^c).\end{aligned}$$

Wegen $E \cap (A \cap B)^c = (E \cap A \cap B^c) \cup (E \cap A^c)$ und der Subadditivität von μ ergibt sich

$$\mu(E) \geq \mu(E \cap A \cap B) + \mu(E \cap (A \cap B)^c).$$

Also folgt $A \cap B \in \mathcal{A}(\mu)$, d.h. $\mathcal{A}(\mu)$ ist durchschnittsstabil. Weil $\mathcal{A}$ abgeschlossen unter Komplementbildung ist, ist $\mathcal{A}(\mu)$ auch vereinigungsstabil.

Nun seien $A, B \in \mathcal{A}(\mu)$ mit $A \cap B = \emptyset$. Dann gilt für jedes $E \subset \Omega$

$$\begin{aligned}\mu(E \cap (A \cup B)) &= \mu(E \cap (A \cup B) \cap A) + \mu(E \cap (A \cup B) \cap A^c)\\ &= \mu(E \cap A) + \mu(E \cap B \cap A^c) = \mu(E \cap A) + \mu(E \cap B)\end{aligned} \tag{6.41}$$

wobei zuletzt $A \cap B = \emptyset$ benutzt wurde.

Jetzt betrachten wir eine Folge $A_k \in \mathcal{A}(\mu)$, $k \in \mathbb{N}$, paarweise disjunkter Mengen und setzen $B_m := \cup_{k=1}^m A_k$, $m \in \mathbb{N}$, und $B := \cup_{k=1}^\infty A_k$. Aus der Monotonie von μ und m-maliger Anwendung von (6.41) erhalten wir für jedes $E \subset \Omega$ und jedes $m \in \mathbb{N}$

$$\mu(E \cap B) \geq \mu(E \cap B_m) = \mu(E \cap A_1) + \ldots + \mu(E \cap A_m).$$

Für $m \to \infty$ ergibt sich $\mu(E\cap B) \geq \sum_{k=1}^\infty \mu(E\cap A_k)$ und damit aus der σ-Subadditivität

$$\mu(E \cap B) = \sum_{k=1}^{\infty} \mu(E \cap A_k). \tag{6.42}$$

Mit der Wahl $E = \Omega$ folgt, dass μ auf $\mathcal{A}(\mu)$ σ-additiv ist. Es verbleibt zu zeigen, dass $\mathcal{A}(\mu)$ eine σ-Algebra ist. Mit Blick auf die bereits bewiesenen Eigenschaften von $\mathcal{A}(\mu)$ genügt es, $B \in \mathcal{A}(\mu)$ nachzuweisen. (Für eine beliebige Folge $A_k \in \mathcal{A}(\mu)$, $k \in \mathbb{N}$, können wir $A'_1 := A_1$ und $A'_m := A_m \setminus (\cup_{j=1}^{m-1} A_j)$ für $m \geq 2$ setzen. Dann sind die A'_m paarweise disjunkte Mengen aus $\mathcal{A}(\mu)$ mit $\cup_{m=1}^\infty A'_m = \cup_{m=1}^\infty A_m$.)

Wir wissen bereits, dass $B_m \in \mathcal{A}(\mu)$, $m \in \mathbb{N}$, gilt. Aus (6.42) und der Monotonie von μ erhalten wir für jedes $E \subset \Omega$

$$\mu(E) = \mu(E \cap B_m) + \mu(E \cap B_m^c) = \sum_{k=1}^{m} \mu(E \cap A_k) + \mu(E \cap B_m^c)$$
$$\geq \sum_{k=1}^{m} \mu(E \cap A_k) + \mu(E \cap B^c).$$

Wegen (6.42) konvergiert der letzte Ausdruck für $m \to \infty$ gegen $\mu(E \cap B) + \mu(E \cap B^c)$. Damit ist $B \in \mathcal{A}(\mu)$, und der Satz ist bewiesen. □

6.2.14 Lebesgue-messbare Mengen

Wir betrachten das in 6.1.1 definierte äußere Lebesgue-Maß λ^n auf $\mathbb{R}^n$. Nach 6.1.4 ist $\mathcal{A}(\lambda^n)$ das System $\mathcal{L}^n$ der Lebesgue-messbaren Teilmengen von $\mathbb{R}^n$. Insbesondere impliziert Satz 6.60 die Aussagen (i), (ii) der Sätze 6.5 und Satz 6.7. Jede Menge aus $\mathcal{L}^n$ stimmt bis auf eine Nullmenge mit einer Borelmenge überein:

6.61 Satz. (Charakterisierung Lebesgue-messbarer Mengen)
Eine Menge $A \subset \mathbb{R}^n$ ist genau dann Lebesgue-messbar, wenn es eine Borelsche Menge $B \subset \mathbb{R}^n$ mit $A \subset B$ und $\lambda^n(B \setminus A) = 0$ gibt. Insbesondere ist jede Borelsche Menge Lebesgue-messbar.

Beweis: Es sei A eine Lebesgue-messbare Menge. Mit Satz 6.43 finden wir für jedes $k \in \mathbb{N}$ eine offene Menge G_k mit $A \subset G_k$ und $\lambda^n(G_k \setminus A) \leq 1/k$. Die Menge $B := \cap_{k=1}^{\infty} G_k$ ist Borelsch und umfasst A. Aus der Monotonie von λ^n folgt $\lambda^n(B \setminus A) \leq 1/k$ für jedes $k \in \mathbb{N}$ und damit $\lambda^n(B \setminus A) = 0$.

Wegen Satz 6.5 ist jeder Quader Lebesgue-messbar. Damit impliziert Satz 6.47, dass sogar jede Borelsche Menge Lebesgue-messbar ist. Die Mengen A und B mögen die im Satz fomulierten Bedingungen erfüllen. Weil dann $B \setminus A$ als Nullmenge Lebesgue-messbar ist, ist $A = B \cap (B \setminus A)^c$ als Durchschnitt zweier Mengen aus $\mathcal{L}^n$ ebenfalls in $\mathcal{L}^n$. □

6.2.15 Das Integral messbarer Elementarfunktionen

In den nächsten Unterabschnitten fixieren wir einen Maßraum $(\Omega, \mathcal{A}, \mu)$.

Es sei $f : \Omega \to [0, \infty)$ eine nichtnegative und $\mathcal{A}$-messbare Elementarfunktion der Form

$$f = c_1 \, 1_{A_1} + \ldots + c_m \, 1_{A_m}$$

mit $c_1, \ldots, c_m \in [0, \infty)$ und paarweise disjunkten $A_1, \ldots, A_m \in \mathcal{A}$. Dann heißt

$$\int f \, d\mu := c_1 \mu(A_1) + \ldots + c_m \mu(A_m) \in [0, \infty] \tag{6.43}$$

μ-Integral von f.

Diese Definition hängt nicht von der gewählten Darstellung von f ab. Gilt nämlich $f = b_1 1_{B_1} + \ldots + b_k 1_{B_k}$ mit $b_1, \ldots, b_k \in [0, \infty)$ und paarweise disjunkten $B_1, \ldots, B_k \in \mathcal{A}$, so folgt aus der Additivität von μ sowie aus der Gleichung $c_i = d_j$ für jedes Paar (i, j) mit $A_i \cap B_j \neq \emptyset$:

$$\begin{aligned}\sum_{i=1}^{m} c_i\mu(A_i) &= \sum_{i=1}^{m}\sum_{j=1}^{k} c_i\mu(A_i \cap B_j) \\ &= \sum_{j=1}^{k}\sum_{i=1}^{m} b_j\mu(A_i \cap B_j) = \sum_{j=1}^{k} b_j\mu(B_j).\end{aligned}$$

Diese Gleichung gilt auch, wenn die linke (bzw. die rechte) Seite gleich ∞ ist.

6.2.16 Eigenschaften des elementaren Integrals

Analog zum gerade geführten Beweis ergibt sich:

6.62 Lemma. (Linearität des elementaren Integrals)
Sind $f, g : \Omega \to [0, \infty)$ $\mathcal{A}$-messbare Elementarfunktionen und $\alpha, \beta \in [0, \infty)$, so ist $\alpha f + \beta g$ eine $\mathcal{A}$-messbare Elementarfunktion, und es gilt

$$\int (\alpha f + \beta g)\, d\mu = \alpha \int f\, d\mu + \beta \int g\, d\mu.$$

Aus diesem Lemma folgt die Gleichung

$$\int f\, d\mu = c_1\mu(A_1) + \ldots + c_m\mu(A_m)$$

für die $\mathcal{A}$-messbare Elementarfunktion $f = c_1 1_{A_1} + \ldots + c_m 1_{A_m}$ auch dann, wenn die Mengen $A_1, \ldots, A_m \in \mathcal{A}$ nicht paarweise disjunkt sind.

Auch den einfachen Beweis des nächsten Lemmas überlassen wir dem Leser.

6.63 Lemma. (Monotonie des elementaren Integrals)
Sind $f, g : \Omega \to [0, \infty)$ $\mathcal{A}$-messbare Elementarfunktionen mit $f \leq g$, so gilt $\int f\, d\mu \leq \int g\, d\mu$.

6.64 Lemma. (Konsistenz)
Gegeben seien $\mathcal{A}$-messbare und nichtnegative Elementarfunktionen $f, g, f_1, f_2, \ldots$ mit $f_k \uparrow f$ für $k \to \infty$ und $g \leq f$. Dann gilt $\lim_{k\to\infty} \int f_k\, d\mu \geq \int g\, d\mu$.

Beweis: Wegen $f \leq g$ gibt es paarweise disjunkte Mengen $A_1, \ldots, A_m \in \mathcal{A}$ und Zahlen $c_1, d_1, \ldots, c_m, d_m$ mit $f = c_1 1_{A_1} + \ldots + c_m 1_{A_m}$, $g = d_1 1_{A_1} + \ldots + d_m 1_{A_m}$ und $c_j \leq d_j$ für jedes $j \in \{1, \ldots, m\}$. Für jedes j gilt $c_j 1_{A_j} f_k \uparrow c_j 1_{A_j} f$ für $k \to \infty$. Wegen der Linearität des elementaren Integrals können wir deshalb o.B.d.A. $g = 1_A$ für ein $A \in \mathcal{A}$ annehmen.

Wir wählen ein $\varepsilon > 0$ und betrachten die messbaren Mengen $A_k := A \cap \{f_k \geq 1 - \varepsilon\}$, $k \in \mathbb{N}$. Die Monotonie des Integrals (Lemma 6.63) liefert

$$\int f_k \, d\mu \geq \int 1_{A_k} f_k \, d\mu \geq (1-\varepsilon) \int 1_{A_k} \, d\mu = (1-\varepsilon)\mu(A_k).$$

Nach Voraussetzung gilt $A_k \uparrow A$ und damit

$$\lim_{k\to\infty} \int f_k \, d\mu \geq (1-\varepsilon)\mu(A),$$

wobei die Existenz des Grenzwertes aus der Monotonie des Integrals folgt. Für $\varepsilon \to 0$ ergibt sich die Behauptung des Lemmas. □

Der folgende Satz gestattet es, das Integral für allgemeine messbare Funktionen einzuführen.

6.65 Satz. (Monotone Konvergenz)
Es seien (f_k) und (g_k) Folgen messbarer und nichtnegativer Elementarfunktionen mit $f_k \uparrow$ und $g_k \uparrow$ sowie $\lim_{k\to\infty} f_k = \lim_{k\to\infty} g_k$. Dann gilt

$$\lim_{k\to\infty} \int f_k \, d\mu = \lim_{k\to\infty} \int g_k \, d\mu.$$

Beweis: Lemma 6.64 impliziert $\lim_{k\to\infty} \int f_k \, d\mu \geq \int g_m \, d\mu$ für jedes $m \in \mathbb{N}$. Somit folgt

$$\lim_{k\to\infty} \int f_k \, d\mu \geq \lim_{m\to\infty} \int g_m \, d\mu.$$

Die umgekehrte Ungleichung gilt aus Symmetriegründen. □

6.2.17 Das Integral nichtnegativer messbarer Funktionen

Die Sätze 6.48 und 6.65 rechtfertigen die folgende Definition.

Es seien $f : \Omega \to [0, \infty]$ eine messbare Funktion und (f_k) eine Folge messbarer Elementarfunktionen mit $f_k \uparrow f$ für $k \to \infty$. Dann heißt

$$\int f \, d\mu := \lim_{k\to\infty} \int f_k \, d\mu$$

das *μ-Integral* von f.

Aus dieser Definition folgt, dass die Aussagen der Lemmata 6.62 und 6.63 auch für nichtnegative messbare Funktionen gültig bleiben.

6.2.18 Der Satz über die monotone Konvergenz

Der folgende Satz macht eine Aussage über die Vertauschung von Grenzwert- und Integralbildung für monotone Funktionenfolgen.

6.66 Satz. (Satz über die monotone Konvergenz)
Sind $f_k : \Omega \to [0,\infty]$, $k \in \mathbb{N}$, messbare Funktionen mit der Eigenschaft $f_k \uparrow f$ für $k \to \infty$, so gilt

$$\int f\,d\mu = \lim_{k\to\infty} \int f_k\,d\mu.$$

BEWEIS: Für jedes $m \in \mathbb{N}$ wählen wir eine Folge g_{mk}, $k \in \mathbb{N}$, nichtnegativer und messbarer Elementarfunktionen mit $g_{mk} \uparrow f_m$ für $k \to \infty$. Die messbaren Elementarfunktionen $h_{mk} := \max(g_{1k}, \dots, g_{mk})$ (Definition komponentenweise!) bilden sowohl in m als auch in k eine monoton wachsende Folge. Ferner gilt $h_{mk} \uparrow f_m$ für $k \to \infty$. Damit folgt für jedes $m \in \mathbb{N}$

$$f = \lim_{k\to\infty} f_k \geq \lim_{k\to\infty} h_{kk} \geq \lim_{k\to\infty} h_{mk} = f_m$$

und somit $h_{kk} \uparrow f$ für $k \to \infty$. Wegen $h_{kk} \leq f_k \uparrow f$ ergibt sich aus der Definition von $\int f\,d\mu$ und der Monotonie des elementaren Integrals

$$\int f\,d\mu = \lim_{k\to\infty} \int h_{kk}\,d\mu \leq \lim_{k\to\infty} \int f_k\,d\mu \leq \int f\,d\mu$$

und damit die Behauptung des Satzes. □

6.67 Satz. (Lemma von Fatou[4])
Für jede Folge $f_k : \Omega \to [0,\infty]$, $k \in \mathbb{N}$, nichtnegativer messbarer Funktionen gilt

$$\int \liminf_{k\to\infty} f_k\,d\mu \leq \liminf_{k\to\infty} \int f_k\,d\mu.$$

BEWEIS: Für die messbaren Funktionen $g_k := \inf_{m\geq k} f_m$ gilt $g_k \uparrow \liminf_{m\to\infty} f_m =: f$ für $k \to \infty$. Satz 6.66 über die monotone Konvergenz impliziert

$$\int f\,d\mu = \lim_{k\to\infty} \int g_k\,d\mu = \liminf_{k\to\infty} \int g_k\,d\mu \leq \liminf_{k\to\infty} \int f_k\,d\mu.$$

Hierbei haben wir zuletzt die Ungleichungen $g_k \leq f_k$, $k \in \mathbb{N}$, und die Monotonie des Integrals benutzt. □

6.2.19 Nullmengen

Eine Menge $A \in \mathcal{A}$ mit $\mu(A) = 0$ heißt *μ-Nullmenge*.

6.68 Satz. (Integrierbarkeit und Nullmengen)
Ist $f : \Omega \to [0,\infty]$ eine $\mathcal{A}$-messbare Funktion mit $\int f\,d\mu < \infty$, so ist $\{f = \infty\}$ eine μ-Nullmenge.

[4]Pierre Joseph Louis Fatou (1978–1929), ab 1901 am astronomischen Observatorium in Paris. Hauptarbeitsgebiete (neben astronomischen Forschungen): Funktionentheorie, Funktionalgleichungen.

BEWEIS: Aus der messbaren Zerlegung $f = 1_{\{f<\infty\}} f + 1_{\{f=\infty\}} f$ und der Monotonie des Integrals folgt

$$\int f\,d\mu \geq \int 1_{\{f=\infty\}} f\,d\mu = \infty \cdot \mu(\{f = \infty\}).$$

Deshalb impliziert die Ungleichung $\mu(\{f = \infty\}) > 0$ die Gleichung $\int f\,d\mu = \infty$. □

6.69 Satz. (Positivität des Integrals)
Ist $f : \Omega \to [0, \infty]$ eine nichtnegative $\mathcal{A}$-messbare Funktion, so gilt

$$\int f\,d\mu = 0 \iff \mu(\{f > 0\}) = 0.$$

BEWEIS: Wegen der Monotonie des Integrals ist nur „$\Longrightarrow$" zu beweisen. Es gelte also $\mu(\{f > 0\}) > 0$. Für die Mengen $A_k := \{f \geq 1/k\}$, $k \in \mathbb{N}$, gilt $A_k \uparrow \{f > 0\}$, und aus Satz 6.53 (ii) folgt $\mu(A_k) \uparrow \mu(\{f > 0\})$. Also gibt es ein $k \in \mathbb{N}$ mit $\mu(A_k) > 0$. Das Monotonieargument des vorangehenden Beweises zeigt $\int f\,d\mu \geq \mu(A_k) \cdot 1/k > 0$. □

6.2.20 Das Integral beliebiger messbarer Funktionen

Wir definieren jetzt das Integral einer *beliebigen messbaren* Funktion $f : \Omega \to \bar{\mathbb{R}}$. Dazu benutzen wir die messbare Zerlegung (6.36).

(i) Gilt $\int f^+\,d\mu < \infty$ oder $\int f^-\,d\mu < \infty$, so heißt f *μ-quasiintegrierbar*. In diesem Fall heißt

$$\int f\,d\mu := \int f^+\,d\mu - \int f^-\,d\mu$$

μ-Integral von f. Es wird auch mit $\int f(\omega)\,\mu(d\omega)$ oder $\int f(\omega)\,d\mu(\omega)$ bezeichnet. Die Funktion f heißt *Integrand*.

(ii) Gilt $\int f^+\,d\mu < \infty$ und $\int f^-\,d\mu < \infty$, so heißt f *μ-integrierbar*.

Wir halten zunächst eine wichtige Eigenschaft der Integrierbarkeit fest:

6.70 Satz. (Absolute Integrierbarkeit)
Eine messbare Funktion $f : \Omega \to \bar{\mathbb{R}}$ ist genau dann μ-integrierbar, wenn ihr Betrag $|f|$ μ-integrierbar ist.

BEWEIS: Wegen $f^- \leq |f|$ und $f^+ \leq |f|$ folgt aus der μ-Integrierbarkeit von $|f|$ und der Montonie des Integrals in 6.2.17 die μ-Integrierbarkeit von f. Umgekehrt ergibt sich aus der μ-Integrierbarkeit von f und der Linearität des Integrals in 6.2.17 die Integrierbarkeit von $|f| = f^- + f^+$. □

6.2.21 Grundlegende Eigenschaften des Integrals

6.71 Satz. (Linearität des Integrals)
Die messbaren Funktionen $f, g : \Omega \to \bar{\mathbb{R}}$ seien μ-integrierbar. Ferner seien $\alpha, \beta \in \mathbb{R}$. Dann ist $\alpha f + \beta g$ (falls auf ganz Ω definiert) μ-integrierbar, und es gilt

$$\int (\alpha f + \beta g)\, d\mu = \alpha \int f\, d\mu + \beta \int g\, d\mu.$$

BEWEIS: Für den Fall, dass f, g, α und β sämtlich nichtnegativ sind, haben wir die Richtigkeit der Behauptung bereits in 6.2.17 erkannt.

Im nächsten Schritt zeigen wir, dass die Behauptung für $\beta = 0$ richtig ist. Es gelte etwa $\alpha < 0$. Dann folgt $(\alpha f)^+ = |\alpha| f^-$ und $(\alpha f)^- = |\alpha| f^+$. Also ist αf μ-integrierbar, und es gilt

$$\int \alpha f\, d\mu = \int |\alpha| f^-\, d\mu - \int |\alpha| f^+\, d\mu = |\alpha| \left(\int f^-\, d\mu - \int f^+\, d\mu \right) = \alpha \int f\, d\mu.$$

Mit Blick auf die bereits bewiesene Homogenitätseigenschaft genügt es jetzt, den Fall $\alpha = \beta = 1$ zu betrachten. Nach Definition gilt

$$(f+g)^+ - (f+g)^- = f + g = f^+ - f^- + g^+ - g^-,$$

d.h. $(f+g)^+ + f^- + g^- = (f+g)^- + f^+ + g^+$. (Weil $f+g$ definiert sein soll, gilt diese Gleichung auch in den Fällen $(f+g)^+ = \infty$ und $(f+g)^- = \infty$.) Integration beider Seiten dieser Gleichung ergibt unter Beachtung der Linearität für nichtnegative Integranden

$$\int (f+g)^+\, d\mu + \int f^-\, d\mu + \int g^-\, d\mu = \int (f+g)^-\, d\mu + \int f^+\, d\mu + \int g^+\, d\mu. \tag{6.44}$$

Sind f und g μ-integrierbar, so folgt aus der Monotonie des Integrals sowie den Ungleichungen $(f+g)^+ \le f^+ + g^+$ und $(f+g)^- \le f^- + g^-$ die Integrierbarkeit von $(f+g)^+$ und $(f+g)^-$ (und damit auch von $f+g$). Deshalb ergibt sich die Behauptung aus Umstellung von (6.44). □

6.72 Satz. (Das Integral wird durch Nullmengen nicht beeinflusst)
Es seien $f, g : \Omega \to \bar{\mathbb{R}}$ messbare und μ-quasiintegrierbare Funktionen. Ist $\{f > g\}$ eine μ-Nullmenge, so folgt $\int f\, d\mu \le \int g\, d\mu$. Ist $\{f \ne g\}$ eine μ-Nullmenge, so folgt $\int f\, d\mu = \int g\, d\mu$.

BEWEIS: Aus Satz 6.69 und der Definition des Integrals folgt $\int 1_A f\, d\mu = \int 1_A g\, d\mu = 0$, falls A eine μ-Nullmenge ist.

Wir setzen zunächst $f \ge 0$ und $g \ge 0$ voraus. Ist $\{f > g\}$ eine μ-Nullmenge, so ergibt sich aus der Linearität und der Monotonieaussage aus 6.2.17

$$\int f\, d\mu = \int 1_{\{f \le g\}} f\, d\mu \le \int 1_{\{f \le g\}} g\, d\mu = \int g\, d\mu.$$

Für allgemeine f und g folgen aus $f \leq g$ die Ungleichungen $f^+ \leq g^+$ und $f^- \geq g^-$ und somit $\{f^+ > g^+\} \cup \{f^- < g^-\} \subset \{f > g\}$. Mit $\{f > g\}$ sind somit auch $\{f^+ > g^+\}$ und $\{f^- < g^-\}$ μ-Nullmengen. Nach dem bereits bewiesenen Spezialfall folgt

$$\int f\,d\mu = \int f^+\,d\mu - \int f^-\,d\mu \leq \int g^+\,d\mu - \int g^-\,d\mu = \int g\,d\mu.$$

Die zweite Behauptung ist eine direkte Folgerung aus der ersten. □

Analog zu Satz 6.25 erhält man aus der Monotonie des Integrals:

6.73 Satz. (Dreiecksungleichung)
Ist die $\mathcal{A}$-messbare Funktion $f : \Omega \to \bar{\mathbb{R}}$ μ-integrierbar, so gilt

$$\left|\int f\,d\mu\right| \leq \int |f|\,d\mu.$$

6.2.22 Summation als Spezialfall der Integration

Wir betrachten das in Beispiel 6.58 eingeführte diskrete Maß $\mu = \sum_{\omega \in D} p_\omega \delta_\omega$. Für jedes $A \in \mathcal{A}$ gilt

$$\int 1_A\,d\mu = \mu(A) = \sum_{\omega \in D} p_\omega\,1_A(\omega).$$

Wegen der Linearität des Integrals folgt

$$\int f\,d\mu = \sum_{\omega \in D} p_\omega f(\omega) \tag{6.45}$$

für jede $\mathcal{A}$-messbare Elementarfunktion f. Wegen Satz 6.48 und Satz 6.66 über die monotone Konvergenz bleibt diese Gleichung für jede $\mathcal{A}$-messbare Funktion $f : \Omega \to [0, \infty]$ richtig. Aus (6.45) und der Definition der μ-Integrierbarkeit folgt, dass eine beliebige $\mathcal{A}$-messbare Funktion $f : \Omega \to \bar{\mathbb{R}}$ genau dann μ-integrierbar ist, wenn $\sum p_\omega |f(\omega)| < \infty$. Das Integral ergibt sich erneut nach (6.45). In diesem Sinne ist also Summation ein Spezialfall der Integration!

6.2.23 Der Satz über die majorisierte Konvergenz

6.74 Satz. (Satz über die majorisierte Konvergenz)
Es sei $f_k : \Omega \to \bar{\mathbb{R}}$, $k \in \mathbb{N}$, eine Folge messbarer Funktionen. Weiter seien $f : \Omega \to \bar{\mathbb{R}}$ eine Funktion mit $\lim_{k\to\infty} f_k = f$ und $g : \Omega \to \bar{\mathbb{R}}$ eine messbare und μ-integrierbare Funktion mit $|f_k| \leq g$, $k \in \mathbb{N}$. Dann ist f messbar und μ-integrierbar, und es gilt

$$\int f\,d\mu = \lim_{k\to\infty} \int f_k\,d\mu.$$

Beweis: Satz 6.49 impliziert die Messbarkeit von f. Aus den Voraussetzungen folgt auch $|f| \leq g$. Deshalb ergibt sich aus $\int g\,d\mu < \infty$ und Satz 6.72 die μ-Integrierbarkeit von f_k, $k \in \mathbb{N}$, und f. Wegen $g + f_k \geq 0$ erhalten wir aus dem Lemma von Fatou

$$\int (g+f)\,d\mu \leq \liminf_{k\to\infty} \int (g+f_k)\,d\mu = \int g\,d\mu + \liminf_{k\to\infty} \int f_k\,d\mu,$$

d.h. $\int f\,d\mu \leq \liminf_{k\to\infty} \int f_k\,d\mu$. Analog folgt aus $g - f_k \geq 0$

$$\begin{aligned}\int (g-f)\,d\mu \leq \liminf_{k\to\infty} \int (g-f_k)\,d\mu &= \int g\,d\mu + \liminf_{k\to\infty} \int -f_k\,d\mu \\ &= \int g\,d\mu - \limsup_{k\to\infty} \int f_k\,d\mu,\end{aligned}$$

d.h. $\int f\,d\mu \geq \limsup_{k\to\infty} \int f_k\,d\mu$. Damit ist der Satz bewiesen. □

6.2.24 Integrationsbereiche

Ist $f : \Omega \to \bar{\mathbb{R}}$ eine $\mathcal{A}$-messbare Funktion und ist $A \in \mathcal{A}$, so definiert man

$$\int_A f\,d\mu := \int 1_A f\,d\mu,$$

falls $1_A f$ μ-quasiintegrierbar ist. Man spricht auch vom Integral der Funktion f *über* dem *Integrationsbereich* A.

Ist $A \in \mathcal{A}$, so heißt eine Funktion $f : A \to \bar{\mathbb{R}}$ *$\mathcal{A}$-messbar*, wenn die Menge $\{\omega \in A : f(\omega) < c\}$ für jedes $c \in \mathbb{R}$ $\mathcal{A}$-messbar ist.

Das μ-Integral einer $\mathcal{A}$-messbaren Funktion $f : A \to \bar{\mathbb{R}}$ kann auf (mindestens) zwei verschiedenen Wegen eingeführt werden. So kann man durch den Ansatz $f_A(\omega) := f(\omega)$ für $\omega \in A$ und $f_A(\omega) := 0$ für $\omega \notin A$ eine $\mathcal{A}$-messbare Funktion $f_A : \Omega \to \bar{\mathbb{R}}$ definieren. Das μ-Integral von f ist dann durch

$$\int_A f\,d\mu := \int f_A\,d\mu$$

erklärt. So sind wir bereits beim Riemannschen Integral vorgegangen. Ein zweite Methode besteht darin, den Maßraum $(A, \mathcal{A}', \mu')$ mit $\mathcal{A}' := \{B \cap A : B \in \mathcal{A}\}$ und $\mu'(B) := \mu(B \cap A)$, also die sogenannte *Einschränkung von* $(\Omega, \mathcal{A}, \mu)$ *auf* A zu betrachten. Weil die $\mathcal{A}$-Messbarkeit von f_A zur $\mathcal{A}'$-Messbarkeit von f äquivalent ist, kann das Integral $\int_A f\,d\mu$ auch als $\int f\,d\mu'$ eingeführt werden. Der interessierte Leser sollte sich überlegen, warum beide Zugänge zum selben Ergebnis führen!

6.2.25 Das Lebesguesche Integral

Wir betrachten hier den Maßraum $(\mathbb{R}^n, \mathcal{L}^n, \lambda^n)$ für ein $n \in \mathbb{N}$ und zeigen, dass eine messbare (d.h. Lebesgue-messbare) Funktion $f : \mathbb{R}^n \to \bar{\mathbb{R}}$ genau dann λ^n-integrierbar ist, wenn sie im Sinne von 6.1.6 Lebesgue-integrierbar ist. In diesem

Fall gilt die Gleichung

$$\int f\,d\lambda^n = \int f(\vec{x})\,d\vec{x}. \tag{6.46}$$

Außerdem beweisen wir Satz 6.22.

Zunächst gelte

$$f = \sum_{A\in\mathcal{H}} c_A\, 1_A$$

mit einem endlichen oder abzählbar-unendlichen System $\mathcal{H}$ paarweise disjunkter Lebesgue-messbarer Mengen und Zahlen $c_A \in \mathbb{R}$, $A \in \mathcal{H}$. Wir betrachten die Lebesgue-Partition $\mathcal{Z}^* := \mathcal{H} \cup \{A_0\}$ mit

$$A_0 := \mathbb{R}^n \setminus \bigcup_{A\in\mathcal{H}} A.$$

Ist $\mathcal{Z}$ eine Lebesgue-Partition mit $\mathcal{Z} \succ \mathcal{Z}^*$, so gilt $O(|f|;\mathcal{Z}) < \infty$ genau dann, wenn $\sum_{A\in\mathcal{H}} |c_A|\lambda^n(A) < \infty$. Diese Ungleichung ist äquivalent zur λ^n-Integrierbarkeit von $|f|$. Außerdem gilt $U(f;\mathcal{Z}^*) = O(f;\mathcal{Z}^*) = \int f\,d\lambda^n$ und damit (6.46).

Wir nehmen jetzt an, f sei Lebesgue-integrierbar und wählen die Lebesgue-Partition $\mathcal{Z}^*$ gemäß (6.11). Für jede Lebesgue-Partition $\mathcal{Z}$ folgt analog zu Satz 2.1 die Ungleichung $U(|f|;\mathcal{Z}) \le O(|f|;\mathcal{Z}^*)$ und somit

$$\sup\{U(|f|;\mathcal{Z}) : \mathcal{Z} \text{ ist Lebesgue-Partition von } \mathbb{R}^n\} < \infty. \tag{6.47}$$

Wir zeigen, dass f messbar und λ^n-integrierbar ist und beweisen Gleichung (6.46). Weil f Lebesgue-integrierbar ist, finden wir analog zu Satz 2.2 für jedes $k \in \mathbb{N}$ eine Lebesgue-Partition $\mathcal{Z}_k$ mit $O(f;\mathcal{Z}_k) - U(f;\mathcal{Z}_k) \le 1/k$. Dabei können wir o.B.d.A. die Beziehungen $\mathcal{Z}_{k+1} \succ \mathcal{Z}_k \succ \mathcal{Z}^*$ annehmen. Für jedes $k \in \mathbb{N}$ definieren wir messbare Funktionen

$$g_k := \sum_{A\in\mathcal{Z}_k} \inf f(A)\cdot 1_A, \qquad h_k := \sum_{A\in\mathcal{Z}_k} \sup f(A)\cdot 1_A\,.$$

Dann gilt $g_k \le g_{k+1} \le f \le h_{k+1} \le h_k$. Ferner ist $g := \sum_{A\in\mathcal{Z}^*} \sup|f|(A)\,1_A$ eine Majorante von f_k und g_k. Nach Wahl von $\mathcal{Z}^*$ sowie dem bereits bekannten Spezialfall von (6.46) ist

$$\int g\,d\lambda^n = \int g(\vec{x})\,d\vec{x} < \infty.$$

Die Funktionen $g_\infty := \lim_{k\to\infty} g_k$ und $h_\infty := \lim_{k\to\infty} h_k$ sind messbar, und es gilt $g_\infty \le f \le h_\infty$. Der Satz über die majorisierte Konvergenz impliziert die λ^n-Integrierbarkeit von g_∞ sowie

$$\lim_{k\to\infty} \int g_k\,d\lambda^n = \int g_\infty\,d\lambda^n.$$

Eine analoge Beziehung gilt für h_∞. Andererseits erhalten wir nach Wahl von $\mathcal{Z}_k$

$$0 = \lim_{k\to\infty} (O(f;\mathcal{Z}_k) - U(f;\mathcal{Z}_k)) = \lim_{k\to\infty} \left(\int h_k \, d\lambda^n - \int g_k \, d\lambda^n \right), \tag{6.48}$$

d.h. $\int (h_\infty - g_\infty) \, d\lambda^n = 0$. Nach Satz 6.13 ist $\{h_\infty \neq g_\infty\}$ und damit auch $\{f \neq g_\infty\}$ eine Lebesguesche Nullmenge. Weil g_∞ messbar ist, folgt die Messbarkeit von f aus Satz 6.21. Gleichung (6.46) ergibt sich aus $\int g_\infty \, d\lambda^n = \int f \, d\lambda^n$ (Satz 6.12) sowie (6.48).

Es sei jetzt f eine messbare Funktion mit der Eigenschaft (6.47). Für jedes $k \in \mathbb{N}$ und $j \in \mathbb{N}_0$ setzen wir $A_{k,j} := \{j2^{-k} \leq |f| < (j+1)2^{-k}\}$. Dann ist

$$f_k := 2^k \, 1_{\{|f| \geq 2^k\}} + \sum_{j=1}^{2^{2k}-1} \frac{j}{2^k} \cdot 1_{A_{k,j}}, \qquad k \in \mathbb{N},$$

eine Folge messbarer Funktionen, die monoton wachsend gegen $|f|$ konvergiert. Mit $\mathcal{Z}_k := \{\{|f| \geq 2^k\}\} \cup \{A_{k,j} : j = 0, \ldots, 2^{2k}\}$ gilt

$$\int f_k \, d\lambda^n \leq U(|f|;\mathcal{Z}_k).$$

Aus dem Satz 6.66 über die monotone Konvergenz und (6.47) folgt deshalb $\int |f| \, d\lambda^n < \infty$, d.h. die λ^n-Integrierbarkeit von f.

Wir haben noch zu zeigen, dass eine messbare und λ^n-integrierbare Funktion $f : \mathbb{R}^n \to \bar{\mathbb{R}}$ auch Lebesgue-integrierbar ist und die entsprechenden Integrale übereinstimmen. Wegen der Integrierbarkeit von f können wir nach Satz 6.11 o.B.d.A. annehmen, dass f nur reelle Werte annimmt. Ferner nehmen wir zusätzlich an, dass f nur nichtnegative Werte annimmt. Die Behandlung des allgemeinen Falls erfordert lediglich mehr Schreibaufwand. Für alle $k, j \in \mathbb{N}$ setzen wir

$$A_{k,j} := \{j2^{-k} \leq f < (j+1)2^{-k}\}, \qquad B_{k,j} := \{2^{-k(j+1)} \leq f < 2^{-kj}\}.$$

Dann ist $\mathcal{Z}_k := \{A_{k,j} : j \in \mathbb{N}\} \cup \{B_{k,j} : j \in \mathbb{N}\}$ eine Lebesgue-Partition. Die messbaren Funktionen

$$g_k := \sum_{j=1}^{\infty} j2^{-k} \, 1_{A_{k,j}} + \sum_{j=1}^{\infty} 2^{-k(j+1)} \, 1_{B_{k,j}},$$

$$h_k := \sum_{j=1}^{\infty} (j+1)2^{-k} \, 1_{A_{k,j}} + \sum_{j=1}^{\infty} 2^{-kj} \, 1_{B_{k,j}}$$

haben die Eigenschaft $g_k \leq g_{k+1} \leq f \leq h_{k+1} \leq h_k$ sowie

$$U(f;\mathcal{Z}_k) \geq \int g_k \, d\lambda^n, \qquad O(f;\mathcal{Z}_k) \leq \int h_k \, d\lambda^n.$$

Ferner gilt

$$\int \left(\sum_{j=1}^{\infty} (j+1) 2^{-k} 1_{A_{k,j}} \right) d\lambda^n = \int \left(\sum_{j=1}^{\infty} j 2^{-k} 1_{A_{k,j}} \right) d\lambda^n + 2^{-k} \lambda^n(\{f \geq 2^{-k}\}).$$

Aus der λ^n-Integrierbarkeit von g_k und $\lambda^n(\{f \geq 2^{-k}\}) < \infty$ (sonst wäre f nicht integrierbar!) ergibt sich damit, dass h_k λ^n-integrierbar ist. Aus majorisierter Konvergenz erhalten wir deshalb $\lim_{k\to\infty} \int g_k \, d\lambda^n = \lim_{k\to\infty} \int h_k \, d\lambda^n = \int f \, d\lambda^n$ und damit auch

$$\lim_{k\to\infty} U(f; \mathcal{Z}_k) = \lim_{k\to\infty} O(f; \mathcal{Z}_k) = \int f \, d\lambda^n.$$

Daraus folgen sowohl die Lebesgue-Integrierbarkeit von f als auch (6.46). □

6.2.26 Maße mit Dichten

Der folgende Satz wird in Kapitel 9 eine wichtige Rolle spielen.

6.75 Satz. (Integration und Maße mit Dichten)
Es seien $(\Omega, \mathcal{A}, \mu)$ ein Maßraum und $f : \Omega \to [0, \infty)$ eine $\mathcal{A}$-messbare Funktion. Dann ist die durch

$$\nu(A) := \int_A f \, d\mu, \qquad A \in \mathcal{A}, \tag{6.49}$$

definierte Funktion $\nu : \mathcal{A} \to [0, \infty]$ ein Maß auf $(\Omega, \mathcal{A})$, und für jede $\mathcal{A}$-messbare Funktion $h : \Omega \to [0, \infty]$ gilt

$$\int h \, d\nu = \int h \cdot f \, d\mu. \tag{6.50}$$

Eine beliebige $\mathcal{A}$-messbare Funktion $h : \Omega \to \bar{\mathbb{R}}$ ist genau dann ν-integrierbar, wenn das Produkt hf integrierbar bzgl. μ ist. In diesem Fall gilt ebenfalls (6.50).

Beweis: Wegen $\int_A f d\mu := \int 1_A \, f d\mu$ (vgl. 6.2.24) ist ν wohldefiniert, und es gilt $\nu(\emptyset) = 0$. Die σ-Additivität von ν folgt aus dem Satz über die monotone Konvergenz, denn für paarweise disjunkte Mengen $A_1, A_2, \ldots \in \mathcal{A}$ gilt

$$\nu\left(\bigcup_{j=1}^{\infty} A_j\right) = \int \lim_{n\to\infty} \sum_{j=1}^{n} 1_{A_j} \, d\mu = \lim_{n\to\infty} \sum_{j=1}^{n} \int 1_{A_j} \, d\mu = \sum_{j=1}^{\infty} \nu(A_j).$$

Wegen $\int 1_A \, d\nu = \nu(A) = \int 1_A \, f d\mu$, $A \in \mathcal{A}$, gilt Gleichung (6.49) für Indikatorfunktionen und somit wegen der Linearität des Integrals auch für $\mathcal{A}$-messbare Elementarfunktionen. Für beliebige nichtnegative $\mathcal{A}$-messbare Funktionen ergibt sich die Behauptung aus Satz 6.48 und dem Satz über monotone Konvergenz. Ist h eine beliebige $\mathcal{A}$-messbare Funktion, so gilt $\int h^+ d\nu = \int h^+ f d\mu$ und $\int h^- d\nu = \int h^- f d\mu$, so dass die letzte Behauptung aus der Definition der Integrierbarkeit folgt. □

Unter den Voraussetzungen von Satz 6.75 heißt f (eine) *μ-Dichte* von ν.

6.2.27 Der Satz von Fubini

Es sei $(\Omega, \mathcal{A}, \mu)$ ein Maßraum. Das Maß μ heißt *σ-endlich*, wenn es eine Folge $(A_k)_{k\geq 1}$ messbarer Mengen gibt, so dass $\cup_{k=1}^{\infty} A_k = \Omega$ und $\mu(A_k) < \infty$ für jedes $k \in \mathbb{N}$ gilt. In diesem Fall heißt $(\Omega, \mathcal{A}, \mu)$ *σ-endlicher Maßraum*.

Die σ-Endlichkeit eines Maßes ist keine sehr einschränkende Voraussetzung. So ist das Lebesgue-Maß offenbar σ-endlich. Es gibt eine Fülle weiterer Beispiele:

6.76 Beispiel. (Maße mit Dichten)
Wir betrachten das durch (6.49) definierte Maß ν und setzen voraus, dass μ σ-endlich ist. Also gibt es messbare Mengen $A_k \in \mathcal{A}$, $k \in \mathbb{N}$, mit $\mu(A_k) < \infty$ für jedes $k \in \mathbb{N}$. Für die Mengen $B_{k,m} := A_k \cap \{f \leq m\}$, $k, m \in \mathbb{N}$, gilt

$$\nu(B_{k,m}) = \int 1_{A_k} 1_{\{f\leq m\}} f \, d\mu \leq m \int 1_{A_k} 1_{\{f \leq m\}} \, d\mu \leq m\mu(A_k) < \infty.$$

Also ist auch ν σ-endlich.

6.77 Satz. (Allgemeiner Satz von Fubini)
Es seien $(\Omega_1, \mathcal{A}_1, \mu_1)$ und $(\Omega_2, \mathcal{A}_2, \mu_2)$ σ-endliche Maßräume sowie $\Omega := \Omega_1 \times \Omega_2$ und

$$\mathcal{A} := \sigma(\{A_1 \times A_2 : A_1 \in \mathcal{A}_1, A_2 \in \mathcal{A}_2\}). \tag{6.51}$$

Dann gibt es ein eindeutig bestimmtes Maß μ auf $(\Omega, \mathcal{A})$ mit

$$\mu(A_1 \times A_2) = \mu_1(A_1) \cdot \mu(A_2), \qquad A_1 \in \mathcal{A}_1, A_2 \in \mathcal{A}_2. \tag{6.52}$$

Ist $f : \Omega :\longrightarrow [0, \infty]$ $\mathcal{A}$-messbar, so ist $f(\cdot, \omega_2)$ für jedes $\omega_2 \in \Omega_2$ $\mathcal{A}_1$-messbar, und $\int f(\omega_1, \cdot)\, \mu_1(d\omega_1)$ ist $\mathcal{A}_2$-messbar. Ferner gilt

$$\int f(\omega)\mu(d\omega) = \iint f(\omega_1, \omega_2)\, \mu_1(d\omega_1)\, \mu_2(d\omega_2) = \iint f(\omega_1, \omega_2)\, \mu_2(d\omega_2)\, \mu_1(d\omega_1). \tag{6.53}$$

Eine $\mathcal{A}$-messbare Funktion $f : \Omega \to \mathbb{R}$ ist genau dann μ-integrierbar, wenn $\int |f(\omega_1, \cdot)|\, \mu_1(d\omega_1)$ μ_2-integrierbar ist, bzw. genau dann, wenn $\int |f(\cdot, \omega_2)|\, \mu_2(d\omega_2)$ μ_1-integrierbar ist. In diesem Fall gilt (6.53). *(Sind die inneren Integrale nicht definiert, so kann ihnen der Wert* 0 *zugewiesen werden.)*

BEWEIS: Wir nehmen an, dass $\mu_1(\Omega_1) < \infty$ und $\mu_2(\Omega_2) < \infty$ gilt. Wegen der vorausgesetzten σ-Endlichkeit kann nämlich der allgemeine Fall darauf zurückgeführt werden. Die Details dieser Reduktion können wir hier unterschlagen.

Die behaupteten Messbarkeitsaussagen sind offensichtlich richtig, falls f von der Form $f = 1_{A_1 \times A_2}$ für ein $A_1 \in \mathcal{A}_1$ und ein $A_2 \in \mathcal{A}_2$ ist. Weil $\{A_1 \times A_2 : A_1 \in \mathcal{A}_1, A_2 \in \mathcal{A}_2\}$ ein durchschnittsstabiler Erzeuger von $\mathcal{A}$ ist, liefert der monotone Klassensatz 6.46 die

Gültigkeit dieser Aussagen auch für Indikatorfunktionen beliebiger Mengen aus $\mathcal{A}$ (vgl. auch den Beweis von Satz 6.59). Im allgemeinen Fall erhalten wir die Messbarkeitssaussagen aus Satz 6.48.

Wir definieren jetzt

$$\mu(A) := \int \left(\int 1_A(\omega_1, \omega_2)\, \mu_2(d\omega_2) \right) \mu_1(d\omega_1), \qquad A \in \mathcal{A}.$$

Offenbar ist μ ein Maß auf $(\Omega, \mathcal{A})$, welches nach Definition die Eigenschaft (6.52) besitzt. Andererseits kann es nach Satz 6.59 nur ein Maß mit dieser Eigenschaft geben. Insbesondere folgt

$$\mu(A) = \int \left(\int 1_A(\omega_1, \omega_2)\, \mu_1(d\omega_1) \right) \mu_2(d\omega_2), \qquad A \in \mathcal{A},$$

und somit (6.53) für den Fall $f = 1_A$. Für eine beliebige messbare Funktion $f : \Omega :\to [0, \infty]$ folgt (6.53) aus der Linearität der Integrale, Satz 6.48 und Satz 6.66 über die monotone Konvergenz.

Es sei jetzt $f : \Omega \to \mathbb{R}$ eine messbare Funktion. Die behauptete Charakterierung der μ-Integrierbarkeit ergibt sich durch Anwendung von (6.53) auf $|f|$. Wegen Satz 6.68 ist $N_1 := \{\omega_1 \in \Omega_1 : \int |f(\omega_1, \omega_2)|\, \mu_2(d\omega_2) = \infty\}$ eine μ_1-Nullmenge und die analog definierte Menge $N_2 \in \mathcal{A}_2$ eine μ_2-Nullmenge. Wir definieren eine messbare Funktion $g : \Omega \to \mathbb{R}$ durch $g(\omega_1, \omega_2) := f(\omega_1, \omega_2)$ falls $\omega \notin N_1$ und $\omega \notin N_2$ und durch $g(\omega_1, \omega_2) := 0$, sonst. Wegen der Eigenschaften von N_1 und N_2 ist $\{f \neq g\}$ eine μ-Nullmenge. Gleichung (6.53) kann jetzt auf g^+ und g^- angewendet werden. Ziehen wir die Ergebnisse voneinander ab, so folgt (6.53) zunächst mit g an Stelle von f. Nach Satz (6.72) kann aber g durch f ersetzt werden. Damit sind alle Behauptungen des Satzes bewiesen. □

Unter den Voraussetzungen und mit den Bezeichnungen von Satz 6.77 nennt man die in (6.51) definierte σ-Algebra $\mathcal{A}$ das *Produkt der σ-Algebren $\mathcal{A}_1$ und $\mathcal{A}_2$* und schreibt $\mathcal{A}_1 \otimes \mathcal{A}_2 := \mathcal{A}$. Das Maß $\mu_1 \otimes \mu_2 := \mu$ heißt *Produktmaß* von μ_1 und μ_2.

6.78 Beispiel. (Der Satz von Fubini für das Lebesgue-Integral)
Wir betrachten die Maßräume $(\mathbb{R}^m, \mathcal{B}^m, \lambda^m)$ und $(\mathbb{R}^n, \mathcal{B}^n, \lambda^n)$ für gegebene $m, n \in \mathbb{N}$. Streng genommen bezeichnet hier λ^m die Einschränkung des äußeren Maßes λ^m auf $\mathcal{B}^m$ oder auch die Einschränkung des Lebesgue-Maßes von $\mathcal{L}^m$ auf $\mathcal{B}^m$ (vgl. 6.2.14). Aus Satz 6.47 folgt

$$\mathcal{B}^{m+n} = \mathcal{B}^m \otimes \mathcal{B}^n. \tag{6.54}$$

Ferner gilt

$$\lambda^{m+n}(A) = \lambda^m \otimes \lambda^n(A), \qquad A \in \mathcal{B}^{m+n}.$$

Nach Definition von $\lambda^m \otimes \lambda^n$ gilt diese Gleichung für Quader. Eine einfache Verallgemeinerung von Satz 6.59 auf σ-endliche Maße zeigt die Gültigkeit der

Gleichung für jedes $A \in \mathcal{B}^{m+n}$. (Diese Argumentation wurde schon für den Beweis der Eindeutigkeitsaussage in Satz 6.77 benutzt.)

Berücksichtigen wir die obigen Überlegungen, so ergibt sich aus dem allgemeinen Satz 6.77 von Fubini die spezielle Version des Satzes 6.34 zunächst für $\mathcal{B}^{m+n}$-messbare Funktionen $f : \mathbb{R}^{m+n} \to \bar{\mathbb{R}}$. (Für die Anwendungen ist dieser Fall ausreichend.) Ist $f : \mathbb{R}^{m+n} \to \bar{\mathbb{R}}$ Lebesgue-messbar, so findet man mittels Satz 6.61 und Approximation durch messbare Elementarfunktionen eine $\mathcal{B}^{m+n}$-messbare Funktion $g : \mathbb{R}^{m+n} \to \bar{\mathbb{R}}$, so dass $\{f \neq g\}$ eine λ^{m+n}-Nullmenge ist. Somit erhalten wir aus Satz 6.72 (unter den entsprechenden Voraussetzungen der Nichtnegativität oder Integrierbarkeit)

$$\int f(\vec{z})\,d\vec{z} = \int g(\vec{x},\vec{y})\,d(\vec{x},\vec{y}) = \iint g(\vec{x},\vec{y})\,d\vec{x}\,d\vec{y}. \tag{6.55}$$

Weil $\{f \neq g\}$ eine λ^{m+n}-Nullmenge ist, ist die Menge aller $\vec{y} \in \mathbb{R}^n$ mit der Eigenschaft $\lambda^m(\{\vec{x} \in \mathbb{R}^m : g(\vec{x},\vec{y}) \neq f(\vec{x},\vec{y})\}) > 0$ eine λ^n-Nullmenge. (Diese technische Aussage über Lebesguesche Nullmengen in $\mathbb{R}^{m+n}$ soll hier nicht bewiesen werden. Sie ergibt sich beispielsweise aus Satz 6.43.) Damit ist die rechte Seite von (6.55) gleich $\iint f(\vec{x},\vec{y})\,d\vec{x}\,d\vec{y}$. Satz 6.34 ist also auch für Lebesgue-messbare Funktionen richtig.

6.2.28 Allgemeine L^p-Räume

Wir fixieren einen Maßraum $(\Omega, \mathcal{A}, \mu)$ und bezeichnen analog zu 6.1.16 für $p \geq 1$ mit $L^p(\mu)$ die Menge aller $\mathcal{A}$-messbaren Funktionen $f : \Omega \to \mathbb{R}$ mit $\int |f|^p\,d\mu < \infty$. Auch in diesem allgemeinen Rahmen gelten die Höldersche Ungleichung (Satz 6.28) und die Minkowski-Ungleichung (Satz 6.29). Die Beweise sind wörtlich dieselben. Wieder ist es üblich, zwei Funktionen $f, g \in L^p(\mu)$, für die $\{f \neq g\}$ eine μ-Nullmenge ist, miteinander zu identifizieren. Aus der Minkowski-Ungleichung und Satz 6.69 folgt dann, dass die Abbildung

$$f \mapsto \|f\|_p := \left(\int |f|^p\,d\mu\right)^{1/p}$$

eine Norm auf dem reellen Vektorraum $L^p(\mu)$ ist. Wir beweisen jetzt Satz 6.30.

6.79 Satz. (Vollständigkeit von L^p)
Für jedes $p \geq 1$ ist der Raum $L^p(\mu)$ vollständig.

Beweis: Es sei (f_k) eine Cauchy-Folge in $L^p(\mu)$. Wir konstruieren ein $f \in L^p(\mu)$ mit $\|f - f_m\|_p \to 0$ für $m \to \infty$. Zunächst gibt es eine Teilfolge $(n_k)_{k \geq 1}$ der natürlichen Zahlen mit $\|f_{n_{k+1}} - f_{n_k}\|_p \leq 2^{-k}$, $k \in \mathbb{N}$. Aus dem Satz über monotone Konvergenz und der Hölderschen Ungleichung folgt

$$\left\| \sum_{k=1}^{\infty} |f_{n_{k+1}} - f_{n_k}| \right\|_p = \lim_{m\to\infty} \left\| \sum_{k=1}^{m} |f_{n_{k+1}} - f_{n_k}| \right\|_p \leq \lim_{m\to\infty} \sum_{k=1}^{m} \|f_{n_{k+1}} - f_{n_k}\|_p < \infty.$$

Wegen Satz 6.68 ist die Menge A aller $\omega \in \Omega$, für die $\sum_{k=1}^{\infty} |f_{n_{k+1}}(\omega) - f_{n_k}(\omega)|$ nicht konvergiert, eine μ-Nullmenge. Insbesondere ist die Folge $(f_{n_k}(\omega))_{k\geq 1}$ für jedes $\omega \notin A$ eine (reelle) Cauchy-Folge, deren Grenzwert mit $f(\omega)$ bezeichnet werde. Für $\omega \in A$ setzen wir $f(\omega) := 0$. Nach Satz 6.49 ist die so definierte Funktion f $\mathcal{A}$-messbar. Das Lemma von Fatou zeigt für jedes $m \in \mathbb{N}$

$$\|f - f_m\|_p \leq \liminf_{k\to\infty} \|f_{n_{k+1}} - f_m\|_p \leq \sup\{\|f_l - f_m\|_p : l \geq m\}.$$

Nach Voraussetzung konvergiert die rechts stehende Folge für $m \to \infty$ gegen 0. Weil $f = (f - f_m) + f_m$ die Summe zweier Funktionen aus $L^p(\mu)$ ist, gilt $f \in L^p(\mu)$. □

Lernziel-Kontrolle

- Wie ist das äußere Lebesguesche Maß einer Menge definiert?
- Wann heißt eine Teilmenge des $\mathbb{R}^n$ Lebesgue-messbar?
- Was ist das Lebesgue-Maß?
- Was ist eine Lebesgue-Partition?
- Wann heißt eine Funktion Lebesgue-integrierbar?
- Wie ist die Messbarkeit einer Funktion $f : M \to \bar{\mathbb{R}}$ erklärt?
- Was ist eine Lebesguesche Nullmenge?
- Können Sie Eigenschaften des Lebesgue-Integrals angeben?
- Wie ist das Integral komplexwertiger Funktionen definiert?
- Was besagt der Satz über die majorisierte Konvergenz?
- Was ist ein L^p-Raum?
- Was bedeutet die Vollständigkeit eines L^p-Raumes?
- Was besagen die Ungleichungen von Hölder und Minkowski?
- Wie ist der Integralsinus definiert?
- Was versteht man unter der Faltung zweier Funktionen?
- Welche Eigenschaften hat eine σ-Algebra?
- Wie ist die Borelsche σ-Algebra über $\mathbb{R}^n$ definiert?
- Was versteht man unter einem Maß und einem Maßraum?
- Was sind der Positivteil und der Negativteil einer Funktion?
- Was ergibt sich als Integral einer Elementarfunktion?
- Welche Funktionen kann man integrieren?
- Unter welchen Bedingungen können Integral und Grenzwert vertauscht werden?

Kapitel 7

Fourieranalyse

Il résulte de tout ce qui a été démontré dans cette section, concernant le dévelloppement des fonctions en séries trigonométriques que si l'on suppose une fonction $f(x)$, dont la valeur est répresentée dans un intervalle déterminé depuis $x = 0$ jusqu'à $x = x$, par l'ordonée d'une ligne courbe tracée arbitrairement, on pourra toujours dévellopper une fonction en une série qui ne contiendra que les sinus ou les cosinus, ou les sinus et les cosinus d'arcs multiples ...

Jean Baptiste Joseph Fourier

Mit den trigonometrischen Funktionen $t \mapsto a\cos(\omega t)$ und $t \mapsto a\sin(\omega t)$ können sogenannte *harmonische Schwingungen* beschrieben werden (Bild 7.1). Dabei wird das Argument t als *Zeit* interpretiert. Die Zahlen $a \geq 0$ und $\omega > 0$ heißen *Amplitude* bzw. *Kreisfrequenz* der Schwingung. Im Sinne der folgenden Definition sind diese Funktionen *periodisch* mit der *Periode* $2\pi/\omega$.

Eine Funktion $f : \mathbb{R} \to \mathbb{C}$ heißt *periodisch* mit der *Periode* $T > 0$ oder kurz *T-periodisch*, falls

$$f(t+T) = f(t), \qquad t \in \mathbb{R}.$$

Die *Fourier*[1]*-Analyse* behandelt die Frage, unter welchen Bedingungen eine periodische Funktion durch Überlagerung (möglicherweise unendlich vieler) harmo-

[1] Jean Baptiste Joseph Fourier (1768–1830). Fourier führte ein bewegtes Leben in der Zeit der französischen Revolution. Der Sohn eines Schneiders war während der Revolution in Auxerres abwechselnd Gefangener und Präsident des Revolutionskomitees. Mit Napoleon ging er nach Ägypten, wurde nach Napoleons Rückzug von den Engländern gefangen gehalten, konnte aber mit den Expeditionsberichten nach Frankreich zurückkehren. Als Präfekt des Departements Isère vollendete er die Trockenlegung der Sümpfe bei Lyon und rottete dadurch dort die Malaria aus. 1822 wurde Fourier ständiger Sekretär der Académie des Sciences. Im gleichen Jahr wurde sein Buch *Théorie analytique de la chaleur* publiziert, nach dessen Erscheinen Temperatur und Wärmetransport mit Hilfe von Fourierreihen und Fourierintegralen berechenbar waren.

nischer Schwingungen mit derselben Periode darstellbar ist. Dieses Problem hat in der historischen Entwicklung der modernen Mathematik eine bedeutende Rolle gespielt. Heute gehört die *Fourier-Analyse* zu den unentbehrlichen Hilfsmitteln der Mathematik und deren Anwendungen, wie z.B. der Signalverarbeitung.

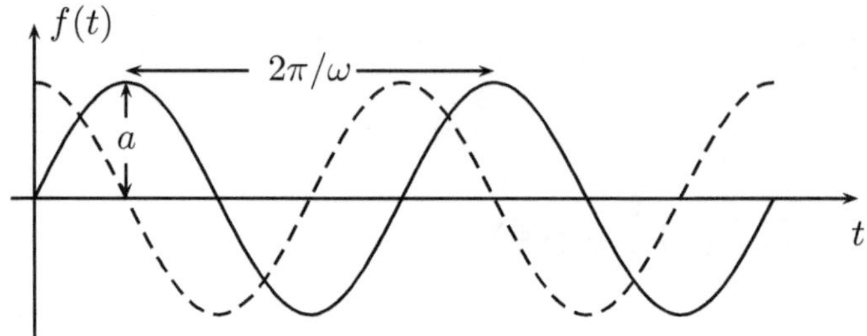

Bild 7.1: Harmonische Schwingungen mit Amplitude a und Kreisfrequenz ω
—— : $f(t) = a\sin(\omega t)$, - - - - : $f(t) = a\cos(\omega t)$

7.1 Fourierreihen

In diesem Abschnitt geht es um die Darstellung periodischer Funktionen mittels sogenannter trigonometrischer Reihen. Wie allgemein üblich werden auch wir ausschließlich 2π-periodische Funktionen betrachten. Diese Spezialisierung bedeutet keine Einschränkung der Allgemeinheit. Ist nämlich f eine T-periodische Funktion, so besitzt $t \mapsto f(T \cdot t/2\pi)$ die Periode 2π.

7.1.1 Trigonometrische Reihen

Eine *trigonometrische Reihe* ist eine unendliche Reihe der Gestalt

$$\frac{a_0}{2} + \sum_{n=1}^{\infty}(a_n \cos(nt) + b_n \sin(nt)), \qquad t \in \mathbb{R}. \tag{7.1}$$

Dabei sind die *Koeffizienten* a_n, $n \in \mathbb{N}_0$, und b_n, $n \in \mathbb{N}$, komplexe Zahlen. Ist diese Reihe für jedes $t \in \mathbb{R}$ konvergent, so definiert sie eine 2π-periodische Funktion. Konvergenzfragen werden später behandelt. Es ist jedoch klar, dass obige Reihe unter der Voraussetzung $\sum_{n=1}^{\infty}(|a_n| + |b_n|) < \infty$ absolut konvergiert.

Eine zu (7.1) äquivalente Darstellung ist

$$\sum_{n=-\infty}^{\infty} c_n e^{int}, \qquad t \in \mathbb{R}, \tag{7.2}$$

mit geeigneten komplexen Koeffizienten $c_n \in \mathbb{C}$, $n \in \mathbb{Z}$. Dabei verstehen wir unter (7.2) den Grenzwert der Partialsummen $\sum_{n=-m}^{m} c_n e^{int}$ für $m \to \infty$. Der Grund für diese spezielle Summationsvorschrift ist der folgende: Bestehen zwischen den Koeffizienten die Beziehungen

$$c_n = \frac{1}{2}(a_n - ib_n), \quad c_{-n} = \frac{1}{2}(a_n + ib_n), \qquad n \in \mathbb{N}_0 \tag{7.3}$$

(hierbei haben wir $b_0 := 0$ gesetzt), so gilt

$$\frac{a_0}{2} + \sum_{n=1}^{m}(a_n \cos(nt) + b_n \sin(nt)) = \sum_{n=-m}^{m} c_n e^{int}.$$

Diese Gleichung folgt aus der Eulerschen Formel $e^{ix} = \cos x + i \sin x$ sowie den Symmetriebeziehungen $\cos(-x) = \cos(x)$ und $\sin(-x) = -\sin(x)$. Danach gilt

$$c_n e^{int} + c_{-n} e^{-int} = a_n \cos(nt) + b_n \sin(nt), \qquad n \in \mathbb{N}_0.$$

Äquivalent zu (7.3) sind die Gleichungen

$$a_n = c_n + c_{-n}, \quad b_n = i(c_n - c_{-n}), \qquad n \in \mathbb{N}_0. \tag{7.4}$$

7.1.2 Fourierkoeffizienten und Fourierreihen

Im gesamten Abschnitt 7.1 bezeichne L_π die Menge aller 2π-periodischen Funktionen $f : \mathbb{R} \to \mathbb{C}$, die auf dem Intervall $[-\pi, \pi]$ (Lebesgue-)integrierbar sind, für die also gilt:

$$\int_{-\pi}^{\pi} |f(t)|\, dt < \infty.$$

Wir stellen uns die Frage, welche Funktionen aus L_π durch eine trigonometrische Reihe der Gestalt (7.1) (bzw. (7.2)) darstellbar sind. Dazu ist zunächst zu klären, wie die Koeffizienten a_n, b_n und c_n bestimmt werden können.

Zu diesem Zweck werde angenommen, dass für gegebene komplexe Zahlen $\ldots c_{-2}, c_{-1}, c_0, c_1, c_2, \ldots$ durch die Festsetzung

$$f(t) := \sum_{n=-\infty}^{\infty} c_n e^{int}, \qquad t \in \mathbb{R}, \tag{7.5}$$

eine stetige (und offenbar 2π-periodische) Funktion definiert wird.

Wir fixieren eine natürliche Zahl m und bilden das Integral von $f(t)e^{-imt}$ über dem Intervall $[-\pi, \pi]$. Dabei sei vorausgesetzt, dass die Reihenfolge von Integration und Summation vertauscht werden kann. Nach Satz I.7.17 ist diese Vertauschung erlaubt, falls die Partialsumme $\sum_{n=-k}^{k} c_n e^{int}$ auf $[-\pi, \pi]$ gleichmäßig gegen $f(t)$ konvergiert. Es folgt dann

$$\frac{1}{2\pi} \int_{-\pi}^{\pi} f(t) e^{-imt}\, dt = \sum_{n=-\infty}^{\infty} c_n \cdot \frac{1}{2\pi} \int_{-\pi}^{\pi} e^{int} e^{-imt}\, dt. \tag{7.6}$$

An dieser Stelle machen wir Gebrauch von den *Orthogonalitätsrelationen*

$$\frac{1}{2\pi}\int_{-\pi}^{\pi} e^{int}e^{-imt}\,dt = \begin{cases} 1, & \text{falls } m = n, \\ 0, & \text{falls } m \neq n. \end{cases} \tag{7.7}$$

Diese Gleichungen folgen (durch Aufspaltung in Real- und Imaginärteil, vgl. 6.1.12) für $m = n$ aus $e^{int}e^{-imt} = 1$ und für $m \neq n$ aus

$$\frac{1}{2\pi}\int_{-\pi}^{\pi} e^{i(n-m)t}\,dt = \frac{1}{2\pi i(n-m)}(e^{i(n-m)\pi} - e^{-i(n-m)\pi}) = 0.$$

Die letzte Beziehung ist auch eine direkte Konsequenz der Periodizität der Funktion $t \mapsto e^{i\pi t}$. Einsetzen von (7.7) in (7.6) motiviert die folgende Definition:

Für jedes $f \in L_\pi$ heißen die komplexen Zahlen

$$a_n(f) := \frac{1}{\pi}\int_{-\pi}^{\pi} f(t)\cos(nt)\,dt, \qquad n \in \mathbb{N}_0, \tag{7.8}$$

$$b_n(f) := \frac{1}{\pi}\int_{-\pi}^{\pi} f(t)\sin(nt)\,dt, \qquad n \in \mathbb{N}_0, \tag{7.9}$$

$$c_n(f) := \frac{1}{2\pi}\int_{-\pi}^{\pi} f(t)e^{-int}\,dt, \qquad n \in \mathbb{Z}, \tag{7.10}$$

die *Fourierkoeffizienten* von f.

Man beachte, dass $a_n(f)$ und $b_n(f)$ reell sind, falls f eine reellwertige Funktion ist. Die Definition dieser Koeffizienten erklärt sich durch (7.10) und den zu (7.4) analogen Gleichungen

$$a_n(f) = c_n(f) + c_{-n}(f), \quad b_n(f) = i(c_n(f) - c_{-n}(f)), \qquad n \in \mathbb{N}_0.$$

Für jedes $f \in L_\pi$ heißt die trigonometrische Reihe

$$S(f;t) := \sum_{n=-\infty}^{\infty} c_n(f)e^{int}, \qquad t \in \mathbb{R}, \tag{7.11}$$

die *Fourierreihe* von f (*an der Stelle* t) und deren k-te Partialsumme

$$S_k(f;t) := \sum_{n=-k}^{k} c_n(f)e^{int} = \frac{a_0(f)}{2} + \sum_{n=1}^{k}(a_n(f)\cos(nt) + b_n(f)\sin(nt))$$

die *k-te Fourierapproximation* ($k \in \mathbb{N}$) von f (an der Stelle t).

Man schreibt $S(f;t) = z$, falls die Folge der k-ten Fourierapproximationen an der Stelle t gegen den Grenzwert z konvergiert. Lässt sich aber eine Funktion $f \in L_\pi$ überhaupt durch ihre Fourierreihe darstellen, gilt also $f(t) = S(f;t)$ für jedes

$t \in \mathbb{R}$? In der Sprache der Signalanalyse lautet diese Frage: Lässt sich ein Signal, das im Zeitbereich $[-\pi, \pi]$ durch die Funktion f modelliert ist, gemäß (7.5) durch Überlagerung von möglicherweise unendlich vielen harmonischen Schwingungen, deren Kreisfrequenzen Vielfache einer Grundfrequenz (im obigen Fall =1) sind, in seine Frequenzanteile zerlegen?

Es ist nicht zu erwarten, dass obige Frage in allen Fällen positiv beantwortet werden kann. Wegen Satz 6.12 ändert sich nämlich die Fourierreihe einer integrierbaren Funktion f nicht, wenn man die Funktionswerte von f an endlich oder abzählbar unendlich vielen Stellen modifiziert. Man benötigt also zusätzliche Voraussetzungen an f. Zunächst sollen aber grundlegende Eigenschaften der Fourierkoeffizienten diskutiert sowie einige Beispiele für Fourierreihen vorgestellt werden.

7.1.3 Eigenschaften der Fourierkoeffizienten

Eine Funktion $f : \mathbb{R} \to \mathbb{C}$ heißt *gerade* bzw. *ungerade*, falls $f(-t) = f(t)$ bzw. $f(-t) = -f(t)$ für jedes $t \in \mathbb{R}$ gilt (vgl. auch I.6.11).

Ist $f \in L_\pi$ ungerade, so liefert eine Anwendung von Satz 6.26 auf die Transformation $T(t) := -t$

$$\int_0^a f(t)\,dt = \int_{-a}^0 f(-t)\,dt = -\int_{-a}^0 f(t)\,dt, \qquad a > 0,$$

und somit $\int_{-a}^a f(t)\,dt = 0$ für jedes $a > 0$. Ist dagegen $f \in L_\pi$ gerade, so folgt $\int_{-a}^a f(t)\,dt = 2\int_0^a f(t)\,dt$ für jedes $a > 0$. Weil das Produkt einer geraden und einer ungeraden Funktion ungerade ist und das Produkt zweier gerader (oder zweier ungerader) Funktionen eine gerade Funktion liefert, erhalten wir jetzt direkt aus den Definitionen (7.8) und (7.9):

7.1 Satz. (Fourierkoeffizienten gerader und ungerader Funktionen)
Es sei f eine Funktion aus L_π. Ist f gerade, so gilt $b_n(f) = 0$ und

$$a_n(f) = \frac{2}{\pi}\int_0^\pi f(t)\cos(nt)\,dt, \qquad n \in \mathbb{N}_0.$$

Ist f ungerade, so gilt $a_n(f) = 0$ und

$$b_n(f) = \frac{2}{\pi}\int_0^\pi f(t)\sin(nt)\,dt, \qquad n \in \mathbb{N}_0.$$

Aus der Definition und der Linearität des Integrals ergeben sich nachstehende Eigenschaften der Fourierkoeffizienten.

7.2 Satz. (Linearität der Fourierkoeffizienten)
Für alle $f, g \in L_\pi$ und alle $\lambda, \mu \in \mathbb{C}$ gilt

$$c_n(\lambda f + \mu g) = \lambda c_n(f) + \mu c_n(g), \qquad n \in \mathbb{Z}.$$

7.1.4 Beispiele von Fourierreihen

Zu jeder Funktion $f : [-\pi, \pi) \to \mathbb{C}$ gibt es genau eine 2π-periodische Funktion $\tilde{f} : \mathbb{R} \to \mathbb{C}$, die mit f auf $[-\pi, \pi)$ übereinstimmt, nämlich

$$\tilde{f}(t) := f(t - 2k\pi), \qquad t \in [(2k-1)\pi, (2k+1)\pi),\ k \in \mathbb{Z}.$$

Man nennt $\tilde{f}$ die *periodische Fortsetzung* von f. Zur Vereinfachung der Notation schreiben wir im Folgenden kurz $f = \tilde{f}$.

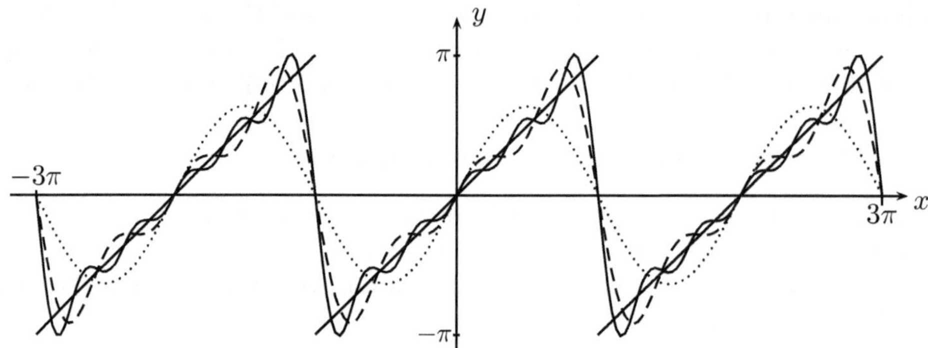

Bild 7.2: Fourierapproximationen der Sägezahn-Funktion

In den nachstehenden Beispielen bezeichnet $f : \mathbb{R} \to \mathbb{R}$ eine (durch ihre Werte auf dem Intervall $[-\pi, \pi)$ festgelegte) 2π-periodische Funktion.

7.3 Beispiel. (Sägezahn-Funktion)
Durch periodische Fortsetzung der Funktion

$$f(t) := \begin{cases} t, & \text{falls } |t| < \pi, \\ 0, & \text{falls } |t| = \pi, \end{cases}$$

wird die sog. *Sägezahn-Funktion* definiert (Bild 7.2). Weil f ungerade ist, folgt aus Satz 7.1 $a_n(f) = 0$, $n \in \mathbb{N}_0$. Ferner erhalten wir mittels partieller Integration

$$\begin{aligned} b_n(f) &= \frac{2}{\pi} \int_0^\pi t \sin(nt)\, dt \\ &= -\frac{2}{n\pi} \cdot t\cos(nt)\Big|_0^\pi + \frac{2}{n\pi} \int_0^\pi \cos(nt)\, dt \\ &= (-1)^{n+1} \cdot \frac{2}{n}, \qquad n \in \mathbb{N}. \end{aligned}$$

Gilt $t = k\pi$ für ein $k \in \mathbb{Z}$, so ist $S(f; t) = 0 = f(t)$. Für $t \notin \{k\pi : k \in \mathbb{Z}\}$ wird sich aus Satz 7.11 die Beziehung $S(f; t) = f(t)$ ergeben. Also gilt

$$t = 2\left(\frac{\sin t}{1} - \frac{\sin 2t}{2} + \frac{\sin 3t}{3} - + \ldots\right), \qquad |t| < \pi.$$

Bild 7.2 zeigt die Fourierapproximationen $S_k(f;t)$ für $k = 1$ (gepunktete Kurve), $k = 3$ (gestrichelte Kurve) und $k = 5$ (durchgezogene Kurve).

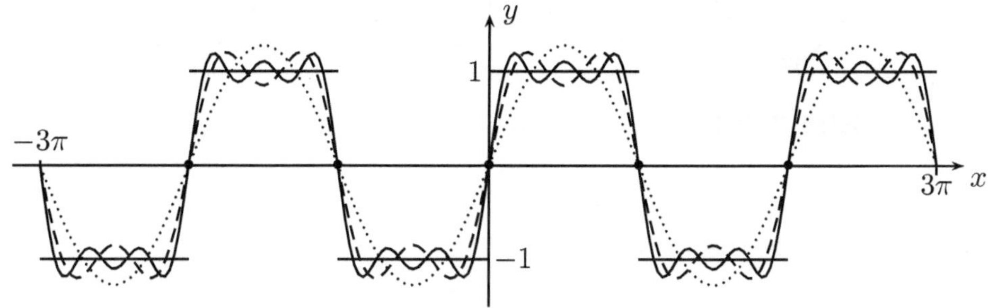

Bild 7.3: Fourierapproximationen der Rechteckschwingung

7.4 Beispiel. (Rechteckschwingung bzw. Vorzeichen-Funktion)
Die periodische Fortsetzung der durch

$$f(t) := \begin{cases} 1, & \text{falls } 0 < t < \pi, \\ 0, & \text{falls } t \in \{-\pi, 0, \pi\}, \\ -1, & \text{falls } -\pi < t < 0, \end{cases}$$

definierten Abbildung heißt *Rechteckschwingung* oder *Vorzeichen-Funktion* (Bild 7.3). Wie in Beispiel 7.3 folgen aus Satz 7.1 die Gleichungen $a_n(f) = 0$, $n \in \mathbb{N}_0$. Ferner gilt für $n \in \mathbb{N}$

$$b_n(f) = \frac{2}{\pi} \int_0^\pi \sin nt \, dt = -\frac{2}{n\pi} \cos nt \Big|_0^\pi = \begin{cases} \frac{4}{n\pi}, & \text{falls } n \text{ ungerade}, \\ 0, & \text{falls } n \text{ gerade}. \end{cases}$$

Also ist

$$S(f;t) = \frac{4}{\pi} \left(\frac{\sin t}{1} + \frac{\sin 3t}{3} + \frac{\sin 5t}{5} + \dots \right).$$

Gilt $t = k\pi$ für ein $k \in \mathbb{Z}$, so folgt $S(f;t) = 0 = f(t)$. Für alle anderen Werte von t ergibt sich mit Satz 7.11 die Gleichung $S(f;t) = f(t)$. Für $t = \pi/2$ erhalten wir speziell

$$\frac{\pi}{4} = 1 - \frac{1}{3} + \frac{1}{5} - \frac{1}{7} + - \dots,$$

eine Reihe, die bereits aus I.6.9.3 bekannt ist.

Bild 7.3 zeigt die Fourierapproximation $S_k(f;t)$ der Rechteckschwingung für $k = 1$ (gepunktete Kurve), $k = 3$ (gestrichelte Kurve) und $k = 5$ (durchgezogene Kurve).

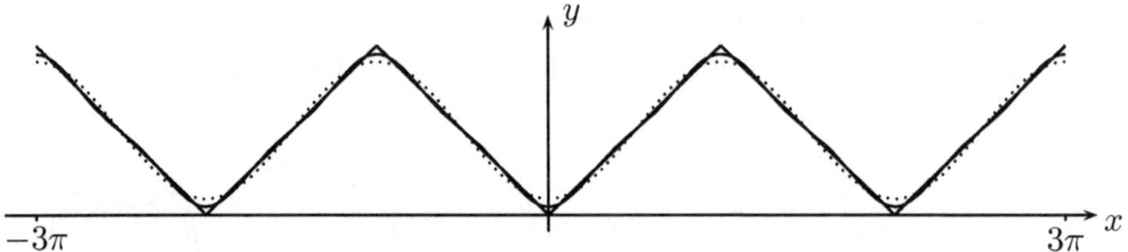

Bild 7.4: Fourierapproximationen der Betragsfunktion

7.5 Beispiel. (Der Absolutbetrag)
Bild 7.4 zeigt die periodisch fortgesetzte Absolutbetrag-Funktion $f(t) := |t|$, $|t| \leq \pi$, als „Zickzack-Kurve". Wegen Satz 7.1 ist $b_n(f) = 0$, $n \in \mathbb{N}_0$. Ferner erhalten wir

$$a_0(f) = \frac{2}{\pi} \int_0^\pi t\, dt = \pi,$$

und für $n \in \mathbb{N}$

$$\begin{aligned} a_n(f) &= \frac{2}{\pi} \int_0^\pi t \cos nt\, dt \\ &= \frac{2}{n\pi} \cdot t \sin nt \Big|_0^\pi - \frac{2}{n\pi} \int_0^\pi \sin nt\, dt \\ &= \frac{2}{n^2\pi} \cdot \cos nt \Big|_0^\pi = \begin{cases} -4/n^2\pi, & \text{falls } n \text{ ungerade,} \\ 0, & \text{falls } n \text{ gerade.} \end{cases} \end{aligned}$$

Aus Satz 7.11 folgt

$$|t| = \frac{\pi}{2} - \frac{4}{\pi} \left(\frac{\cos t}{1} + \frac{\cos 3t}{3^2} + \frac{\cos 5t}{5^2} + \ldots \right), \qquad |t| \leq \pi. \tag{7.12}$$

Für $t = 0$ ergibt sich hier die interessante Reihe

$$\frac{\pi^2}{8} = 1 + \frac{1}{3^2} + \frac{1}{5^2} + \frac{1}{7^2} + \ldots. \tag{7.13}$$

Bild 7.4 veranschaulicht die Fourierapproximationen $S_1(f;t)$ (gepunktete Linie) und $S_3(f;t)$ (durchgezogene Linie) der „Zickzack-Kurve". Die verblüffende Güte der Übereinstimmung von $S_3(f;t)$ mit $f(t)$ liegt an der im Vergleich zu den früheren Beispielen höheren Konvergenzgeschwindigkeit der Fourierapproximationen. Ursache ist das quadratische Anwachsen des Nenners in (7.12).

7.1.5 Stückweise differenzierbare komplexwertige Funktionen

In Übereinstimmung mit 1.7.1 heißt eine auf einer Menge $D \subset \mathbb{R}$ definierte komplexwertige Funktion $f : D \to \mathbb{C}$ *differenzierbar* in einem Punkt $t \in D$, wenn dort sowohl Real- als auch Imaginärteil von f differenzierbar sind. Unter der *Ableitung* $f'(t)$ von f an der Stelle t versteht man dann die komplexe Zahl

$$f'(t) := (\operatorname{Re} f)'(t) + i(\operatorname{Im} f)'(t).$$

Die Funktion f heißt *differenzierbar* (auf D), wenn sie in jedem Punkt differenzierbar ist. In diesem Fall heißt $f' : D \to \mathbb{C}$, $t \mapsto f'(t)$, *Ableitung* von f (auf D). Für jedes $n \in \mathbb{N}$ wird die n-fache (stetige) Differenzierbarkeit von f völlig analog zum reellen Fall erklärt (vgl. I.6.6.12).

Eine Funktion $f : D \to \mathbb{C}$ heißt *stückweise stetig differenzierbar*, falls es eine Menge $A \subset D$ gibt, so dass die folgenden Eigenschaften erfüllt sind:

(i) f ist auf $D \setminus A$ stetig differenzierbar.

(ii) $\operatorname{Re} f$, $\operatorname{Im} f$, $\operatorname{Re} f'$ und $\operatorname{Im} f'$ besitzen in jedem Punkt aus A einseitige Grenzwerte.

(iii) $A \cap [-r, r]$ ist für jedes $r \geq 0$ eine endliche Menge.

7.1.6 Gleichmäßige Konvergenz von Fourierreihen

Der folgende (zunächst nur teilweise bewiesene) Satz gibt Auskunft über die Konvergenz der Fourierreihe „glatter" Funktionen.

7.6 Satz. (Gleichmäßige Konvergenz von Fourierreihen)
Die Funktion $f \in L_\pi$ sei stetig sowie stückweise stetig differenzierbar. Dann ist die Fourierreihe von f an jeder Stelle absolut konvergent, und die Partialsummen

$$\sum_{n=-m}^{m} c_n(f) e^{int}$$

konvergieren für $m \to \infty$ gleichmäßig gegen $f(t)$.

Beweis: Ist f stetig differenzierbar, so ergibt sich mit Hilfe partieller Integration (Aufspaltung in Real- und Imaginärteil!) für jedes $n \in \mathbb{Z}$

$$c_n(f') = \int_{-\pi}^{\pi} f'(t) e^{-int}\, dt = f(t)e^{-int}\Big|_{-\pi}^{\pi} + in \int_{-\pi}^{\pi} f(t)e^{-int}\, dt = in c_n(f). \tag{7.14}$$

Durch eine geeignete Zerlegung des Integrationsintervalls kann diese Formel auch unter den (allgemeineren) Voraussetzungen des Satzes bewiesen werden.

Wir nehmen jetzt an, dass f zweimal stetig differenzierbar ist. Dann folgt aus (7.14)

$$c_n(f'') = in c_n(f') = -n^2 c_n(f), \qquad n \in \mathbb{Z}. \tag{7.15}$$

Außerdem liefert die Dreiecksungleichung (Satz 6.25), dass die Fourierkoeffizienten jeder Funktion $g \in L_\pi$ wie folgt nach oben abgeschätzt werden können:

$$|c_n(g)| \leq \frac{1}{2\pi} \int_{-\pi}^{\pi} |g(t)|\, dt = \frac{\|g\|_1}{2\pi}, \qquad n \in \mathbb{Z}. \tag{7.16}$$

Hierbei bezeichnet $\|g\|_1$ die L^1-Norm von g als Funktion auf $[-\pi, \pi]$ (vgl. 6.1.14). Damit erhalten wir aus (7.15)

$$|c_n(f)| \leq \frac{\|f''\|_1}{2\pi n^2}, \qquad n \in \mathbb{Z} \setminus \{0\}.$$

Wegen $\sum_{n=1}^{\infty} 1/n^2 < \infty$ (vgl. I.5.2.4) ist die Fourierreihe (7.11) von f absolut konvergent. Die gleichmäßige Konvergenz folgt aus der Abschätzung

$$\left| S(f;t) - \sum_{n=-m}^{m} c_n(f) e^{int} \right| \leq \frac{\|f''\|_1}{\pi} \sum_{n=m+1}^{\infty} \frac{1}{n^2}.$$

Die behauptete Gleichung $f(t) = S(f;t)$ wird sich aus Satz 7.10 ergeben. In 7.1.13 werden wir beweisen, dass die gleichmäßige Konvergenz bereits dann vorliegt, wenn f nur als stetig differenzierbar vorausgesetzt wird. □

Das Zwischenergebnis (7.14) halten wir gesondert fest:

7.7 Satz. (Fourierreihe der Ableitung)
Die Funktion $f \in L_\pi$ sei stetig sowie stückweise stetig differenzierbar. Dann ergibt sich die Fourierreihe der Ableitung f' durch gliedweise Differentiation der Fourierreihe von f.

7.1.7 Der Satz von Riemann und Lebesgue

Das folgende Ergebnis wird im Beweis der Konvergenzsätze in 7.1.8 eine entscheidende Rolle spielen.

7.8 Satz. (Satz von Riemann und Lebesgue)
Für die Fourierkoeffizienten einer Funktion $f \in L_\pi$ gilt

$$\lim_{n\to\infty} c_{-n}(f) = \lim_{n\to\infty} c_n(f) = 0.$$

BEWEIS: Für jedes $k \in \mathbb{N}$ bezeichne C_0^k die Menge der k-mal stetig differenzierbaren Funktionen $g : [-\pi, \pi] \to \mathbb{C}$, für die es ein $\delta > 0$ mit der Eigenschaft $g(t) = 0$ für jedes $t \notin [-\delta, \delta]$ gibt. Zu jedem $f \in L_\pi$ existiert nach Satz 6.45 ein $g \in C_0^1$ mit $\|f - g\|_1 \leq \varepsilon$. Aus Satz 7.2 und der Dreiecksungleichung erhalten wir zunächst

$$|c_n(f)| = |c_n(f - g + g)| = |c_n(f - g) + c_n(g)| \leq |c_n(f - g)| + |c_n(g)|.$$

Der erste Summand ist wegen (7.16) durch $\varepsilon/2\pi$ nach oben beschränkt. Aus den Eigenschaften einer Funktion aus C_0^1 folgt, dass die periodische Fortsetzung von g ebenfalls stetig differenzierbar ist. Deshalb kann der zweite Summand nach (7.14) durch $\|g'\|_1/|n|$ nach oben abgeschätzt werden. Insgesamt folgt also $|c_n(f)| \leq \varepsilon$ für genügend großes $|n|$. Damit ist der Satz bewiesen. □

7.1.8 Konvergenzkriterien

Wir werden jetzt häufig Funktionen der Form $f(t)/t$ für ein $f : [-\pi, \pi] \to \mathbb{C}$ betrachten. Für $t = 0$ ist eine solche Funktion zunächst nicht definiert. Da es aber im Folgenden nur auf die Integrabilitätseigenschaften dieser Funktionen ankommt, kann der Funktionswert an der Stelle $t = 0$ beliebig festgesetzt werden.

Wir beweisen zunächst einen allgemeinen Satz über die Konvergenz von Fourierreihen. Die für Anwendungen wichtigen Aussagen über die Konvergenz bei differenzierbaren Funktionen (Satz 7.10) und an Unstetigkeitsstellen (Satz 7.12) werden sich als Spezialfall ergeben.

7.9 Satz. (Allgemeiner Konvergenzsatz)
Es seien $f \in L_\pi$, $a \in [-\pi, \pi]$, $z \in \mathbb{C}$ und $\delta > 0$ so beschaffen, dass die Funktion $t \mapsto (f(t) - z)/(t - a)$ über $[a - \delta, a + \delta]$ integrierbar ist. Dann gilt $S(f; a) = z$, d.h. die Fourierreihe von f konvergiert an der Stelle a und hat dort den Wert z.

BEWEIS: Wir zeigen zunächst, dass o.B.d.A. $a = 0$ und $z = 0$ vorausgesetzt werden kann. Zu diesem Zweck setzen wir $f_a(t) := f(t + a)$ und betrachten die Hilfsfunktion

$$\tilde{f}(t) := f_a(t) - z, \qquad t \in \mathbb{R}.$$

Mit der Festsetzung $h(t) := z$, $t \in \mathbb{R}$, liefert Satz 7.2 die Gleichung

$$c_n(\tilde{f}) = c_n(f_a) - c_n(h). \tag{7.17}$$

Nach (7.10) ist $c_0(h) = z$ und $c_n(h) = 0$ für $n \neq 0$. Deshalb gilt $S(h; t) = z$, $t \in \mathbb{R}$. Aus der Transformationsformel (Satz 6.26) und der für jedes $g \in L_\pi$ (wegen der Periodizität von g) gültigen Beziehung

$$\int_{-\pi}^{\pi} g(t)\, dt = \int_{-\pi+a}^{\pi+a} g(t)\, dt$$

folgt ferner

$$c_n(f_a) = \int_{-\pi}^{\pi} f(a + t)e^{-int}\, dt = \int_{-\pi+a}^{\pi+a} f(a + t)e^{-int}\, dt = e^{ina}c_n(f). \tag{7.18}$$

Hieraus ergibt sich $S(f_a; 0) = S(f; a)$ und deshalb nach (7.17)

$$S(\tilde{f}; 0) = S(f_a; 0) - z = S(f; a) - z.$$

Die Behauptung des Satzes ist also zu $S(\tilde{f}; 0) = 0$ äquivalent. Aus der Voraussetzung (und einer einfachen Anwendung von Satz 6.14) folgt, dass $\tilde{f}(t)/t$ über dem Intervall $[-\delta, \delta]$ integrierbar ist. Wir können also ab jetzt in der Tat o.B.d.A. $a = 0$ und $z = 0$ voraussetzen. Zu zeigen ist dann $S(f; 0) = 0$.

Die Hauptidee des Beweises besteht darin, die Fourierkoeffizienten von f durch die Fourierkoeffizienten der 2π-periodischen Funktion

$$g(t) := \frac{f(t)}{1 - e^{it}}, \qquad t \in \mathbb{R},$$

auszudrücken. Zunächst gilt

$$|g(t)| = \left|\frac{f(t)}{t}\right| \cdot \left|\frac{t}{e^{it}-1}\right| \le c \cdot \left|\frac{f(t)}{t}\right|, \qquad t \ne 0, \tag{7.19}$$

für eine Konstante $c > 0$. Eine solche Konstante gibt es, weil einerseits die Funktion $it/(e^{it}-1)$ auf $\mathbb{R} \setminus \{0\}$ stetig ist, andererseits aber wegen der Reihendarstellung

$$e^{it} - 1 = \sum_{k=1}^{\infty} \frac{(it)^k}{k!}$$

für $t \to 0$ gegen den Grenzwert 1 strebt. Als stetige Funktion ist $1 - e^{it}$ nach Satz 6.18 messbar. Wegen Satz 6.20 ist dann auch g messbar. Damit erhalten wir aus (7.19) und Folgerung 6.23 die Integrierbarkeit von g. Nun ist

$$\begin{aligned} c_n(f) &= \frac{1}{2\pi} \int_{-\pi}^{\pi} (1 - e^{it}) g(t) e^{-int}\, dt \\ &= c_n(g) - \frac{1}{2\pi} \int_{-\pi}^{\pi} g(t) e^{-i(n-1)t}\, dt = c_n(g) - c_{n-1}(g) \end{aligned}$$

und somit (Teleskopeffekt!)

$$\sum_{n=-m}^{m} c_n(f) = c_m(g) - c_{-m-1}(g), \qquad m \in \mathbb{N}.$$

Wegen des Satzes 7.8 von Riemann und Lebesgue strebt die letzte Differenz für $m \to \infty$ gegen 0. Also ist $S(f;0) = 0$, wie behauptet. □

7.10 Satz. (Konvergenzsatz für stetig differenzierbare Funktionen)
Ist die Funktion $f \in L_\pi$ stetig differenzierbar, so gilt $S(f;t) = f(t)$, $t \in \mathbb{R}$.

Beweis: Nach Satz 6.22 (oder Satz 6.18) ist f messbar. Ist $a \in [-\pi, \pi]$, so folgt aus der Messbarkeit der Funktion $t \mapsto t - a$ (Satz 6.18) und Satz 6.20 die Messbarkeit der Funktion $t \mapsto (f(t) - f(a))/(t - a)$. Andererseits erhalten wir aus dem Mittelwertsatz (und der Voraussetzung an f) die Ungleichung

$$|f(t) - f(a)| \le c \cdot |t - a|, \qquad t \in [-\pi, \pi]$$

für ein geeignetes $c > 0$. Nach Folgerung 6.23 ist $(f(t) - f(a))/(t - a)$ integrierbar. Damit können wir Satz 7.9 mit $z = f(a)$ anwenden und erhalten $S(f;a) = f(a)$. □

Der obige Beweis zeigt, dass auch schwächere Voraussetzungen genügen, um auf die Behauptung zu schließen:

7.11 Satz. (Konvergenzsatz für hölderstetige Funktionen)
Es seien $f \in L_\pi$ und $a \in [-\pi, \pi]$. Es gebe positive Konstanten α, δ und c mit

$$|f(t) - f(a)| \le c \cdot |t - a|^\alpha, \qquad t \in [a - \delta, a + \delta]. \tag{7.20}$$

Dann gilt $S(f;a) = f(a)$. Diese Behauptung ist insbesondere dann richtig, wenn f in a differenzierbar ist.

Eine Funktion f mit der Eigenschaft (7.20) heißt *hölderstetig im Punkt a*.

7.1.9 Verhalten an Sprungstellen

In den Beispielen 7.3 und 7.4 gilt die *Mittelwerteigenschaft*

$$S(f;a) = \frac{1}{2}(f(a-) + f(a+)), \qquad a \in \mathbb{R}, \tag{7.21}$$

wobei $f(a-)$ und $f(a+)$ die in I.6.3.2 definierten einseitigen Grenzwerte

$$f(a-) := \lim_{t \to a-} f(t), \qquad f(a+) := \lim_{t \to a+} f(t)$$

bezeichnen. Diese (komplexwertigen) Grenzwerte sind hier separat für Real- und Imaginärteil zu bilden.

Der folgende Satz zeigt, dass das in den obigen Beispielen beobachtete Verhalten (7.21) der Fourierreihe kein Zufall ist.

7.12 Satz. (Mittelwerteigenschaft der Fourierreihen)
Es seien $f \in L_\pi$ und $a \in [-\pi, \pi]$. Für ein gewisses $\delta > 0$ sei f auf den Intervallen $[a-\delta, a)$ und $(a, a+\delta]$ stetig differenzierbar, und es mögen die einseitigen Grenzwerte von f und f' an der Stelle a existieren. Dann besitzt die Fourierreihe von f an der Stelle a die Mittelwerteigenschaft (7.21).

Beweis: Zunächst liefert der auf das Intervall $[a-\delta, a]$ angewendete Mittelwertsatz

$$|f(t) - f(a-)| \leq c \cdot |t-a|, \qquad t \in [a-\delta, a). \tag{7.22}$$

Hierbei ist c eine obere Schranke von $\{|f'(t)| : t \in [a-\delta, a)\}$, deren Existenz sich aus den Voraussetzungen ergibt.

Im Folgenden sei $g \in L_\pi$ die in Beispiel 7.4 diskutierte Vorzeichenfunktion. Wir setzen $z := (f(a+) - f(a-))/2$, $y := (f(a+) + f(a-))/2$ und definieren

$$h(t) := f(t) - z \cdot g(t-a), \qquad t \in \mathbb{R}. \tag{7.23}$$

Eine einfache Rechnung liefert $f(t) - f(a-) = h(t) - y$ für $t < a$ und $f(t) - f(a+) = h(t) - y$ für $t > a$. Wie im Beweis von Satz 7.10 erhalten wir somit aus (7.22), dass $(h(t)-y)/(t-a)$ über dem Intervall $[a-\delta, a]$ integrierbar ist. Analog folgt, dass diese Funktion auch über dem Intervall $[a, a+\delta]$ integrierbar ist. (Dazu benutze man das Analogon der Ungleichung (7.22) für das Intervall $[a, a+\delta]$.) Wegen Satz 6.14 ist dann $(h(t)-y)/(t-a)$ über $[a-\delta, a+\delta]$ integrierbar, so dass Satz 7.9 die Gleichung $S(h;a) = y$ liefert. Andererseits ergibt sich aus der Definition (7.23) von h und Satz 7.2

$$y = S(h;a) = S(f;a) - zS(g_{-a};a),$$

mit $g_a(t) := g(t-a)$, $t \in \mathbb{R}$. Wegen (7.18) gilt hier $S(g_{-a};a) = S(g;0)$, und nach Beispiel 7.4 gilt $S(g;0) = 0$. Also folgt $S(f;a) = y = (f(a+) + f(a-))/2$. □

Der Beweis von Satz 7.12 zeigt, dass es genügt, neben der Existenz der einseitigen Grenzwerte $f(a-)$ und $f(a+)$ die Existenz der einseitigen Grenzwerte

$$\lim_{t \to a-} \frac{f(t) - f(a-)}{t-a}, \qquad \lim_{t \to a+} \frac{f(t) - f(a+)}{t-a}$$

vorauszusetzen.

7.1.10 Vollständige trigonometrische Orthonormalfolgen

Wir betrachten die in 6.1.14 eingeführten Räume

$$L^2_\pi(\mathbb{C}) := L^2([-\pi,\pi];\mathbb{C}), \qquad L^2_\pi(\mathbb{R}) := L^2([-\pi,\pi];\mathbb{R}).$$

Sind $f, g \in L^2_\pi(\mathbb{C})$, so ist das Produkt $f \cdot \bar{g}$ (es ist $\bar{g}(t) := \overline{g(t)}$) wegen Satz 6.28 wieder ein Element von $L^2_\pi(\mathbb{C})$. Mit der Definition

$$\langle f, g\rangle := \int_{-\pi}^{\pi} f(t)\bar{g}(t)\,dt$$

erhalten wir nach Satz 6.28 ein Skalarprodukt auf $L^2_\pi(\mathbb{C})$. Hierbei sei daran erinnert, dass wir in 6.1.16 vereinbart haben, zwei Funktionen $f, g \in L^2_\pi(\mathbb{C})$ zu identifizieren, falls $\{t \in [-\pi,\pi] : f(t) \neq g(t)\}$ eine Lebesguesche Nullmenge ist.

Analog definiert

$$\langle f, g\rangle := \int_{-\pi}^{\pi} f(t)g(t)\,dt,$$

ein Skalarprodukt auf $L^2_\pi(\mathbb{R})$. Nach Satz 6.30 sind sowohl $L^2_\pi(\mathbb{C})$ als auch $L^2_\pi(\mathbb{R})$ vollständig, d.h. Hilberträume. Wie in 6.1.14 bezeichnen wir die zugehörigen L^2-Normen mit $\|\cdot\|_2$.

Unser Ziel besteht jetzt darin, die allgemeinen Resultate aus 4.5.9 auf $L^2_\pi(\mathbb{C})$ und $L^2_\pi(\mathbb{R})$ anzuwenden. Dazu definieren wir eine Folge

$$(u_n)_{n\in\mathbb{N}_0} := \left(\frac{1}{\sqrt{2\pi}}, \frac{e^{it}}{\sqrt{2\pi}}, \frac{e^{-it}}{\sqrt{2\pi}}, \frac{e^{2it}}{\sqrt{2\pi}}, \frac{e^{-2it}}{\sqrt{2\pi}}, \frac{e^{3it}}{\sqrt{2\pi}}, \dots\right)$$

mit Elementen aus $L^2_\pi(\mathbb{C})$ sowie eine Folge

$$(v_n)_{n\in\mathbb{N}_0} := \left(\frac{1}{\sqrt{2\pi}}, \frac{\cos t}{\sqrt{\pi}}, \frac{\sin t}{\sqrt{\pi}}, \frac{\cos 2t}{\sqrt{\pi}}, \frac{\sin 2t}{\sqrt{\pi}}, \frac{\cos 3t}{\sqrt{\pi}}, \dots\right)$$

mit Elementen aus $L^2_\pi(\mathbb{R})$. Wegen der Orthogonalitätsrelationen (7.7) ist (u_n) eine Orthonormalfolge in $L^2_\pi(\mathbb{C})$. Durch Aufspaltung von (7.7) in Real- und Imaginärteil (und Benutzung des Additionstheorems (I.6.20)) ergibt sich, dass (v_n) eine Orthonormalfolge in $L^2_\pi(\mathbb{R})$ ist. Der nächste Satz zeigt, dass beide Folgen vollständig sind.

7.13 Satz. (Vollständigkeit trigonometrischer Orthonormalfolgen)
Die Orthonormalfolgen (u_n) bzw. (v_n) sind vollständig in $L^2_\pi(\mathbb{C})$ bzw. $L^2_\pi(\mathbb{R})$.

Beweis: Es genügt, den komplexen Fall zu behandeln. Die Funktion $f \in L^2_\pi(\mathbb{C})$ habe die Eigenschaft

$$\langle f, u_n\rangle = 0, \qquad n \in \mathbb{N}_0. \tag{7.24}$$

Zu zeigen ist die Gleichung $\|f\|_2 = 0$. Dazu fixieren wir zunächst ein beliebiges $k \in \mathbb{N}$. Nach Satz 6.45 gibt es ein $g_k \in C_0^2$ (s. Beweis von Satz 7.8) mit $\|f - g_k\|_2 \leq 1/k$. Es sei

$$s_m(t) := \sum_{n=-m}^{m} c_n(g_k)e^{int}, \qquad t \in [-\pi, \pi],\ m \in \mathbb{N}_0.$$

Aus (7.24) folgt

$$\langle f, s_m \rangle = 0, \qquad m \in \mathbb{N}_0, \tag{7.25}$$

und aus dem Beweis von Satz 7.6 ergibt sich die Existenz eines $c > 0$ mit $|s_m(t)| \leq c$ für jedes $t \in [-\pi, \pi]$. Also ist $|f(t)\bar{s}_m(t)| \leq c|f(t)|$. Aus dem Konvergenzsatz 7.11 folgt $s_m(t) \to g_k(t)$, $t \in \mathbb{R}$, für $m \to \infty$. Aufgrund des Satzes 6.1.9 über die majorisierte Konvergenz können wir jetzt in (7.25) zum Grenzwert für $m \to \infty$ übergehen und erhalten dadurch $\langle f, g_k \rangle = 0$. Nach Wahl der g_k gilt $g_k \to f$ in $L_\pi^2(\mathbb{C})$ für $k \to \infty$. Mit der Stetigkeit des Skalarproduktes (Folgerung 4.83) schließen wir somit auf $\langle f, f \rangle = \|f\|_2^2 = 0$. Damit ist der Satz bewiesen. □

7.1.11 L^2-Konvergenz der Fourierreihen

Wegen (6.23) ist jede Funktion aus $L_\pi^2(\mathbb{C})$ (bzw. $L_\pi^2(\mathbb{R})$) integrierbar. Damit sind insbesondere die Fourierkoeffizienten $c_n(f)$ (bzw. $a_n(f)$ und $b_n(f)$) gemäß (7.10) (bzw. (7.8) und (7.9)) wohldefiniert. Aus dem allgemeinen Approximationssatz 4.90 erhalten wir jetzt:

7.14 Satz. (L^2-Konvergenz der Fourierreihen)
Für jedes $f \in L_\pi^2(\mathbb{C})$ gilt

$$\lim_{m\to\infty} \int_{-\pi}^{\pi} \left| f(t) - \sum_{n=-m}^{m} c_n(f)e^{int} \right|^2 dt = 0 \tag{7.26}$$

und

$$\sum_{n=-\infty}^{\infty} |c_n(f)|^2 = \frac{1}{2\pi} \int_{-\pi}^{\pi} |f(t)|^2\, dt. \qquad \text{(Parsevalsche Gleichung)} \tag{7.27}$$

Für jedes $f \in L_\pi^2(\mathbb{R})$ gilt

$$\lim_{m\to\infty} \int_{-\pi}^{\pi} \left| f(t) - \frac{a_0(f)}{2} - \sum_{n=1}^{m} (a_n(f)\cos(nt) + b_n(f)\sin(nt)) \right|^2 dt = 0$$

und

$$\frac{a_0(f)^2}{2} + \sum_{n=1}^{\infty} \left(a_n(f)^2 + b_n(f)^2\right) = \frac{1}{2\pi} \int_{-\pi}^{\pi} |f(t)|^2\, dt. \quad \text{(Parsevalsche Gleichung)}$$

Beweis: Wiederum beweisen wir nur den komplexen Fall und betrachten ein $f \in L^2_\pi(\mathbb{C})$. Nach Satz 4.90 und Satz 7.13 gilt

$$\lim_{m\to\infty} \|f_m - f\|_2 = 0, \tag{7.28}$$

wobei (mit u_n wie in 7.1.10)

$$f_m(t) := \sum_{n=0}^{2m} \langle f, u_n\rangle u_n(t), \qquad t \in [-\pi, \pi],\ m \in \mathbb{N}_0,$$

gesetzt wurde. Nach Definition ist

$$\langle f, u_0\rangle u_0(t) = \frac{1}{\sqrt{2\pi}} \int_{-\pi}^{\pi} f(t) \frac{1}{\sqrt{2\pi}}\, dt = \frac{1}{2\pi} \int_{-\pi}^{\pi} f(t)\, dt = c_0(f)$$

und für $n \geq 1$

$$\begin{aligned}
&\langle f, u_{2n-1}\rangle u_{2n-1}(t) + \langle f, u_{2n}\rangle u_{2n}(t)\\
&\quad = \frac{1}{\sqrt{2\pi}} e^{int} \int_{-\pi}^{\pi} f(s) \frac{1}{\sqrt{2\pi}} e^{-ins}\, ds + \frac{1}{\sqrt{2\pi}} e^{-int} \int_{-\pi}^{\pi} f(s) \frac{1}{\sqrt{2\pi}} e^{ins}\, ds\\
&\quad = c_n(f) e^{int} + c_{-n}(f) e^{-int}.
\end{aligned}$$

Damit ist die erste Behauptung (7.26) zu (7.28) äquivalent.

Analog erkennt man, dass die abstrakte Form (4.69) der Parsevalschen Gleichung

$$|\langle f, u_0\rangle|^2 + \sum_{n=1}^{\infty} \left(|\langle f, u_{2n-1}\rangle|^2 + |\langle f, u_{2n}\rangle|^2\right) = \int_{-\pi}^{\pi} |f(t)|^2\, dt$$

zu (7.27) äquivalent ist. □

In der Terminologie der Signalanalyse beschreibt jedes $f \in L^2_\pi(\mathbb{C})$, also jede über dem Intervall $[-\pi, \pi]$ quadratisch-integrierbare komplexwertige Funktion f, ein *Signal mit endlicher Energie* im Intervall $[-\pi, \pi]$. Durch die Parsevalsche Gleichung erfolgt eine additive Zerlegung der Gesamtenergie des Signals in Bestandteile, die von den verschiedenen harmonischen Schwingungen in der Fourierreihe von f herrühren.

Die trigonometrischen Orthonormalfolgen bieten auch die Möglichkeit, orthogonale Projektionen im Sinne von 4.5.4 zu berechnen. So ist $\sum_{n=-m}^{m} c_n(f) e^{int}$ ($m \in \mathbb{N}$) die beste Approximation von $f \in L^2_\pi(\mathbb{C})$ (im Sinne des Skalarproduktes) durch eine Funktion aus $\operatorname{Span}(1, e^{it}, e^{-it}, \ldots, e^{mit}, e^{-mit})$. Für $m \to \infty$ ergibt sich die Fourierreihe.

7.1.12 Der Eindeutigkeitssatz

Nach Satz 7.14 legen die Fourierkoeffizienten eine Funktion in folgendem Sinne eindeutig fest:

7.15 Satz. (Eindeutigkeitssatz)
Besitzen die Funktionen $f, g \in L^2_\pi(\mathbb{C})$ *(bzw.* $f, g \in L^2_\pi(\mathbb{R})$*) dieselben Fourierkoeffizienten, so ist* $\{t \in [-\pi, \pi] : f(t) \neq g(t)\}$ *eine Lebesguesche Nullmenge.*

7.16 Satz. (Eindeutigkeitssatz für stetige Funktionen)
Haben die stetigen Funktionen $f, g : [-\pi, \pi] \to \mathbb{C}$ *dieselben Fourierkoeffizienten, so ist* $f = g$.

BEWEIS: Wir betrachten die Menge $M := \{t \in [-\pi, \pi] : f(t) = g(t)\}$ und beliebige Zahlen $a, b \in [-\pi, \pi]$ mit $a < b$. Dann gilt

$$\lambda([a, b] \cap M) > 0. \tag{7.29}$$

Aus $\lambda([a, b] \cap M) = 0$ würde nämlich wegen der Additivität und Monotonie von λ (Sätze 6.7 und 6.3) die Ungleichung

$$0 < b - a = \lambda([a, b]) = \lambda([a, b] \cap ([-\pi, \pi] \setminus M)) \leq \lambda([-\pi, \pi] \setminus M)$$

folgen. Das wäre ein Widerspruch dazu, dass $[-\pi, \pi] \setminus M$ nach Voraussetzung und Satz 7.15 eine Lebesguesche Nullmenge ist.

Aus (7.29) erhalten wir, dass $[a, b]$ mindestens einen Punkt aus M enthält. Weil a, b beliebig wählbar sind, ist M *dicht* in $[-\pi, \pi]$, d.h. jeder Punkt aus $[-\pi, \pi]$ ist Grenzwert einer Folge mit Elementen aus M. Aufgrund der Stetigkeit von f und g überträgt sich die Gleichheit von f und g von der Menge M auf den gesamten Definitionsbereich $[-\pi, \pi]$. □

7.1.13 Nochmals gleichmäßige Konvergenz

Die Parsevalsche Gleichung (7.27) erlaubt uns jetzt, den Beweis von Satz 7.6 zu Ende zu führen. Dazu betrachten wir eine den Voraussetzungen dieses Satzes genügende Funktion $f \in L_\pi$. Dann ist f' (als Funktion auf $[-\pi, \pi]$) ein Element von $L^2_\pi(\mathbb{C})$. Nach (7.14) gilt $|c_n(f')| = |n| \cdot |c_n(f)|$, $n \in \mathbb{Z}$. Damit erhalten wir aus der Cauchy–Schwarzschen Ungleichung

$$\left(\sum_{n \neq 0} |c_n(f)|\right)^2 = \left(\sum_{n \neq 0} \frac{|c_n(f')|}{|n|}\right)^2 \leq \left(\sum_{n \neq 0} |c_n(f')|^2\right) \left(\sum_{n \neq 0} \frac{1}{n^2}\right).$$

Aufgrund der Parsevalschen Gleichung für f' ist die rechte Seite dieser Ungleichung endlich, und somit folgt $\sum_{n \in \mathbb{Z}} |c_n(f)| < \infty$. Wie im Beweis von Satz 7.1.6 können wir jetzt auf die behauptete gleichmäßige Konvergenz schließen. Die Gleichung $S(f; \cdot) = f$ ergibt sich aus Satz 7.11.

Abschließend erwähnen wir noch ein nützliches Resultat über die gleichmäßige Konvergenz auf Teilintervallen. Für den Beweis verweisen wir auf (Walter, 2002, 10.16).

7.17 Satz. (Gleichmäßige Konvergenz auf Teilintervallen)
Die Funktion $f \in L_\pi$ sei auf einem offenen Intervall $J \subset [-\pi, \pi]$ stetig differenzierbar. Dann konvergiert die Fourierreihe von f auf jedem abgeschlossenen Teilintervall von J gleichmäßig gegen f.

7.1.14 Zusammenfassung des Konvergenzverhaltens

Wir fassen die Ergebnisse der Sätze 7.12 und 7.17 in kompakter Form zusammen:

7.18 Satz. (Konvergenz der Fourierreihe)
Es sei $f \in L_\pi$ eine stückweise stetig differenzierbare Funktion. Dann konvergiert die Fourierreihe von f an jeder Stelle $t \in \mathbb{R}$ gegen $(f(t-) + f(t+))/2$. Diese Konvergenz ist gleichmäßig auf jedem kompakten Intervall, welches keine Unstetigkeitsstellen von f enthält.

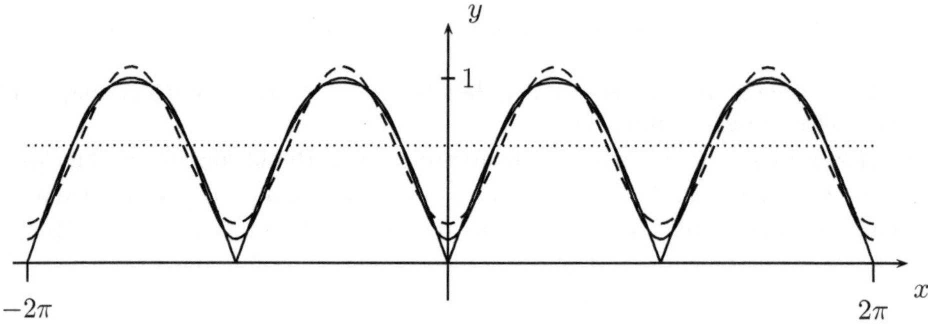

Bild 7.5: Fourierapproximationen von $|\sin t|$

7.1.15 Weitere Beispiele

In den folgenden Beispielen ist $f \in L_\pi$.

7.19 Beispiel. (Kosinusdarstellung des Sinus)
Es sei $f(t) := |\sin t|$, $t \in \mathbb{R}$ (siehe Bild 7.5). Aus Satz 7.1 folgt zunächst $b_n(f) = 0$, $n \in \mathbb{N}_0$, und $a_0(f) = 2/\pi$. Zur Berechnung von $a_n(f)$ für $n \geq 1$ benutzen wir das unbestimmte Integral

$$\int \sin t \cos nt \, dt = -\frac{1}{2}\left(\frac{\cos(n+1)t}{n+1} - \frac{\cos(n-1)t}{n-1}\right),$$

welches man leicht durch Differentiation und Benutzung der Additionstheoreme bestätigen kann. Einsetzen in Satz 7.1 liefert

$$|\sin t| = \frac{4}{\pi}\left(\frac{1}{2} - \frac{\cos 2t}{1 \cdot 3} - \frac{\cos 4t}{3 \cdot 5} - \frac{\cos 6t}{5 \cdot 7} - \ldots\right), \qquad t \in \mathbb{R}. \tag{7.30}$$

Die Konvergenz der Fourierreihe folgt hier aus Satz 7.11. Insbesondere wird durch (7.30) der Sinus auf dem Intervall $[0,\pi]$ durch eine reine Kosinusreihe dargestellt! Bild 7.5 zeigt die ersten 3 Partialsummen der Fourierreihe (7.30), also $S_1(t) := 2/\pi$ (gepunktete Linie), $S_2(t) := 2/\pi - 4\cos(2t)/(3\pi)$ (gestrichelte Kurve) und $S_3(t) := 2/\pi - 4\cos(2t)/(3\pi) - 4\cos(4t)/(15\pi)$ (durchgezogene Kurve).

7.20 Beispiel. (Sinusdarstellung des Kosinus)
Es gelte

$$f(t) := \begin{cases} \cos t, & \text{falls } t \in (0,\pi), \\ -\cos t, & \text{falls } t \in (-\pi,0), \\ 0, & \text{falls } t \in \{-\pi,0,\pi\}. \end{cases} \tag{7.31}$$

Mit Ausnahme der Punkte $k\pi$ ($k \in \mathbb{Z}$) ist f die Ableitung der Funktion $|\sin t|$. Folglich erhalten wir aus Beispiel 7.19 und Satz 7.7

$$f(t) = \frac{4}{\pi}\left(\frac{2\sin 2t}{1\cdot 3} + \frac{4\sin 4t}{3\cdot 5} + \frac{6\sin 6t}{5\cdot 7} + \ldots\right), \qquad t \in \mathbb{R}.$$

Die Konvergenz der Fourierreihe folgt für $t \notin \{-\pi,0,\pi\}$ aus Satz 7.11. Für $t \in \{-\pi,0,\pi\}$ besteht offensichtlich Konvergenz. (Man beachte die Mittelwerteigenschaft!)

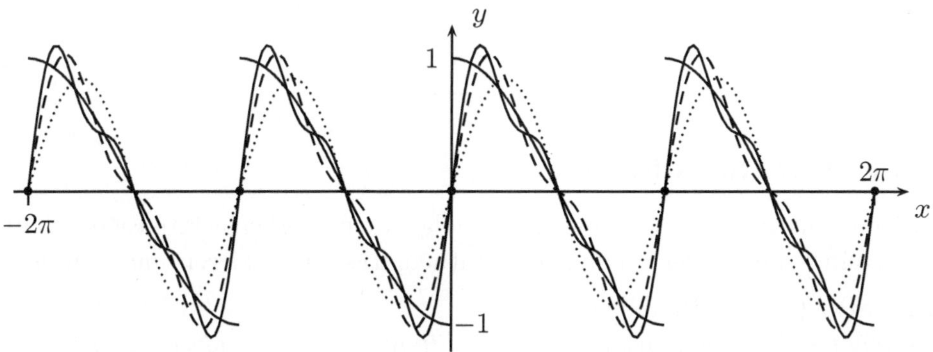

Bild 7.6: Fourierapproximationen der in (7.31) definierten Funktion

7.21 Beispiel. (Fourierreihe von t^2)
Es gelte $f(t) = t^2$ für $t \in [-\pi,\pi]$. Diese Funktion ist gerade, und es gilt

$$a_0(f) = \frac{2}{\pi}\int_0^\pi t^2 \cos nt\, dt = \frac{2\pi^2}{3}.$$

Ferner folgt nach zweimaliger partieller Integration für $n \geq 1$

$$a_n(f) = \frac{4\cos n\pi}{n^2} = (-1)^n \frac{4}{n^2}.$$

Damit ist (etwa nach Satz 7.12)

$$t^2 = \frac{\pi^2}{3} + 4\sum_{n=1}^{\infty}(-1)^n \frac{\cos nt}{n^2}, \qquad t \in [-\pi, \pi].$$

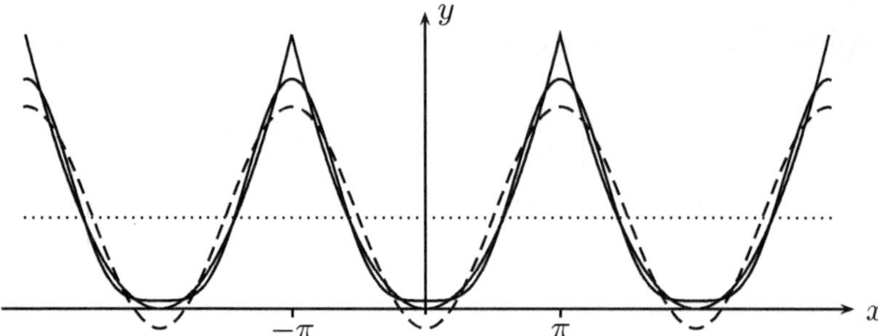

Bild 7.7: Fourierapproximationen der periodisch fortgesetzten Normalparabel

Für $t = 0$ ergibt sich

$$\frac{\pi^2}{12} = \sum_{n=1}^{\infty}(-1)^{n+1}\frac{1}{n^2}. \tag{7.32}$$

Für $t = \pi$ erhält man die auf Euler zurückgehende Formel

$$\frac{\pi^2}{6} = \sum_{n=1}^{\infty}\frac{1}{n^2}. \tag{7.33}$$

7.1.16 Das Gibbs-Phänomen

In diesem Unterabschnitt wollen wir die folgende bemerkenswerte Eigenschaft von Fourierreihen unstetiger Funktionen mathematisch präzisieren und beweisen:

7.22 Satz. (Gibbs[2]-Phänomen)
Es seien $f \in L_\pi$ eine stückweise stetig differenzierbare Funktion und t eine Unstetigkeitsstelle von f. Dann überschwingen die Partialsummen $S_n(f;\cdot)$ der Fourierreihe von f für große $n \in \mathbb{N}$ den Sprung bei t um etwa 9% (bezogen auf die Sprunghöhe).

Wir betrachten zunächst die periodische Fortsetzung der Funktion

$$g(t) := \begin{cases} \frac{1}{2}(\pi - t), & \text{falls } 0 < t < \pi, \\ \frac{1}{2}(-\pi - t), & \text{falls } -\pi < t < 0, \\ 0, & \text{falls } t = 0. \end{cases} \tag{7.34}$$

[2] Josiah Willard Gibbs (1839–1903), ab 1871 Prof. für Mathematische Physik am Yale College. Hauptarbeitsgebiete: Thermodynamik, statistische Mechanik, Vektoranalysis.

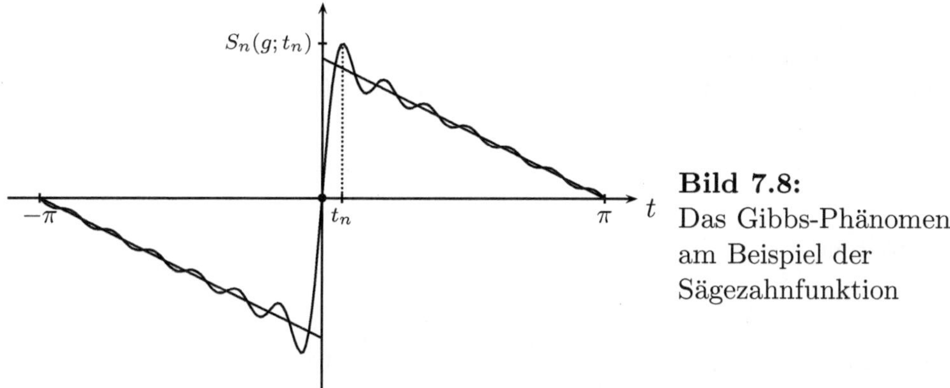

Bild 7.8: Das Gibbs-Phänomen am Beispiel der Sägezahnfunktion

Auch diese in Bild 7.8 dargestellte Funktion nennt man *Sägezahn-Funktion* (vgl. Beispiel 7.3). Für sie kann das Gibbs-Phänomen wie folgt präzisiert werden. Wir verwenden den in 6.1.20 eingeführten Integralsinus und insbesondere den Wert

$$\mathrm{Si}(\pi) \approx 1.851937.$$

7.23 Satz. (Das Gibbs-Phänomen für die Sägezahn-Funktion)
Es sei $g \in L_\pi$ die durch (7.34) definierte Funktion. Für jedes $n \in \mathbb{N}$ sei $R_n(t) := S_n(g;t) - g(t)$, $t \in \mathbb{R}$, und t_n die kleinste positive Maximalstelle von R_n. Dann gilt

$$R_n(t_n) > \mathrm{Si}(\pi) - \pi/2 \approx 0.28113$$

und

$$\lim_{n\to\infty} R_n(t_n) = \mathrm{Si}(\pi) - \pi/2.$$

Beweis: Analog zu Beispiel 7.3 folgt $a_n(g) = 0$, $n \in \mathbb{N}_0$, und $b_n(g) = 1/n$, $n \in \mathbb{N}$. Also gilt

$$S_n(g;t) = \sum_{k=1}^{n} \frac{\sin kt}{k} = -\sum_{k=1}^{n} \int_t^\pi \cos kx\,dx. \tag{7.35}$$

Wir verwenden jetzt die für jedes $x \neq 0$ gültige Formel

$$1 + 2\cos x + \ldots + 2\cos nx = \frac{\sin(n+1/2)x}{\sin x/2}, \tag{7.36}$$

welche man wie folgt mit der geometrische Summenformel

$$1 + e^{ix} + \ldots + e^{i2nx} = \frac{e^{i(2n+1)x} - 1}{e^{ix} - 1}$$

(vgl. I.5.2.2) beweisen kann. Multipliziert man diese Gleichung mit e^{-inx}, so liefert eine Anwendung der Eulerschen Formel $e^{ikx} = \cos kx + i \cdot \sin kx$

$$1 + 2\cos x + \ldots + 2\cos nx = \frac{e^{i(2n+1)x} - 1}{e^{ix} - 1} \cdot e^{-inx}.$$

Die Erweiterung des rechts stehenden Bruches mit $e^{-ix/2}$ und erneute Anwendung der Eulerschen Formel führt dann auf (7.36).

Wir setzen jetzt (7.36) in (7.35) ein und erhalten für $0 < t < \pi$

$$R_n(t) = \frac{1}{2}(t-\pi) + S_n(g;t) = -\sum_{k=0}^{n} \int_t^{\pi} \cos kx\, dx = -\int_t^{\pi} \frac{\sin(n+1/2)x}{2\sin x/2}\, dx.$$

Die Ableitung

$$R_n'(t) = \frac{\sin(n+1/2)t}{2\sin t/2}$$

ist für $t < \pi/(n+1/2)$ positiv und danach zunächst negativ. Deshalb ist $t_n = \pi/(n+1/2)$ die kleinste positive Maximalstelle von R_n. Aus $R_n(0+) = -\pi/2$ folgt

$$R_n(t_n) = -\frac{\pi}{2} + \int_0^{t_n} \frac{\sin(n+1/2)x}{2\sin x/2}\, dx = -\frac{\pi}{2} + \int_0^{\pi} \frac{\sin u}{(2n+1)\sin u/(2n+1)}\, du,$$

wobei zuletzt die Substitution $u := (n+1/2)x$ verwendet wurde. Für $0 < u < \pi$ gilt $(2n+1)\sin(u/(2n+1)) < u$ (man bilde die Ableitung der Differenz!) und somit

$$R_n(t_n) > -\frac{\pi}{2} + \int_0^{\pi} \frac{\sin u}{u}\, du = \mathrm{Si}(\pi) - \frac{\pi}{2} \approx 0.28113.$$

Aus $\sin x/x \to 1$ für $x \to 0$ folgt

$$\lim_{n\to\infty} (2n+1)\sin\left(\frac{u}{2n+1}\right) = u.$$

Wegen $m\sin(u/m) \leq (m+1)\sin(u/(m+1))$, $m \in \mathbb{N}$, ist diese Konvergenz wachsend. Deshalb ist

$$\frac{\sin u}{(2n+1)\sin(u/(2n+1))} \leq \frac{\sin u}{3\sin(u/3)},$$

und aus majorisierter Konvergenz (Satz 6.16) folgt $R_n(t_n) \to \mathrm{Si}(\pi) - \pi/2$ für $n \to \infty$. Damit ist alles bewiesen. □

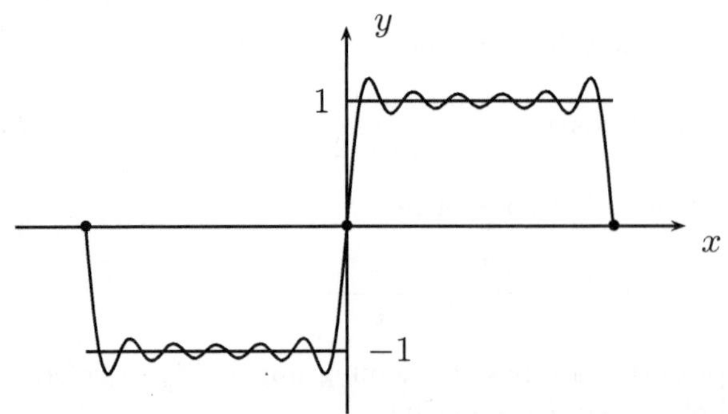

Bild 7.9:
Das Gibbs-Phänomen am Beispiel der Rechteckschwingung

Wir wenden uns jetzt der Aussage von Satz 7.22 zu und betrachten eine stückweise stetig differenzierbare Funktion $f \in L_\pi$. Wir nehmen an, dass f im Punkt 0 nicht stetig ist und untersuchen das Gibbs-Phänomen in diesem Punkt. Weil der Fall einer beliebigen Unstetigkeitsstelle durch eine geeignete Verschiebung im Definitionsbereich immer darauf zurückgeführt werden kann, bedeutet dieses Vorgehen keine Einschränkung der Allgemeinheit. Es bezeichne

$$\theta := f(0+) - f(0-)$$

die Höhe des Sprunges im Nullpunkt. Mit Hilfe der Sägezahnfunktion (7.34) definieren wir

$$h(t) := f(t) - \frac{\theta}{\pi} g(t), \qquad t \in \mathbb{R}.$$

Da die Fourierkoeffizienten vom Verhalten der Funktion in einzelnen Punkten nicht abhängen, können wir annehmen, dass f im Punkt 0 die Mittelwerteigenschaft $f(0) = (f(0-) + f(0+))/2$ besitzt. Eine einfache Rechnung ergibt dann

$$h(0) = h(0-) = h(0+) = f(0).$$

Insbesondere ist also h stetig im Punkt 0. Die Linearitätseigenschaften aus Satz 7.2 liefern für jedes $n \in \mathbb{N}$ die Gleichung

$$S_n(f;t) = S_n(h;t) + \frac{\theta}{\pi} S_n(g;t), \qquad t \in \mathbb{R}.$$

Mit den Bezeichnungen aus Satz 7.23 bedeutet das insbesondere

$$S_n(f;t_n) = S_n(h;t_n) + \frac{\theta}{\pi} g(t_n) + \frac{\theta}{\pi} R_n(t_n), \qquad n \in \mathbb{N}. \tag{7.37}$$

Nach Voraussetzung an f ist h für genügend kleines $\varepsilon > 0$ auf dem Intervall $[-\varepsilon, \varepsilon]$ stetig. Wegen Satz 7.17 konvergiert $S_n(h;\cdot)$ auf solchen Intervallen gleichmäßig gegen h. (Der Fortgang des Beweises zeigt, dass auch Satz 7.6 verwendet werden kann. Dazu muss f auch an den anderen Unstetigkeitsstellen geeignet modifiziert werden.) Deshalb erhalten wir aus $\lim_{n\to\infty} t_n = 0$ sowie aus der Stetigkeit von h in 0

$$\lim_{n\to\infty} S_n(h;t_n) = h(0) = \frac{f(0-) + f(0+)}{2}.$$

Ferner gilt $g(t_n) \to \frac{\theta}{\pi} g(0+) = \theta/2$ für $n \to \infty$. Setzt man diese Grenzwertbeziehungen in (7.37) ein und benutzt Satz 7.23, so folgt schließlich

$$\begin{aligned} \lim_{n\to\infty} S_n(f;t_n) &= f(0+) + \left(\frac{\mathrm{Si}(\pi)}{\pi} - \frac{1}{2}\right) \cdot \theta \\ &\approx f(0+) + 0.09 \cdot (f(0+) - f(0-)). \end{aligned}$$

Dieses „Überschwingen“ von etwa 9%, bezogen auf die Sprunghöhe θ, wird als Gibbs-Phänomen bezeichnet. Links von der Unstetigkeitsstelle zeigt sich ein analoges Verhalten in Form eines „Unterschwingens“. Die Bilder 7.8 und 7.9 veranschaulichen das Phänomen für die Sägezahnfunktion (7.34) und die Rechteckschwingung aus Beispiel 7.4. Weil die in Satz 7.23 eingeführte Folge (t_n) eine Nullfolge ist, widerspricht das Gibbs-Phänomen nicht dem Konvergenzsatz 7.18. Vielmehr beschreibt das Phänomen in präziser Weise, dass sich eine unstetige Funktion *nicht gleichmäßig* durch ihre Fouriersummen approximieren lässt.

7.2 Die Fourier-Transformation

7.2.1 Einführung

Die Theorie der Fourierreihen liefert ein Werkzeug zur Bestimmung der Frequenzanteile *periodischer* Funktionen. In der Sprache der Signalverarbeitung beschreibt (7.5) die Spektraldarstellung eines periodischen zeitkontinuierlichen Signals. Die folgenden Überlegungen dienen der Erweiterung dieser Theorie auf allgemeine (nicht notwendig periodische) zeitkontinuierliche Signale.

Es seien hierzu $f : \mathbb{R} \to \mathbb{C}$ eine stückweise stetig differenzierbare Funktion, die für jedes $t \in \mathbb{R}$ die Mittelwerteigenschaft $f(t) = (f(t-) + f(t+))/2$ besitze, sowie $T > 0$. Wenden wir Satz 7.18 auf die periodische Fortsetzung der Funktion $t \mapsto f(t \cdot T/2\pi)$ an, so ergibt sich

$$f(t \cdot T/2\pi) = \sum_{n=-\infty}^{\infty} c_n(f,T)e^{int}, \qquad t \in (-\pi, \pi),$$

bzw.

$$f(t) = \sum_{n=-\infty}^{\infty} c_n(f,T)e^{in\frac{2\pi t}{T}}, \qquad t \in \left(-\frac{T}{2}, \frac{T}{2}\right), \tag{7.38}$$

mit

$$\begin{aligned} c_n(f,T) &:= \frac{1}{2\pi} \int_{-\pi}^{\pi} f(s \cdot T/2\pi)e^{-ins}\, ds \\ &= \frac{1}{T} \int_{-T/2}^{T/2} f(s)e^{-in\frac{2\pi s}{T}}\, ds, \qquad n \in \mathbb{Z}. \end{aligned} \tag{7.39}$$

Gleichung (7.38) stellt die Funktion f auf dem Intervall $(-T/2, T/2)$ als Überlagerung von elementaren harmonischen Schwingungen mit den Frequenzen $n\frac{2\pi}{T}$ und den Amplituden $c_n(f,T)$ dar. Mit $\Delta_T := 2\pi/T$ folgt aus (7.38) und (7.39)

$$f(t) = \sum_{n=-\infty}^{\infty} \frac{\Delta_T}{2\pi} \left(e^{in\Delta_T t} \int_{-T/2}^{T/2} f(s)e^{-in\Delta_T s}\, ds \right), \qquad t \in \left(-\frac{T}{2}, \frac{T}{2}\right), \tag{7.40}$$

Es liegt nahe, hier den Grenzübergang der Periodendauer T nach Unendlich (d.h. $\Delta_T \to 0$) zu vollziehen. Dazu setzen wir voraus, dass f integrierbar ist. Nach dem Satz über die majorisierte Konvergenz konvergiert dann

$$g_T(u) := \sum_{n\in\mathbb{Z}} 1_{(n\Delta_T,(n+1)\Delta_T]}(u)e^{in\Delta_T t}\int_{-T/2}^{T/2} f(s)e^{-in\Delta_T s}\,ds$$

für jedes $u \in \mathbb{R}$ gegen $e^{iut}\int f(s)e^{-ius}\,ds$. Nun ist aber (7.40) das Lebesgue-Integral der Funktion $(2\pi)^{-1}g_T(u)$, zumindestens dann, wenn die Reihe absolut konvergiert. Unter zusätzlichen Voraussetzungen an f können wir also erwarten, dass die Gleichung

$$f(t) = \frac{1}{2\pi}\int e^{iut}\left(\int f(s)e^{-ius}\,ds\right)du, \qquad t \in \mathbb{R}, \tag{7.41}$$

(sog. *Integralformel von Fourier*) richtig ist.

7.2.2 Definition der Fourier-Transformation

Für jede integrierbare Funktion $f : \mathbb{R} \to \mathbb{C}$ heißt die durch

$$\mathcal{F}_f(u) := \int f(t)e^{-iut}\,dt, \qquad u \in \mathbb{R}, \tag{7.42}$$

definierte Funktion $\mathcal{F}_f : \mathbb{R} \to \mathbb{C}$ die Fourier-Transformation von f.

Dabei ergibt sich die Integrierbarkeit von $f(t)e^{-iut}$ aus $|e^{-iut}| = 1$ und Folgerung 6.23. Die (noch nicht vollständig bewiesene) Integralformel (7.41) nimmt jetzt die Form

$$f(t) = \frac{1}{2\pi}\int e^{iut}\mathcal{F}_f(u)\,du, \qquad t \in \mathbb{R}, \tag{7.43}$$

an. Wohingegen die Fourierreihe (7.5) einer periodischen Funktion als Überlagerung endlich- oder abzählbar-unendlich vieler harmonischer Schwingungen angesehen werden kann, liefert Gleichung (7.43) eine Darstellung einer allgemeinen (integrierbaren) Funktion als „kontinuierliche Überlagerung" harmonischer Schwingungen über ein kontinuierliches Frequenzspektrum. Aus diesem Grund wird die Funktion $\mathcal{F}_f$ auch *Spektralfunktion* der Funktion f genannt. Während die (Original)funktion f im *Zeitbereich* operiert, operiert die (Bild)funktion $\mathcal{F}_f$ im *Frequenzbereich.*

7.2.3 Einfache Eigenschaften der Fourier-Transformation

7.24 Satz. (Gleichmäßige Stetigkeit der Fourier-Transformation)
Für jedes $f \in L^1(\mathbb{R};\mathbb{C})$ ist $\mathcal{F}_f$ beschränkt und gleichmäßig stetig.

BEWEIS: Für alle $u, h \in \mathbb{R}$ erhalten wir aus der Dreiecksungleichung (Satz 6.25)

$$\begin{aligned}|\mathcal{F}_f(u+h) - \mathcal{F}_f(u)| &\leq \int |f(t)| \cdot |e^{-i(u+h)t} - e^{-iut}| \, dt \\ &= \int |f(t)| \cdot |e^{-iht} - 1| \, dt.\end{aligned}$$

Nach dem Satz über die majorisierte Konvergenz strebt das letzte Integral für $h \to 0$ gegen 0. Die Beschränktheit von $\mathcal{F}_f$ folgt aus $|\mathcal{F}_f(u)| \leq \int |f(t)| \, dt$, $u \in \mathbb{R}$. □

Die beiden nächsten Eigenschaften ergeben sich aus der Linearität des Integrals bzw. aus der Substitutionsregel.

7.25 Satz. (Linearität der Fourier-Transformation)
Für alle $f, g \in L^1(\mathbb{R}; \mathbb{C})$ und alle $\lambda, \mu \in \mathbb{C}$ gilt

$$\mathcal{F}_{\lambda f + \mu g} = \lambda \mathcal{F}_f + \mu \mathcal{F}_g.$$

7.26 Satz. (Lineare Transformation im Zeitbereich)
Es seien $f \in L^1(\mathbb{R}; \mathbb{C})$, $a \neq 0$ und $b \in \mathbb{R}$. Dann besitzt die Funktion $g(t) := f(at + b)$ die Fourier-Transformation

$$\mathcal{F}_g(u) = \frac{e^{iub/a}}{|a|} \mathcal{F}_f\left(\frac{u}{a}\right), \qquad u \in \mathbb{R}.$$

7.27 Satz. (Fourier-Transformation der Konjugation)
Es sei $f \in L^1(\mathbb{R}; \mathbb{C})$. Dann besitzt die durch $g(t) := \overline{f(-t)}$ definierte Funktion g die Fourier-Transformation $\mathcal{F}_g = \overline{\mathcal{F}_f}$.

BEWEIS: Für jedes $s \in \mathbb{R}$ ist e^{-is} die konjugiert komplexe Zahl zu e^{is}. Beachtet man ferner, dass die Konjugation des Produktes komplexer Zahlen das Produkt der konjugierten Zahlen ist, so ergibt sich die Behauptung mittels einer einfachen Substitution. □

7.2.4 Differentiation im Zeit- und Frequenzbereich

7.28 Satz. (Ableitung der Fourier-Transformation)
Es sei $f \in L^1(\mathbb{R}; \mathbb{C})$. Die Funktion $g(t) := tf(t)$ sei integrierbar. Dann ist $\mathcal{F}_f$ differenzierbar, und für die Ableitung gilt

$$\mathcal{F}_f' = -i \mathcal{F}_g.$$

BEWEIS: Für alle $u \in \mathbb{R}$ und $h \neq 0$ bilden wir den Differenzenquotienten

$$\begin{aligned}\frac{\mathcal{F}_f(u+h) - \mathcal{F}_f(u)}{h} &= \int f(t) \frac{e^{-i(u+h)t} - e^{-iut}}{h} \, dt \\ &= \int f(t) e^{-iut} \frac{e^{-iht} - 1}{h} \, dt.\end{aligned}$$

Für jedes $r \geq 0$ gilt

$$|e^{ir} - 1| = \Big| \int_0^r ie^{is}\, ds \Big| \leq \int_0^r |ie^{is}|\, ds = r$$

und damit $|e^{-iht} - 1| = |e^{iht} - 1| \leq |h|$. Aus dem Satz von der majorisierten Konvergenz folgt deshalb

$$\lim_{h \to 0} \frac{\mathcal{F}_f(u+h) - \mathcal{F}_f(u)}{h} = \int f(t) e^{-iut}(-it)\, dt \qquad \square$$

Der Beweis des nächsten Satzes sei dem Leser als Übung empfohlen (vgl. auch Satz 8.21).

7.29 Satz. (Fourier-Transformation der Ableitung)
Die Funktion $f \in L^1(\mathbb{R};\mathbb{C})$ sei stetig und stückweise stetig differenzierbar, und ihre Ableitung f' sei integrierbar. Dann gilt

$$\mathcal{F}_{f'}(u) = iu\mathcal{F}_f(u).$$

7.2.5 Beispiele von Fourier-Transformationen

7.30 Beispiel. (Gleichverteilung)
Für die Dichte $f := 1_{[0,1]}$ der Gleichverteilung auf $[0,1]$ (vgl. 6.1.18) gilt

$$\mathcal{F}_f(u) = \int_0^1 e^{-iut}\, dt = -\frac{e^{-iut}}{iu}\Big|_0^1 = \frac{1 - e^{-iu}}{iu}, \qquad u \neq 0,$$

sowie $\mathcal{F}_f(0) = 1$. In Übereinstimmung mit Satz 7.24 gilt $\lim_{u \to 0} \mathcal{F}_f(u) = 1$.

7.31 Beispiel. (Exponentialverteilung)
Für die in Beispiel I.7.42 eingeführte Dichte $f(x) = 1_{[0,\infty)}(x)\lambda e^{-\lambda x}$ der Exponentialverteilung mit Parameter $\lambda > 0$ gilt

$$\mathcal{F}_f(u) = \int_0^\infty \lambda e^{-(\lambda + iu)t}\, dt = -\frac{\lambda e^{-(\lambda+iu)t}}{\lambda + iu}\Big|_0^\infty = \frac{\lambda}{\lambda + iu}.$$

7.32 Beispiel. (Doppelseitige Exponentialfunktion)
Für gegebenen Parameter $\lambda > 0$ betrachten wir die Funktion $f(x) = e^{-\lambda|x|}$ (Bild 7.10 links). In diesem Fall gilt

$$\begin{aligned}
\mathcal{F}_f(u) &= \int_0^\infty e^{-\lambda t} e^{-iut}\, dt + \int_{-\infty}^0 e^{-\lambda t} e^{iut}\, dt \\
&= \int_0^\infty e^{-(\lambda+iu)t}\, dt + \int_0^\infty e^{-(\lambda - iu)t}\, dt \\
&= \frac{1}{\lambda + iu} + \frac{1}{\lambda - iu} = \frac{2\lambda}{\lambda^2 + u^2}.
\end{aligned}$$

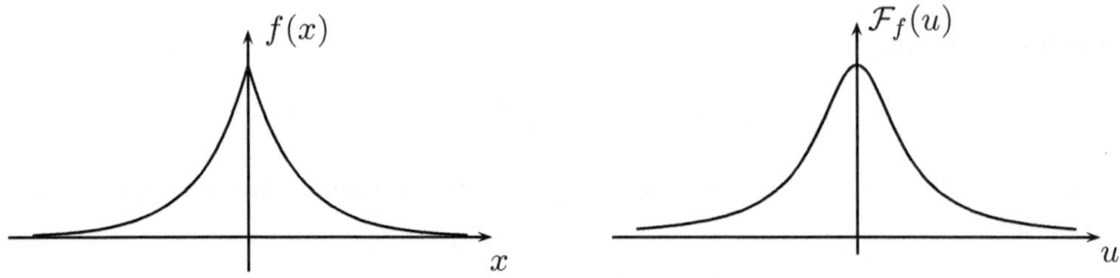

Bild 7.10: Doppelseitige Exponentialfunktion (links) und ihre Fourier-Transformation (rechts)

7.33 Beispiel. (Normalverteilung)
Wir betrachten die Dichte $f(x) := (2\pi)^{-1/2}e^{-x^2/2}$ der Normalverteilung (6.27) mit Parametern $\mu = 0$ und $\sigma = 1$. Nach Satz 7.28 ist $\mathcal{F}_f$ differenzierbar, und es gilt

$$\mathcal{F}_f'(u) = -\frac{i}{\sqrt{2\pi}} \int te^{-t^2/2}e^{-itu}\,dt.$$

Partielle Integration ergibt

$$\mathcal{F}_f'(u) = \frac{i}{\sqrt{2\pi}}e^{-t^2/2}e^{-itu}\Big|_{-\infty}^{\infty} + \frac{i}{\sqrt{2\pi}} \int e^{-t^2/2}(iu)e^{-itu}\,dt = -u\mathcal{F}_f(u),$$

was zeigt, dass die Funktion $g(u) := \ln \mathcal{F}_f(u)$ die Ableitung $-u$ besitzt. Wegen $\mathcal{F}_f(0) = \int f(t)\,dt = 1$ folgt $\ln \mathcal{F}_f(u) = -u^2/2$ bzw.

$$\mathcal{F}_f(u) = e^{-u^2/2}, \qquad u \in \mathbb{R}. \tag{7.44}$$

Da die Dichte (6.27) der Normalverteilung mit Parametern $\mu \in \mathbb{R}$ und $\sigma > 0$ die Darstellung

$$\varphi_{\mu,\sigma}(t) = \sigma^{-1}\varphi_{0,1}((t-\mu)/\sigma) = \sigma^{-1}f((t-\mu)/\sigma)$$

besitzt, erhalten wir aus (7.44) sowie Satz 7.26 das Resultat

$$\mathcal{F}_f(u) = e^{-i\mu u}e^{-\sigma^2 u^2/2}, \qquad u \in \mathbb{R}. \tag{7.45}$$

7.2.6 Die inverse Fourier-Transformation

Wir wollen jetzt Voraussetzungen angeben, unter denen die Integralformel (7.42) von Fourier richtig ist. Diese Formel zeigt, wie man f aus $\mathcal{F}_f$ durch die *inverse Fourier-Transformation* zurückgewinnen kann.

7.34 Satz. (Inverse Fourier-Transformation)
Die Funktion $f \in L^1(\mathbb{R};\mathbb{C})$ sei stückweise stetig differenzierbar. Dann gilt

$$\frac{1}{2}(f(t-)+f(t+)) = \lim_{T\to\infty} \frac{1}{2\pi}\int_{-T}^{T} e^{ist}\mathcal{F}_f(s)\,ds, \qquad t \in \mathbb{R}. \tag{7.46}$$

Beweis: Wir fixieren $t \in \mathbb{R}$. Aus dem Satz von Fubini folgt für jedes $T > 0$

$$\begin{aligned}\int_{-T}^{T} e^{ist}\mathcal{F}_f(s)\,ds &= \int_{-T}^{T}\int_{-\infty}^{\infty} e^{i(t-u)s} f(u)\,du\,ds\\ &= \int_{-\infty}^{\infty} f(u)\left(\int_{-T}^{T} e^{i(t-u)s}\,ds\right)du\\ &= \int_{-\infty}^{\infty} f(u)\frac{e^{i(t-u)T}-e^{-i(t-u)T}}{i(t-u)}\,du\\ &= 2\int_{-\infty}^{\infty} f(u)\frac{\sin((t-u)T)}{t-u}\,du\\ &= 2\int_{-\infty}^{t} f(u)\frac{\sin((t-u)T)}{t-u}\,du + 2\int_{t}^{\infty} f(u)\frac{\sin((t-u)T)}{t-u}\,du.\end{aligned}$$

(Für $u = t$ erhält der Quotient im Integranden den Wert T.) Substituiert man im ersten Integral $v := t-u$ und im zweiten Integral $v := u-t$, so ergibt sich mit der Abkürzung

$$g(v) := \frac{1}{2}(f(t-v)+f(t+v)), \qquad v \geq 0,$$

aus Satz 6.26 die Darstellung

$$\frac{1}{2\pi}\int_{-T}^{T} e^{ist}\mathcal{F}_f(s)\,ds = \int_0^{\infty} g(v)\frac{2\sin(Tv)}{\pi v}\,dv.$$

Weil die Funktion $g : [0,\infty) \to \mathbb{C}$ aufgrund der Voraussetzung an f integrierbar ist, gibt es zu jedem $\varepsilon > 0$ ein $M > 0$ mit $\int_M^{\infty} |g(v)|\,dv \leq \varepsilon$. Setzen wir o.B.d.A. noch $\pi M \geq 2$ voraus, so folgt

$$\int_M^{\infty} |g(v)|\frac{2|\sin(Tv)|}{\pi v}\,dv \leq \varepsilon.$$

Aus diesem Grund genügt es, für jedes $M > 0$ die Grenzwertbeziehung

$$\frac{1}{2}(f(t-)+f(t+)) = \lim_{T\to\infty}\int_0^{M} g(v)\frac{2\sin(Tv)}{\pi v}\,dv$$

nachzuweisen. Da g die Eigenschaft

$$g(0+) = \frac{1}{2}(f(t-)+f(t+))$$

besitzt, ist die obige Grenzwertbeziehung zu

$$g(0+) = \lim_{T\to\infty}\int_0^{M} g(v)\frac{2\sin(Tv)}{\pi v}\,dv \tag{7.47}$$

äquivalent.

Es bezeichne A die Menge aller Punkte $x \geq 0$, in denen g nicht differenzierbar ist. Nach Voraussetzung ist $A \cap [0, c]$ für jedes $c \geq 0$ eine endliche Menge. Für jedes $v \in (0, \infty) \setminus A$ ergibt sich aus den Voraussetzungen an f

$$g(v) = g(0+) + \int_0^v g'(x)\, dx + \sum_{x \in A_v} d(x), \tag{7.48}$$

mit $A_v := A \cap [0, v]$ und $d(x) := g(x+) - g(x-)$, $x \in A$. Hierbei ist g' die Ableitung von g auf $[0, \infty) \setminus A$ und sonst beliebig definiert. Mit Blick auf die Behauptung (7.47) können wir o.B.d.A. annehmen, dass (7.48) für jedes $v \geq 0$ richtig ist. Setzt man die Darstellung (7.48) für g in (7.47) ein, so folgt

$$\begin{aligned}\int_0^M g(v) \frac{2 \sin(Tv)}{\pi v}\, dv &= g(0+) \int_0^M \frac{2 \sin(Tv)}{\pi v}\, dv \\ &+ \int_0^M \int_0^v g'(x) \frac{2 \sin(Tv)}{\pi v}\, dx\, dv + \int_0^M \left(\sum_{x \in A_v} d(x) \right) \frac{2 \sin(Tv)}{\pi v}\, dv.\end{aligned}$$

Da die Ungleichungen $0 \leq v \leq M$ und $0 \leq x \leq v$ zu den Ungleichungen $0 \leq x \leq M$ und $x \leq v \leq M$ äquivalent sind, ist nach dem Satz von Fubini, der Linearität des Integrals und der Substitution $s := Tv$ die obige Summe gleich

$$g(0+) \int_0^{TM} \frac{2 \sin(s)}{\pi s}\, ds + \int_0^M g'(x) \int_{Tx}^{TM} \frac{2 \sin(s)}{\pi s}\, ds\, dx + \sum_{x \in A_M} d(x) \int_{Tx}^{TM} \frac{2 \sin(s)}{\pi s}\, ds.$$

Unter Verwendung des in 6.1.20 eingeführten Integralsinus erhalten wir insgesamt

$$\begin{aligned}\int_0^M g(v) \frac{2 \sin(Tv)}{\pi v}\, dv =& g(0+) \frac{2}{\pi} \operatorname{Si}(TM) + \frac{2}{\pi} \int_0^M g'(x) (\operatorname{Si}(TM) - \operatorname{Si}(Tx))\, dx \\ &+ \frac{2}{\pi} \sum_{x \in A_M} d(x) (\operatorname{Si}(TM) - \operatorname{Si}(Tx)).\end{aligned}$$

Nach Satz 6.35 ist $\lim_{T \to \infty} \frac{2}{\pi} \operatorname{Si}(TM) = 1$ und $\lim_{T \to \infty} (\operatorname{Si}(TM) - \operatorname{Si}(Tx)) = 0$ für jedes $x > 0$. Majorisierte Konvergenz zeigt, dass das Integral auf der rechten Seite obiger Gleichung für $T \to \infty$ gegen 0 strebt. Weil A_M eine endliche Menge ist, strebt auch die letzte Summe gegen 0. Damit folgt (7.47), und der Satz ist bewiesen. □

Aus Satz 7.34 erhalten wir insbesondere, dass die Fourier-Transformation von f die Funktion f in folgendem Sinne eindeutig festlegt.

7.35 Folgerung. (Eindeutigkeitssatz)
Die Funktionen $f, g \in L^1(\mathbb{R}; \mathbb{C})$ seien stückweise stetig differenzierbar. Gilt dann $\mathcal{F}_f = \mathcal{F}_g$, so folgt $f(t) = g(t)$ für alle Punkte $t \in \mathbb{R}$, in denen sowohl f als auch g stetig sind.

7.2.7 Die Fourier-Transformation der Faltung

7.36 Satz. (Die Fourier-Transformation der Faltung)
Für alle $f, g \in L^1(\mathbb{R};\mathbb{C})$ gilt

$$\mathcal{F}_{f*g} = \mathcal{F}_f \cdot \mathcal{F}_g.$$

Die Fourier-Transformation der Faltung zweier Funktionen ist also das Produkt der einzelnen Fourier-Transformierten.

BEWEIS: Aus dem Satz von Fubini folgt

$$\begin{aligned}\mathcal{F}_{f*g}(u) &= \int\int f(t-s)g(s)e^{-iu(t-s)}e^{-ius}\,ds\,dt\\ &= \int g(s)e^{-us}\left(\int f(t-s)e^{-iu(t-s)}\,dt\right)ds.\end{aligned}$$

Das innere Integral ergibt (nach einer Substitution) den Wert $\mathcal{F}_f(u)$. Die verbleibende Integration liefert dann das gewünschte Ergebnis. □

7.37 Beispiel. (Faltung von Normalverteilungs-Dichten)
Für alle $\mu, \mu' \in \mathbb{R}$ und $\sigma, \sigma' > 0$ gilt nach (7.45)

$$\mathcal{F}_{\varphi_{\mu,\sigma}} \cdot \mathcal{F}_{\varphi_{\mu',\sigma'}} = \mathcal{F}_{\varphi_{\mu+\mu',\sigma+\sigma'}}.$$

Damit erhalten wir aus Satz 7.36 und dem Eindeutigkeitssatz (Folgerung 7.35) die zentrale Faltungseigenschaft

$$\varphi_{\mu,\sigma} * \varphi_{\mu',\sigma'} = \varphi_{\mu+\mu',\sigma+\sigma'}$$

der Normalverteilung. Wir kommen hierauf in Kapitel 9 zurück.

7.2.8 Die Parsevalsche Gleichung

Wir beweisen jetzt ein stetiges Analogon der Parsevalschen Gleichung (7.27):

7.38 Satz. (Parsevalsche Gleichung)
Es sei $f \in L^1(\mathbb{R};\mathbb{C}) \cap L^2(\mathbb{R};\mathbb{C})$. Dann ist $\mathcal{F}_f \in L^2(\mathbb{R};\mathbb{C})$, und es gilt

$$\int |f(t)|^2\,dt = \frac{1}{2\pi}\int |\mathcal{F}_f(u)|^2\,du. \tag{7.49}$$

BEWEIS: Zusammen mit f betrachten wir die durch $g(t) := \overline{f(-t)}$ definierte Funktion $g \in L^1(\mathbb{R};\mathbb{C}) \cap L^2(\mathbb{R};\mathbb{C})$. Nach Satz 6.38 ist die Faltung $h := f * g$ beschränkt und stetig. Ferner gilt

$$h(0) = \int |f(t)|^2\,dt.$$

Aus den Sätzen 7.27 und 7.36 folgt

$$|\mathcal{F}_f|^2 = \mathcal{F}_f \cdot \overline{\mathcal{F}_f} = \mathcal{F}_h.$$

Weil $\mathcal{F}_f$ beschränkt ist (Satz 7.24), liefern der Satz von Fubini und Beispiel 7.32 für jedes $\lambda > 0$

$$\int e^{-\lambda|u|}|\mathcal{F}_f(u)|^2\,du = \int e^{-\lambda|u|}\left(\int e^{-itu}h(t)\,dt\right)du$$
$$= \int h(t)\left(\int e^{-\lambda|u|}e^{-itu}\,du\right)dt = \int h(t)\frac{2\lambda}{\lambda+t^2}\,dt.$$

Mit der Substitution $s := t/\lambda$ ergibt sich

$$\int e^{-\lambda|u|}|\mathcal{F}_f(u)|^2\,du = \int h(\lambda s)\frac{2}{1+s^2}\,ds.$$

Für $\lambda \to 0$ konvergiert der Integrand des rechts stehenden Integrals gegen $h(0)\frac{2}{1+s^2}$. Nach dem Satz über die majorisierte Konvergenz strebt das Integral gegen $\int 2/(1+s^2)\,ds = 2\pi$. Damit folgt die Behauptung aus Satz 6.65 über die monotone Konvergenz. □

In der Signaltheorie ist die linke Seit von (7.49) die (mathematische) *Energie* eines durch die Funktion f beschriebenen zeitkontinuierlichen Signals nicht festgelegter physikalischer Dimension. Die Parsevalsche Gleichung zeigt, wie die Signalenergie aus der Fourier-Transformation des Signals gewonnen werden kann.

Lernziel-Kontrolle

- Was ist eine trigonometrische Reihe?
- Was versteht man unter den Begriffen Fourierkoeffizient, Fourierreihe und Fourierapproximation?
- Wann konvergiert die Fourierreihe einer Funktion f gleichmäßig gegen f?
- Können Sie eine vollständige trigonometrische Orthogonalfolge angeben?
- Was besagt die L^2-Konvergenz von Fourierreihen?
- Legt die Folge der Fourierkoeffizienten eine periodische Funktion eindeutig fest?
- Was besagt das Gibbs-Phänomen?
- Wie ist die Fourier-Transformation definiert?
- Können Sie Eigenschaften der Fourier-Transformation angeben?
- Inwieweit kann eine Funktion aus ihrer Fourier-Transformierten rekonstruiert werden?
- Wie ergibt sich die Fourier-Transformierte der Faltung zweier Funktionen?

Kapitel 8

Differentialgleichungen

Auf der Genauigkeit, mit welcher wir die Erscheinungen in's Unendlichkleine verfolgen, beruht wesentlich die Erkenntnis ihres Causalzusammenhangs.

Bernhard Riemann

Dieses Kapitel gibt eine Einführung in Theorie und Anwendungen gewöhnlicher Differentialgleichungen. Derartige Gleichungen spielen bei der Modellierung von Prozessabläufen in den Natur- und Ingenieurwissenschaften eine beherrschende Rolle. Der tiefere Grund hierfür liegt darin, dass wir häufig realitätsnahe Vorstellungen über Änderungen des Prozessablaufs besitzen, die durch eine *kleine* Veränderung von Einflussgrößen wie etwa Ort und Zeit hervorgerufen werden.

8.1 Einführung

8.1.1 Grundbegriffe

Eine *Differentialgleichung* (kurz: DGL) ist eine Gleichung, in der sog. *unabhängige Variablen* sowie Funktionen und Ableitungen von Funktionen auftreten können. Ein Beispiel einer Differentialgleichung ist

$$y' + xy = 0, \qquad x \in I. \tag{8.1}$$

Hierin sind $I \subset \mathbb{R}$ ein (beliebiges) Intervall, x die unabhängige Variable und y die gesuchte Funktion. Eine *Lösung* dieser Gleichung ist eine Funktion $y = y(x)$, für die (8.1) identisch in x gilt, also $y'(x)+xy(x) = 0$ für jedes $x \in I$ erfüllt ist. Durch Differentiation bestätigt man unmittelbar, dass die Funktion $y = \exp(-x^2/2)$ eine Lösung von (8.1) ist. Satz 8.2 wird zeigen, dass jede Lösung von (8.1) die Gestalt $y = c \cdot \exp(-x^2/2)$ für ein $c \in \mathbb{R}$ besitzt.

Eine DGL heißt *Differentialgleichung erster Ordnung*, wenn in ihr nur die erste, aber keine höhere Ableitung der gesuchten Funktion auftritt. In diesem Sinn ist (8.1) eine DGL erster Ordnung, aber nicht $y \cdot y'' = x \cdot \sin y'$.

Die *allgemeine Differentialgleichung erster Ordnung* besitzt die Gestalt

$$F(x, y, y') = 0. \tag{8.2}$$

Dabei ist F eine auf einer Teilmenge des $\mathbb{R}^3$ definierte Funktion.

Eine Funktion $y : I \to \mathbb{R}$ heißt *Lösung* von (8.2) auf (dem Intervall) I, wenn sie auf I differenzierbar ist und die Gleichung

$$F(x, y(x), y'(x)) = 0$$

für jedes $x \in I$ erfüllt.

Treten in einer DGL Ableitungen bis einschließlich n-ter Ordnung auf ($n \in \mathbb{N}$), so spricht man von einer *Differentialgleichung n-ter Ordnung* In diesem Sinn sind also $y'' \cdot \sin y - x^2 \cdot y' = 0$ eine DGL zweiter Ordnung und $y' - y''' \cdot \exp(-x) = y$ eine DGL dritter Ordnung.

Die allgemeine DGL n-ter Ordnung ist von der Form

$$F(x, y, y', y'', \ldots, y^{(n)}) = 0 \tag{8.3}$$

mit einer auf einer Teilmenge des $\mathbb{R}^{n+1}$ definierten Funktion F. Eine *Lösung* von (8.3) auf einem Intervall $I \subset \mathbb{R}$ ist eine n-mal differenzierbare Funktion $y : I \to \mathbb{R}$ mit der Eigenschaft

$$F(x, y(x), y'(x), y''(x), \ldots, y^{(n)}(x)) = 0, \qquad x \in I.$$

Eine DGL n-ter Ordnung heißt *explizit*, wenn sie nach der n-ten Ableitung aufgelöst werden, d.h. in der Form

$$y^{(n)} = f(x, y, y', y'', \ldots, y^{(n-1)})$$

mit einer auf einer Teilmenge des $\mathbb{R}^n$ definierten Funktion f geschrieben werden kann. Andernfalls heißt sie *implizit*. In diesem Sinn sind also $y'' = \cos(xy') - 3x^2 y$ eine explizite DGL zweiter Ordnung und $y \cdot y' + \exp(-xy') = 0$ eine implizite DGL erster Ordnung.

Alles bisher Gesagte betraf Differentialgleichungen für Funktionen *einer* unabhängigen Variablen; in diesem Fall spricht man von einer *gewöhnlichen Differentialgleichung*. Im Gegensatz dazu ist eine *partielle Differentialgleichung* eine Gleichung, in der eine gesuchte Funktion mehrerer unabhängiger Variablen sowie partielle Ableitungen dieser Funktion auftreten. So ist etwa die Gleichung

$$\frac{\partial y}{\partial x} - \frac{\partial^2 y}{\partial t^2} = 0$$

eine partielle DGL für eine Funktion $y = y(x,t)$ der beiden Variablen x und t. Wir werden im Folgenden ausschließlich gewöhnliche Differentialgleichungen betrachten. Zunächst beginnen wir mit Differentialgleichungen erster Ordnung.

8.1.2 Richtungsfeld und Linienelement

Es sei

$$y' = f(x,y) \tag{8.4}$$

eine explizite DGL erster Ordnung. Dabei sei die Funktion $f(x,y)$ auf einer gewissen Menge $D \subset \mathbb{R}^2$ definiert.

Eine auf einem Intervall $I \subset \mathbb{R}$ definierte Funktion $y : I \to \mathbb{R}$ heißt *Lösung* der DGL (8.4) (auf I), wenn y auf I differenzierbar ist, der Graph von y Teilmenge von D ist und (8.4) gilt. Zusammengefasst bedeutet das

$$(x, y(x)) \in D \quad \text{und} \quad y'(x) = (x, y(x)), \qquad x \in I.$$

Die DGL (8.4) erlaubt die folgende geometrische Interpretation. Geht eine Lösungskurve $y(x)$ durch den Punkt $(s,t) \in D$, gilt also $t = y(s)$, so ist $y'(s) = f(s,t)$ die Steigung dieser Kurve im Punkt (s,t). Da die Steigung der Lösungskurve im Punkt $(s, y(s))$ die „Richtung“ der Kurve in diesem Punkt beschreibt, „lenkt“ die DGL (8.4) gewissermaßen die Lösungskurve $y(x)$ mit Hilfe ständiger Richtungsanweisungen von ihrem Anfangs- zu ihrem Endpunkt.

Eine Richtungsanweisung im Punkt (s,t) kann dadurch veranschaulicht werden, dass man durch diesen Punkt ein sog. *Linienelement*, d.h. ein kleines Geradenstück mit der dort vorgeschriebenen Steigung $f(s,t)$, legt. Die Gesamtheit der Linienelemente der DGL (8.4) heißt ihr *Richtungsfeld*.

Eine Lösungskurve $y(x)$ verläuft so durch das Richtungsfeld, dass das Geradenstück des Linienelements in jedem Punkt $(x, y(x))$ der Kurve tangential zu ihr ist. In diesem Sinn muss also eine Lösungskurve auf das Richtungsfeld der Differentialgleichung „passen“. Bild 8.1 zeigt die Richtungsfelder der Differentialgleichungen $y' = x + y$ und $y' = x - y$ mit jeweils „passenden“ Lösungskurven.

8.2 Wachstums- und Zerfallsprozesse

Die folgenden Beispiele zeigen, wie Differentialgleichungen entstehen können.

8.2.1 Exponentielles Wachstum

In einer Nährflüssigkeit befinde sich eine Bakterienpopulation, deren zeitliche Entwicklung durch eine Funktion $t \mapsto P(t)$ beschrieben werden soll. Dabei stehe $P(t)$ für den Umfang der Population zur Zeit t.

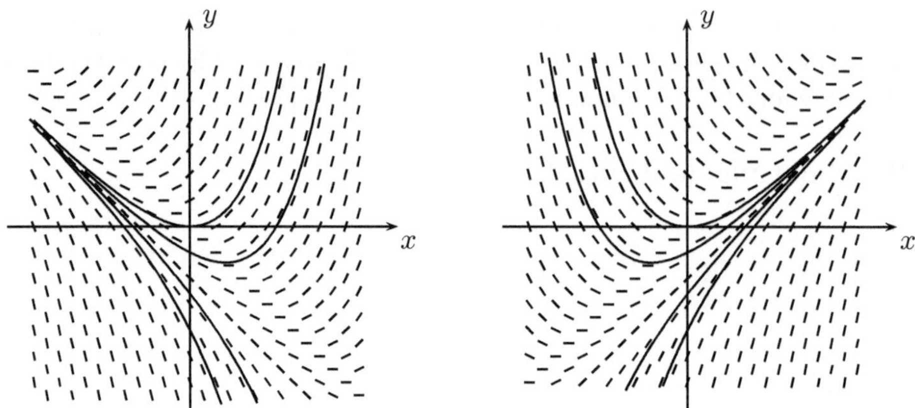

Bild 8.1: Richtungsfelder der Differentialgleichungen $y' = x + y$ (links) und $y' = x - y$ (rechts) mit „passenden" Lösungskurven

Zur Gewinnung einer geeigneten Funktion $P(\cdot)$ stellen wir folgende Überlegung an. Nach Ablauf einer Zeitspanne Δt wird sich die Population um

$$\Delta P := P(t + \Delta t) - P(t)$$

Mitglieder vermehrt haben. Solange genügend Nahrung vorhanden ist, kann angenommen werden, dass dieser Zuwachs etwa proportional zur Größe der Population zu Beginn des Zeitintervalls $[t, t + \Delta t]$ und zur Zeitspanne Δt ist. Also gilt

$$\Delta P \approx q \cdot P(t) \cdot \Delta t \tag{8.5}$$

mit einer gewissen Konstanten $q > 0$. Da hierdurch jedoch nicht berücksichtigt wird, dass auch innerhalb des Zeitintervalls $[t, t + \Delta t]$ hinzukommende Bakterien durch Vermehrung ständig zum Wachstum der Population beitragen, kann (8.5) nur bei *kleinem* Δt den Vermehrungsprozess einigermaßend zutreffend modellieren. Schreibt man (8.5) in der Form $\Delta P/\Delta t \approx q \cdot P(t)$ und lässt Δt gegen Null streben, so entsteht die Differentialgleichung

$$P'(t) = q \cdot P(t), \qquad t \geq 0. \tag{8.6}$$

Hierbei machen wir die idealisierende Annahme, der Wachstumsprozess könne durch eine *differenzierbare* Funktion hinreichend gut beschrieben werden (man beachte, dass die tatsächliche Bakterienanzahl *ganzzahlig* ist).

Die DGL (8.6) verknüpft die zur Zeit t vorliegende *Änderungs-* oder *Reproduktionsrate* $P'(t)$ mit der Populationsgröße $P(t)$.

Da offenbar für jedes $c \in \mathbb{R}$ die Funktion $P(t) := c \cdot \exp(qt)$ Gleichung (8.6) genügt, wird bereits hier ein allgemeiner Sachverhalt deutlich: Differentialgleichungen besitzen üblicherweise unendlich viele Lösungen; die Eindeutigkeit der

Lösung wird im Allgemeinen erst durch Einführung von Zusatzbedingungen erreicht. So lässt sich etwa in der obigen Situation die Lösungsfunktion nur dann eindeutig identifizieren, wenn der Populationsumfang zu Beginn des Wachstumsprozesses, also zur Zeit $t = 0$, bekannt ist. In der Tat liefert die sog. *Anfangsbedingung*

$$P(0) := P_0 \tag{8.7}$$

die Eindeutigkeit der Lösung; die Funktion

$$P(t) := P_0 \cdot \exp(qt) \tag{8.8}$$

erfüllt (8.6) und genügt der Anfangsbedingung (8.7). Satz 8.2 wird zeigen, dass umgekehrt jede Lösungsfunktion $P(\cdot)$ von (8.6) von dieser Gestalt sein muss.

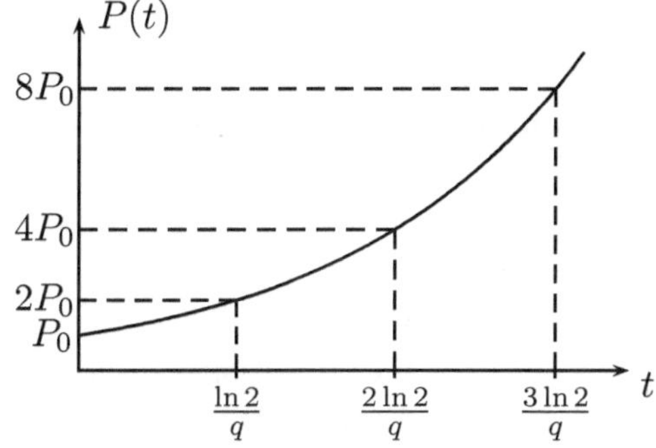

Bild 8.2:
Exponentielles Wachstum
$P(t) = P_0 \cdot \exp(qt)$

Wird ein Prozessverlauf durch die in Bild 8.2 dargestellte Funktion (8.8) beschrieben, so spricht man von *exponentiellem Wachstum.* Bild 8.2 verdeutlicht auch, dass sich der Umfang einer exponentiell wachsenden Population in jeweils gleichen Zeitabständen verdoppelt. Aus der Gleichung $P(t_1) = 2P(t_0)$ ergibt sich nämlich nach Einsetzen in (8.8) und Übergang zum natürlichen Logarithmus die Gleichung $qt_1 = \ln 2 + qt_0$ und somit

$$t_1 - t_0 = \frac{\ln 2}{q} \approx \frac{0.6931}{q}.$$

Insbesondere folgt, dass der Umfang P_0 der Ausgangspopulation zum Zeitpunkt $k \cdot \ln 2/q$ auf das 2^k-fache angewachsen ist (Bild 8.2).

Da eine exponentiell wachsende Population für $t \to \infty$ jede vorgegebene Größe überschreitet, kann (8.8) nur die Entwicklung einer *kleinen* Population innerhalb einer relativ kleinen Zeitspanne einigermaßen zutreffend beschreiben. Hat eine Population jedoch eine gewisse Größe überschritten, so machen sich entwicklungshemmende Faktoren bemerkbar, die zu einer Revidierung des Modells (8.8) Anlass geben (siehe 8.2.3).

8.2.2 Exponentielle Zerfallsprozesse

Ein *exponentieller Zerfallsprozess* wird durch die Gleichung

$$P'(t) = -\lambda \cdot P(t), \qquad t \geq 0, \tag{8.9}$$

beschrieben. Hierbei ist $\lambda > 0$ ein positiver Parameter. Der einzige Unterschied zur DGL (8.6) besteht also darin, dass der Faktor vor $P(t)$ in (8.9) *negativ* ist. In Anwendungen steht $P(t)$ oft wie früher für den Umfang einer Population zur Zeit t. Von dieser Population zerfalle während eines kleinen Zeitabschnitts Δt ein Anteil, der ungefähr proportional zu Δt und $P(t)$ ist; es gelte also

$$P(t + \Delta t) \approx P(t) - \lambda \cdot P(t) \cdot \Delta t \tag{8.10}$$

mit einer gewissen Proportionalitätskonstanten $\lambda > 0$. Subtrahiert man auf beiden Seiten von (8.10) die Größe $P(t)$ und dividiert anschließend durch Δt, so folgt (8.9) beim Grenzübergang $\Delta t \to 0$. Mit der Anfangsbedingung $P(0) := P_0$ ist die Lösung von (8.9) die in Bild 8.3 dargestellte Funktion $P(t) = P_0 \cdot \exp(-\lambda t)$.

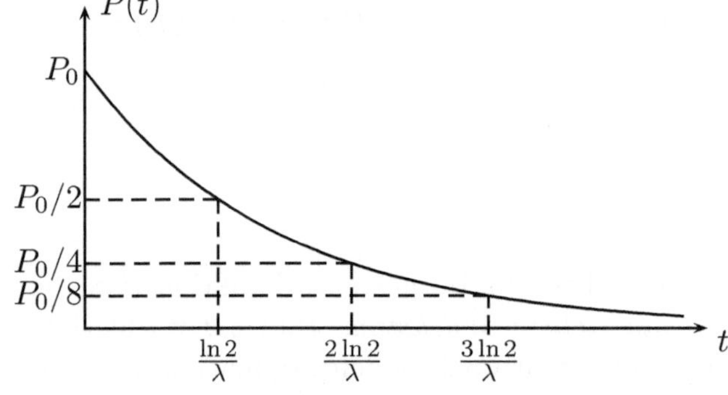

Bild 8.3: Exponentieller Zerfall $P(t) = P_0 \cdot \exp(-\lambda t)$

Der Verdoppelungszeit für eine exponentiell wachsende Population entspricht hier die sog. *Halbwertszeit*: Innerhalb der Zeitspanne $\ln 2/\lambda$ zerfällt die Hälfte der jeweils noch vorhandenen Population, und zwar unabhängig von deren Größe. Zu den Zeitpunkten $2 \ln 2/\lambda$ und $3 \ln 2/\lambda$ ist die Population somit auf ein Viertel bzw. ein Achtel ihrer ursprünglichen Größe geschrumpft (Bild 8.3).

Das Standardbeispiel für einen exponentiellen Zerfallsprozess bildet eine radioaktive Substanz. In diesem Zusammenhang heißt die obige Proportionalitätskonstante λ auch *Zerfallskonstante*. So verliert etwa das radioaktive Cäsium-137 pro Jahr 2,3% seiner Masse. Aus der hieraus resultierenden Gleichung

$$P(1) = P(0)\exp(-\lambda \cdot 1) = (1 - 0.023)P(0)$$

(Zeiteinheit = ein Jahr) folgt $\lambda = -\ln 0.977 \approx 0.0233$ und somit $\ln 2/\lambda \approx 29.75$. Die Halbwertszeit von Cäsium-137 beträgt somit ungefähr 30 Jahre.

Eine interessante Anwendung des exponentiellen Zerfallsgesetzes für radioaktive Substanzen ist die von W.F. Libby[1] entwickelte *Radiokarbonmethode*. Sie dient der Datierung fossiler Objekte und nutzt die Tatsache aus, dass neben dem nichtradioaktiven Kohlenstoff C^{12} auch ein radioaktiver Kohlenstoff C^{14} mit der Zerfallskonstanten $\lambda = 0.00012/\text{Jahr}$ existiert. In einem lebenden Organismus ist das Verhältnis zwischen C^{12} und C^{14} dasselbe wie in der Atmosphäre; er unterscheidet somit nicht zwischen C^{12} und C^{14}. Sobald der Organismus jedoch gestorben ist, beginnt sich dieses Verhältnis zu ändern, weil das Isotop C^{14} zerfällt, aber nicht mehr aufgenommen wird.

Wird etwa in einem Fossil das α-fache $(0 < \alpha < 1)$ des Verhältnisses von C^{14} zu C^{12} gemessen, das man in heute lebenden Organismen findet, so ist in dem toten Organismus nur noch das α-fache der C^{14}-Menge vorhanden, die zum Todeszeitpunkt in ihm war. Bezeichnet $P(t)$ die zur Zeit t im Organismus vorhandene Menge C^{14} (dabei entspreche $t = 0$ dem Todeszeitpunkt), so gilt $P(t) = \alpha C(0)$. Da C^{14} dem exponentiellen Zerfallsgesetz $P(t) = P(0)\exp(-\lambda t)$ mit der Zerfallskonstanten $\lambda = 0.00012/\text{Jahr}$ genügt, folgt $\alpha = \exp(-\lambda t)$. Somit sind etwa

$$t = \frac{-\ln \alpha}{0.00012}$$

Jahre seit dem Tod des Organismus verstrichen.

8.2.3 Logistisches Wachstum

Wir lassen uns jetzt von der Vorstellung leiten, dass eine Population aufgrund beschränkter Ressourcen eine gewisse Maximalgröße $S > 0$ nicht überschreiten kann. Nehmen wir an, dass die Reproduktionsrate $P'(t)$ der Population sowohl proportional zum gerade vorhandenen Bestand $P(t)$ als auch zum noch verbleibenden „Spielraum“ $S - P(t)$ ist, so entsteht die *logistische Differentialgleichung*

$$P'(t) = q \cdot P(t) \cdot (S - P(t)), \qquad t \geq 0, \tag{8.11}$$

in der (wie schon in Gleichung (8.6)) $q > 0$ eine Proportionalitätskonstante ist.

Durch Einsetzen bestätigt man, dass die sog. *logistische Wachstumsfunktion*

$$P(t) := \frac{S}{1 + \left(\frac{S}{P_0} - 1\right)\exp(-qSt)} \tag{8.12}$$

eine Lösung von (8.11) ist und die Anfangsbedingung $P(0) = P_0$ erfüllt. Dabei ist $P_0 < S$ vorausgesetzt.

Bild 8.4 zeigt den qualitativen Verlauf dieser streng monoton wachsenden Funktion. Für $t \to \infty$ strebt $P(t)$ gegen die maximal mögliche Populationsgröße S.

[1]Willard Frank Libby (1908–1980), amerikanischer Physiker und Chemiker. Professor in Berkeley, Chicago und Los Angeles. Für die von ihm entwickelte Radiokarbonmethode erhielt er 1960 den Nobelpreis für Chemie.

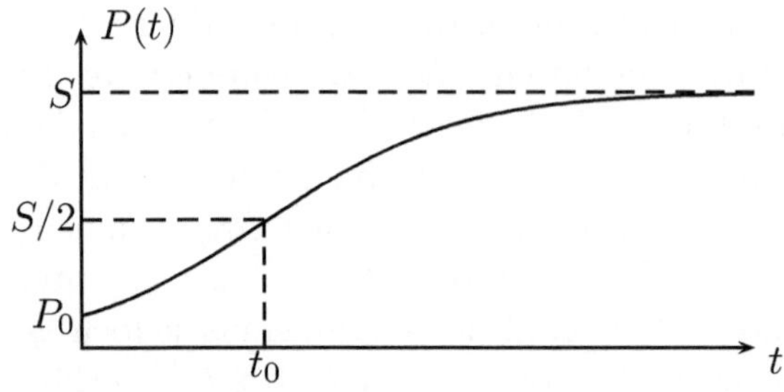

Bild 8.4: Logistische Wachstumsfunktion (8.12)

Aus Gleichung (8.11) folgt durch Differentiation $P''(t) = q \cdot P'(t) \cdot (S - 2P(t))$. Gilt $P_0 < S/2$, ist die Anfangspopulation also klein im Vergleich zur „Sättigungsgrenze" S, so ist (für genügend kleines t) $P(t) < S/2$ und somit auch $P''(t) > 0$. Die Wachstumsrate nimmt also zunächst ständig zu. Zu dem Zeitpunkt t_0, zu welchem die Population die Hälfte des möglichen Maximalbestandes S erreicht hat, liegt wegen $P''(t_0) = 0$ ein Wendepunkt vor. Wegen $P''(t) < 0$ für $t > t_0$ nimmt die Wachstumsrate nach Erreichen dieses Wendepunktes ständig ab.

8.3 Trennbare Differentialgleichungen

Eine *trennbare Differentialgleichung* besitzt die Gestalt

$$y' = g(x) \cdot h(y) \tag{8.13}$$

mit stetigen, auf gewissen Intervallen I und J definierten Funktionen g und h.

Um (8.13) zu lösen, nehmen wir zunächst $h(y) \neq 0$ für jedes $y \in J$ an. Die Idee besteht dann darin, $y' = dy/dx$ zu setzen, mit dx zu multiplizieren und durch $h(y)$ zu dividieren, also die Variablen x und y nach dem Rezept „y, dy nach links und x, dx nach rechts" *zu trennen*. Die resultierende formale Gleichung

$$\frac{dy}{h(y)} = g(x)dx \tag{8.14}$$

wird dann auf beiden Seiten unbestimmt integriert. Sind G eine Stammfunktion von g auf I und H eine Stammfunktion von $1/h$ auf J, so folgt aus (8.14)

$$H(y) = G(x) + c, \qquad x \in I,\, y \in J, \tag{8.15}$$

mit einer beliebigen Konstanten $c \in \mathbb{R}$. Diese Gleichung kann in der Form

$$y = y(x) = H^{-1}(G(x) + c)$$

nach y aufgelöst werden. (Weil h auf J das Vorzeichen nicht wechselt, ist H streng monoton, also injektiv.) Dass die so erhaltene Funktion eine Lösung von (8.13) ist, ergibt sich durch Differentiation, denn mit Satz I.6.43 (Differentiation der Inversen) und der Kettenregel folgt wegen $H' = 1/h$, $G' = g$ die Gleichungskette

$$y'(x) = H^{-1\prime}(G(x) + c) \cdot G'(x) = \frac{1}{H'(H^{-1}(G(x) + c))} \cdot g(x) = \frac{1}{H'(y(x))} \cdot g(x)$$
$$= h(y(x)) \cdot g(x).$$

Ist y_0 eine Nullstelle von h, so ist die konstante Funktion $y \equiv y_0$ eine (triviale) Lösung von (8.13). Im allgemeinen Fall bestimmt man zunächst alle etwaigen derartigen Lösungen und wendet dann das obige Rezept der Trennung der Veränderlichen auf jedes Intervall $J' \subset J$ mit $h(y) \neq 0$, $y \in J'$, an.

8.1 Beispiel.
Die trennbare Differentialgleichung

$$y' = y^2 \tag{8.16}$$

ist auf ganz $\mathbb{R}^2$ erklärt, d.h. es gilt $I = J = \mathbb{R}$. Wir notieren die (einzige) triviale Lösung $y \equiv 0$ und betrachten jetzt die Fälle $y > 0$ (d.h. $J' = (0, \infty)$) und $y < 0$ (d.h. $J' = (-\infty, 0)$). Trennung der Veränderlichen ergibt $dy/y^2 = dx$ und somit nach Integration $-1/y = x + c$, $c \in \mathbb{R}$. Die Auflösung nach y liefert

$$y(x) = -\frac{1}{x + c}, \qquad x \neq c.$$

Im Fall $y > 0$ gilt $x < -c$, im Fall $y < 0$ analog $x > -c$. Obwohl die DGL (8.16) auf ganz $\mathbb{R}^2$ erklärt ist, existieren die nichttrivialen Lösungen nur in Halbebenen $\{(x, y) : x < -c\}$ oder $\{(x, y) : x > -c\}$ (Bild 8.5).

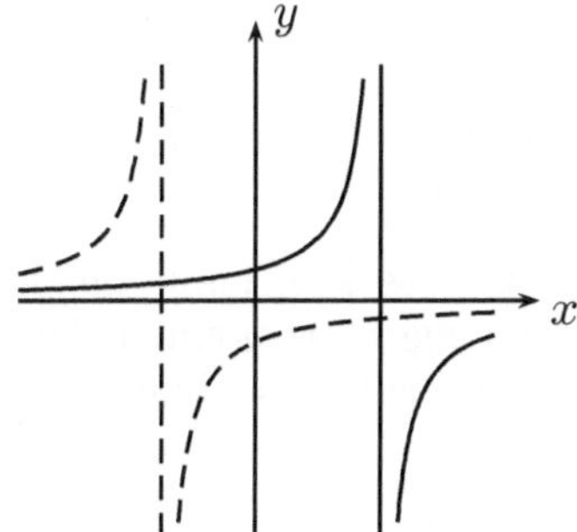

Bild 8.5:
Lösungen der DGL $y' = y^2$ für zwei verschiedene Werte von c

8.4 Lineare Differentialgleichungen erster Ordnung

Die in den Beispielen 8.2.1 und 8.2.2 auftretenden Differentialgleichungen sind Spezialfälle der sog. *linearen Differentialgleichung erster Ordnung*

$$y'(x) + a(x) \cdot y(x) = b(x), \qquad x \in I. \tag{8.17}$$

Dabei sind a und b auf einem Intervall I definierte *stetige* reellwertige Funktionen. Die Funktion b heißt *Störfunktion*. Gleichung (8.17) heißt *homogen*, falls $b \equiv 0$, andernfalls *inhomogen*. Die *der DGL* (8.17) *zugeordnete homogene DGL* ist

$$y'(x) + a(x) \cdot y(x) = 0, \qquad x \in I. \tag{8.18}$$

8.4.1 Die homogene lineare Differentialgleichung

Wir betrachten zunächst die homogene lineare DGL (8.18). Offenbar ist die Nullfunktion $y \equiv 0$ eine Lösung von (8.18). Differentiation ergibt, dass mit je zwei Lösungen y_1 und y_2 von (8.18) und beliebigen Konstanten c_1, c_2 auch die Linearkombination $y := c_1 y_1 + c_2 y_2$ eine Lösung von (8.18) ist. Somit bildet die Menge der Lösungen der homogenen linearen DGL (8.18) einen Vektorraum über $\mathbb{R}$.

8.2 Satz. (Lösung der homogenen linearen DGL)

(i) *Die allgemeine Lösung der homogenen DGL* (8.18) *ist*

$$y = c \cdot \exp\left(-\int a(x)\,dx\right). \tag{8.19}$$

Dabei sind $c \in \mathbb{R}$ eine beliebige Konstante und $\int a(x)dx$ eine beliebige Stammfunktion von a.

(ii) *Für jedes $x_0 \in I$ und jedes $y_0 \in \mathbb{R}$ besitzt das sog. Anfangswertproblem*

$$y'(x) + a(x) \cdot y(x) = 0, \qquad y(x_0) = y_0, \tag{8.20}$$

die eindeutig bestimmte Lösung

$$y(x) = y_0 \cdot \exp\left(-\int_{x_0}^{x} a(t)\,dt\right), \qquad x \in I. \tag{8.21}$$

Beweis: (i) Durch Differentiation sieht man sofort, dass jede Funktion der in (8.19) angegebenen Gestalt eine Lösung von (8.18) ist. Ist umgekehrt y eine beliebige Lösung von (8.18) und $\tilde{y} := \exp(-\int a(x)dx)$ gesetzt, so liefern die Quotientenregel I.6.6.7 sowie die für y und $\tilde{y}$ geltende Gleichung (8.18)

$$\frac{d}{dx}\left(\frac{y}{\tilde{y}}\right) = \frac{y'\tilde{y} - \tilde{y}'y}{\tilde{y}^2} = \frac{-a(x)y\tilde{y} + ya(x)\tilde{y}}{\tilde{y}^2} = 0, \qquad x \in I.$$

Nach Satz I.6.51 ist die Funktion $y/\tilde{y}$ konstant, und folglich existiert ein $c \in \mathbb{R}$ mit $y = c\tilde{y}$.

(ii) Die in (8.21) angegebene Funktion ist offenbar eine Lösung von (8.20). Eine beliebige Stammfunktion von a ist von der Gestalt $A(x) = \gamma + \int_{x_0}^{x} a(t)\,dt$ für ein $\gamma \in \mathbb{R}$. Nach Teil (i) muss eine Lösung von (8.20) von der Form

$$y(x) = c \cdot \exp\left(-\left(\gamma + \int_{x_0}^{x} a(t)\,dt\right)\right) = c \cdot \exp(-\gamma) \cdot \exp\left(-\int_{x_0}^{x} a(t)\,dt\right)$$

sein. Wegen $y(x_0) = y_0$ folgt $c \cdot \exp(-\gamma) = y_0$. □

8.4.2 Die inhomogene lineare Differentialgleichung

Wir untersuchen jetzt die inhomogene lineare DGL (8.17). Um alle Lösungen zu erhalten, nehmen wir an, wir hätten schon eine *partikuläre* (d.h. irgendeine feste) Lösung y_p von (8.17) gefunden. Ist dann y irgendeine weitere Lösung, so folgt

$$(y - y_p)' = y' - y_p' = b(x) - a(x)y - (b(x) - a(x)y_p') = -a(x)(y - y_p).$$

Also ist die Differenz $y - y_p$ eine Lösung der zugeordneten homogenen DGL (8.18). Nach Satz 8.2 (i) gilt somit

$$y = y_p + c \cdot \exp\left(-\int a(x)\,dx\right) \tag{8.22}$$

für ein $c \in \mathbb{R}$. Das Problem, alle Lösungen der inhomogenen DGL (8.17) zu bestimmen, reduziert sich also auf die Angabe *einer* partikulären Lösung y_p von (8.17). Zur Bestimmung einer solchen Lösung machen wir den Ansatz

$$y_p := C \cdot \exp\left(-\int a(x)\,dx\right) \tag{8.23}$$

mit einer geeignet zu wählenden stetig differenzierbaren Funktion $C : I \to \mathbb{R}$. Ein Vergleich mit (8.19) zeigt, dass wir mit dieser Vorgehensweise die Konstante c der allgemeinen Lösung der *homogenen* DGL (8.18) als differenzierbare Funktion auffassen, also die Konstante c „variieren" (sog. *Methode der Variation der Konstanten*). Direktes Ausrechnen (Produktregel!) ergibt

$$y_p' + a \cdot y_p = C' \cdot \exp\left(-\int a(x)\,dx\right).$$

Damit die durch (8.23) definierte Funktion y_p Gleichung (8.17) erfüllt, muss also $C' \exp(-\int a(x)dx) = b$ oder äquivalent dazu $C' = b \cdot \exp(\int a(x)\,dx)$ gelten. Da die Funktion auf der rechten Seite dieser Gleichung stetig ist, besitzt sie nach Satz I.7.20 eine Stammfunktion

$$C := \int \left(b(x) \exp\left(\int a(x)\,dx\right)\right) dx, \tag{8.24}$$

welche in (8.23) eingesetzt die gesuchte Lösung y_p liefert. Wir fassen zusammen:

8.3 Satz. (Lösung der inhomogenen linearen DGL)

(i) *Die allgemeine Lösung der inhomogenen DGL* (8.17) *ist von der Gestalt* (8.22), *also die Summe einer partikulären Lösung von* (8.17) *und einer allgemeinen Lösung der zugeordneten homogenen DGL* (8.18). *Eine partikuläre Lösung von* (8.17) *ist durch* (8.23) *und* (8.24) *gegeben.*

(ii) *Für jedes* $x_0 \in I$ *und jedes* $y_0 \in \mathbb{R}$ *besitzt das Anfangswertproblem*

$$y'(x) + a(x) \cdot y(x) = b(x), \qquad y(x_0) = y_0, \tag{8.25}$$

die eindeutig bestimmte Lösung

$$y(x) = e^{-A(x)} \cdot \left(y_0 + \int_{x_0}^{x} b(t) \cdot e^{A(t)} dt \right), \qquad A(x) := \int_{x_0}^{x} a(t)\, dt. \tag{8.26}$$

BEWEIS: Es ist nur noch Teil (ii) zu zeigen. Offenbar ist die in (8.26) angegebene Funktion eine Lösung des Anfangswertproblems (8.25). Wären y_1, y_2 Lösungen von (8.25), so wäre $y := y_1 - y_2$ eine Lösung der homogenen DGL (8.18) mit der Eigenschaft $y(x_0) = 0$. Nach Satz 8.2 würde dann $y \equiv 0$ gelten, was die Eindeutigkeit zeigt. □

8.4.3 Die Gompertzsche Überlebens- und Wachstumsfunktion

Wie in 8.2.1 und 8.2.2 betrachten wir eine (große) Population, deren Umfang zur Zeit t durch eine differenzierbare Funktion $P(t)$ beschrieben sei. Dabei denken wir an den im Versicherungswesen wichtigen Fall einer *Altersgruppe* (*Kohorte*). Durch Versterben von Mitgliedern nimmt die Population ständig ab; von den ursprünglich $P(0)$ Mitgliedern sind zur Zeit t noch $P(t)$ Mitglieder vorhanden. Die (positive) Größe $-P'(t)$ kann dann als (zeitabhängige) *Absterbegeschwindigkeit* der Population gedeutet werden. Der Quotient

$$h(t) := -\frac{P'(t)}{P(t)} \tag{8.27}$$

beschreibt die *durchschnittliche Absterbegeschwindigkeit* (zur Zeit t); er wird in der Versicherungsmathematik als *Sterbeintensität* bezeichnet. Aufgrund der leidvollen Erfahrung, dass die Sterbeintensität umso rascher wächst, je größer sie schon ist, kann man für h die homogene lineare DGL $h'(t) = \lambda \cdot h(t)$ mit einer positiven Konstanten λ ansetzen (in Beispiel 8.2.2 hatten wir eine konstante Sterbeintensität angenommen). Mit Satz 8.2 folgt dann

$$h(t) = \beta \cdot \exp(\lambda t), \qquad \beta = h(0).$$

Einsetzen in (8.27) liefert die homogene lineare DGL

$$P'(t) + \beta \cdot \exp(\lambda t) \cdot P(t) = 0, \qquad t \geq 0,$$

die mit der Anfangsbedingung $P(0) = P_0$ nach Satz 8.2 die Lösung

$$P(t) = P_0 \cdot \exp\left(-\frac{\beta}{\lambda} \cdot \left(e^{\lambda t} - 1 \right) \right), \qquad t \geq 0, \tag{8.28}$$

(sog. *Gompertzsche*[2] *Überlebensfunktion*) besitzt. Ihr Schaubild ist eine fallende Kurve mit einem Wendepunkt in $t = (1/\lambda)\ln(\lambda/\beta)$ (Bild 8.6 links). Das Gegenstück zu (8.28) ist die der homogenen linearen DGL

$$P'(t) = \beta \cdot e^{-\lambda t} \cdot P(t), \qquad t \geq 0,$$

und der Bedingung $P(0) = P_0$ genügende *Gompertzsche Wachstumsfunktion*

$$P(t) = P_0 \cdot \exp\left(\frac{\beta}{\lambda} \cdot \left(1 - e^{-\lambda t}\right)\right), \qquad t \geq 0,$$

(Bild 8.6 rechts). In diesem Wachstumsmodell strebt die Populationsgröße für $t \to \infty$ gegen die *Sättigungsgrenze* $P_0 \exp(\beta/\lambda)$.

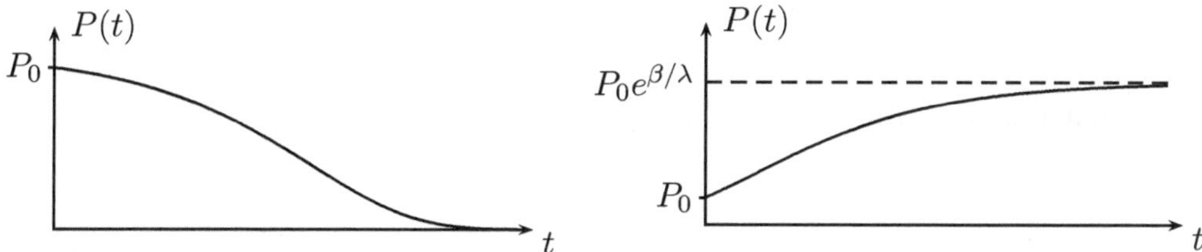

Bild 8.6: Gompertzsche Überlebens- und Wachstumsfunktion

8.4.4 Exponentielle Zerfallsprozesse mit Zufuhr

In Verallgemeinerung von 8.2.2 liefert die lineare inhomogene DGL

$$P'(t) = -\lambda P(t) + \beta, \qquad t \geq 0, \quad \lambda, \beta > 0, \tag{8.29}$$

ein Modell für die Entwicklung einer Population, deren Änderung in einem kleinen Zeitintervall $[t, t + \Delta t]$ durch $P(t + \Delta t) \approx P(t) - \lambda \cdot P(t) \cdot \Delta t + \beta \cdot \Delta t$ approximativ beschrieben wird. In diesem Fall wird also der nach einem exponentiellen Zerfallsgesetz stattfindende Abbau durch eine konstante Zufuhr (Immigration) überlagert (z.B. Abbau einer Substanz im Körper bei gleichzeitiger Zufuhr der Substanz durch Tropfinfusion). Unter der Anfangsbedingung $P(0) = P_0$ besitzt (8.29) nach Satz 8.3 die für den Fall $P_0 > \beta/\lambda$ in Bild 8.7 dargestellte Lösung

$$P(t) = \frac{\beta}{\lambda} + \left(P_0 - \frac{\beta}{\lambda}\right) \exp\left(-\lambda t\right), \qquad t \geq 0.$$

Die Populationsgröße wird also auf die Dauer stabil.

[2]Benjamin Gompertz (1779–1865), englischer Versicherungsmathematiker.

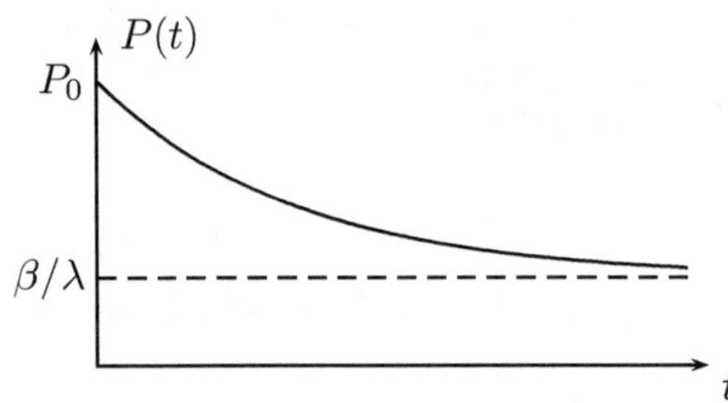

Bild 8.7: Expontieller Zerfallsprozess mit zeitlich konstanter Zufuhr

8.5 Existenz- und Eindeutigkeitssätze

8.5.1 Ein globaler Existenz- und Eindeutigkeitssatz

Es seien $I := [a,b]$ ($a, b \in \mathbb{R}$, $a < b$) ein Intervall und $x_0 \in I$. In diesem Abschnitt wenden wir uns der Frage zu, ob das *Anfangswertproblem*

$$y' = f(x,y), \qquad y(x_0) := y_0 \tag{8.30}$$

genau eine auf $[a,b]$ definierte Lösung(sfunktion) $y(x)$ besitzt. Wie das folgende Resultat zeigt, kann diese Frage bejaht werden, wenn die Funktion f auf dem Streifen $S := \{(x,y) : x \in I, y \in \mathbb{R}\}$ stetig ist und dort der *globalen Lipschitzbedingung* (vgl. auch 3.2.3)

$$|f(x,y) - f(x,z)| \le L \cdot |y - z|, \qquad x \in I,\ y, z \in \mathbb{R}, \tag{8.31}$$

genügt. Dabei unterliege die *Lipschitzkonstante* $L \ge 0$ keiner Einschränkung.

8.4 Satz. (Globaler Existenz- und Eindeutigkeitssatz von Picard[3]–Lindelöf[4]) *Die Funktion f sei auf dem Streifen S stetig und genüge der Lipschitzbedingung* (8.31). *Dann besitzt das Anfangswertproblem* (8.30) *genau eine Lösung $y(x)$ auf dem Intervall I.*

Beweis: Die Beweisidee besteht darin, das Anfangswertproblem in eine Fixpunktgleichung $y = Ty$ umzuschreiben und den Banachschen Fixpunktsatz 4.73 anzuwenden. Ist y eine im Intervall I differenzierbare Lösung von (8.30), so ist wegen der Stetigkeit von f die Ableitungsfunktion y' stetig, die Lösung y also sogar *stetig* differenzierbar. Nach dem Hauptsatz der Differential- und Integralrechnung (Satz I.7.20) gilt dann

$$y(x) = y_0 + \int_{x_0}^{x} f(t, y(t))\, dt, \qquad x \in I. \tag{8.32}$$

[3](Charles) Emile Picard (1856–1941), ab 1886 Professor an der Sorbonne. Hauptarbeitsgebiete: Differentialgeometrie, Analysis, algebraische Kurven und Flächen

[4]Ernst Leonard Lindelöf (1870–1946), ab 1903 Professor in Helsinki. Lindelöf lieferte bedeutende Arbeiten zur Funktionentheorie (Begründer der sog. finnischen Schule) und Analysis.

Umgekehrt erfüllt jede auf I stetige Lösung y von (8.32) die Anfangsbedingung $y(x_0) = y_0$. Da die rechte Seite von (8.32) und somit auch $y(x)$ stetig differenzierbar ist und nach Satz I.7.20 Gleichung (8.30) gilt, ist das Anfangswertproblem gleichwertig mit dem Bestehen der *Integralgleichung* (8.32).

Fassen wir die rechte Seite von (8.32) als Operator $T : C(I) \to C(I)$,

$$y \mapsto Ty, \qquad (Ty)(x) := y_0 + \int_{x_0}^{x} f(t, y(t))\, dt,$$

auf, so ist (8.32) gleichbedeutend mit $y = Ty$. Jeder Fixpunkt des Operators T ist somit eine Lösung des Anfangswertproblems (8.30). Damit T eine kontrahierende Abbildung auf einem Banachraum wird, verwenden wir einen Trick. Wir versehen die Menge $C(I)$ nämlich nicht mit der „normalen" Supremumsnorm $\|y\|_\infty = \sup\{|y(x)| : x \in I\}$, sondern mit einer *bewichteten Supremumsnorm*

$$\|y\| := \sup\{|y(x)| \cdot e^{-\alpha x} : \; x \in I\}.$$

Hierbei ist $\alpha > 0$ eine zunächst beliebige Zahl. Es ist unmittelbar einzusehen, dass $\|\cdot\|$ eine Norm auf $C(I)$ darstellt. Im Fall $0 \le a$ (die Fälle $b \le 0$ und $a < 0 < b$ folgen analog) gilt $e^{-\alpha b} \le e^{-\alpha x} \le 1$ und somit

$$\|y\| \le \|y\|_\infty \le e^{\alpha b} \cdot \|y\|, \qquad y \in C(I). \tag{8.33}$$

Die Normen $\|\cdot\|$ und $\|\cdot\|_\infty$ sind also äquivalent, was insbesondere zeigt, dass $(C(I), \|\cdot\|)$ ein Banachraum ist. Aufgrund der Lipschitzbedingung (8.31) gilt für beliebige $y, z \in C(I)$

$$\begin{aligned} |(Ty)(x) - (Tz)(x)| &= \left| \int_{x_0}^{x} [f(t, y(t)) - f(t, z(t))]\, dt \right| \\ &\le \int_{x_0}^{x} L \cdot |y(t) - z(t)|\, dt \\ &= L \cdot \int_{x_0}^{x} |y(t) - z(t)| \cdot e^{-\alpha t} \cdot e^{\alpha t}\, dt \\ &\le L \cdot \|y - z\| \int_{x_0}^{x} e^{\alpha t}\, dt \\ &\le L \cdot \|y - z\| \cdot \frac{e^{\alpha x}}{\alpha} \end{aligned}$$

und somit

$$\|Ty - Tz\| \le \frac{L}{\alpha} \cdot \|y - z\|.$$

Wählen wir jetzt $\alpha := 2L$, so ist T eine Kontraktion mit der Kontraktionskonstanten $1/2$. Nach dem Banachschen Fixpunktsatz 4.73 besitzt T genau einen Fixpunkt y. Da y wie oben gesehen das Anfangswertproblem (8.30) löst, ist der Satz bewiesen. □

Es sei betont, dass es auch „lokale Varianten" von Satz 8.4 gibt, welche die Existenz und Eindeutigkeit einer Lösung von (8.30) *in einer Umgebung* des Punktes (x_0, y_0) sicherstellen (siehe z.B. (Walter, 2000, Satz 6.III)).

Der Banachsche Fixpunktsatz 4.73 besagt, dass bei Wahl einer beliebigen auf dem Intervall $I = [a, b]$ stetigen Funktion g_0 die durch $g_{n+1} := Tg_n$, also

$$g_{n+1}(x) := y_0 + \int_{x_0}^{x} f(t, g_n(t))\, dt \tag{8.34}$$

rekursiv definierte Folge (g_n) in der Norm $\|\cdot\|$ gegen die Lösung y des Anfangswertproblems $y' = f(x, y)$, $y(x_0) = y_0$, konvergiert. Wegen (8.33) gilt dann auch $\|g_n - y\|_\infty \to 0$; die Folge (g_n) konvergiert also auf dem Intervall I gleichmäßig gegen y. Wir wollen dieses Prinzip anhand eines Beispiels verdeutlichen.

8.5 Beispiel.
Wir suchen die nach Satz 8.4 eindeutige Lösung des Anfangswertproblems

$$y' = x + y, \qquad y(0) = 0, \qquad 0 \leq x \leq 1.$$

Starten wir mit der Funktion $g_0 \equiv 0$, so liefert das Iterationsverfahren (8.34)

$$\begin{aligned} g_1(x) &= \int_0^x t\, dt = \frac{x^2}{2}, \\ g_2(x) &= \int_0^x \left(t + \frac{t^2}{2}\right) dt = \frac{x^2}{2} + \frac{x^3}{6}, \\ g_3(x) &= \int_0^x \left(t + \frac{t^2}{2} + \frac{t^3}{6}\right) dt = \frac{x^2}{2} + \frac{x^3}{6} + \frac{x^4}{24}, \end{aligned}$$

und vollständige Induktion ergibt

$$g_n(x) = \sum_{k=2}^{n+1} \frac{x^k}{k!}, \qquad n \in \mathbb{N}.$$

Anhand der Gestalt von g_n kann man jetzt sogar die Lösung des Anfangswertproblems ablesen. Wegen $e^x = \sum_{k=0}^{\infty} x^k/k!$, $x \in \mathbb{R}$ (vgl. I.5.3.2) und Satz I.6.32 konvergiert die Folge (g_n) auf jedem beschränkten Intervall gleichmäßig gegen

$$y(x) := e^x - 1 - x.$$

Diese Funktion löst das eingangs gestellte Anfangswertproblem, und zwar auf jedem Intervall $[0, b]$ mit $b > 0$. Da unmittelbar zu sehen ist, dass $y(x)$ auch das Anfangswertproblem $y' = x + y$, $y(0) = 0$, auf jedem Intervall $[a, 0]$ mit $a < 0$ löst, ist die auf ganz $\mathbb{R}$ definierte Funktion $x \mapsto e^x - 1 - x$ die einzige Lösung der DGL $y' = x + y$ mit der Eigenschaft $y(0) = 0$. Ein Ausschnitt des Graphen dieser Funktion ist in Bild 8.1 links zu sehen.

Wie das folgende Beispiel zeigt, kann ein Anfangswertproblem mehrere Lösungen besitzen, wenn keine Lipschitzbedingung erfüllt ist.

8.6 Beispiel.
Das Anfangswertproblem

$$y'(x) = y^{2/3}, \qquad y(0) = 0, \quad 0 \leq x \leq 1,$$

besitzt die beiden Lösungen $y_1 \equiv 0$ und $y_2(x) = (x/3)^3$. Mit $f(x,y) := y^{2/3}$ kann es kein $L \geq 0$ mit (8.31) geben. Speziell für $z = 0$ wäre dann nämlich $y^{2/3} \leq L \cdot y$, $0 < y \leq 1$, und somit $1 \leq L \cdot y^{1/3}$, $0 < y \leq 1$, was für hinreichend kleines y nicht erfüllbar ist.

8.5.2 Systeme von Differentialgleichungen

Sind $f_1(x, y_1, \ldots, y_n), \ldots, f_n(x, y_1, \ldots, y_n)$ *stetige*, auf einer Menge $D \subset \mathbb{R}^{n+1}$ definierte Funktionen, so heißen die n Differentialgleichungen

$$\begin{aligned} y_1' &= f_1(x, y_1, y_2, \ldots, y_n), \\ y_2' &= f_2(x, y_1, y_2, \ldots, y_n), \\ &\vdots \\ y_n' &= f_n(x, y_1, y_2, \ldots, y_n) \end{aligned} \tag{8.35}$$

ein *System von Differentialgleichungen erster Ordnung* (in expliziter Form). Eine vektorwertige Funktion $\vec{y} := (y_1 \ldots, y_n)$ heißt eine *Lösung* von (8.35) in einem Intervall I, wenn y_j für jedes $j \in \{1, \ldots, n\}$ auf I differenzierbar ist und dort der Gleichung $y_j'(x) = f_j(x, y_1(x), \ldots, y_n(x))$ genügt. Außerdem muss $(x, y_1(x), \ldots, y_n(x)) \in D$, $x \in I$, gelten.

Schreiben wir kurz $\vec{y}\,' := (y_1', \ldots, y_n')$ und $f := (f_1, \ldots, f_n)$, so nimmt obiges Differentialgleichungssystem die vom Fall $n = 1$ her vertraute kompakte Form

$$\vec{y}\,'(x) = f(x, \vec{y}), \qquad x \in I,$$

an. Ein *Anfangswertproblem* liegt vor, wenn neben der Gültigkeit von (8.35) noch die Anfangsbedingungen

$$y_j(x_0) = a_j \quad (j = 1, \ldots, n) \qquad \text{oder kurz} \quad \vec{y}(x_0) = \vec{a} \tag{8.36}$$

mit $\vec{a} := (a_1, \ldots, a_n)$ erfüllt sein sollen. Dabei gelte $x_0 \in I$ und $(x_0, \vec{a}) \in D$.

Äquivalent zu (8.35) und (8.36) ist die (komponentenweise zu lesende) vektorwertige Integralgleichung

$$\vec{y}(x) = \vec{a} + \int_{x_0}^{x} f(t, \vec{y}(t))\, dt, \qquad x \in I,$$

welche ihrerseits als Fixpunktgleichung

$$\vec{y} = T\vec{y}, \qquad (T\vec{y})(x) := \vec{a} + \int_{x_0}^{x} f(t, \vec{y}(t))\, dt$$

für einen auf dem Raum der stetigen $\mathbb{R}^n$-wertigen Funktionen definierten Operator T umgeschrieben werden kann. Ganz analog zu Satz 8.4 erhalten wir jetzt mit Hilfe des Banachschen Fixpunksatzes die folgende Existenz- und Eindeutigkeitsaussage (vgl. (Walter, 2000, Par. 10)).

8.7 Satz. (Existenz- und Eindeutigkeitssatz für Systeme)
In der obigen Situation gelte $D = I \times \mathbb{R}^n$ für ein Intervall $I \subset \mathbb{R}$. Ferner gebe es ein $L \geq 0$, so dass die Lipschitz-Bedingung

$$\|f(x,\vec{y}) - f(x,\vec{z})\|_2 \leq L \cdot \|\vec{y} - \vec{z}\|_2, \qquad x \in I,\ \vec{y}, \vec{z} \in \mathbb{R}^n, \tag{8.37}$$

gilt. Dann hat das Anfangswertproblem (8.35), (8.36) *genau eine Lösung in I.*

8.6 Lineare Differentialgleichungen n-ter Ordnung

Es seien n eine natürliche Zahl, $I \subset \mathbb{R}$ ein Intervall und $a_0, a_1, \ldots, a_{n-1}, b : I \to \mathbb{R}$ *stetige* Funktionen. In Verallgemeinerung von (8.17) heißt die Gleichung

$$y^{(n)}(x) + a_{n-1}(x) \cdot y^{(n-1)}(x) + \ldots + a_0(x) \cdot y(x) = b(x), \qquad x \in I, \tag{8.38}$$

lineare Differentialgleichung n-ter Ordnung. Die Funktionen $a_0, \ldots, a_{n-1}$ heißen *Koeffizientenfunktionen*, die Funktion b *Störfunktion.* Die DGL (8.38) heißt *homogen,* falls $b \equiv 0$, andernfalls *inhomogen.* Die der Gleichung (8.38) zugeordnete homogene lineare Differentialgleichung ist

$$y^{(n)}(x) + a_{n-1}(x) \cdot y^{(n-1)}(x) + \ldots + a_0(x) \cdot y(x) = 0, \qquad x \in I. \tag{8.39}$$

8.6.1 Eindeutige Lösbarkeit des Anfangswertproblems

Ein *Anfangswertproblem* liegt vor, wenn zusätzlich zu (8.38) für ein beliebiges $x_0 \in I$ und beliebige reelle Zahlen $y_0, y_0', \ldots, y_0^{(n-1)}$ das Bestehen der Gleichungen

$$y(x_0) = y_0, \quad y'(x_0) = y_0', \quad \ldots, \quad y^{(n-1)}(x_0) = y_0^{(n-1)} \tag{8.40}$$

gefordert wird.

8.8 Satz. (Existenz- und Eindeutigkeitssatz)
Das Anfangswertproblem (8.38), (8.40) besitzt genau eine Lösung $y : I \to \mathbb{R}$.

BEWEIS: Wir nehmen an, y wäre eine Lösung von (8.38), (8.40). Setzt man

$$y_0(x) := y(x),\ y_1(x) := y'(x),\ y_2(x) := y''(x),\ \ldots\ , y_{n-1}(x) := y^{(n-1)}(x), \tag{8.41}$$

so gilt

$$y_0'(x) = y_1(x),\ y_1'(x) = y_2(x),\ \ldots\ , y_{n-2}'(x) = y_{n-1}(x)$$

sowie

$$y'_{n-1}(x) = y^{(n)}(x) = b(x) - a_0(x) \cdot y_0(x) - \ldots - a_{n-1}(x) \cdot y_{n-1}(x),$$

was in Matrixschreibweise die Form

$$\begin{pmatrix} y'_0(x) \\ y'_1(x) \\ \vdots \\ y'_{n-2}(x) \\ y'_{n-1}(x) \end{pmatrix} = \begin{pmatrix} 0 & 1 & 0 & 0 & \cdots & 0 \\ 0 & 0 & 1 & 0 & \cdots & 0 \\ \vdots & \vdots & \ddots & \ddots & \vdots & \vdots \\ 0 & 0 & 0 & \cdots & \cdots & 1 \\ -a_0(x) & -a_1(x) & \cdots & \cdots & \cdots & -a_{n-1}(x) \end{pmatrix} \cdot \begin{pmatrix} y_0(x) \\ y_1(x) \\ \vdots \\ y_{n-2}(x) \\ y_{n-1}(x) \end{pmatrix} + \begin{pmatrix} 0 \\ 0 \\ \vdots \\ 0 \\ b(x) \end{pmatrix}$$

oder kurz

$$\vec{y}\,'(x) = A(x) \cdot \vec{y}(x) + \vec{b}(x) \tag{8.42}$$

annimmt. Im Sinne von (8.35) ist Gleichung (8.42) ein System von n Differentialgleichungen für die $\mathbb{R}^n$-wertige Funktion $\vec{y}$ mit den Komponentenfunktionen $y_0, \ldots, y_{n-1}$. Schreiben wir die Anfangsbedingung (8.40) in der kompakten Form

$$\vec{y}(x_0) = \vec{y}_0, \qquad \vec{y}_0 := (y_0, y'_0, \ldots, y_0^{(n-1)}), \tag{8.43}$$

so genügt folglich jede Lösung y von (8.38), (8.40) (mit der Festsetzung (8.41)) den Gleichungen (8.42), (8.43). Umgekehrt erfüllt die erste Komponente y jeder Lösung $\vec{y}$ von (8.42), (8.43) die Gleichungen (8.38), (8.40).

Mit $f(x, \vec{y}) := A(x) \cdot \vec{y} + \vec{b}(x)$ gilt nach Beispiel 4.69

$$\|\vec{f}(x, \vec{y}) - \vec{f}(x, \vec{z})\|_2 = \|A(x) \cdot (\vec{y} - \vec{z})\|_2 \leq \|A(x)\|_2 \cdot \|\vec{y} - \vec{z}\|_2.$$

Da die Funktion $x \mapsto \|A(x)\|_2 = (n - 1 + a_0^2(x) + a_1^2(x) + \ldots + a_{n-1}^2(x))^{1/2}$ stetig ist, ist sie auf jedem *kompakten* (d.h. beschränkten und abgeschlossenen) Teilintervall J von I beschränkt. Somit ist Bedingung (8.37) mit J anstelle von I erfüllt. Nach Satz 8.7 gibt es also eine eindeutige Lösung in J. Das Intervall I ist die Vereinigung von kompakten Intervallen $J_k \subset I$, $k \in \mathbb{N}$, wobei $J_k \subset J_{k+1}$, $k \in \mathbb{N}$. Für jedes $k \in \mathbb{N}$ sei $\vec{y}_k$ die soeben gefundene Lösung in J_k. Aus der Eindeutigkeit der Lösungen folgt $\vec{y}_k(x) = \vec{y}_{k+1}(x)$ für jedes $x \in J_k$ und jedes $k \in \mathbb{N}$. Deshalb liefert der Ansatz $\vec{y}(x) := \vec{y}_k(x)$ ($k \in \mathbb{N}$, $x \in J_k$) eine wohldefinierte Funktion $\vec{y} : I \to \mathbb{R}^n$. Es ist nicht schwer zu sehen, dass diese Funktion die gesuchte eindeutig bestimmte Lösung ist. □

8.6.2 Fundamentalsystem, Wronski-Determinante

Nachdem wir jetzt wissen, dass das Anfangswertproblem (8.38), (8.40) genau eine Lösung besitzt, können wir die Struktur der Lösungsmenge der homogenen DGL (8.39) aufklären. Hierzu wählen wir ein beliebiges $x_0 \in I$. Satz 8.8 besagt insbesondere, dass für jeden der kanonischen Einheitsvektoren $\vec{e}_1 = (1, 0, 0, \ldots, 0)$, $\vec{e}_2 = (0, 1, 0, \ldots, 0)$, $\ldots$, $\vec{e}_n = (0, 0, \ldots, 0, 1)$ des $\mathbb{R}^n$ die homogene DGL (8.39) zusammen mit den Anfangsbedingungen

$$(y(x_0), y'(x_0), y''(x_0), \ldots, y^{(n-1)}(x_0)) = \vec{e}_j \tag{8.44}$$

genau eine mit b_j bezeichnete Lösung besitzt ($j = 1, \ldots, n$).

Es sei nun y eine *beliebige* Lösung von (8.39). Offenbar ist die Linearkombination $u := y(x_0)b_1 + y'(x_0)b_2 + \ldots + y^{(n-1)}(x_0)b_n$ auch eine Lösung von (8.39), die wegen (8.44) die Gleichungen

$$u(x_0) = y(x_0), u'(x_0) = y'(x_0), \ldots, u^{(n-1)}(x_0) = y^{(n-1)}(x_0)$$

erfüllt, also die gleichen Anfangswerte wie y besitzt. Nach Satz 8.8 muss $y = u$ gelten, die beliebige Lösung y von (8.39) also eine durch die Anfangsbedingung eindeutig bestimmte Linearkombination der Funktionen $b_1, \ldots, b_n$ sein.

Sind $v_1, \ldots, v_n$ *irgendwelche* Lösungen der homogenen DGL (8.39), so heißt die Determinante

$$W(v_1, \ldots, v_n; x) := \det \begin{pmatrix} v_1(x) & v_2(x) & \cdots & v_n(x) \\ v_1'(x) & v_2'(x) & \cdots & v_n'(x) \\ \vdots & \vdots & \vdots & \vdots \\ v_1^{(n-1)}(x) & v_2^{(n-1)}(x) & \cdots & v_n^{(n-1)}(x) \end{pmatrix}$$

die *Wronski*[5] *-Determinante* von $v_1, \ldots, v_n$ (an der Stelle x). Gibt es ein $x_0 \in I$ mit $W(v_1, \ldots, v_n; x_0) \neq 0$, so heißt $v_1, \ldots, v_n$ ein *Fundamentalsystem* (von Lösungen) der Gleichung (8.39). In diesem Sinn bilden also die oben eingeführten Funktionen $b_1, \ldots, b_n$ ein Fundamentalsystem von (8.39).

Gilt $W(v_1, \ldots, v_n; x_0) \neq 0$, so lässt sich das lineare Gleichungssystem

$$\begin{array}{ccccccccc} v_1(x_0) \cdot c_1 & + & v_2(x_0) \cdot c_2 & + \ldots + & v_n(x_0) \cdot c_n & = & y(x_0) \\ v_1'(x_0) \cdot c_1 & + & v_2'(x_0) \cdot c_2 & + \ldots + & v_n'(x_0) \cdot c_n & = & y'(x_0) \\ \vdots & & \vdots & \vdots & \vdots & & \vdots \\ v_1^{(n-1)}(x_0) \cdot c_1 & + & v_2^{(n-1)}(x_0) \cdot c_2 & + \ldots + & v_n^{(n-1)}(x_0) \cdot c_n & = & y^{(n-1)}(x_0) \end{array} \tag{8.45}$$

eindeutig nach $c_1, \ldots, c_n$ auflösen, und die mit diesen c_j gebildete Funktion $u := c_1v_1 + \ldots + c_nv_n$ erfüllt (8.39) und besitzt nach (8.45) die gleichen Anfangsbedingungen wie y. Nach Satz 8.8 gilt $y = u$; eine beliebige Lösung von (8.39) ist also auch als (durch gegebene Anfangsbedingungen eindeutig bestimmte) Linearkombination der Funktionen $v_1, \ldots, v_n$ darstellbar. Ein ähnliches Argument zeigt, dass diese Funktionen linear unabhängig sind. Wir fassen zusammen:

8.9 Satz. (Struktur der Lösungsmenge einer linearen DGL)

(i) *Die Lösungen der homogenen linearen DGL* (8.39) *bilden einen n-dimensionalen reellen Vektorraum V. Jedes Fundamentalsystem $v_1, \ldots, v_n$ von Lösungen von* (8.39) *ist eine Basis von V.*

[5] Graf Hoëné Wronski (1778–1853), polnischer Mathematiker.

(ii) *Man erhält alle Lösungen der inhomogenen Gleichung* (8.38) *in der Form*

$$y = y_p + \sum_{j=1}^{n} c_j \cdot v_j, \qquad c_1, \ldots, c_n \in \mathbb{R},$$

wobei y_p *eine fest gewählte partikuläre Lösung von* (8.38) *ist.*

Das nächste Resultat zeigt, dass die Wronski-Determinante eines Fundamentalsystems ständig von 0 verschieden ist. Es zeigt auch, dass n Lösungen der homogenen Gleichung (8.39) genau dann linear abhängig sind, wenn ihre Wronski-Determinante in mindestens einem Punkt von I von Null verschieden ist.

8.10 Satz. (Die Wronski-Determinante ist immer $= 0$ oder immer $\neq 0$)
Es seien $v_1, \ldots, v_n$ *irgendwelche Lösungen der homogenen DGL* (8.39). *Dann sind die folgenden Aussagen äquivalent:*

(i) *Es gibt ein* $x_0 \in I$ *mit* $W(v_1, \ldots, v_n; x_0) \neq 0$.

(ii) *Es gilt* $W(v_1, \ldots, v_n; x) \neq 0$ *für jedes* $x \in I$.

Beweis: Es ist nur die Richtung (i) $\Longrightarrow$ (ii) zu zeigen. Wir führen den Beweis durch Kontraposition und nehmen an, es wäre $W(v_1, \ldots, v_n; x_1) = 0$ für ein $x_1 \in I$. Dann besitzt das homogene lineare Gleichungssystem

$$\begin{array}{ccccccccc} v_1(x_1) \cdot c_1 & + & v_2(x_1) \cdot c_2 & + & \ldots & + & v_n(x_1) \cdot c_n & = & 0 \\ v_1'(x_1) \cdot c_1 & + & v_2'(x_1) \cdot c_2 & + & \ldots & + & v_n'(x_1) \cdot c_n & = & 0 \\ \vdots & & \vdots & & \vdots & & \vdots & & \vdots \\ v_1^{(n-1)}(x_1) \cdot c_1 & + & v_2^{(n-1)}(x_1) \cdot c_2 & + & \ldots & + & v_n^{(n-1)}(x_1) \cdot c_n & = & 0 \end{array} \tag{8.46}$$

eine vom Nullvektor verschiedene Lösung $(c_1, \ldots, c_n)$. Die Funktion $y := c_1 v_1 + \ldots + c_n v_n$ genügt der homogenen DGL (8.39) und erfüllt wegen (8.46) die Anfangsbedingungen $y(x_1) = y'(x_1) = \ldots = y^{(n-1)}(x_1) = 0$. Da die Nullfunktion die gleichen Eigenschaften besitzt, muss nach Satz 8.8 $y \equiv 0$, also

$$c_1 \cdot v_1(x) + c_2 \cdot v_2(x) + \ldots + c_n \cdot v_n(x) = 0, \qquad x \in I, \tag{8.47}$$

gelten. Durch wiederholte Differentiation erhält man hieraus

$$\begin{array}{ccccccccc} v_1'(x) \cdot c_1 & + & v_2'(x) \cdot c_2 & + & \ldots & + & v_n'(x) \cdot c_n & = & 0 \\ \vdots & & \vdots & & \vdots & & \vdots & & \vdots \\ v_1^{(n-1)}(x) \cdot c_1 & + & v_2^{(n-1)}(x) \cdot c_2 & + & \ldots & + & v_n^{(n-1)}(x) \cdot c_n & = & 0 \end{array} \tag{8.48}$$

für jedes $x \in I$. Da mindestens ein c_k von Null verschieden ist, können die insgesamt n Gleichungen (8.47) und (8.48) nur dann bestehen, wenn $W(v_1, \ldots, v_n; x) = 0$ für jedes $x \in I$ gilt (vgl. Satz 3.13 (v)). Dies widerspricht aber der in (i) gemachten Voraussetzung. □

8.6.3 Variation der Konstanten

Um eine partikuläre Lösung y_p der inhomogenen Gleichung (8.38) zu erhalten, gehen wir von einem Fundamentalsystem $v_1, \ldots, v_n$ der zugeordneten homogenen DGL (8.39) aus. Analog zum Vorgehen in (8.23) setzen wir y_p in der Form

$$y_p(x) := C_1(x) \cdot v_1(x) + \ldots + C_n(x) \cdot v_n(x) \tag{8.49}$$

mit geeigneten Funktionen $C_1, \ldots, C_n$ an und erhalten durch Differentiation

$$y_p' = \left(C_1' v_1 + \ldots + C_n' v_n\right) \; + \; \left(C_1 v_1' + \ldots + C_n v_n'\right).$$

Fordert man, dass der erste Klammerausdruck verschwindet, also

$$C_1' v_1 + \ldots + C_n' v_n = 0 \tag{8.50}$$

gilt, so folgt $y_p'' = (C_1 v_1'' + \ldots + C_n v_n'') + (C_1' v_1' + \ldots + C_n' v_n')$. Stellt man an $C_1, \ldots, C_n$ die weiteren Forderungen

$$C_1' v_1^{(k)} + \ldots + C_n' v_n^{(k)} = 0, \qquad k = 1, \ldots, n-2, \tag{8.51}$$

so ergibt sich

$$y_p^{(k)} = C_1 v_1^{(k)} + \ldots + C_n v_n^{(k)}, \qquad k = 1, \ldots, n-1$$

sowie $y_p^{(n)} = C_1 v_1^{(n)} + \ldots + C_n v_n^{(n)} \; + \; C_1' v_1^{(n-1)} + \ldots + C_n' v_n^{(n-1)}$. Es folgt

$$\begin{aligned} & y_p^{(n)} + a_{n-1} y_p^{(n-1)} + \ldots + a_0 y_p \\ = {} & \quad C_1 v_1^{(n)} \quad + \quad \ldots \quad + \quad C_n v_n^{(n)} \quad + \quad C_1' v_1^{(n-1)} + \ldots + C_n' v_n^{(n-1)} \\ & + C_1 a_{n-1} v_1^{(n-1)} + \quad \ldots \quad + \quad C_n a_{n-1} v_n^{(n-1)} \\ & + C_1 a_{n-2} v_1^{(n-2)} + \quad \ldots \quad + \quad C_n a_{n-2} v_n^{(n-2)} \\ & \quad \vdots \\ & + \quad C_1 a_0 v_1 \quad + \quad \ldots \quad + \quad C_n a_0 v_n. \end{aligned}$$

Da der erste Ausdruck gleich der Störfunktion b sein soll und da jedes v_k die homogene DGL (8.39) erfüllt, liefert spaltenweise Addition eine weitere Forderung an die Funktionen $C_1, \ldots, C_n$, nämlich

$$C_1' v_1^{(n-1)} + \ldots + C_n' v_n^{(n-1)} = b. \tag{8.52}$$

Die insgesamt n Gleichungen (8.50), (8.51) und (8.52) sind für jedes $x \in I$ ein lineares Gleichungssystem in den Unbekannten $C_1'(x), \ldots, C_n'(x)$. Es ist eindeutig lösbar, da die Determinante der Koeffizientenmatrix die Wronski-Determinante $W(v_1,\ldots,v_n;x)$ ist, welche nach Satz 8.10 für jedes $x \in I$ von Null verschieden ist. Da alle auftretenden Funktionen stetig sind, hängen nach den Regeln zur Bestimmung der inversen Matrix (siehe I.8.7.7) die Funktionen $C_1'(x),\ldots,C_n'(x)$ stetig von x ab. Sie besitzen folglich Stammfunktionen $C_1,\ldots,C_n$, und diese führen mittels (8.49) zur gesuchten partikulären Lösung. Auf etwaige Integrationskonstanten kommt es hier nicht an; ganz gleich, wie diese gewählt werden, es entsteht immer eine Lösung von (8.38).

8.11 Beispiel. (Der Spezialfall $n = 2$)
Im Spezialfall $n = 2$ liegt das Gleichungssystem

$$\begin{aligned} C_1'(x)\cdot v_1(x) + C_2'(x)\cdot v_2(x) &= 0 \\ C_1'(x)\cdot v_1'(x) + C_2'(x)\cdot v_2'(x) &= b(x) \end{aligned}$$

vor. Dieses besitzt die Lösung

$$C_1'(x) = \frac{b(x)v_2(x)}{v_1'(x)v_2(x) - v_1(x)v_2'(x)}, \qquad C_2'(x) = \frac{-b(x)v_1(x)}{v_1'(x)v_2(x) - v_1(x)v_2'(x)}. \tag{8.53}$$

8.6.4 Der Spezialfall konstanter Koeffizientenfunktionen

Im Gegensatz zu linearen Differentialgleichungen erster Ordnung können lineare Differentialgleichungen höherer Ordnung mit *variablen* Koeffizientenfunktionen nur in Spezialfällen explizit gelöst werden. Wir betrachten jetzt einen wichtigen explizit lösbaren Spezialfall von (8.39), nämlich die homogene lineare DGL

$$y^{(n)}(x) + a_{n-1}\cdot y^{(n-1)}(x) + \ldots + a_0\cdot y(x) = 0, \qquad x \in I, \tag{8.54}$$

mit *konstanten Koeffizienten(funktionen)* $a_0, a_1, \ldots, a_{n-1} \in \mathbb{R}$. Wie im Folgenden gezeigt wird, lässt sich für (8.54) mit Hilfe des Eulerschen Ansatzes

$$y(x) := e^{\lambda x}, \qquad \lambda \in \mathbb{C}, \tag{8.55}$$

ein Fundamentalsystem von Lösungen gewinnen. Dabei lassen wir zumindest vorläufig auch *komplexwertige Lösungen* von (8.54) zu. Darunter verstehen wir differenzierbare Funktionen $y : I \to \mathbb{C}$, deren Real- und Imaginärteil die Gleichung (8.54) erfüllen. Offenbar bildet die Menge aller Lösungen einen linearen Unterraum des komplexen Vektorraums aller stetigen Funktionen von I nach $\mathbb{C}$ (vgl. Beispiel 4.25).

Durch Differentiation folgt, dass mit (8.55) Gleichung (8.54) die Gestalt

$$e^{\lambda x}\cdot P(\lambda) = 0, \qquad x \in I,$$

annimmt. Dabei bezeichnet

$$P(\lambda) := \lambda^n + a_{n-1}\cdot\lambda^{n-1} + \ldots + a_1\cdot\lambda + a_0$$

das *charakteristische Polynom* von (8.54). Da die Exponentialfunktion nirgends verschwindet, führt der Ansatz (8.55) genau dann zu einer Lösung von (8.54), wenn $P(\lambda) = 0$ gilt, also λ eine Nullstelle des charakteristischen Polynoms ist. Wir erinnern hier an die Diskussion in 5.2.6.

8.12 Satz. (Fundamentalsystem der homogenen DGL)

(i) *Jeder k-fachen Nullstelle λ des charakteristischen Polynoms entsprechen k komplexe Lösungen der DGL* (8.54)*, nämlich*

$$e^{\lambda x}, \quad x\cdot e^{\lambda x}, \quad x^2\cdot e^{\lambda x}, \quad \ldots \;, \; x^{k-1}\cdot e^{\lambda x}. \tag{8.56}$$

Aus den n Nullstellen des charakteristischen Polynoms (jede mit ihrer Vielfachheit gezählt) ergeben sich so n linear unabhängige Lösungen von (8.54)*.*

(ii) *Ein reellwertiges Fundamentalsystem erhält man in zwei Schritten. Im ersten Schritt erfasst man die sich aus* (8.56) *ergebenden reellwertigen Lösungen. Im zweiten Schritt betrachtet man nacheinander die Paare konjugiert komplexer Nullstellen λ und $\bar{\lambda}$. Hat λ die Vielfachheit k und gilt $\lambda = \alpha + i\cdot\beta$, so spaltet man die Lösungen* (8.56) *gemäß*

$$\begin{array}{cc} e^{\alpha x}\cdot\cos\beta x, & e^{\alpha x}\cdot\sin\beta x, \\ x\cdot e^{\alpha x}\cdot\cos\beta x, & x\cdot e^{\alpha x}\cdot\sin\beta x, \\ \vdots & \vdots \\ x^{k-1}\cdot e^{\alpha x}\cdot\cos\beta x, & x^{k-1}\cdot e^{\alpha x}\cdot\sin\beta x \end{array}$$

in Real- und Imaginärteil auf und streicht die zu $\bar{\lambda} = \alpha - i\beta$ gehörenden Lösungen.

Beweis: (i): Ist λ eine k-fache Nullstelle von P, so gilt $P(t) = \tilde{P}(t)(t-\lambda)^k$ mit einem Polynom $\tilde{P}$ $n-k$-ten Grades, und es folgt (Produktregel!)

$$P(\lambda) = P'(\lambda) = \ldots = P^{(k-1)}(\lambda) = 0. \tag{8.57}$$

Wir zeigen zunächst, dass für jedes $q = 0, 1, \ldots, k-1$ die Funktion $x \mapsto x^q \exp(\lambda x)$ eine Lösung von (8.54) ist. Wegen

$$x^q e^{\lambda x} = \frac{d^q}{d\lambda^q}\, e^{\lambda x}$$

folgt mit der Festsetzung $a_n := 1$

$$\begin{aligned} \sum_{j=0}^{n} a_j\cdot\frac{d^j}{dx^j}\left(x^q e^{\lambda x}\right) &= \sum_{j=0}^{n} a_j\cdot\frac{d^j}{dx^j}\left(\frac{d^q}{d\lambda^q}e^{\lambda x}\right) = \frac{d^q}{d\lambda^q}\left(\sum_{j=0}^{n} a_j\cdot\frac{d^j}{dx^j}e^{\lambda x}\right) \\ &= \frac{d^q}{d\lambda^q}(e^{\lambda x}P(\lambda)) = \sum_{k=0}^{q}\binom{q}{k}\lambda^k e^{\lambda x}\cdot P^{(q-k)}(\lambda) = 0, \end{aligned}$$

wobei die letzte Gleichung aus (8.57) folgt.

Wir zeigen jetzt, dass die so (für jede Nullstelle) erhaltenen Funktionen linear unabhängig sind und betrachten hierzu eine beliebige Linearkombination dieser Lösungen (mit reellen oder komplexen Koeffizienten). Diese Linearkombination besitzt die Gestalt

$$y(x) = \sum_{j=1}^{m} Q_j(x) \cdot e^{\lambda_j x}.$$

Dabei sind $\lambda_1, \ldots, \lambda_m$ die *paarweise verschiedenen* Nullstellen des charakteristischen Polynoms P und $Q_1, \ldots, Q_m$ Polynome mit im Allgemeinen komplexen Koeffizienten. Zu zeigen ist die Gültigkeit der Implikation $y \equiv 0 \Longrightarrow Q_j \equiv 0$ für $j = 1, \ldots, m$. Der Beweis wird durch vollständige Induktion über m geführt, wobei der Induktionsanfang $m = 1$ offensichtlich ist. Für den Induktionsschluss von m auf $m + 1$ gelte

$$\sum_{j=1}^{m} Q_j(x) \cdot e^{\lambda_j x} + Q(x) \cdot e^{\lambda x} \equiv 0 \tag{8.58}$$

mit einem Polynom Q und $\lambda \notin \{\lambda_1, \ldots, \lambda_m\}$. Multiplikation mit $e^{-\lambda x}$ liefert

$$\sum_{j=1}^{m} Q_j(x) \cdot e^{(\lambda_j - \lambda)x} + Q(x) \equiv 0.$$

Differenziert man hier so oft, bis das Polynom Q verschwindet, so folgt

$$\sum_{j=1}^{m} R_j(x) \cdot e^{(\lambda_j - \lambda)x} \equiv 0$$

mit gewissen Polynomen $R_1, \ldots, R_m$ und somit nach Induktionsvoraussetzung $R_1 \equiv 0, \ldots, R_m \equiv 0$. Letzteres ist aber nur möglich, wenn $P_1 \equiv 0, \ldots, P_m \equiv 0$ gilt, denn durch Differentiation eines Ausdrucks $p(x)\exp(\mu x)$ (p Polynom $\neq 0$, $\mu \neq 0$) entsteht der Ausdruck $(p'(x) + \mu p(x))\exp(\mu x)$, wobei $p' + \mu p$ ein Polynom vom gleichen Grad wie p, also $\neq 0$ ist. In (8.58) verschwinden also alle Q_j, und somit gilt auch $Q \equiv 0$.

(ii): Zunächst liefern die beiden Schritte n (reelle) Lösungen $y_1, \ldots, y_n$ der DGL. Gilt nun $\alpha_1 y_1 + \ldots + \alpha_n y_n = 0$ für $\alpha_1, \ldots, \alpha_n \in \mathbb{R}$, so folgt leicht $\alpha_1 z_1 + \ldots + \alpha_n z_n = 0$ für die in (i) konstruierten *komplexen* Lösungen $z_1, \ldots, z_n$. Also ergibt sich $\alpha_1 = \ldots = \alpha_n = 0$ und somit die lineare Unabhängigkeit von $y_1, \ldots, y_n$. □

8.13 Beispiel.
Die homogene Differentialgleichung

$$y^{(5)} + 7y^{(4)} + 11y^{(3)} - 9y'' + 54 = 0$$

besitzt das charakteristische Polynom $P(\lambda) = \lambda^5 + 7\lambda^4 + 11\lambda^3 - 9\lambda^2 + 54$. Wegen

$$P(\lambda) = (\lambda + 3)^3 \cdot (\lambda - 1 + i) \cdot (\lambda - 1 - i)$$

besitzt P die reelle Nullstelle -3 der Vielfachheit 3 sowie die konjugiert komplexen einfachen Nullstellen $1+i$ und $1-i$. Nach Satz 8.12 ist

$$e^{-3x},\ xe^{-3x},\ x^2e^{-3x},\ e^x\sin x,\ e^x\cos x$$

ein reelles Fundamentalsystem von Lösungen.

8.6.5 Explizite Formeln im Fall $n = 2$

Im Spezialfall $n = 2$, also der homogenen Differentialgleichung

$$y''(x) + a_1 \cdot y'(x) + a_0 \cdot y(x) = 0, \qquad x \in I, \tag{8.59}$$

ergeben sich die Nullstellen des charakteristischen Polynoms $P(\lambda) = \lambda^2 + a_1\lambda + a_0$ je nach dem Vorzeichen der *Diskriminante*

$$D := a_1^2 - 4a_0 \tag{8.60}$$

zu

$$\lambda_{1,2} := \begin{cases} (-a_1 \pm \sqrt{D})/2, & \text{falls } D > 0, \\ -a_1/2, & \text{falls } D = 0, \\ (-a_1 \pm i\sqrt{-D})/2, & \text{falls } D < 0. \end{cases} \tag{8.61}$$

Nach Satz 8.12 besitzt (8.59) die Lösungen

$$y_h(x) := \begin{cases} c_1 \cdot \exp(\lambda_1 x) + c_2 \cdot \exp(\lambda_2 x), & \text{falls } D > 0, \\ (c_1 + c_2 x) \cdot \exp(\lambda_1 x), & \text{falls } D = 0, \\ c_1 \cdot \exp(\alpha x)\cos(\beta x) + c_2 \cdot \exp(\alpha x)\sin(\beta x), & \text{falls } D < 0. \end{cases} \tag{8.62}$$

Dabei sind $c_1, c_2 \in \mathbb{R}$ beliebig, und

$$\alpha := -\frac{a_1}{2}, \qquad \beta := \frac{\sqrt{-D}}{2}. \tag{8.63}$$

Die Konstanten c_1, c_2 können dazu verwendet werden, Anfangsbedingungen

$$y(x_0) = y_0, \qquad y'(x_0) = y_0' \qquad (y_0, y_0' \in \mathbb{R}) \tag{8.64}$$

zu erfüllen. Im Fall $D > 0$ führt (8.64) auf die Gleichungen $c_1e^{\lambda_1 x_0} + c_2e^{\lambda_2 x_0} = y_0$, $\lambda_1 c_1 e^{\lambda_1 x_0} + \lambda_2 c_2 e^{\lambda_2 x_0} = y_0'$ und somit auf

$$c_1 = \frac{\lambda_2 y_0 - y_0'}{(\lambda_2 - \lambda_1)e^{\lambda_1 x_0}}, \qquad c_2 = \frac{\lambda_1 y_0 - y_0'}{(\lambda_1 - \lambda_2)e^{\lambda_2 x_0}}. \tag{8.65}$$

Im Fall $D = 0$ folgt nach direkter Rechnung

$$c_1 = \frac{y_0(1 + \lambda_1 x_0) - y_0' x_0}{e^{\lambda_1 x_0}}, \qquad c_2 = \frac{y_0' - \lambda_1 y_0}{e^{\lambda_1 x_0}}, \tag{8.66}$$

und im Fall $D < 0$ sind die Anfangsbedingungen (8.64) für

$$c_1 = \frac{y_0(\alpha \sin(\beta x_0) + \beta \cos(\beta x_0)) - y_0' \sin(\beta x_0)}{\beta e^{\alpha x_0}}, \tag{8.67}$$

$$c_2 = \frac{y_0' \cos(\beta x_0) - y_0(\alpha \cos(\beta x_0) - \beta \sin(\beta x_0))}{\beta e^{\alpha x_0}} \tag{8.68}$$

mit α und β wie in (8.63) erfüllt.

Im Fall der inhomogenen Differentialgleichung

$$y''(x) + a_1 \cdot y'(x) + a_0 \cdot y(x) = b(x), \qquad x \in I, \tag{8.69}$$

gewinnt man mit Hilfe von (8.53) und (8.49) eine (vom Vorzeichen der Diskriminante D in (8.60) abhängige) partikuläre Lösung von (8.69). Wir fassen unsere Ergebnisse zusammen:

8.14 Satz. (Partikuläre Lösung der inhomogenen linearen DGL)

(i) *Im Fall $D > 0$ ist (mit $\lambda_1 = (-a_1 + \sqrt{D})/2$, $\lambda_2 = (-a_1 - \sqrt{D})/2$)*

$$y_p(x) := \frac{e^{-a_1 x/2}}{\sqrt{D}} \left(e^{\sqrt{D}x/2} \int_{x_0}^{x} e^{-\lambda_1 t} b(t)\, dt - e^{-\sqrt{D}x/2} \int_{x_0}^{x} e^{-\lambda_2 t} b(t)\, dt \right)$$

eine partikuläre Lösung von (8.69).

(ii) *Im Fall $D = 0$ besitzt* (8.69) *die partikuläre Lösung*

$$y_p(x) := e^{-a_1 x/2} \left(x \int_{x_0}^{x} e^{a_1 t/2} b(t)\, dt - \int_{x_0}^{x} t e^{a_1 t/2} b(t)\, dt \right).$$

(iii) *Im Fall $D < 0$ ist*

$$y_p(x) := \frac{2e^{-a_1 x/2}}{\sqrt{-D}} \left\{ \sin\left(\frac{\sqrt{-D}x}{2}\right) \int_{x_0}^{x} e^{a_1 t/2} \cos\left(\frac{\sqrt{-D}t}{2}\right) b(t)\, dt \right.$$
$$\left. - \cos\left(\frac{\sqrt{-D}x}{2}\right) \int_{x_0}^{x} e^{a_1 t/2} \sin\left(\frac{\sqrt{-D}t}{2}\right) b(t)\, dt \right\}$$

eine partikuläre Lösung von (8.69).

Da jede dieser partikulären Lösungen die Gleichungen $y_p(x_0) = 0$, $y_p'(x_0) = 0$ erfüllt, erhalten wir nach Satz 8.8 und Satz 8.9 das folgende Resultat.

8.15 Satz. (Lösung des Anfangswertproblems der inhomogenen DGL)
Das Anfangswertproblem (8.69), (8.64) *besitzt die eindeutig bestimmte Lösung*

$$y(x) := y_p(x) + y_h(x)$$

mit y_p *wie in Satz 8.14 und* y_h *wie in* (8.62). *Dabei sind die Konstanten* c_1, c_2 *aus* (8.62) *je nach dem Vorzeichen der Diskriminante durch* (8.65)–(8.68) *gegeben.*

8.6.6 Die freie harmonische Schwingung

Bild 8.8 zeigt links eine an einer Aufhängung befestigte Feder in Ruhelage. Eine angebrachte Masse m bewirkt eine Federauslenkung der Länge s (Bild 8.8 Mitte). In dieser Gleichgewichtsposition wird die Gewichtskraft G der Masse durch die entgegengesetzt gerichtete Rückstellkraft R der Feder kompensiert.

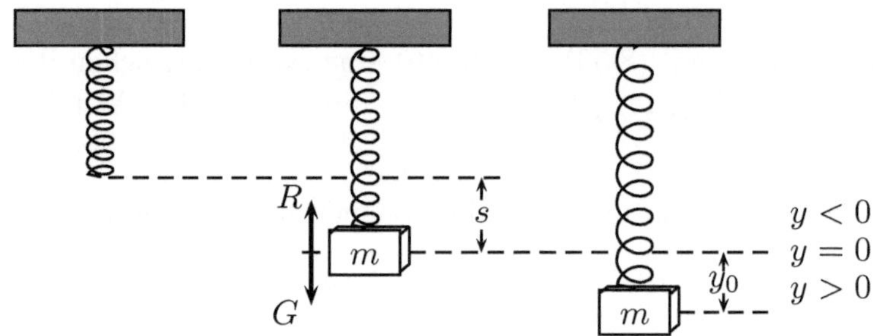

Bild 8.8: Schwingende Masse an einer Feder

Nach dem Hookeschen[6] Gesetz ist $R = k \cdot s$ die Rückstellkraft einer um die Strecke s ausgelenkten Feder. Dabei ist k die sog. *Federkonstante*. Bezeichnet wie üblich $g = 9.81m/sec^2$ die Erdbeschleunigung, so ist die Gewichtskraft G durch $G = m \cdot g$ gegeben. In der Ruhelage (Bild 8.8 Mitte) gilt also $k \cdot s = m \cdot g$ oder

$$m \cdot g - k \cdot s = 0. \tag{8.70}$$

Der Massenschwerpunkt werde nun gegenüber der Gleichgewichtsposition um die Strecke y_0 ausgelenkt und dann losgelassen (Bild 8.8 rechts). Dabei bezeichnen positive bzw. negative Werte von y_0 eine Auslenkung nach unten bzw. oben. Ist $y_0 > 0$, so wird die gegenüber der Gewichtskraft größere Rückstellkraft der Feder eine Bewegung nach oben bewirken; im Fall $y_0 < 0$ ist die Gewichtskraft größer als die Rückstellkraft, die Masse bewegt sich somit nach unten. Wenn keine äußeren Kräfte auf das Feder-Masse-System einwirken, wird der Massenschwerpunkt in vertikaler Richtung um die Gleichgewichtsposition herum schwingen.

[6]Robert Hooke (1635–1703), englischer Physiker.

Zur mathematischen Modellierung dieses Schwingungsverhaltens bezeichne $y(t)$ die gegenüber der Gleichgewichtslage $y = 0$ gemessene Position des Massenschwerpunkts zur Zeit t. Wählen wir den Zeitpunkt, zu dem wir die Feder losgelassen haben, als $t = 0$, so gilt also $y(0) = y_0$. Nach Regeln der Physik sind

$$y'(t) := \lim_{\Delta t \to 0} \frac{y(t+\Delta t) - y(t)}{\Delta t}, \qquad y''(t) := \lim_{\Delta t \to 0} \frac{y'(t+\Delta t) - y'(t)}{\Delta t}$$

die Geschwindigkeit und die Beschleunigung des Massenschwerpunkts zur Zeit t. Nach dem zweiten Newtonschen Gesetz ist die auf einen bewegten Körper einwirkende momentane Kraft gleich dem Produkt $m \cdot y''(t)$. Da andererseits zum Zeitpunkt t die Rückstellkraft $-k \cdot (s + y(t))$ und die Gewichtskraft $m \cdot g$ wirken (die Rückstellkraft erhält ein negatives Vorzeichen, weil sie der zu positiven Auslenkungswerten y gerichteten Gewichtskraft entgegengesetzt ist), erhalten wir zusammen mit (8.70) die Differentialgleichung

$$m \cdot y''(t) = -k \cdot (s + y(t)) + m \cdot g = -k \cdot y(t). \tag{8.71}$$

Hier setzt man $\omega^2 := k/m$ und gelangt so zur homogenen linearen DGL

$$y''(t) + \omega^2 \cdot y(t) = 0 \tag{8.72}$$

zweiter Ordnung mit den konstanten Koeffizienten $a_1 = 0$, $a_0 = \omega^2$ (vgl. (8.54)). Da die Diskriminante $D = a_1^2 - 4a_0 = -4\omega^2$ negativ ist, haben wir es mit dem in (8.61) und (8.62) beschriebenen dritten Fall zu tun. Mit der Festlegung

$$y(0) := y_0, \qquad y'(0) := v_0 \tag{8.73}$$

einer Ausgangslage y_0 und einer Anfangsgeschwindigkeit v_0 zur Zeit $t = 0$ folgt durch Einsetzen in (8.67) und (8.68) (mit $\alpha = 0$ und $\beta = \omega$), dass

$$y(t) := y_0 \cdot \cos(\omega t) + \frac{v_0}{\omega} \cdot \sin(\omega t) \tag{8.74}$$

eine Lösung des Anfangswertproblems (8.72), (8.73) ist. Die durch (8.74) beschriebene Bewegung heißt *freie harmonische Schwingung.*

Man beachte die Bedeutung der Parameter v_0, y_0 und ω in (8.74). Im Fall $v_0 = y_0 = 0$ wird die Masse zu Beginn weder ausgelenkt noch mit einer Geschwindigkeit versehen; sie verharrt dann in der Ruhelage $y(t) \equiv 0$. Im Fall $v_0 = 0$ führt die Masse eine reine Kosinusschwingung mit der Amplitude y_0 aus (siehe Bild 8.9).

Die als *Periode* bezeichnete Zeit zwischen je zwei lokalen Maxima ist $T := 2\pi/\omega$. Die *Frequenz* $f := 1/T = \omega/(2\pi)$ ist die Anzahl der Schwingungen pro Sekunde. Wegen $\omega = \sqrt{k/m}$ ist die Frequenz umso größer, je größer die Federkonstante k und je kleiner die Masse m ist. Haben v_0 und y_0 das gleiche Vorzeichen, so wird die Anfangsauslenkung zunächst verstärkt (vgl. den Fall $v_0 = 3$ in Bild 8.9), andernfalls erfolgt ein zunächst schnelleres Erreichen der Gleichgewichtsposition $y = 0$ (vgl. den Fall $v_0 = -2$ in Bild 8.9). In jedem Fall vergrößert eine von Null verschiedene Anfangsgeschwindigkeit die Schwingungsamplitude.

Zur Bestimmung dieser Amplitude machen wir den Ansatz

$$y(t) = \frac{v_0}{\omega} \cdot \sin(\omega t) + y_0 \cdot \cos(\omega t) = A \cdot \sin(\omega t + \phi) \tag{8.75}$$

mit geeigneten, zu bestimmenden Größen A und ϕ und erhalten mit dem Additionstheorem I.6.29 für die Sinusfunktion durch Gleichsetzen der Vorfaktoren von $\sin(\omega t)$ und $\cos(\omega t)$ das Resultat $A \cdot \cos\phi = v_0/\omega$, $A \cdot \sin\phi = y_0$. Hieraus folgt

$$A = \sqrt{\left(\frac{v_0}{\omega}\right)^2 + y_0^2}, \qquad \sin\phi = \frac{y_0}{\sqrt{\left(\frac{v_0}{\omega}\right)^2 + y_0^2}}, \qquad \cos\phi = \frac{v_0}{\omega\sqrt{\left(\frac{v_0}{\omega}\right)^2 + y_0^2}}.$$

Aus diesen Gleichungen lässt sich der sog. *Phasenwinkel* $\phi \in [0, 2\pi)$ eindeutig bestimmen. Die harmonische Schwingung lässt sich somit als Sinuskurve mit der Amplitude A und dem Phasenwinkel ϕ beschreiben.

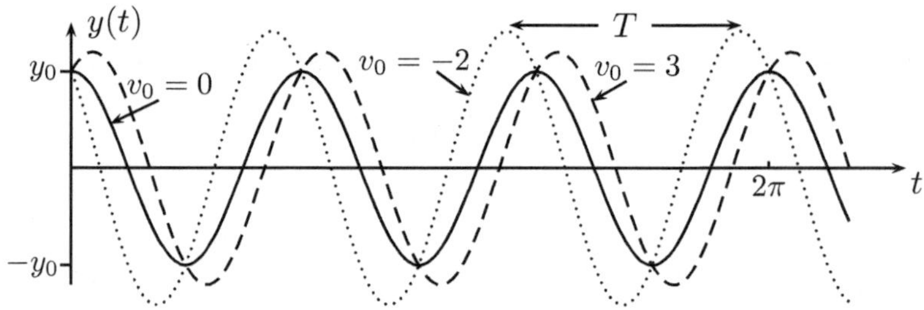

Bild 8.9: Die Funktion $y(t) = v_0 \sin(\omega t)/\omega + y_0 \cos(\omega t)$ für den Fall $y_0 = 1$, $\omega = 3$ und verschiedene Werte von v_0

8.6.7 Gedämpfte Schwingung

Die in 8.6.6 diskutierte Situation ist wenig realistisch, weil das Modell keinerlei Reibungskräfte vorsieht, die auf die schwingende Masse einwirken. In der Mechanik wird meist angenommen, dass solche Reibungskräfte (z.B. der Luftwiderstand) proportional zu einer Potenz der Momentangeschwindigkeit sind. Wir nehmen jetzt zusätzlich an, dass eine bewegungsdämpfend wirkende Reibungskraft existiert, deren Größe proportional zum Betrag der Momentangeschwindigkeit $y'(t)$ und deren Richtung der Bewegungsrichtung entgegengesetzt ist.

Im Vergleich zu (8.71) gelangen wir jetzt zur Differentialgleichung

$$m \cdot y''(t) = -k \cdot y(t) - d \cdot y'(t). \tag{8.76}$$

Hierbei ist $d > 0$ eine sog. *Dämpfungskonstante.* Schreiben wir wieder $\omega^2 := k/m$ sowie $\lambda := d/(2m)$, so führt (8.76) zu

$$y''(t) + 2\lambda \cdot y'(t) + \omega^2 \cdot y(t) = 0, \tag{8.77}$$

also zur homogenen linearen DGL (8.59) mit $a_1 = 2\lambda$ und $a_0 = \omega^2$.

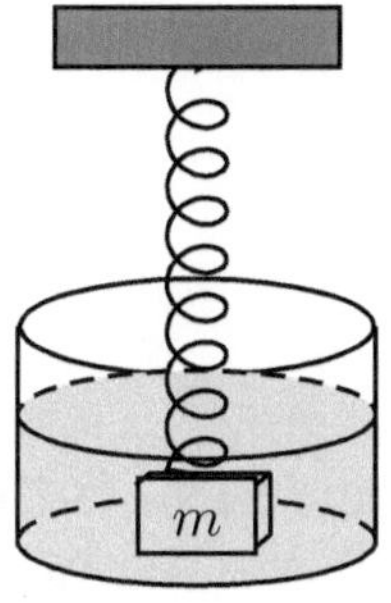

Bild 8.10:
Gedämpfte Schwingung durch Reibungsverluste

Im Gegensatz zur freien harmonischen Schwingung kann jetzt für die Diskriminante $D = a_1^2 - 4a_0 = 4(\lambda^2 - \omega^2)$ jeder der in (8.61) betrachteten Fälle

(i) $\lambda > \omega$ ($D > 0$, sog. *starke Dämpfung*),

(ii) $\lambda = \omega$ ($D = 0$, sog. *kritische Dämpfung*),

(iii) $\lambda < \omega$ ($D < 0$, sog. *schwache Dämpfung*)

auftreten. Die Lösungen des Anfangswertproblems (8.77), (8.73) ergeben sich somit nach (8.62) durch Einsetzen in (8.65) (starke Dämpfung), (8.66) (kritische Dämpfung) bzw. (8.67), (8.68) (schwache Dämpfung) wie folgt:

(i): Im Fall $\lambda > \omega$ besitzt das Anfangswertproblem (8.77), (8.73) die Lösung

$$y(t) := e^{-\lambda t} \cdot \left(c_1 \cdot e^{\sqrt{\lambda^2 - \omega^2} \cdot t} + c_2 \cdot e^{-\sqrt{\lambda^2 - \omega^2} \cdot t}\right) \tag{8.78}$$

mit

$$c_1 = \frac{\left(\sqrt{\lambda^2 - \omega^2} + \lambda\right) y_0 + v_0}{2\sqrt{\lambda^2 - \omega^2}}, \qquad c_2 = \frac{\left(\sqrt{\lambda^2 - \omega^2} - \lambda\right) y_0 - v_0}{2\sqrt{\lambda^2 - \omega^2}}. \tag{8.79}$$

Bild 8.11 zeigt den zeitlichen Verlauf der stark gedämpften Schwingung (8.78), (8.79) für verschiedene Werte der Anfangsgeschwindigkeit v_0. Bei $v_0 = 0$ strebt die Feder gegen die Gleichgewichtsposition $y = 0$, ohne in die andere Richtung zu schwingen. Das Gleiche gilt im Fall $v_0 = 5$, nur findet hier am Anfang eine stärkere Auslenkung statt. Im Fall $v_0 = -10$ startet die Masse mit so hoher Geschwindigkeit in Richtung der Gleichgewichtslage, dass sie in den Bereich $y < 0$ hinüberschwingt und von dort aus dem Gleichgewichtszustand zustrebt.

(ii): Im Fall $\omega = \lambda$ besitzt (8.77), (8.73) die Lösung

$$y(t) := (y_0 + (v_0 + \lambda y_0)t)\, e^{-\lambda t}. \tag{8.80}$$

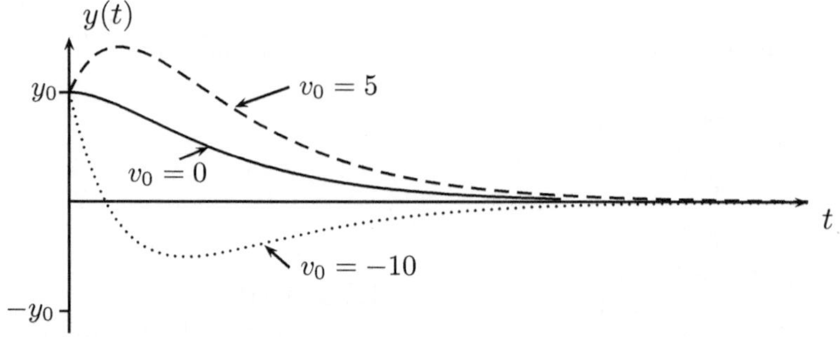

Bild 8.11: Verlauf der stark gedämpften Schwingung (8.78), (8.79) mit $\omega = 3$, $\lambda = \sqrt{10}$ und $y_0 = 1$ für verschiedene Werte von v_0

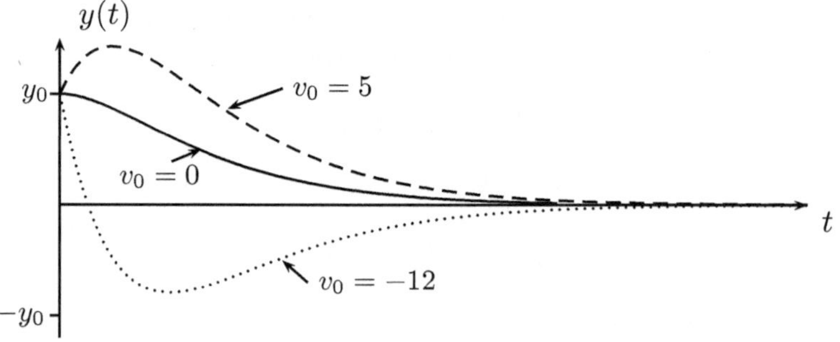

Bild 8.12: Verlauf der kritischen Schwingung (8.80) für $y_0 = 1$, $\lambda = 3$ und verschiedene Werte von v_0

Bild 8.12 zeigt, dass die qualitativen Verläufe der kritischen und der gedämpften Schwingung ähnlich sind, wobei auch die Diskussion des Effektes einer Veränderung der Anfangsgeschwindigkeit analog zu Fall a) zu führen ist.

(iii): Im Fall $\omega > \lambda$ besitzt das Anfangswertproblem (8.77), (8.73) die Lösung

$$y(t) := e^{-\lambda t}\left(y_0\cos(\sqrt{\omega^2-\lambda^2}\cdot t) + \frac{(v_0+y_0)\sin(\sqrt{\omega^2-\lambda^2}\cdot t)}{\sqrt{\omega^2-\lambda^2}}\right) \tag{8.81}$$

Bild 8.13 zeigt den qualitativen Verlauf der schwach gedämpften Schwingung für verschiedene Werte der Anfangsgeschwindigkeit v_0. Im Gegensatz zur kritischen und zur stark gedämpften Schwingung macht sich hier das Vorhandensein der periodischen Komponenten (Sinus- und Kosinusfunktion) bemerkbar.

8.6.8 Gedämpfte Schwingung mit äußerer Erregung

Wir betrachten die gedämpfte Schwingung aus 8.6.7, nehmen aber jetzt an, dass auf das System zur Zeit t eine *äußere Kraft* $f(t)$ wirkt. Im Vergleich zu (8.76)

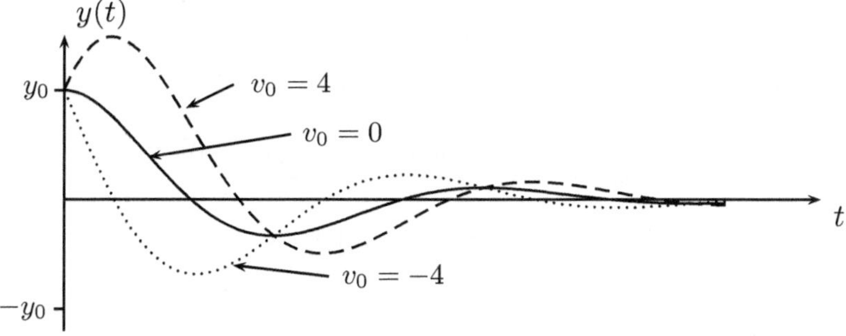

Bild 8.13: Verlauf der schwach gedämpften Schwingung (8.81) für $y_0 = 1$, $\lambda = 1$, $\omega = 3$ und verschiedene Werte von v_0

gelangt man dann zur Gleichung

$$m \cdot y''(t) = -k \cdot y(t) - d \cdot y'(t) + f(t),$$

und diese führt mit den früheren Abkürzungen $\omega^2 := k/m$ und $\lambda := d/(2m)$ sowie $b(t) := f(t)/m$ zur *inhomogenen* linearen DGL

$$y''(t) + 2\lambda \cdot y'(t) + \omega^2 \cdot y(t) = b(t). \tag{8.82}$$

Nach den in 8.6.5 angestellten Überlegungen ist die Lösung von (8.82) unter den Anfangsbedingungen (8.73) in expliziter Form (d.h. ohne auftretenden Integralausdruck) erhältlich, wenn die in Satz 8.14 auftretenden Integrale in geschlossener Form angegeben werden können. Letzteres ist insbesondere dann der Fall, wenn die Störfunktion die Gestalt

$$b(t) = K \cdot \cos \rho t, \qquad K, \rho > 0, \tag{8.83}$$

besitzt, die äußere Kraft also in Form einer reinen Kosinusschwingung wirkt. In diesem Zusammenhang nennt man ω die *Eigenfrequenz* und ρ die *Erregerfrequenz* des Systems. Wir betrachten im Folgenden nur die Situation $\lambda < \omega$ der schwach gedämpften Schwingung. Mit den Abkürzungen

$$M_1 := \frac{(\omega^2 - \rho^2)K}{(\omega^2 - \rho^2)^2 + 4\lambda^2\rho^2}, \qquad M_2 := \frac{2\lambda\rho K}{(\omega^2 - \rho^2)^2 + 4\lambda^2\rho^2},$$

$$c_1 := y_0 - M_1, \qquad c_2 := \frac{v_0 + \lambda y_0 - \lambda M_1 - \rho M_2}{\sqrt{\omega^2 - \lambda^2}}$$

ist die Lösung des Anfangswertproblems (8.82) (mit $b(t)$ wie in (8.83)) und (8.73) in diesem Fall durch

$$y(t) = e^{-\lambda t}\left(c_1 \cdot \cos\left(\sqrt{\omega^2 - \lambda^2} \cdot t\right) + c_2 \cdot \sin\left(\sqrt{\omega^2 - \lambda^2} \cdot t\right)\right) + M_1 \cdot \cos \rho t + M_2 \cdot \sin \rho t \tag{8.84}$$

gegeben. Diese Lösung ergibt sich durch direktes Rechnen aus Satz 8.14 c) unter Beachtung der Gleichungen

$$\begin{aligned}
\sin u \cos v &= \frac{\sin(u+v)+\sin(u-v)}{2},\\
\cos u \cos v &= \frac{\cos(u+v)+\cos(u-v)}{2}\\
\int e^{ux}\sin(vx)\,dx &= \frac{e^{ux}\left(u\sin(vx)-v\cos(ux)\right)}{u^2+v^2},\\
\int e^{ux}\cos(vx)\,dx &= \frac{e^{ux}\left(u\cos(vx)+v\sin(vx)\right)}{u^2+v^2}.
\end{aligned}$$

Da man analog zu (8.75) die beiden letzten Summanden in (8.84) zu

$$A\cdot\sin(\rho t+\phi),\qquad A := \frac{K}{\sqrt{(\omega^2-\rho^2)^2+4\lambda^2\rho^2}},\qquad \sin\phi = \frac{M_2}{A},\ \cos\phi = \frac{M_1}{A}$$

zusammenfassen kann und der erste Summand für $t \to \infty$ gegen Null strebt, kann man das Verhalten der kosinuserregten gedämpften Schwingung so beschreiben: Nach einem „Einschwingvorgang" führt das System schließlich eine reine Sinusschwingung mit der Erregerfrequenz ρ und der Amplitude A aus (sog. *eingeschwungener oder stationärer Zustand*).

Bild 8.14 zeigt den Verlauf der kosinuserregten gedämpften Schwingung für den Fall $y_0 = 1$, $\lambda = .2$, $\omega = 3$, $v_0 = 1$, $K = 1.5$ und verschiedene Werte der Erregerfrequenz ρ. Im hier vorliegenden Fall $2\lambda^2 < \omega^2$ wird die Amplitude A in Abhängigkeit von ρ maximal, wenn ρ den Wert $\sqrt{\omega^2-2\lambda^2}$ (sog. *Resonanzfrequenz*) annimmt. Dieser Fall entspricht der durchgezogenen Kurve in Bild 8.14.

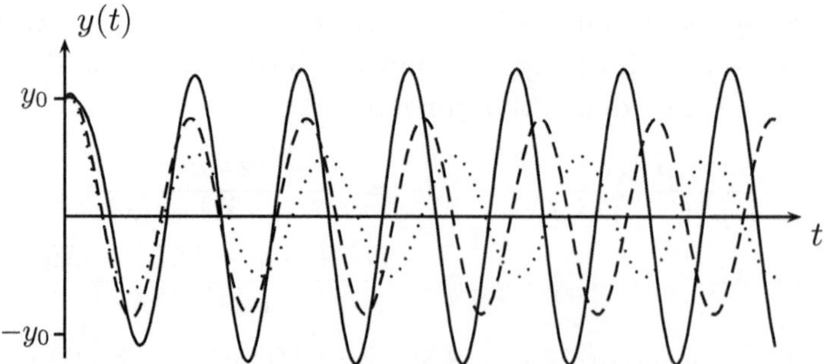

Bild 8.14: Kosinuserregte gedämpfte Schwingung (8.84) ($y_0 = 1, \lambda = .2, \omega = 3, v_0 = 1, K = 1.5$) und verschiedene Werte von ρ

8.7 Die Laplace-Transformation

Die Laplace-Transformation ist eng mit der Fourier-Transformation verwandt. Mit ihrer Hilfe lassen sich insbesondere lineare Differentialgleichungen mit konstanten Koeffizienten auf elegante Weise lösen.

8.7.1 Definition der Laplace-Transformation, Beispiele

Wie schon in 6.1.14 bezeichnen wir mit $L^0([0,\infty);\mathbb{R})$ die Menge aller Lebesgue-messbaren Funktionen $f : [0,\infty) \to \mathbb{R}$. Wir definieren

$$L := \left\{ f \in L^0([0,\infty);\mathbb{R}) : \text{es gibt ein } s \in \mathbb{R} \text{ mit } \int_0^\infty e^{-st} \cdot |f(t)|\, dt < \infty \right\}.$$

Offenbar gehören jede beschränkte Funktion, jede integrierbare Funktion und jedes Polynom zu L, nicht aber die Funktion $f(t) = \exp(t^2)$.

Gilt $\int_0^\infty e^{-\sigma t} \cdot |f(t)|\, dt < \infty$, und ist $s \in \mathbb{R}$ mit $s > \sigma$, so gilt auch

$$\int_0^\infty e^{-st} \cdot |f(t)|\, dt = \int_0^\infty e^{-(s-\sigma)t} \cdot e^{-\sigma t} \cdot |f(t)|\, dt \le \int_0^\infty e^{-\sigma t} \cdot |f(t)|\, dt < \infty.$$

Setzt man $s_0 := \inf\{s \in \mathbb{R} : \int_0^\infty e^{-st} \cdot |f(t)| dt < \infty\}$ und

$$I_f := \left\{ s \in \mathbb{R} : \int_0^\infty e^{-st} \cdot |f(t)|\, dt < \infty \right\},$$

so folgt, dass für jedes $f \in L$ einer der drei Fälle $I_f = \mathbb{R}$ (im Fall $s_0 = -\infty$), $I_f = [s_0, \infty)$ oder $I_f = (s_0, \infty)$ eintritt. Die Menge I_f heißt *Konvergenzbereich.*

Für jede Funktion $f \in L$ heißt die Funktion

$$\mathcal{L}_f : \begin{cases} I_f & \to \quad \mathbb{R}, \\ s & \mapsto \quad \mathcal{L}_f(s) := \displaystyle\int_0^\infty e^{-st} \cdot f(t)\, dt \end{cases} \tag{8.85}$$

die *Laplace-Transformierte* von f. Die auf der Menge L definierte Zuordnung $f \mapsto \mathcal{L}_f$ heißt *Laplace-Transformation.* In diesem Zusammenhang nennt man f die *Originalfunktion* und $\mathcal{L}_f$ die *Bildfunktion.*

Häufig findet man auch die Bezeichnung $F(s) := \mathcal{L}_f(s)$, wobei die Zuordnung $f \mapsto \mathcal{L}_f$ in der Form $f(t) \circ\!\!-\!\!\bullet\, F(s)$ geschrieben wird.

8.16 Beispiele.
In Tabelle 8.1 sind einige Beispiele für Funktionen und ihre zugehörigen Laplace-Transformierten angegeben. Weitere Beispiele findet man etwa in (Doetsch, 1976).

Nr.	$f(t)$	$\mathcal{L}_f(s)$	Nr.	$f(t)$	$\mathcal{L}_f(s)$
1.	1	$\frac{1}{s}$	9.	$\sin^2(\alpha t)$	$\frac{2\alpha^2}{s(s^2+4\alpha^2)}$
2.	$t^k,\ k\in\mathbb{N}$	$\frac{k!}{s^{k+1}},\ s>0$	10.	$\cos^2(\alpha t)$	$\frac{s^2+2\alpha^2}{s(s^2+4\alpha^2)}$
3.	e^{-at}	$\frac{1}{s+a},\ s>-a$	11.	$e^{-at}\sin(bt)$	$\frac{b}{(s+a)^2+b^2}$
4.	$t^k e^{-at},\ k\in\mathbb{N}$	$\frac{k!}{(s+a)^{k+1}},\ s>-a$	12.	$e^{-at}\cos(bt)$	$\frac{s+a}{(s+a)^2+b^2}$
5.	$\sin(\alpha t)$	$\frac{\alpha}{s^2+\alpha^2}$	13.	$t\sin(\alpha t)$	$\frac{2\alpha s}{(s^2+\alpha^2)^2}$
6.	$\cos(\alpha t)$	$\frac{s}{s^2+\alpha^2}$	14.	$t\cos(\alpha t)$	$\frac{s^2-\alpha^2}{(s^2+\alpha^2)^2}$
7.	$\sin(\alpha t+\beta)$	$\frac{s\sin\beta+\alpha\cos\beta}{s^2+\alpha^2}$	15.	$1_{[0,a]}(t),\ a>0$	$\frac{1-e^{-as}}{s}$
8.	$\cos(\alpha t+\beta)$	$\frac{s\cos\beta-\alpha\sin\beta}{s^2+\alpha^2}$	16.	$1_{[a,\infty)}(t),\ a>0$	$\frac{e^{-as}}{s}$

Tabelle 8.1: Funktionen und zugehörige Laplace-Transformierte

8.7.2 Eigenschaften der Laplace-Transformation

Ersetzt man in (8.85) s durch iu mit $u \in \mathbb{R}$ und setzt man $f(t) := 0$ für $t < 0$, so entsteht die in (7.42) eingeführte Fourier-Transformierte $\mathcal{F}_f$ von f. Die Laplace-Transformation ist somit eng mit der Fourier-Transformation verwandt, und viele Eigenschaften der Fourier-Transformation gelten hier in analoger Weise. Im Unterschied zu $\mathcal{F}_f$ ist $\mathcal{L}_f$ jedoch nur auf einer von f abhängenden Menge I_f definiert. In diesem Zusammenhang überlegt man sich leicht, dass mit Funktionen $f, g \in L$ und $a, b \in \mathbb{R}$ auch die Funktion $af + bg$ sowie die Faltung $f * g$ zu L gehören. Weiter gehören mit f auch die Funktionen $t \mapsto f(c \cdot t)$, $c > 0$, und $t \mapsto e^{-at} f(t)$, $a \in \mathbb{R}$, zu L. Im Folgenden ist es manchmal bequem, $\mathcal{L}_{f(t)}$ für $\mathcal{L}_f$ zu schreiben.

8.17 Satz. (Algebraische Eigenschaften der Laplace-Transformation)
Es seien $f, g \in L$, $a, b \in \mathbb{R}$ und $c > 0$. Dann gilt:

(i) $\mathcal{L}_{af+bg}(s) = a \cdot \mathcal{L}_f(s) + b \cdot \mathcal{L}_g(s), \qquad s \in I_f \cap I_g.$ (Linearität)

(ii) $\mathcal{L}_{e^{-at}f(t)}(s) = \mathcal{L}_f(s+a), \qquad s + a \in I_f.$ (Dämpfungssatz)

(iii) $\mathcal{L}_{f(ct)}(s) = \frac{1}{c} \cdot \mathcal{L}_f\left(\frac{s}{c}\right), \qquad s/c \in I_f.$ (Ähnlichkeitssatz)

(iv) $\mathcal{L}_{f(t-c)}(s) = e^{-sc} \cdot \mathcal{L}_f(s), \qquad s \in I_f.$ (Verschiebungssatz)

Dabei sei $f(t-c) := 0$ für $t < c$ gesetzt.

(v) $\mathcal{L}_{f*g}(s) = \mathcal{L}_f(s) \cdot \mathcal{L}_g(s), \qquad s \in I_f \cap I_g.$ (Faltungssatz)

BEWEIS: Die Aussagen (i)–(iv) ergeben sich aus der Definition (8.85) sowie der Linearität des Integrals (für Teil (i)) bzw. den Substitutionen $u := ct$ (für Teil (iii)) und $u := t-c$ (für Teil (iv)). Analog zum Beweis von Satz 7.36 ergibt sich (v) aus dem Satz von Fubini. □

Man beachte, dass sich die Nummern 4, 11 und 12 in Tabelle 8.1 unmittelbar aus den Nummern 2, 5 und 6 ergeben, wenn man den Dämpfungssatz anwendet. Die Nr. 16 entsteht durch Anwendung des Verschiebungssatzes auf die Nr. 1. Die Namensgebung „Dämpfungssatz" rührt vom Fall $a > 0$ („Dämpfung" der Funktionswerte $f(t)$ durch die abfallende Exponentialfunktion $\exp(-at)$) her.

8.18 Satz. (Differenzierbarkeit von $\mathcal{L}_f$)
Die Laplace-Transformierte $\mathcal{L}_f$ einer Funktion $f \in L$ ist im Inneren I_f° des Konvergenzbereiches beliebig oft differenzierbar, und es gilt

$$\frac{d^k}{ds^k}\mathcal{L}_f(s) = (-1)^k \cdot \mathcal{L}_{t^k f(t)}(s), \qquad k \in \mathbb{N}.$$

BEWEIS: Wir führen den Beweis für den Fall $k = 1$; der allgemeine Fall folgt dann durch Induktion. Ist $s \in I_f^\circ$, so existiert ein $\varepsilon > 0$ mit $s - \varepsilon \in I_f$, also $\int_0^\infty e^{-(s-\varepsilon)t} \cdot |f(t)|\, dt < \infty$. Wegen $e^{-\varepsilon t/2} \cdot t \le 2/(e \cdot \varepsilon)$ für $t \ge 0$ (Kurvendiskussion!) ergibt sich hieraus

$$\int_0^\infty e^{-(s-\varepsilon/2)t} \cdot t \cdot |f(t)|\, dt = \int_0^\infty e^{-(s-\varepsilon)t} e^{-\varepsilon t/2} \cdot t \cdot |f(t)|\, dt < \infty. \tag{8.86}$$

Es sei nun (h_n) eine reelle Nullfolge , wobei $|h_n| \le \varepsilon/2$ für jedes $n \ge n_0(\varepsilon)$ gelte. Mit der Abkürzung $g_n(t) := e^{-\varepsilon t/2} f(t)(e^{-h_n t} - 1)/h_n$, $t \ge 0$, folgt dann

$$\frac{\mathcal{L}_f(s+h_n) - \mathcal{L}_f(s)}{h_n} = \int_0^\infty \frac{e^{-(s+h_n)t} - e^{-st}}{h_n} f(t)\, dt = \int_0^\infty e^{-(s-\varepsilon/2)t} g_n(t)\, dt.$$

Es gilt $\lim_{n\to\infty} g_n(t) = -e^{-\varepsilon t/2} t f(t)$, $t \ge 0$ sowie (unter Beachtung der Ungleichung $|e^x - 1| \le |x| \cdot e^{|x|}$, $x \in \mathbb{R}$)

$$|g_n(t)| \le e^{-\varepsilon t/2} t \cdot e^{|h_n| t} |f(t)| = e^{(|h_n| - \varepsilon/2)t} t \cdot |f(t)| \le t \cdot |f(t)|, \qquad n \ge n_0.$$

Wegen (8.86) liefert dann der Satz von der majorisierten Konvergenz

$$\lim_{n\to\infty} \frac{\mathcal{L}_f(s+h_n) - \mathcal{L}_f(s)}{h_n} = \int_0^\infty e^{-(s-\varepsilon/2)t} e^{-\varepsilon t/2} \cdot (-t f(t))\, dt = -\mathcal{L}_{t f(t)}(s).$$ □

Nach Satz 8.18 kann die Laplace-Transformierte der Funktion $t \mapsto t^k f(t)$ durch

$$\mathcal{L}_{t^k f(t)}(s) = (-1)^k \cdot \mathcal{L}_f^{(k)}(s)$$

durch Differentiation aus $\mathcal{L}_f$ gewonnen werden. Auf diese Weise erhält man etwa in Tabelle 8.1 die Nr. 2 aus der Nr. 1, die Nr. 4 aus der Nr. 3, die Nr. 13 aus der Nr. 5 und die Nr. 14 aus der Nr. 6.

8.19 Satz. (Laplace-Transformation des Integrals)
Für $f \in L$ sei die Funktion $g : [0, \infty) \to \mathbb{R}$ durch

$$g(t) := \int_0^t f(u)\, du$$

definiert. Dann gilt $g \in L$ sowie

$$\mathcal{L}_g(s) = \frac{\mathcal{L}_f(s)}{s}, \qquad s \in I_f \cap (0, \infty).$$

Beweis: Es sei $s \in I_f$ mit $s > 0$, und es sei $t \geq 0$. Die Ungleichungskette

$$\int_0^t |f(u)|\, du \leq e^{st} \int_0^t e^{-su} |f(u)|\, du \leq e^{st} \int_0^\infty e^{-su} |f(u)|\, du < \infty$$

zeigt, dass die Funktion g wohldefiniert ist. Aus dem Satz von Fubini folgt dann

$$\begin{aligned} \int_0^\infty e^{-st} \left(\int_0^t |f(u)|\, du \right) dt &= \int_0^\infty \left(\int_u^\infty e^{-st} dt \right) |f(u)|\, du \\ &= \int_0^\infty \frac{e^{-su}}{s} |f(u)|\, du = \frac{1}{s} \int_0^\infty e^{-su} |f(u)|\, du. \end{aligned}$$

Also ist $s \in I_g$, und eine analoge Rechnung mit f anstelle von $|f|$ zeigt die Behauptung. □

8.20 Beispiel.
Wegen

$$\cos(\alpha t) = 1 - \alpha \int_0^t \sin(\alpha u)\, du, \qquad t \geq 0,$$

folgt aus Satz 8.19, Satz 8.17 (i) sowie den Nummern 1 und 5 aus Tabelle 8.1

$$\mathcal{L}_{\cos(\alpha t)}(s) = \frac{1}{s} - \alpha \cdot \frac{\mathcal{L}_{\sin(\alpha t)}(s)}{s} = \frac{1}{s} - \frac{\alpha}{s} \cdot \frac{\alpha}{s^2 + \alpha^2} = \frac{s}{s^2 + \alpha^2}.$$

8.21 Satz. (Laplace-Transformation der Ableitung)
Es sei $f \in L$ auf $(0, \infty)$ stetig differenzierbar, und es sei $f' \in L$. Dann existiert $f(0+) = \lim_{t \to 0+} f(t)$, und es gilt

$$\mathcal{L}_{f'}(s) = s \cdot \mathcal{L}_f(s) - f(0+), \qquad s \in I_{f'} \cap (0, \infty).$$

BEWEIS: Es sei $s \in I_{f'} \cap (0, \infty)$. Aus dem Beweis von Satz 8.19 mit f' anstelle von f folgt $\int_0^1 |f'(u)|\, du < \infty$ und somit nach dem Satz von der majorisierten Konvergenz

$$\begin{aligned}\int_0^1 f'(u)du &= \lim_{t\to 0+} \int_t^1 f'(u)\, du = \lim_{t\to 0+} (f(1) - f(t)) = f(1) - \lim_{t\to 0+} f(t) \\ &= f(1) - f(0+).\end{aligned}$$

Folglich existiert $f(0+)$, und Satz 8.19 mit $\varphi(t) := f(t) - f(0+)$ liefert dann zusammen mit der Linearitätseigenschaft (Satz 8.17 (i)) und Beispiel Nr. 1 aus Tabelle 8.1

$$\mathcal{L}_f(s) - \frac{f(0+)}{s} = \mathcal{L}_{f(t)-f(0+)}(s) = \frac{\mathcal{L}_{f'}(s)}{s}.$$ □

Durch Induktion ergibt sich die folgende Verallgemeinerung von Satz 8.21.

8.22 Satz. (Laplace-Transformation höherer Ableitungen)
Es sei $f \in L$ auf $(0, \infty)$ n mal stetig differenzierbar, und es sei $f^{(n)} \in L$. Dann existiert $f(0+) = \lim_{t\to 0+} f(t)$ sowie $f^{(k)}(0+) = \lim_{t\to 0+} f^{(k)}(t)$ für $k = 1, \ldots, n$, und es gilt für jedes $s \in I_{f^{(n)}} \cap (0, \infty)$

$$\mathcal{L}_{f^{(n)}}(s) = s^n \mathcal{L}_f(s) - s^{n-1} f(0+) - s^{n-2} f'(0+) - \ldots - f^{(n-1)}(0+).$$

Die Sätze 8.19 und 8.22 besagen, dass den „transzendenten“ Operationen des Integrierens und Differenzierens nach Übergang zu Laplace-Transformierten *elementare algebraische Operationen* (Division durch s bzw. Multiplikation mit s^n und Subtraktion eines Polynoms) entsprechen. Dies ist der tiefere Grund dafür, dass die Laplace-Transformation bei der Lösung von Differentialgleichungen Verwendung findet.

8.7.3 Der Eindeutigkeitssatz

Wir gehen jetzt der Frage nach, inwieweit eine Funktion f durch ihre Laplace-Transformierte $\mathcal{L}_f$ festgelegt ist. Stimmen zwei Funktionen $f_1, f_2 \in L$ bis auf eine Nullmenge überein, so gilt $\mathcal{L}_{f_1} = \mathcal{L}_{f_2}$. Ohne weitere Voraussetzungen an f wird man also (ähnlich wie bei der Fourier-Transformation) keine eindeutige Identifizierung von f aus $\mathcal{L}_f$ erwarten können.

8.23 Lemma.
Es seien $a, b \in \mathbb{R}$ mit $a < b$ und $g : [a, b] \to \mathbb{R}$ eine stetige Funktion. Gilt dann

$$\int_a^b x^n g(x)\, dx = 0 \qquad \text{für jedes } n = 0, 1, 2, \ldots, \tag{8.87}$$

so folgt $g(x) = 0$ für jedes $x \in [a, b]$.

Beweis: Gäbe es ein $x_0 \in [a,b]$ mit $g(x_0) \neq 0$, so wäre wegen der Stetigkeit von g

$$u := \int_a^b |g(x)|\,dx > 0, \qquad v := \int_a^b g^2(x)\,dx > 0.$$

Nach dem Weierstraßschen Approximationssatz 4.48 existiert zu beliebigem $\varepsilon > 0$ ein Polynom $p(x)$ mit $\max_{a \le x \le b} |g(x) - p(x)| \le \varepsilon$. Zusammen mit (8.87) folgt dann

$$v = \left| \int_a^b g(x) \cdot (g(x) - p(x))\,dx \right| \le \int_a^b |g(x)| \cdot |g(x) - p(x)|\,dx \le u \cdot \varepsilon,$$

also ein Widerspruch dazu, dass ε beliebig klein gewählt werden kann. □

Analog zu 7.1.5 nennen wir eine Funktion $f : [0,\infty)$ *stückweise stetig*, falls es eine Menge $A \subset [0,\infty)$ gibt, so dass f in jedem Punkt aus $[0,\infty) \setminus A$ stetig ist, und $A \cap [0,r]$ für jedes $r \geq 0$ eine endliche Menge ist.

8.24 Satz. (Eindeutigkeitssatz für Laplace-Transformationen)
Die Funktionen $f_1, f_2 \in L$ seien stückweise stetig. Es gebe ein $\sigma \in \mathbb{R}$ mit

$$\mathcal{L}_{f_1}(s) = \mathcal{L}_{f_2}(s), \qquad s \geq \sigma.$$

Bezeichnet A die Menge aller Stellen t, in denen f_1 oder f_2 unstetig ist, so gilt

$$f_1(t) = f_2(t), \qquad t \in [0,\infty) \setminus A.$$

Beweis: Für die stückweise stetige Funktion $f := f_1 - f_2$ gilt

$$\mathcal{L}_f(s) = \mathcal{L}_{f_1}(s) - \mathcal{L}_{f_2}(s) = 0, \qquad s \geq \sigma. \tag{8.88}$$

Setzen wir

$$R(t) := \int_0^t e^{-\sigma u} f(u)\,du, \qquad t \geq 0,$$

so ist R eine stückweise stetig differenzierbare und wegen $|R(t)| \le \int_0^\infty e^{-\sigma u}|f(u)|du < \infty$ eine beschränkte Funktion. Wegen $R(0) = 0$ folgt für jedes $s > \sigma$ (partielle Integration!)

$$\begin{aligned}\mathcal{L}_f(s) &= \int_0^\infty e^{-(s-\sigma)t} \cdot e^{-\sigma t} f(t)\,dt = e^{-(s-\sigma)t} R(t)\Big|_0^\infty + (s-\sigma)\int_0^\infty e^{-(s-\sigma)t} R(t)\,dt \\ &= (s-\sigma)\int_0^\infty e^{-(s-\sigma)t} R(t)\,dt.\end{aligned}$$

Für die spezielle Wahl $s := \sigma + n + 1$, $n \in \mathbb{N}_0$, folgt dann aus (8.88)

$$\int_0^\infty e^{-(n+1)t} R(t)\,dt = 0, \qquad n \in \mathbb{N}_0,$$

und somit nach der Substitution $t := -\log x$, $0 < x \le 1$,

$$\int_0^1 x^n \cdot R\left(\log \frac{1}{x}\right) dx = 0, \qquad n \in \mathbb{N}_0. \tag{8.89}$$

Da der Grenzwert $\lim_{x\to 0+} R(\log(1/x)) = \mathcal{L}_f(\sigma)$ existiert, kann man $R(\log(1/x))$ zu einer stetigen Funktion auf $[0,1]$ erweitern. Nach Lemma 8.23 folgt dann aus (8.89) die Beziehung $R(t) = 0$, $t \in [0,\infty)$, und somit (nach Definition von R) $e^{-\sigma u} f(u) = 0$ (und damit auch $f(u) = 0$) für jede Stetigkeitsstelle u von f. □

Satz 8.24 besagt unter anderem, dass *stetige* Funktionen mit derselben Laplace-Transformierten gleich sind. Insbesondere ist somit die Lösung y einer DGL (als differenzierbare Funktionen) eindeutig aus $\mathcal{L}_y$ identifizierbar.

8.7.4 Die Umkehrformel

Analog zu Satz 7.34 gibt es auch eine Umkehrformel für die Laplace-Transformation. Es seien hierzu $f \in L$, $s \in I_f$ und $u \in \mathbb{R}$ beliebig. Für die komplexe Zahl $z := s + iu$ gilt $|e^z| = |e^{iut}|\cdot e^s = e^s$, $t \in \mathbb{R}$. Damit ist das Integral

$$\mathcal{L}_f(z) := \int_0^\infty e^{-zt} f(t)\,dt \tag{8.90}$$

wohldefiniert. Man kann die Laplace-Transformation also auch für alle $z \in \mathbb{C}$ mit $\mathrm{Re}(z) \in I_f$ betrachten. Setzt man $f(t) := 0$ für $t < 0$, so kann die untere Integrationsgrenze in (8.90) auch gleich $-\infty$ gesetzt werden, und es folgt

$$\mathcal{L}_f(s+iu) = \int_{-\infty}^\infty e^{-iut} \cdot e^{-st} f(t)\,dt = \mathcal{F}_{e^{-st}f(t)}(u).$$

Ist f stückweise stetig differenzierbar, so gilt dies auch für $t \mapsto e^{-st} f(t)$, und wegen der Integrierbarkeit von $e^{-st} f(t)$ liefert Satz 7.34 die Gleichung

$$\frac{1}{2} e^{-st}(f(t-) + f(t+)) = \lim_{T\to\infty} \frac{1}{2\pi} \int_{-T}^{T} e^{iut} \mathcal{L}_f(s+iu)\,du, \qquad t \in \mathbb{R},$$

und somit die Umkehrformel

$$\frac{1}{2}(f(t-) + f(t+)) = \lim_{T\to\infty} \frac{e^{st}}{2\pi} \int_{-T}^{T} e^{iut} \mathcal{L}_f(s+iu)\,du, \qquad t \in \mathbb{R}. \tag{8.91}$$

Da die rechte Seite von (8.91) nicht von s abhängt, reicht somit zur Identifizierung einer stetigen Funktion f die Kenntnis von $\mathcal{L}_f$ auf einer zur imaginären Achse parallelen Geraden, die die reelle Achse in einem Punkt $s \in I_f$ schneidet, aus.

8.7.5 Anwendung auf die Lösung von Differentialgleichungen

Die Grundidee zur Lösung einer Differentialgleichung mit Hilfe der Laplace-Transformation besteht darin, dass man die Laplace-Transformierte der Lösung zu bestimmen versucht, um dann mit Satz 8.24 die Lösung zu identifizieren. Zur Verdeutlichung dieser Idee betrachten wir einige Beispiele.

8.25 Beispiel. (Die lineare DGL erster Ordnung)
Wir betrachten das Anfangswertproblem

$$y'(t) + ay(t) = b(t), \quad t \geq 0, \qquad y(0) := y_0, \tag{8.92}$$

mit $a \in \mathbb{R}$ und einer Störfunktion $b \in L$ (dabei wird b nicht notwendig als stetig vorausgesetzt). Nehmen wir an, (8.92) habe eine Lösung $y \in L$, und es gelte $y' \in L$. Aus der Linearität der Laplace-Transformation (Satz 8.17 (i)) sowie Satz 8.22 und der Forderung $y(0) = y(0+) = y_0$ folgt dann für hinreichend großes s die Gleichung $s\mathcal{L}_y(s) - y_0 + a\mathcal{L}_y(s) = \mathcal{L}_b(s)$. Schreibt man diese in der Form

$$\mathcal{L}_y(s) = \mathcal{L}_b(s) \cdot \frac{1}{s+a} + \frac{y_0}{s+a},$$

so lässt sich mit Hilfe der Linearität der Laplace-Transformation, des Faltungssatzes (Satz 8.17 (v)) und der Nr. 3 in Tabelle 8.1 die Lösung „ablesen"; es ist

$$y(t) = b(t) * e^{-at} + y_0 e^{-at} = \int_0^t b(u) \cdot e^{-a(t-u)}\, du + y_0 e^{-at}, \qquad t \geq 0.$$

Man beachte, dass wir die Voraussetzungen $y, y', b \in L$ nur gemacht haben, um die Methode der Laplace-Transformation anwenden zu können. Wenn sich zeigt, dass die gefundene Funktion y die gestellten Forderungen (8.92) erfüllt, so können wir die Annahmen $y, y', b \in L$ auch nachträglich fallen lassen!

8.26 Beispiel. (Die lineare DGL zweiter Ordnung)
Ganz analog zu oben behandelt man das Anfangswertproblem

$$y''(t) + a_1 y'(t) + a_0 y(t) = b(t), \qquad t \geq 0, \quad y(0) := y_0, \; y'(0) := y_0', \tag{8.93}$$

mit einer Störfunktion b und $a_0, a_1, y_0, y_0' \in \mathbb{R}$. Unter der Annahme der Laplace-Transformierbarkeit beider Seiten von (8.93) und der Stetigkeit von y und y' in $t = 0$ folgt dann unter Verwendung von Satz 8.22

$$s^2 \mathcal{L}_y(s) - s y_0 - y_0' + a_1(s\mathcal{L}_y(s) - y_0) + a_0 \mathcal{L}_y(s) = \mathcal{L}_b(s)$$

und somit (für hinreichend großes s)

$$\mathcal{L}_y(s) = \frac{\mathcal{L}_b(s) + s y_0 + a_1 y_0 + y_0'}{s^2 + a_1 s + a_0}. \tag{8.94}$$

Im Nenner von (8.94) steht das charakteristische Polynom $P(s) := s^2 + a_1 s + a_0$ der zu (8.93) gehörenden homogenen DGL $y'' + a_1 y' + a_0 y = 0$. Man beachte, dass die Anfangsbedingungen nicht wie in (8.93) „nebenher laufen", sondern in der rechten Seite von (8.94) automatisch berücksichtigt sind. Wegen

$$\mathcal{L}_y(s) = \mathcal{L}_b(s) \cdot \frac{1}{P(s)} + y_0 \cdot s \cdot \frac{1}{P(s)} + \frac{a_1 y_0 + y_0'}{P(s)}$$

könnte man auch hier die Lösung y sofort „ablesen", wenn man eine Funktion g mit $\mathcal{L}_g(s) = 1/P(s)$ gefunden hätte. In diesem Fall wäre nach Satz 8.19 nämlich $\mathcal{L}_{g'}(s) = s\mathcal{L}_g(s)$, und der Faltungssatz würde

$$y(t) = b(t) * g(t) + y_0 \cdot g'(t) + (a_1 y_0 + y_0') \cdot g(t) \tag{8.95}$$

liefern. Die Gestalt der Funktion g hängt nur von der Diskriminante $D = a_1^2 - 4a_0$ von $P(s)$ ab. Im Fall $D > 0$ gilt

$$\frac{1}{P(s)} = \frac{1}{s^2 + a_1 s + a_0} = \frac{1}{\lambda_1 - \lambda_2}\left(\frac{1}{s - \lambda_1} - \frac{1}{s - \lambda_2}\right)$$

mit $\lambda_{1,2} = (-a_1 \pm \sqrt{D})/2$ und folglich (vgl. Nr. 3 in Tabelle 8.1)

$$g(t) = \frac{1}{\lambda_1 - \lambda_2}\left(e^{\lambda_1 t} - e^{\lambda_2 t}\right).$$

Im Fall $D = 0$ folgt $1/P(s) = (s + a_1/2)^{-2}$ und somit (vgl. die Nr. 4 in Tabelle 8.1 mit $k = 1$)

$$g(t) = t \cdot \exp\left(-\frac{a_1}{2} t\right).$$

Im verbleibenden Fall $D < 0$ gilt $1/P(s) = ((s + a_1/2)^2 - D/4)^{-1}$, was mit Nr. 11 in Tabelle 8.1 auf

$$g(t) = \frac{2}{\sqrt{-D}} \cdot \exp\left(\frac{a_1}{2} t\right) \cdot \sin\left(\frac{\sqrt{-D}}{2} t\right)$$

führt. Einsetzen von $g(t)$ in (8.95) liefert dann die Lösung y von (8.93). So ergibt sich etwa für die DGL $y''(t) + \omega^2 y(t) = 0$ der freien harmonischen Schwingung ($a_1 = 0, a_0 = \omega^2, b \equiv 0$, $D = -4\omega^2 < 0$) die Funktion $g(t) = \omega^{-1}\sin(\omega t)$ und somit nach Einsetzen in (8.95) die schon bekannte Lösung (8.74).

Nach dem gleichen Prinzip kann auch die allgemeine lineare DGL

$$y^{(n)}(t) + a_{n-1} \cdot y^{(n-1)}(t) + \ldots + a_0 \cdot y(t) = b(t), \qquad t \geq 0,$$

mit den Anfangsbedingungen $y(0) = y_0, y'(0) = y_0', \ldots, y^{(n-1)}(0) = y_0^{(n-1)}$ behandelt werden. Unter Verwendung von Satz 8.22 ergibt sich die Darstellung

$$\begin{aligned}
\mathcal{L}_y(s) = \mathcal{L}_b(s) \cdot \frac{1}{P(s)} &+ y_0\left(s^{n-1} + a_{n-1}s^{n-2} + \ldots + a_2 s + a_1\right) \cdot \frac{1}{P(s)} \\
&+ y_0' \cdot \left(s^{n-2} + a_{n-1}s^{n-3} + \ldots + a_2\right) \cdot \frac{1}{P(s)} \\
&\ldots\ldots\ldots\ldots\ldots\ldots \\
&+ y_0^{(n-2)}\left(s + a_{n-1}\right) \cdot \frac{1}{P(s)} \\
&+ y_0^{(n-1)} \cdot \frac{1}{P(s)},
\end{aligned}$$

wobei $P(s) = s^n + a_{n-1}s^{n-1} + \ldots + a_1 \cdot \lambda + a_0$ das charakteristische Polynom bezeichnet. Eine Funktion $g(t)$ mit $\mathcal{L}_g(s) = 1/P(s)$ erhält man durch eine sog. *Partialbruchzerlegung* von $1/P(s)$ (siehe z.B. Heuser (2009)).

8.8 Numerische Verfahren

Differentialgleichungen lassen sich oft nur mit Hilfe numerischer Verfahren approximativ lösen, und es existiert eine umfangreiche Spezialliteratur zu diesem Themenkreis (siehe z.B. Hanke-Bourgeois (2009)). Im Rahmen dieses Buches kann dieses Gebiet nur gestreift werden. Wir betrachten hierzu wie in 8.5.1 das Anfangswertproblem

$$y' = f(x,y), \qquad y(a) := y_0, \qquad a \le x \le b. \tag{8.96}$$

Jedes numerische Verfahren arbeitet mit einer *Diskretisierung*, d.h. man betrachtet anstelle der „kontinuierlichen" Lösung $y(x)$, $a \le x \le b$, von (8.96) eine Zerlegung des Intervalls $[a,b]$ in Teilpunkte $a =: x_0 < x_1 < \ldots < x_n := b$ und sucht Näherungswerte $y_1 \ldots, y_n$ für y an den Stellen $x_1, \ldots, x_n$.

Wir beschränken uns im Folgenden auf den Fall *äquidistanter* Stützstellen

$$x_j := x_0 + j \cdot h, \quad j = 0, \ldots, n, \qquad h := \frac{b-a}{n}, \quad x_0 := a.$$

Dabei wird die Zahl h als *Schrittweite* bezeichnet.

8.8.1 Das Eulersche Polygonzugverfahren

Dieses klassische Verfahren orientiert sich an der geometrischen Deutung des Richtungsfeldes und beruht auf der einfachen Idee, vom Anfangspunkt (x_0, y_0) geradlinig mit der dort herrschenden Steigung $f(x_0, y_0)$ eine Schrittweite nach rechts zu gehen, von dem so erhaltenen Punkt (x_1, y_1) mit der dort gegebenen Steigung $f(x_1, y_1)$ einen weiteren Schritt nach rechts zu gehen und auf diese Weise fortzufahren, bis der Abszissenwert $b = x_n$ erreicht ist. Die Näherungswerte $y_1, \ldots, y_n$ ergeben sich also rekursiv nach der Vorschrift

$$y_{j+1} := y_j + h \cdot f(x_j, y_j), \qquad j = 0, \ldots, n-1. \tag{8.97}$$

Durch Verbinden der Punkte (x_j, y_j) $(j = 0, \ldots, n)$ entsteht der als Näherungslösung für y dienende sog. *Eulersche Polygonzug*. Bild 8.15 zeigt die Eulerschen Polygonzüge für $n = 4$ bzw. $n = 10$ (zusammen mit der exakten Lösung $y = 1.15\exp(x) - x - 1$) für das Anfangswertproblem $y' = x + y$, $0 \le x \le 1$, $y(0) := 0.15$.

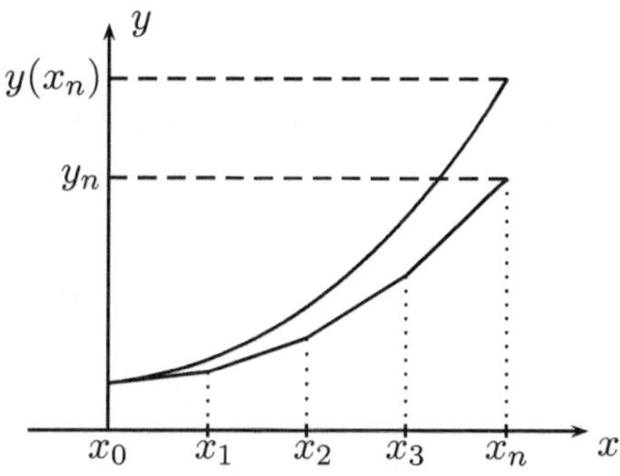

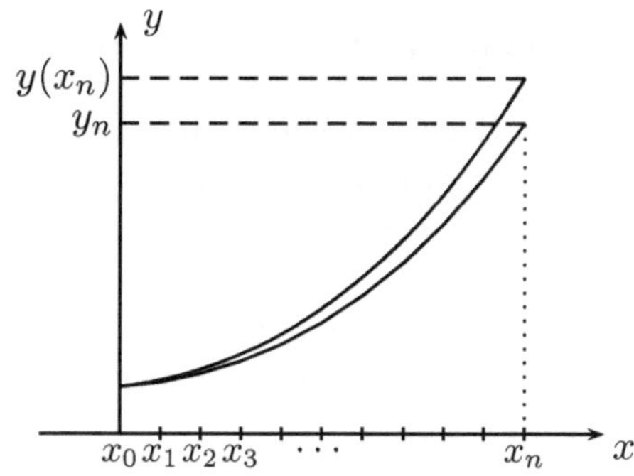

Bild 8.15: Eulerscher Polygonzug am Beispiel des Anfangswertproblems $y' = x + y$, $0 \le x \le 1$, $y(0) := 0.15$ (links: $n = 4$, rechts: $n = 10$)

Es ist zu vermuten, dass sich der Eulersche Polygonzug bei Verkleinern der Schrittweite h der Lösung y von (8.96) immer mehr annähert. Zum Nachweis dieser Behauptung setzen wir die Lipschitz-Bedingung (8.31) sowie $y \in C^2$ und

$$\sup_{a \le x \le b} |y''(x)| \le M < \infty \tag{8.98}$$

voraus. Wegen (8.97) und $y'(x) = f(x, y(x))$ liefert eine Taylorentwicklung

$$\begin{aligned} |y(x_{j+1}) - y_{j+1}| &= \left| y(x_j) + hf(x_j, y(x_j)) + \frac{h^2}{2} y''(\theta_j) - y_j - hf(x_j, y_j) \right| \\ &\le |y(x_j) - y_j| + h \cdot |f(x_j, y(x_j)) - f(x_j, y_j)| + \frac{h^2}{2} |y''(\theta_j)| \end{aligned}$$

mit einer Zwischenstelle $\theta_j \in (x_j, x_{j+1})$. Aus (8.31) und (8.98) folgt dann

$$|y(x_{j+1}) - y_{j+1}| \le (1 + hL)|y(x_j) - y_j| + \frac{h^2 M}{2} \le e^{hL}|y(x_j) - y_j| + \frac{h^2 M}{2}$$

$(j = 0, 1, \ldots, n-1)$ und somit wegen $y(x_0) = y_0$ für jedes $k = 1, \ldots, n$

$$|y(x_k) - y_k| \le \sum_{j=0}^{k-1} e^{jhL} \cdot \frac{h^2 M}{2} \le \sum_{j=0}^{n-1} e^{jhL} \cdot \frac{h^2 M}{2} = \frac{e^{nhL} - 1}{e^{hL} - 1} \cdot \frac{h^2 M}{2}.$$

Unter Beachtung von $e^{hL} - 1 \ge hL > 0$ und $nh = b - a$ ergibt sich

$$\max_{k=0,\ldots,n} |y(x_k) - y_k| \le C \cdot h, \qquad C := \frac{(e^{(b-a)L} - 1)M}{2L}. \tag{8.99}$$

Man sagt hierfür auch, das Eulersche Polygonzugverfahren *konvergiere* für $h \to 0$ *von erster Ordnung* gegen die Lösung des Anfangswertproblems (8.96).

8.8.2 Das Halbschrittverfahren

Ein im Vergleich zur Eulerschen Polygonzugmethode wesentlich leistungsfähigeres Verfahren ergibt sich aufgrund der folgenden geometrischen Betrachtung: Ist $P(t) = \alpha + \beta t + \gamma t^2$ ein Polynom höchstens zweiten Grades, so besitzt die Sehne durch zwei beliebige Punkte $(x, P(x))$ und $(x+h, P(x+h))$ $(h > 0)$ die gleiche Steigung wie die Tangente an den Graphen von P im Punkt $(x+h/2, P(x+h/2))$, denn direktes Ausrechnen liefert (s. auch Bild 8.16)

$$\frac{P(x+h) - P(x)}{h} = P'\left(x + \frac{h}{2}\right), \quad x, h \in \mathbb{R},\ h > 0.$$

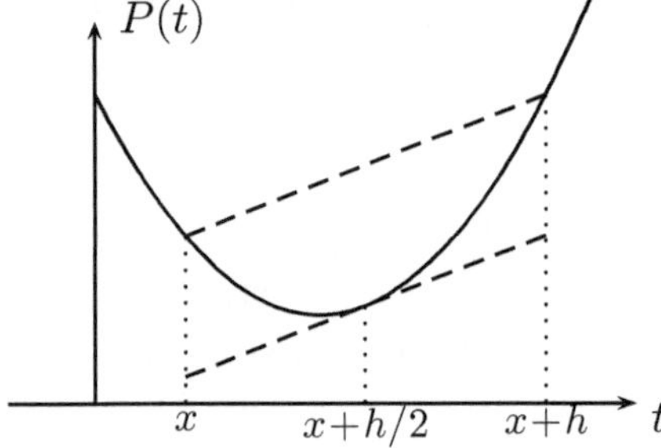

Bild 8.16: Parallelität von Sehne und Tangente bei einer Parabel

Man kann vom Punkt $(x, P(x))$ ausgehend den Punkt $(x+h, P(x+h))$ „geradlinig erreichen“, indem man von $(x, P(x))$ aus mit der Richtung der *Tangente im Punkt* $(x+h/2, P(x+h/2))$ um h nach rechts geht. Dies ist der Grundgedanke des *Halbschrittverfahrens* (*verbesserten Euler-Verfahrens*), bei dem man von (x_0, y_0) aus nur einen *halben Schritt* mit der Steigung $f(x_0, y_0)$ nach rechts geht, die dort herrschende Steigung $f(x_0+h/2, y_0+h/2 f(x_0, y_0))$ ermittelt und mit dieser dann erneut von (x_0, y_0) aus, aber jetzt einen *ganzen* Schritt, nach rechts geht. Von dem so erhaltenen Punkt (x_1, y_1) wird das Verfahren in gleicher Weise fortgesetzt. Im Vergleich zu (8.97) ist die Rekursionsformel des Halbschrittverfahrens also

$$y_{j+1} = y_j + h \cdot f\left(x_j + \frac{h}{2}, y_j + \frac{h}{2} f(x_j, y_j)\right), \qquad j = 0, \ldots, n-1. \tag{8.100}$$

Um auch hier zu einer Fehlerabschätzung für $|y(x_k) - y_k|$ zu gelangen, setzen wir f als zweimal stetig differenzierbar mit beschränkten zweiten partiellen Ableitungen voraus. Damit ist die durch

$$f_1(x, y) := f_x(x, y) + f_y(x, y) f(x, y)$$

definierte Funktion $f_1 : [a, b] \times \mathbb{R} \to \mathbb{R}$ stetig differenzierbar nach y, und der Mittelwertsatz liefert eine weitere Lipschitz-Konstante L_1 mit

$$|f_1(x, y) - f_1(x, z| \le L_1 \cdot |y - z|, \qquad a \le x \le b,\ y, z \in \mathbb{R}. \tag{8.101}$$

Nach dem Satz von Taylor gilt

$$y(x_{j+1}) = y(x_j) + hf(x_j, y(x_j)) + \frac{h^2}{2} y''(x_j) + \frac{h^3}{6} y'''(\theta_j) \tag{8.102}$$

($j = 1, \ldots, n-1$) mit einer Zwischenstelle $\theta_j \in (x_j, x_{j+1})$. Nach (8.100) und Folgerung 1.51 ergibt sich weiter

$$\begin{aligned} y_{j+1} = {} & y_j + hf(x_j, y_j) + \frac{h^2}{2} f_1(x_j, y_j) \\ & + \frac{h^3}{8} \left(f_{xx}(\xi_j, \eta_j) + 2 f_{xy}(\xi_j, \eta_j) f(x_j, y_j) + f_{yy}(\xi_j, \eta_j) f^2(x_j, y_j) \right), \end{aligned} \tag{8.103}$$

wobei (ξ_j, η_j) ein Punkt auf der Verbindungsstrecke zwischen (x_j, y_j) und $(x_j + h/2, y_j + h/2 f(x_j, y_j))$ ist. Setzen wir voraus, dass die Koeffizientenfunktionen der h^3-Terme in (8.102) und (8.103) gleichmäßig auf $[a, b] \times \mathbb{R}$ beschränkt sind, so liefert Subtraktion der Gleichungen (8.102) und (8.103) unter Beachtung von $y''(x_j) = f_1(x_j, y(x_j))$ die Abschätzung

$$\begin{aligned} |y(x_{j+1}) - y_{j+1}| \leq {} & |y(x_j) - y_j| + h \cdot |f(x_j, y(x_j)) - f(x_j, y_j)| \\ & + \frac{h^2}{2} \cdot |f_1(x_j, y(x_j)) - f_1(x_j, y_j)| + M \cdot h^3 \end{aligned}$$

mit einer gewissen von h unabhängigen Konstanten M. Mit (8.31), (8.101) und $L' := \max(L, \sqrt{L_1}) > 0$ folgt

$$\begin{aligned} |y(x_{j+1}) - y_{j+1}| & \leq \left(1 + Lh + \frac{L_1 h^2}{2} \right) |y(x_j) - y_j| + M \cdot h^3 \\ & \leq e^{hL'} \cdot |y(x_j) - y_j| + M \cdot h^3. \end{aligned}$$

Wie beim Eulerschen Polygonzugverfahren erhält man hieraus die zu (8.99) analoge Fehlerabschätzung

$$\max_{k=0,\ldots,n} |y(x_k) - y_k| \leq D \cdot h^2$$

mit einer von h unabhängigen Zahl D.

Im Gegensatz zum Eulerschen Polygonzugverfahren konvergieren die Näherungslösungen des Halbschrittverfahrens bei $h \to 0$ *quadratisch* gegen die Lösung y von (8.96). Man sagt, das Halbschrittverfahren ist ein *Verfahren zweiter Ordnung.*

Dass sich dieser Qualitätsunterschied in der Praxis dramatisch auswirkt, zeigt der in Bild 8.15 links dargestellte Eulersche Polygonzug zur Schrittweite $h = 0.25$. Würde man in dieses Bild den Polygonzug einzeichnen, der sich durch Verbinden der aus dem Halbschrittverfahren resultierenden Punkte (x_j, y_j) $(j = 0, \ldots, 4)$ ergibt, so wäre dieser Polygonzug optisch kaum vom Graphen der Lösungsfunktion zu unterscheiden, denn es gilt $\max_{j=0,\ldots,4} |y(x_j) - y_j| \approx 0.027$.

Abschließend sei bemerkt, dass man bei jedem numerischen Verfahren zur Lösung einer DGL stets auch Rundungsfehler berücksichtigen muss. Daraus resultiert eine „Grenzgenauigkeit“, die auch durch eine Verkleinerung der Schrittweite nicht unterschritten werden kann.

Lernziel-Kontrolle

- Welches ist die allgemeine Form einer expliziten DGL 2. Ordnung?
- Welchen DGL'en genügen exponentielle Wachstums- und Zerfallsprozesse?
- Durch welche Überlegungen entsteht die logistische Differentialgleichung?
- Können Sie die Begriffe Richtungsfeld und Linienelement erklären?
- Was ist eine trennbare Differentialgleichung?
- Welche Gestalt besitzt eine lineare Differentialgleichung erster Ordnung?
- Wozu dient die Methode der Variation der Konstanten?
- Was besagt der globale Existenz- und Eindeutigkeitssatz von Picard–Lindelöf?
- Was ist eine lineare DGL n-ter Ordnung?
- Wie lautet das Anfangswertproblem für eine lineare DGL n-ter Ordnung?
- Erklären Sie die Begriffe Fundamentalsystem und Wronski-Determinante!
- Auf welche Weise erhält man alle Lösungen einer inhomogenen linearen DGL?
- Welche Gestalt besitzt das charakteristische Polynom einer linearen DGL mit konstanten Koeffizienten?
- Auf welche Weise liefert das charakteristische Polynom ein Fundamentalsystem von Lösungen einer homogenen linearen DGL?
- Können Sie die DGL der gedämpften harmonischen Schwingung herleiten?
- Wie ist die Laplace-Transformation definiert?
- Was besagen der Dämpfungs- und der Verschiebungssatz?
- Inwieweit ist f durch $\mathcal{L}_f$ bestimmt?
- Welche Idee liegt der Lösung einer DGL durch die Laplace-Transformation zugrunde?
- Was ist der entscheidene Unterschied zwischen dem Eulerschen Polygonzugverfahren und dem Halbschrittverfahren?

Kapitel 9

Stochastik

Es bleibt nämlich noch zu untersuchen, ob durch Vermehrung der Beobachtungen beständig auch die Wahrscheinlichkeit dafür wächst, daß die Zahl der günstigen zu der Zahl der ungünstigen Beobachtungen das wahre Verhältnis erreicht, und zwar in dem Maße, daß diese Wahrscheinlichkeit schließlich jeden beliebigen Grad der Gewißheit übertrifft, ...

Jakob Bernoulli

Ausgerüstet mit der allgemeinen Integrationstheorie können wir in diesem Kapitel die in I.4 begonnene Einführung in die Stochastik als „Mathematik des Zufalls" fortsetzen. Nach der Diskussion allgemeiner Zufallsvariablen und ihrer Verteilungen werden das Gesetz großer Zahlen und der zentrale Grenzwertsatz für Folgen unabhängiger Zufallsvariablen im Mittelpunkt des Kapitels stehen. Die Entwicklung der Stochastik ist bis heute von einer intensiven Wechselwirkung zwischen Theorie und Anwendungen geprägt. Zu den zahlreichen aktuellen Anwendungen gehören etwa die Telekommunikation (Modellierung der Abfolge und Dauer von Datentransfers), das Versicherungswesen (Prämienkalkulation unter Unsicherheit über zukünftige Schadensaufkommen), die Finanzmathematik (Risikomanagement und Optionsbewertung) oder die Meinungsforschung (Gewinnung repräsentativer Stichproben). Wir werden im letzten Abschnitt mit der Black–Scholes-Formel eines der zentralen Ergebnisse der Finanzmathematik herleiten.

9.1 Grundlagen

9.1.1 Stochastische Vorgänge

Als Teil der Stochastik modelliert und analysiert die Wahrscheinlichkeitstheorie (WT) *stochastische Vorgänge* (Zufallsexperimente). Ein mathematisches Modell für einen stochastischen Vorgang sollte die folgenden Aspekte erfassen:

(i) Was kann alles passieren?

(ii) Mit welchen Wahrscheinlichkeiten treten diese oder jene Ereignisse ein?

Dem ersten Aspekt wird mit dem sog. *Grundraum* Ω Rechnung getragen. Dieser Grundraum ist eine nichtleere Menge, die alle möglichen Ergebnisse (Ausgänge, Realisierungen) des stochastischen Vorgangs enthält. Den zweiten Aspekt erfasst man mit einem *Wahrscheinlichkeitsmaß* $\mathbb{P}$, welches geeigneten Teilmengen von Ω (sog. *Ereignissen*) Wahrscheinlichkeiten zuordnet.

9.1 Beispiel. (Münzwürfe)
Die möglichen Ergebnisse eines *Münzwurfes* können durch die Menge $\Omega := \{0,1\}$ beschrieben werden. Werden beide Ergebnisse als „gleich wahrscheinlich“ erachtet, so wählt man für $\mathbb{P}$ den Ansatz $\mathbb{P}(\{0\}) = \mathbb{P}(\{1\}) := 1/2$. Wird die Münze n-mal in Folge geworfen, so bietet sich als Grundraum das kartesische Produkt

$$\Omega := \{0,1\}^n = \{\omega := (\omega_1, \ldots, \omega_n) : \omega_j \in \{0,1\} \text{ für } j = 1, \ldots, n\}$$

an. Sieht man auch hier jeden dieser Ausgänge als „gleich wahrscheinlich“ an, so drückt sich diese Annahme in $\mathbb{P}(\{\omega\}) := 2^{-n}$ für jedes $\omega \in \Omega$ und allgemeiner in

$$\mathbb{P}(A) := \frac{|A|}{|\Omega|} = \frac{|A|}{2^n}, \qquad A \subset \Omega,$$

aus. Man nennt $\mathbb{P}$ die *Gleichverteilung* (oder Laplace-Verteilung) auf Ω.

9.2 Beispiel. (Unendlich viele Münzwürfe)
Wird eine Münze gedanklich beliebig oft geworfen, so ist die Menge

$$\Omega := \{0,1\}^\infty = \{(\omega_j)_{j\in\mathbb{N}} : \omega_j \in \{0,1\} \text{ für } j \in \mathbb{N}\}$$

aller 0/1-Folgen ein natürlicher Grundraum für diesen stochastischen Vorgang. Das zu konstruierende Wahrscheinlichkeitsmaß $\mathbb{P}$ sollte mit Blick auf Beispiel 9.1 allen Folgen mit gegebener gleicher Anfangssequenz die Wahrscheinlichkeit

$$\mathbb{P}(\{\omega \in \Omega : \omega_1 = i_1, \ldots, \omega_n = i_n\}) := 2^{-n}$$

zuordnen. Dabei sind $n \in \mathbb{N}$ und $(i_1, \ldots, i_n) \in \{0,1\}^n$ beliebig. Aufgabe der WT ist es, diese Definition in vernünftiger Weise auf möglichst viele Teilmengen von Ω zu erweitern. So sollte etwa die auch empirisch gestützte Aussage

$$\mathbb{P}(\{\omega \in \Omega : \lim_{n\to\infty} (\omega_1 + \ldots + \omega_n)/n = 1/2\}) = 1$$

gelten. Hier handelt es sich um ein Beispiel für das *Gesetz der großen Zahlen.*

9.3 Beispiel. (Gleichverteilte Zufallszahl)
Auf vielen Taschenrechnern findet sich eine Taste, deren Betätigung eine „zufällige“ Zahl ω aus dem Intervall $\Omega := [0,1]$ liefert. Ist diese Zufallszahl „*rein* zufällig“, so sollte für ein stochastisches Modell die Beziehung

$$\mathbb{P}(\{\omega \in [0,1] : a \leq \omega \leq b\}) = b - a, \qquad 0 \leq a \leq b \leq 1,$$

gelten. Die Wahrscheinlichkeit, dass die Zufallszahl in ein bestimmtes Intervall fällt, hängt also ausschließlich von der Länge des Intervalls ab. Mit Hilfe des in 6.1.1 eingeführten Lebesgue-Maßes lässt sich diese Idee mathematisch präzisieren.

9.4 Beispiel. (Brownsche Bewegung)
Der Botaniker R. Brown[1] beobachtete 1828, dass Blütenpollen in einer Flüssigkeit scheinbar völlig erratische „stochastische“ Bewegungen ausführten. Dieses Phänomen lässt sich mit den zahllosen Zusammenstößen zwischen den Pollen und den sehr viel kleineren Flüssigkeitsmolekülen erklären. Beobachtet man ein Pollen etwa zwischen den Zeitpunkten 0 und 1 und beschreibt dessen Aufenthaltsort $\omega(t)$ zur Zeit t zunächst nur durch eine Koordinate, so bietet sich als Grundraum Ω die Menge aller stetigen Funktionen $\omega : [0,1] \to \mathbb{R}$ mit $\omega(0) = 0$ an. Es zeigte sich, dass ein geeignetes Wahrscheinlichkeitsmaß $\mathbb{P}$ die Gleichung

$$\mathbb{P}(\{\omega \in \Omega : a \leq \omega(t) \leq b\}) = \frac{1}{\sigma\sqrt{2t\pi}} \int_a^b \exp\left(-\frac{x^2}{2t\sigma^2}\right) dx \qquad (9.1)$$

für jedes $t \in (0,1]$ und alle $a < b$ erfüllen soll. Für die Wahrscheinlichkeitstheorie stellen sich hier viele interessante Fragen. Warum tritt in (9.1) gerade das Integral der Dichte (6.27) der *Normalverteilung* (mit Parametern 0 und $\sigma\sqrt{t}$) auf? Welche Eigenschaften muss man zu (9.1) hinzunehmen, um $\mathbb{P}(A)$ für möglichst viele Mengen („Bewegungsverläufe“) $A \subset \Omega$ erklären zu können? Die Brownsche Bewegung (siehe 9.8.3) ist ein fundamentales Beispiel eines *stochastischen Prozesses.* Theorie und Anwendungen solcher Prozesse bilden einen wesentlichen Teil der heutigen Wahrscheinlichkeitstheorie.

9.1.2 Wahrscheinlichkeitsräume

Die folgende auf A.N. Kolmogorow zurückgehende und durch die Eigenschaften (i)–(iii) aus I.5.4.1 motivierte Definition bildet das Fundament der modernen Wahrscheinlichkeitstheorie.

Ein *Wahrscheinlichkeitsraum* (W-Raum) ist ein Tripel $(\Omega, \mathcal{A}, \mathbb{P})$, wobei Ω eine *beliebige* nichtleere Menge, $\mathcal{A} \subset \mathcal{P}(\Omega)$ eine σ-Algebra über Ω (vgl. 6.2.3) und $\mathbb{P} : \mathcal{A} \to [0, \infty]$ eine Funktion mit folgenden Eigenschaften ist:

[1]Robert Brown (1773–1858), schottischer Mediziner und Botaniker. 1810 Fellow der Royal Society und 1822 Fellow sowie 1849 bis 1853 Präsident der Linnean Society.

(i) $0 \leq \mathbb{P}(A) \leq 1, \qquad A \in \mathcal{A}.$

(ii) $\mathbb{P}(\Omega) = 1.$

(iii) Sind $A_1, A_2, \ldots$ paarweise disjunkte Mengen aus $\mathcal{A}$, so gilt

$$\mathbb{P}\left(\bigcup_{j=1}^{\infty} A_j\right) = \sum_{j=1}^{\infty} \mathbb{P}(A_j). \qquad (\sigma\text{-Additivität})$$

Die Funktion $\mathbb{P}$ heißt *Wahrscheinlichkeitsmaß* (W-Maß) auf $(\Omega, \mathcal{A})$.

Da aus obigen Axiomen leicht die Eigenschaft $\mathbb{P}(\emptyset) = 0$ gefolgert werden kann (setze in (iii) $A_1 := \Omega$ und $A_j := \emptyset$ für $j \geq 2$), ist ein Wahrscheinlichkeitsraum ein Maßraum $(\Omega, \mathcal{A}, \mu)$ (vgl. 6.2.11) mit der Normierungsbedingung $\mu(\Omega) = 1$.

9.5 Beispiel. (Diskrete Wahrscheinlichkeitsmaße)
Es seien $(\Omega, \mathcal{A})$ ein Messraum, $D \in \mathcal{A}$ eine endliche oder abzählbar-unendliche Menge sowie $p_\omega > 0$, $\omega \in D$, Zahlen mit $\sum_{\omega \in D} p_\omega = 1$. Gemäß Beispiel 6.58 definiert

$$\mathbb{P}(A) = \sum_{\omega \in D} p_\omega \, 1_A(\omega), \qquad A \in \mathcal{A}, \tag{9.2}$$

ein W-Maß $\mathbb{P}$ auf $(\Omega, \mathcal{A})$ (nach Voraussetzung gilt $\mathbb{P}(\Omega) = \mathbb{P}(D) = 1$). Ist umgekehrt $\mathbb{P}$ ein gegebenes W-Maß mit $\mathbb{P}(D) = 1$, so gilt Gleichung (9.2) mit $p_\omega := \mathbb{P}(\{\omega\})$. Derartige W-Maße heißen *diskret* mit *Träger* D. Wählt man $\Omega := D$ und $\mathcal{A} := \mathcal{P}(\Omega)$, so ergibt sich der in I.5.4 diskutierte diskrete W-Raum.

9.6 Beispiel. (Wahrscheinlichkeitsmaße mit Dichten)
Es seien $(\Omega, \mathcal{A}, \mu)$ ein Maßraum und $f : \Omega \to [0, \infty]$ eine $\mathcal{A}$-messbare Funktion mit der Eigenschaft $\int f \, d\mu = 1$. Dann definiert

$$\mathbb{P}(A) := \int_A f(\omega) \, \mu(d\omega), \qquad A \in \mathcal{A},$$

ein W-Maß $\mathbb{P}$ auf $(\Omega, \mathcal{A})$. In Übereinstimmung mit 6.2.26 heißt die Funktion f *μ-Dichte* von $\mathbb{P}$.

Besonders wichtig ist der Fall $(\Omega, \mathcal{A}, \mu) = (\mathbb{R}^n, \mathcal{L}^n, \lambda^n)$, der bereits in Beispiel 6.54 diskutiert wurde. Dann nennt man f die *Lebesgue-Dichte* (oder einfach Dichte) von $\mathbb{P}$ und das W-Maß $\mathbb{P}$ *absolut stetig*. Dabei ist es in der Stochastik üblich, nicht die σ-Algebra $\mathcal{L}^n$ der Lebesgue-messbaren Mengen, sondern die für praktische Zwecke völlig ausreichende σ-Algebra $\mathcal{B}^n \subset \mathcal{L}^n$ der Borelmengen zu betrachten (ein Grund hierfür ist auch die Gleichung 6.54). In der Notation $(\mathbb{R}^n, \mathcal{B}^n, \lambda^n)$ bezeichnet dann λ^n die Einschränkung des Lebesgue-Maßes auf $\mathcal{B}^n$.

Es ist oft hilfreich, einen W-Raum $(\Omega, \mathcal{A}, \mathbb{P})$ als Modell für einen (möglicherweise sehr komplexen) stochastischen Vorgang zu interpretieren. In diesem Zusammenhang nennt man jede Menge $A \in \mathcal{A}$ ein *Ereignis*. Die Zahl $\mathbb{P}(A)$ heißt *Wahrscheinlichkeit* des Ereignisses (bzw. von) A. Die Menge $\emptyset$ heißt *unmögliches* und die Menge Ω *sicheres* Ereignis. Liefert der stochastische Vorgang den Ausgang $\omega \in \Omega$ und ist $A \in \mathcal{A}$, so gibt es die beiden Möglichkeiten $\omega \in A$ oder $\omega \notin A$. Man sagt dann, dass das Ereignis A *eingetreten* bzw. *nicht eingetreten* ist. Ist B ein weiteres Ereignis und gilt $\omega \in A \cap B$ (bzw. $\omega \in A \cup B$), so sagt man, dass A *und* (bzw. *oder*) B eingetreten sind (bzw. ist). In Verallgemeinerung dazu beschreiben $\cup_{j=1}^n A_j$ und $\cap_{j=1}^n A_j$ $(A_1, \ldots, A_n \in \mathcal{A})$ die Ereignisse „mindestens eines der Ereignisse $A_1, \ldots, A_n$ tritt ein“ bzw. „jedes der Ereignisse $A_1, \ldots, A_n$ tritt ein“.

9.1.3 Folgerungen aus den Axiomen

Da eine σ-Algebra $\mathcal{A}$ abgeschlossen gegenüber der Bildung von Komplementen sowie von Vereinigungen und Durchschnitten endlich vieler oder abzählbar-unendlich vieler Mengen ist, bleiben die in I.4.2.3 hergeleiteten Eigenschaften für ein Wahrscheinlichkeitsmaß $\mathbb{P}$ in der allgemeinen Situation von 9.1.2 unverändert gültig. Hinzu treten die Eigenschaften

(i) aus $A_k \uparrow A$ folgt $\mathbb{P}(A) = \lim_{k\to\infty} \mathbb{P}(A_k)$, (Stetigkeit unten)

(ii) aus $A_k \downarrow A$ folgt $\mathbb{P}(A) = \lim_{k\to\infty} \mathbb{P}(A_k)$, (Stetigkeit von oben)

(iii) $\mathbb{P}\left(\bigcup_{k=1}^\infty A_k\right) \leq \sum_{k=1}^\infty \mathbb{P}(A_k)$. ($\sigma$-Subadditivität)

Dabei sind $A_1, A_2, \ldots \in \mathcal{A}$ (vgl. Satz 6.53 (ii)–(iv)).

9.2 Zufallsvariablen und ihre Verteilungen

In diesem Abschnitt sei $(\Omega, \mathcal{A}, \mathbb{P})$ ein beliebiger W-Raum.

9.2.1 Zufallsvariablen

Ist $(\mathbb{X}, \mathcal{X})$ ein Messraum, so heißt jede Abbildung $X : \Omega \to \mathbb{X}$ mit der sog. „$(\mathcal{A}, \mathcal{X})$-Messbarkeitseigenschaft“

$$X^{-1}(B) = \{\omega \in \Omega : X(\omega) \in B\} \in \mathcal{A}, \qquad B \in \mathcal{X}, \tag{9.3}$$

eine $\mathbb{X}$-wertige *Zufallsvariable* (auf Ω). In den Fällen $(\mathbb{X}, \mathcal{X}) = (\mathbb{R}, \mathcal{B}^1)$ bzw. $(\mathbb{X}, \mathcal{X}) = (\mathbb{R}^k, \mathcal{B}^k)$ für $k \in \mathbb{N}$ mit $k \geq 2$ nennt man X auch eine *reelle Zufallsva-*

riable bzw. einen *k-dimensionalen Zufallsvektor*. Im Fall einer reellen Zufallsvariablen ist (9.3) gleichbedeutend mit

$$\{\omega \in \Omega : X(\omega) \le t\} \in \mathcal{A} \qquad \text{für jedes } t \in \mathbb{R}. \tag{9.4}$$

Das ergibt sich aus den nachfolgenden Beziehungen (9.5) und (9.6) sowie der Tatsache, dass das System aller Intervalle der Form $(-\infty, x]$, $x \in \mathbb{R}$, einen Erzeuger der Borelschen σ-Algebra $\mathcal{B}^1$ bildet. Im Sinne von 6.2.6 ist eine reelle Zufallsvariable also nichts anderes als eine $\mathcal{A}$-messbare reellwertige Abbildung auf Ω.

Ist $X =: (X_1, \ldots, X_k)$ ein k-dimensionaler Zufallsvektor, also eine $(\mathcal{A}, \mathcal{B}^k)$-messbare Abbildung $\omega \mapsto X(\omega) = (X_1(\omega), \ldots, X_k(\omega))$, so heißen die Zufallsvariablen $X_1, \ldots, X_k$ die *Komponenten* von X. Wie in der Stochastik allgemein üblich werden Zufallsvariablen mit großen lateinischen Buchstaben aus dem hinteren Teil des Alphabetes bezeichnet. Auf eine Pfeil-Schreibweise für Zufallsvektoren wird verzichtet.

Bisweilen treten auch $\bar{\mathbb{R}}$-wertige Zufallsvariablen auf. In diesem Fall ist $\mathcal{X} = \{B \subset \bar{\mathbb{R}} : B \cap \mathbb{R} \in \mathcal{B}^1\}$, und die Bedingung (9.3) ist zu (9.4) äquivalent.

Die Definition einer Zufallsvariablen wurde bewusst so allgemein gewählt, um auch die für die Anwendungen so wichtigen stochastischen Prozesse (vgl. 9.8.3) zu erfassen.

Für die folgenden Überlegungen erinnern wir daran, dass die zu einer Abbildung $X : \Omega \to \mathbb{X}$ gehörende *Urbild-Abbildung* $X^{-1} : \mathcal{P}(\mathbb{X}) \to \mathcal{P}(\Omega)$ durch

$$X^{-1}(B) := \{\omega \in \Omega : X(\omega) \in B\}, \qquad B \subset \mathbb{X},$$

definiert ist (vgl. I.2.1.5). Man überlegt sich leicht, dass für beliebige Teilmengen $B, B_1, B_2, \ldots$ von $\mathbb{X}$ die Beziehungen

$$X^{-1}(\mathbb{X} \setminus B) = \Omega \setminus X^{-1}(B), \tag{9.5}$$

$$X^{-1}\left(\bigcup_{j=1}^{\infty} B_j\right) = \bigcup_{j=1}^{\infty} X^{-1}(B_j), \qquad X^{-1}\left(\bigcap_{j=1}^{\infty} B_j\right) = \bigcap_{j=1}^{\infty} X^{-1}(B_j) \tag{9.6}$$

gelten (sog. *Verträglichkeit* von X^{-1} mit mengentheoretischen Operationen).

9.2.2 Verteilungen

Sind $(\mathbb{X}, \mathcal{X})$ ein Messraum und $X : \Omega \to \mathbb{X}$ eine $\mathbb{X}$-wertige Zufallsvariable, so wird durch

$$\mathbb{P}^X(B) := \mathbb{P}(X^{-1}(B)), \qquad B \in \mathcal{X}, \tag{9.7}$$

ein W-Maß $\mathbb{P}^X$ auf der σ-Algebra $\mathcal{X}$ definiert. Es heißt die *Verteilung* von X. Ist $X = (X_1, \ldots, X_k)$ ein k-dimensionaler Zufallsvektor, so nennt man $\mathbb{P}^X$ auch die *gemeinsame Verteilung* von $X_1, \ldots, X_k$.

Dass durch (9.7) ein W-Maß auf $(\mathbb{X}, \mathcal{X})$ definiert wird (und somit ein neuer W-Raum $(\mathbb{X}, \mathcal{X}, \mathbb{P}^X)$ entsteht), ist unmittelbar einzusehen, denn nach (9.3) ist $\mathbb{P}^X$ wohldefiniert, und es gilt $0 \le \mathbb{P}^X(B) \le 1$ sowie $\mathbb{P}^X(\mathbb{X}) = \mathbb{P}(\Omega) = 1$. Sind $B_1, B_2, \ldots \in \mathcal{X}$ paarweise disjunkt, so sind auch die Urbilder $X^{-1}(B_j)$ $(j = 1, 2, \ldots)$ paarweise disjunkte Mengen in $\mathcal{A}$, und (9.6) sowie die σ-Additivität von $\mathbb{P}$ liefern

$$\mathbb{P}^X\left(\bigcup_{j=1}^{\infty} B_j\right) = \mathbb{P}\left(\bigcup_{j=1}^{\infty} X^{-1}(B_j)\right) = \sum_{j=1}^{\infty} \mathbb{P}\left(X^{-1}(B_j)\right) = \sum_{j=1}^{\infty} \mathbb{P}^X(B_j).$$

Wir werden in der Folge auf die schwerfällige Notation $\mathbb{P}^X(B)$ verzichten und die (auch suggestivere) Schreibweise

$$\mathbb{P}(X \in B) := \mathbb{P}(\{X \in B\}) = \mathbb{P}(\{\omega \in \Omega : X(\omega) \in B\}) = \mathbb{P}^X(B) \tag{9.8}$$

verwenden. Hierbei erinnern wir an die in 6.2.9 getroffenen Vereinbarungen. Analoge Bezeichnungen werden wir auch für andere Ereignisse benutzen. Sind zum Beispiel $(\mathbb{X}', \mathcal{X}')$ ein weiterer Messraum, Y eine $\mathbb{X}'$-wertige Zufallsvariable und $B \in \mathcal{X}$, $C \in \mathcal{X}'$, so steht $\mathbb{P}(X \in B, Y \in C)$ für die Wahrscheinlichkeit des Ereignisses $\{\omega \in \Omega : X(\omega) \in B \text{ und } Y(\omega) \in C\}$.

Es sei betont, dass es für das Studium der Verteilung einer Zufallsvariablen X nicht auf die konkrete Gestalt des zugrunde liegenden W-Raumes $(\Omega, \mathcal{A}, \mathbb{P})$ ankommt, sondern nur darauf, ob die Existenz eines (als Verteilung von X fungierenden) W-Maßes Q auf $\mathcal{X}$ gesichert ist. Existiert ein derartiges Q, so existieren auch ein W-Raum $(\Omega, \mathcal{A}, \mathbb{P})$ und eine $\mathbb{X}$-wertige Zufallsvariable $X : \Omega \to \mathbb{X}$ mit $Q = \mathbb{P}^X$; wir brauchen hierzu nur

$$\Omega := \mathbb{X}, \quad \mathcal{A} := \mathcal{X}, \quad \mathbb{P} := Q, \quad X := \mathrm{id}_\Omega \tag{9.9}$$

zu setzen (sog. *kanonisches Modell*).

Die folgenden Beispiele zeigen, wie man im Fall reeller Zufallsvariablen und k-dimensionaler Zufallsvektoren vorgeht, um praktisch wichtige Klassen von Verteilungen (W-Maßen Q auf $(\mathbb{R}, \mathcal{B}^1)$ bzw. $(\mathbb{R}^k, \mathcal{B}^k)$) zu erzeugen.

9.7 Beispiel. (Diskrete Verteilungen und Zufallsvektoren)
In völliger Analogie zu Beispiel 9.5 heißt ein k-dimensionaler Zufallsvektor X *diskret* (*verteilt*) und seine Verteilung $\mathbb{P}^X$ *diskret*, falls es eine endliche oder abzählbar-unendliche Menge $D \subset \mathbb{R}^k$ (und somit $D \in \mathcal{B}^k$) sowie positive Zahlen $p_{\vec{x}}$, $\vec{x} \in D$, mit $\sum_{\vec{x} \in D} p_{\vec{x}} = 1$ gibt, so dass gilt:

$$\mathbb{P}(X \in B) = \sum_{\vec{x} \in B \cap D} p_{\vec{x}} = \sum_{\vec{x} \in D} 1_B(\vec{x}) p_{\vec{x}}, \qquad B \in \mathcal{B}^k.$$

Insbesondere ergibt sich für $y \in D$ mit der Wahl $B := \{\vec{y}\}$

$$\mathbb{P}(X = \vec{y}) = p_{\vec{y}}.$$

Wegen der σ-Additivität ist die Verteilung eines diskreten Zufallsvektors durch die Angabe der Werte $\mathbb{P}(X = \vec{x})$, $\vec{x} \in D$, eindeutig bestimmt. Die Menge D heißt *Träger* (der Verteilung) von X. Bereits bekannt diskrete Verteilungen für reelle Zufallsvariablen sind die

- *Binomialverteilung* $Bin(n,p)$ mit $D = \{0,\ldots,n\}$ (s. I.4.9.1), also

$$\mathbb{P}(X = k) = \binom{n}{k} p^k (1-p)^{n-k}, \qquad k = 0,1,\ldots,n,$$

- die *geometrische Verteilung* $G(p)$ mit $D = \mathbb{N}_0$ (s. I.5.4.3), d.h.

$$\mathbb{P}(X = k) = (1-p)^k \cdot p, \qquad k = 0,1,2,\ldots,$$

- die *negative Binomialverteilung* $Nb(r,p)$ mit $D = \mathbb{N}_0$ (s. I.5.4.4), also

$$\mathbb{P}(X = k) = \binom{k+r-1}{k} \cdot p^r \cdot (1-p)^k, \qquad k = 0,1,2,\ldots.$$

- und die *Poisson-Verteilung* $Po(\lambda)$ mit $D = \mathbb{N}_0$ (s. I.5.4.5), d.h.

$$\mathbb{P}(X = k) = e^{-\lambda} \cdot \frac{\lambda^k}{k!}, \qquad k = 0,1,2,\ldots.$$

Ein wichtiges Beispiel eines diskret verteilten Zufallsvektors $X = (X_1,\ldots,X_k)$ ist die *Multinomialverteilung* $Mult(n;p_1,\ldots,p_k)$, also

$$\mathbb{P}(X_1 = j_1,\ldots,X_k = j_k) = \frac{n!}{j_1! \cdot \ldots \cdot j_k!} \cdot p_1^{j_1} \cdot \ldots \cdot p_k^{j_k},$$

mit dem Träger $D = \{(j_1,\ldots,j_k) \in \mathbb{N}_0^k : j_1 + \ldots + j_k = n\}$, vgl. I.4.9.2.

9.8 Beispiel. (Absolut stetige Verteilungen und Zufallsvektoren)
In Analogie zu Beispiel 9.6 heißt ein k-dimensionaler Zufallsvektor X *absolut stetig* (*verteilt*) und seine Verteilung $\mathbb{P}^X$ *absolut stetig*, falls es eine $\mathcal{B}^k$-messbare Funktion $f : \mathbb{R}^k \to [0,\infty)$ mit der Eigenschaft

$$\int_{\mathbb{R}^k} f(\vec{x})\, d\vec{x} = 1$$

gibt, so dass

$$\mathbb{P}(X \in B) = \int_B f(\vec{x})\, d\vec{x}, \qquad B \in \mathcal{B}^k. \tag{9.10}$$

In diesem Fall heißt die Funktion f (eine) (*Lebesgue*)-*Dichte* von X bzw. *gemeinsame Dichte* von $X_1, \dots, X_k$, wenn $X_1, \dots, X_k$ die Komponenten von X bezeichnen. Man spricht auch von einer *Verteilungsdichte* oder *Dichte der Verteilung von* X. Zur Hervorhebung der Dimension k wird f auch als λ^k-*Dichte* bezeichnet.

Da man den Integranden f in (9.10) auf einer Nullmenge abändern kann, ohne dass sich der Wert des Integrals ändert, ist eine Dichte nicht eindeutig bestimmt. In Anwendungen wird f im Allgemeinen hinreichend regulär sein, so dass die Berechnung von $\mathbb{P}(X \in B)$ für „einfache" Mengen B wie z.B. achsenparallele Quader auch mit Hilfe des Riemann-Integrals erfolgen kann. Bereits bekannte absolut stetige Verteilungen sind für $k = 1$ die

- *Gleichverteilung* $U(a, b)$ mit der Dichte (vgl. Bsp. I.7.41)

$$f(x) := 1_{[a,b]}(x)\frac{1}{b-a},$$

- die *Exponentialverteilung* $Exp(\lambda)$ mit der Dichte (vgl. Bsp. I.7.42),

$$f(x) := 1_{[0,\infty)}(x)\lambda \exp(-\lambda x),$$

- die *Normalverteilung* $N(\mu, \sigma^2)$ mit der Dichte (vgl. 6.1.18)

$$f(x) := \frac{1}{\sigma\sqrt{2\pi}} \cdot \exp\left(-\frac{(x-\mu)^2}{2\sigma^2}\right), \qquad x \in \mathbb{R},$$

- und die mit $Gam(\alpha, \beta)$ bezeichnete *Gammaverteilung* (vgl. 6.1.18) mit der Dichte

$$f(x) := \frac{\beta^\alpha x^{\alpha-1}}{\Gamma(\alpha)} \exp(-\beta x), \qquad x > 0, \qquad (f(x) := 0, \text{ sonst}).$$

9.2.3 Die Verteilungsfunktion

Für eine reelle Zufallsvariable X auf einem W-Raum $(\Omega, \mathcal{A}, \mathbb{P})$ heißt die durch

$$F(x) := \mathbb{P}(X \leq x), \qquad x \in \mathbb{R},$$

definierte Funktion $F : \mathbb{R} \to [0, 1]$ die (kumulative) *Verteilungsfunktion* von X. Für ein W-Maß Q auf $(\mathbb{R}, \mathcal{B}^1)$ heißt die durch

$$F(x) := Q((-\infty, x]), \qquad x \in \mathbb{R},$$

definierte Funktion $F : \mathbb{R} \to [0,1]$ die *Verteilungsfunktion* von Q.

Die Verteilungsfunktion einer reellen Zufallsvariablen X ist zugleich die Verteilungsfunktion der Verteilung $\mathbb{P}^X$ von X. Eine Verteilungsfunktion F ist monoton wachsend und rechtsseitig stetig, und sie besitzt das asymptotische Verhalten

$$\lim_{x \to -\infty} F(x) = 0, \qquad \lim_{x \to \infty} F(x) = 1 \tag{9.11}$$

(vgl. I.6.3.6). Bild 9.1 illustriert diese Eigenschaften.

Ist F die Verteilungsfunktion einer reellen Zufallsvariablen X, so ist

$$F(t) - F(t-) = \lim_{s \to t-} (F(t) - F(s)) = \lim_{s \to t-} \mathbb{P}(X \in (s,t]) = \mathbb{P}(X = t)$$

die *Sprunghöhe* von F im Punkt $t \in \mathbb{R}$. Die Funktion F ist also genau dann stetig, wenn es kein $t \in \mathbb{R}$ mit $\mathbb{P}(X = t) > 0$ gibt. Im Gegensatz dazu ist F genau dann *stückweise konstant*, wenn X eine diskrete Verteilung besitzt.

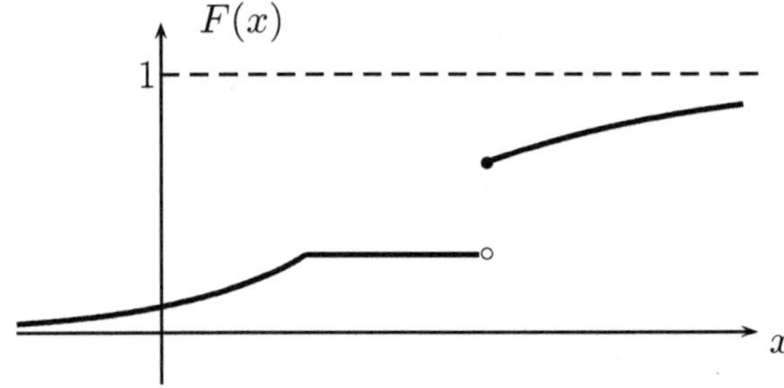

Bild 9.1: Verteilungsfunktion einer Zufallsvariablen

Es ist leicht zu sehen, dass das System aller Intervalle der Form $(-\infty, x]$, $x \in \mathbb{R}$, ein durchschnittsstabiler Erzeuger der Borelschen σ-Algebra $\mathcal{B}^1$ ist. Nach Satz 6.59 legt also die Verteilungsfunktion F die Verteilung $\mathbb{P}^X$ von X eindeutig fest.

9.2.4 Die Quantil-Transformation

Interessanterweise ist *jede* monoton wachsende und rechtsseitig stetige Funktion $F : \mathbb{R} \to [0,1]$ mit den Eigenschaften (9.11) die Verteilungsfunktion einer geeigneten Zufallsvariablen. Hierzu definieren wir die *Quantilfunktion* $F^{-1} : (0,1) \to \mathbb{R}$ zu F durch

$$F^{-1}(u) := \inf\{x \in \mathbb{R} : F(x) \geq u\}, \qquad 0 < u < 1.$$

Diese Begriffsbildung ist in Bild 9.2 veranschaulicht. Man beachte, dass die Quantilfunktion mit der (dann existierenden) Umkehrabbildung $F^{-1} : \mathbb{R} \to (0,1)$ übereinstimmt, wenn F stetig und auf $\mathbb{R}$ streng monoton wachsend ist. Deshalb wird F^{-1} auch als *verallgemeinerte Inverse* von F bezeichnet.

9.9 Satz. (Quantil-Transformation)
Zu jeder monoton wachsenden und rechtsseitig stetigen Funktion $F : \mathbb{R} \to [0,1]$ *mit der Eigenschaft* (9.11) *gibt es einen W-Raum* $(\Omega, \mathcal{A}, \mathbb{P})$ *und eine Zufallsvariable* X *auf* Ω, *so dass* F *die Verteilungsfunktion von* X *ist. Wir setzen hierzu*

$$\Omega := (0,1), \qquad \mathcal{A} := \{B \in \mathcal{B}^1 : B \subset (0,1)\},$$
$$X(u) := F^{-1}(u), \qquad u \in \Omega,$$

und wählen als W-Maß $\mathbb{P}$ *die Einschränkung des Lebesgueschen Maßes* λ^1 *auf die* σ*-Algebra* $\mathcal{A}$.

BEWEIS: Wegen (9.11) gilt $X(u) \in \mathbb{R}$, $u \in \Omega$, und die rechtsseitige Stetigkeit von F liefert die Äquivalenz

$$F(x) \geq u \Longleftrightarrow x \geq F^{-1}(u), \qquad x \in \mathbb{R},\ 0 < u < 1. \tag{9.12}$$

Hieraus folgt die $\mathcal{A}$-Messbarkeit von X, denn für jedes $c \in \mathbb{R}$ gilt

$$\{X \leq c\} = \{u \in \Omega : u \leq F(c)\} = (0, F(c)] \in \mathcal{A}.$$

Schließlich gilt (wiederum mit (9.12))

$$\mathbb{P}(X \leq x) = \mathbb{P}(\{u \in \Omega : u \leq F(x)\}) = \lambda^1((0, F(x)]) = F(x), \qquad x \in \mathbb{R},$$

so dass X in der Tat die Verteilungsfunktion F besitzt. □

Satz 9.9 unterstreicht die Bedeutung des Lebesgueschen Maßes für die Konstruktion stochastischer Modelle. Darüber hinaus liefert die Quantiltransformation $u \mapsto F^{-1}(u)$ (vgl. Bild 9.2) eine Methode zur Erzeugung von Zufallszahlen nach einer vorgegebenen Verteilungsfunktion, wenn ein Algorithmus zur Erzeugung gleichverteilter Zufallszahlen im Intervall $(0,1)$ zur Verfügung steht.

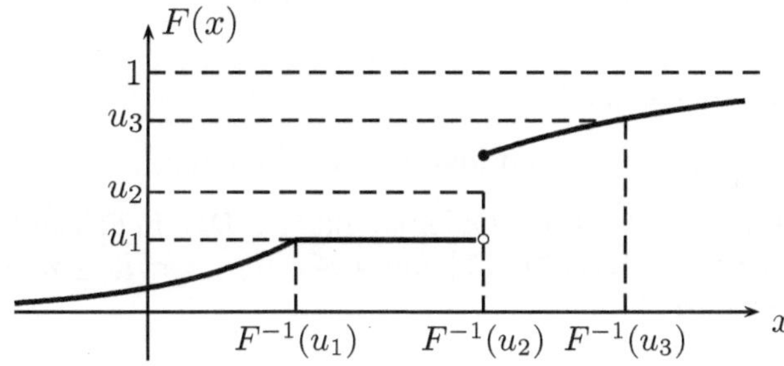

Bild 9.2:
Zur Definition der Quantilfunktion

9.3 Stochastische Unabhängigkeit

In diesem Abschnitt führen wir die in I.4.8 begonnene Diskussion der stochastischen Unabhängigkeit als einer zentralen Begriffsbildung der Stochastik in einem allgemeinen Rahmen fort. Dazu sei im Folgenden $(\Omega, \mathcal{A}, \mathbb{P})$ ein *beliebiger* W-Raum.

9.3.1 Unabhängigkeit von Ereignissen

Wie in I.4.8.3 heißen $n \geq 2$ Ereignisse $A_1, \ldots, A_n \in \mathcal{A}$ (*stochastisch*) *unabhängig* (bzgl. $\mathbb{P}$), falls für jedes $r \in \{2, \ldots, n\}$ und jede Wahl von $i_1, i_2, \ldots, i_r \in \{1, \ldots, n\}$ mit $1 \leq i_1 < i_2 < \ldots < i_r \leq n$ gilt:

$$\mathbb{P}\left(\bigcap_{m=1}^{r} A_{i_m}\right) = \prod_{m=1}^{r} \mathbb{P}(A_{i_m}). \tag{9.13}$$

Die Unabhängigkeit von n Ereignissen ist also durch $2^n - n - 1$ Gleichungen beschrieben (vgl. die Diskussion in I.4.8).

9.3.2 Unabhängigkeit von Mengensystemen

Es seien $\mathcal{M}_1, \ldots, \mathcal{M}_n \subset \mathcal{A}$ nichtleere Systeme von Ereignissen. Die Mengensysteme $\mathcal{M}_1, \ldots, \mathcal{M}_n$ heißen (*stochastisch*) *unabhängig* (bzgl. $\mathbb{P}$), falls Gleichung (9.13) für jedes $r \in \{2, \ldots, n\}$, jede Wahl von $i_1, i_2, \ldots, i_r \in \{1, 2, \ldots, n\}$ mit $1 \leq i_1 < i_2 < \ldots < i_r \leq n$ *und jede Wahl von* $A_{i_m} \in \mathcal{M}_{i_m}$ $(m = 1, \ldots, r)$ erfüllt ist. Man beachte, dass diese Definition im Spezialfall $\mathcal{M}_j := \{A_j\}$ $(j = 1, \ldots, n)$ die Unabhängigkeit von n Ereignissen beschreibt.

„Verkleinert man“ unabhängige Mengensysteme $\mathcal{M}_1, \ldots, \mathcal{M}_n$, indem man zu (nichtleeren) Systemen $\mathcal{N}_1, \ldots, \mathcal{N}_n$ mit $\mathcal{N}_1 \subset \mathcal{M}_1, \ldots, \mathcal{N}_n \subset \mathcal{M}_n$ übergeht, so sind offenbar auch $\mathcal{N}_1, \ldots, \mathcal{N}_n$ stochastisch unabhängig. Bezüglich des „Vergrößerns“ unabhängiger Systeme gilt folgendes wichtige Resultat.

9.10 Satz. (Vergrößern unabhängiger Systeme)
Es seien $\mathcal{M}_1, \ldots, \mathcal{M}_n \subset \mathcal{A}$ nichtleere unabhängige durchschnittsstabile Mengensysteme. Dann sind auch die erzeugten σ-Algebren $\sigma(\mathcal{M}_1), \ldots, \sigma(\mathcal{M}_n)$ unabhängig.

BEWEIS: Wir behaupten zunächst, dass das durch

$$\mathcal{D}_n := \{E \in \mathcal{A} : \mathcal{M}_1, \ldots, \mathcal{M}_{n-1}, \{E\} \text{ sind unabhängige Systeme}\}$$

definierte Mengensystem ein d-System (vgl. 6.2.4) ist. Offenbar gilt $\Omega \in \mathcal{D}_n$. Im Folgenden seien $r \in \{1, \ldots, n-1\}$ sowie $i_1, \ldots, i_r \in \{1, \ldots, n-1\}$ mit $1 \leq i_1 < \ldots < i_r \leq n-1$ sowie $A_{i_m} \in \mathcal{M}_{i_m}$ $(m = 1, \ldots, r)$ beliebig.

Sind $D, E \in \mathcal{D}_n$ mit $D \subset E$, so gilt

$$\begin{aligned}
\mathbb{P}\left(\bigcap_{m=1}^{r} A_{i_m} \cap (E \setminus D)\right) &= \mathbb{P}\left(\bigcap_{m=1}^{r} A_{i_m} \cap E\right) - \mathbb{P}\left(\bigcap_{m=1}^{r} A_{i_m} \cap D\right) \\
&= \prod_{m=1}^{r} \mathbb{P}(A_{i_m}) \cdot \mathbb{P}(E) - \prod_{m=1}^{r} \mathbb{P}(A_{i_m}) \cdot \mathbb{P}(D) \\
&= \prod_{m=1}^{r} \mathbb{P}(A_{i_m}) \cdot (\mathbb{P}(E) - \mathbb{P}(D)) = \prod_{m=1}^{r} \mathbb{P}(A_{i_m}) \cdot \mathbb{P}(E \setminus D)
\end{aligned}$$

und somit $E \setminus D \in \mathcal{D}_n$. Völlig analog zeigt man, dass $\mathcal{D}_n$ auch abgeschlossen unter monotonen Vereinigungen und somit ein d-System ist.

Nach Konstruktion sind $\mathcal{M}_1, \ldots, \mathcal{M}_{n-1}, \mathcal{D}_n$ unabhängig. Wegen $\mathcal{M}_n \subset \mathcal{D}_n$ und der Durchschnitsstabilität von $\mathcal{M}_n$ folgt dann aus dem monotonen Klassensatz 6.46 die Beziehung $\sigma(\mathcal{M}_n) \subset \mathcal{D}_n$ und somit die Unabhängigkeit von $\mathcal{M}_1, \ldots, \mathcal{M}_{n-1}, \sigma(\mathcal{M}_n)$. Aus Symmetriegründen können wir jetzt für jedes $j = 1, \ldots, n-1$ das System $\mathcal{M}_j$ durch $\sigma(\mathcal{M}_j)$ ersetzen. □

9.3.3 Unabhängigkeit von Zufallsvariablen

Ist $X : \Omega \to \mathbb{X}$ eine $\mathbb{X}$-wertige Zufallsvariable, so heißt das Mengensystem

$$\sigma(X) := \{X^{-1}(B) : B \in \mathcal{X}\} \subset \mathcal{A}$$

die *von X erzeugte σ-Algebra*. Dass $\sigma(X)$ eine σ-Algebra ist, folgt unmittelbar aus den Eigenschaften (9.5) und (9.6) der Urbild-Abbildung.

Im Folgenden seien $(\mathbb{X}_j, \mathcal{X}_j)$ $(j = 1, \ldots, n; n \geq 2)$ Messräume, und $X_j : \Omega \to \mathbb{X}_j$ $\mathbb{X}_j$-wertige Zufallsvariablen.

Die Zufallsvariablen $X_1, \ldots, X_n$ heißen (*stochastisch*) *unabhängig* (bzgl. $\mathbb{P}$), falls die von ihnen erzeugten σ-Algebren $\sigma(X_1), \ldots, \sigma(X_n)$ unabhängig sind.

Nach Definition der Unabhängigkeit von Mengensystemen und Ereignissen sind also $X_1, \ldots, X_n$ genau dann unabhängig, wenn für jedes $r \in \{2, \ldots, n\}$, jede Wahl von $i_1, \ldots, i_r$ mit $1 \leq i_1 < \ldots < i_r \leq n$ und jede Wahl von Mengen $B_{i_1} \in \mathcal{X}_{i_1}, \ldots, B_{i_r} \in \mathcal{X}_{i_r}$ gilt:

$$\begin{aligned}\mathbb{P}\left(X_{i_1} \in B_{i_1}, \ldots, X_{i_m} \in B_{i_m}\right) := \mathbb{P}\left(\bigcap_{m=1}^{r} X_{i_m}^{-1}\left(B_{i_m}\right)\right) &= \prod_{m=1}^{r} \mathbb{P}\left(X_{i_m}^{-1}\left(B_{i_m}\right)\right) \\ &= \prod_{m=1}^{r} \mathbb{P}\left(X_{i_m} \in B_{i_m}\right).\end{aligned}$$

Da für die Indizes $j \in \{1, 2, \ldots, n\} \setminus \{i_1, \ldots, i_r\}$ die Mengen $B_j := \mathbb{X}_j$ gewählt werden können und $X_j^{-1}(\mathbb{X}_j) = \Omega$ sowie $\mathbb{P}(X_j \in \mathbb{X}_j) = 1$ gilt, kann die stochastische Unabhängigkeit von $X_1, \ldots, X_n$ in der Form

$$\mathbb{P}\left(X_1 \in B_1, \ldots, X_n \in B_n\right) = \prod_{j=1}^{n} \mathbb{P}\left(X_j \in B_j\right), \qquad B_1 \in \mathcal{X}_1, \ldots, B_n \in \mathcal{X}_n, \tag{9.14}$$

geschrieben werden.

Man beachte, dass sich im Spezialfall $\mathbb{X}_1 = \ldots = \mathbb{X}_n = \mathbb{R}$ die Unabhängigkeit von n reellen Zufallsvariablen ergibt. Die Definition ist aber bewusst so allgemein gehalten, dass auch der Fall von Zufallsvektoren mit möglicherweise unterschiedlichen Dimensionen erfasst ist.

9.11 Satz. (Funktionen von unbhängigen Zufallsvariablen sind unabhängig)
In der obigen Situation seien $(\mathbb{X}'_1, \mathcal{X}'_1), \ldots, (\mathbb{X}'_n, \mathcal{X}'_n)$ *weitere Messräume. Für jedes* $j = 1, \ldots, n$ *sei* $g_j : \mathbb{X}_j \to \mathbb{X}'_j$ *eine* $(\mathcal{X}_j, \mathcal{X}'_j)$*-messbare Abbildung, d.h. es gelte*

$$g_j^{-1}(B) \in \mathcal{X}_j \quad \textit{für jedes} \quad B \in \mathcal{X}'_j.$$

Definiert man die $\mathbb{X}'_j$*-wertige Zufallsvariable* $Y_j : \Omega \to \mathbb{X}'_j$ *als Komposition* $Y_j := g_j \circ X_j$ *von* g_j *und* X_j*, also* $Y_j(\omega) := (g_j \circ X_j)(\omega) := g_j(X_j(\omega))$, $\omega \in \Omega$, *so gilt:*

$$X_1, \ldots, X_n \textit{ unabhängig} \Longrightarrow Y_1, \ldots, Y_n \textit{ unabhängig.}$$

Beweis: Es seien $j \in \{1, 2, \ldots, n\}$ und $B \in \mathcal{X}_j$ beliebig. Wegen

$$Y_j^{-1}(B) = \{\omega : g_j(X_j(\omega)) \in B\} = \{\omega : X_j(\omega) \in g_j^{-1}(B)\} = X_j^{-1}\left(g_j^{-1}(B)\right) \in \sigma(X_j)$$

gilt $\sigma(Y_j) \subset \sigma(X_j)$. Als Teilsysteme der unabhängigen Systeme $\sigma(X_1), \ldots, \sigma(X_n)$ sind dann auch $\sigma(Y_1), \ldots, \sigma(Y_n)$ unabhängig. □

9.12 Beispiel.
Wir werden Satz 9.11 hauptsächlich in der Form verwenden, dass $X_1, \ldots, X_n$ Zufallsvektoren und $g_1, \ldots, g_n$ reellwertige Funktionen sind. Ist etwa $n = 5$, und sind $X_1 := (S_1, S_2, S_3)$ sowie $X_2 := (T_1, T_2)$ ein drei- bzw. ein zweidimensionaler Zufallsvektor, die stochastisch unabhängig sind, so sind auch die Zufallsvariablen

$$Y_1 := \exp(S_1 \sin(S_2 + S_3)) - S_2 S_3, \qquad Y_2 := \cos(T_1 - 3T_2)$$

als (messbare) Funktionen von X_1 und X_2 stochastisch unabhängig.

9.3.4 Unabhängigkeit und Blockbildung

9.13 Satz. (Blockungslemma für unabhängige Systeme)
Es seien $\mathcal{M}_1, \ldots, \mathcal{M}_n \subset \mathcal{A}$ *unabhängige nichtleere durchschnittsstabile Mengensysteme. Weiter sei* $\{1, 2, \ldots, n\} = J_1 \cup \ldots \cup J_l$ *eine Zerlegung von* $\{1, 2, \ldots, n\}$ *in nichtleere paarweise disjunkte Mengen* $J_1, \ldots, J_l$ $(2 \le l \le n-1)$ *. Für jedes* $s \in \{1, 2, \ldots, l\}$ *bezeichne*

$$\mathcal{E}_s := \sigma\left(\bigcup_{r \in J_s} \mathcal{M}_r\right)$$

die von der Vereinigung aller $\mathcal{M}_r$ *mit* $r \in J_s$ *erzeugte* σ*-Algebra. Dann sind auch die Systeme* $\mathcal{E}_1, \ldots, \mathcal{E}_l$ *stochastisch unabhängig.*

Beweis: Für jedes $s \in \{1, 2, \ldots, l\}$ sei $\mathcal{R}_s$ das System aller Mengen

$$A_{i_1} \cap \ldots \cap A_{i_m}$$

mit $m \in \mathbb{N}$, paarweise verschiedenen $i_1, \ldots, i_m \in J_s$ und $A_{i_k} \in \mathcal{M}_{i_k}$ für $k \in \{1, \ldots, m\}$. Aufgrund der Durchschnittsstabilität von $\mathcal{M}_1, \ldots, \mathcal{M}_n$ ist auch $\mathcal{R}_s$ durchschnittsstabil, und wegen der Unabhängigkeit von $\mathcal{M}_1, \ldots, \mathcal{M}_n$ sind auch $\mathcal{R}_1, \ldots, \mathcal{R}_l$ unabhängig. Nach Satz 9.10 sind dann auch die Systeme $\mathcal{E}_s = \sigma(\mathcal{R}_s)$, $s = 1, \ldots, l$, unabhängig. □

Aus Satz 9.13 folgt, dass man unabhängige Zufallsvariablen „in Blöcken aggregieren kann" und auf diese Weise unabhängige Zufallsvektoren enthält. Für unsere Zwecke ist die nachfolgende „reellwertige Version" ausreichend.

9.14 Satz. (Blockungslemma für unabhängige Zufallsvariablen)
Es seien $X_1, \ldots, X_n$ unabhängige reellwertige Zufallsvariablen. Weiter sei $l \in \{1, 2, \ldots, n-1\}$ und

$$Z_1(\omega) := (X_1(\omega), \ldots, X_l(\omega)), \qquad Z_2(\omega) := (X_{l+1}(\omega), \ldots, X_n(\omega)), \qquad \omega \in \Omega,$$

gesetzt. Dann sind auch die Zufallsvektoren Z_1 und Z_2 unabhängig.

Beweis: Wir zeigen die Gültigkeit von

$$\sigma(Z_1) = \sigma\left(\sigma(X_1) \cup \ldots \cup \sigma(X_l)\right). \tag{9.15}$$

Da aus Symmetriegründen dann auch $\sigma(Z_2) = \sigma\left(\sigma(X_{l+1}) \cup \ldots \cup \sigma(X_n)\right)$ gilt, folgt die Behauptung aus Satz 9.13. Zum Nachweis von „$\supset$" in (9.15) reicht es aus, $\sigma(Z_1) \supset \sigma(X_j)$ für jedes $j = 1, \ldots, l$ zu zeigen (dann gälte nämlich auch $\sigma(Z_1) \supset \cup_{j=1}^{n} \sigma(X_j)$ und somit „$\supset$" in (9.15)). Sei hierzu o.B.d.A. $j = 1$ gewählt und $B_1 \in \mathcal{B}^1$ beliebig. Die Menge $B := B_1 \times \mathbb{R}^{l-1}$ gehört zu $\mathcal{B}^l$, und es gilt $X_1^{-1}(B_1) = Z_1^{-1}(B) \in \sigma(Z_1)$.

Um „$\subset$" in (9.15) zu zeigen, benutzen wir, dass nach Satz 6.47 $\mathcal{B}^l$ vom System

$$\mathcal{M} := \{B_1 \times \ldots \times B_l : B_1, \ldots, B_l \in \mathcal{B}^1\}$$

erzeugt wird. Für $B_1, \ldots, B_l \in \mathcal{B}^1$ gilt $X_j^{-1}(B_j) \in \sigma(X_j)$, $j \in \{1, \ldots, l\}$, und somit

$$\begin{aligned} Z_1^{-1}(B_1 \times \ldots \times B_l) &= \{\omega : (X_1(\omega), \ldots, X_l(\omega)) \in B_1 \times \ldots \times B_l\} \\ &= \bigcap_{j=1}^{l} X_j^{-1}(B_j) \in \sigma\left(\sigma(X_1) \cup \ldots \cup \sigma(X_l)\right), \end{aligned}$$

also $Z_1^{-1}(\mathcal{M}) \subset \sigma\left(\sigma(X_1) \cup \ldots \cup \sigma(X_l)\right)$. Hieraus folgt die Behauptung. □

Die Aussage von Satz 9.14 kann für Aufteilungen von $X_1, \ldots, X_n$ in mehr als zwei Blöcke verallgemeinert werden und gilt offenbar auch, wenn die X_j Zufallsvektoren mit möglicherweise unterschiedlichen Dimensionen sind.

Eine Kombination der Sätze 9.11 und 9.14 liefert z.B., dass mit unabhängigen Zufallsvariablen $X_1, \ldots, X_5$ auch die Zufallsvariablen $2X_1 - \sin X_4$ und $X_2^2 + X_3X_5$ unabhängig sind („Blockbildung" $X_1, \ldots, X_5 \to (X_1, X_4), (X_2, X_3, X_5)$ und Bildung der Funktionen $(x_1, x_4) \mapsto 2x_1 - \sin x_4$, $(x_2, x_3, x_5) \mapsto x_2^2 + x_3x_5$).

9.3.5 Konstruktion von unabhängigen Zufallsvariablen

Viele stochastische Modelle basieren auf der Voraussetzung, dass es zu vorgegebenen W-Maßen $Q_1, \ldots, Q_n$ auf der σ-Algebra $\mathcal{B}^1$ einen W-Raum $(\Omega, \mathcal{A}, \mathbb{P})$ und Zufallsvariablen $X_j : \Omega \to \mathbb{R}$ $(j = 1, \ldots, n)$ gibt, so dass $X_1, \ldots, X_n$ stochastisch unabhängig sind und $\mathbb{P}^{X_j} = Q_j$ $(j = 1, \ldots, n)$ gilt, also für jedes $j = 1, \ldots, n$ die Zufallvariable X_j die Verteilung Q_j besitzt.

Mit Hilfe des Lebesgueschen Maßes λ^n und der Quantil-Transformation (Satz 9.9) lässt sich wie folgt ein *kanonisches Modell* für diese Situation konstruieren:

Wir bezeichnen mit $F_j(x) := Q_j((-\infty, x])$, $x \in \mathbb{R}$, die Verteilungsfunktion von Q_j und mit F_j^{-1} die zu F_j gehörende Quantilfunktion. Als Grundraum wählen wir die Menge $\Omega := (0,1)^n$ mit der σ-Algebra $\mathcal{A} := \{B \cap (0,1)^n : B \in \mathcal{B}^n\}$ der Borelschen Teilmengen von Ω. Das W-Maß $\mathbb{P}$ auf $(\Omega, \mathcal{A})$ sei die Einschränkung des Lebesgueschen Maßes λ^n auf $\mathcal{A}$. Die Zufallsvariable X_j sei durch

$$X_j(u) := F_j^{-1}(u_j), \qquad u := (u_1, \ldots, u_n) \in \Omega,$$

definiert $(j = 1, \ldots, n)$. Für beliebige $x_1, \ldots, x_n \in \mathbb{R}$ gilt dann

$$\begin{aligned}
\mathbb{P}(X_1 \le x_1, \ldots, X_n \le x_n) &= \mathbb{P}\left(\{(u_1, \ldots, u_n) \in \Omega : F_j^{-1}(u_j) \le x_j,\ j = 1, \ldots, n\}\right) \\
&= \mathbb{P}\left(\{(u_1, \ldots, u_n) \in \Omega : u_j \le F_j(x_j),\ j = 1, \ldots, n\}\right) \\
&= \lambda^n \left(\bigtimes_{j=1}^{n} (0, F_j(x_j)] \right) = \prod_{j=1}^{n} \lambda^1((0, F_j(x_j)]) \\
&= F_1(x_1) \cdot \ldots \cdot F_n(x_n) \\
&= \mathbb{P}(X_1 \le x_1) \cdot \ldots \cdot \mathbb{P}(X_n \le x_n).
\end{aligned}$$

Setzen wir $\mathcal{N} := \{(-\infty, x] : x \in \mathbb{R}\}$, so besagen diese Gleichungen, dass die Mengensysteme $\mathcal{M}_1 := X_1^{-1}(\mathcal{N}), \ldots, \mathcal{M}_n := X_n^{-1}(\mathcal{N})$ unabhängig sind. Aufgrund der Durchschnittsstabilität von $\mathcal{N}$ und (9.6) sind auch $\mathcal{M}_1, \ldots, \mathcal{M}_n$ durchschnittsstabil. Wegen $\sigma(\mathcal{N}) = \mathcal{B}^1$ und $\sigma(\mathcal{M}_j) = X_j^{-1}(\sigma(\mathcal{N})) = \sigma(X_j)$ $(j = 1, \ldots, n)$ liefert dann Satz 9.10 die Unabhängigkeit von $X_1, \ldots, X_n$.

Hält man in der letzten Gleichung obiger Gleichungskette $j \in \{1, \ldots, n\}$ sowie $x_j \in \mathbb{R}$ fest und alle anderen x_k mit $k \in \{1, \ldots, n\} \setminus \{j\}$ gegen Unendlich streben, so folgt wegen $\lim_{x \to \infty} F_k(x) = 1 = \lim_{x \to \infty} \mathbb{P}(X_k \le x)$ die Gleichung

$$F_j(x) = \mathbb{P}(X_j \le x), \qquad x \in \mathbb{R}.$$

Also besitzt X_j die Verteilungsfunktion F_j und somit die Verteilung Q_j.

Wir werden in der Folge häufig von „unabhängigen und identisch verteilten Zufallsvariablen“ sprechen. „Identisch verteilt“ bedeutet, dass alle Zufallsvariablen die gleiche Verteilung besitzen sollen. Wenn dabei nicht auf den zugrunde liegenden W-Raum Bezug genommen wird, sei stillschweigend an die aufgrund obiger Überlegungen gesicherte Existenz eines „kanonischen Modellraums“ erinnert.

9.4 Rechnen mit Dichten

Dieser Abschnitt liefert „Handwerkszeug“ im Umgang mit Verteilungsdichten.

9.4.1 Marginalverteilungen

Ist $X = (X_1, \ldots, X_k)$ ein Zufallsvektor, so nennt man die Verteilung von X_j die j-te *Marginalverteilung* von X. Besitzt X eine λ^k-Dichte f, so besitzt X_j nach dem Satz von Fubini eine λ^1-Dichte, die sich gemäß

$$f_j(x_j) := \int_{-\infty}^{\infty} \cdots \int_{-\infty}^{\infty} f(x_1, \ldots, x_{j-1}, x_j, x_{j+1}, \ldots, x_k)\, dx_1 \ldots dx_{j-1}\, dx_{j+1} \ldots dx_k$$

($x_j \in \mathbb{R}$) durch Integration von f über die „nicht interessierenden Koordinaten“ ergeben. Die Dichte f_j heißt auch *marginale Dichte* von X_j ($j = 1, \ldots, k$).

In gleicher Weise besitzt die gemeinsame Verteilung irgendwelcher m ($m < k$) Komponenten von X eine λ^m-Dichte, die wie oben durch Integration über die nicht interessierenden Koordinaten erhalten werden kann. So ergibt sich etwa im Fall $k = 4$ die mit f_{12} bezeichnete λ^2-Dichte von (X_1, X_2) zu

$$f_{1,2}(x_1, x_2) = \int_{-\infty}^{\infty} \int_{-\infty}^{\infty} f(x_1, x_2, x_3, x_4)\, dx_3\, dx_4, \qquad (x_1, x_2) \in \mathbb{R}^2.$$

Bild 9.3 verdeutlicht, dass die gemeinsame Verteilung von Zufallsvariablen nicht durch die Marginalverteilungen festgelegt ist. Besitzt der Zufallsvektor (X_1, X_2) eine Gleichverteilung auf einem der drei schraffiert gezeichneten Bereiche A, B oder C, gilt also $f = 2 \cdot 1_A$, $f = 2 \cdot 1_B$ oder $f = 1_C$, so gilt in jedem dieser Fälle $X_1 \sim U(0,1)$ und $X_2 \sim U(0,1)$.

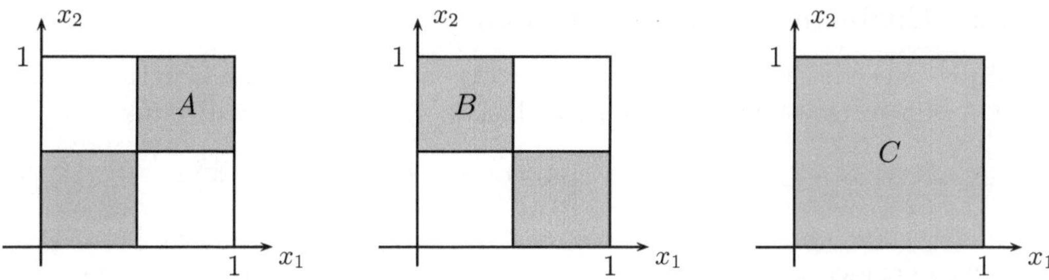

Bild 9.3: Verschiedene Gleichverteilungen mit identischen Marginalverteilungen

9.15 Beispiel. (Gleichverteilung im Einheitskreis)
Der zweidimensionale Zufallsvektor $X = (X_1, X_2)$ sei gleichverteilt im Einheitskreis $B := \{(x_1, x_2) \in \mathbb{R}^2 : x_1^2 + x_2^2 \leq 1\}$, d.h. X habe die Dichte $f := \pi^{-1}\, 1_B$

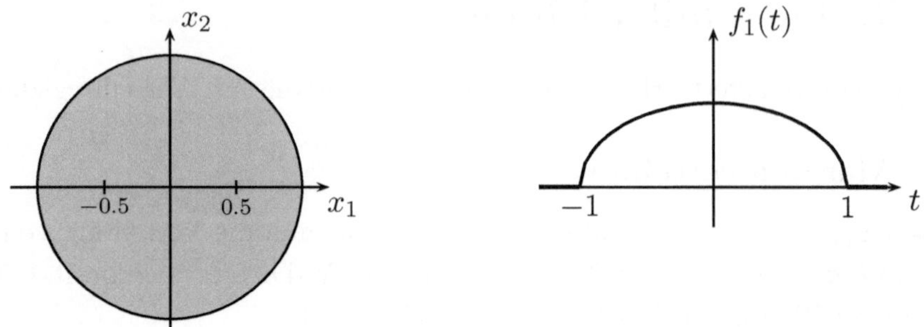

Bild 9.4: Gleichverteilung im Kreis (links) und marginale Dichte (rechts)

(Bild 9.4 links). Die marginale Dichte von X_1 ist nach obiger Formel

$$f_1(t) = \int_{-\infty}^{\infty} f(t, x_2)\, dx_2,$$

und es folgt $f_1(t) = 0$ für $|t| \geq 1$ sowie

$$f_1(t) = \frac{1}{\pi} \int_{-\sqrt{1-t^2}}^{\sqrt{1-t^2}} 1\, dx_2 = \frac{2}{\pi}\sqrt{1-t^2}, \qquad \text{falls } -1 < t < 1$$

(s. Bild 9.4 rechts). Die Zufallsvariablen X_1 und X_2 sind nicht unabhängig, denn es gilt etwa

$$\mathbb{P}(X_1 > 0.9, X_2 > 0.9) = 0 \neq \mathbb{P}(X_1 > 0.9) \cdot \mathbb{P}(X_2 > 0.9).$$

Aus Symmetriegründen besitzt X_2 die gleiche marginale Dichte wie X_1.

9.4.2 Unabhängigkeit und Dichten

Sind die (reellen) Zufallsvariablen $X_1, \ldots, X_k$ stochastisch unabhängig, und besitzt X_j für jedes $j \in \{1, \ldots, k\}$ eine λ^1-Dichte $f_j(x)$, so ist das Produkt

$$f(x_1, \ldots, x_k) := f_1(x_1) \cdot \ldots \cdot f_k(x_k), \qquad (x_1, \ldots, x_k) \in \mathbb{R}^k, \tag{9.16}$$

eine λ^k-Dichte von $X := (X_1, \ldots, X_k)$. Zum Beweis dieser Aussage betrachten wir einen Quader $Q := [a_1, b_1] \times \ldots \times [a_k, b_k]$ mit $a_j, b_j \in \mathbb{R}$ und $a_j < b_j$ für jedes $j \in \{1, \ldots, k\}$. Aus dem Satz von Fubini erhalten wir

$$\begin{aligned}\mathbb{P}(X \in Q) &= \mathbb{P}(a_1 \leq X_1 \leq b_1, \ldots, a_k \leq X_k \leq b_k) \\ &= \prod_{j=1}^{k} \mathbb{P}(a_j \leq X_j \leq b_j) = \prod_{j=1}^{k} \int_{a_j}^{b_j} f_j(x_j)\, dx_j = \int_Q f(\vec{x})\, d\vec{x}.\end{aligned}$$

Da das System aller Quader ein durchschnittsstabiler Erzeuger der σ-Algebra $\mathcal{B}^k$ ist, gilt nach dem Eindeutigkeitssatz 6.59 für Maße $\mathbb{P}(X \in B) = \int_B f(\vec{x})\,d\vec{x}$, $B \in \mathcal{B}^k$, was zu zeigen war.

Ist umgekehrt die gemeinsame λ^k-Dichte f von k Zufallsvariablen $X_1, \ldots, X_k$ bis auf eine λ^k-Nullmenge das Produkt der marginalen λ^1-Dichten $f_1, \ldots, f_k$ von $X_1, \ldots, X_k$, gilt also

$$f(x_1, \ldots, x_k) = f_1(x_1) \cdot \ldots \cdot f_k(x_k), \qquad (x_1, \ldots, x_k) \in \mathbb{R}^k \setminus N,$$

wobei $N \in \mathcal{B}^k$ und $\lambda^k(N) = 0$, so sind $X_1, \ldots, X_k$ unabhängig. Dieser Sachverhalt folgt sofort aus obiger Gleichungskette, wenn man beachtet, dass das Integral durch Abänderung des Integranden auf Nullmengen nicht beeinflusst wird.

9.4.3 Unabhängigkeit und Faltungen

9.16 Satz. (Unabhängigkeit und Faltungen)
Es seien X und Y unabhängige Zufallsvariablen mit den λ^1-Dichten f bzw. g. Dann besitzt die Summe $X + Y$ die durch

$$f * g(t) = \int_{-\infty}^{\infty} f(x) \cdot g(t - x)dx, \qquad t \in \mathbb{R}, \tag{9.17}$$

gegebene λ^1-Dichte $f * g$ (Faltungsformel für Dichten, vgl. 6.1.21).

Beweis: Nach (9.16) ist $f(x)g(y)$ eine λ^2-Dichte von (X, Y). Für die Verteilungsfunktion $H(z) := \mathbb{P}(X + Y \leq z)$, $z \in \mathbb{R}$, folgt dann aus dem Satz von Fubini (Satz 6.77)

$$\begin{aligned} H(z) &= \int_{\mathbb{R}^2} 1_{(-\infty,z]}(x + y) f(x) \cdot g(y)\, d(x, y) \;=\; \int_{-\infty}^{\infty} \left(\int_{-\infty}^{z-x} g(y)\, dy \right) f(x)\, dx \\ &= \int_{-\infty}^{\infty} \left(\int_{-\infty}^{z} g(t - x)\, dt \right) f(x)\, dx \;=\; \int_{-\infty}^{z} \left(\int_{-\infty}^{\infty} g(t - x) f(x)\, dx \right) dt \\ &= \int_{-\infty}^{z} f * g(t)\, dt. \end{aligned}$$

Dabei wurde beim dritten Gleichheitszeichen die Substitution $t := y + x$ benutzt. □

Im Lichte dieser Erkenntnis können wir jetzt die in Beispiel 6.40 und Beispiel 7.37 erhaltenen Resultate wie folgt neu formulieren:

9.17 Satz. (Additionsgesetze für die Gamma- und die Normalverteilung)
Es seien X_1, X_2 unabhängige Zufallsvariablen. Dann gilt:

(i) $X_1 \sim Gam(\alpha_1, \beta),\ X_2 \sim Gam(\alpha_2, \beta) \implies X_1 + X_2 \sim Gam(\alpha_1 + \alpha_2, \beta)$.

(ii) $X_1 \sim N(\mu_1, \sigma_1^2),\ X_2 \sim N(\mu_2, \sigma_2^2) \implies X_1 + X_2 \sim N(\mu_1 + \mu_2, \sigma_1^2 + \sigma_2^2)$.

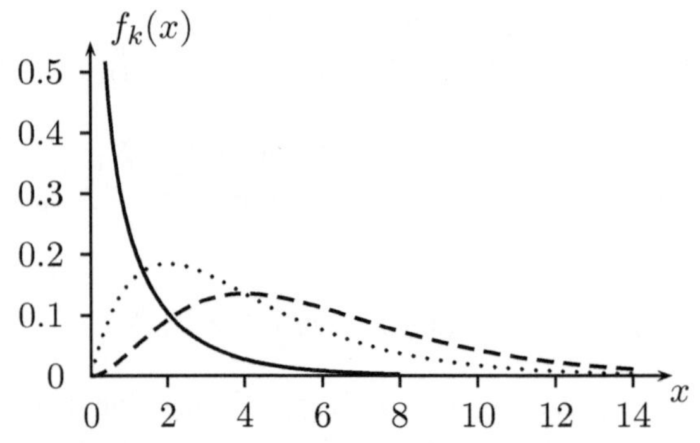

Bild 9.5:
Dichte der χ_k^2-Verteilung für $k = 1$ (—), $k = 4$ (······) und $k = 6$ (- - - -)

9.18 Beispiel. (Chi-Quadrat-Verteilung)
Sind $X_1, X_2, \ldots, X_k$ unabhängige und je $N(0,1)$-normalverteilte Zufallsvariablen, so heißt die Verteilung der Zufallsvariablen

$$Y := X_1^2 + X_2^2 + \ldots + X_k^2$$

Chi-Quadrat-Verteilung mit k Freiheitsgraden, und wir schreiben hierfür kurz $Y \sim \chi_k^2$. Die Zufallsvariable Y besitzt die in Bild 9.5 veranschaulichte Dichte

$$f_k(x) := \frac{1}{2^{k/2}\Gamma(\frac{k}{2})} \cdot e^{-\frac{x}{2}} \cdot x^{\frac{k}{2}-1}, \qquad x > 0 \qquad (f(x) := 0, \text{ sonst}). \tag{9.18}$$

Dabei ergibt sich (9.18) für $k = 1$ aus Beispiel 9.23 mit $f = \varphi$. Wegen der Verteilungsgleichheit $Gam(k/2, 1/2) = \chi_k^2$ folgt (9.18) für $k > 1$ aus dem Additionsgesetz (Satz 9.17 (i)) für die Gammaverteilung.

9.4.4 Dichten transformierter Vektoren

Sind $X = (X_1, \ldots, X_k)$ ein Zufallsvektor mit λ^k-Dichte $f(x_1, \ldots, x_k)$ und $T : \mathbb{R}^k \to \mathbb{R}^k$ eine Abbildung, so besitzt der k-dimensionale Zufallsvektor $Y := T(X)$ unter gewissen Voraussetzungen an T ebenfalls eine Dichte $g(y_1, \ldots, y_k)$.

9.19 Satz. (Transformationssatz für λ^k-Dichten)
Die Dichte f von $X = (X_1, \ldots, X_k)$ sei gleich Null auf dem Komplement einer offenen Menge $V \subset \mathbb{R}^k$. Die Abbildung $T : V \to \mathbb{R}^k$ sei stetig differenzierbar und injektiv, und es sei $\det T'(\vec{x}) \neq 0$, $\vec{x} \in V$. Dann besitzt der Zufallsvektor $Y := T(X)$ die Dichte

$$g(\vec{y}) = \frac{f(T^{-1}(\vec{y}))}{|\det T'(T^{-1}(\vec{y}))|}, \quad \vec{y} \in T(V) \qquad (g(\vec{y}) := 0, \ \textit{sonst}).$$

Beweis: Es sei $B \subset T(V)$ eine beschränkte, abgeschlossene Jordan-messbare Menge. Der Transformationssatz 3.36 (mit T^{-1} anstelle von T) liefert unter Beachtung der Gleichung $\det((T^{-1})'(\vec{y})) = 1/\det(T'(T^{-1}(\vec{y})))$ (vgl. Satz 1.76 und Satz 1.75)

$$\begin{aligned}\mathbb{P}(Y \in B) = \mathbb{P}(X \in T^{-1}(B)) &= \int_{T^{-1}(B)} f(\vec{x})\, d\vec{x} \\ &= \int_B f(T^{-1}(\vec{y})) \cdot \frac{1}{|\det T'(T^{-1}(\vec{y}))|}\, d\vec{y}.\end{aligned}$$

Da beide Seiten dieser Gleichung für jedes $B \in \mathcal{B}^k$ definiert sind und als Funktionen auf $\mathcal{B}^k$ W-Maße darstellen, folgt die behauptete Gleichheit $\mathbb{P}(Y \in B) = \int_B g(\vec{y})\, d\vec{y},\ B \in \mathcal{B}^k$, aus dem Eindeutigkeitssatz für Maße. □

9.20 Beispiel. (Erzeugung der Normalverteilung, Polar-Methode)
Die Zufallsvariablen X_1, X_2 seien unabhängig und jeweils im Intervall $(0,1)$ gleichverteilt, besitzen also die Dichte $f(x_1, x_2) = 1_{(0,1)\times(0,1)}(x_1, x_2)$. Die durch

$$(y_1, y_2) := T(x_1, x_2) := \left(\sqrt{-2\ln x_1} \cdot \cos(2\pi x_2), \sqrt{-2\ln x_1} \cdot \sin(2\pi x_2)\right)$$

definierte Transformation T ist auf der offenen Menge $V := (0,1)^2$ stetig differenzierbar und injektiv. Es gilt $T(V) = \mathbb{R}^2 \setminus \{(y_1, y_2) \in \mathbb{R}^2 : y_1 \geq 0, y_2 = 0\}$ sowie (nachrechnen!) $\det T'(x_1, x_2) = -2\pi/x_1$ für $(x_1, x_2) \in V$.

Wegen $x_1 = \exp(-\frac{1}{2}(y_1^2 + y_2^2))$ ist dann nach Satz 9.19 die Funktion

$$g(y_1, y_2) = \left|\frac{2\pi}{\exp(-\frac{1}{2}(y_1^2 + y_2^2))}\right|^{-1} = \frac{e^{-y_1^2/2}}{\sqrt{2\pi}} \cdot \frac{e^{-y_2^2/2}}{\sqrt{2\pi}} \tag{9.19}$$

($(y_1, y_2) \in T(V)$, $g(y_1, y_2) = 0$ sonst) eine Dichte von $(Y_1, Y_2) := T(X_1, X_2)$.

Da die Menge $N := \{(y_1, y_2) \in \mathbb{R}^2 : y_1 \geq 0, y_2 = 0\}$ eine λ^2-Nullmenge ist, können wir $g(y_1, y_2)$ auch für jedes (y_1, y_2) aus N durch die rechte Seite von (9.19) definieren. Aus den in 9.4.2 angestellten Überlegungen folgt dann, dass Y_1 und Y_2 unabhängig und je $N(0,1)$-normalverteilt sind (sog. *Polar-Methode* zur Erzeugung normalverteilter Zufallszahlen aus gleichverteilten Zufallszahlen).

9.21 Beispiel. (Affine Abbildung)
In diesem Beispiel seien Vektoren und Zufallsvektoren als Spaltenvektoren geschrieben. In der Situation von Satz 9.19 betrachten wir die Abbildung

$$T(\vec{x}) := A\vec{x} + \vec{b}$$

mit einer invertierbaren $k \times k$-Matrix A und einem Vektor $\vec{b} \in \mathbb{R}^k$. Nach Satz 9.19 besitzt der Zufallsvektor $Y := AX + \vec{b}$ die Dichte

$$g(\vec{y}) = \frac{f(A^{-1}(\vec{y} - \vec{b}))}{|\det(A)|}, \quad \vec{y} \in T(V) \qquad (g(\vec{y}) := 0,\ \text{sonst}). \tag{9.20}$$

Im Fall $k = 1$ ist es im Allgemeinen empfehlenswert, direkt die Verteilungsfunktion G von Y zu bestimmen und dann durch Differentiation die Dichte g zu gewinnen. Hat nämlich G die Dichte g und ist x eine *Stetigkeitsstelle* von g (d.h. g ist stetig in x), so ist G differenzierbar in x, und es gilt $g(x) = G'(x)$. Unter Benutzung der Eigenschaften des Lebesgueschen Integrals kann das analog zum Hauptsatz der Differential- und Integralrechnung (vgl. I.7.2.3) bewiesen werden. Wir wollen diese Vorgehensweise anhand einiger Beispiele illustrieren.

9.22 Beispiel. (Normalverteilung)
Es sei $X \sim N(0,1)$ und $T(x) := \sigma x + \mu$, $\sigma > 0$. Bezeichnen $\varphi(t) = (2\pi)^{-1/2}e^{-t^2/2}$ und $\Phi(x) = \int_{-\infty}^{x} \varphi(t)\,dt$ die Dichte bzw. die Verteilungsfunktion der Standard-Normalverteilung $N(0,1)$, so gilt für die Zufallsvariable $Y := T(X) = \sigma X + \mu$

$$\mathbb{P}(Y \le y) = \mathbb{P}(\sigma X + \mu \le y) = \mathbb{P}\left(X \le \frac{y-\mu}{\sigma}\right) = \Phi\left(\frac{y-\mu}{\sigma}\right).$$

Wegen $\Phi' = \varphi$ besitzt $Y := \sigma X + \mu$ die in Bild 6.4 dargestellte Dichte

$$g(y) = \frac{1}{\sigma} \cdot \varphi\left(\frac{y-\mu}{\sigma}\right) = \frac{1}{\sigma \cdot \sqrt{2\pi}} \cdot \exp\left(-\frac{(y-\mu)^2}{2\sigma^2}\right);$$

Y ist also $N(\mu, \sigma^2)$-verteilt. Die Normalverteilung $N(\mu, \sigma^2)$ ergibt sich somit durch die Transformation $T(x) = \sigma x + \mu$ aus der Standard-Normalverteilung.

9.23 Beispiel. (Quadrat-Transformation)
Wir betrachten die Transformation $T(x) := x^2$, also $Y = X^2$, und schreiben wieder $G(y) := \mathbb{P}(Y \le y)$ für die Verteilungsfunktion von Y. Für $y < 0$ gilt offenbar $G(y) = \mathbb{P}(\emptyset) = 0$. Da die Verteilungsfunktion F von X stetig ist, gilt $\mathbb{P}(X = x) = 0$, $x \in \mathbb{R}$, und somit $G(0) = \mathbb{P}(X = 0) = 0$. Für $y > 0$ folgt

$$G(y) = \mathbb{P}(X^2 \le y) = \mathbb{P}(-\sqrt{y} \le X \le \sqrt{y}) = F(\sqrt{y}) - F(-\sqrt{y}).$$

Durch Differentiation ergibt sich dann die Dichte g zu

$$g(y) = \frac{1}{2\sqrt{y}} \cdot (f(\sqrt{y}) + f(-\sqrt{y})), \qquad y > 0 \quad (g(y) := 0, \text{sonst}). \tag{9.21}$$

9.24 Beispiel. (Logarithmische Normalverteilung)
Die Zufallsvariable X sei $N(\mu, \sigma^2)$-normalverteilt. Wir fragen nach der Verteilung der Zufallsvariablen $Y := \exp(X)$. Nach Beispiel 9.22 gilt für jedes $y > 0$

$$G(y) := \mathbb{P}(Y \le y) = \mathbb{P}\left(e^X \le y\right) = \mathbb{P}(X \le \ln y) = \Phi\left(\frac{\ln y - \mu}{\sigma}\right),$$

so dass sich die Dichte g von Y durch Differentiation (Kettenregel!) zu

$$g(y) = \frac{1}{\sigma y \sqrt{2\pi}} \cdot \exp\left(-\frac{(\ln y - \mu)^2}{2\sigma^2}\right), \qquad y > 0,$$

($g(y) := 0$, sonst) ergibt. Die Verteilung von Y heißt *logarithmische Normalverteilung*, und wir schreiben hierfür kurz $Y \sim LN(\mu, \sigma^2)$. Bild 9.6 zeigt die typische Gestalt der Dichte einer logarithmischen Normalverteilung. Die Dichte ist „rechtsschief", d.h. sie steigt schnell an und fällt dann langsamer ab. Das Maximum wird an der Stelle $e^{\mu-\sigma^2}$ angenommen. An der Stelle e^{μ} wird die Fläche unter der Dichte halbiert, d.h. es gilt $G(e^{\mu}) = 1/2$. Wir werden später sehen, dass der Wert $\exp(\mu + \sigma^2/2)$ der Erwartungswert von Y ist.

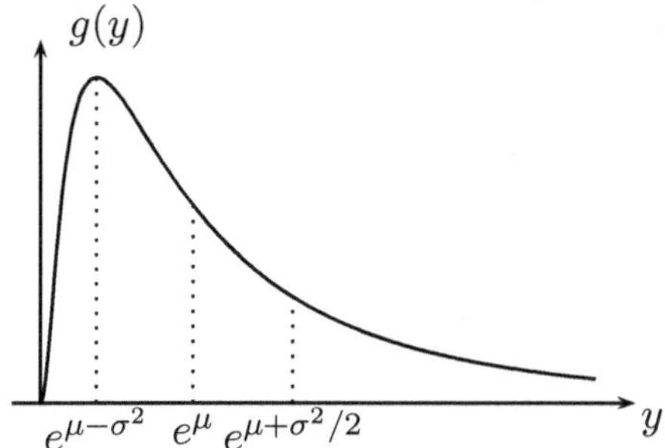

Bild 9.6:
Dichte der logarithmischen Normalverteilung

9.5 Kenngrößen für Verteilungen

Im Folgenden werden die Begriffe Erwartungswert, Varianz, Kovarianz und Korrelation für Zufallsvariablen auf einem beliebigen W-Raum $(\Omega, \mathcal{A}, \mathbb{P})$ entwickelt.

9.5.1 Der Erwartungswert

Es sei $X : \Omega \to \bar{\mathbb{R}}$ eine Zufallsvariable. Gilt mindestens eine der beiden Ungleichungen $\int X^+ \, d\mathbb{P} < \infty$ und $\int X^- \, d\mathbb{P} < \infty$, so heißt

$$\mathbb{E}(X) := \int X \, d\mathbb{P} \qquad (\in [-\infty, \infty]) \tag{9.22}$$

der *Erwartungswert* von X. Anstelle von $\mathbb{E}(X)$ schreiben wir in der Folge auch oft kurz $\mathbb{E}X$. Die Zufallsvariable X heißt ($\mathbb{P}$-)*integrierbar*, falls $\int |X| \, d\mathbb{P} < \infty$, falls also sowohl $\int X^+ \, d\mathbb{P} < \infty$ als auch $\int X^- \, d\mathbb{P} < \infty$ gilt.

Ist $(\Omega, \mathcal{A}, \mathbb{P})$ wie in I.4.2.1 ein endlicher W-Raum mit $\Omega := \{\omega_1, \ldots, \omega_s\}$ und $\mathcal{A} := \mathcal{P}(\Omega)$, so lässt sich jede reelle Zufallsvariable X auf Ω in der Form

$$X(\omega) = \sum_{j=1}^{s} X(\omega_j) \cdot 1_{\{\omega_j\}}(\omega), \qquad \omega \in \Omega,$$

darstellen. Satz 6.71 (i), (ii) sowie $\int 1_A \, d\mathbb{P} = \mathbb{P}(A)$ liefern dann

$$\mathbb{E}X = \int \sum_{j=1}^{s} X(\omega_j) \cdot 1_{\{\omega_j\}} \, d\mathbb{P} = \sum_{j=1}^{s} X(\omega_j) \int 1_{\{\omega_j\}} \, d\mathbb{P} = \sum_{j=1}^{s} X(\omega_j) \cdot \mathbb{P}(\{\omega_j\}),$$

was konsistent mit der in in (I.4.13) gegebenen Definition des Erwartungswertes für Zufallsvariablen auf endlichen W-Räumen ist.

Wir betrachten im Folgenden reelle integrierbare Zufallsvariablen, bewegen uns also im Raum $L^1(\mathbb{P})$ aller Zufallsvariablen $X : \Omega \to \mathbb{R}$ mit $\int |X| \, d\mathbb{P} = \mathbb{E}\,|X| < \infty$ (vgl. 6.2.28). Aus Satz 6.71 und Satz 6.72 ergeben sich dann die nachstehenden, schon von I.4.4.2 her vertrauten Eigenschaften des Erwartungswertes.

9.25 Satz. (Grundlegende Eigenschaften des Erwartungswertes)
Sind $X, Y \in L^1(\mathbb{P})$, $A \in \mathcal{A}$ und $a \in \mathbb{R}$, so gilt:

(i) $\mathbb{E}(X+Y) = \mathbb{E}\,X + \mathbb{E}\,Y$.

(ii) $\mathbb{E}(a \cdot X) = a \cdot \mathbb{E}\,X$.

(iii) $\mathbb{E}(1_A) = \mathbb{P}(A)$.

(iv) *Aus* $\mathbb{P}(X \leq Y) = 1$ *folgt* $\mathbb{E}\,X \leq \mathbb{E}\,Y$.

Definition (9.22) ist wenig hilfreich, um Erwartungswerte in konkreten Fällen zu berechnen. In Verallgemeinerung von Formel (I.4.19) gilt folgendes Resultat. Der Beweis wird im nächsten Unterabschnitt in größerer Allgemeinheit geführt.

9.26 Satz. (Transformationsformel für den Erwartungswert)
Für jedes $X \in L^1(\mathbb{P})$ gilt:

(i) $\mathbb{E}\,X = \int_{-\infty}^{\infty} x \, \mathbb{P}^X(dx)$.

(ii) *Ist X absolut stetig verteilt mit λ^1-Dichte f, so gilt*

$$\mathbb{E}\,X = \int_{-\infty}^{\infty} x \cdot f(x) \, dx. \tag{9.23}$$

(iii) *Falls $\mathbb{P}(X = x) > 0$ für $x \in D$ und $\mathbb{P}^X(\mathbb{R} \setminus D) = 0$, wobei $D \subset \mathbb{R}$ eine endliche oder abzählbar-unendliche Menge ist, so gilt*

$$\mathbb{E}\,X = \sum_{x \in D} x \cdot \mathbb{P}(X = x). \tag{9.24}$$

Aussage (i) besagt, dass $\mathbb{E}\,X$ nur von der Verteilung von X und nicht von der konkreten Gestalt des zugrunde liegenden W-Raums $(\Omega, \mathcal{A}, \mathbb{P})$ abhängt. Aus diesem Grund spricht man auch vom Erwartungswert *der Verteilung* von X.

Die Darstellungen (9.23) und (9.24) erlauben eine Interpretation des Erwartungswertes als *Schwerpunkt* einer mit der Massendichte f bzw. mit einer diskreten Massenverteilung versehenen „gewichtslosen“ x-Achse (vgl. Gleichung (2.34) mit $A := \mathbb{R}$ und $\rho(x) := f(x)$ bzw. die in I.4.4.3 geführte Diskussion).

Die Bedingung $X \in L^1(\mathbb{P})$ wird sich in den Fällen (ii) und (iii) zu

$$\int_{-\infty}^{\infty} |x| \cdot f(x)\, dx < \infty \quad \text{bzw.} \quad \sum_{x \in D} |x| \cdot \mathbb{P}(X = x) < \infty$$

äquivalent erweisen.

9.5.2 Transformation allgemeiner Integrale

Es seien $(\Omega, \mathcal{A}, \mathbb{P})$ ein W-Raum, $(\mathbb{X}, \mathcal{X})$ ein messbarer Raum und $X : \Omega \to \mathbb{X}$ eine $\mathbb{X}$-wertige Zufallsvariable mit der Verteilung $\mathbb{P}^X$ (vgl. (9.7)). Weiter sei

$$g : \mathbb{X} \to \bar{\mathbb{R}}$$

eine $\mathcal{X}$-messbare Funktion. Wegen $(g \circ X)^{-1}(B) = X^{-1}((g^{-1})(B))$, $(B \subset \bar{\mathbb{R}}$, $B \cap \mathbb{R} \in \mathcal{B}^1)$, und $g^{-1}(B) \in \mathcal{X}$, ist dann $g(X) := g \circ X$ eine $\mathcal{A}$-messbare Funktion auf Ω.

9.27 Satz. (Allgemeiner Transformationssatz)

(i) *In der obigen Situation sei $g(x) \geq 0$, $x \in \mathbb{X}$. Dann gilt*

$$\mathbb{E}\, g(X) = \int g \circ X\, d\mathbb{P} = \int_{\mathbb{X}} g(x)\, \mathbb{P}^X(dx). \tag{9.25}$$

(ii) *Ist g eine beliebige $\mathcal{X}$-messbare Funktion, so ist $g(X)$ genau dann $\mathbb{P}$-integrierbar, wenn die Funktion g integrierbar bezüglich $\mathbb{P}^X$ ist. In diesem Fall gilt ebenfalls Gleichung* (9.25).

BEWEIS: (i): Zunächst sei $g = 1_B$ die Indikatorfunktion einer Menge $B \in \mathcal{X}$. Für jedes $\omega \in \Omega$ ist dann $g(X(\omega)) = 1_B(X(\omega)) = 1$ zu $1_{X^{-1}(B)}(\omega) = 1$ äquivalent. Damit folgt

$$\begin{aligned}\int g(X)\, d\mathbb{P} &= \int 1_{X^{-1}(B)}\, d\mathbb{P} = \mathbb{P}(X^{-1}(B)) = \mathbb{P}^X(B) = \int 1_B(x)\, \mathbb{P}^X(dx) \\ &= \int g(x)\, \mathbb{P}^X(dx).\end{aligned}$$

Aufgrund der Linearitätseigenschaft des Integrals (Satz 6.71) gilt dann (9.25) für jede $\mathcal{X}$-messbare Elementarfunktion g. Ist g eine beliebige nichtnegative $\mathcal{X}$-messbare Funktion, so gibt es nach Satz 6.48 eine Folge $g_k : \mathcal{X} \to [0, \infty)$, $k \in \mathbb{N}$, $\mathcal{X}$-messbarer Elementarfunktionen mit $g_k \uparrow g$ für $k \to \infty$. Dann ist $g_k \circ X : \Omega \to [0, \infty)$, $k \in \mathbb{N}$, eine Folge $\mathcal{A}$-messbarer Elementarfunktionen auf Ω mit $g_k \circ X \uparrow g \circ X$ bei $k \to \infty$, und Satz 6.2.18 liefert

$$\int g(X)\, d\mathbb{P} = \lim_{k \to \infty} \int g_k(X)\, d\mathbb{P} = \lim_{k \to \infty} \int g_k(x)\, \mathbb{P}^X(dx) = \int g(x)\, \mathbb{P}^X(dx).$$

(ii): Nach Teil (i) gilt (9.25) sowohl für den Positivteil g^+ als auch für den Negativteil g^- von g. Wegen $(g \circ X)^+ = g^+ \circ X$ und $(g \circ X)^- = g^- \circ X$ folgt dann die Behauptung unmittelbar aus der Definition der Integrierbarkeit. □

Man beachte, dass im Fall $g \geq 0$ beide Seiten der Gleichung (9.25) den Wert ∞ annehmen können. Das nächste Resultat zeigt, wie man die rechte Seite von (9.25) berechnet, wenn X ein absolut stetiger oder diskreter Zufallsvektor ist.

9.28 Satz. (Berechnung von $\mathbb{E}\, g(X)$)
Es sei $X = (X_1, \ldots, X_k)$ ein k-dimensionaler Zufallsvektor. Die $\mathcal{B}^k$-messbare Funktion $g : \mathbb{R}^k \to \mathbb{R}$ sei nichtnegativ oder $\mathbb{P}^X$-integrierbar. Dann gilt:

(i) *Ist X absolut stetig verteilt mit λ^k-Dichte f, so gilt*

$$\mathbb{E}\, g(X) = \int_{\mathbb{R}^k} g(\vec{x})\, \mathbb{P}^X(d\vec{x}) = \int_{\mathbb{R}^k} g(\vec{x}) \cdot f(\vec{x})\, d\vec{x}. \tag{9.26}$$

(ii) *Ist X diskret verteilt mit $\mathbb{P}(X = \vec{x}) > 0$ für $\vec{x} \in D$ und $\mathbb{P}^X(\mathbb{R}^k \setminus D) = 0$, wobei $D \subset \mathbb{R}^k$ eine endliche oder abzählbar-unendliche Menge ist, so gilt*

$$\mathbb{E}\, g(X) = \int_{\mathbb{R}^k} g(\vec{x})\, \mathbb{P}^X(d\vec{x}) = \sum_{\vec{x} \in D} g(\vec{x}) \cdot \mathbb{P}(X = \vec{x}). \tag{9.27}$$

Beweis: Behauptung (i) folgt aus Satz 6.75 mit $(\Omega, \mathcal{A}, \mu) := (\mathbb{R}^k, \mathcal{B}^k, \lambda^k)$ und $\nu := \mathbb{P}^X$. Zum Nachweis von (ii) setze man $(\Omega, \mathcal{A}) := (\mathbb{R}^k, \mathcal{B}^k)$ und betrachte das in Beispiel 6.56 eingeführte Zählmaß $\mu := \sum_{\vec{x} \in D} \delta_{\vec{x}}$ mit Träger D. Setzt man $f(\vec{x}) := \mathbb{P}(X = \vec{x})$ für $\vec{x} \in D$ und $f(\vec{x}) := 0$, sonst, so ist f eine μ-Dichte von $\mathbb{P}^X$, denn es gilt

$$\int_B f\, d\mu = \int 1_B\, f\, d\mu = \sum_{\vec{x} \in B \cap D} f(\vec{x}) = \mathbb{P}^X(B), \qquad B \in \mathcal{B}^k.$$

Die Behauptung folgt somit erneut aus Satz 6.75. □

Das folgende Resultat verallgemeinert Satz I.4.14 auf den Fall beliebiger W-Räume. Man mache sich (z.B. anhand des Falles $Y := X$) klar, dass die Aussage des Satzes für abhängige Zufallsvariablen im Allgemeinen falsch ist.

9.29 Satz. (Produktregel für den Erwartungswert)
Es seien X und Y integrierbare unabhängige *Zufallsvariablen. Dann ist auch das Produkt $X \cdot Y$ integrierbar, und es gilt*

$$\mathbb{E}(X \cdot Y) = \mathbb{E}\, X \cdot \mathbb{E}\, Y. \tag{9.28}$$

Beweis: Wegen der Unabhängigkeit von X und Y gilt für beliebige $B, C \in \mathcal{B}^1$

$$\mathbb{P}^{(X,Y)}(B \times C) = \mathbb{P}(X \in B, Y \in C) = \mathbb{P}(X \in B) \cdot \mathbb{P}(Y \in C) = \mathbb{P}^X(B) \cdot \mathbb{P}^Y(C),$$

und somit ist die gemeinsame Verteilung $\mathbb{P}^{(X,Y)}$ nach der vor Beispiel 6.78 gemachten Bemerkung das Produktmaß von $\mathbb{P}^X$ und $\mathbb{P}^Y$. Satz 9.27 und der Satz von Fubini (Satz 6.77) liefern dann

$$\begin{aligned}\mathbb{E}(|X \cdot Y|) &= \int |x \cdot y| \, \mathbb{P}^{(X,Y)}(d(x,y)) = \int_{-\infty}^{\infty} |x| \, \mathbb{P}^X(dx) \cdot \int_{-\infty}^{\infty} |y| \, \mathbb{P}^Y(dy) \\ &= \mathbb{E}\,|X| \cdot \mathbb{E}\,|Y| < \infty.\end{aligned}$$

Lässt man (was wegen der nachgewiesenen Endlichkeit von $\mathbb{E}\,|X \cdot Y|$ nach dem Satz von Fubini erlaubt ist) in dieser Gleichungskette die Betragsstriche weg, so folgt (9.28). □

Wie die nächsten Unterabschnitte zeigen, sind Erwartungswerte gewisser Funktionen von Zufallsvariablen bzw. Zufallsvektoren mit eigenen Namen belegt.

9.5.3 Varianz und Momente

Für eine reelle Zahl $p > 0$ bezeichne (analog zu 6.2.28) $L^p(\mathbb{P})$ die Menge aller Zufallsvariablen $X : \Omega \to \mathbb{R}$ mit der Eigenschaft

$$\mathbb{E}\,|X|^p = \int |X|^p \, d\,\mathbb{P} = \int_{-\infty}^{\infty} |x|^p \, \mathbb{P}^X(dx) < \infty.$$

Man nennt

(i) $\mathbb{E}\,X^k, \quad k \in \mathbb{N}, \ X \in L^k(\mathbb{P}),$ das k-te *Moment* von X,

(ii) $\mathbb{E}\,|X|^p, \quad p > 0, \ X \in L^p(\mathbb{P}),$ das p-te *absolute Moment* von X,

(iii) $\mathbb{E}(X - \mathbb{E}\,X)^k, \quad k \in \mathbb{N}, \ X \in L^k(\mathbb{P}),$ das k-te *zentrale Moment* von X,

(iv) $\mathbb{V}(X) := \mathbb{E}(X - \mathbb{E}\,X)^2, \quad X \in L^2(\mathbb{P}),$ die *Varianz* von X,

(v) $\sqrt{\mathbb{V}(X)} := \sqrt{\mathbb{E}(X - \mathbb{E}\,X)^2}, \quad X \in L^2(\mathbb{P}),$ die *Standardabweichung* von X.

Man beachte, dass nach Satz 9.25 die zentralen Momente aus den „normalen“ Momenten erhalten werden können, denn es gilt

$$\mathbb{E}(X - \mathbb{E}\,X)^k = \mathbb{E}\left(\sum_{j=0}^{k} (-1)^j \binom{k}{j} X^j (\mathbb{E}\,X)^{k-j}\right) = \sum_{j=0}^{k} (-1)^j \binom{k}{j} \mathbb{E}\,X^j (\mathbb{E}\,X)^{k-j}$$

Im Spezialfall $k = 2$ folgt hieraus die Varianz-Formel

$$\mathbb{V}(X) = \mathbb{E}\,X^2 - (\mathbb{E}\,X)^2. \tag{9.29}$$

Die Berechnung von Momenten geschieht meist mit Hilfe von Satz 9.28 und $g(x) := x^k$ (für (i)), $g(x) = |x|^p$ (für (ii)), $g(x) = (x - \mathbb{E}\,X)^k$ (für (iii)) und $g(x) = (x - \mathbb{E}\,X)^2$ (für (iv)). Besitzt X die λ^1-Dichte f, so gilt folglich

$$\mathbb{V}(X) = \int_{-\infty}^{\infty} (x - \mathbb{E}\,X)^2 \cdot f(x)\,dx. \tag{9.30}$$

Die Namensgebung „Moment" stammt aus der Mechanik. So kann z.B. die Varianz als zweites zentrales Moment nach den in 3.3.8 angestellten Überlegungen als Trägheitsmoment gedeutet werden. Besitzt $X \in L^2(\mathbb{P})$ die λ^1-Dichte f, so setzen wir in 3.3.8 $n := 2$, $A := \{(x,0) : x \in \mathbb{R}\}$ sowie $\rho(x,0) := f(x)$ und wählen als Drehachse die durch den Punkt $(\mathbb{E}\,X, 0)$ verlaufende Gerade $L := \{(\mathbb{E}\,X, y) : y \in \mathbb{R}\}$. Wegen $d((x,0), L) = |x - \mathbb{E}\,X|$ folgt dann aus (3.56), dass (9.30) das Trägheitsmoment der „mit der Gewichtsfunktion $f(x)$ versehenen" x-Achse bei Drehung um L darstellt (vgl. auch die Diskussion in I.4.4.6).

9.30 Beispiel. (Gammaverteilung)
Die Zufallsvariable X sei $Gam(\alpha, \beta)$-verteilt; X besitze also die Dichte

$$f(x) = \frac{\beta^\alpha}{\Gamma(\alpha)} x^{\alpha-1} e^{-\beta x}, \qquad x > 0 \qquad (f(x) := 0, \text{ sonst}),$$

für positive Parameter α, β. Mit der Substitution $t := \beta x$ folgt für jedes $p > 0$

$$\mathbb{E}\,|X|^p = \int_0^\infty |x|^p \cdot f(x)\,dx = \frac{\beta^\alpha}{\Gamma(\alpha)\beta^{p+\alpha}} \int_0^\infty t^{p+\alpha-1} e^{-t}\,dt = \frac{\Gamma(p+\alpha)}{\Gamma(\alpha)\beta^p} < \infty.$$

Somit gilt $X \in L^p(\mathbb{P})$ für jedes $p > 0$, und es folgt

$$\mathbb{E}\,X^k = \frac{\Gamma(k+\alpha)}{\Gamma(\alpha)\beta^k} = \frac{\alpha(\alpha+1)\cdot \ldots \cdot(\alpha+k-1)}{\beta^k}, \qquad k \in \mathbb{N},$$

und (9.29) liefert $\mathbb{V}(X) = \alpha(\alpha+1)/\beta^2 - (\alpha/\beta)^2 = \alpha/\beta^2$.

In Tabelle 9.1 sind Momente einiger der bislang betrachteten Verteilungen zusammengestellt. Man beachte hierzu die einfach zu beweisende und für endliche W-Räume schon aus (I.4.30) bekannte Beziehung

$$\mathbb{V}(aX + b) = a^2 \cdot \mathbb{V}(X), \qquad a, b \in \mathbb{R}, \tag{9.31}$$

sowie die Verteilungsaussagen

$$X \sim U(0,1) \Longrightarrow a + (b-a)X \sim U(a,b), \qquad a, b \in \mathbb{R},\ a < b \tag{9.32}$$

$$X \sim N(0,1) \Longrightarrow \mu + \sigma X \sim N(\mu, \sigma^2), \qquad \mu, \sigma \in \mathbb{R},\ \sigma > 0. \tag{9.33}$$

Verteilung	$\mathbb{E}\,X$	$\mathbb{V}(X)$	$\mathbb{E}\,X^k$
$X \sim U(0,1)$	$\frac{1}{2}$	$\frac{1}{12}$	$\frac{1}{k+1}$
$X \sim U(a,b)$	$\frac{a+b}{2}$	$\frac{(b-a)^2}{12}$	$\sum_{j=0}^{k} \binom{k}{j} \frac{(b-a)^j a^{k-j}}{j+1}$
$X \sim N(0,1)$	0	1	$\begin{cases} 0, & k \text{ ungerade}, \\ 1 \cdot 3 \cdot \ldots \cdot (2k-1), & k \text{ gerade} \end{cases}$
$X \sim N(\mu,\sigma^2)$	μ	σ^2	$\mathbb{E}((\mu+\sigma Y)^k), \quad Y \sim N(0,1)$
$X \sim Gam(\alpha,\beta)$	$\frac{\alpha}{\beta}$	$\frac{\alpha}{\beta^2}$	$\frac{\Gamma(k+\alpha)}{\Gamma(\alpha)\beta^k}$
$X \sim LN(\mu,\sigma^2)$	$e^{\mu+\sigma^2/2}$	$e^{2\mu+\sigma^2}(e^{\sigma^2}-1)$	$\exp(k\mu + k^2\sigma^2/2)$

Tabelle 9.1: Momente einiger Verteilungen

9.5.4 Standardisierung, Tschebyschow-Ungleichung

Eine Zufallsvariable $X \in L^2(\mathbb{P})$ heißt *standardisiert*, falls $\mathbb{E}\,X = 0$ und $\mathbb{V}(X) = 1$ gilt. Jede Zufallsvariable X mit $\mathbb{V}(X) > 0$ lässt sich durch die Transformation

$$X \to \tilde{X} := \frac{X - \mathbb{E}\,X}{\sqrt{\mathbb{V}(X)}} \qquad \text{(sog. } \textit{Standardisierung} \text{ von } X\text{)}$$

standardisieren; es gilt $\mathbb{E}\,\tilde{X} = 0$ und $\mathbb{V}(\tilde{X}) = 1$.

Da der Beweis der in I.4.9 behandelten Tschebyschow-Ungleichung

$$\mathbb{P}\left(|X - \mathbb{E}\,X| \geq \varepsilon\right) \leq \frac{\mathbb{V}(X)}{\varepsilon^2}, \qquad \varepsilon > 0, \tag{9.34}$$

nur die Abschätzung $1_{\{|X-\mathbb{E}\,X|\geq\varepsilon\}} \leq \varepsilon^{-2}(X - \mathbb{E}\,X)^2$ und Satz 9.25 (iii), (iv) verwendet, gilt (9.34) auch im Rahmen allgemeiner W-Räume. Der Vorteil dieser Ungleichung liegt hauptsächlich in deren Allgemeinheit. In speziellen Fällen gibt es wesentlich bessere Abschätzungen. Ist etwa $X \sim N(\mu,\sigma^2)$-normalverteilt, so besitzt die Zufallsvariable $\tilde{X} := (X - \mu)/\sigma$ die Verteilung $N(0,1)$. Hier gilt

$$\mathbb{P}(|\tilde{X}| \geq 1) \approx 0.317, \quad \mathbb{P}(|\tilde{X}| \geq 2) \approx 0.045, \quad \mathbb{P}(|\tilde{X}| \geq 3) \approx 0.003,$$

was nach Übergang zu X und komplementären Ereignissen

$$\mathbb{P}\left(\mu - k\sigma < X < \mu + k\sigma\right) \approx \begin{cases} 0.683, & \text{falls } k = 1, \\ 0.955, & \text{falls } k = 2, \\ 0.997, & \text{falls } k = 3, \end{cases}$$

zur Folge hat. Die verteilungsunspezifische Tschebyschow-Ungleichung würde hier nur die groben unteren Schranken 0 bzw. 3/4 bzw. 8/9 liefern.

9.5.5 Kovarianz

Im Folgenden lernen wir mit der *Kovarianz* und der *Korrelation* zwei weitere Grundbegriffe der Stochastik kennen. Die Namensgebung *Kovarianz* wird verständlich, wenn wir die Varianz der Summe zweier Zufallsvariablen $X, Y \in L^2(\mathbb{P})$ berechnen wollen. Nach Definition der Varianz und Satz 9.25 ergibt sich

$$\begin{aligned}\mathbb{V}(X+Y) &= \mathbb{E}(X+Y-\mathbb{E}(X+Y))^2\\ &= \mathbb{E}(X-\mathbb{E}\,X+Y-\mathbb{E}\,Y)^2\\ &= \mathbb{E}(X-\mathbb{E}\,X)^2+\mathbb{E}(Y-\mathbb{E}\,Y)^2+2\cdot\mathbb{E}((X-\mathbb{E}\,X)\cdot(Y-\mathbb{E}\,Y))\\ &= \mathbb{V}(X)+\mathbb{V}(Y)+2\cdot\mathbb{E}((X-\mathbb{E}\,X)\cdot(Y-\mathbb{E}\,Y)).\end{aligned}$$

Im Gegensatz zur Erwartungswertbildung stellt sich somit $\mathbb{V}(X+Y)$ nicht einfach als Summe der einzelnen Varianzen dar, sondern es tritt ein zusätzlicher Term auf, der von der *gemeinsamen Verteilung* von X und Y abhängt.

Sind $X, Y \in L^2(\mathbb{P})$, so heißt der Ausdruck

$$\mathrm{C}(X,Y) := \mathbb{E}((X-\mathbb{E}\,X)\cdot(Y-\mathbb{E}\,Y)) \tag{9.35}$$

die *Kovarianz* zwischen X und Y.

9.31 Satz. (Eigenschaften der Kovarianz)
Sind $X, Y, X_1, \ldots, X_m, Y_1, \ldots, Y_n$ Zufallsvariablen aus $L^2(\mathbb{P})$ und $a, b, a_1, \ldots, a_m, b_1, \ldots, b_n$ reelle Zahlen, so gilt:

(i) $\mathrm{C}(X,Y) = \mathbb{E}(X\cdot Y) - \mathbb{E}\,X\cdot\mathbb{E}\,Y$.

(ii) $\mathrm{C}(X,Y) = \mathrm{C}(Y,X), \qquad \mathrm{C}(X,X) = \mathbb{V}(X)$.

(iii) $\mathrm{C}(X+a, Y+b) = \mathrm{C}(X,Y)$.

(iv) *Sind X und Y stochastisch unabhängig, so folgt* $\mathrm{C}(X,Y) = 0$.

(v) $\mathrm{C}\left(\sum_{j=1}^m a_j\cdot X_j, \sum_{k=1}^n b_k\cdot Y_k\right) = \sum_{j=1}^m\sum_{k=1}^n a_j\cdot b_k\cdot \mathrm{C}(X_j, Y_k)$.

(vi) $\mathbb{V}(X_1+\ldots+X_n) = \sum_{j=1}^n \mathbb{V}(X_j) + 2\cdot\sum_{1\le j<k\le n}\mathrm{C}(X_j,X_k)$.

BEWEIS: Die Eigenschaften (i)–(iii) folgen unmittelbar aus der Definition der Kovarianz und Satz 9.25 (i),(ii). Behauptung (iv) ergibt sich mit (i) und der Produktregel (Satz 9.29). Aus (i) und der Linearität der Erwartungswertbildung erhalten wir weiter

$$\begin{aligned}\mathrm{C}\left(\sum_{j=1}^{m} a_j X_j, \sum_{k=1}^{n} b_k Y_k\right) &= \mathbb{E}\left(\sum_{j=1}^{m}\sum_{k=1}^{n} a_j b_k X_j Y_k\right) - \mathbb{E}\left(\sum_{j=1}^{m} a_j X_j\right)\mathbb{E}\left(\sum_{k=1}^{n} b_k Y_k\right)\\ &= \sum_{j=1}^{m}\sum_{k=1}^{n} a_j b_k\, \mathbb{E}(X_j Y_k) - \sum_{j=1}^{m}\sum_{k=1}^{n} a_j b_k\, \mathbb{E}\,X_j \cdot \mathbb{E}\,Y_k\\ &= \sum_{j=1}^{m}\sum_{k=1}^{n} a_j b_k\, \mathrm{C}(X_j, Y_k)\end{aligned}$$

und somit (v). Behauptung (vi) folgt aus (ii) und (v). □

Fasst man die Kovarianz-Bildung $\mathrm{C}(\cdot,\cdot)$ als einen „Operator für Paare von Zufallsvariablen“ auf, so besagt Satz 9.31 (v), dass dieser Operator *bilinear* ist. Aus Satz 9.31 (iv) und (vi) erhalten wir außerdem das folgende wichtige Resultat.

9.32 Satz. (Varianz-Additionsgesetz für unabhängige Zufallsvariablen)
Sind die Zufallsvariablen $X_1, \ldots, X_n \in L^2(\mathbb{P})$ stochastisch unabhängig, *so gilt*

$$\mathbb{V}\left(\sum_{j=1}^{n} X_j\right) = \sum_{j=1}^{n} \mathbb{V}(X_j). \tag{9.36}$$

Diese Additionsformel bleibt auch unter der (aufgrund von Satz 9.31 (iv) und dem nachfolgenden Beispiel) schwächeren Voraussetzung $\mathrm{C}(X_j, X_k) = 0$ für $1 \leq j \neq k \leq n$ der *paarweisen Unkorreliertheit* von $X_1, \ldots, X_n$ gültig. Dabei heißen zwei Zufallsvariablen X und Y *unkorreliert*, falls $\mathrm{C}(X, Y) = 0$ gilt.

9.33 Beispiel. (Aus Unkorreliertheit folgt nicht Unabhängigkeit)
Es seien $X, Y \in L^2(\mathbb{P})$ unabhängige Zufallsvariablen mit identischer Verteilung. Aufgrund der Bilinearität der Kovarianzbildung und Satz 9.31 (ii) folgt dann

$$\begin{aligned}\mathrm{C}(X+Y, X-Y) &= \mathrm{C}(X,X) + \mathrm{C}(Y,X) - \mathrm{C}(X,Y) - \mathrm{C}(Y,Y)\\ &= \mathbb{V}(X) - \mathbb{V}(Y) = 0,\end{aligned}$$

so dass $X+Y$ und $X-Y$ unkorreliert sind. Besitzen X und Y jeweils eine Gleichverteilung auf den Werten $1, 2, \ldots, 6$ (Würfelwurf), so erhalten wir

$$\frac{1}{36} = \mathbb{P}(X+Y=12, X-Y=0) \neq \mathbb{P}(X+Y=12)\cdot\mathbb{P}(X-Y=0) = \frac{1}{36}\cdot\frac{1}{6}.$$

Summe und Differenz der Augenzahlen beim zweifachen Würfelwurf bilden somit ein einfaches Beispiel für unkorrelierte, aber nicht unabhängige Zufallsvariablen.

9.5.6 Erwartungswertvektor und Kovarianzmatrix

Ist $X = (X_1, \ldots, X_k)^T$ ein (als Spaltenvektor geschriebener) k-dimensionaler Zufallsvektor mit integrierbaren Komponenten, so heißt der (Spalten-)Vektor

$$\mathbb{E}\, X := (\mathbb{E}\, X_1, \ldots, \mathbb{E}\, X_k)^T$$

der *Erwartungswertvektor* von X.

Gilt $X_j \in L^2(\mathbb{P})$ für $j = 1, \ldots, k$, so heißt die $k \times k$-Matrix

$$\Sigma(X) := (\mathrm{C}(X_i, X_j))_{i,j=1,\ldots,k} \tag{9.37}$$

die *Kovarianzmatrix* von X.

9.34 Satz. (Positive Semidefinitheit von Kovarianzmatrizen)
Die Kovarianzmatrix $\Sigma := \Sigma(X)$ eines Zufallsvektors $X = (X_1, \ldots, X_k)^T$ besitzt folgende Eigenschaften:

(i) Σ *ist symmetrisch und positiv-semidefinit.*

(ii) Σ *ist nicht positiv definit* $\iff \exists \vec{c} \in \mathbb{R}^k, \gamma \in \mathbb{R}$ *mit* $\mathbb{P}(\vec{c}^{\,T} X = \gamma) = 1$.

Beweis: (i): Die Symmetrie von Σ ist offensichtlich. Für einen beliebigen Spaltenvektor $\vec{c} = (c_1, \ldots, c_k)^T \in \mathbb{R}^k$ gilt nach Satz 9.31 (ii) und (v)

$$\begin{aligned} 0 \le \mathbb{V}(\vec{c}^{\,T} X) &= \mathbb{V}\left(\sum_{j=1}^k c_j X_j\right) = \mathrm{C}\left(\sum_{i=1}^k c_i X_i, \sum_{j=1}^k c_j X_j\right) \\ &= \sum_{i=1}^k \sum_{j=1}^k c_i c_j\, \mathrm{C}(X_i, X_j) = \vec{c}^{\,T} \Sigma \vec{c}, \end{aligned}$$

was die positive Semidefinitheit von Σ zeigt.

(ii): Nach (i) ist Σ genau dann nicht positiv definit, wenn es ein $\vec{c} \neq \vec{0}$ mit $\mathbb{V}(\vec{c}^{\,T} X) = 0$ gibt. Letzteres ist nach Satz 6.69 (mit $f := (\vec{c}^{\,T} X - \mathbb{E}(\vec{c}^{\,T} X))^2$) gleichbedeutend damit, dass $\mathbb{P}(\vec{c}^{\,T} X = \mathbb{E}(\vec{c}^{\,T} X)) = 1$ gilt. □

Aus Satz 9.34 folgt, dass eine Kovarianzmatrix genau dann nicht invertierbar ist, wenn mit Wahrscheinlichkeit Eins eine lineare Beziehung $c_1 X_1 + \ldots + c_k X_k = \gamma$ zwischen den Komponenten von X besteht.

Das nächste Resultat klärt das Verhalten von Erwartungswertvektoren und Kovarianzmatrizen unter affinen Transformationen.

9.35 Satz. (Verhalten von $\mathbb{E}\, X$ und $\Sigma(X)$ unter affinen Abbildungen)
Sind A eine $m \times k$-Matrix und $\vec{b} \in \mathbb{R}^m$, so gilt:

(i) $\mathbb{E}(A \cdot X + \vec{b}) = A \cdot \mathbb{E}\, X + \vec{b}$

(ii) $\Sigma(A \cdot X + \vec{b}) = A \cdot \Sigma(X) \cdot A^T$.

BEWEIS: (i) ergibt sich durch „komponentenweises Lesen" aus der Linearität der Erwartungswertbildung. Zum Nachweis von (ii) sei $A =: (a_{ij})$ und $\vec{b} =: (b_1, \ldots, b_k)^T$ sowie $\Sigma(A \cdot X + \vec{b}) =: (c_{ij})$ gesetzt. Es gilt $c_{ij} = \mathrm{C}(\sum_{m=1}^k a_{im}X_m + b_i, \sum_{n=1}^k a_{jn}X_n + b_j)$, und nach Satz 9.31 (v) folgt

$$c_{ij} = \sum_{m=1}^{k} \sum_{n=1}^{k} a_{im}a_{jn}\, \mathrm{C}(X_m, X_n).$$

Die rechte Seite dieser Gleichung ist der in der i-ten Zeile und j-ten Spalte der Matrix $A \cdot \Sigma(X) \cdot A^T$ auftretende Eintrag. □

9.5.7 Der Korrelationskoeffizient

Der *Korrelationskoeffizient* entsteht durch geeignete Normierung der Kovarianz. Dabei setzen wir im Folgenden stillschweigend voraus, dass alle auftretenden Zufallsvariablen in $L^2(\mathbb{P})$ liegen und positive Varianzen besitzen.

Die Zahl

$$r(X,Y) := \frac{\mathrm{C}(X,Y)}{\sqrt{\mathbb{V}(X) \cdot \mathbb{V}(Y)}} \tag{9.38}$$

heißt (*Pearsonscher* [2]) *Korrelationskoeffizient* von X und Y. Häufig wird $r(X,Y)$ auch *die Korrelation zwischen* X *und* Y genannt.

Die Bedeutung des Korrelationskoeffizienten ergibt sich aus einem speziellen Optimierungsproblem. Hierzu stellen wir uns die Aufgabe, eine Realisierung $Y(\omega)$ der Zufallsvariablen Y aufgrund der Kenntnis der Realisierung $X(\omega)$ von X in einem gewissen Sinn möglichst gut vorherzusagen. Fassen wir eine Vorhersage als Vorschrift auf, die für jede Realisierung $X(\omega)$ einen zugehörigen „Prognosewert" für $Y(\omega)$ liefert, so lässt sich jede solche Vorschrift als Funktion $g : \mathbb{R} \to \mathbb{R}$ mit der Deutung von $g(X(\omega))$ als Prognosewert für $Y(\omega)$ bei Kenntnis von $X(\omega)$ ansehen. Da die einfachste nichtkonstante Funktion einer reellen Variablen von der Gestalt $y = g(x) = a + bx$ ist, also eine affine Beziehung zwischen x und y beschreibt, liegt der Versuch nahe, $Y(\omega)$ nach geeigneter Wahl von a und b durch $a + bX(\omega)$ vorherzusagen. Dabei orientiert sich eine Präzisierung dieser „geeigneten Wahl" am *zufälligen Vorhersagefehler* $Y - a - bX$. Ein übliches Gütekriterium besteht darin, die *mittlere quadratische Abweichung* $\mathbb{E}(Y - a - bX)^2$ der Prognose durch geeignete Wahl von a und b zu minimieren.

---

[2] Karl Pearson (1857–1936), Mathematiker, Jurist und Philosoph. 1880–1884 Anwalt in London, ab 1884 Professor für Mathematik am University College London, ab 1911 Professor für Eugenik (Rassenlehre) und Direktor des Galton Laboratory for National Eugenics in London. Pearson gilt als Mitbegründer der modernen Statistik. Er schrieb außerdem wichtige Beiträge u.a. zu Frauenfragen, zum Christusbild und zum Marxismus.

9.36 Satz. (Korrelation und beste affine Vorhersage)
Das Optimierungsproblem

$$\text{„minimiere } M(a,b) := \mathbb{E}(Y-a-bX)^2 \text{ bezüglich } a \text{ und } b\text{“} \tag{9.39}$$

besitzt die Lösung

$$b^* = \frac{\mathrm{C}(X,Y)}{\mathbb{V}(X)}, \quad a^* = \mathbb{E}\,Y - b^* \cdot \mathbb{E}\,X, \tag{9.40}$$

und der Minimalwert in (9.39) *ergibt sich zu*

$$M(a^*,b^*) = \mathbb{V}(Y) \cdot (1 - r^2(X,Y)). \tag{9.41}$$

Beweis: Mit $Z := Y - bX$ gilt

$$\mathbb{E}(Y-a-bX)^2 = \mathbb{E}(Z-a)^2 = \mathbb{V}(Z) + (\mathbb{E}\,Z - a)^2 \geq \mathbb{V}(Z). \tag{9.42}$$

Somit kann $a^* := \mathbb{E}\,Z = \mathbb{E}\,Y - b\,\mathbb{E}\,X$ gesetzt werden. Mit den Abkürzungen $\tilde{Y} := Y - \mathbb{E}\,Y$, $\tilde{X} := X - \mathbb{E}\,X$ bleibt die Aufgabe, die durch $h(b) := \mathbb{E}(\tilde{Y} - b\,\tilde{X})^2$, $b \in \mathbb{R}$, definierte Funktion h bezüglich b zu minimieren. Wegen

$$0 \leq h(b) = \mathbb{E}(\tilde{Y}^2) - 2 \cdot b \cdot \mathbb{E}(\tilde{X} \cdot \tilde{Y}) + b^2 \cdot \mathbb{E}(\tilde{X}^2) = \mathbb{V}(Y) - 2 \cdot b \cdot \mathrm{C}(X,Y) + b^2 \cdot \mathbb{V}(X)$$

beschreibt h als Funktion von b eine Parabel, welche für $b^* = \mathrm{C}(X,Y)/\mathbb{V}(X)$ ihren nichtnegativen Minimalwert annimmt. Einsetzen von b^* liefert dann wie behauptet

$$\begin{aligned} M(a^*,b^*) = h(b*) &= \mathbb{V}(Y) - 2 \cdot \frac{\mathrm{C}(X,Y)^2}{\mathbb{V}(X)} + \frac{\mathrm{C}(X,Y)^2}{\mathbb{V}(X)} = \mathbb{V}(Y) \cdot \left(1 - \frac{\mathrm{C}(X,Y)^2}{\mathbb{V}(X) \cdot \mathbb{V}(Y)}\right) \\ &= \mathbb{V}(Y) \cdot (1 - r^2(X,Y)). \end{aligned}$$

□

9.37 Folgerung. (Korrelation und affine Abhängigkeit)
Es seien X und Y Zufallsvariablen.

(i) *Es gilt* $\mathrm{C}(X,Y)^2 \leq \mathbb{V}(X) \cdot \mathbb{V}(Y)$ (Cauchy–Schwarzsche Ungleichung) *und* $|r(X,Y)| \leq 1$.

(ii) *Genau dann gilt* $|r(X,Y)| = 1$, *wenn es* $a, b \in \mathbb{R}$ *mit* $\mathbb{P}(Y = a + b \cdot X) = 1$ *gibt. In diesem Fall ist* $r(X,Y) = +1$ *zu* $b > 0$ *äquivalent (d.h. „Y wächst mit wachsendem X“) und* $r(X,Y) = -1$ *ist zu* $b < 0$ *äquivalent (d.h. „Y fällt mit wachsendem X“).*

Beweis: Behauptung (i) folgt aus der Nichtnegativität von $M(a^*,b^*)$ in Satz 9.36. Im Fall $|r(X,Y)| = 1$ gilt $M(a^*,b^*) = 0$ und somit $0 = \mathbb{E}(Y-a-bX)^2$, also $\mathbb{P}(Y = a + bX) = 1$ für geeignete $a, b \in \mathbb{R}$. Für die Zusatzbehauptungen in (ii) beachte man, dass die Größen b^* und $r(X,Y)$ aus Satz 9.36 das gleiche Vorzeichen besitzen. □

Da die Aufgabe (9.39) darin besteht, die Zufallsvariable Y durch eine *affine* (umgangssprachlich auch *lineare*) Funktion von X in einem gewissen Sinne bestmöglich zu approximieren, ist $r(X,Y)$ ein Maß für die Güte der *affinen* Vorhersagbarkeit von Y durch X. Im extremen Fall $r(X,Y) = 0$ der Unkorreliertheit von X und Y gilt nach (9.41) $M(a^*,b^*) = \mathbb{V}(Y) = \mathbb{E}[(Y - \mathbb{E}\,Y)^2] = \min_{a,b} \mathbb{E}[(Y - a - bX)^2]$, so dass dann die beste affine Funktion von X zur Vorhersage von Y gar nicht von X abhängt.

9.5.8 Die Methode der kleinsten Quadrate

Die Untersuchung eines „statistischen Zusammenhanges“ zwischen zwei quantitativen „Merkmalen“ X und Y bildet eine Standardsituation der Datenanalyse. Zur Veranschaulichung werden dabei die mit x_j (bzw. y_j) bezeichneten Ausprägungen von Merkmal X (bzw. Y) an der j-ten Untersuchungseinheit ($j = 1,\ldots,n$) als „Punktwolke“ $\{(x_j,y_j) : j = 1,\ldots,n\}$ in der xy-Ebene dargestellt. Als Zahlenbeispiel betrachten wir einen auf K. Pearson und Alice Lee[3] (1902) zurückgehenden klassischen Datensatz, nämlich die an 11 Geschwisterpaaren (Bruder/Schwester) gemessenen Merkmale Größe des Bruders (X) und Größe der Schwester (Y) (siehe Hand et al. (Hrsg.), S.309). Die zugehörige Punktwolke ist im linken Bild 9.7 veranschaulicht. Dabei deutet der fett eingezeichnete Punkt an, dass an dieser Stelle zwei Messwertpaare vorliegen.

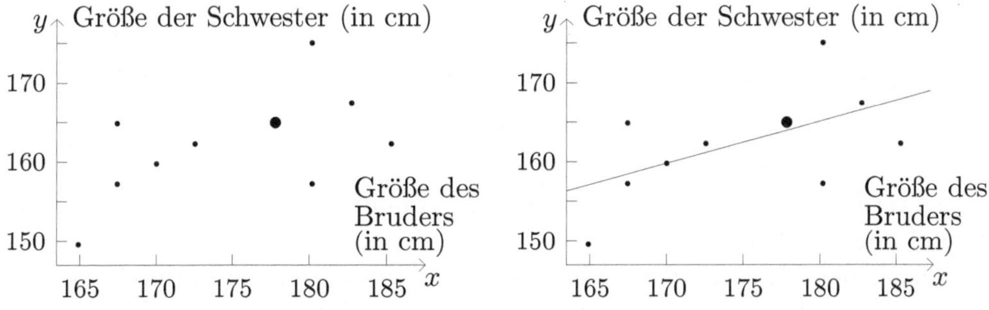

Bild 9.7: Größen von 11 Geschwisterpaaren ohne bzw. mit Regressionsgerade

Bei der Betrachtung dieser Punktwolke fällt auf, dass größere Brüder zumindest tendenziell auch größere Schwestern besitzen. Zur Quantifizierung dieses statistischen Zusammenhanges liegt es nahe, eine *Trendgerade* zu bestimmen, welche

[3]Alice Lee (1859–1939), Mathematikerin. Eine der ersten Frauen, die an der Universität London promoviert haben. Hauptarbeitsgebiet: Angewandte Statistik.

in einem gewissen Sinne „möglichst gut durch die Punktwolke verläuft“. Eine mathematisch bequeme Möglichkeit zur Präzisierung dieser Aufgabe ist die auf Gauß zurückgehende *Methode der kleinsten Quadrate*. Ihr Ziel ist die Bestimmung einer Geraden $y = a^* + b^*x$ mit der Eigenschaft

$$\sum_{j=1}^{n}(y_j - a^* - b^*x_j)^2 = \min_{a,b}\left(\sum_{j=1}^{n}(y_j - a - bx_j)^2\right). \tag{9.43}$$

Fassen wir das Merkmalspaar (X, Y) als zweidimensionalen Zufallsvektor auf, der die Wertepaare (x_j, y_j) $(j = 1, \ldots, n)$ mit gleicher Wahrscheinlichkeit $1/n$ annimmt (ein mehrfach auftretendes Paar wird dabei auch mehrfach gezählt, seine Wahrscheinlichkeit ist dann ein entsprechendes Vielfaches von $1/n$), so gilt

$$\mathbb{E}(Y - a - bX)^2 = \frac{1}{n}\cdot\sum_{j=1}^{n}(y_j - a - bx_j)^2.$$

Dies bedeutet, dass die Bestimmung des Minimums in (9.43) ein Spezialfall der Aufgabe (9.39) ist. Setzen wir

$$\bar{x} := \frac{1}{n}\sum_{j=1}^{n}x_j, \quad \bar{y} := \frac{1}{n}\sum_{j=1}^{n}y_j, \quad \sigma_{xy} := \frac{1}{n}\sum_{j=1}^{n}(x_j - \bar{x})(y_j - \bar{y}),$$

$$\sigma_x^2 := \frac{1}{n}\sum_{j=1}^{n}(x_j - \bar{x})^2, \quad \sigma_y^2 := \frac{1}{n}\sum_{j=1}^{n}(y_j - \bar{y})^2,$$

so gelten $\mathbb{E}(X) = \bar{x}$, $\mathbb{E}(Y) = \bar{y}$, $\mathrm{C}(X, Y) = \sigma_{xy}$, $\mathbb{V}(X) = \sigma_x^2$ und $\mathbb{V}(Y) = \sigma_y^2$. Folglich besitzt die Lösung (a^*, b^*) der Aufgabe (9.43) nach (9.40) die Gestalt

$$b^* = \frac{\sigma_{xy}}{\sigma_x^2}\quad,\quad a^* = \bar{y} \;-\; b^*\cdot\bar{x}. \tag{9.44}$$

Hierbei werde angenommen, dass mindestens zwei der Werte $x_1, \ldots, x_n$ verschieden sind und somit $\sigma_x^2 > 0$ gilt.

Die nach der Methode der kleinsten Quadrate gewonnene optimale Gerade $y = a^* + b^*x$ heißt die (*empirische*) *Regressionsgerade*[4] *von* Y *auf* X. Aufgrund der zweiten Gleichung in (9.44) geht sie durch den *Schwerpunkt* $(\bar{x}, \bar{y})$ der Daten. Die Regressionsgerade zur Punktwolke der Größen der 11 Geschwisterpaare ist im rechten Bild von 9.7 veranschaulicht. Weiter gilt im Fall $\sigma_x^2 > 0$, $\sigma_y^2 > 0$:

$$r(X, Y) = \frac{\sigma_{xy}}{\sqrt{\sigma_x^2\cdot\sigma_y^2}} = \frac{\sum_{j=1}^{n}(x_j - \bar{x})\cdot(y_j - \bar{y})}{\sqrt{\sum_{j=1}^{n}(x_j - \bar{x})^2\cdot\sum_{j=1}^{n}(y_j - \bar{y})^2}}. \tag{9.45}$$

[4]Das Wort *Regression* geht auf Sir (seit 1909) Francis Galton (1822–1911) zurück, der bei der Vererbung von Erbsen einen „Rückgang“ des durchschnittlichen Durchmessers feststellte.

Die rechte Seite von (9.45) heißt *empirischer Korrelationskoeffizient* (*im Sinne von Pearson*) der Daten(-Paare) $(x_1, y_1), \ldots, (x_n, y_n)$.

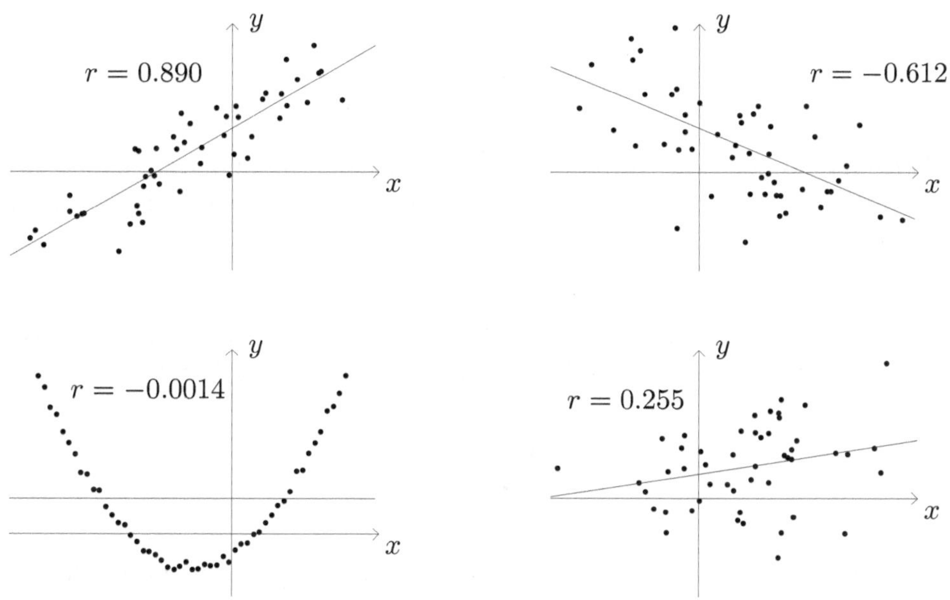

Bild 9.8: Punktwolken und Korrelationskoeffizienten

Um ein Gefühl für die Stärke der Korrelation von Punktwolken zu erhalten, sind in Bild 9.8 für den Fall $n = 50$ vier Punkthaufen mit den zugehörigen Regressionsgeraden und empirischen Korrelationskoeffizienten r skizziert. Maßeinheiten wurden nicht angegeben, weil r invariant gegenüber Transformationen der Form $x \to ax + b$, $y \to cy + d$ mit $a \cdot c > 0$ ist. Das linke untere Bild verdeutlicht, dass der empirische Korrelationskoeffizient nur eine Aussage über die Stärke eines *affinen* Zusammenhangs zwischen Zufallsvariablen (Merkmalen) macht. Obwohl hier ein ausgeprägter „quadratischer Zusammenhang" vorliegt, ist die empirische „lineare" Korrelation ungefähr 0.

9.6 Die mehrdimensionale Normalverteilung

In diesem Abschnitt lernen wir mit der mehrdimensionalen Normalverteilung die wichtigste mehrdimensionale Verteilung kennen. Wie in 9.5.6 werden auch im Folgenden Zufallsvektoren als Spaltenvektoren geschrieben.

9.6.1 Definition der mehrdimensionalen Normalverteilung

Es seien $Z_1, \ldots, Z_k$ unabhängige und jeweils $N(0,1)$-normalverteilte Zufallsvariablen auf einem W-Raum $(\Omega, \mathcal{A}, \mathbb{P})$, sowie $Z := (Z_1, \ldots, Z_k)^T$ gesetzt.

Der Zufallsvektor X besitzt eine *k-dimensionale Normalverteilung*, wenn es eine $k \times k$-Matrix A und einen Vektor $\vec{\mu} \in \mathbb{R}^k$ gibt, so dass gilt:

$$X = A \cdot Z + \vec{\mu}. \tag{9.46}$$

Ist A regulär, so heißt die Verteilung *nichtausgeartet* und andernfalls *ausgeartet.*

Besitzt $X := (X_1, \ldots, X_k)^T$ die eben definierte Normalverteilung, so gilt nach Satz 9.35

$$\mathbb{E}\, X = \vec{\mu}, \qquad \Sigma := \Sigma(X) = A \cdot A^T.$$

Außerdem folgt aus der Definition, dass jedes X_i eine eindimensionale Normalverteilung besitzt, denn mit $A =: (a_{ij})$ und $\vec{\mu} =: (\mu_1, \ldots, \mu_k)^T$ gilt

$$X_i = \sum_{j=1}^{k} a_{ij} Z_j + \mu_j,$$

und nach Satz 9.17 (ii) sowie (9.33) folgt $X_i \sim N(\mu_i, \sum_{j=1}^k a_{ij}^2)$. Hierbei interpretieren wir $N(\mu, 0)$ $(\mu \in \mathbb{R})$ als diskretes W-Maß mit Träger $\{\mu\}$.

Der nächste Satz besagt, dass eine *nichtausgeartete* mehrdimensionale Normalverteilung eine λ^k-Dichte besitzt, die nur von μ und Σ, nicht aber von der speziellen Gestalt der Matrix A in (9.46) abhängt. Deshalb heißt dann die Verteilung eines gemäß (9.46) erzeugten Zufallsvektors X *k-dimensionale Normalverteilung* mit *Erwartungswertvektor* $\vec{\mu}$ und *Kovarianzmatrix* Σ. Besitzt X diese Verteilung, so schreibt man hierfür kurz $X \sim N_k(\vec{\mu}, \Sigma)$. Man beachte, dass mit A auch Σ eine reguläre Matrix ist.

9.6.2 Dichte der mehrdimensionalen Normalverteilung

9.38 Satz. (Dichte der mehrdimensionalen Normalverteilung)
Ein Zufallsvektor X mit der Verteilung $N_k(\vec{\mu}, \Sigma)$ besitzt die λ^k-Dichte

$$f(\vec{x}) = \frac{1}{(2\pi)^{k/2}\sqrt{\det(\Sigma)}} \cdot \exp\left(-\frac{1}{2} \cdot (\vec{x} - \vec{\mu})^T \Sigma^{-1} (\vec{x} - \vec{\mu})\right), \qquad \vec{x} \in \mathbb{R}^k. \tag{9.47}$$

Beweis: Nach (9.16) und $\prod_{j=1}^k \exp(-z_j^2) = \exp(-\|\vec{z}\|_2^2)$ ist

$$g(\vec{z}) := \frac{1}{(2\pi)^{k/2}} \cdot \exp\left(-\frac{1}{2}\|\vec{z}\|_2^2\right), \qquad \vec{z} = (z_1, \ldots, z_k)^T \in \mathbb{R}^k,$$

eine λ^k-Dichte des Zufallsvektors Z in (9.46). Mit $V := \mathbb{R}^k$ und $T(\vec{z}) := A\vec{z} + \vec{\mu}$ liefert Beispiel 9.21 (unter Vertauschung der Rollen von f und g), dass X die λ^k-Dichte

$$f(\vec{x}) = \frac{g(A^{-1}(\vec{x} - \vec{\mu}))}{|\det(A)|} = \frac{1}{(2\pi)^{k/2}|\det(A)|} \cdot \exp\left(-\frac{1}{2} \cdot \|A^{-1}(\vec{x} - \vec{\mu})\|_2^2\right)$$

besitzt. Wegen

$$\|A^{-1}(\vec{x} - \vec{\mu})\|_2^2 = (\vec{x} - \vec{\mu})^T(A^{-1})^T A^{-1}(\vec{x} - \vec{\mu})$$

und $\Sigma^{-1} = (AA^T)^{-1} = (A^{-1})^T A^{-1}$ sowie $\det(\Sigma) = \det(A) \cdot \det(A^T) = (\det(A))^2$ folgt die Behauptung. □

9.6.3 Existenz von mehrdimensionalen Normalverteilungen

9.39 Satz. (Existenzsatz)
Zu jeder symmetrischen positiv definiten $k \times k$-Matrix Σ und jedem $\vec{\mu} \in \mathbb{R}^k$ existiert ein k-dimensionaler Zufallsvektor X mit der Verteilung $N_k(\vec{\mu}, \Sigma)$.

BEWEIS: Es seien $\lambda_1, \ldots, \lambda_k$ die Eigenwerte von Σ. Nach Satz 5.33 existiert eine orthogonale Matrix B mit $B^T \Sigma B = \operatorname{diag}(\lambda_1, \ldots, \lambda_k)$. Da nach Satz 5.41 alle λ_j positiv sind, können wir $D := \operatorname{diag}(\sqrt{\lambda_1}, \ldots, \sqrt{\lambda_k})$ setzen. Es gilt dann

$$\Sigma = B \operatorname{diag}(\lambda_1, \ldots, \lambda_k) B^T = BDDB^T = (BD) \cdot (BD)^T$$

und somit $\Sigma = AA^T$, wobei $A := BD$ gesetzt ist. Mit dem zu Beginn von 9.6.1 eingeführten Zufallsvektor Z besitzt dann $X := AZ + \vec{\mu}$ nach Definition die Verteilung $N_k(\vec{\mu}, \Sigma)$. □

Man beachte, dass die obige Konstruktion auch möglich ist, wenn Σ nur positiv semidefinit, aber nicht (eigentlich) positiv definit ist. In diesem Fall ist mindestens ein Eigenwert gleich Null, und der Rang der Matrix A ist kleiner als k. Man erhält dann eine *ausgeartete* k-dimensionalen Normalverteilung. Diese Verteilung ist ganz auf der Menge $\operatorname{Bild}(A) + \vec{\mu}$ konzentriert und besitzt keine λ^k-Dichte.

9.40 Beispiel. (Der Fall $k = 2$)
Wir wollen den Spezialfall einer zweidimensionalen Normalverteilung gesondert hervorheben. Zur Vermeidung von Indizes schreiben wir $(X, Y) := (X_1, X_2)$ und setzen $\sigma^2 := \mathbb{V}(X)$, $\tau^2 := \mathbb{V}(Y)$, $\rho := r(X, Y) = \mathrm{C}(X, Y)/(\sigma\tau)$ sowie $\mu := \mu_1$, $\nu := \mu_2$. Es gilt dann

$$\Sigma = \begin{pmatrix} \sigma^2 & \rho\sigma\tau \\ \rho\sigma\tau & \tau^2 \end{pmatrix}, \qquad \Sigma^{-1} = \frac{1}{\sigma^2\tau^2(1 - \rho^2)} \begin{pmatrix} \tau^2 & -\rho\sigma\tau \\ -\rho\sigma\tau & \sigma^2 \end{pmatrix},$$

und die Dichte $f(\vec{x})$ in (9.47) nimmt die Gestalt

$$f(x, y) = \frac{1}{2\pi\sigma\tau\sqrt{(1 - \rho^2)}} \cdot \exp\left(-\frac{\tau^2(x-\mu)^2 - 2\rho\sigma\tau(x-\mu)(y-\nu) + \sigma^2(y-\nu)^2}{2\sigma^2\tau^2(1 - \rho^2)}\right)$$

$(x, y \in \mathbb{R})$ an. Die Dichte f ist konstant auf Ellipsen mit Zentrum (μ, ν), deren Hauptachsenrichtungen und Halbachsenlängen durch die Eigenwerte und Eigenvektoren von Σ bestimmt sind.

Um die Bedeutung des Korrelationskoeffizienten ρ zu veranschaulichen, betrachten wir den Spezialfall $\sigma^2 = \tau^2 = 1$. Direktes Nachrechnen ergibt, dass Σ in diesem Fall die Eigenwerte $\lambda_1 = 1 + \rho$ und $\lambda_2 = 1 - \rho$ und die dazugehörigen (normierten) Eigenvektoren $\vec{v}_1 = (1,1)/\sqrt{2}$ und $\vec{v}_2 = (-1,1)/\sqrt{2}$ besitzt. Man sieht auch sofort, dass die in (9.46) auftretende Matrix im vorliegenden Fall als

$$A = \frac{1}{\sqrt{2}} \begin{pmatrix} \sqrt{1+\rho} & -\sqrt{1-\rho} \\ \sqrt{1+\rho} & \sqrt{1-\rho} \end{pmatrix}$$

gewählt werden kann (es gilt $\Sigma = AA^T$). Gleichung (9.46) zeigt, wie ein Zufallsvektor $(X, Y)^T$ mit der zweidimensionalen Normalverteilung

$$N_2\left(\begin{pmatrix} \mu \\ \nu \end{pmatrix}, \begin{pmatrix} 1 & \rho \\ \rho & 1 \end{pmatrix} \right)$$

erzeugt werden kann. Sind W und Z unabhängig und je $N(0,1)$-normalverteilt (Erzeugung mittels Polar-Methode, vgl. Beispiel 9.20), so braucht man nur

$$\begin{pmatrix} X \\ Y \end{pmatrix} := A \begin{pmatrix} W \\ Z \end{pmatrix} + \begin{pmatrix} \mu \\ \nu \end{pmatrix} = W\sqrt{1+\rho} \cdot \vec{v}_1 + Z\sqrt{1-\rho} \cdot \vec{v}_2 + \begin{pmatrix} \mu \\ \nu \end{pmatrix}$$

zu setzen; die Zufallsvariablen W und Z werden also in Richtung der Eigenvektoren $\vec{v}_1$ und $\vec{v}_2$ von Σ „aufgetragen“. Die Streckungsfaktoren $\sqrt{1+\rho}$ und $\sqrt{1-\rho}$ bewirken, dass die Realisierungen von W und Z unterschiedlich stark in Richtung der Hauptachsen $\vec{v}_1$ und $\vec{v}_2$ streuen. Ist $\rho \approx 1$, so dominiert die Richtung von $\vec{v}_1$, und Realisierungen von (X, Y) werden stark um die durch (μ, ν) verlaufende Gerade mit der Richtung von $\vec{v}_1$ konzentriert sein. Im Fall $\rho \approx -1$ spielt die durch (μ, ν) verlaufende Gerade mit der Richtung von $\vec{v}_2$ die dominierende Rolle.

9.7 Grenzwertsätze

In diesem Abschnitt lernen wir mit dem Gesetz großer Zahlen und dem zentralen Grenzwertsatz die wichtigsten Grenzwertsätze der Stochastik kennen.

9.7.1 Folgen unabhängiger Zufallsvariablen

Für viele Fragestellungen ist es unerlässlich, dass auf einem gemeinsamen W-Raum $(\Omega, \mathcal{A}, \mathbb{P})$ unendlich viele unabhängige Zufallsvariablen $X_j : \Omega \to \mathbb{R}$, $j \geq 1$, mit vorgegebenen Verteilungen definiert sind. Dabei erklärt man die Unabhängigkeit unendlich vieler Zufallsvariablen dadurch, dass jede Auswahl von endlich vielen der X_j unabhängig im Sinne von 9.3.3 ist. In gleicher Weise ist die Unabhängigkeit von unendlich vielen Mengensystemen definiert.

9.41 Satz. (Existenz unendlich vieler unabhängiger Zufallsvariablen)
Es seien $Q_1, Q_2, \ldots$ beliebige W-Maße auf $\mathcal{B}^1$. Dann existieren ein W-Raum $(\Omega, \mathcal{A}, \mathbb{P})$ und unabhängige Zufallsvariablen $X_j : \Omega \to \mathbb{R}$, $j \geq 1$, so dass für jedes $j \geq 1$ die Zufallsvariable X_j die Verteilung Q_j besitzt.

BEWEIS: Wir setzen $\Omega := (0,1]$ sowie $\mathcal{A} := \{B \in \mathcal{B}^1 : B \subset \Omega\}$ und wählen als W-Maß $\mathbb{P}$ die Einschränkung des Borel–Lebesgue-Maßes λ^1 auf $\mathcal{A}$. Jede Zahl $\omega \in (0,1]$ besitzt eine eindeutig bestimmte (nicht abbrechende) dyadische Darstellung der Form

$$\omega = \sum_{j=1}^{\infty} \frac{d_j(\omega)}{2^j} \tag{9.48}$$

mit $d_j(\omega) \in \{0,1\}$, $j \geq 1$, und $\sum_{j=1}^{\infty} d_j(\omega) = \infty$ (vgl. auch I.3.4.10). Diese erhält man durch

$$d_1(\omega) := \begin{cases} 0, & \text{falls } 0 < \omega \leq 1/2, \\ 1, & \text{falls } 1/2 < \omega \leq 1, \end{cases} \qquad d_n(\omega) := d_1\left(T^{n-1}(\omega)\right), \quad n \geq 2,$$

mit

$$T(\omega) := \begin{cases} 2\omega, & \text{falls } 0 < \omega \leq 1/2, \\ 2\omega - 1, & \text{falls } 1/2 < \omega \leq 1. \end{cases}$$

Dabei ist T^n die n-fache Hintereinanderausführung von T. Mittels Induktion zeigt man

$$\sum_{j=1}^{n} \frac{d_j(\omega)}{2^j} < \omega \leq \sum_{j=1}^{n} \frac{d_j(\omega)}{2^j} + \frac{1}{2^n}, \qquad \omega \in \Omega,\ n \geq 1. \tag{9.49}$$

Daraus folgt die Darstellung (9.48). Die Abbildungen d_1 und T sind $\mathcal{A}$-messbar, und induktiv folgt, dass d_n für jedes $n \geq 2$ $\mathcal{A}$-messbar ist. Nach Definition von $\mathbb{P}$ besitzt die Zufallsvariable $Y := \mathrm{id}_\Omega$ die Gleichverteilung $U(0,1)$. Wir behaupten, dass die Zufallsvariablen $d_1(Y), d_2(Y), \ldots$ unabhängig und identisch verteilt sind, wobei $\mathbb{P}(d_j(Y) = 1) = \mathbb{P}(d_j(Y) = 0) = 1/2$ gilt ($j \geq 1$).

Hierfür reicht es zu zeigen, dass für jedes $n \in \mathbb{N}$ und alle $(i_1, \ldots, i_n) \in \{0,1\}^n$

$$\mathbb{P}(d_1(Y) = i_1, \ldots, d_n(Y) = i_n) = 2^{-n} \tag{9.50}$$

erfüllt ist. Hieraus würde nämlich Gleichung (9.14) (mit $d_j(Y)$ an Stelle von X_j) zunächst für $B_1, \ldots, B_n \subset \{0,1\}$ und wegen $d_j(Y) \in \{0,1\}$ auch für alle $B_1, \ldots, B_n \in \mathcal{B}^1$ folgen. Außerdem ergibt sich $\mathbb{P}(d_n(Y) = 1) = \mathbb{P}(d_n(Y) = 0) = 1/2$ durch Summation über $i_1, \ldots, i_{n-1}$ in (9.50).

Zum Nachweis von (9.50) beachten wir die aus (9.49) folgende Äquivalenz

$$(d_1(\omega), \ldots, d_n(\omega)) = (i_1, \ldots, i_n) \iff \sum_{k=1}^{n} \frac{i_k}{2^k} < \omega \leq \sum_{k=1}^{n} \frac{i_k}{2^k} + \frac{1}{2^n}, \qquad \omega \in \Omega. \tag{9.51}$$

($\omega \in \Omega$). Somit ergibt sich (9.50) aus der Gleichverteilung von Y.

Bislang haben wir eine Folge unabhängiger und je $Bin(1, 1/2)$-verteilter Zufallsvariablen $Y_j := d_j(Y)$, $j \geq 1$, konstruiert. Mit Hilfe einer beliebigen Bijektion $\psi : \mathbb{N} \times \mathbb{N} \to \mathbb{N}$ (vgl. hierzu auch Bild I.5.3) entsteht dann ein doppelt indiziertes Schema $Y_{j,k} := Y_{\psi(j,k)}$ von unabhängigen und je $Bin(1, 1/2)$-verteilten Zufallsvariablen. Definieren wir

$$U_j := \sum_{k=1}^{\infty} \frac{Y_{j,k}}{2^k}, \qquad k \in \mathbb{N},$$

sowie $\mathcal{E}_j := \sigma(\cup_{k=1}^{\infty} \sigma(Y_{j,k}))$, $j \geq 1$, so sind nach dem Blockungslemma 9.13 (vgl. die Bemerkung vor Satz 9.41) $\mathcal{E}_1, \mathcal{E}_2, \ldots$ unabhängige Mengensysteme, und wegen $\sigma(U_j) \subset \mathcal{E}_j$ sind dann auch die Zufallsvariablen $U_1, U_2, \ldots$ stochastisch unabhängig. Jede der Zufallsvariablen U_j besitzt die Gleichverteilung $U(0, 1)$, denn nach (9.51) gilt für jedes $n \geq 1$ und alle $(i_1, \ldots, i_n) \in \{0, 1\}^n$

$$2^{-n} = \mathbb{P}(Y_{j,1} = i_1, \ldots, Y_{j,n} = i_n) = \mathbb{P}\left(\sum_{k=1}^{n} \frac{i_k}{2^k} < U_m \leq \sum_{k=1}^{n} \frac{i_k}{2^k} + \frac{1}{2^n}\right).$$

Hieraus folgt $\mathbb{P}(a < U_j \leq b) = b - a$ für jedes Intervall $(a, b] \subset \Omega$, dessen Endpunkte a und b Vielfache von 2^{-n} für ein geeignetes n sind, und daraus ergibt sich leicht $\mathbb{P}(a < U_j \leq b)$ für jedes Intervall $(a, b] \subset \Omega$. Nach dem Eindeutigkeitssatz für Maße folgt $U_j \sim U(0, 1)$.

Der Rest des Beweises ist jetzt schnell geführt: Bezeichnet $F_j(t) := Q_j((-\infty, t])$, $t \in \mathbb{R}$, die Verteilungsfunktion von Q_j, so setzen wir $X_j(\omega) := F_j^{-1}(U_j(\omega))$, falls $\omega < 1$ und $X_j(1) := 1$. Wegen $\mathbb{P}(\{1\}) = 0$ und Satz 9.9 besitzt X_j dann die Verteilungsfunktion F_j und somit die Verteilung Q_j. Als Funktionen der unabhängigen Zufallsvariablen $U_1, U_2, \ldots$ sind $X_1, X_2, \ldots$ nach Satz 9.11 unabhängig. □

9.7.2 Das Gesetz großer Zahlen

Erfahrungsgemäß stabilisieren sich relative Häufigkeiten bei einer wachsenden Anzahl von Experimenten, die wiederholt unter gleichen Bedingungen und „unbeeinflusst voneinander“ durchgeführt werden (vgl. die Diskussion in I.4.1.3). In gleicher Weise wurde in I.4.4.1 die Definition des Erwartungswertes einer Zufallsvariablen über die „auf lange Sicht erwartete Auszahlung pro Spiel“ motiviert.

Das folgende *schwache Gesetz großer Zahlen* geht vom axiomatischen Wahrscheinlichkeitsbegriff aus und stellt innerhalb eines stochastischen Modells einen Zusammenhang zwischen arithmetischen Mitteln und Erwartungswerten her. Im Spezialfall von Indikatorfunktionen ergibt sich hieraus ein Zusammenhang zwischen relativen Häufigkeiten und Wahrscheinlichkeiten.

9.42 Satz. (Schwaches Gesetz großer Zahlen)
Es seien $X_1, X_2, \ldots, X_n, \ldots \in L^2(\mathbb{P})$ unabhängige Zufallsvariablen mit gleichem Erwartungswert $\mu := \mathbb{E}\, X_1$ und gleicher Varianz. Dann gilt

$$\lim_{n\to\infty} \mathbb{P}\left(\left|\frac{1}{n} \cdot \sum_{j=1}^{n} X_j - \mu\right| \geq \varepsilon\right) = 0 \quad \textit{für jedes } \varepsilon > 0. \tag{9.52}$$

BEWEIS: Nach Satz 9.25 (i), (ii) gilt $\mathbb{E}(n^{-1}\sum_{j=1}^n X_j) = \mu$, und (9.31) sowie (9.36) liefern $\mathbb{V}(n^{-1}\cdot\sum_{j=1}^n X_j) = n^{-1}\,\mathbb{V}(X_1)$. Die Tschebyschow-Ungleichung (9.34) ergibt dann

$$\mathbb{P}\Big(\Big|\frac{1}{n}\cdot\sum_{j=1}^n X_j - \mu\Big| \geq \varepsilon\Big) \leq \frac{\mathbb{V}(X_1)}{n\cdot\varepsilon^2} \to 0 \qquad \text{für } n\to\infty. \qquad \Box$$

Satz 9.42 präzisiert unsere intuitive Vorstellung des Erwartungswertes als eines „auf die Dauer erhaltenen durchschnittlichen Wertes". In diesem Zusammenhang sei betont, dass die im Vergleich zu (9.52) stärkere Aussage

$$\mathbb{P}\Big(\Big\{\omega\in\Omega : \lim_{n\to\infty}\frac{1}{n}\sum_{j=1}^n X_j(\omega) = \mu\Big\}\Big) = 1 \tag{9.53}$$

gilt, sofern nur $X_1, X_2, \ldots \in L^1(\mathbb{P})$ unabhängig und identisch verteilt sind. Die Voraussetzung der quadratischen Integrierbarkeit wird also nicht benötigt.

9.43 Folgerung. (Schwaches Gesetz großer Zahlen von Jakob Bernoulli)
Sind $A_1, A_2, \ldots$ unabhängige Ereignisse mit gleicher Wahrscheinlichkeit p, so gilt

$$\lim_{n\to\infty}\mathbb{P}\Big(\Big|\frac{1}{n}\cdot\sum_{j=1}^n 1_{A_j} - p\Big| \geq \varepsilon\Big) = 0 \qquad \textit{für jedes } \varepsilon > 0. \tag{9.54}$$

Diese Aussage ist das Hauptergebnis der *Ars Conjectandi* von Jakob Bernoulli. Mit $R_n := n^{-1}\cdot\sum_{j=1}^n 1_{A_j}$ kann die „komplementäre Version" von (9.54), also

$$\lim_{n\to\infty}\mathbb{P}(|R_n - p| < \varepsilon) = 1 \qquad \text{für jedes } \varepsilon > 0, \tag{9.55}$$

wie folgt interpretiert werden: Zu jedem $\varepsilon > 0$ und zu jedem η mit $0 < \eta < 1$ existiert ein von ε und η abhängendes $n_0 \in \mathbb{N}$ mit der Eigenschaft

$$\mathbb{P}(|R_n - p| < \varepsilon) \geq 1 - \eta \qquad \text{für jedes } n \geq n_0.$$

Nach Folgerung 9.43 lässt sich also die Wahrscheinlichkeit von Ereignissen, deren Eintreten oder Nichteintreten unter unabhängigen und gleichen Bedingungen beliebig oft wiederholt beobachtbar ist, wie eine physikalische Konstante mit beliebig kleiner Fehlerwahrscheinlichkeit messen (vgl. auch das Vorwort von J. Bernoulli). Man sieht auch, dass die axiomatische Definition der Wahrscheinlichkeit zusammen mit den zur Herleitung von (9.52) benutzten Begriffen *stochastische Unabhängigkeit, Erwartungswert* und *Varianz* genau das empirische Gesetz über die Stabilisierung relativer Häufigkeiten erfasst.

9.7.3 Verteilungskonvergenz

Es seien $Y, Y_1, Y_2, \ldots$ Zufallsvariablen mit Verteilungsfunktionen $F, F_1, \ldots$, und es sei $\mathcal{C}(F)$ die Menge der Stetigkeitsstellen von F. Die *Verteilungskonvergenz* der Folge (Y_n) gegen Y ist definiert durch die Bedingung

$$Y_n \xrightarrow{d} Y \text{ (für } n \to \infty) :\Longleftrightarrow \lim_{n\to\infty} F_n(x) = F(x), \qquad x \in \mathcal{C}(F). \tag{9.56}$$

Man sagt hierfür auch, die Folge (Y_n) *konvergiere in Verteilung* gegen Y.

Die Verteilung $\mathbb{P}^Y$ heißt *Grenzverteilung* oder *asymptotische Verteilung* der Folge $(\mathbb{P}^{Y_n})$ bzw. der Folge (Y_n). Die Funktion F heißt *Grenz-Verteilungsfunktion.*

Da (9.56) nur eine Aussage über die Verteilungen von $Y_1, Y_2, \ldots$ macht, sind hierfür auch die folgenden (zum Teil „hybriden“) Schreibweisen anzutreffen:

$$F_n \xrightarrow{d} F, \qquad Y_n \xrightarrow{d} \mathbb{P}^Y \quad \text{oder} \quad \mathbb{P}^{Y_n} \xrightarrow{d} \mathbb{P}^Y.$$

Für eine stetige Verteilungsfunktion F gilt folgendes nützliches Resultat.

9.44 Satz. ($F_n \xrightarrow{d} F$ impliziert $\|F_n - F\|_\infty \to 0$ bei stetigem F)
Ist die Verteilungsfunktion F stetig, *so gilt die Äquivalenz*

$$F_n \xrightarrow{d} F \textit{ für } n \to \infty \iff \lim_{n\to\infty} \sup\{|F_n(x) - F(x)| : x \in \mathbb{R}\} = 0.$$

Beweis: Ist F stetig, so folgt aus $F_n \xrightarrow{d} F$ die Konvergenz $\lim_{n\to\infty} F_n(x) = F(x)$, für jedes $x \in \mathbb{R}$. Für $m \geq 3$ und $x_1, \ldots, x_m \in \bar{\mathbb{R}}$ mit $-\infty = x_1 < x_2 < \ldots < x_m = \infty$ gilt

$$\sup\{|F_n(x) - F(x)| : x \in \mathbb{R}\} \leq \max_k |F_n(x_k) - F(x_k)| + \max_{k \leq m-1} |F(x_{k+1}) - F(x_k)|,$$

wie man leicht mit Hilfe der Monotonie von F_n und F bestätigt. Der erste Summand strebt für $n \to \infty$ gegen 0. Wegen der gleichmäßigen Stetigkeit von F auf kompakten Intervallen und den Grenzwertbeziehungen $F(-\infty) = 0$ und $F(\infty) = 1$ wird auch der zweite Summand für großes $m \in \mathbb{N}$ und geeignet gewählte $x_1, \ldots, x_m$ beliebig klein. □

Das folgende Beispiel verdeutlicht, warum es sinnvoll ist, in (9.56) nur Stetigkeitsstellen der Grenz-Verteilungsfunktion F zu betrachten.

9.45 Beispiel. (Warum nur Stetigkeitsstellen in (9.56)?)
Es gelte $\mathbb{P}(Y_n = 1/n) = 1$ und $\mathbb{P}(Z_n = -1/n) = 1$, $n \geq 1$. Vernünftigerweise sollten die Verteilungen von Y_n und Z_n für $n \to \infty$ gegen die Verteilung einer Zufallsvariablen Y mit $\mathbb{P}(Y = 0) = 1$ konvergieren. Bezeichnen F_n, G_n und F die Verteilungsfunktionen von Y_n bzw. Z_n bzw. Y, so gilt

$$F(x) = \lim_{n\to\infty} F_n(x) = \lim_{n\to\infty} G_n(x) = \begin{cases} 1, & \text{falls } x > 0, \\ 0, & \text{falls } x < 0, \end{cases}$$

aber $0 = \lim_{n\to\infty} F_n(0) \neq \lim_{n\to\infty} G_n(0) = 1 = F(0)$. Durch Ausschluss der Unstetigkeitsstelle 0 von F in (9.56) wird gerade $Y_n \xrightarrow{d} Y$ und $Z_n \xrightarrow{d} Y$ erreicht.

9.46 Beispiel. (Extremwertverteilung von Gumbel)
Die Zufallsvariablen $X_1, X_2, \ldots$ seien unabhängig und jeweils $Exp(1)$-exponentialverteilt, vgl. Beispiel I.7.42. Für die Verteilungsfunktion $G(x) := \mathbb{P}(X_1 \leq x)$ von X_1 gilt also $G(x) = 1 - \exp(-x)$, $x \geq 0$, und $G(x) = 0$, sonst. Da für $y \in \mathbb{R}$ das Ereignis $\{\max_{j=1,\ldots,n} X_j \leq y\}$ gleich dem Durchschnitt $\cap_{j=1}^n \{X_j \leq y\}$ ist, liefert die Unabhängigkeit von $X_1, \ldots, X_n$ für jedes $x \in \mathbb{R}$ und für $n \geq e^{-x}$

$$\begin{aligned}\mathbb{P}\left(\max_{1\leq j\leq n} X_j - \ln n \leq x\right) &= \mathbb{P}(X_1 \leq x + \ln n, \ldots, X_n \leq x + \ln n)\\ &= (\mathbb{P}(X_1 \leq x + \ln n))^n = G(x + \ln n)^n\\ &= \left(1 - \frac{e^{-x}}{n}\right)^n \to \exp(-\exp(-x)).\end{aligned}$$

Somit gilt

$$Y_n := \max_{1\leq j\leq n} X_j - \ln n \xrightarrow{d} Y,$$

wobei Y eine Zufallsvariable mit der Verteilungsfunktion $F(x) := \exp(-\exp(-x))$ (sog. *Extremwertverteilung von Gumbel*[5]) bezeichnet. Die Dichte $f = F'$ der Gumbelschen Extremwertverteilung ist in Bild 9.9 skizziert.

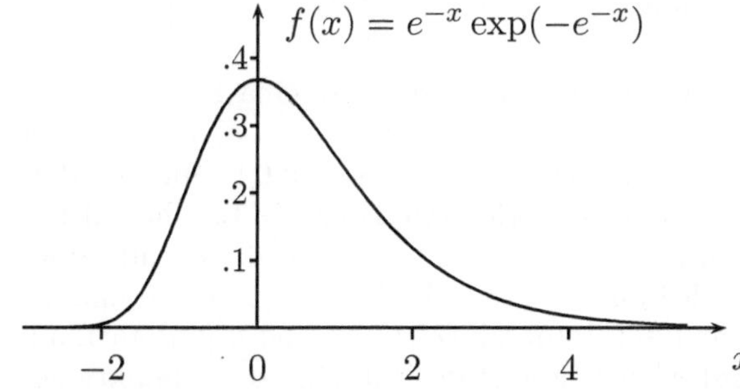

Bild 9.9:
Dichte der Gumbelschen Extremwertverteilung

Der Name *Extremwertverteilung* rührt daher, dass gerade die Extremwertverteilungen (neben der Gumbelschen gibt es noch zwei weitere Verteilungstypen) das asymptotische Verhalten von Maxima und Minima (also extremen Werten) vieler Zufallsvariablen beschreiben und somit vor allem zur Modellierung der

[5]Emil Julius Gumbel (1891–1966). 1923 Habilitation an der Universität Heidelberg. 1925/26 arbeitete Gumbel am Marx–Engels-Institut in Moskau und machte die von Marx und Engels hinterlassenen mathematischen Notizen druckfertig. 1930 Professor an der Universität Heidelberg. 1932 Emigration nach Frankreich und später in die USA (u.a. Columbia University, New York). Hauptarbeitsgebiete: Wahrscheinlichkeitsrechnung und Mathematische Statistik.

Häufigkeit des Auftretens von extremen Ereignissen wie Hochwasserständen, sehr großen Windgeschwindigkeiten o.ä. eingesetzt werden.

9.7.4 Nachweis von Verteilungskonvergenz

Da die in (9.56) auftretenden Verteilungsfunktionen F_n analytisch meist nicht handhabbar sind, besteht ein großes Interesse an alternativen Methoden zum Nachweis von Verteilungskonvergenz. Hierzu beachte man, dass (9.56) zu

$$\lim_{n\to\infty} \mathbb{E}\, g(Y_n) = \mathbb{E}\, g(Y) \quad \text{für jedes } g = 1_{(-\infty,x]} \text{ mit } x \in \mathcal{C}(F) \tag{9.57}$$

äquivalent ist. Das nächste Resultat besagt, dass man die hier auftretenden *unstetigen* Indikatorfunktionen durch die Menge $C_b^\infty(\mathbb{R})$ aller unendlich oft differenzierbaren Funktionen $h : \mathbb{R} \to \mathbb{R}$, welche zusammen mit jeder ihrer Ableitungen auf $\mathbb{R}$ gleichmäßig stetig und beschränkt sind, ersetzen kann.

9.47 Satz. (Kriterium für Verteilungskonvergenz)
Es seien $Y, Y_1, Y_2, \ldots$ Zufallsvariablen auf einem W-Raum $(\Omega, \mathcal{A}, \mathbb{P})$. Gilt dann

$$\lim_{n\to\infty} \mathbb{E}\, h(Y_n) = \mathbb{E}\, h(Y) \qquad \textit{für jedes } h \in C_b^\infty(\mathbb{R}), \tag{9.58}$$

so folgt $Y_n \xrightarrow{d} Y$.

Beweis: Es seien $F, F_1, F_2, \ldots$ die Verteilungsfunktionen von $Y, Y_1, Y_2, \ldots$. Wählen wir $x \in \mathcal{C}(F)$ und $\varepsilon > 0$ beliebig, so existiert ein $\delta > 0$ mit $|F(x) - F(t)| \le \varepsilon$ für jedes t mit $|x - t| \le \delta$.

Mittels der Funktion ψ aus Beispiel 6.41 konstruieren wir jetzt eine Funktion $h \in C_b^\infty(\mathbb{R})$ mit der Eigenschaft $1_{(-\infty,x]} \le h \le 1_{(-\infty,x+\delta]}$. Dazu seien $\alpha := \delta/3$ und f eine stetige Funktion, die auf $(-\infty, x+\alpha]$ gleich 1 und auf $[x+2\alpha, \infty)$ gleich 0 ist und auf dem Intervall $[x+\alpha, x+2\alpha]$ linear fällt. Weil ψ den beschränkten Träger $[-1, 1]$ hat, liefert (6.31) eine wohldefinierte Funktion $h := f_\alpha$. Analog zu Satz 6.42 folgt, dass h unendlich oft differenzierbar ist. Außerdem ist h gleich 1 auf $(-\infty, x]$, gleich 0 auf $[x+\delta, \infty)$ und auf $[x, x+\delta]$ zwischen 0 und 1. Auf dem kompakten Intervall $[x, x+\delta]$ sind h und auch alle Ableitungen von h gleichmäßig stetig. Außerhalb dieses Intervalls sind diese Funktionen aber konstant und damit sogar auf ganz $\mathbb{R}$ gleichmässig stetig und beschränkt.

Aus der Monotonieeigenschaft des Erwartungswertes und (9.58) folgt

$$\begin{aligned}
\limsup_{n\to\infty} F_n(x) &= \limsup_{n\to\infty} \mathbb{E}\, 1_{(-\infty,x]}(Y_n) \le \limsup_{n\to\infty} \mathbb{E}\, h(Y_n) \\
&= \mathbb{E}\, h(Y) \le \mathbb{E}\, 1_{(-\infty,x+\delta]}(Y) = F(x+\delta) \\
&\le F(x) + \varepsilon
\end{aligned}$$

und somit für $\varepsilon \to 0$ die Ungleichung $\limsup_{n\to\infty} F_n(x) \le F(x)$. Verwendet man eine Funktion $h \in C_b^\infty(\mathbb{R})$ mit $1_{(-\infty,x-\delta]} \le h \le 1_{(-\infty,x]}$, so folgt $F(x) \le \liminf_{n\to\infty} F_n(x)$ und somit insgesamt $F_n(x) \to F(x)$ für $n \to \infty$. □

9.7.5 Zentraler Grenzwertsatz

Die Anwendbarkeit von Satz 9.47 zeigt sich beim Beweis des folgenden Resultates, welches für die Stochastik von überragender Bedeutung ist.

9.48 Satz. (Zentraler Grenzwertsatz von Lindeberg[6]–Lévy[7])
Es seien $X_1, X_2, \ldots \in L^2(\mathbb{P})$ unabhängige und identisch verteilte Zufallsvariablen mit positiver Varianz. Für $S_n := \sum_{j=1}^n X_j$, $n \in \mathbb{N}$, gilt

$$\frac{S_n - \mathbb{E}\,S_n}{\sqrt{\mathbb{V}(S_n)}} = \frac{S_n - n\,\mathbb{E}\,X_1}{\sqrt{n\,\mathbb{V}(X_1)}} \xrightarrow{d} N(0,1). \tag{9.59}$$

Beweis: Offenbar kann o.B.d.A. $\mathbb{E}\,X_1 = 0$ und $\mathbb{V}(X_1) = 1$ angenommen werden. Weiter können wir nach Satz 9.41 annehmen, dass auf dem W-Raum $(\Omega, \mathcal{A}, \mathbb{P})$ auch unabhängige und je $N(0,1)$-normalverteilte Zufallsvariablen $Y_1, Y_2, \ldots$ definiert und diese Variablen unabhängig von $X_1, X_2, \ldots$ sind (ist Q die Verteilung von X_1, so setzen wir in Satz 9.41 $Q_{2j-1} := Q$ und $Q_{2j} := N(0,1)$, $j \geq 1$). Schreiben wir

$$\tilde{S}_n := \frac{S_n}{\sqrt{n}}, \qquad \tilde{T}_n := \frac{\sum_{j=1}^n Y_j}{\sqrt{n}},$$

so besitzt $\tilde{T}_n$ nach (9.33) und Satz 9.17 (ii) für jedes n die Verteilung $N(0,1)$.

Wir wählen eine beliebige Funktion $h \in C_b^\infty(\mathbb{R})$ und setzen $D_n := h(\tilde{S}_n) - h(\tilde{T}_n)$. Wegen $\tilde{T}_n \sim N(0,1)$ reicht es nach Satz 9.47 aus, die Konvergenz

$$\lim_{n\to\infty} \mathbb{E}\,D_n = 0 \tag{9.60}$$

zu zeigen. Schreiben wir $\tilde{X}_j := X_j/\sqrt{n}$ und $\tilde{Y}_j := Y_j/\sqrt{n}$ $(j = 1, \ldots, n)$ sowie

$$U_k := \tilde{X}_1 + \ldots + \tilde{X}_{k-1} + \tilde{Y}_{k+1} + \ldots + \tilde{Y}_n, \qquad k = 1, \ldots, n$$
$$V_k := h(U_k + \tilde{X}_k) - h(U_k + \tilde{Y}_k), \qquad k = 1, \ldots, n,$$

so ergibt sich (Teleskopsumme und Taylorentwicklung um U_k (elementweise auf Ω))

$$\begin{aligned} D_n &= \sum_{k=1}^n V_k = \sum_{k=1}^n \Big(h(U_k + \tilde{X}_k) - h(U_k + \tilde{Y}_k) \Big) \\ &= \sum_{k=1}^n \Big(h'(U_k)(\tilde{X}_k - \tilde{Y}_k) + \frac{1}{2}\tilde{X}_k^2 h''(U_k + Z_k\tilde{X}_k) - \frac{1}{2}\tilde{Y}_k^2 h''(U_k + W_k\tilde{Y}_k) \Big), \end{aligned}$$

wobei Z_k und W_k Zufallsvariablen mit $|Z_k| \leq 1$ und $|W_k| \leq 1$ sind. (Der Beweis des Satzes I.6.59 von Taylor zeigt, dass man Z_k als messbare Funktion von U_k und $\tilde{X}_k$ und analog W_k als messbare Funktion von U_k und $\tilde{Y}_k$ wählen kann.) Mit der Abkürzung

$$\delta(t) := \sup\{|h''(x) - h''(y)| : x, y \in \mathbb{R},\ |x - y| \leq t\}, \qquad t > 0, \tag{9.61}$$

---

[6] Jarl Waldemar Lindeberg (1876–1932), Landwirt und Mathematiker.

[7] Paul Lévy (1886–1971), 1919–1959 Professor an der Ecole Polytechnique in Paris. Neben A.N. Kolmogorow und A.J. Chintschin kann Lévy als Hauptbegründer der modernen maßtheoretisch fundierten Wahrscheinlichkeitstheorie angesehen werden.

folgt

$$h''(U_k + Z_k\tilde{X}_k) = h''(U_k) + A_k\delta(|\tilde{X}_k|), \tag{9.62}$$
$$h''(U_k + W_k\tilde{Y}_k) = h''(U_k) + B_k\delta(|\tilde{Y}_k|) \tag{9.63}$$

mit geeignet gewählten Zufallsvariablen A_k und B_k, wobei $|A_k|, |B_k| \leq 1$.

Aufgrund der Unabhängigkeit von U_k, $\tilde{X}_k$ und $\tilde{Y}_k$ (Blockungslemma!) sowie der Beziehungen $\mathbb{E}\,\tilde{X}_k = \mathbb{E}\,\tilde{Y}_k = 0$ und $\mathbb{E}\,\tilde{X}_k^2 = \mathbb{E}\,\tilde{Y}_k^2 (= 1/n)$ erhalten wir mit der Produktregel für den Erwartungswert (Satz 9.29) $\mathbb{E}(h'(U_k)(\tilde{X}_k - \tilde{Y}_k)) = 0$ sowie $\mathbb{E}((\tilde{X}_k^2 - \tilde{Y}_k^2)h''(U_k)) = 0$. Daraus folgt unter Beachtung von (9.62), (9.63) die Darstellung

$$\mathbb{E}\,D_n = \frac{1}{2}\sum_{k=1}^{n}\mathbb{E}\left(A_k\tilde{X}_k^2\delta(|\tilde{X}_k|) - B_k\tilde{Y}_k^2\delta(|\tilde{Y}_k|)\right).$$

Wegen $|A_k|, |B_k| \leq 1$ und der identischen Verteilungen sowohl von $\tilde{X}_k^2\delta(|\tilde{X}_k|)$ ($k = 1, \ldots, n$) als auch von $\tilde{Y}_k^2\delta(|\tilde{Y}_k|)$ ($k = 1, \ldots, n$) folgt mit der Dreiecksungleichung

$$\begin{aligned} |\,\mathbb{E}\,D_n| &\leq \frac{n}{2}\left(\mathbb{E}(\tilde{X}_1^2\delta(|\tilde{X}_1|)) + \mathbb{E}(\tilde{Y}_1^2\delta(|\tilde{Y}_1|))\right) \\ &= \frac{1}{2}\left(\mathbb{E}(X_1^2\delta(|X_1|/\sqrt{n})) + \mathbb{E}(Y_1^2\delta(|Y_1|/\sqrt{n}))\right). \end{aligned} \tag{9.64}$$

Da h''gleichmäßig stetig ist, gilt $\lim_{t\to 0}\delta(t) = 0$, und die Beschränktheit von h'' liefert die Existenz einer Zahl M mit $\sup_{t\in\mathbb{R}}\delta(t) \leq M$. Somit konvergiert die durch die integrierbare Funktion MX_1^2 majorisierte Folge $\omega \mapsto X_1^2(\omega)\delta(|X_1(\omega)|/\sqrt{n})$, $\omega \in \Omega$, für $n \to \infty$ gegen die Nullfunktion, und der Satz über die majorisierte Konvergenz liefert $\lim_{n\to\infty}\mathbb{E}(X_1^2\delta(|X_1|/\sqrt{n})) = 0$. Ebenso folgt $\lim_{n\to\infty}\mathbb{E}(Y_1^2\delta(|Y_1|/\sqrt{n})) = 0$. □

Die Grenzwertbeziehung (9.59) bedeutet

$$\lim_{n\to\infty}\mathbb{P}\left(a \leq \frac{S_n - n\,\mathbb{E}\,X_1}{\sqrt{n\,\mathbb{V}(X_1)}} \leq b\right) = \frac{1}{\sqrt{2\pi}}\cdot\int_a^b \exp\left(-\frac{x^2}{2}\right)dx, \qquad a < b, \tag{9.65}$$

wobei die Fälle $a = -\infty$ oder $b = \infty$ mit eingeschlossen sind. Damit wird die zentrale Stellung der Normalverteilung innerhalb der Wahrscheinlichkeitstheorie begründet. So kann zum Beispiel das Auftreten der Normalverteilung (9.1) bei der Brownschen Bewegung mit dem Zentralen Grenzwertsatz erklärt werden.

Im Hinblick auf die Black–Scholes-Formel benötigen wir den folgenden Zentralen Grenzwertsatz für Binomialverteilungen. Im Spezialfall $p_n \equiv p$ ist dieser Satz auch unter dem Namen *Zentraler Grenzwertsatz von de Moivre–Laplace* bekannt.

9.49 Satz. (Zentraler Grenzwertsatz für Binomialverteilungen)
Es sei $(p_n)_{n\geq 1}$ eine Folge mit $0 < p_n < 1$, $n \geq 1$, und $\lim_{n\to\infty} p_n = p$, wobei $0 < p < 1$. Sind dann $Z_1, Z_2, \ldots$ Zufallsvariablen mit den Binomialverteilungen $Z_n \sim Bin(n, p_n)$, $n \geq 1$, so gilt

$$\frac{Z_n - np_n}{\sqrt{np_n(1-p_n)}} \xrightarrow{d} N(0,1) \qquad \textit{für } n \to \infty.$$

BEWEIS: Sind $X_{n,1}, X_{n,2}, \ldots, X_{n,n}$ unabhängige und je $Bin(1,p_n)$-verteilte Zufallsvariablen, so besitzt (nach der Erzeugungsweise der Binomialverteilung, vgl. I.4.9.1) die Zufallsvariable $Z_n := X_{n,1} + \ldots + X_{n,n}$ die Binomialverteilung $Bin(n,p_n)$. Im Vergleich zur Situation von Satz 9.48 haben wir es hier nicht mit einer unendlichen Folge $X_1, X_2, \ldots$, unabhängiger und identisch verteilter Zufallsvariablen, sondern für jedes $n \geq 1$ mit n Zufallsvariablen $X_{n,1}, X_{n,2}, \ldots, X_{n,n}$ zu tun.

Trotz dieser auf den ersten Blick andersartigen Situation können wir die im Beweis von Satz 9.48 verwendete Methode unmittelbar übertragen. Zunächst ist klar, dass wir alle benötigten Zufallsvariablen auf ein und demselben W-Raum $(\Omega, \mathcal{A}, \mathbb{P})$ definieren können; wir verwenden einfach die Konstruktion von Satz 9.41 mit $Q_1 = Bin(1,p_1)$, $Q_2 = N(0,1)$, $Q_3 = Bin(1,p_2)$, $Q_4 = Bin(1,p_2)$, $Q_5 = N(0,1)$, $Q_6 = Bin(1,p_3)$ usw. Die Zufallsvariablen mit diesen Verteilungen sind dann $X_{1,1}$, Y_1, $X_{2,1}$, $X_{2,2}$, Y_2, $X_{3,1}$ usw.

Gehen wir dann mit den standardisierten Zufallsvariablen

$$X_j := \frac{X_{n,j} - p_n}{\sqrt{p_n(1-p_n)}}, \qquad j = 1, \ldots, n$$

noch einmal den Beweis von Satz 9.48 durch, so zeigt sich, dass wir ohne Änderungen bis zur Ungleichung (9.64), also zu

$$|\mathbb{E}\, D_n| \leq \frac{1}{2}\left(\mathbb{E}(X_1^2\delta(|X_1|/\sqrt{n})) + \mathbb{E}(Y_1^2\delta(|Y_1|/\sqrt{n}))\right),$$

gelangen. Nach Voraussetzung über die Folge (p_n) gibt es ein $c > 0$ mit $\sqrt{p_n(1-p_n)} \geq c$ für jedes $n \geq 1$. Wegen $\mathbb{P}(|X_{n,j} - p_n| \leq 1) = 1$ und der Monotonie der Funktion $\delta(t)$ folgt

$$\mathbb{E}(X_1^2\delta(|X_1|/\sqrt{n})) \leq c^{-2}\delta(1/(c\sqrt{n})) \to 0 \qquad \text{für } n \to \infty. \qquad \square$$

Satz 9.49 setzt die Existenz eines im Intervall $(0,1)$ liegenden Grenzwertes für die Folge (p_n) voraus. Dagegen macht der Poissonsche Grenzwertsatz (I.5.55) die Voraussetzung $np_n \to \lambda$ für ein (endliches) und positives λ, also insbesondere $p_n \to 0$. In solch einer Situation sollte man die Verteilung der Partialsumme S_n also besser durch eine Poissonverteilung approximieren.

9.8 Die Black–Scholes-Formel*

9.8.1 Das Cox–Ross–Rubinstein Modell

Das in I.4.10 behandelte *Cox–Ross–Rubinstein Modell* der *Finanzmathematik* (kurz: CRR-Modell) basiert auf n unabhängigen $Bin(1,p)$-verteilten Zufallsvariablen $X_1, \ldots, X_n$, wobei $0 < p < 1$. Ausgehend von einem Anfangspreis $S_0 > 0$ ist im CRR-Modell der Preis einer Aktie zum Zeitpunkt $j \in \{1, \ldots, n\}$ durch

$$S_j := S_0 \cdot Z_1 \cdot \ldots \cdot Z_j$$

definiert. Dabei ist

$$Z_j := \begin{cases} e^{-s}, & \text{falls } X_j = 0, \\ e^{s}, & \text{falls } X_j = 1, \end{cases}$$

mit einem Parameter $s > 0$. Es handelt sich also um eine symmetrische Version des Modells in I.4.10, in welcher jede Aufwärtsbewegung durch eine nachfolgende Abwärtsbewegung (bzw. umgekehrt) neutralisiert werden kann. Setzen wir

$$Y_j := X_1 + \ldots + X_j, \qquad j \in \{1, \ldots, n\},$$

sowie $Y_0 := 0$, so gilt nach Definition

$$S_j = S_0 \cdot \exp[2sY_j - js], \qquad j \in \{0, \ldots, n\}. \tag{9.66}$$

Für den *Zinssatz* $r > 0$, zu dem man risikolos Geld anlegen kann, setzen wir gemäß (I.4.32) die Ungleichungen $e^{-s} < 1 + r < e^s$ voraus. Wir definieren

$$p^* := \frac{1 + r - e^{-s}}{e^s - e^{-s}}, \qquad p' := \frac{1}{1+r} p^* e^s = \frac{1}{1+r} \cdot \frac{(1+r)e^s - 1}{e^s - e^{-s}} \tag{9.67}$$

und betrachten zwei W-Maße $\mathbb{P}^*$ und $\mathbb{P}'$ auf $(\Omega, \mathcal{A})$, so dass $X_1, \ldots X_n$ bezüglich $\mathbb{P}^*$ (bzw. $\mathbb{P}'$) unabhängig und $Bin(1, p^*)$-verteilt (bzw. $Bin(1, p')$-verteilt) sind (es gilt $0 < p^*, p' < 1$!). Nach 9.3.5 ist die Existenz dieser W-Maße gesichert.

Der folgende Satz liefert den fairen Preis eines *Europäischen Calls*, d.h. einer Option, die dem Besitzer das Recht einräumt, die Aktie nach Ablauf der n Handelsperioden zu einem zum Zeitpunkt 0 festgelegten *Basispreis* K zu kaufen.

9.50 Satz. (Zeitdiskrete Black–Scholes-Formel)
Der faire Preis P eines Europäischen Calls mit Basispreis $K > 0$ ist

$$P = S_0 \cdot \mathbb{P}'(Y_n > a_n) - (1+r)^{-n} K \cdot \mathbb{P}^*(Y_n > a_n) \tag{9.68}$$

mit

$$a_n := \frac{\ln K - \ln S_0}{2s} + \frac{n}{2}. \tag{9.69}$$

BEWEIS: Ausgangspunkt ist das aus I.4.10 bekannte Ergebnis

$$P = (1+r)^{-n}\, \mathbb{E}^*(\max(S_n - K, 0)) = (1+r)^{-n}\, \mathbb{E}^*\, 1_{\{S_n > K\}}(S_n - K),$$

wobei $\mathbb{E}^*$ den Erwartungswert bezüglich $\mathbb{P}^*$ bezeichnet. Setzen wir hier (9.66) ein, so ergibt sich aus der Linearität des Erwartungswertes sowie Satz 9.25 (iii)

$$P = (1+r)^{-n} S_0\, \mathbb{E}^* \left(1_{\{S_n > K\}} \exp[2sY_n - ns]\right) - (1+r)^{-n} K \mathbb{P}^*(S_n > K). \tag{9.70}$$

Um den ersten Summanden geeignet umzuschreiben, benutzen wir die Gleichungen

$$\frac{p'}{p^*} = \frac{e^s}{1+r}, \qquad \frac{1-p'}{1-p^*} = \frac{e^{-s}}{1+r}. \tag{9.71}$$

Von diesen ergibt sich die erste aus der Definition von p' und die zweite durch eine direkte Rechnung. Nun ist Y_n unter $\mathbb{P}^*$ $Bin(n,p^*)$-verteilt und unter $\mathbb{P}'$ $Bin(n,p')$-verteilt. Ist $g : \mathbb{N}_0 \to [0,\infty)$ eine beliebige Funktion, so können wir mit der Transformationsformel und (9.71) den Erwartungswert von $g(Y_n)$ unter $\mathbb{P}'$ wie folgt durch $\mathbb{P}^*$ ausdrücken:

$$\begin{aligned}
\mathbb{E}'\, g(Y_n) &= \sum_{k=0}^{n} \binom{n}{k} (p')^k (1-p')^{n-k} g(k) \\
&= (1+r)^{-n} \sum_{k=0}^{n} \binom{n}{k} (p^*)^k (1-p^*)^{n-k} e^{ks} e^{-(n-k)s} g(k) \\
&= (1+r)^{-n}\, \mathbb{E}^* \exp[2sY_n - ns] g(Y_n).
\end{aligned}$$

Mit $g(Y_n) := 1_{\{Y_n > a_n\}} = 1_{\{S_n > K\}}$ folgt dann die Behauptung (9.68) aus (9.70). □

9.8.2 Der Grenzübergang zu unendlich vielen Handelsperioden

Wir untersuchen jetzt das CRR-Modell mit von $n \in \mathbb{N}$ abhängenden Parametern s_n und r_n und fragen nach dem Verhalten des durch (9.68) gegebenen Black–Scholes-Preises P_n für $n \to \infty$. Dabei stellen wir uns vor, dass ein Zeitintervall $[0,T]$ $(T > 0)$ in n Handelsperioden $[Tj/n, T(j+1)/n]$, $j \in \{0,\ldots,n-1\}$, unterteilt sei. Die in (9.68) auftretenden W-Maße $\mathbb{P}^*$ und $\mathbb{P}'$ werden jetzt mit einem unteren Index n versehen (also: $\mathbb{P}^*_n$ und $\mathbb{P}'_n$) und die Zufallsvariablen X_j, Y_j und S_j werden doppelt indiziert, also: $X_{n,j}, Y_{n,j}$ und $S_{n,j}$. Die Zufallsvariable $S_{n,j}$ beschreibt dann den Aktienpreis zum Zeitpunkt Tj/n. Dabei soll der Anfangspreis $S_0 = S_{n,0}$ nicht von n abhängen. Für große n werden die einzelnen Handelsperioden sehr kurz, so dass der Handel nahezu kontinuierlich erfolgen kann.

Zur Untersuchung von P_n muss die Abhängigkeit der Parameter s_n und r_n von $n \in \mathbb{N}$ spezifiziert werden. Für den Zinssatz r_n machen wir den Ansatz

$$r_n := \exp[\rho T/n] - 1$$

für ein fest vorgegebenes $\rho > 0$. Dann ist

$$(1+r_n)^j = \exp[\rho Tj/n], \qquad j = 0,\ldots,n,$$

so dass ρ als Zinssatz bei *kontinuierlicher Verzinsung* (vgl. I.5.1.12) interpretiert werden kann. Es wird sich zeigen, dass die weitere Modellannahme

$$s_n := \sigma\sqrt{T/n}, \qquad \sigma > 0,$$

garantiert, dass P_n einen Grenzwert besitzt. Diese Voraussetzung impliziert, dass die Varianz von $S_{n,n}$ unter $\mathbb{P}^*_n$ für $n \to \infty$ gegen $\sigma^2 T$ konvergiert (vgl. (9.76)). Man nennt den Parameter σ auch die *Volatilität* des Aktienkurses.

9.51 Satz. (Black–Scholes-Formel)
Unter den obigen Voraussetzungen gilt für den fairen Preis P_n eines Europäischen Calls mit Basispreis $K > 0$

$$\lim_{n\to\infty} P_n = S_0\Phi(d_1(S_0,T)) - Ke^{-\rho t}\Phi(d_2(S_0,T)) \tag{9.72}$$

mit

$$d_1(x,t) := \frac{\ln x - \ln K + (\rho + \sigma^2/2)t}{\sigma\sqrt{t}}, \qquad d_2(x,t) := d_1(x,t) - \sigma\sqrt{t} \tag{9.73}$$

für $x > 0$ und $t > 0$. Dabei bezeichnet Φ die Verteilungsfunktion der Standardnormalverteilung.

Beweis: Der Einfachheit soll $S_0 = 1$ und $\rho = 0$ angenommen werden. Gemäß (9.67) setzen wir

$$p_n^* := \frac{1 - e^{-s_n}}{e^{s_n} - e^{-s_n}}, \qquad p_n' := p_n^* e^{s_n} = 1 - p_n^*.$$

Mit den (unter $\mathbb{P}_n^*$ bzw. $\mathbb{P}_n'$) standardisierten Zufallsvariablen

$$Y_n^* := \frac{Y_{n,n} - np_n^*}{\sqrt{np_n^*(1-p_n^*)}}, \qquad Y_n' := \frac{Y_{n,n} - np_n'}{\sqrt{np_n'(1-p_n')}}$$

gilt nach (9.68)

$$P_n = \mathbb{P}_n'(Y_n' > a_n') - (1+r)^{-n}K \cdot \mathbb{P}_n^*(Y_n^* > a_n^*) \tag{9.74}$$

mit

$$a_n^* := \frac{a_n - np_n^*}{\sqrt{np_n^*(1-p_n^*)}} = \frac{\ln K}{2\sigma\sqrt{Tp_n^*(1-p_n^*)}} + \frac{\sqrt{n}(\frac{1}{2} - p_n^*)}{\sqrt{p_n^*(1-p_n^*)}}$$

und einer analogen Formel für a_n'. Eine Taylorentwicklung ergibt

$$\sqrt{n}\Big(\frac{1}{2} - p_n^*\Big) = \frac{\sqrt{n}}{2} \cdot \frac{e^{s_n} + e^{-s_n} - 2}{e^{s_n} - e^{-s_n}} = \frac{\sqrt{n}}{2} \cdot \frac{s_n^2 + u_n s_n^3}{2s_n + v_n s_n^3}$$

mit gewissen beschränkten positiven Folgen (u_n) und (v_n). Wegen $s_n = \sigma\sqrt{T/n}$ folgt

$$\lim_{n\to\infty} \sqrt{n}\Big(\frac{1}{2} - p_n^*\Big) = \frac{\sigma}{4}\sqrt{T} \tag{9.75}$$

Insbesondere erhalten wir $\lim_{n\to\infty} p_n^* = \lim_{n\to\infty} p_n' = 1/2$ sowie

$$\lim_{n\to\infty} a_n^* = \frac{\ln K}{\sigma\sqrt{T}} + \frac{\sigma\sqrt{T}}{2}, \qquad \lim_{n\to\infty} a_n' = \frac{\ln K}{\sigma\sqrt{T}} - \frac{\sigma\sqrt{T}}{2}.$$

Mit diesen Grenzwerten gehen wir jetzt in die Formel (9.74) und benutzen den Zentralen Grenzwertsatz 9.49. Weil wegen der Stetigkeit von Φ nach Satz 9.44 sogar die gleichmäßige Konvergenz der Verteilungsfunktionen vorliegt, erhalten wir

$$\begin{aligned}\lim_{n\to\infty} P_n &= 1-\Phi\left(\frac{\ln K}{\sigma\sqrt{T}}-\frac{\sigma\sqrt{T}}{2}\right)-K\left(1-\Phi\left(\frac{\ln K}{\sigma\sqrt{T}}+\frac{\sigma\sqrt{T}}{2}\right)\right)\\ &= \Phi\left(-\frac{\ln K}{\sigma\sqrt{T}}+\frac{\sigma\sqrt{T}}{2}\right)-K\Phi\left(-\frac{\ln K}{\sigma\sqrt{T}}-\frac{\sigma\sqrt{T}}{2}\right)\end{aligned}$$

und damit die Behauptung des Satzes. □

9.8.3 Die geometrische Brownsche Bewegung

Wir betrachten einen W-Raum $(\Omega, \mathcal{A}, \mathbb{P}^*)$, so dass die oben eingeführten Zufallsvariablen $X_{n,1}, \ldots, X_{n,n}$ unter $\mathbb{P}^*$ für jedes $n \in \mathbb{N}$ unabhängig und $Bin(1,p_n^*)$-verteilt sind. Für $t=(j/n)T$, $j \in \{0,\ldots,n\}$, setzen wir

$$X^{(n)}(t) := 2s_nY_{n,j} - js_n.$$

Für alle anderen $t \in [0,T]$ definieren wir $X^{(n)}(t)$ durch lineare Interpolation. Setzen wir zunächst wieder $\rho = 0$ voraus, so gilt für $t=(j/n)T$

$$\mathbb{E}^*\, X^{(n)}(t) = s_n(2jp_n^*-j) = 2s_nj(p_n^*-1/2) = \frac{2\sigma t}{\sqrt{T}}\sqrt{n}(p_n^*-1/2).$$

Damit folgt aus (9.75) für große n

$$\mathbb{E}^*\, X^{(n)}(t) \approx -\frac{\sigma^2 t}{2}.$$

Für die Varianz $\mathbb{V}^*(X^{(n)}(t))$ von $X^{(n)}(t)$ unter $\mathbb{P}^*$ gilt

$$\mathbb{V}^*(X^{(n)}(t)) = 4s_n^2\,\mathbb{V}^*(Y_{n,j}) = 4s_n^2jp_n^*(1-p_n^*) = 4s_n^2\cdot\frac{nt}{T}\cdot p_n^*(1-p_n^*) \approx \sigma^2 t. \tag{9.76}$$

Der Zentrale Grenzwertsatz legt nahe, dass es für jedes $t \in [0,T]$ eine Zufallsvariable mit der Normalverteilung $N(-\frac{\sigma^2 t}{2}, \sigma^2 t)$ gibt, so dass

$$X^{(n)}(t) \xrightarrow{d} X(t) \qquad \text{für } n \to \infty.$$

Tatsächlich konvergieren sogar die *stochastischen Prozesse* $\{X^{(n)}(t) : t \in [0,T]\}$ in Verteilung (in einem wohldefinierten Sinne) gegen den stochastischen Prozess $\{X(t) : t \in [0,T]\}$ mit

$$X(t) := \sigma B(t) - \frac{\sigma^2 t}{2}, \qquad t \in [0,T]. \tag{9.77}$$

Hierbei ist $\{B(t) : t \in [0,T]\}$ eine *Brownsche Bewegung* (vgl. Beispiel 9.4) d.h. eine Menge von Zufallsvariablen $B(t)$, $t \in [0,T]$, mit folgenden Eigenschaften:

(i) Es ist $B(0) = 0$, und $B(t)$ ist für jedes $t \in (0, T]$ $N(0, t)$-verteilt.

(ii) Für jedes $m \in \mathbb{N}$ und alle $t_1, \ldots, t_m$ mit $0 \leq t_1 < \ldots < t_m \leq T$ sind die Zufallsvariablen $B(t_1), B(t_2) - B(t_1), \ldots, B(t_m) - B(t_{m-1})$ stochastisch unabhängig.

(iii) Die sog. *Pfade* $t \mapsto B(t)(\omega)$ sind für jedes $\omega \in \Omega$ stetig.

Der Prozess $\{X(t)\}$ heißt *Brownsche Bewegung mit Volatilität* σ *und Drift* $-\sigma^2 t/2$. Bild 9.10 links zeigt zwei simulierte Pfade dieses Prozesses.

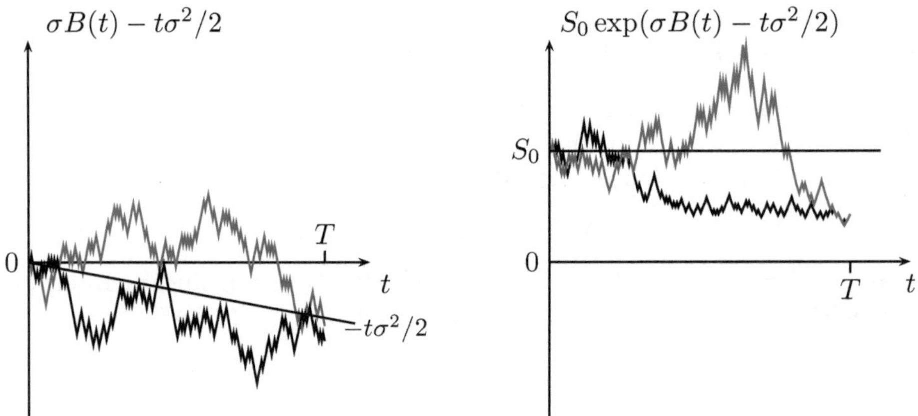

Bild 9.10: Simulierte Pfade der Brownschen Bewegung mit Drift (links) und der geometrischen Brownschen Bewegung (rechts)

Analog konvergieren die stochastischen Prozesse $\{S_0 \exp[X^{(n)}(t)] : t \in [0, T]\}$ in Verteilung gegen den stochastischen Prozess $\{S(t) : t \in [0, T]\}$ mit

$$S_t = S_0 \exp[\sigma B_t - t\sigma^2/2], \qquad 0 \leq t \leq T. \tag{9.78}$$

Dieser stochastische Prozess heißt auch *geometrische Brownsche Bewegung* (siehe Bild 9.10 rechts). Die spezielle Form der Drift in (9.78) erklärt sich durch die Normierungsbedingung

$$\mathbb{E}^* \exp[\sigma B_t - \sigma^2 t/2] = 1, \tag{9.79}$$

welche wegen $\exp[\sigma B_t - \sigma^2 t/2] \sim LN(-\sigma^2 t/2, \sigma^2 t)$ aus Tabelle 9.1 folgt. Wegen Gleichung (9.79) nennt man $\mathbb{P}^*$ (wie schon im diskreten Fall) *risikoneutrales Maß*.

Die bisherigen Überlegungen galten für den Fall $\rho = 0$. Im allgemeinen Fall konvergiert $\{S_0 \exp[X^{(n)}(t) : t \in [0, T]\}$ in Verteilung gegen

$$S_t = S_0 \exp[\sigma B_t + t(\rho - \sigma^2/2)], \qquad 0 \leq t \leq T. \tag{9.80}$$

Dann ist $\mathbb{E}^* S(t) = e^{\rho t}$, in kompletter Analogie zu (I.4.84). Wegen

$$S_0 \exp[X^{(n)}(t)] = S_{n,j} \qquad \text{falls } t = jT/n \text{ für ein } j \in \{0, \ldots, n\}$$

kann der Black–Scholes-Preis (9.72) als fairer Preis eines Europäischen Calls mit Basispreis K und Ausübungszeitpunkt T interpretiert werden, wenn der Handel kontinuierlich erfolgen kann und der Preis der Aktie (unter dem risikolosen Maß) einer geometrischen Brownschen Bewegung folgt. Dieses grundlegende Resultat der Finanzmathematik ist das wesentliche Ergebnis in Black und Scholes (1973).

9.8.4 Diskussion der Black–Scholes-Formel

Um die Abhängigkeit des Black–Scholes-Preises von den verschiedenen Parametern zu untersuchen, definieren wir

$$P(x, t, \sigma, \rho, K) := x\Phi(d_1(x, t, \sigma, \rho, K)) - Ke^{-\rho t}\Phi(d_2(x, t, \sigma, \rho, K)).$$

Dabei sind die Funktionen d_1 und d_2 durch die rechten Seiten von (9.73) erklärt. Die Funktion P liefert den Preis eines Europäischen Calls in Abhängigkeit vom aktuellen Aktienpreis x, der Laufzeit t, der Volatilität σ, dem Zinssatz ρ und dem Basispreis K.

Im nächsten Satz bezeichnet $\varphi := \Phi'$ die Dichte der Standardnormalverteilung. Um die Formeln zu vereinfachen, werden die jeweils nicht interessierenden Variablen meist weggelassen.

9.52 Satz. (Eigenschaften des Black–Scholes-Preises)
Der Black–Scholes-Preis besitzt die folgenden Eigenschaften:

(i) *Es gilt* $\lim_{t\to 0} P(x, t, \sigma, \rho, K) = \max(x - K, 0)$.

(ii) *Es gilt* $\frac{\partial P}{\partial x} = \Phi(d_1) > 0$ *und* $\frac{\partial^2 P}{\partial x^2} = \varphi(d_1)\frac{\partial d_1}{\partial x} > 0$. *Als Funktion des Aktienpreises ist P also streng monoton wachsend und streng konvex.*

(iii) *Es gilt* $\frac{\partial P}{\partial t} = K\rho e^{-\rho t}\big(\Phi(d_2) + \frac{\sigma\varphi(d_2)}{2\sqrt{t}}\big) > 0$. *Als Funktion der Laufzeit ist P damit streng monoton wachsend.*

(iv) *Es gilt* $\frac{\partial P}{\partial \sigma} = Ke^{-\rho t}\varphi(d_2)\sqrt{t} > 0$. *Als Funktion der Volatilität ist P also streng monoton wachsend.*

(v) *Es gilt* $\frac{\partial P}{\partial \rho} = Kte^{-\rho t}\Phi(d_2) > 0$. *Als Funktion des Zinssatzes ist P damit streng monoton wachsend.*

(vi) *Es gilt* $\frac{\partial P}{\partial K} = -Ke^{-\rho t}\Phi(d_2) < 0$. *Als Funktion des Basispreises ist P damit streng monoton fallend.*

BEWEIS: Für $x > K$ gilt $\lim_{t\to 0} d_1(t) = \lim_{t\to 0} d_2(t) = \infty$. Für $x = K$ (bzw. $x < K$) sind diese Grenzwerte gleich 0 (bzw. $-\infty$). Wegen $\Phi(\infty) = 1$ und $\Phi(-\infty) = 0$ erhalten wir daraus (i). Zur Berechnung der Ableitungen ist die durch direktes Einsetzen von d_1 und $d_2 = d_1 - \sigma\sqrt{t}$ in die Funktion $\varphi(y) = 1/\sqrt{2\pi}\exp[-y^2/2]$ zu bestätigende Identität

$$x\varphi(d_1) = Ke^{-\rho t}\varphi(d_2)$$

sehr hilfreich. Mit dieser Formel können (ii)–(vi) leicht mittels der Kettenregel hergeleitet werden. Die Details dieser Rechnungen seien dem Leser überlassen. □

Aussage (i) ist plausibel. Könnte die Option nämlich sofort ausgeübt werden, so hätte sie einen Wert von $\max(x - K, 0)$.

Die partielle Ableitung $\frac{\partial P}{\partial x} = \Phi(d_1)$ wird auch als *Delta der Option* bezeichnet. Man kann zeigen, dass $\Phi(d_1(S(t), T - t))$ den Aktienanteil in einem die Option *absichernden Portfolio* zum Zeitpunkt t darstellt. Dabei ist T der Ausübungszeitpunkt und $T - t$ die Restlaufzeit der Option. Die zweite partielle Ableitung $\frac{\partial P}{\partial x}$ heißt *Gamma der Option*. Sie beschreibt, wie sensibel das absichernde Portfolio gegenüber Änderungen des Aktienpreises ist. Die partielle Ableitung $\frac{\partial P}{\partial \sigma}$ wird auch als *Lambda der Option* bezeichnet. Für weiterführende Informationen zum Black–Scholes Modell und zur Finanzmathematik sei z.B. auf Korn und Korn (2001) verwiesen.

Lernziel-Kontrolle

- Was ist ein Wahrscheinlichkeitsraum?
- Was sind eine Zufallsvariable und deren Verteilung?
- Was sind eine absolut stetige bzw. eine diskrete Verteilung?
- Welche Bedeutung besitzt die Quantil-Transformation?
- Wie ist die Unabhängigkeit von Mengensystemen und Zufallsvariablen definiert?
- Was besagt das Blockungslemma für unabhängige Zufallsvariablen?
- Wie bestimmt man eine marginale Dichte aus einer gemeinsamen Dichte?
- Wie ist der Erwartungswert einer Zufallsvariablen definiert?
- Wie berechnet man Erwartungswert, Varianz und Momente für diskrete und absolut stetige Zufallsvariablen?
- Wie standardisiert man eine Zufallsvariable?
- Wie sind die Kovarianz und der Korrelationskoeffizient definiert?
- Was ist eine mehrdimensionale Normalverteilung?
- Was besagt das schwache Gesetz großer Zahlen?
- Was besagt der Zentrale Grenzwertsatz?

Literaturverzeichnis

Black, F. und Scholes, M. (1973): The pricing of options and corporate liabilities, *J. Political Econom.* **81**, 637-654.

Doetsch, G. (1976): *Einführung in die Theorie und Anwendung der Laplacetransformation*, 3. Auflage, Birkhäuser, Basel.

Fischer, G. (2010): *Lineare Algebra*, 17. Auflage, Vieweg, Braunschweig.

Hanke–Bourgeois, M. (2009): *Grundlagen der Numerischen Mathematik und des Wissenschaftlichen Rechnens*, 3. Auflage, Teubner, Stuttgart.

Henze, N. (2010): *Stochastik für Einsteiger*, 8. Auflage, Vieweg, Braunschweig.

Heuser, H. (2009): *Lehrbuch der Analysis, Teil 1*, 17. Auflage, Teubner, Stuttgart.

Heuser, H. (2008): *Lehrbuch der Analysis, Teil 2*, 14. Auflage, Teubner, Stuttgart.

Heuser, H. (2004): *Gewöhnliche Differentialgleichungen*, 4. Auflage, Teubner, Stuttgart.

Irle, A. (2005): *Wahrscheinlichkeitstheorie und Statistik, Grundlagen – Resultate – Anwendungen*, 2. Auflage, Teubner, Stuttgart.

Korn, R. und Korn, E. (2001): *Optionsbewertung und Portfolio-Optimierung – Moderne Methoden der Finanzmathematik*, 2. Auflage, Vieweg, Braunschweig.

Krengel, U. (2005): *Einführung in die Wahrscheinlichkeitstheorie und Statistik*, 8. Auflage, Vieweg, Braunschweig.

Leinert, M. (1995): *Integration und Maß*, Vieweg, Braunschweig/Wiesbaden.

Walter, W. (2002): *Analysis 2*, 5. Auflage, Springer, Berlin.

Walter, W. (2000): *Gewöhnliche Differentialgleichungen*, 7. Auflage, Springer, Berlin.

Symbolverzeichnis

$\mathbb{N} = \{1, 2, 3, 4, \ldots\}$	Menge der natürlichen Zahlen
$\mathbb{N}_0 = \{0, 1, 2, \ldots\}$	Menge der nichtnegativen ganzen Zahlen
$\mathbb{Z} = \{0, 1, -1, 2, -2, \ldots\}$	Menge der ganzen Zahlen
$\mathbb{Q} = \{p/q : p \in \mathbb{Z}, q \in \mathbb{N}\}$	Menge der rationalen Zahlen, 11
$\mathbb{R} = (-\infty, \infty)$	Menge der reellen Zahlen, 11, 73
$\bar{\mathbb{R}} = \mathbb{R} \cup \{-\infty, \infty\}$	erweiterte Zahlengerade
$\mathbb{C}$	Menge der komplexen Zahlen, 179
$\lVert\vec{x}\rVert_2$	euklidische Norm des Vektors $\vec{x}$, 2
$B(\vec{x}, r)$	abgeschlossene Kugel mit Mittelpunkt $\vec{x}$ und Radius r, 8
$B^0(\vec{x}, r)$	offene Kugel mit Mittelpunkt $\vec{x}$ und Radius r, 8
$M^0, \partial M, \overline{M}$	Inneres, Rand und abgeschlossene Hülle der Menge M, 9, 10
$f_{x_j}, \dfrac{\partial f}{\partial x_j}, \partial_j f$	partielle Ableitung von f, 22
$\operatorname{grad} f(\vec{a}) = f'(\vec{a})$	Gradient von f an der Stelle $\vec{a}$, 24
1_M	Indikatorfunktion der Menge M, 87
$\operatorname{Re}(z), \operatorname{Im}(z)$	Real- und Imaginärteil einer komplexen Zahl z, 179
$\bar{z}$	konjugiert komplexe Zahl von z, 181
$\lvert z\rvert$	Betrag der komplexen Zahl z, 181
$\int_M f(\vec{x})\, d\vec{x}$	Riemann- bzw. Lebesgue-Integral der Fkt. f, 86, 91, 273
$L^p(M; \mathbb{K})$	Menge der p-fach integrierb., $\mathbb{K}$-wert. Funkt.'n auf M, 280
$f * g$	Faltung der Funktionen f und g, 289
$f_k \uparrow f$	aufsteigende Funktionenfolge, 298
$(\Omega, \mathcal{A})$	Messraum, 297
$(\Omega, \mathcal{A}, \mu)$	Maßraum, 301
f^+, f^-	Positivteil und Negativteil der Funktion f, 300
δ_ω	Dirac-Maß im Punkt ω, 302
$\mathcal{B}^n$	Borelsche σ-Algebra in $\mathbb{R}^n$, 297
S^{n-1}	Einheitssphäre, 42
$[\vec{a}, \vec{b}]$	Verbindungsstrecke zwischen $\vec{a}$ und $\vec{b}$, 47
$H_f(\vec{a})$	Hesse-Matrix von f an der Stelle $\vec{a}$, 49
$J_f(\vec{a}) = f'(\vec{a})$	Jacobi-Matrix von f an der Stelle $\vec{a}$, 54

Index